“十四五”时期国家重点出版物
出版专项规划项目

PHOSPHORUS
磷科学前沿与技术丛书

含磷农药

Pesticide Containing Phosphorus

贺红武
石德清
郝格非 编著

化学工业出版社
·北京·

内容简介

本书为“磷科学前沿与技术丛书”分册之一。本书在概述全球含磷农药的历史与发展、中国含磷农药的发展与创新研究，以及在农药研发方面一些有机磷化合物的应用研究进展的基础上，详细介绍了含磷农药的化学结构、性质与通用合成方法；含磷杀虫杀螨剂、除草剂、杀菌剂、植物生长调节剂、杀鼠剂、增效剂、杀线虫剂和抗病毒剂的结构分类、毒性、防治对象，以及代表性品种的开发简况、应用与制备；相关含磷品种的作用原理等内容。此外，还分类归纳了全球研发应用的200多种有机磷农药品种。

该书可供从事化学、磷化学、有机磷化学、有机磷化合物的合成、农药研究、植物保护等相关研究的人员参考，也可作为相关专业的本科生和研究生的参考书。

图书在版编目（CIP）数据

含磷农药 / 贺红武，石德清，郝格非编著．—北京：化学工业出版社，2024.1
（磷科学前沿与技术丛书）
ISBN 978-7-122-44196-6

Ⅰ．①含… Ⅱ．①贺… ②石… ③郝… Ⅲ．①磷－农药工业－研究 Ⅳ．①TQ453.2

中国国家版本馆CIP数据核字（2023）第177217号

责任编辑：曾照华
文字编辑：白华霞
责任校对：李　爽
装帧设计：王晓宇

出版发行：化学工业出版社
（北京市东城区青年湖南街13号　邮政编码100011）
印　　装：北京建宏印刷有限公司
710mm×1000mm　1/16　印张33　彩插1　字数456千字
2025年10月北京第1版第1次印刷

购书咨询：010-64518888
售后服务：010-64518899
网　　址：http://www.cip.com.cn
凡购买本书，如有缺损质量问题，本社销售中心负责调换。

定　　价：298.00元

磷科学前沿与技术丛书
编委会

丛书序

FOREWORD

磷是构成生命体的基本元素，是地球上不可再生的战略资源。磷科学发展至今，早已超出了生命科学的范畴，成为一门涵盖化学、生物学、物理学、材料学、医学、药学和海洋学等学科的综合性科学研究门类，在发展国民经济、促进物质文明、提升国防安全等诸多方面都具有不可替代的作用。本丛书希望通过“磷科学”这一科学桥梁，促进化学、化工、生物、医学、环境、材料等多学科更高效地交叉融合，进一步全面推动“磷科学”自身的创新与发展。

国家对磷资源的可持续及高效利用高度重视，国土资源部于2016年发布《全国矿产资源规划（2016—2020年）》，明确将磷矿列为24种国家战略性矿产资源之一，并出台多项政策，严格限制磷矿石新增产能和磷矿石出口。本丛书重点介绍了磷化工节能与资源化利用。

针对与农业相关的磷化工凸显的问题，如肥料和农药的过量施用、结构失衡等，国家也已出台政策，推动肥料和农药减施增效，为实现化肥农药零增长“对症下药”。本丛书对有机磷农药合成与应用方面的进展及磷在农业中的应用与管理进行了系统总结。

相较于磷化工在能源及农业领域所获得的关注度及取得的成果，我们对精细有机磷化工的重视还远远不够。白磷活化、黑磷在催化新能源及生物医学方面的应用、新型无毒高效磷系阻燃剂、手性膦配体的设计与开发、磷手性药物的绿色经济合成新方法、从生命原始化学进化过程到现代生命体系中系统化的磷调控机制研究、生命起源之同手性起源与密码子起源等方面的研究都是今后值得关注的磷科学战略发展要点，亟需我国的科研工作者深入研究，取得突破。

本丛书以这些研究热点和难点为切入点，重点介绍了磷元素在生命起源过程和当今生命体系中发挥的重要催化与调控作用；有机磷化合物的合成、非手性膦配体及手性膦配体的合成与应用；计算磷化学领域的重要理论与新进展；磷元素在新材料领域应用的进展；含磷药物合成与应用。

本丛书可以作为国内从事磷科学基础研究与工程技术开发及相关交叉学科的科研工作者的常备参考书，也可作为研究生及高年级本科生等学习磷科学与技术的教材。书中列出大量原始文献，方便读者对感兴趣的内容进行深入研究。期望本丛书的出版更能吸引并培养一批青年科学家加入磷科学基础研究这一重要领域，为国家新世纪磷战略资源的循环与有效利用发挥促进作用。

最后，对参与本套丛书编写工作的所有作者表示由衷的感谢！丛书中内容的设置与选取未能面面俱到，不足与疏漏之处请读者批评指正。

2023 年 1 月

前言 PREFACE

联合国粮农组织（FAO）统计数据表明，世界粮食产量因病虫草害造成的损失每年约占总产量的 1/3，若无农药防治措施，农产品产量损失率在 40% 以上。因而农药是保证粮食丰收的重要生产资料。

磷是一种奇特的元素，一方面存在于 DNA 中，被称为生命的元素。另一方面作为农药的有效成分，是使农业有害生物死亡的有力武器。1943 年，第一个有机磷化合物作为杀虫剂进入市场后，人们对有机磷化合物的应用研发进入了高潮。在各类含磷衍生物中，四配位有机磷化合物充分显示了作为农药应用的突出优点和发展潜力。在四配位有机磷化合物的骨架中，由于磷与 4 个不同的基团的组合可千变万化，从而神奇地显示出杀虫、杀菌、除草或调节植物生长等多种不同的农药活性。至今为止，四配位有机磷化合物作为农药在全球广泛应用，几乎遍及了农药的各个领域。较之有机氯农药，四配位有机磷农药大多属低残留化合物且更易降解。分解后可以转化为植物的营养物质（磷酸类小分子），与生态和谐共存，并且始终保持着相当低廉的价格。在世界和中国农业的发展中，有机磷农药可以说是最重要的一类农用化学品。

新中国成立以前，我国的农药工业基础为零。20 世纪 50 年代，在新中国成立初期艰难的条件下，为了保证我国的粮食丰收，老一辈化学家倡导选择了当时在全球成效卓著而又适合我国国情的有机磷杀虫剂品种作为农药研发的起点。1957 年我国在天津农药厂建成投产第一个有机磷杀虫剂对硫磷之后，相继又投产了其他多个有机磷杀虫剂品种，并逐步形成了我国的有机磷农药工业体系。特别是当 1983 年国务院决定在全国范围内停止生产高残留的六六六和滴滴涕以后，作为高残留农药的替代品种，一批有机磷杀虫剂的生产能力和产量迅速增长。在防治水稻螟虫、飞虱和棉花棉铃虫等农业害虫时发挥了重要作用，显示了高效、广谱、对植物安全、抗性发展缓慢、价格低廉等特点，深受广大农民欢迎，为我国农业丰收做出了巨大贡献。在我国有机磷农药发展的高峰期（1990—2002 年），有机磷农药几乎占到了我国农药总产量的 70% 以上，成为我国农药工业的支柱产品。

20 世纪 50 年代以来，在我国有机磷农药从无到有的发展进程中，以中国农业大学（原北京农业大学）、南开大学、华中师范大学和贵州大学等为代表的大学都先后积极开展了有机磷化学的研究和有机磷农药品种的研制，为国家提供了亟需的农药品种，在早期不仅填补了中国农药研究的空白，而且在吸收国外经验的基础上，开辟了我国自主发展农药的道路。老一辈的研究者为我国有机磷农药工业的建立和发展提供了强有力的技术支撑。经过几代人的努力，建成了从原料到系列产品的有机磷农药工业体系，为我国的粮食丰收提供了保障。中国的有机磷农药工业经历了发展的黄金期之后，进入了战略调整期。随着全球对人类和环境的保护意识不断增强，当有机磷农药在为全球的粮食丰收做出巨大贡献的同时，一些高毒有机磷杀虫剂对人类和环境安全产生危害的问题成为了将这些老品种从农药市场上撤消的理由。自 2007 年以来，高毒有机磷杀虫剂品种在我国大幅度削减的同时，低毒的有机磷除草剂快速发展成为全球应用最广和应用量最大的一类农药，中国也发展成为有机磷除草剂的最大出口国。

从 1943 年第一个有机磷农药在农业中应用至今，有机磷农药在全球范围内推广应用了八十多年。我国从 20 世纪 50 年代开始使用有机磷农药，迄今也有七十多年的历史。长期农业推广应用的实践证明，有机磷农药在作物保护上显示了独特的实用性和优越性。

在赵玉芬院士的倡导下，我国磷科学研究领域的专家学者在对新的学科生长点及学科发展战略充分凝练的基础上，提出了磷科学的战略发展思路。2022年，中国科学院正式发布了《中国学科发展战略　磷科学》。其中，在含磷农药的发展战略上，提出了开发对环境友好无公害的有机磷农药成为有机磷农药工业可持续发展的必然选择。其科学目标是力求设计合成具有高效、低毒、低残留、选择性好、环境相容性好并对非靶标生物安全的“绿色”有机磷新品种，以替代那些急性毒性高、具有迟发性神经毒性、高残留、选择性差、对有益生物有害、环境相容性差，或影响生态平衡的传统有机磷农药老品种。

目前在全球研发应用的有机磷农药品种中，有机磷杀虫剂品种的数量几乎占据了80%。有机磷除草剂品种数量约占6.9%，有机磷杀菌剂品种数量约占5.8%，而植物生长调节剂及其他品种数量一共仅占有5.8%。虽然有机磷除草剂的数量在研发应用的有机磷农药中只占6.9%，但已发展成为全球应用量最大的一类农药。展望未来，相对于杀虫剂而言，研发有机磷除草剂和杀菌剂的“绿色”品种将具有更大的发展空间。

华中师范大学农药化学研究所是我国较早从事磷化学和有机磷农药研究与开发的单位之一，20世纪60年代，张景龄教授在世界著名磷化学家阿尔布佐夫研究所获得副博士学位后回到华中师范大学，开拓了不对称性磷酰胺酯类农药的研发领域，1982年正式组建农药化学研究所，创建了华中师范大学的农药学科。建所至今的43年间，坚持了有机磷农药新品种的研发方向，由仿制基础上的创新研究发展到具有自主知识产权的创制研究，为国家研发了9个有机磷农药新品种和1个农药含磷增效剂。笔者于1978年加入了老一辈张景龄教授和刘钊杰教授的研究团队，参与了6个有机磷杀虫剂和1个含磷农药增效剂的研制和工业化开发，为国家提供了替代六六六的新品种。20世纪90年代，笔者课题组在前期不对称磷酰胺酯杀虫剂研发的基础上，拓展了膦酸酯类除草剂研究的新领域。在国家重点研发计划（2016YFD0300709-04），国家自然科学基金项目（21172090、20372023、20072008、29572045），国家科技攻关项目（2006BAE01A04-07、2006BAE01A02-9、

2004BA308A24-9、2001BA308A02-15、2004BA308A22-9、97-563-02-05），国家重点基础研究发展（973）计划项目（2003CB114406），教育部项目（214607、230532），湖北省自然科学基金项目（90J26、94J40）等项目先后持续不断的资助下，坚持开展了膦酸酯类除草剂的设计、合成、应用研究和品种创制，取得了显著进展。

编写本书的目的是希望总结有机磷农药的发展历程和研究进展，展望未来的发展趋势，并记录老一辈化学家在中国有机磷农药研究领域所作出的贡献。本书将以有机磷农药的主要类别为线索，来阐述各类有机磷农药的发现、发展、特点、作用机制、合成方法及应用情况等，为相关的学习者和研究者提供信息。本书共 8 章，其中第 1 章、第 2 章、第 5 章和第 8 章由贺红武主笔完成；第 3 章和第 4 章由石德清主笔，贺红武提供了修改意见和建议；第 6 章和第 7 章由郝格非主笔，贺红武提供了修改意见和建议。华中师范大学周圆博士、王恺星、曹琮旺、曾雷和陈慧敏，以及贵州大学黄媛琴等硕士研究生也参与了结构式编排或资料收集整理方面的工作。感谢南开大学的李正名院士、杨华铮教授和邹小毛教授，中国农业大学的陈万义教授和凌云教授，贵州大学的吴剑教授为编写我国有机磷农药发展历史方面所提供的重要参考资料。

笔者庆幸曾经与老一辈张景龄教授和刘钊杰教授一起共同经历了华中师范大学农药化学研究所的建立和发展，在加入农药所团队的 47 年间，笔者由一个对磷和农药一无所知的年轻人成长为该领域的一名研究者。正值华中师范大学农药学科建立 43 周年以及华中师范大学建校 122 周年之际，谨以此书作为献礼，以纪念我们所经历的这段难以忘怀的研究历程。

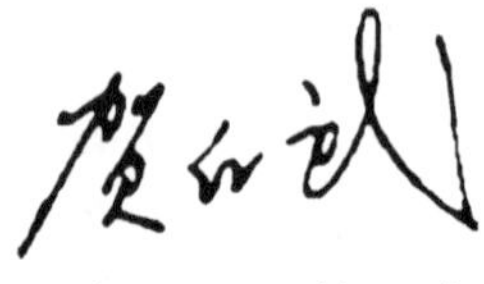

2025 年 5 月于桂子山

目录

CONTENTS

6 含磷杀菌剂与杀线虫剂 267

7 其他含磷农药品种 321

PHOSPHORUS 磷科学前沿与技术丛书

含磷农药

1

绪论

磷是一种广泛存在于自然界的元素。磷的性质十分奇特，一方面，存在于人体和遗传物质 DNA 中的磷元素在生命中具有重要作用，被称为生命的元素。另一方面，作为乙酰胆碱酯酶抑制剂的磷化合物具有杀虫作用，可使有害生物死亡。磷及其衍生物不仅与人类生活的方方面面息息相关，而且与农药工业和现代化农业的发展密不可分。联合国粮农组织(FAO)统计数据表明，世界粮食产量因病虫草害造成的损失每年约占总产量的 1/3，若无防治措施，农产品产量损失率在 40% 以上，有的地块甚至绝收。而每年通过防治病虫草害等植保措施，挽回的损失可达 2000 亿斤左右，占总产量的 15% 以上[1]。

农业是我国国民经济的基础，粮食问题始终是中国的头等大事。每年由于病虫草害频发，粮食损失可高达 40%～50%，使用农药后，大约可挽回 30%～40% 的粮食损失。因此，施用农药已成为我国防治重大病虫草害不能缺少的重要举措。此外，我国人口已达 14 亿以上，人多地少，需以约占世界 9% 的耕地养活占世界 20% 以上的人口，土地等可利用资源的使用已接近极限。因此，解决中国的粮食问题主要依靠提高单位面积产量。合理使用化学农药是提高农作物单位面积产量的主要手段，也是保证我国粮食丰收的必要手段，具有重要战略意义。而有机磷农药则是农药中的佼佼者。

回顾世界农药的发展史，四配位有机磷化合物是最重要的一类农用化学品，它们在农业和商业上发挥了巨大的作用。在农药的研发和应用中，四配位有机磷化合物充分显示了作为农药应用的突出优点和发展潜力。其一，在四配位有机磷化合物的骨架中，由于磷与 4 个不同基团的组合可千变万化，从而神奇地显示出杀虫、杀菌、除草或调节植物生长等多种不同的农药活性。其二，四配位有机磷化合物与有害生物靶标作用部位有较好的化学反应亲和性，高效而价廉。其三，较之有机氯化合物，四配位有机磷化合物大多低残留且更易降解。四配位有机磷化合物分解后可以转化为植物的营养物质——磷酸类小分子，可与生态和谐共存[2]。目前，作为农药研发应用的四配位有机磷化合物在全球广泛应用，几乎遍及农药的各个领域。

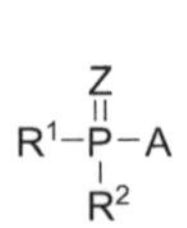

四配位有机磷化合物

本章主要介绍含磷农药的发展概况、我国含磷农药的发展与创新，以及有机磷农药的应用特色与展望。

1.1 含磷农药的发展概况

第一个有机磷化合物的研究始于1820年，Lassaigne仿照乙醇和硫酸的作用，采用乙醇和磷酸反应来制备磷酸酯，从而开始了有机磷化学领域的工作。随后，在1874～1915年，德国的Michaelis学派进行了磷化学的开拓性工作，开展了P—C、P—O、P—S、P—N、P—X键的脂肪族和芳香族化合物的合成研究，为有机磷化学的发展奠定了基础。1903～1945年，俄国Arbuzov学派的工作主要集中在亚磷酸酯、磷酸酯和不饱和膦酸酯的化学研究，开展了脂肪族的P—O—C键化合物的制备反应与机制，以及其性质、立体化学等方面的研究。著名的Arbuzov反应为此阶段的代表性成果。至此阶段，有机磷化学经历了100多年的发展历程。虽然这期间的主要工作仅集中于实验室的基础研究，但磷化学的发展为世界范围内有机磷农药工业的起步与发展奠定了科学和技术基础。

从第一个有机磷杀虫剂的发现到有机磷化合物作为农药大批推广使用的80多年间，世界上大量的公司和研究机构持续开展了四配位有机磷化合物的研究与开发，不断发现四配位有机磷化合物可以作为杀虫剂、杀菌剂、除草剂和植物生长调节剂等多种农药的活性成分并将其广泛应用于农业生产。有机磷农药的不断发明和应用推动了相关化学、毒理学、生物化学、生理学、生物学等学科的发展。与此同时，磷科学及有机磷合成化学的科技进步也促使这一领域有了突飞猛进的发展。至今为止，主要应用的有机磷农药接近300个品种。四配位有机磷化合物在农药领域中最重要的应用是作为杀虫杀螨剂、除草剂、杀菌剂，以及植物生长调节剂，此外还可作为杀线虫剂、杀鼠剂、昆虫化学不育剂、昆虫驱避剂等，以下以杀虫杀螨剂、除草剂、杀菌剂为主要线索，介绍各类有机磷农药的历史及发展简况。

杀虫剂是有机磷农药中开发最早、品种最庞大的一类[3]。有机磷杀虫剂研发的起始阶段正值第二次世界大战期间，当时德国化学家施拉德(G. Schrader)从事作为化学武器的有机磷毒物的研究，合成了大量的化合物，并测试其生物活性，第一次在Bayer实验室合成发现了具有杀虫活性的有机磷化合物。当时由于战争年代保密的原因，直到 1947 年才首次公布特普（TEPP）、八甲磷（OMPA）、对氧磷等为具有杀虫活性的有机磷化合物，但这些都是极毒的有机磷化合物。1943 年，德国拜耳公司将第一个有机磷触杀剂推进德国市场[4]，随后成功开发了对硫磷（1605）和具有内吸作用的内吸磷（1059），对硫磷和内吸磷作为杀虫剂进入工业化生产，并最早发展成为大吨位品种。对硫磷和内吸磷作为与虫害争夺粮食的有力武器，在世界范围得到推广应用，从而开创了有机磷农药的新纪元。以对硫磷为代表的杀虫剂的应用促使四配位有机磷化合物的研究从实验室走向工业化，成为了从基础性研究到农业应用的转折点。

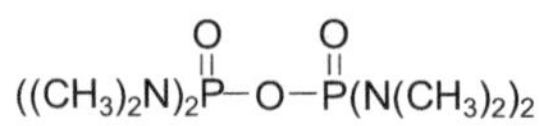

八甲磷

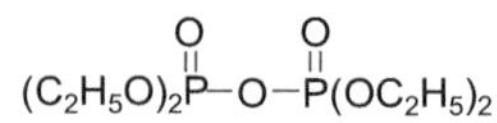

特普

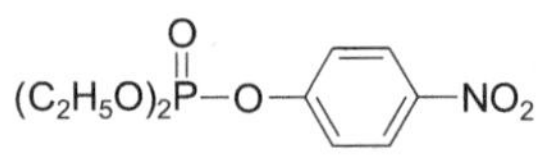

对氧磷

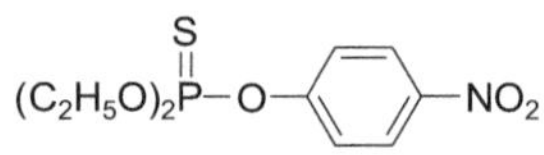

对硫磷

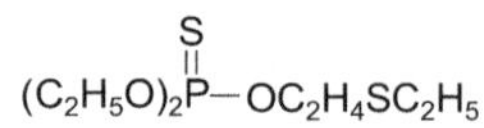

内吸磷

特别是在 20 世纪 50～60 年代，作为杀虫杀螨剂的有机磷品种不断涌现，使其处于杀虫剂的领先地位。在早期获得商品化成功开发的众多有机磷杀虫剂中，最重要也最具有商业价值的有 18 种，其结构类型包括磷酸酯类（久效磷、敌敌畏）；膦酸酯类（敌百虫）；硫逐磷酸酯类（甲基对硫磷、毒死蜱、杀螟硫磷、二嗪磷、倍硫磷）；硫逐硫赶或硫赶磷酸酯类（特丁硫磷、甲胺磷、乙酰甲胺磷、地虫硫磷、乐果、甲拌磷、杀扑磷、马拉硫磷、丙溴磷、砜拌磷）[2]。

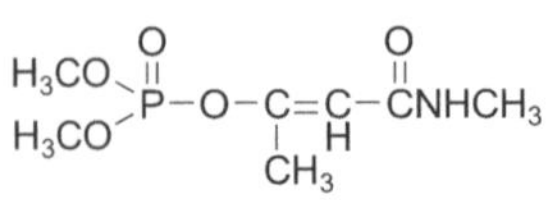

久效磷

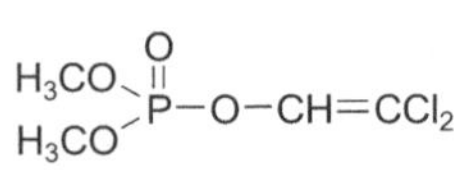

敌敌畏

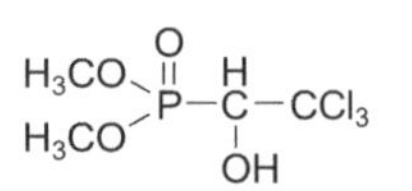

敌百虫

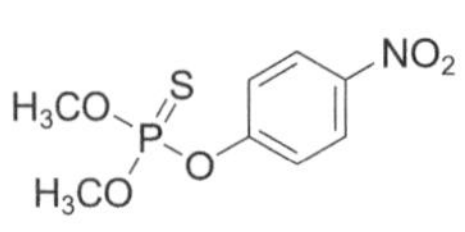

甲基对硫磷

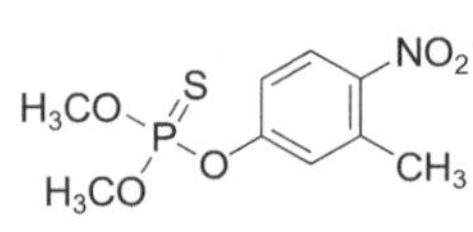

杀螟硫磷

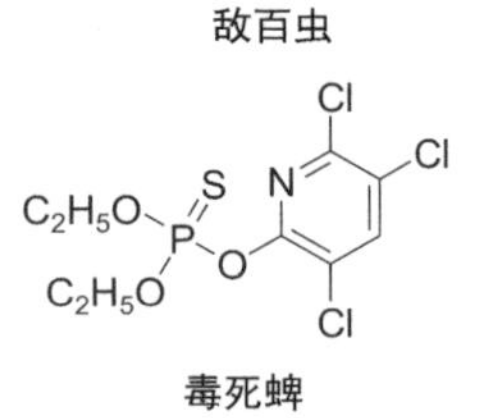

毒死蜱

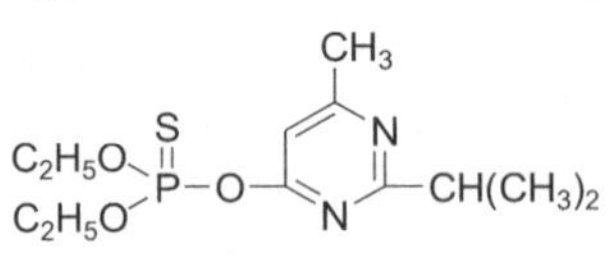

二嗪磷

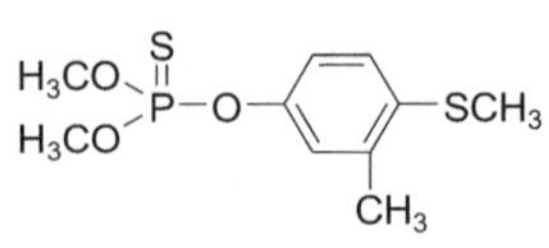

倍硫磷

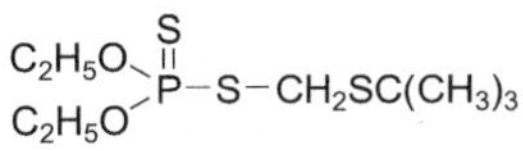
特丁硫磷

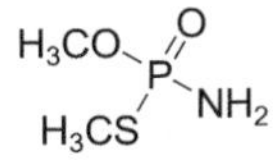
甲胺磷

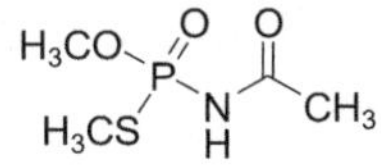
乙酰甲胺磷

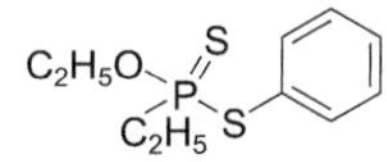
地虫硫磷

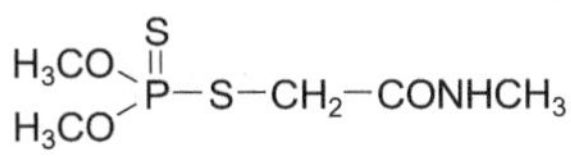
乐果

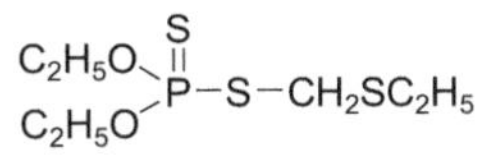
甲拌磷

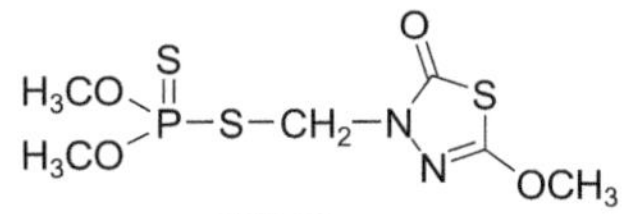
杀扑磷

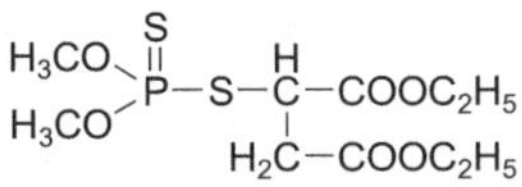
马拉硫磷

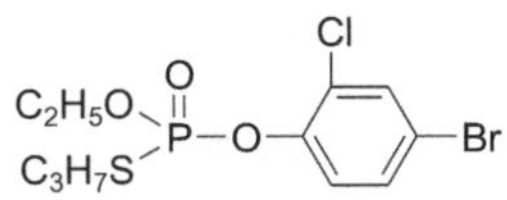
丙溴磷

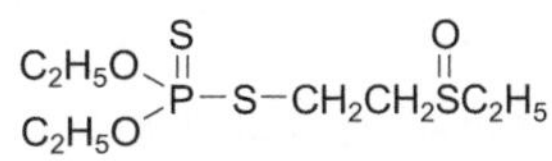
砜拌磷

在 1950～1985 年期间，以有机磷杀虫剂为代表的相关四配位有机磷酸酯类化合物的化学、生化、毒性研究的数以千计的专利、论文以及大量的评论、书籍不断发表，涉及了大量的化学家和生物化学家，促使有机磷杀虫剂这一领域有了突飞猛进的发展。在杀虫剂方面，有机磷类很快发展成为世界杀虫剂市场中的三大支柱(其他两类为拟除虫菊酯类和氨基甲酸酯类)之一，并长年傲居首位。在相当长一段时间内，有机磷杀虫剂的销售额一直位居世界各类农药之首。

有机磷杀虫剂在为全球的粮食丰收做出巨大贡献的同时，一些不能与人类和环境相容的安全性问题也引起了人们极大的关注。大多数杀虫作用机制的研究结果表明，有机磷酸酯对昆虫的毒性是基于对昆虫体内的乙酰胆碱酯酶的抑制作用，并且抑制活性越强，对害虫的毒性越高，杀虫活性越好。有机磷杀虫剂均为神经毒剂，是以昆虫体内的乙酰胆碱酯酶为靶标的抑制剂，同样对温血动物体内的乙酰胆碱酯酶具有抑制作用。因此，一些急性毒性较高的有机磷杀虫剂品种在实际应用过程中导致的中毒事件引起了人们极大的关注。1998 年由 50 多个国家签署的《关于在国际贸易中对某些危险化学品和农药采用事先知情同意程序的鹿特丹公约》(简称《PIC 公约》)，将甲胺磷、对硫磷、甲基对硫磷、久效磷、磷胺等 5 种高毒有机磷农药列入严格控制的名单之列。以对硫磷、甲胺磷为代表的一些高毒有机磷杀虫剂在世界上逐渐被限用和淘汰。除了经口急性毒性较高的问题以外，某些有机磷酸酯还具有迟发性神经毒性，如伊比磷、苯腈磷、苯硫磷、溴苯磷等便为延迟性神经毒剂。此外，某些有机磷酸酯在食用的农产品中存在不能被人类接受的残留问题。这些问题成为了将某些有机磷酸酯类产品从农药市场上淘汰的理由。

一些有机磷杀虫剂的高毒品种虽然被逐渐淘汰，但由于一些中低毒有机磷杀虫剂合成方便，杀虫活性高，杀虫谱广(如对鳞翅目、鞘翅目、双翅目等多种昆虫及螨类均有防治作用)，具有触杀、胃毒、内吸、熏蒸等多种杀虫方式，对植物较安全，易分解，残留期短，残留量低，与环境相容性好，因此有机磷杀虫剂仍是一大类实用性很强的优良杀虫剂。有机磷杀虫剂的活性强度不及拟除虫菊酯类化合物，但高于有机氯化合物，相当于或高于氨基甲酸酯类化合物[5]。2000 年后，两种低毒的有机磷杀虫剂在中国进入产业化和应用，即由四川省化学工业研究设计院创制的低毒有机磷类杀虫剂硝虫硫磷[6]，以及由武汉工程大学创制的氯胺磷[6]。到目前为止，在全球研发的有机磷杀虫剂超过了 200 个品种(具体见附录 1)[3]。

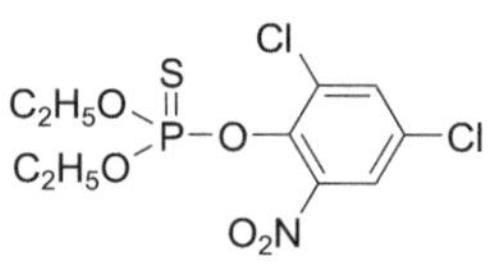

硝虫硫磷

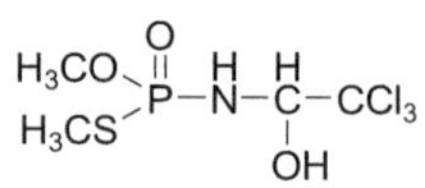

氯胺磷

1942 年人们偶然发现 2,4-D 具有内吸传导和选择性除草作用，并且成本低、毒性低，因此迅速在全球推广应用，从此开创了化学除草的新纪元。之后，许多农药公司竞相开发除草剂新品种，随着除草剂需求量的不断上涨，各种化学结构类型的高效高选择性除草剂相继问世。至今，全球开发应用的除草剂已达 300 种以上。特别是进入 20 世纪 80 年代后，除草剂在全球农药市场的份额一直高居 40%～50%。其中，有机磷除草剂快速发展成为全球应用量最大、应用最广的一类农药。

20 世纪 50 年代，在有机磷杀虫剂在世界范围内突飞猛进的发展之际，人们开始从四配位有机磷衍生物中探索研发除草剂。1958 年由美国陶氏化学公司开发了第一个有机磷除草剂草特磷[7]，用于草坪防除马唐，草特磷毒性虽然不是很高，但发现有迟发性神经毒性的迹象[8]。

20 世纪 50～80 年代，继第一个除草剂草特磷后，在世界范围内相继有十多种有机磷除草剂成功开发和应用。其结构类型包括二硫代磷酸酯类(如地散磷)、硫逐磷酰胺酯类(如甲基胺草磷)，以及膦酸酯类(如草甘膦)和次膦酸酯类(如草铵膦)。

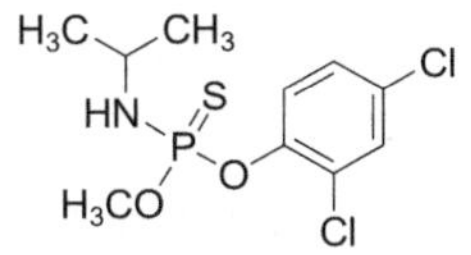

草特磷

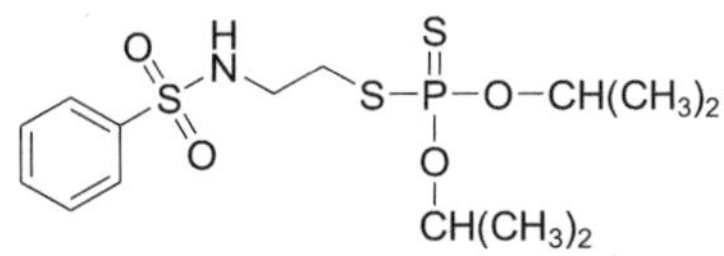

地散磷

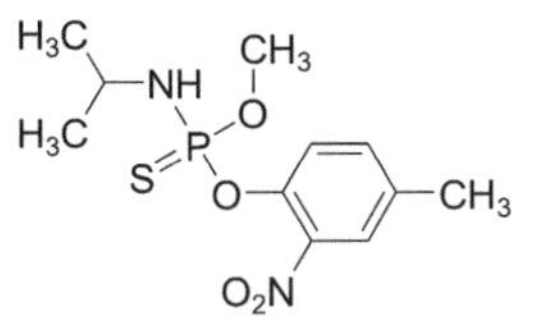

甲基胺草磷

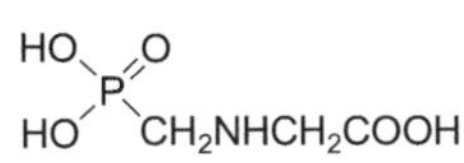

草甘膦

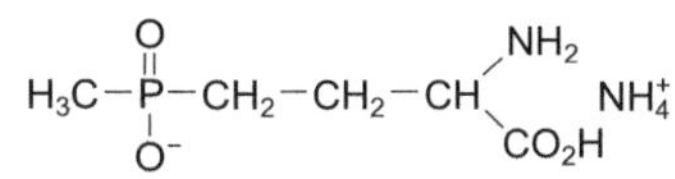

草铵膦

20 世纪 90 年代，没有成功开发新的有机磷除草剂进入市场。2000 年后，在中国先后研发了两种有机磷除草剂。一种是由南开大学元素有机化学研究所创制的硫代磷酰胺酯类除草剂双甲胺草磷，属内吸传导型水旱两用土壤处理除草剂。另一种是由华中师范大学创制的膦酸酯类除草剂氯酰草膦，为内吸速效型选择性茎叶处理除草剂。

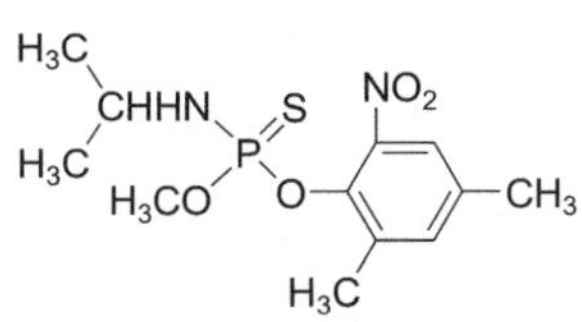

双甲胺草磷

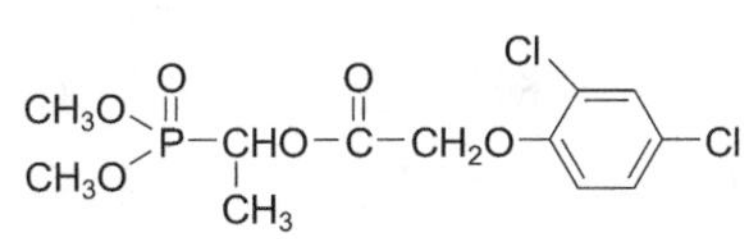

氯酰草膦

在应用的基础上，人们对含磷除草剂控制植物生长或导致植物死亡的作用机制进行了深入研究，根据已有的研究报道，以有机磷除草剂的靶标酶或抑制途径为线索归类，有机磷除草剂可涉及的靶标酶或抑制途径包括：①细胞分裂抑制剂(如甲基胺草磷)；②芳香族氨基酸合成抑制剂，如 5-烯醇式丙酮酰莽草酸-3-磷酸合酶抑制剂(如草甘膦)；③谷氨酰胺合成酶抑制剂(如草铵膦)；④植物生长激素(如伐垅磷)；⑤丙酮酸脱氢酶复合物抑制剂(如氯酰草膦)。

在市场应用的众多除草剂品种或有机磷除草剂品种中，草甘膦独树一帜，成为世界上生产量与销售量最大、使用范围最广的除草剂。通过对作物基因的修饰，使作物对草甘膦产生抗性，从而使非选择性除草剂草甘膦在农作物田间应用成为可能。至今，草甘膦已在100多个国家注册，发展成为全球最大吨位的农药品种。在全球除草剂的发展中，生物工程技术对除草剂研发领域产生了深刻的影响，20世纪90年代出现抗性作物后，与除草剂相关的新专利数量大幅减少。2000年后市场引入的新除草剂数量大幅减少，而杀菌剂和杀虫剂几乎保持不变。除草剂数量的下降似乎与草甘膦的大面积推广应用有关[9]。草甘膦的统治地位一直影响着其他农用化学品公司通过研发计划发现新的除草剂的决定[10]。此外，随着转基因抗草铵膦作物的大面积种植，草铵膦在国际农药市场上也成为一种畅销的除草剂。

有机磷杀菌剂的研制和开发比有机磷杀虫剂晚，其数量也比有机磷杀虫剂少很多。由于大多数具有杀虫活性的有机磷化合物通过磷酰化作用而对害虫体内的乙酰胆碱酯酶具有抑制作用，因而曾认为有机磷化合物对菌类不会有控制作用。

具有磷酰胺结构的威菌磷的杀菌活性于1960年由van den Bos首先发现，这可能是第一个被报道的内吸性有机磷杀菌剂。20世纪60年代以后，具有杀菌活性的有机磷化合物开始受到农药界的关注。最引人注目的成功就是在1963年发现了有机磷杀菌剂——稻瘟净。稻瘟病是对水稻危害很严重的一种病害，有机汞制剂曾在日本(1952～1967年)作为防治稻瘟病的药剂，但造成了环境污染。而稻瘟净有效控制了水稻稻瘟病。据报道，稻瘟净的杀菌机制是它打乱了菌类细胞壁甲壳质的生物合成。随着稻瘟净的应用，进一步发现了许多硫赶磷酸酯和硫赶膦酸酯都具有杀菌作用。研究表明，硫赶酯是防治水稻稻瘟病的重要活性结构部分。硫逐、硫逐硫赶以及磷酸酯式的稻瘟净类似物的杀菌活性均不如具有硫赶结构的稻瘟净，而且活性低得多[11]。

随着有机磷杀菌剂研发的推进，20世纪60年代中后期，一批防治稻瘟病的异稻瘟净、乙苯稻瘟净、克瘟散等内吸性有机磷品种相继出现，被成功开发进入市场。与此同时，有机汞、有机砷和某些有机氯杀菌剂因毒性或环境污染问题而逐渐被淘汰。

内吸性杀菌剂最大的优点是能够通过根部或叶部被植物吸收并传导到植物各部位，对叶面、根部、茎内和种子内的病害具有治疗作用。内吸性杀菌剂的出现，使植物病害的防治能力和水平得到明显改善和提高。因此，内吸性杀菌剂的开发应用，引起了农药界研究人员的极大关注。1978年开发成功的内吸性杀菌剂三乙膦酸铝是双流向内吸性杀菌剂的首例。

进入 20 世纪 80 年代，由南开大学元素有机化学研究所和天津农药厂首先筛选发现了稻枯磷。稻枯磷是防治水稻白叶枯病的保护性杀菌剂，也可防治生姜腐烂病。

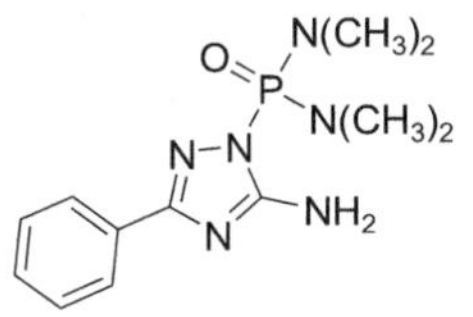

威菌磷

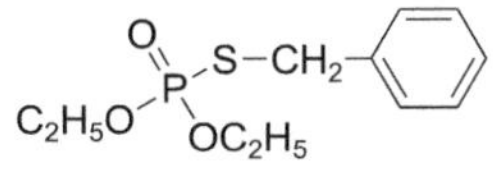

稻瘟净

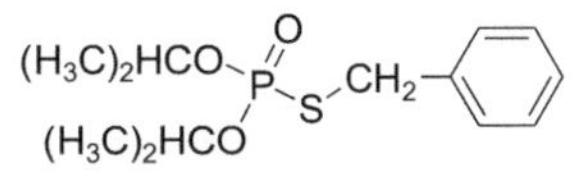

异稻瘟净

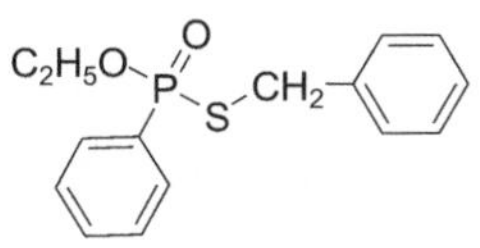

乙苯稻瘟净

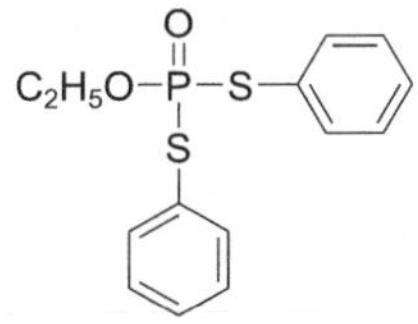

克瘟散

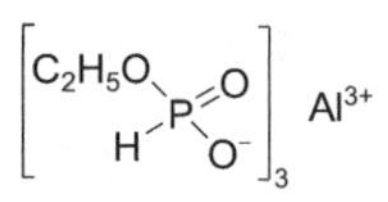

三乙膦酸铝

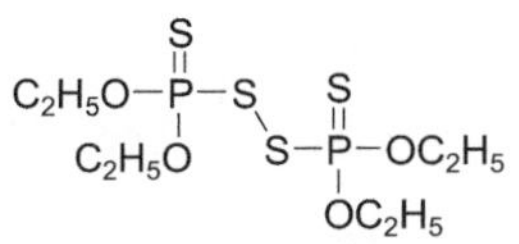

稻枯磷

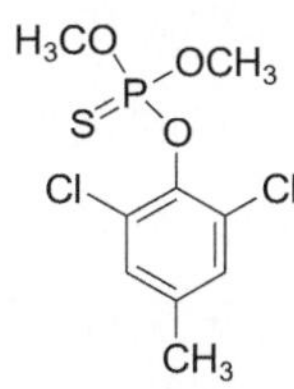

甲基立枯磷

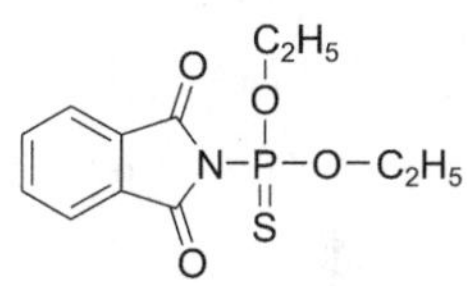

灭菌磷

2000 年后，贵州大学创制的具有膦酸酯结构骨架的毒氟磷作为抗烟草花叶病毒杀菌剂进入研究开发，成为第一个仿生合成的植物免疫激活抗病毒的新农药[6]。

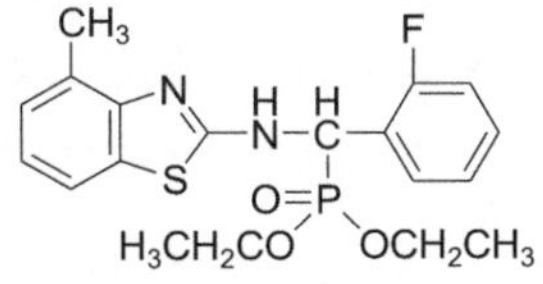

毒氟磷

有机磷杀菌剂按结构分类，包括磷酸酯(如灭瘟灵)，硫逐和(或)硫赶磷酸酯(如稻瘟净、异稻瘟净、克瘟散、稻枯磷)，磷酰胺酯(如威菌磷)，膦酸酯或盐(如乙苯稻瘟净、三乙膦酸铝)。具有硫赶结构的含磷化合物均显示了很好的杀菌活性，许多硫赶磷酸酯还同时兼具杀虫活性。另一类值得关注的有机磷杀菌剂是具有膦酸酯骨架的杀菌剂。自20世纪70年代末以来膦酸酯杀菌剂已广泛用作园艺作物保护剂，具有保护和治疗活性，最近也用于生态系统和林业。膦酸酯可以有效防治叶面和土传卵菌病害，这是一个重大突破，特别是对于难以管理的土传病原体有效。膦酸酯在保护森林和敏感的自然生态系统免受这些病原体的威胁方面发挥了重要作用。自引进到生态系统和林业中以来，膦酸酯化合物越来越多地应用于非卵菌疾病的管理，显示出它们在农业和更广泛领域的多功能性，是一类具有研发前景的杀菌剂[12]。

含磷杀菌剂除了用于防治稻瘟病、叶面和土传卵菌病害以外，还可用于防治作物的白粉病，以及水稻小粒菌核病、纹枯病、颖枯病、玉米大小叶斑病、水稻胡麻叶斑病及水稻小球菌核病等多种病害。随着有机磷杀菌剂的推广和应用，其应用范围不断扩大。研究表明，这些含磷化合物的杀菌作用机制与杀虫的酯酶抑制作用是无关的。

有机磷杀菌剂的研究主要集中在20世纪90年代之前，随着新一代的三唑类、甲氧基丙烯酸酯类等优异杀菌剂的推广应用，一些有机磷杀菌剂在农药市场中被逐步取代。有机磷化合物由于具有适宜的极性，易被植物体吸收并传导，且在植物体和土壤中很容易被分解成无毒物，不易造成残留和污染，而且病原体对有机磷杀菌剂不易产生抗性，例如克瘟散或异稻瘟净使用10～14年后在田间仍未能分离得到抗性菌株，因此，有机磷化合物作为杀菌剂仍具有很大的开发空间和发展潜力。

回顾世界杀虫杀螨剂、除草剂、杀菌剂的发展史，可发现四配位有机磷化合物作为农药在农业和商业上发挥了重要作用。在四配位有机磷化合物的骨架中，磷可与4个不同的基团连接组合，可产生杀虫、杀菌、除草等多种不同的农药活性，这些突出的优点使得四配位有机磷化合物作为农药显示了很好的研发潜力。

一方面，有机磷农药工业的发展进一步促使了合成有机磷化学的发展，使之成为有机合成化学中的一个独特领域。另一方面，磷科学的发展也大力推动了有机磷农药工业的蓬勃发展，同时推动了农药科学的发展，带动了农业现代化的发展。

1.2 中国含磷农药的发展历史与创新

新中国成立前我国的农药工业基础几乎为零。在当时的历史条件下，我国农药化学研究一片空白，连抗美援朝期间急需的六六六、DDT 都不能生产。解放初期才建立了有机氯农药工业生产装置。在新中国成立初期艰难的条件下，为了保证我国的粮食丰收，在老一辈化学家的倡导下，开展了农药化学的研究。为了使研究成果尽快服务于农业生产，采取的策略是重点选择当时国际上成效卓著而又适合我国情况的农药品种并迅速投入生产。20 世纪 50 年代，有机磷化学是有机化学学科的国际前沿和热点领域之一，同时有机磷农药也是有机磷化学领域中最活跃的研究方向。特别是有机磷杀虫剂是当时用于世界农业生产中最具有实用性和有效性的优秀杀虫剂品种。因此，新中国成立以来，我国的一些大学或研究机构重点开展了有机磷农药品种的研发。其中，中国农业大学、南开大学、华中师范大学、贵州大学都先后开展了有机磷化学和有机磷农药领域的研究，大大推动了有机磷农药工业的发展，为我国农业的保护和增产做出了巨大贡献。

1948 年，胡秉方留学归国，率先在中国农业大学开展了有机磷农药的研究工作。中国农业大学是国内最早开展有机磷农药研究的单位。1950 年，在胡秉方的领导下，陈万义、周长海等作为主创人员，利用国内化工原料等资源，创新性地选择五硫化二磷为起始原料，成功研发了对硫磷生产工艺并运用于工业化生产。该项技术开拓了国内有机磷杀虫剂工业化生产的先河，解决了当时农业病虫害防治的紧迫问题。随后，在 1962 年进一步开发了有机磷杀虫剂——乐果的工业化技术，后来乐果成为杀虫剂的“当家”品种。1981 年，陈万义等人进一步开发防治柞蚕饰腹寄蝇的有机磷药剂——“灭蚕蝇 1 号”和“灭蚕蝇 3 号”。1984 年研制的“牛蝇净”(亚胺硫磷)在内蒙古、新疆、青海牧区推广应用并获得成功，用于解决牧区畜牧重大寄生虫病害问题。

杨石先是南开大学农药化学学科发展的领军者和杰出代表，并被誉为中国元素有机化学和农药化学的奠基人和开拓者。早年，他预见我国农业发展和丰收必须要有现代化的农药来保驾。为了适应我国农业发展的需要，1956 年杨石先受周恩来总理委托在南开大学组织开展农药研究。20 世纪 50 年代，鉴于国际上有机磷杀虫剂在农业中应用的有效性和实用性，杨石先在南开大学组织化学系师生首次合成了对人畜危害不大、防治害虫效果好的有机磷杀虫剂——敌百虫和马拉硫磷，并且在校内建立了高效低毒杀虫剂“敌百虫”和“马拉硫磷”两个车间，生产出合格产品，缓解了当时对杀虫剂产品的需求，填补了我国的技术空白。1958 年 8 月，毛泽东主席还莅临视察了当时建设的两个农药小车间，提出了“高等教育要和生产劳动相结合”的重要指示，促使农药学科在南开大学应运而生。20 世纪 50 年代，新建的天津农药厂亟需上马有机磷杀虫剂“对硫磷”，针对中间体氯化物工艺不过关的问题，杨石先组织了李正名、杨华铮和王琴荪等一批青年教师连续奋战攻关，确立了五硫化二磷工艺路线(优于三氯硫磷路线)，使“对硫磷”的生产工艺成功实现了工业化生产。

在党和政府的亲切关怀下，在以杨石先为代表的老一辈化学家的不懈努力下，1962 年 10 月南开大学建成了元素有机化学研究所，并确立了农药化学和元素有机化学为主要研究方向。在杨石先所长的倡导下，科研任务与国家实际需要紧密结合，首先选择有机磷化学和有机磷农药为重点研究领域。杨石先、陈茹玉和陈天池等开展了有机磷生物活性物质与有机磷化学的系统研究。南开大学元素有机化学研究所在国内最早开展了有机磷化学构效关系理论研究，在有机磷农药品种研发方面取得了显著进展，先后为我国成功地开发了有机磷杀虫杀螨剂磷 32 号、磷 47 号、久效磷、多硫磷、甲基对硫磷、特丁硫磷、三磷锡，有机磷杀菌剂稻枯磷、克菌壮，有机磷除草剂胺草磷、草甘膦，以及三苯基膦、亚磷酸三甲酯等多个有机磷化学品及有机磷农药新品种[13-23]。1985 年杨华铮留学归国，回到南开大学，开展了有机磷农药的应用基础研究。进入 2000 年后，杨华铮带领课题组，在对甲基胺草磷类似物进行系统的定量构效关系研究的基础上，通过量子化学计算和人工神经网络分析预测，成功创制了具有自主知识产权的低毒水旱两用除草剂双甲胺草磷(试验代号为 H-9201)[6]。

1958 年华中师范大学的张景龄被公派到苏联学习，师从国际有机磷化学奠基人之一的阿尔布佐夫，1962 年回到华中师范大学后，在国内率先开展了低配位磷正离子化学研究，系统研究了双稠环、三稠环磷茂啉类化合物的合成方法和化学反应。特别是结合当时的国际前沿动态和国内粮食生产的重大需求，开展了有机磷农药的研究。针对当时国际上开发的绝大多数有机磷杀虫剂老品种均为具有对称磷原子的有机磷酸酯类化合物(Ⅰ)抗性发展快的问题，张景龄组织研究团队选择以具有不对称磷原子结构的磷酰胺酯类化合物(Ⅱ)为主攻方向，在我国开拓了不对称性磷酰胺酯类有机磷农药的研发领域。

磷酸酯类化合物Ⅰ　　　　磷酰胺酯类化合物Ⅱ

为了开发与有机磷农药老品种无交互抗性的新品种，在 20 世纪 70 年代初，张景龄带领一个研究小组，在国内首次研制了磷酰胺酯类杀虫剂水胺硫磷，成为填补我国空白的新品种 [50]。在磷化学和含磷农药品种研发获得起步发展的基础上，华中师范大学于 1982 年正式组建了农药化学研究所，张景龄为首任所长。

在 20 世纪 80 年代前后，取代六六六和滴滴涕已成为我国亟待解决的问题。当时杀虫剂水胺硫磷被化工部列为取代高残留杀虫剂六六六的重点推广品种之一，先后在二十多个农药厂实现了产业化。基于我国磷矿丰富尤其是湖北磷矿资源丰富的特点，在成功开发了水胺硫磷的基础上，张景龄进一步组织研究人员研制了有机磷杀虫剂甲基异柳磷、乙基异柳磷、蔬果磷和氯乙硫磷(净地灵)[51-55]，均成功实现了产业化。其中，甲基异柳磷未见国外报道，为独立研制的新品种，并获国家科技进步二等奖(1985 年)。20 世纪 80～90 年代，在刘钊杰的主持下，贺红武等研究成员一起进一步研发了新型杀虫杀螨剂苯胺硫磷和抗虫灵(未见国外报道)，杀线虫剂苯线磷、农药增效剂甲基增效磷，并实现了产业化 [24,56]。苯线磷是当时为了填补我国杀线虫剂空白而承担的国家攻关项目之一。甲基增效磷和苯胺硫磷均获得了省部级科技进步二等奖。

日本九州大学的江藤守総是世界著名的有机磷农药化学家，为有机磷杀虫剂蔬果磷的发明人。20 世纪 80 年代末，贺红武赴日本九州大学江藤守総的农药化学实验室留学，1990 年回到华中师范大学之后，在国内率先开展了具有除草活性膦酸酯类丙酮酸脱氢酶抑制剂的研究。21 世纪初，贺红武带领课题组成功创制了具有自主知识产权的高效低毒低残留的除草剂氯酰草膦(clacyfos，HW02)，并证明其为丙酮酸脱氢酶抑制剂类除草剂 [6,25]，获得了湖北省技术发明一等奖。华中师范大学从 20 世纪 70 年代至今，坚持开展新型有机磷农药品种的研发，从在仿制基础上的创新研究发展到具有自主知识产权品种的创制研究，为国家研制开发了 9 个有机磷农药新品种和1个农药含磷增效剂，其中水胺硫磷和甲基异柳磷发展成为万吨级大品种，直到2022年因高毒被国家停产，2024年被全面禁止使用，在我国应用了四十多年，农业推广应用面积达数百亿亩次，为国家创造了巨大的经济效益和社会效益。华中师范大学农药化学研究所在有机磷农药的化学理论、品种研发、产业化和应用推广方面取得了突出的成果[24]，共获国家技术发明奖、国家科学技术进步奖、星火奖，以及部委和省市自然科学奖、科学技术进步奖、发明奖、著作奖和先进集体奖共30余项，其中包括4项国家级奖励。

1987年，贵州大学宋宝安在长沙召开的农药学术研讨会上提出要做中国自己的农药，实现高毒农药低毒化的技术创新，并着手与湖南沅江化学厂合作开发有机磷杀菌剂甲基立枯磷。宋宝安在学校和工厂车间辗转奔波了8年，带领团队于1994年自主研发高效低毒杀菌剂甲基立枯磷合成技术，在国内首次实现了甲基立枯磷原粉和制剂的工业化生产，填补了国内空白。此后，又先后实现了有机磷杀虫剂毒死蜱和甲胺磷新工艺研发与产业化，为我国众多农药企业采用，产生了显著的经济效益。2001年，宋宝安带领团队以动物中发现的天然氨基膦酸为先导，设计合成了氨基膦酸酯等多个系列新化合物[26-28]，并从中筛选到了抗植物病毒新农药——“病毒星”（后被命名为毒氟磷）[29]。后与广西田园生化股份有限公司合作开发，填补了国内无自主知识产权的抗植物病毒农药的空白[30]。

上述研究不仅将有机磷化学研究从基础学科转化成国家亟需的农药品种，而且填补了中国在农药生产中的空白。在吸收外国经验的基础上，开辟了我国自主发展农药的道路。

在我国农药工业的发展历史中，张立言是中国农药工业的奠基人之一，1957年他领导建立了中国第一个有机磷农药厂（天津农药厂），先后投产了对硫磷、内吸磷、敌百虫和甲拌磷等有机磷杀虫剂产品。1983年国务院决定在全国范围内停止生产六六六和滴滴涕等一些高残留有机氯农药后，有机磷农药品种的研发在我国进入了黄金时代，一批有机磷农药品种的生产能力和产量迅速增长。1990～2002年，是我国以有机磷农药为主的发展阶段，也是中国仿制有机磷杀虫剂的鼎盛时期。在有机磷农药发展的高峰期，有机磷农药几乎占到了全国农药总产量的70%以上。2000年左右我国使用的农药品种约97%以上为仿制品，其中许多品种为国外已禁用或限制使用的高毒、高污染品种。2005年6月20日，中国正式成为《PIC公约》

缔约国。为了保证我国农药工业的可持续发展，解决与环境保护不和谐的种种问题，2006 年 4 月我国四部委第 632 号联合公告宣布：自 2007 年 1 月 1 日起，中国全面禁止在国内销售和使用甲胺磷、对硫磷、甲基对硫磷、久效磷、磷胺 5 种高毒有机磷农药。之后又禁用了多种高毒有机磷杀虫剂，致使有机磷杀虫剂产量大幅下降，同时给新产品的发展腾出了市场空间。

面临这种局面，新农药创制被列入 2006～2020 年《国家中长期科学和技术发展规划纲要》，成为国家发展的重大需求。1992 年《中华人民共和国专利法》第一次修订，将化合物的保护纳入其中，并将保护期限延长至 20 年，增强了对创制新农药化合物的保护，使农药创制逐步走上了正轨[6]。在 1996～2000 年期间，我国建立南北 2 个农药创制中心，标志着我国农药自主创制研究的正式起步[31]。2003 年我国首次将新农药创制研究列为国家重点基础研究发展规划，将绿色化学农药先导结构及作用靶标的发现与研究列入 973 计划。新农药创制成为我国发展面临的重大科学技术问题，在国家科技支撑计划、国家自然科学基金(NSFC)、973 计划及 863 计划等项目的支持下，我国农药创制体系逐步形成并稳步发展，实现了中国农药自主创新的成功跨越。

在国家的大力支持下，经过广大科技人员长期的不懈努力，至 2019 年 7 月底，我国自主创制或开发并获得过登记的农药新品种有 52 个，按产品用途分类，包括杀菌剂 21 个、杀虫剂 17 个、除草剂 10 个、植物生长调节剂 4 个，其中获得正式登记的农药新品种有 35 个[6]，标志着我国的新农药创制工作迈上了一个新台阶。

在我国自主创制或开发并获得过登记的 52 个农药新品种中，有 5 个低毒的有机磷农药品种，包括硝虫硫磷、氯胺磷、毒氟磷、双甲胺草磷、氯酰草膦[31](见表 1-1)。

表1-1　我国具有自主知识产权的5个低毒有机磷农药新品种

类别	品种名称	创制单位
有机磷杀虫剂	硝虫硫磷	四川省化学工业研究设计院
有机磷杀虫剂	氯胺磷	武汉工程大学
有机磷植物抗病毒剂	毒氟磷	贵州大学
有机磷除草剂	双甲胺草磷（H-9201）	南开大学
有机磷除草剂	氯酰草膦（clacyfos)	华中师范大学

硝虫硫磷（试验代号 89-1）是由四川省化学工业研究设计院创制的低毒有机磷类杀虫剂[相关专利：*O*,*O*-二烷基-*O*-（2,4-二氯-6-硝基苯基）硫代磷酸酯化合物及其制法和用途][32]。2008 年，由农业部农药检定所批准获得了 90% 硝虫硫磷原药（PD 20080777）和 30% 硝虫硫磷乳油（PD 20080772）用于防治柑橘矢尖蚧的正式登记[6]。硝虫硫磷是一种有机磷类的杀虫杀螨剂，通过抑制昆虫乙酰胆碱酯酶阻碍其神经传导而致死，具有触杀、胃毒和强渗透作用，对水稻、棉花、柑橘、蔬菜、小麦、茶叶等作物的主要害虫（如蓟马、稻飞虱、红蜘蛛、矢尖蚧、棉蚜、小菜蛾等）有很好的杀灭效果，在杀虫的同时有一定的杀螨作用，且对作物安全，尤其是对柑橘主要害虫——介壳虫防治效果良好。

氯胺磷（chloramidophos）是为了替代高毒杀虫剂甲胺磷而开发的一个新品种。1997 年湖北省沙隆达股份有限公司的李坚以甲胺磷为基础进行结构修饰合成了氯胺磷，并作为杀虫剂开发[33]。于 2005 年又进一步由武汉工程大学研究开发，并报道氯胺磷具有触杀、胃毒、熏蒸作用[34][相关专利：*O*,*S*-二甲基（2,2,2-三氯-1-羟基-乙基）硫代磷酰胺][33]。之后由武汉工程大学和浙江乐斯化学有限公司共同开发作为低毒有机磷杀虫剂。曾于 2005 年由农业部农药检定所批准获得 95% 的氯胺磷原药（LS 20051337）和 30% 的氯胺磷悬浮剂（LS 20051354）的临时登记[6]。该品种对我国重要的作物害虫——水稻螟虫具有良好的防治效果。该品种由于毒性和成本均低于甲胺磷，可作为甲胺磷的替代品。但由于该品种在生产过程中易分解，制剂的稳定性也较差，从而限制了该品种的推广应用[35]，过期后未再进行登记[6]。

毒氟磷是由贵州大学创制的具有自主知识产权的低毒有机磷植物抗病毒剂（专利：*N*-取代苯并噻唑基-1-取代苯基-*O*,*O*-二烷基-*α*-氨基膦酸酯类衍生物及制备方法和用途）[29]，由贵州大学教育部绿色农药与农业生物工程重点实验室、贵州大学精细化工研究开发中心开发。于 2007 年由农业部农药检定所批准获得临时登记（LS 20071280）。于 2016 年获得 98% 毒氟磷原药（PD 20160339）和 30% 毒氟磷可湿性粉剂（PD 20160338）的正式登记。该品种为抗烟草花叶病毒的抗病毒剂，是创制的第一个仿生合成的植物免疫激活抗病毒的新农药，可用来防治水稻黑条矮缩病、条纹叶枯病、烟草花叶病、束顶病、花叶心腐病以及番茄、黄瓜等蔬菜的病毒病。在有效成分 300g/hm^2 的剂量下，对烟草花叶病防效可达 80%，药效均明显高于对照药剂植病灵、病毒 A 和宁南霉素，并对蜜蜂、家蚕、鱼等非靶标生物安全[36]。

双甲胺草磷(试验代号为 H-9201)是南开大学创制的具有自主知识产权的低毒有机磷除草剂(相关专利：水旱田两用硫代磷酰胺酯类除草剂)[37]，由南开大学农药国家工程中心和江苏省南通江山农药化工股份有限公司共同开发。曾于 2005 年由农业部农药检定所批准获得 95% 双甲胺草磷原药(LS 20051937)及 10% 双甲胺草磷乳油(LS 20051935)的临时登记。过期后未再进行登记 [6]。该品种是水旱两用除草剂，主要通过抑制植物分生组织的生长而发挥药效。在有效成分 750～1125g/hm^2 的剂量下，对于大豆、水稻、小麦和胡萝卜等作物田的一年生单子叶及双子叶杂草(如马唐、稗草、反枝苋、藜、狗尾草、鸭舌草、苋、铁苋菜、野慈姑等)具有较好的防除效果，可作为胡萝卜专用除草剂 [38]。

氯酰草膦(试验代号 HW02，通用名称：clacyfos)是华中师范大学创制的具有自主知识产权的低毒有机磷除草剂(专利：具有除草活性的取代苯氧乙酰氧基烃基膦酸酯及制备)[39]，由华中师范大学农药与有机化学研究所和山东侨昌化学有限公司共同开发，曾于 2007 年由农业部农药检定所批准获得 93% 氯酰草膦原药(LS 20071853)及 30% 氯酰草膦乳油(LS 20071694)的临时登记。随后进入农药正式登记试验，且完成了大部分农药正式登记试验，但因合作企业破产，过期后未再进行登记。该品种是以丙酮酸脱氢酶为靶标的内吸传导性选择性茎叶处理除草剂，能通过杂草芽、根、茎、叶各个器官吸收引起植株死亡。在有效成分 300～600g/hm^2 的剂量下，对双子叶杂草防效优异，杀草谱较广，持效期长，同时能兼治莎草科及蕨类杂草。氯酰草膦对禾本科作物安全性好，可作为草坪、小麦、水稻、玉米田除草剂进行开发，也可用于果园、茶园以及非耕地的除草，对后茬作物无影响，对蜂、鸟、鱼、蚕低毒，对生态环境安全 [40]。

在涵盖全世界重要农药品种最权威的《农药手册》(*the Pesticide Manual*)第 17 版收录的 862 个农药品种中，由中国自主创制的农药品种为 16 个，其中包括杀菌剂 9 个、杀虫杀螨剂 6 个、除草剂 1 个，表明中国已进入新农药创制研究的世界行列。

华中师范大学创制的氯酰草膦是首个以丙酮酸脱氢酶为靶标且具有实用价值的有机磷除草剂。氯酰草膦被《农药手册》第 16 和 17 版收录 [41]，是当时唯一被收录的中国自主创制除草剂或有机磷农药品种。

从农药科学的发展规律而言，没有一劳永逸的农药品种，不断创新才是农药科学发展的永恒规律。第一个有机磷杀虫剂由德国拜耳公司开发。前 50 个品种开发的时间，每个需 2～3 年，成本也相当便宜，后来每个品种开发的时间至少为 6 年，开发费用也不断上涨。随着公众对安全风险评估等要求越来越高，对生态环境友好成为了创制新农药的首选指标。新农药创制最优先考虑的是农药的安全性，农药登记标准不断完善、不断提高，使得新农药创制与开发的难度越来越大。据 Phillips McDougall 公司统计[42]，成功上市 1 个新农药品种，平均需要筛选 16 万个化合物，耗资约 3 亿美元，耗时约 12 年。

中国作为农药生产大国，虽然产量和出口量占据世界农药市场的主导地位，但由于新农药创制开发难度的日益增大，我国自主创制的农药品种和数量很有限。只有不断探索适合我国国情的新农药创制方法，开发具有自主知识产权的环保型农药新品种，才能适应我国农药工业可持续发展的要求，保证农业的可持续发展，保护生态环境。

1.3 有机磷农药的应用特色与发展

1.3.1 有机磷农药的特色和优势

从 1943 年施拉德的第一个有机磷杀虫剂进入德国市场至今，有机磷农药已在全球范围内推广应用了 80 多年。我国从 20 世纪 50 年代开始使用有机磷农药，迄今也已有 70 多年的历史。长期农业推广应用的实践证明，有机磷农药在作物保护上具有显著的实用性、独特性，可归纳为以下几点[43]。

① 有机磷农药的突出优点是在动物体内不易残留，较之高残留的有机氯农药，它们属低残留农药且更易降解。这是由于有机磷农药在动物体内能较迅速地水解为水溶性无毒的代谢物而排泄出去，特别是有机磷化合物在哺乳动物体内比在昆虫体内更易解毒，而且其降解速度往往高于抑制速度，从而对哺乳动物低毒。

② 与高残留的有机氯农药相比，进入作物、土壤和水体的有机磷农药也能很快分解，不致长期残留。大多数有机磷农药结构较简单，分解后可转化为植物的营养素(氨、磷酸以及硫醇等)，可以与生态和谐共存。

③ 有机磷农药主要引起动物急性毒性，而非慢性或积累毒性。

④ 抗性发展缓慢是有机磷农药的另一突出优点。长期使用同一农药品种便会产生抗性，当抗性发展到严重的程度时，其药效会大幅度下降。通常采用抗性系数来表示抗性的大小，即抗性害虫的 LD_{50} 和敏感性害虫的 LD_{50} 比值可称为抗性系数。当抗性发展严重时，抗性系数可达到几百或几千。

$$抗性系数=抗性害虫LD_{50}/敏感性害虫LD_{50}$$

有机磷农药品种繁多，同是有机磷农药，却不一定有交叉抗性，其抗性发展十分缓慢。

⑤ 有机磷农药具有低廉的价格，农民易于接受；且具有相对简单的生产技术，易于工业化。

1.3.2 有机磷农药的发展趋势

有机磷农药在植物保护上具有显著的优势，已长期在全世界农业范围内推广应用。展望未来，有机磷农药的应用仍有发展空间，但其发展方向需做战略调整。

早在20世纪80年代，在国际上许多先进国家对农药的管理日趋严格，对农药的毒理学及生态毒理学的要求越来越高的背景之下，许多大型农药公司对以有机磷杀虫剂为首的有机磷农药的发展前景进行了客观分析。世界上开发的数量较多的杀虫剂包括有机氯类、有机磷酸酯类、拟除虫菊酯类、氨基甲酸酯类、苯甲酰脲类、保幼激素类、磺酰胺类、羧酰胺类、硝基亚甲基类、芳基吡唑类、哒嗪酮类、脲类、胺类、唑啉类、吡唑啉类、芳基唑类、甲氧基丙烯酸酯类，其他的还有脒类、噻嗪酮类、抗毒素类、灭蝇胺类，等等。由于有机磷酸酯类杀虫剂开发的历史长，品种多，在已发现的具有杀虫活性的众多结构类型中，有机磷酸酯类杀虫剂是在数量上最庞大的一类。要再开发一个比现有数量众多的有机磷酸酯杀虫剂效果更好、成本更低的杀虫剂概率更小，而风险更大，因此国外农药公司及时调整了有机磷农药的发展战略。对有机磷酸酯类杀虫剂的创新性研究在1985年到20世纪90年代前后便逐渐进入低潮或终止。目前世界上一些农药公司主要是充分利用现有的符合毒理学要求的一些有机磷杀虫剂。在有机磷杀虫剂品种中，约有31%的低毒或内吸低毒类品种值得开发利用，或者说急性经口半数致死量为500～5000mg/kg的有机磷杀虫剂在使用上应具有较好的安全性。

随着全球环境生态保护措施的强化，在对病毒、病菌、杂草、害虫及害鼠加以有效控制的同时，开发对环境友好无公害的农药成为农药工业可持续发展的必然选择。结合目前的研究背景，有机磷农药的发展趋势概括如下。

其一，长期以来我国有机磷农药工业的当家品种均为仿制国外的传统有机磷农药老品种，还存在对人类和环境种种不安全的问题。开展有机磷农药创制研究成为保证我国农药工业、磷化工以及国民经济可持续发展的战略性任务。因此如何克服传统有机磷农药的种种问题，设计环境友好型有机磷农药新品种是磷科学在农药领域的发展中必须解决的核心科学问题。其科学目标是设计合成具有高效、低毒、低残留、选择性好、环境相容性好、对非靶标生物安全的有机磷农药新品种，来替代那些急性毒性高、具有迟发性神经毒性、高残留、选择性差、对有益生物有害、环境相容性差、影响生态平衡的传统有机磷农药老品种。在含磷农药的创制研究中，靶标与非靶标的选择性，以及适当的化学稳定性是设计高效安全的有机磷化合物需要解决的关键科学问题。

其二，由于开发一个结构全新的有机磷杀虫剂品种需要较长的周期且具有较大的风险，目前对有机磷杀虫剂的创新性研究已进入低潮或终止。从有机磷杀虫剂的应用开发策略而言，除了限制和淘汰高毒有机磷杀虫剂之外，应考虑使用对哺乳动物低毒(急性经口 LD_{50} 为 500～5000mg/kg)、对害虫高效的杀虫剂。重点选择毒理学和生态毒理学符合现在农药登记安全性要求的内吸性有机磷化合物，这类内吸性农药施用几周后即可传导到植物全株而达到保护的目的。因此，内吸性低毒有机磷杀虫剂是今后重点应用的类型。

其三，有机磷除草剂是近十多年来全球发展最快且应用最广的一类农药，但有机磷除草剂的数量和结构类型比有机磷杀虫剂要少很多，因此从结构特点而言，有机磷除草剂还存在较大的结构开发空间。近十多年来，特别是具有低毒特点的(次)膦酸(酯)或氨基膦酸(酯)结构类型的含磷除草剂成为国内外研发的重点。除草剂是当今全球市场最大的农药，近 20 年除草剂占整个农药市场的份额为 45%～50%。除草剂的市场份额是衡量一个国家农药发展水平的重要标志。随着我国农业的发展以及劳动力不断向城市转移，农民对除草剂的需求急剧增长，近年来我国除草剂的市场份额也达到了 45% 左右。因此，有机磷除草剂在我国将具有很好的应用发展前景。

其四，单一光学活性异构体手性农药在农业中显示了很高的应用价值和更优的生物特性，有利于农药减量增效，降低毒性，减少污染。其中尤以拟除虫菊酯类最为突出，通过对光学活性的拆分、转位，开发了一批纯光学活性的拟除虫菊酯类农药，不仅提高了效果，节约了成本，而且还大大减少了对环境的污染。因此，创制高活性对映异构体手性有机磷新农药，以及在有机磷农药老品种的基础上开发毒性更低、活性更高的手性农药，是十分诱人的研究开发领域。而首先探明含磷对映体在药效、作物安全性、毒性以及环境安全性等方面的差异性是手性有机磷新农药研发的前提。在有机磷农药中，其对映体与生物活性之间的关系存在四种情况：①一个对映体高活性而另一个无活性或活性很低，如草铵膦；②两个对映体活性稍有差别(如相差 4～10 倍)，如丙硫磷、乙酰甲胺磷、马拉硫磷等；③两个对映体均有相当活性，如三唑酮等；④各个对映体活性类型不同，如苯硫磷等。此外，不同的对映体其毒性往往也有差别，如丙溴磷对小鼠的毒性为 (R)-(−) > (S)-(+)。那么对于具有一个对映体高活性而另一个无活性或活性很低的手性有机磷农药而言，研发高活性的单一光学活性异构体手性有机磷农药将具有更高的应用价值。在这种情况下，如果以消旋体的形式应用，对于具有一个手性中心的有机磷农药，将有一半无活性的成分投入环境，这样既污染环境，浪费资源，也不能避免不利的生物特性。如果应用单一光学活性有机磷异构体，不仅可以节省一半的原料，有效利用资源，而且还可减少有机磷农药的使用量，减少对环境的污染，还可利用更优的生物特性。因此探明有机磷对映体在活性或毒性等方面的差异性，制备和研发高效、低毒、对生态环境安全的单一光学活性异构体，是手性有机磷新农药创制研发的目标。

从国际上农药管理的发展趋势而言，手性农药外消旋体的使用将日益受到更加严格的限制。为了保护环境，国外发达国家的农药管理部门只登记认可有效的单一光学活性异构体，不再允许将无效的异构体施放到环境中。虽然我国目前对手性农药外消旋体的使用尚无严格的限制，但从农药使用的发展趋势而言，及早开发具有我国自主知识产权的手性农药品种的有效光学异构体，对保护我国的环境生态，降低农药使用的风险，保证我国农药工业的可持续发展具有重要的战略意义。

由于手性农药的工业化开发具有较大的技术难度，因而进入推广应用的手性农药品种很少。尽管手性有机磷化合物制备的基础研究有大量的报道，但在有机磷农药应用的几十年中，几乎没有成功进入工业化开发的手性有机磷农药的单一光学活性异构体。因此工业化制备毒性更低、活性更高的单一光学活性异构体的有机磷农药是具有挑战性和发展前景的高新技术领域。在这一领域，中国利尔化学获得了令人鼓舞的进展！由于只有L-草铵膦才具有除草活性，2016年利尔化学开始研发单一光学活性异构体L-草铵膦的工业化制备方法，并于2019年在全球率先成功实现了单一光学活性异构体L-草铵膦的产业化。这是一个重大的突破。

从商业的价值而言，毒性或活性相当或接近的光学异构体手性有机磷农药不值得研究开发，否则其活性提高不多(或毒性降低不多)，技术难度或成本却会大幅度提高。因此，可以注重选择其毒性或活性相差很大的光学异构体进行研发。

其五，研发有利于有机磷农药增效减量的环保型新剂型，是保证有机磷农药可持续发展的重要研发目标之一。为了提高农药有效成分的分散度，优化生物活性，便于使用，需要经过剂型加工，在农药原药中添加适当农药助剂，赋予其一定的使用形态[44]。大多有机磷农药原药需要加工成各种剂型才能正常发挥药效，而且最终被加工成型的剂型品种和质量对环境安全、药效发挥具有至关重要的作用。传统高毒有机磷农药曾在我国长期使用，对我国的生态环境、人民健康、食品安全、出口贸易产生了严重的消极影响，所使用的非环保型剂型也是影响生态环境的主要因素之一。大多传统有机磷农药多以乳油、可湿性粉剂、粒剂、烟熏剂、粉剂、超低容量油剂等传统剂型为主，这些传统农药剂型的大量使用，出现了破坏生态、危害施用者的健康、储运过程发生事故等问题，例如飘移危害问题、接触毒性问题、易燃问题等。特别是在传统有机磷农药乳油工艺中使用最频繁的苯类溶剂易燃易爆，导致不论是在生产储存还是在使用过程中都存在危险。苯类溶剂不仅会引起慢性中毒，还会造成血小板、红细胞、白细胞减少，对人体造成伤害[45]。而且这类有机磷乳油制剂大部分成分都为苯类溶剂，在施用之后苯类溶剂最终残留在土壤中，或被雨水冲入江河湖泊，或渗透到地下水，或散发到大气，会严重污染人类的生存环境。一些制剂行业先进的国家，在果蔬上早已禁止使用苯类溶剂。由于有害溶剂对人类和生态环境的种种危害，2013年工业和信息化部发布了《农药乳油中有害溶剂限量》标准，从2014年3月1日开始生效。规定了乳油中有害溶剂的限量值为：苯$\leqslant$ 1%，甲苯$\leqslant$ 1%，二甲苯$\leqslant$ 10%，甲醇$\leqslant$ 5%，*N*,*N*-二甲基甲酰胺$\leqslant$ 2%，乙苯$\leqslant$ 2%，萘$\leqslant$ 1%[46]，从而控制了有害溶剂对生态环境的影响。

目前，水乳剂、微乳剂、水分散粒剂、悬乳剂、悬浮剂和悬浮微胶囊剂等水基性制剂中均可采用水作为稀释剂或介质，具有环境污染小、对人畜相对安全的优点。因此，水基化剂型已成为倡导的趋势[47]。

田间病虫草害的频繁发生，导致农药的使用量过多。近年来，高工效和省力剂型和控释与缓释技术等也受到越来越多的科研工作者的关注，成为研究热点。水分散粒剂、航空喷雾制剂、油悬浮剂、大粒剂、撒滴剂、泡腾片剂、热雾剂、展膜油剂等逐渐受到使用者的欢迎，其应用也越来越广泛。总之，高效省工、方便精准施药、利用率高的制剂将是有机磷农药制剂大力发展的方向[48]。

其六，在有机磷农药工业中，原子经济性、低碳环保的磷系产品的生产新方法的研究是保证有机磷农药工业可持续发展的重要研发方向。从我国化学合成工业的现状而言，一些企业仍旧大量采用能耗高、污染重的落后生产工艺。在我国有机磷农药工业制备体系中，主要采用从黄磷出发，经过制备三氯化磷或三氯氧磷等再进一步衍生有机磷农药的传统工艺，其耗能高，副产物多，原子经济性差。在世界上已有应用的磷化氢工艺具有更环保和原子经济性高的特点。磷化氢与烯烃反应可以获得重要的有机磷中间体，其反应活性高，收率和产品纯度都很高，几乎没有废物排放。但由于磷化氢是剧毒、具有腐蚀性且易燃的物质，致使工艺、设备难度极高，如处理不当，存在较大的安全隐患。因此，亟需具有自主知识产权的高效绿色的合成核心技术。目前针对这些问题所提出的发展策略是：通过高效、绿色的途径实现有机磷农药合成，探索从单质磷出发，不使用传统的三氯化磷或三氯氧磷，直接来合成各种有机磷农药，避开传统的黄磷氯代过程，这样可以减少副产物，极大地提高反应的原子经济性，符合当下绿色经济、低碳环保的迫切要求。因此，具有原子经济性、低碳环保的磷系产品合成新方法的研究必将是今后推动磷化工可持续发展的技术支撑及有效驱动力，研发磷系产品高效绿色合成的核心技术将是保证有机磷农药工业可持续发展的重要研究方向。

在 2022 年出版的《中国学科发展战略　磷科学》的磷和农药部分中围绕设计合成具有高效、低毒、低残留、选择性好、环境相容性好、对非靶标生物安全的“绿色”有机磷新品种的科学目标，提出了上述含磷农药的研究方向和发展趋势，为我国含磷农药的基础研究与在工农业上的应用提出了新的发展方向[49]。国际著名的农药专家英国 Cooping 博士曾报告，在中国如果停用化学农药意味着有 3.5 亿人挨饿，水果将减产 78%，蔬菜减产 54%，谷物减产 32%。因而化学农药对于保证我国的农业丰收以及发展国民经济的重要性已不言而喻。基于我国磷资源丰富，磷原料和中间体系统完备，以及有机磷农药可与生态和谐共存，具有价格低廉、应用广泛的优势，特别是从我国对化学农药的重大需求而言，有机磷农药在我国仍会有较大的市场和发展前景。

参考文献

[1] 周喜应．浅谈我国的农药与粮食安全 [J]．农药科学与管理，**2014**, 35(8): 14-16.

[2] 贺红武，刘钊杰．有机磷农药的发展趋势与低毒有机磷杀虫剂的开发和利用(上)[J]．世界农药，**2001**, 23: 1-5.

[3] 程暄生，高中兴，叶亚辉，等．有机磷杀虫剂品种手册 [M]．江苏省农药研究所，**1996**.

[4] 陈茹玉，刘纶祖．有机磷农药化学 [M]．上海：上海科学技术出版社，**1995**.

[5] 陈茹玉，杨华铮，徐本立．农药化学 [M]．北京：清华大学出版社，**2002**.

[6] 芦志成，张鹏飞，李慧超，等．中国农药创制概述与展望 [J]．农药学学报，**2019**, 21(5-6): 551-579.

[7] Turner J A. The Pesticide Manual [M]. 17th ed. Alton: British Crop Protection Council, **2015**.

[8] 大盐裕隆，岭昭彦，松尾昌季，等．新的有机磷除草剂 Cremart [J]．世界农药，**1986** (01): 54-60.

[9] Sparks T C, Bryant R J. Impact of Natural Products on Discovery of and Innovation, Crop Protection Compounds [J]. Pest Management Science, 2022，78(2): 399-408.

[10] Dayan F E. Current Status and Future Prospects in Herbicide Discovery [J]. Plants, **2019**, 8: 341

[11] 江藤守総．有机磷农药的有机化学与生物化学 [M]．杨石先，等译．北京：化学工业出版社，**1981**.

[12] Dann E, McLeod A. Phosphonic Acid: A Long-standing and Versatile Crop Protectant [J]. Pest Management Science, **2021**, 77 (5): 2197-2208.

[13] 杨石先，陈天池，李正名，等．有机磷杀虫剂的研究I．*O*,*O*-二烷基 *S*- 烃基(取代烃基)硫(氧)甲基(取代甲基)二硫代磷酸酯的合成 [J]．化学学报，**1959** (06): 402-408.

[14] 杨石先，陈天池，李正名，等．有机磷杀虫剂的研究II．*O*,*O*-二烷基 *S*- 烃基 (取代烃基) 硫甲基二硫代磷酸酯的合成 [J]．化学学报，**1962** (03): 187-190.

[15] 杨石先，陈天池，王琴孙，等．有机磷杀虫剂的研究III．*O*-乙基 *N*,*N*-二乙氨基硫代磷酰氯的合成及其与硫氢化钠的反应 [J]. 化学学报，**1963** (03): 7-12.

[16] 李正名．折射度法在测定有机磷化合物的结构上的应用 [J]．化学通报，**1963** (12): 20-32.

[17] 杨石先，陈天池，李正名，等．有机磷杀虫剂的研究V [J]．南开大学学报，**1964**, 5 (2): 59.

[18] 杨石先，陈天池，李正名，等．有机磷杀虫剂的研究VI [J]．南开大学学报，**1964**, 5 (3): 79-88.

[19] 陈天池，李正名．近年来有机磷化学及其应用的发展 [J]．化学通报，**1964** (06): 3-10.

[20] 杨石先，陈天池，李正名，等．有机磷杀虫剂的研究VII．某些苯基对位取代硫代膦酸酯的合成 [J]．化学学报，**1965**, 31 (05): 399-406.

[21] 叶挺镐，黄瑞明．新杀菌剂二硫磷中试工艺技术报告 [J]．农药，**1984** (06): 10-12.

[22] 佚名．克菌壮 [J]．宁波化工，**1995** (02): 17.

[23] 程慕如．新农药—克菌壮 [J]．植物保护，**1990** (01): 45.

[24] 贺红武 . 华中师范大学有机磷农药的研制与开发历史 [J]．农药学学报，**2009**, 11: 56-61.

[25] He H W, Yuan J L, Peng H, et al. Studies of *O*,*O*-Dimethyl *α*-(2,4-Dichlorophenoxyacetoxy)ethylphosphonate (HW02) as a New Herbicide.1.Synthesis and Herbicidal Activity of HW02 and Analogues as Novel Inhibitors of Pyruvate Dehydrogenase Complex[J]. Journal of Agricultural & Food Chemistry, **2011**, 59 (9): 4801-4813.

[26] 宋宝安，蒋木庚，吴扬兰，等．*N*-对三氟甲基苯基 -*α*- 氨基烷基膦酸酯的合成、晶体结构及生物活性 [J]．有机化学，**2003**, 23 (009): 967-972.

[27] 万琼琼，宋宝安，张国平，等．*O*,*O*′- 二烷基 -*α*-(4- 三氟甲基苯基) 氨基 - 取代苯基甲基膦酸酯的绿色合成研究 [J]．有机化学，**2006**, 26 (8): 1136-1139.

[28] 吴扬兰，宋宝安，王远亮．类 Mannich 反应合成含氟芳基 -*α*- 氨基烷基磷酸酯 [J]．重庆大学学报 : 自然科学版，**2003**, 26 (5): 68-71.

[29] 宋宝安，张国平，胡德禹，等．*N*-取代苯并噻唑基-1-取代苯基-*O*,*O*-二烷基-*α*- 氨基膦酸酯类衍生物及制备方法和用途：CN1687088A[P]. 2005-10-26.
[30] Zhuo C, et al. Dufulin Activates HrBP1 to Produce Antiviral Responses in Tobacco[J]. PLOS ONE, **2012**, 7 (5): e37944.
[31] 黄文耀，李钟华．具有自主知识产权的农药品种 [J]．今日农药，**2009**, 000 (003): 19-21.
[32] 四川省化学工业研究设计院．*O*,*O*-二烷基-*O*-(2,4-二氯-6-硝基苯基)硫代磷酸酯化合物及其制法和用途：CN1089612A[P]. 1994-07-20.
[33] 李坚．*O*,*S*- 二甲基(2,2,2-三氯-1-羟基-乙基)硫代磷酰胺：CN1203237A[P]. 1998-12-10.
[34] 李坚，巨修练，梁帝允，等．新杀虫剂氯胺磷 [J]．世界农药，**2005**, 027 (002): 44-46.
[35] Zhou S, Wang L, Zhang A, et al. Preparation, Stabilization, and Bioefficacy of *β*-Cyclodextrin Inclusion Compounds of Chloramidophos [J] J. Agric. Food Chem., **2008**, 56: 2708-2713.
[36] 陈卓，杨松．自主创制抗植物病毒新农药：毒氟磷 [J]．世界农药，**2009**, 31 (002): 52-53.
[37] 南开大学．水旱田两用硫代磷酰胺酯类除草剂：CN1159284A[P]. 1997-09-17.
[38] 张敦阳，宋贤利，孙艾萍，等．20% 双甲胺草磷乳油防除胡萝卜、水稻田杂草效果 [J]．农药科学与管理，**2004** (07): 24-27.
[39] 华中师范大学．具有除草活性的取代苯氧乙酰氧基烃基膦酸酯及制备：CN1197800A[P]. 1998-11-04.
[40] He H W, Peng H, Tan X S. Environmentally Friendly Alkylphosphonate Herbicides[M]. Berlin: Springer-Verlag and Beijing: Chemical Industry Press, **2014**.
[41] 杨帆，杨吉春，李新．新版 Pesticide Manual 收录的中国农药品种简介 [J]．农药，**2017** (05): 367-371.
[42] McDougall P. The Cost of New Agrochemical Product Discovery, Development and Registration in 1995, 2000, 2005-8 and 2010 to 2014. R&D expenditure in 2014 and expectations for 2019 [Z]. 2011.
[43] Naumann K. Acetylcholinesterase inhibitors: JP2020026400A[P]. 2020-02-20.
[44] 刘步林．农药剂型加工技术 [M]．北京：化学工业出版社，**1998**.
[45] Gustafson C, Tagesson C. Influence of Organic Solvent Mixtures on Biological Membranes[J]. Occupational and Environmental Medicine, **1985**, 42 (9): 591-595.
[46] 汪建沃．农药乳油中有害溶剂限量标准的实施及对策 [J]．农药市场信息，**2014** (12): 18.
[47] 程雪健，丁程瀛，冉刚超，等．农药剂型的过去、现在与发展趋势 [J]．现代农药，2024, 23(5): 1-6.
[48] 雷津美，张莉，杜凤沛．科技推动下的农药剂型加工与发展 [J]．现代农药，2024, 23(5): 7-16.
[49] 中国科学院．中国学科发展战略：磷科学 [M]．北京：科学出版社，**2022**.
[50] 化学系农药研究组．新型有机磷杀虫剂-水胺硫磷的研制报告(一)[J]．华中师院学报：自然科学版，1977 (1), 43-66.
[51] 张景龄，刘钊杰，贺红武，等．甲基异柳磷合成工艺研究 [J]．华中师院学报：自然科学版，1982 (2), 65-73.
[52] 张景龄，刘钊杰．甲基异柳磷小试药效总结 [J]．华中师院学报：自然科学版，1982 (2), 79-87.
[53] 邝培翠，余光旭，杨兴钰．甲基异柳磷结构鉴定 [J]．华中师院学报：自然科学版，1982 (2), 74-78.
[54] 刘钊杰，贺红武，卿湘华，等．新型土壤害虫杀虫剂-异柳磷Ⅱ号的合成 [J]．华中师院学报：自然科学版，1981 (1): 41-49.
[55] 何良年，张景龄，罗光富．新型土壤杀虫剂——净地灵 [J]．华中师范大学学报：自然科学版，1992 (1): 143-144.
[56] 贺红武，刘钊杰，邹煌平，等．增效磷——1 号的研制和应用 [J]．华中师范大学学报：自然科学版，1987, 21(3): 376-382.

2

含磷农药的化学结构与性质

具有农药作用的含磷化合物主要为有机化合物，通常称之为有机磷农药。在有机磷农药的研发中，四配位有机磷化合物充分显示了作为农药应用的发展潜力。在四配位有机磷的骨架中，磷可与 4 个不同的基团连接，磷原子上不同基团的组合可产生千变万化的结构类型。

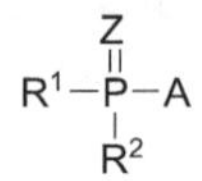

四配位有机磷化合物

有机磷农药有多种分类方法，按照其用途可分为杀虫剂、杀螨剂、除草剂、杀菌剂、杀线虫剂、杀鼠剂和植物生长调节剂等。按照其作用方式可分为：触杀剂、胃毒剂、内吸剂、熏蒸剂等。这种分类方法虽然简单直观，但不能反映农药的分子结构特征。含磷农药的生物活性和作用机制都与其化学结构息息相关，因此了解其分子结构以及电子结构特征非常重要。

磷在元素周期表中与氮元素同属第五主族，与氮非常相似，它们都可形成三价化合物（如 PH_3、NH_3），都能生成鎓盐正离子 R_4P^+、R_4N^+ 等。其区别在于磷可利用 d 轨道而氮却不能。中性磷原子的电子结构为 $1s^22s^22p^63s^23p^3$，磷的外层有 5 个价电子，3s 轨道有 1 个电子对，3p 轨道有 3 个电子，当电子从 3s 进到 3p，从 3p 进到 3d，其活化能分别为 7.5eV 和 9.0eV；而氮原子虽有类似的电子结构，但相应地从 2s 进到 2p，从 2p 进到 2d 的活化能分别为 10.9eV 和 12eV，或者说，磷原子的电子由 3s 跃迁到 3d，所需的能量为 16.5eV，而氮原子的电子由 2s 跃迁到 2d，需要能量 22.9eV，其活化能高得多。由于磷的电子跃迁的活化能量较小，磷化合物中的 d 轨道更容易参与杂化轨道，具有参与成键的能力，这就是磷能形成高配位化合物的原因。因此，磷和氮最大的差别是磷可形成高配位化合物，如可形成六配位磷化合物，而氮却不能。

从含磷化合物结构的系统分类方法而言，主要有两种分类方法。

其一，以磷与其他基团直接相连的 σ 键的数目分类，可分为一配位磷化合物、二配位磷化合物、三配位磷化合物、四配位磷化合物、五配位磷化合物以及六配位磷负离子[1]。在有机磷农药的相关反应中主要涉及三配位三价磷化合物以及四配位五价磷化合物。

其二，以含磷化合物的化合价的数目和结构的特点分类，主要可分为具有三价或五价磷的含氧酸及其酯或酰胺、磷氢化合物及其衍生物、鏻盐以及磷杂环化合物。

作为农药的有机磷化合物大多为三价或五价磷的含氧酸及其酯类或酰胺，或被硫取代的含氧酸及其酯类或酰胺。三价或五价磷的含氧酸及其酯类的结构类型如图 2-1 所示。

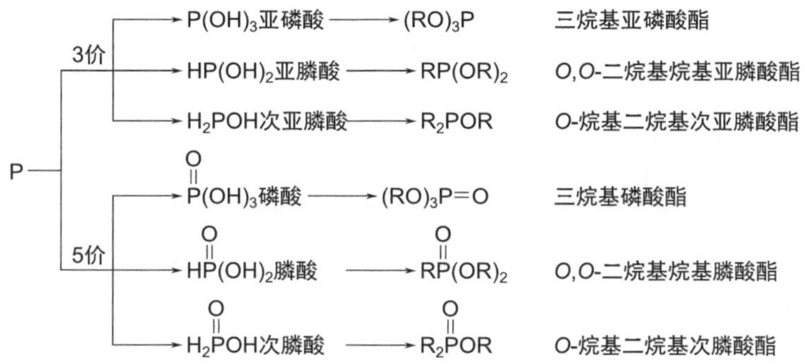

图 2-1 具有三价或五价磷的含氧酸及其酯类

磷酸分子中的羟基(—OH)如被氨基(—NH_2)置换则形成磷酰胺，或当含氧酸酯中的—OR 被氨基取代也可形成相应的磷酰胺酯。如按方法一来分类，有机磷农药的结构类型属于三配位磷化合物以及四配位磷化合物，但以四配位磷化合物为主，如亚磷酸酯为三配位磷化合物，磷(膦)酸酯和磷酰胺酯为四配位磷化合物。通常采用第二种方式对有机磷农药的结构类型进行分类的情况更多，本书将采用第二种分类方式，以含磷化合物结构特点分类的方式进行描述。

2.1 含磷农药的主要化学结构类型

目前广泛使用的大多数有机磷农药都是含有磷酰基(P═O)或硫代磷酰基(P═S)的磷酸或膦酸的衍生物，在这些衍生物中，磷为五价。还有少数有机磷农药为亚磷酸或磷化氢的衍生物，在这些衍生物中，磷为三价。

2.1.1 化学结构的分类

根据有机磷农药中心磷原子连接基团的不同来分类，五价磷衍生物主要可以分为磷酸酯、硫代磷酸酯（包括硫逐磷酸酯、硫赶磷酸酯、二硫代磷酸酯）、磷酰胺酯和硫代磷酰胺酯、磷酰卤酯和硫代磷酰卤酯、焦磷酸酯、膦酸酯以及次膦酸酯。这种分类的方法能够反映有机磷农药的结构特征。其主要结构类型如图 2-2 所示。

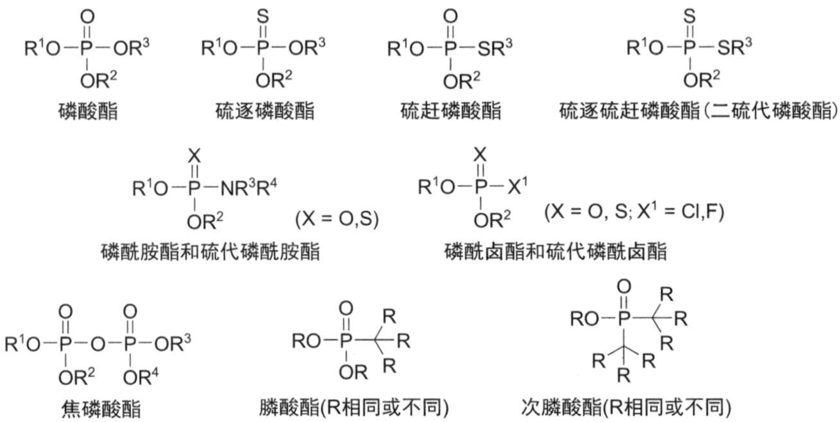

图 2-2　五价磷衍生物的主要结构类型

在有机磷农药中，三价磷衍生物主要为亚磷酸和磷化氢的洐生物，母体亚磷酸中的氢原子被有机基团 R 置换后称为亚磷酸酯，磷化氢分子中的氢原子被有机基团 R 置换后称为膦（图 2-3）。

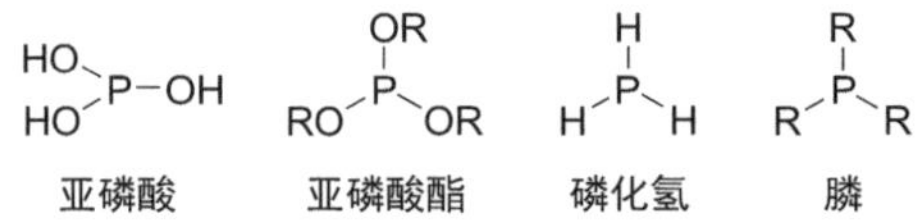

图 2-3　三价磷化合物的主要结构类型

2.1.2　三价磷和五价磷化合物的结构特点

有机磷农药主要为四配位五价磷化合物，但三价磷化合物是合成许多有机磷农药的重要中间体。以下分别介绍三价磷化合物和五价磷化合物结构和性能上的特点。

2.1.2.1　三价磷化合物

三价磷化合物具有 3 个 σ 键，为三配位磷化合物，呈三角锥体对称关系，有 p^3

杂化作用和一定程度的 sp^3 特性，这类化合物的键角在 93.5°(PH_3) 和 100°(PCl_3) 的范围之间，而不是纯 p^3 杂化体理论值的 90°。

三价磷的游离酸或部分酯化的酸都容易异构化，变成互变异构体五价酸，并且其平衡点偏向于转变为四配位五价磷，因为 P═O 键更稳定。当三价磷的游离酸成盐时，就表现为三价磷的化合物。

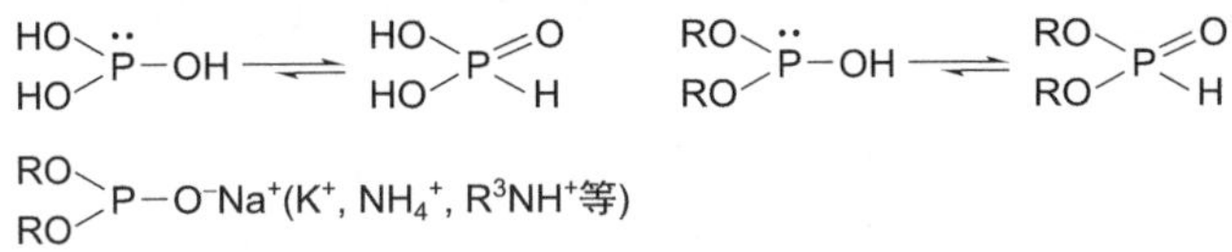

2.1.2.2 五价磷化合物

五价磷化合物按磷上 σ 键的数目，可分为两类。①大部分化合物有 4 个 σ 键，1 个 π 键，为四配位五价磷化合物，有机磷农药属于此类。②少数化合物有 5 个 σ 键，如五配位五价磷化合物。天然存在的磷化合物都具有一个磷酰键 P═O，大多数有机磷农药就具有这种磷酰键 P═O 或类似的硫代磷酰键 P═S，都称为磷酰化合物(图 2-4)。四配位五价磷具有四面体的对称构型，相当于 sp^3 杂化。磷原子具有空的 3d 轨道，能参加 π 键的构成。磷酰基的 π 键来源是由于有负电荷的取代基氧原子上非价键 2p 电子给予磷的空 3d 轨道上去[图 2-4(a)]，形成 pπ-dπ 键。或者说 P^+-O^- 上极化的电子通过 d 轨道回到磷上去，由于氧原子作为电子给体，而磷原子则为受体，此键也称为反馈键。因此磷酰基中含部分的 pπ-dπ 键和一个 σ 键。

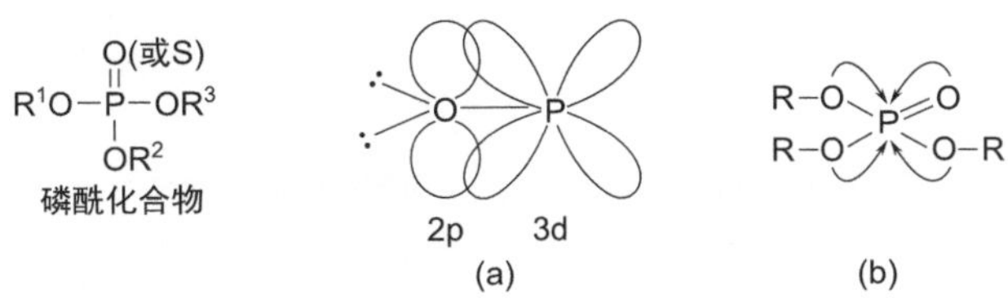

图 2-4 (a) 磷酰基中形成的 pπ-dπ 键；(b) 以磷酸酯为例，与磷相连的氧原子 (P—O) 上的未共享电子对和磷上 3d 轨道迭合

由于 pπ-dπ 键的迭合，磷氧之间亲和力提高，使磷氧键稳定性加大。这个稳定的磷酰键为多种化学反应提供了动力，例如 Michaelis-Arbuzov 反应。在硫代磷酰键 P═S 中，也存在一定的 pπ-dπ 键迭合作用。而且除了磷酰化合物的磷酰键外，

凡与磷相连接的杂原子(如氧原子)上有未共享电子对时，都可以和磷上 3d 轨道迭合[图 2-4(b)]，尽管有些迭合作用不是很有效。这些酯键均具有部分的双键性质，因 pπ-dπ 键的迭合作用而有所加强[2]。

2.2 含磷农药主要结构类型的命名

不同的书刊资料对于有机磷酸酯的命名都有各自的命名系统，较难统一。1952 年英国化学会和美国化学会曾为有机磷农药的命名做了有关规定，本书将按照此规定对有机磷农药的化学结构命名的规则进行介绍。

作为农药的大多数四配位五价有机磷(膦)酸酯均可以看作是母体磷(膦)酸的衍生物，所以有机磷农药的化学名称是以酸为母体进行命名的，现将磷(膦)酸酯以及相应的衍生物的命名按其主要结构类型进行介绍。

2.2.1 磷酸酯

磷酸是一个三元酸，其有三个可被置换的氢原子。磷酸中的氢原子被有机基团 R 置换后称为磷酸酯，取代基 R 可以相同也可不相同，由于取代基与氧相连，命名时则在取代基名前冠以“*O*”字，有时也可省略，然后在取代基后缀以磷酸酯(母体名)。

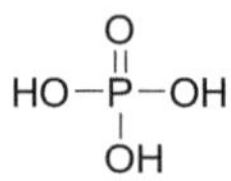

磷酸(phosphoric acid)

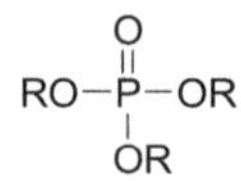

磷酸酯(phosphate)

例如:

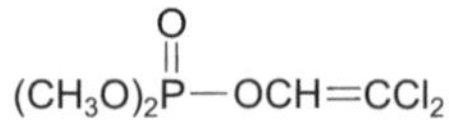

化学名称: *O*,*O*-二甲基-*O*-2,2-二氯乙烯基磷酸酯; *O*,*O*-dimethyl-*O*-2,2-dichlorovinyl phosphate； 二甲基-2,2-二氯乙烯基磷酸酯; dimethyl-2,2-dichlorovinyl phosphate。

商品通用名称： 敌敌畏; dichlorvos。

2.2.2 硫代磷酸酯

磷酸分子中的氧原子被硫置换后，称为硫代磷酸。置换的硫原子数分别为 1、2 或 3 时，分别称为一硫代磷酸、二硫代磷酸、三硫代磷酸。此外，硫原子和磷原子有 P═S 和 P—S 两种连接方式。具有 P═S 连接方式时，命名为硫逐(thiono)磷酸或硫酮式磷酸；具有 P—S 连接方式时，命名为硫赶(thiolo)磷酸或硫醇式磷酸。各类硫代磷酸中的氢原子被有机基团 R 取代后则称之为相应的硫代磷酸酯，其命名和磷酸酯相似。各类硫代磷酸酯的英文名称是在磷酸酯的后缀 -ate 前插入相应的功能基名称，如 thio(硫代)，thiono(硫逐)，thiolo(硫赶)，如同一功能基有 2 个以上时，则加入数字前缀词如 dithio(二硫代)等。例如：

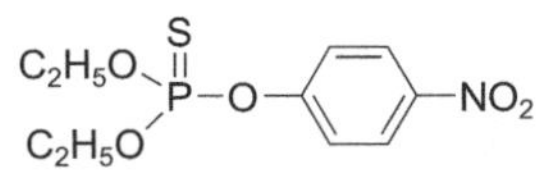

化学名称： *O*,*O*-二乙基-*O*-(4-硝基苯基)硫代磷酸酯；*O*,*O*-diethyl-*O*-(4-nitrophenyl) phosphorothioate；*O*,*O*-二乙基-*O*-(4-硝基苯基)硫逐磷酸酯；*O*,*O*-diethyl-*O*-(4-nitrophenyl) phosphorothionoate。

商品通用名称： 对硫磷；parathion。

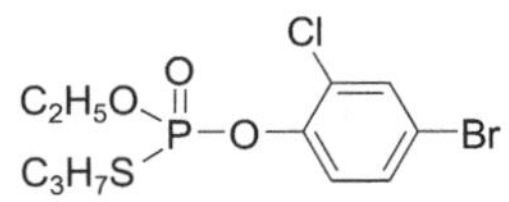

化学名称： *O*-(2-氯-4-溴苯基)-*O*-乙基-*S*-丙基硫赶磷酸酯；*O*-(4-bromo-2-chlorophenyl)-*O*-ethyl-*S*-propyl phosphorothioloate。

商品通用名称： 丙溴磷；profenofos。

化学名称： *O*,*O*-二乙基-*S*-[2-(乙硫基)乙基] 硫逐硫赶磷酸酯；*O*,*O*-diethyl-*S*-[2-(ethylthio) ethyl] phosphorothiolothionoate。

商品通用名称： 乙拌磷；disulfoton。

2.2.3 磷酰胺酯和硫代磷酰胺酯

磷酸分子中的羟基(—OH)如被氨基(—NH_2)置换则称为磷酰胺。如果磷酰胺分子中其他余下的氧原子又被硫原子置换，则称为硫代磷酰胺。当氨基上的氢被有机基团 R 替换时，命名时则在取代基 R 前冠以“*N*”字。如果羟基上氢原子也被 R 取代时，属于酯类，应称为磷酰胺酯(通常为了简化往往略去“酯”字)。其英文名称是在磷酸酯的名称 phosphor-ate 后缀 ate 前插入 amid(酰胺)来表示相应的磷酰胺酯。如果存在两个以上氨基时，则在酰氨基名称前加入数字前缀词，如存在三个氨基时，可表示为 triamid(o)。现以硫代磷酰胺酯的命名为例。例如：

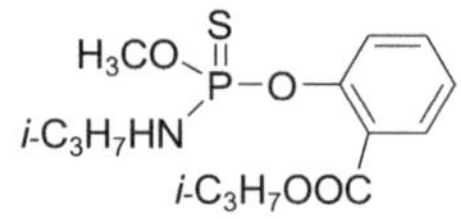

化学名称：*O*-甲基-*O*-(2-异丙氧基羰基)苯基-*N*-异丙基硫代磷酰胺酯；*O*-methyl-*O*-(2-isopropoxycarbonyl)phenyl-*N*-isopropyl phosphoramidothioate。

商品通用名称：甲基异柳磷；isofenphos-methyl。

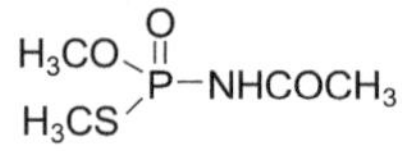

化学名称：*O*,*S*-二甲基-*N*-乙酰基硫代磷酰胺酯；*O*, *S*-dimethyl-*N*-acetyl phosphoramidothioate。

商品通用名称：乙酰甲胺磷；acephate。

2.2.4 磷酰卤酯

当磷酸分子中的羟基被卤素替换后称为磷酰卤，各类磷酰卤的英文名称是在 phosphoroate 中的后缀前插入相应的卤素基名，如 fluorid(氟)，chlorid(氯)等。例如磷酰氯的英文名称是在 phosphoro-ate 中插入 chlorido。例如：

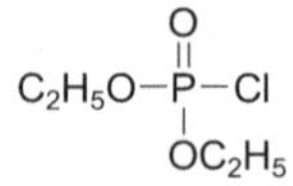

化学名称：*O*,*O*-二乙基磷酰氯；*O*, *O*-diethyl phosphorochloridoate。

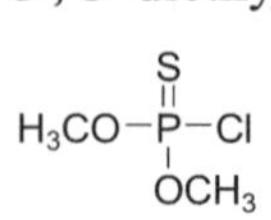

化学名称： *O*,*O*-二甲基硫逐磷酰氯；*O*,*O*-dimethyl phosphorochloridothionoate。

2.2.5 焦磷酸酯

焦磷酸酯为一类含两个磷原子的化合物，目前有关此类含两个磷原子的化合物的命名，没有统一的规则，通常以焦磷酸作为母体。两个磷酸分子之间脱去一分子水形成焦磷酸，焦磷酸中的氢、氧和羟基可分别被有机基团、硫原子和氨基取代。母体焦磷酸中的氢原子被有机基团 R 取代后则称为相应的焦磷酸酯(pyrophosphate 或 diphosphate)，进一步被硫原子或氨基取代后，便可形成相应的硫代、硫逐焦磷酸酯或焦磷酰胺。例如：

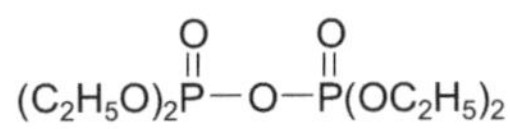

化学名称： 四乙基焦磷酸酯；tetraethyl pyrophosphate。

商品通用名称： 特普；TEPP。

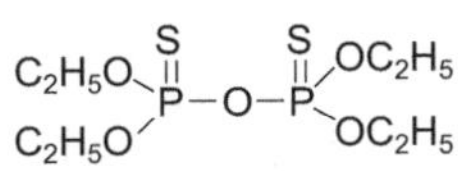

化学名称： *O*,*O*,*O*′,*O*′-四乙基二硫逐焦磷酸酯；*O*,*O*,*O*′,*O*′-tetraethyl dithiono-pyrophosphate。

商品通用名称： 治螟磷；sulfotep。

2.2.6 膦酸酯和次膦酸酯

当磷酸中的一个羟基被有机基团 R 置换后称为膦酸，当磷酸中的两个羟基被有机基团 R 置换后称为次膦酸。膦酸和次膦酸中的氢原子被有机基团 R 置换后分别称为膦酸酯(phosphonate)和次膦酸酯(phosphinate)。膦酸酯分子中含有一个磷碳键(P—C 键)，次膦酸酯分子中含有两个 P—C 键。例如：

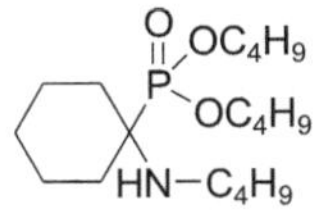

化学名称： *O*,*O*-二丁基[1-(丁基氨基)环己基]膦酸酯；*O*,*O*-dibutyl[1-(butylamino) cyclohexyl] phosphonate。

商品通用名称： 特克草；buminafos。

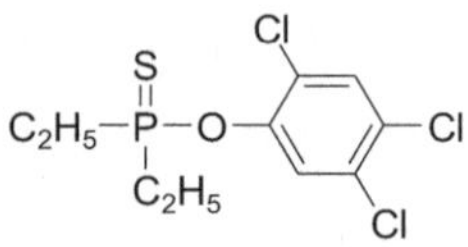

化学名称： *O*-2,4,5-三氯苯基二乙基硫逐次膦酸酯；*O*-2,4,5-trichlorophenyl diethyl thionophosphinate。

商品通用名称： 毒壤膦；trichloronate。

2.2.7 亚磷酸酯

母体亚磷酸(phosphorous acid)中的氢原子被有机基团 R 置换后称为亚磷酸酯(phosphite)。其结构通式如下。

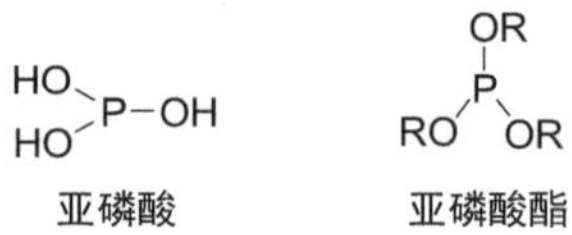

亚磷酸或亚磷酸酯分子中的氧原子被硫置换后，称为硫代亚磷酸或硫代亚磷酸酯。在这类化合物中，磷为三价。少数农药为亚磷酸酯的衍生物，例如，脱叶亚磷。

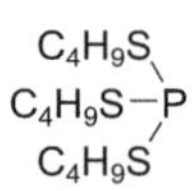

化学名称： *S*,*S*,*S*-三正丁基三硫代亚磷酸酯；*S*,*S*,*S*-tributyl trithiophosphite。

商品通用名称： 脱叶亚磷；merphos。

2.2.8 膦

磷化氢分子中的氢原子被有机基团 R 置换后称为膦，在这类化合物中，磷为三价。磷化氢衍生物的结构与氮的衍生物(如氨、胺以及铵盐)相似。例如，与铵盐相似的四价磷阳离子盐称之为鏻(phosphonium)，如农药三丁氯苄膦(也称为矮形鏻)。

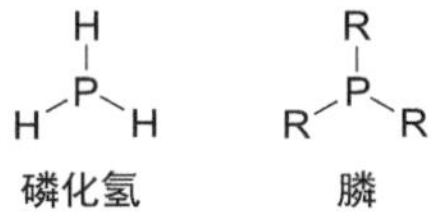

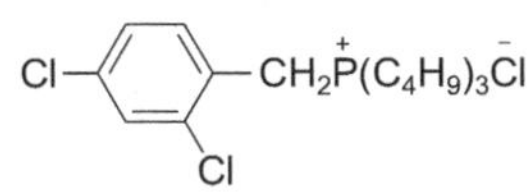

化学名称：三丁基(2,4-二氯苄基)氯化鏻；tributyl(2,4-dichlorobenzyl)phosphoniumchloride。

商品通用名称：三丁氯苄膦；chlorphonium。

2.3 含磷农药的理化性质与特点

从有机磷农药的各类结构可知，不论是五价磷的衍生物，还是三价磷的衍生物，由于各种取代基的结构变化，有机磷农药化学结构的变化有数不清的可能性。由此，可以设计合成多种结构特点不同的含磷分子，从而制备品种繁多的有机磷农药。有机磷化合物结构的多样性，导致了有机磷农药生物活性的多样性，有机磷化合物可表现出多种不同的农药活性功能和作用机制。目前已开发的有机磷农药品种包括杀虫剂、杀螨剂、杀鼠剂、杀菌剂、杀线虫剂、除草剂、植物生长调节剂等多种类别，几乎遍及了所有农药领域。因此，结构和生物活性的多样性是有机磷农药的一个突出特点。

2.3.1 物理性质

在物理性质方面，有机磷农药的一些特点可以通过其物理常数(如相对密度、熔点、沸点、折射率、蒸气压、挥发度和溶解度等)来体现。大多有机磷农药的相对密度大于1，一般比水的密度大。对于固体的有机磷农药产品而言，在生产中测定其熔点往往可以作为测定产品纯度的一个简易手段。液体有机磷农药的折射率一般很高，因折射率测试方法简便，可以作为简捷的鉴定方法。液体有机磷农药的提纯可以采用蒸馏的方法，但有机磷农药的沸点一般都很高，需要在较高的真空中才能蒸馏，值得注意的是许多含磷化合物在达到沸点之前便分解了。

含磷化合物沸点的高低与化合物的蒸气压和挥发度具有直接的关系。无论液体或固体，在任何温度下，都有蒸气逸出。在常温下，有机磷农药的蒸气压都很低。有机磷农药的分子量一般在200～400之间，虽然蒸气压低，但如果在密闭的空间中，其挥发度或在空气中的浓度往往也会很高。不同的有机磷农药品种其挥发度有很大的差异。挥发度大的有机磷农药可以用作熏蒸剂，例如甲拌磷、敌敌畏。但挥发度大的有机磷农药在生产和使用过程中必须切实注意避免因吸入而造成中毒。

有机磷农药在不同溶剂中的溶解度有很大的差异。一般而言，在水中的溶解性较差，在大多数有机溶剂中易溶。但也有有机磷农药在水中有较大的溶解度，甚至可与水互溶，如甲胺磷便可与水互溶。在水中溶解度高的有机磷农药，往往在有机溶剂中溶解度较小。有个别品种在各种溶剂中均只有较小的溶解度。溶解度对有机磷农药的剂型加工具有重要影响，需要根据其溶解度来选择适合加工的剂型种类。如在水和常用有机溶剂中溶解度都很小的，不宜加工成乳剂，只适合加工为可湿性粉剂或粉剂；对于水溶性高且不易水解的有机磷农药可以加工为水乳剂。

2.3.2 化学性质

从结构特征而言，大多数有机磷农药为中性的四配位五价磷酰化合物或硫代磷酰化合物，而且大多数为酯类。由于在此类磷化合物中，极化的磷酰基在磷原子上产生一个正电荷，具有强的亲电性，与亲核试剂极易反应，这是以有机磷酰化合物为主的有机磷农药发生各种化学反应的基本原理。由于三价磷化合物的磷原子上有一对未共享的电子，因此在化学性质上与四配位五价磷酰化合物十分不同。它们除卤素化合物有些亲电性外，都是强亲核剂。在农业上直接应用的三价亚磷酸酯类农药只有很少几种，但三价磷化合物作为有机磷农药的原料和中间体，却大有用途。在化学性质方面，有机磷农药共有的性质主要表现在水解反应、磷酰化反应、烷基化反应、氧化反应、光化反应、热分解作用和异构化现象，而且有些反应也是有机磷农药在生物体中常见的初级代谢反应。这些化学性质与有机磷农药的生物活性或药效有密切的关系。

可以通过了解有机磷农药的各类反应来理解大多数含磷农药的化学性质和特点。

2.4 含磷农药的主要化学反应

含磷农药主要为有机磷化合物，以下将分类介绍含磷农药或有机磷农药的七类主要反应以及相关化合物的化学性质。

2.4.1 水解反应

大多有机磷农药为磷酸酯或磷酰胺酯类结构，这些化合物容易与水反应而分解；且磷酸酯类有机磷农药一经水解，便失去毒性，或失去农药活性。

磷酸酯或磷酰胺酯对碱性水解的敏感程度与其生物活性密切相关。以磷酸三酯为例，如磷酸酯键 P—O—C 水解时，有两种可能性：亲核基可以进攻磷原子，使 P—O 键断开；也可以进攻碳原子，使 O—C 键断开。磷酰化合物的 P 是硬酸中心，分子中的 C 四面体是一个软酸，由于羟基离子是一个硬碱，因而它优先进攻磷原子，对磷而言，羟基的亲核性比水约强 10^8 倍，对碳而言，只约强 10^4 倍。因此，羟基有选择地进攻磷原子，使 P—O 键断开，而水则进攻碳原子。在磷酸酯的分子[式(2-1)]中，酸性最强的基团—OAr 最易碱性水解。在水解反应中，酸性最强的基团—OAr 优先被羟基离子置换，产生二酯和负离子 ArO^-，ArO^- 是化合物可能产生的负离子中最稳定的。例如二甲基苯基磷酸酯水解时，总是苯基先水解掉。此反应与碳上一般的 S_N2 置换相似。这一亲核置换反应有高度的空间特异性，反应时以磷为中心发生反应。

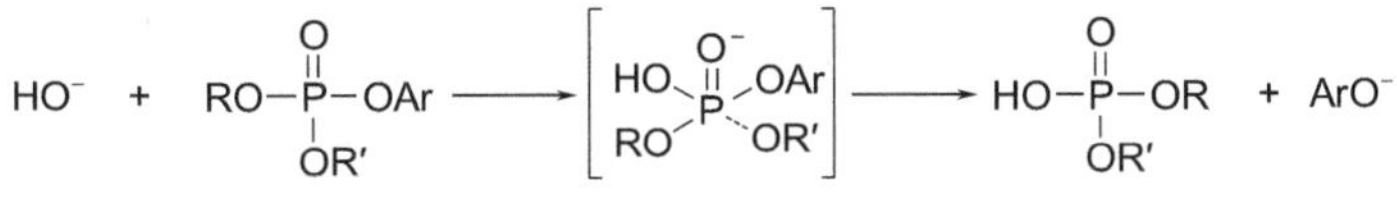

(2-1)

如反应在酸性或中性溶液中发生时完全是 C—O 键的断裂[式(2-2)]。

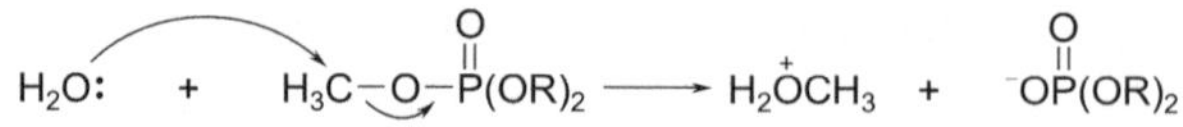

(2-2)

对于混酯或酰胺，和上述碱催化的水解作用恰好相反，一般是碱性最强的基团被除去(少数例外)，如磷酰胺酸性水解时产生胺，烷基芳基磷酸酯产生醇。如果水解产物为二酯，其稳定性好，不易进行碱性水解。因为二酯中的负离子能降低磷的亲电性，其静电排斥力能抗负离子的亲核进攻。如二乙基磷酸在 100℃，pH 10 时，半衰期为 50 亿天。单酯参加反应的主要形式是单价负离子。如一甲基磷酸的单价负离子水解速率比二甲基磷酸单价负离子快约 8000 倍，假定反应经过一个不稳定的中间产物单偏磷酸负离子，伴有 P—O 键断裂，中间产物易与水反应，生成无机磷酸盐[式(2-3)][2]。

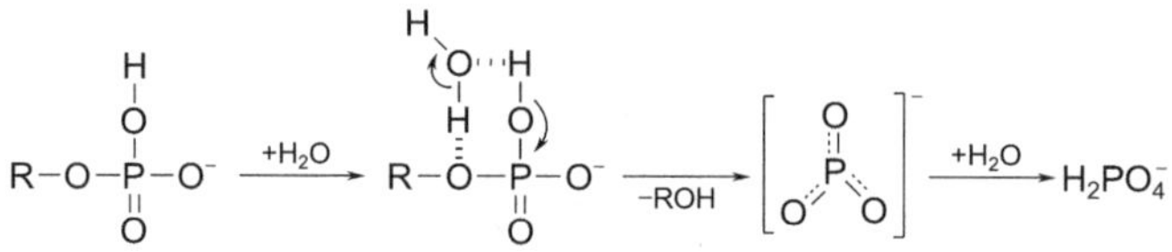

(2-3)

在酸性条件下，二酯、中性分子及共轭酸大都为 C—O 键断裂。在强酸性条件下中性分子及共轭酸也能参与 C—O 键断裂，发生水解[式(2-4)][2]。

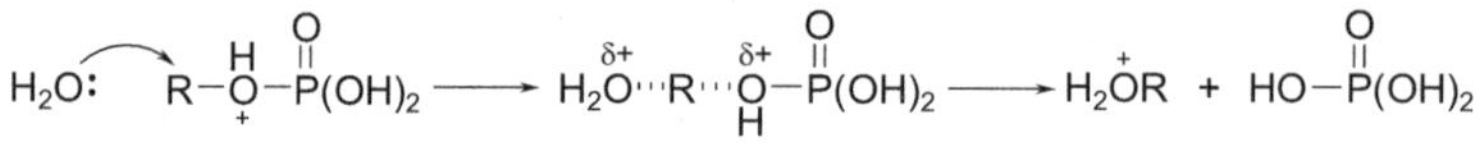

(2-4)

2.4.1.1 影响水解反应的主要因素

有机磷农药或有机磷酸酯(A)与水、碱或酸(B)之间的反应遵守二级反应动力学规律。当反应物 B 大量过剩，或它的浓度保持不变时，此时反应变为假一级反应。

$$A + B \longrightarrow D + E$$

有机磷农药水解的难易，通常是指水解速率的高低。水解速率可由反应速率常数表示。如果以 V 代表反应速率，C 代表反应物的浓度，则在大量水存在下，具有下列关系：$V=kC$，V 的单位为 mol/(L·min)，C 的单位为 mol/L，因此反应速率常数 k 的单位为 min^{-1}。如在大量的水中，在一定的温度下，反应速率常数 k 与反应物的浓度无关，仅取决于反应物的特性和催化剂[3]。此外，水解速率也可由半衰期(t_{50})表示。半衰期指化合物有 50% 被水解掉的时间。在过量水中水解时，在介质酸度和温度一定的情况下，水解速率和反应物的浓度成比例，即 $V=k'C$，由此公式推算，水解一半的时间 t_{50}(min)=0.693/k'，这是一个与原来浓度无关的常数，代表化合物在一定条件下的特性。

水解速率取决于化合物的结构特性和反应条件，通常受到浓度、温度和酸碱度的影响。在外界因素中，温度和酸碱度对有机磷农药的水解反应具有显著的影响。水解时温度越高，水解速率越高，其半衰期也会缩短。如在酸性介质中，敌敌畏在20℃时的半衰期为 61.5d，而在 70℃时的半衰期缩短为 4h[3]。

有机磷酸酯一般在酸性条件下水解速率较低，大多数有机磷农药在 pH 1～5 的水溶液中较稳定，在此范围内，溶剂 pH 的变化对水解速率几乎没影响。但水溶液由中性转变为碱性(pH 8～10)时，水解速率显著提高。这是由于在碱性条件下，碱性水解是由羟基离子在磷上的亲核进攻引起的，pH 每增加一个单位，水解速率几乎增加 10 倍。但值得注意的是有些有机磷农药在酸性和碱性条件下的水解反应历程是不一样的。

2.4.1.2 化学结构对水解反应的影响

有机磷酸酯的结构对水解速率具有显著的影响。在碱性水解的条件下，磷原子上正电荷越强，越有利于羟基离子在磷上的亲核进攻。因此，当磷原子连有吸电子基时，有利于提高磷原子的正电性，可以提高其水解速率，反之如连有推电子基时，可以降低其水解速率。

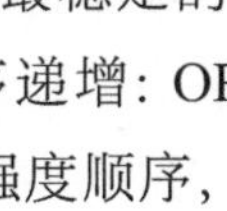

（A为酸性最强的基团）

取代基对磷酸酯水解速率均有影响。酸性最强的取代基团 A 最易碱性水解，因为 A 是化合物可能产生的负离子中最稳定的取代基团。在一般有机磷农药中，酸性取代基团 A 的吸电性按下列顺序递增: OR＜OPh＜SPh＜OP(OXOR)$_2$＜F[2]。这也是置换下来的酸(除氢氟酸外)的强度顺序，其水解速率也按此顺序递增。当有机磷农药具有连接磷原子与氧、氮、硫及卤素等杂原子的键时，这些杂原子都有一对未共享的电子。这些未共享的电子可以接受磷原子空的 3d 轨道，由于这样的 pπ-dπ 分布，键合加强，磷上电子密度增大，将不利于羟基离子在磷上的亲核进攻，可以降低其水解速率，而吸电子基能使磷上 π 电子缺少，化合物更易发生水解反应。

除酸性基团以外，磷酸酯的水解速率也受到非酸性基团的影响。例如，与磷相连的烷基具有推电子作用，此作用与酯基上氧原子的未共享电子对的 pπ-dπ 分布相重叠，这一效应可按下列顺序递增：甲基 < 乙基 < 丙基 [2]。而水解速率则按下列顺序递减：甲基＞乙基＞丙基。因此，甲酯一般比相应的乙酯或更高的烷基酯稳定性差，最易水解。在同系列有机磷农药中，可以通过比较其水解反应速率常数来说明其结构变化对水解反应速率的影响。例如，水解反应速率常数：甲基对硫磷（k=0.23min^{-1}）＞乙基对硫磷（k=5.7×$10^{-2}min^{-1}$）＞异丙基对硫磷（k=3.3×$10^{-3}min^{-1}$），表明这三个有机磷杀虫剂的水解速率随着分子中烷基体积的增大而依次降低，或水解难度依次加大。如果用半衰期表示，在酸性介质中，30℃时，甲基对硫磷的半衰期为 45d，在同一条件下，乙基对硫磷的半衰期为 180d[3]。此外，在水解过程中，烷基酯还可以发生脱烷基反应，烷基酯除因连接酸性基团的键断开，生成正常的水解产物外，也常有脱烷基的产物同时生成。例如乐果、二甲基-*S*-（*N*-甲基氨基甲酰甲基）硫逐硫赶磷酸酯，在碱性介质中（pH 11）产生脱甲基乐果（占总水解产物的 49%）及二甲基硫代磷酸（占总水解产物的38%）。甲酯键发生脱烷基反应比乙酯键容易。当等分子量的烷基酯在 KOH 的 95% 乙醇溶液中室温反应 20h 时，乙基对硫磷产生的脱烷基产物为 11%，而甲基对硫磷产生的脱烷基产物为 46%。当增大 KOH 浓度或降低乙醇浓度时，羟基离子进攻磷原子的水解就要占优势，超出醇进攻甲基发生的脱烷基作用 [2]。

不同骨架结构的有机磷酸酯农药的水解速率具有很大的差异。主要结构类型的磷酸酯的水解特点和规律归纳如下。

（1）硫逐磷酸酯的水解　磷酸酯比硫逐磷酸酯易于水解，具有 P══O 键的磷酸酯的稳定性比具有 P══S 键的硫逐磷酸酯的稳定性一般低 2～20 倍。这是由于氧的电负性大于硫，其吸电性大于硫，使得磷原子正电性较高或亲电性较高，由于磷酸酯对羟基离子的反应性更强，因此磷酸酯比硫逐磷酸酯易于水解。如硫逐式的治线磷的半衰期为 29.2h，而它对应的氧代物的半衰期为 8.2h，水解速率高得多。

（2）硫赶磷酸酯的水解　硫赶磷酸酯比相应的磷酸酯易于水解。尽管硫原子电负性比氧原子低得多，但硫赶磷酸酯的反应活性一般都比相应的氧类似物更高。其原因在于以下三点：其一，硫原子易极化；其二，由于 pπ-dπ 重叠在 3p 轨道上比在 2p 轨道差，在 P—S 键的 pπ-dπ 分布少；其三，P—S 键的强度较低。例如，二乙基-*S*-苯基硫赶磷酸酯的水解速率约为它的磷酸酯相似物水解速率的 100 倍。二异丙基硫赶甲基膦酸酯在碱液中的反应速率比相应的磷酸酯快 25000 倍。在水解反应中，如硫醇是酸性最强的取代基，一般以在 P—S 处发生断键的方式水解。C—S 键比 P—S 键稳定，*S*-烷基酯常以 P—S 开键的方式水解。如硫赶磷酸酯或硫逐硫赶磷酸酯水解时均是 P—S 键断开[式(2-5)和式(2-6)]，如果分子中还有一个酸性更强的取代基，那么就在这个酸性更强的酯键处发生水解。

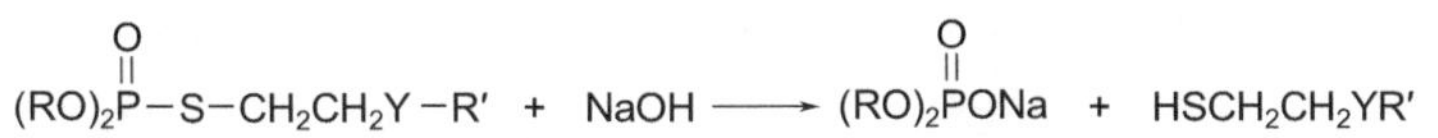
(2-5)

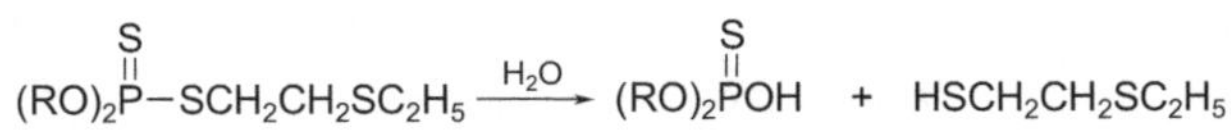
(2-6)

例如，马拉硫磷在 pH 9 以上的水溶液中发生 P—S 断裂，在磷上发生取代反应，水解生成二甲基硫代磷酸及巯基琥珀酸酯[式(2-7)]。马拉硫磷在酸性溶液(pH 3～5)中是比较稳定的，但如果在 1mol/L 的盐酸中回流加热，它同样发生 P—S 断键，水解成二甲基硫代磷酸及巯基琥珀酸酯。马拉硫磷在有机溶剂中受碱的作用发生 *β*-消除作用，生成反丁烯二酸二乙酯及二甲基二硫代磷酸[式(2-8)]，这个反应可用于测定马拉硫磷的含量，即先将由马拉硫磷生成的二硫代磷酸转变为铜配合物，再用比色法定量测定[2]。

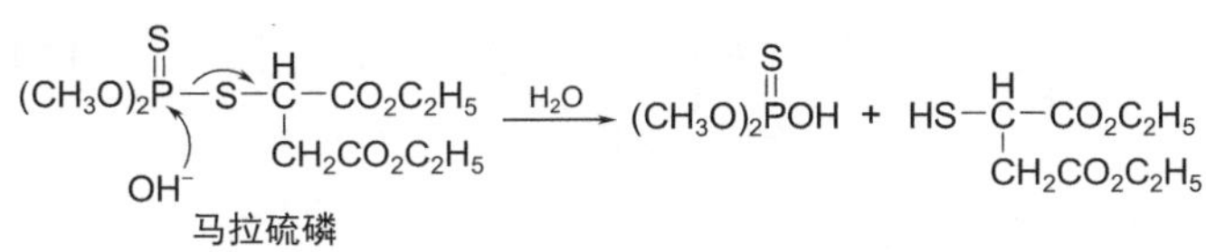
(2-7)

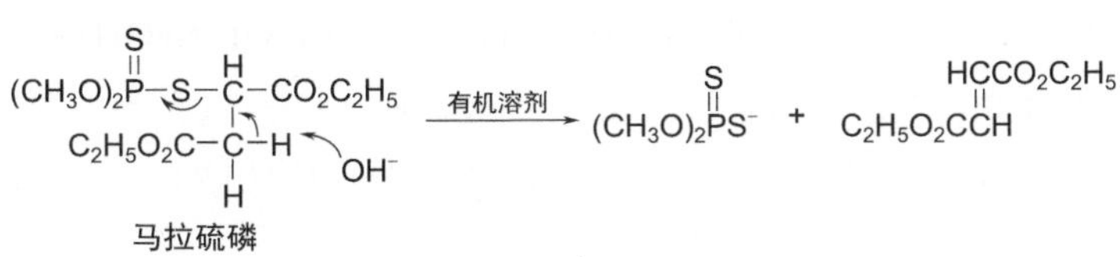
(2-8)

(3) 磷酰胺的水解　磷酰胺比磷酸酯难以水解。磷酰胺水解具有不同的特点，在中性或微酸性介质中，当 N 原子上有烷基取代时，较难水解，双取代比单取代时更难水解。如具有仲胺结构的磷酰胺难以水解，这是由于烷基的推电子效应将电子授予氮原子，在 P 和 N 之间形成 pπ-dπ 键合，使磷原子上的正电荷减少，从而导致磷酰胺对羟基离子的反应性下降。取代基的推电子效应依下列顺序递减：$R_2N >$ RHN $\gg$ RO。伯胺的磷酰胺比 *N,N*-二烷基磷酰胺稍易水解，但仍比磷酸酯稳定得多。但是磷酰胺的碱性水解却非常容易。*N*-烷基磷酰胺具有弱酸性，与强碱能成盐［式(2-9)］。

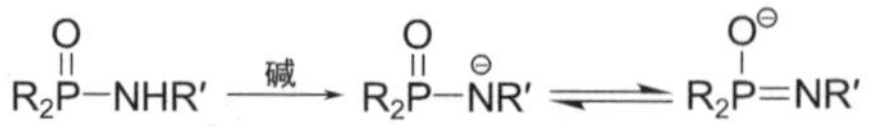
(2-9)

这个类型的反应当磷酰氨基上质子的 $pK_a<14$ 时，在碱性溶液中也会发生。据报道，认为这时酰胺失去质子形成的负离子，能消除卤素而形成一个反应性极强的单偏磷酸式的中间产物，然后迅速与水加成，成为一个磷酰二胺酸［式(2-10)］[2]。

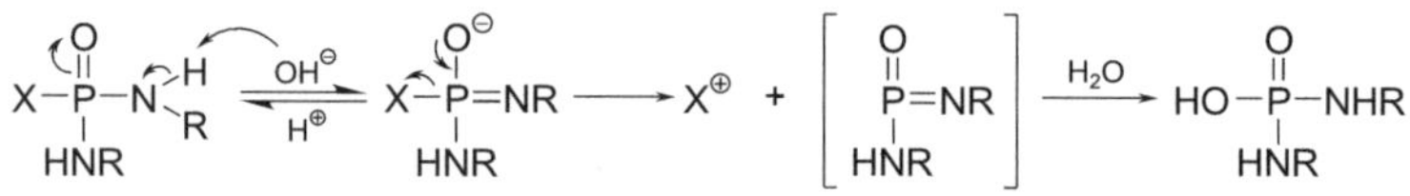
(2-10)

在酸性介质中，有机磷酰胺中的 P—N 键易发生水解而断裂。如仲胺的磷酰胺非常易发生酸性水解。如草特磷的氧式类似物及有关化合物在酸催化下水解，发生 P—N 断键［式(2-11)］，认为这个反应的第一步是氮或磷酰基的氧原子先质子化［式(2-12)］[2]。

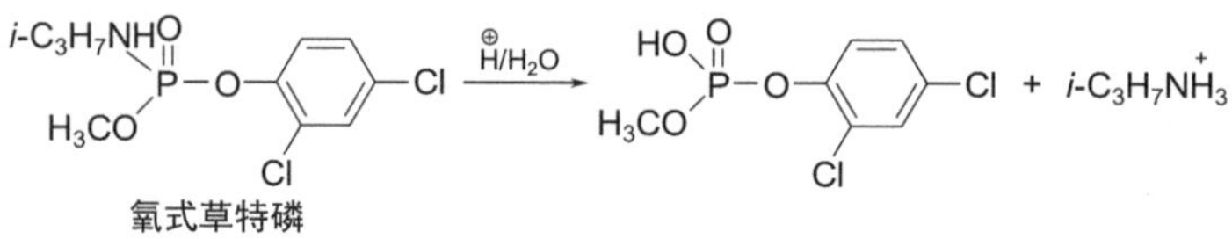
(2-11)

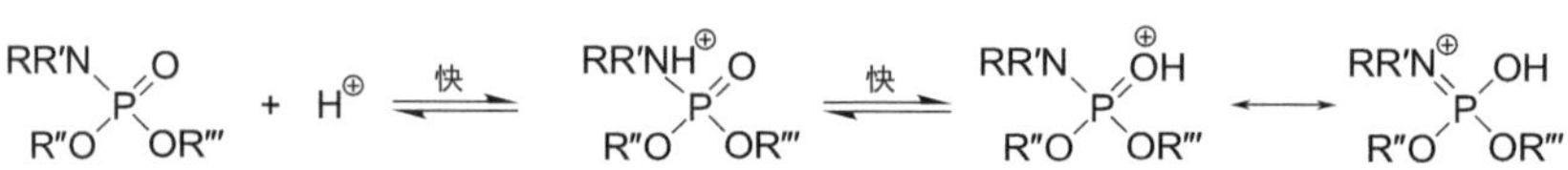
(2-12)

在不同的介质中，磷酰胺的水解速率具有很大的差异。例如，具有二烷基磷酰胺结构的八甲磷在酸性介质(1mol/L HCl)、碱性介质(1mol/L NaOH)和中性水溶液中的半衰期分别为 3.3h、70d 及 100 年，可见其水解速率差异巨大[2]。二烷基磷酰胺具有碱性，在酸性介质中经质子化后形成相邻的正电荷(**M**)致使 P—N 开键［式(2-13)］。

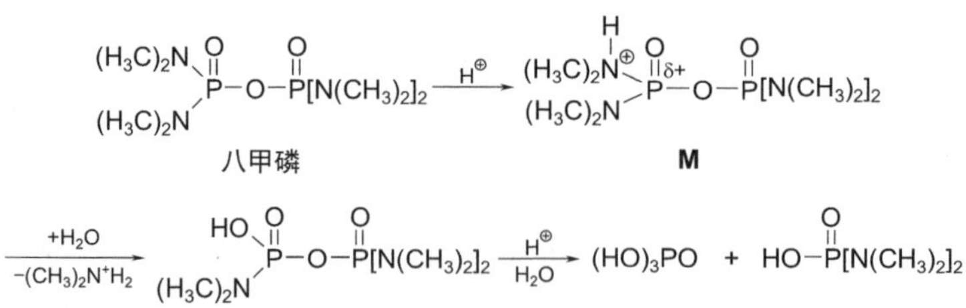
(2-13)

(4) 含烯基磷酸酯的水解　在含烯基的磷酸酯中，其结构中双键系统的互变异构效应与取代基的诱导效应重叠，使水解作用加快。因此，当含烯基的磷酸酯水解时，不论受酸或碱的催化作用，都是烯醇酯键断开，产生相应的羰基化合物［式(2-14)］。而且含烯基的烷基磷酸酯的水解速率比不含烯基的烷基磷酸酯的水解速率大很多倍。

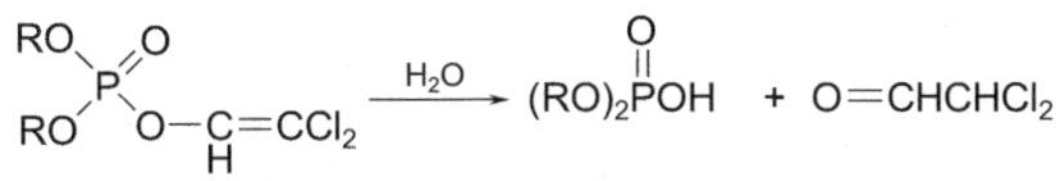
(2-14)

乙烯基上 α 位取代使水解速率增大的序列为—H＜—$CO_2C_2H_5$＜—C_6H_5＜—CH_3。烯醇磷酸酯在经受酸性水解时，质子化可能使双键上的电子被吸去，酯基被激活，而顺利水解［式(2-15)］[4]。

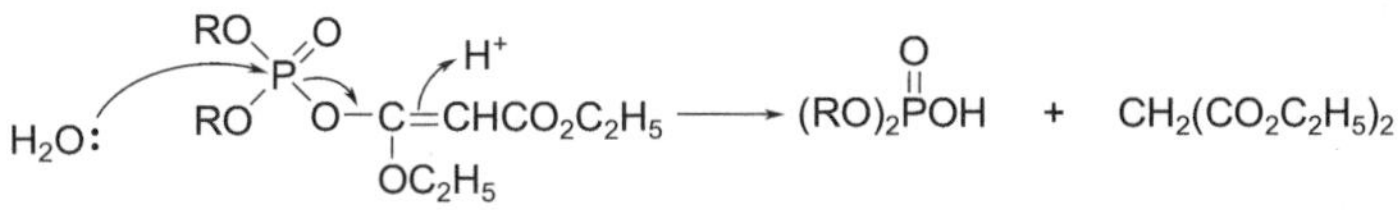
(2-15)

(5) 膦酸酯的水解　在碱性条件下，易发生水解的顺序为次膦酸＞膦酸酯＞磷酸酯。这是由于磷酸酯上氧原子的未共享电子能通过 p-d 重叠授予磷原子，而烷基膦酸酯的磷原子上没有未共享电子，P—C 键上没有 pπ-dπ 分布。虽然在 P—C 键中碳原子的电负性低于 P—O 键中氧原子的电负性，但膦酸酯的磷原子却比磷酸酯的磷原子更富亲电性，而次膦酸亲电性最强。所以，膦酸酯通常比磷酸酯更易碱性水解，而次膦酸又比膦酸酯易碱性水解。例如，在 pH 值为 8.3 的缓冲液中，乙基对硝基苯基乙基膦酸酯水解速率比相应的磷酸酯对氧磷快 39 倍。然而，在酸性条件下，易发生水解的顺序为磷酸酯＞膦酸酯＞次膦酸，其水解的难易程度与碱性水解的规律完全相反。

通常在这些反应中，P—C 键都保持不变，酸性较高的基团酯键断开。但也有一些膦酸酯 P—C 键发生断裂。敌百虫的水解就是典型的例子，在碱的作用下敌百虫发生重排反应，变为磷酸酯，结果 P—C 键就断了。在这个反应中敌百虫转变为了敌敌畏。在 pH 8 的溶液中，敌百虫在 70℃加热 30min，就完全消失，转变为敌敌畏(54%)和分解产物(46%)，产生的敌敌畏对碱敏感，进一步分解［式(2-16)］。

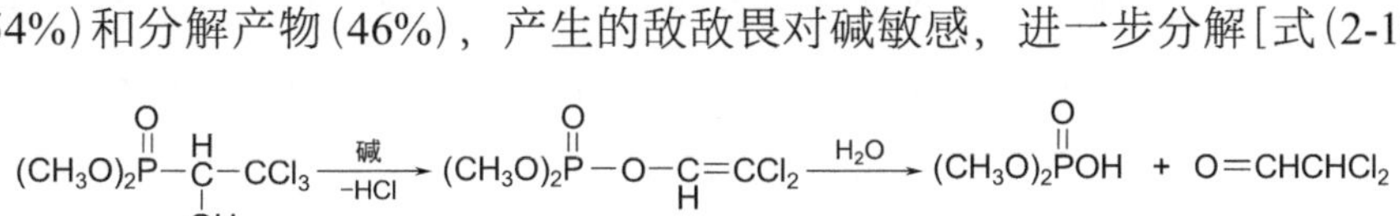
(2-16)

在酸性范围内敌百虫相当稳定，但酸的作用也使之缓缓分解，使其 P—O—CH_3 键断开[式(2-17)][2]。

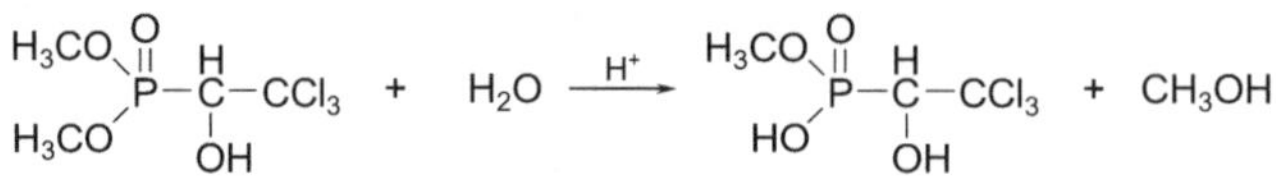
(2-17)

水解也是有机磷农药在生物体中常见的初级代谢反应之一。当这类化合物进入生物体内后，在代谢酶的作用下可以发生水解。例如，杀虫剂敌敌畏的水解代谢过程如式(2-18)所示。

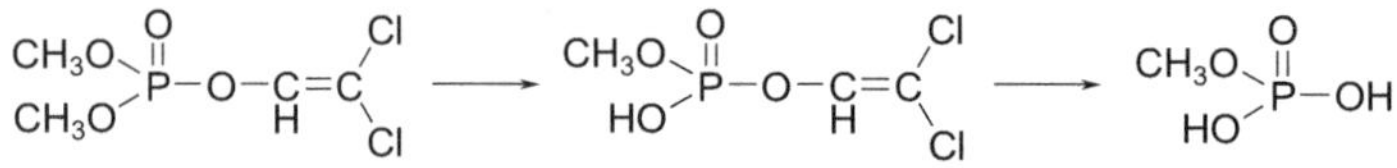
(2-18)

敌敌畏

由于敌敌畏在生物体内水解代谢而转化为无杀虫活性的磷酸酯，所以这一反应称之为代谢解毒反应。

又例如，具有高效低毒特点的杀虫剂马拉硫磷进入温血动物体内后，在羧酸酯酶的作用下，其羧酸酯键水解为羧酸而被水解解毒，对哺乳动物显示了低毒的特点，所以这一反应也为代谢解毒反应[式(2-19)]。

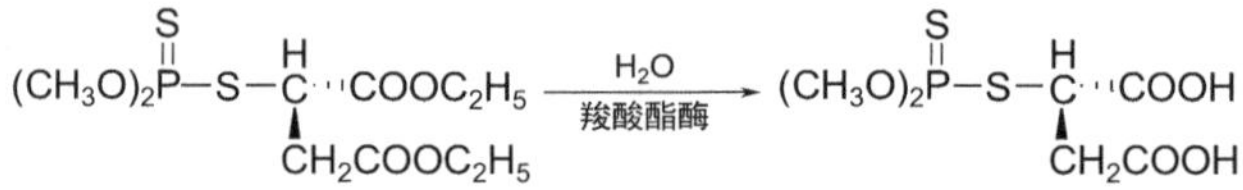

(2-19)

马拉硫磷　　　　水解代谢产物

2.4.2 磷酰化反应

大多数有机磷农药都可归属于五价磷酸酯。五价磷酸酯与亲核试剂的取代反应是有机磷农药易于发生的主要反应。而在五价磷酸酯上发生的亲核取代反应是具有选择性的。依据亲核试剂选择进攻的位点不同，亲核取代反应可区分为两大类：磷酰化反应和烷基化反应。其一，当亲核试剂 B 进攻亲电的磷原子时，称之为磷酰化反应[式(2-20)]；其二，当亲核试剂 B 进攻酯的 α-碳原子时，称之为烷基化反应[式(2-21)]。从选择性而言，硬碱显然有利于进攻磷原子，而软碱有利于进攻碳原子。烷氧基离子优先发生磷酰化反应，而烷硫基离子在磷酸酯或硫代磷酸酯作用下则发生烷基化反应。

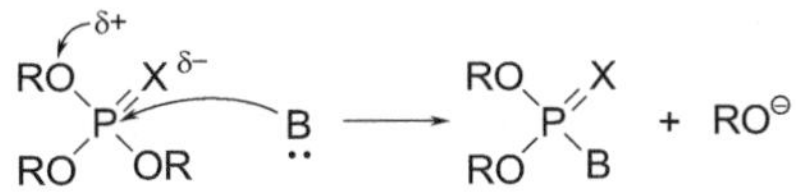 (2-20)

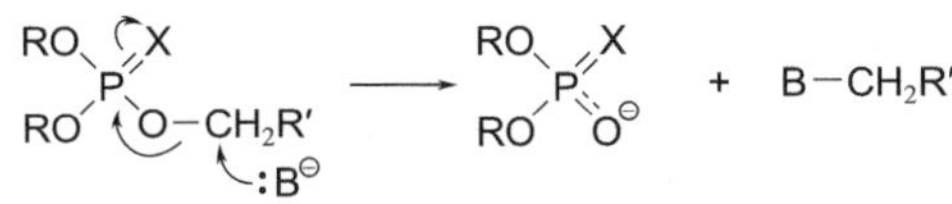 (2-21)

B = 亲核试剂；R, R′ = 烷基或芳基；X = O或S

在上述亲核取代反应中，亲核试剂 B 对磷四面体的反应性递减顺序为：$F^- > OH^- > PhO^- > PhS^- > Cl^-$、$Br^-$、$I^-$、$S_2O_3^-$。亲核试剂 B 对碳四面体取代基反应性的递减顺序为：$S_2O_3^{2-} > SH^- > I^- \approx (RO)_2POS^- > OH^- > Br^- > PhO^- > Cl^- > F^-$。

磷酰化反应对于有机磷农药的制备和生化作用都非常重要。例如，通过羟基、巯基、氨基化合物的磷酰化反应是在有机磷农药生产中用得最多的反应，磷酰化反应是构成 P—O 键、P—S 键或 P—N 键的重要反应[式(2-22)]，是合成磷酸酯、硫代磷酸酯、磷酰胺和硫代磷酰胺等有机磷农药的主要生产方法。

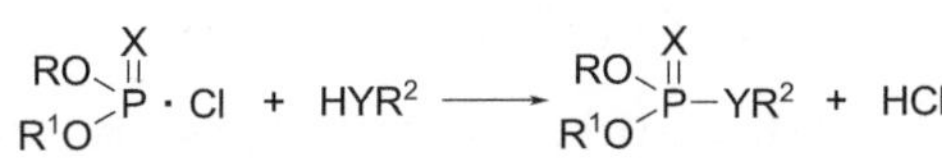 (2-22)

式(2-22)中的 R、R^1、R^2 为烃基、取代烃基、杂环基或其他有机基团等，R、R^1、R^2 可以相同，也可以不相同；X=O、S；Y=O、S 或—NR^3(R^3 为 H 或其他有机基团)。所用的羟基、巯基化合物，也可以是它们的金属盐(如酚钠、醇钠等)。这一反应可用于合成多种有机磷农药，例如可用于合成克瘟散[式(2-23)]。

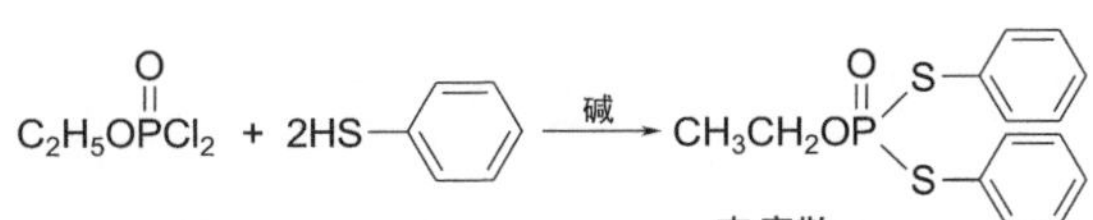 (2-23)

克瘟散

利用磷酰化反应制造其他多种有机磷农药的反应可见第 3 章。

敌百虫转化成敌敌畏就是由于分子内磷酰化反应，由失去氯离子开始[式(2-24)]。

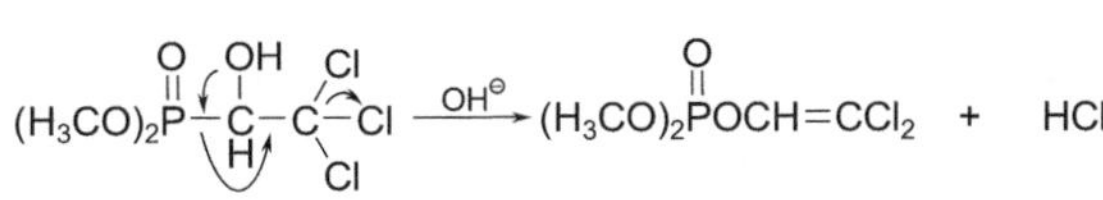 (2-24)

敌百虫 敌敌畏

有机磷杀虫剂的作用机制也是基于磷酰化反应。有机磷杀虫剂是乙酰胆碱酯酶的抑制剂，正是因为对害虫体内乙酰胆碱酯酶的抑制作用而产生杀虫活性。从化学机制而言，是带有部分正电荷的磷原子作为一个亲电试剂进攻害虫体内乙酰胆碱酯酶酯解部位上受到咪唑基激活的丝氨酸羟基，使之发生磷酰化反应[式(2-25)]，因而有机磷杀虫剂也可称之为磷酰化试剂。有机磷杀虫剂的作用机制详见第 4 章。

$$\underset{\text{有机磷杀虫剂}}{(RO)_2\overset{O}{\overset{\|}{P}}OR'} + \underset{\text{乙酰胆碱酯酶}}{EOH} \longrightarrow \underset{\text{磷酰化胆碱酯酶}}{(RO)_2\overset{O}{\overset{\|}{P}}OE} + HOR' \qquad (2\text{-}25)$$

此外，有机磷酸酯的碱性水解是因羟基离子对磷原子的亲核进攻引发的。易水解的有机磷化合物，一般具有较强的磷酰化活性。

关于有机磷农药的结构与磷酰化反应活性相关性的规律分别由 Schrader 和 Clark 及其同事进行了总结。Schrader 于 1950 年提出一个具有生物活性的磷化合物需要符合酰基结构的通式[图 2-5(a)]，通式中的酰基是任意质子酸(如 HF、HCN、磷酸、烯醇、硫醇等)的酸根。后来的研究发现有些有机磷化合物的活性很高，并不能仅由酸的强度所预料。因此，1964 年 Clark 及其同事修改了上述 Schrader 提出的磷酰化试剂的“酰基”规则。认为很多磷酰化试剂可以归纳为 P—XYZ 系统，其中 Y、Y、Z 代表任意元素的原子或基团，一般是 H、C、N、O、S 及卤素等，Z 必须能配合 P—X 键的电子[图 2-5(b)]。在一个好的磷酰化试剂中，P—X 键必弱，而 Z 就应是具有强吸电性的基团，或是能凭借其他试剂之力具有强吸电性的基团[2]。例如，当 P—X 键上的 pπ-dπ 重叠削弱时，将有利于发生磷酰化反应。总之，当磷原子上正电荷越多，在亲核试剂进攻下，越易发生磷酰化反应。因此这个化合物就是更好的磷酰化试剂。

(a) Schrader酰基规则　　　　(b) Clark修改的酰基规则

图 2-5　Schrader 和 Clark 的酰基规则

2.4.3　烷基化反应

当亲核试剂进攻磷酸酯的 α- 碳原子时，称之为烷基化反应[式(2-21)]。烷基化反应不仅可用于制备有机磷农药，而且在有机磷农药的化学降解和生物降解方面都极为重要，磷酸酯的某些生物活性也可归因于烷基化性能。

2.4.3.1 烷基化反应的选择性和特点

易于发生烷基化反应的 *O*,*O*-二烷基硫代磷酸是硫逐、硫赶两种互变异构物的混合物，以硫赶式占多数。但如果采用 *O*,*O*-二烷基硫代磷酸盐与卤代烷反应，这个反应便有选择地发生在硫原子上，不产生硫逐磷酸酯。这是由于在 *O*,*O*-二烷基硫代磷酸离子与卤代烷反应时，卤代烷有一软酸中心，这一软酸中心更易与硫代磷酸中软的亲核中心 S^- 反应，而不与较硬的 O^- 反应，所以该反应有选择地发生在硫原子上，最终形成硫赶酯(图 2-6)。

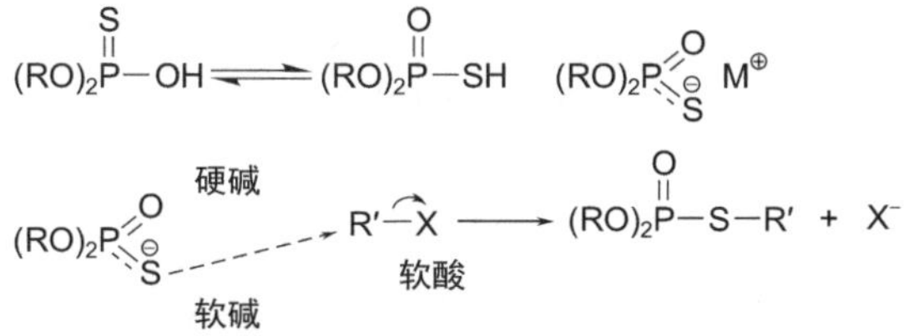

图 2-6　烷基化反应的选择性

当以磷酸酯作烷基化试剂时，其反应活性一般比相应的硫逐磷酸酯更强，因为磷酸酯的磷原子正电荷多，致使其 C—O 键比硫逐磷酸酯中的 C—O 键弱。从选择性而言，软碱有利于进攻碳原子，而不利于进攻磷原子。有多种亲核试剂能进攻磷酸酯的烷基。很多种硫化合物可供脱烷基使用，如 *O*,*O*-二烷基二硫代磷酸盐、二硫代氨基甲酸盐、硫醇、硫醚、硫氰酸盐、硫脲均可用。在常用的有机磷农药中，烷基化反应对甲酯基最为重要，胺类和碘化钠常用于制备有机磷农药的去甲基衍生物。例如，杀虫剂敌敌畏有两种不同的烷基化基团，即甲酯基和二氯乙烯基。碘离子很容易和甲酯基反应，形成去甲基敌敌畏；硫醇基则能置换两个氯原子，形成具有两个硫烷基的产物[式(2-26)][5]。

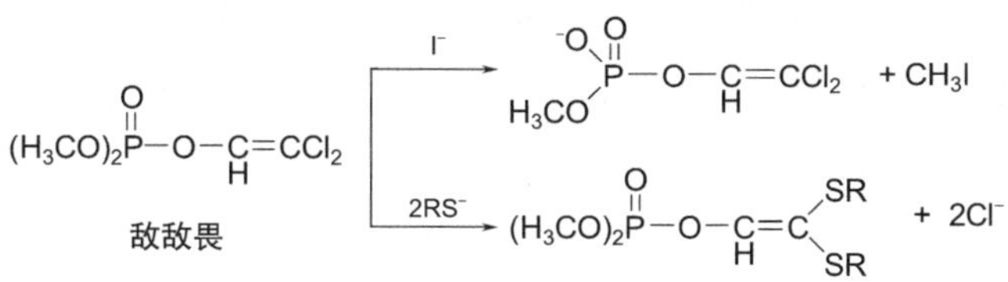

(2-26)

又例如，去甲基杀螟松就是通过碘化钠丙酮溶液与杀螟松反应而制备的[式(2-27)][6]。

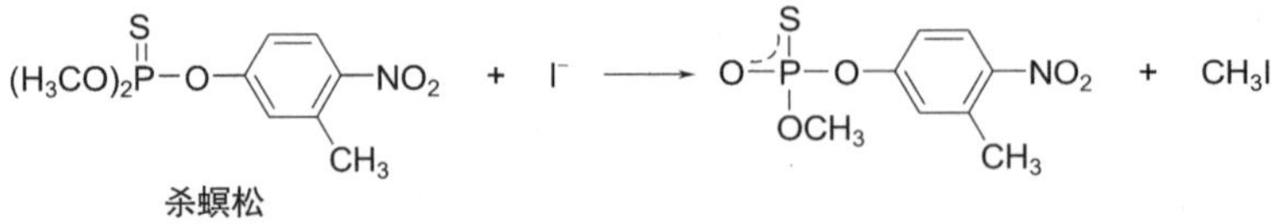

(2-27)

与胺及硫化合物不同，烷氧基离子对磷原子及碳原子都可进攻，例如，甲氧基离子与 *O*,*O*,*S*-三甲基硫赶磷酸酯反应，不仅可在碳原子上直接取代生成 *O*,*S*-二甲基硫赶磷酸和相应的醚[式 2-28(a)]，，而且可生成二甲硫醚和二甲基磷酸酯[式 2-28(b)]。在途径(b)中，是先经酯交换，形成硫醇离子与磷酸三甲酯，再进一步反应产生二甲硫醚和磷酸二甲酯。

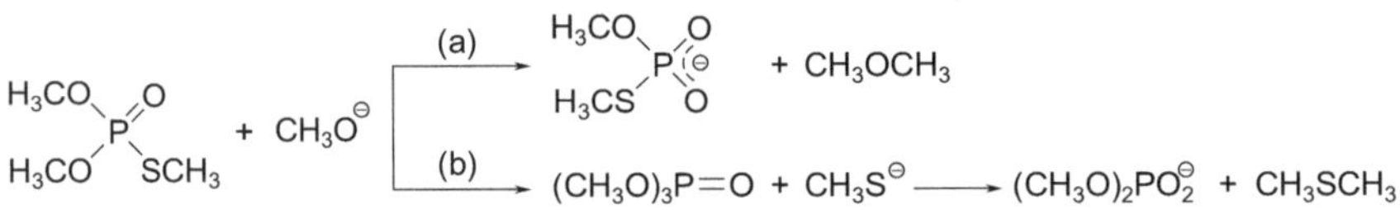

(2-28)

O,*O*,*S*-三烷基二硫代磷酸酯与醇钠反应，可生成不同的硫醚，具体反应可见式(2-29)[2]。

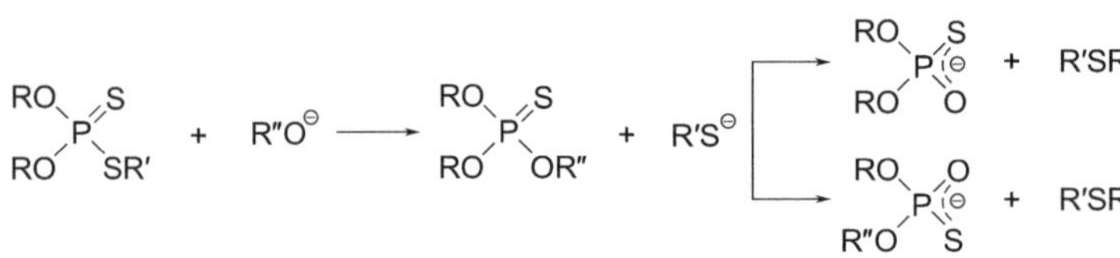

(2-29)

2.4.3.2 硫逐硫赶重排异构化反应

硫逐硫赶异构化是有机磷农药中最常见的异构化现象之一，主要指磷酸酯中的硫逐键(P═S 键)异构化为硫赶键(P—S 键)。硫逐磷酸酯在脱烷基过程中常发生异构化作用，成为硫赶磷酸酯。如在式(2-30)中，硫逐磷酸酯脱烷基形成的硫代磷酸负离子是一个强亲核试剂，它能重新参加反应，生成一个烷基化产物[(b)步]。这是由于二烷基硫代磷酸优先在硫原子上发生烷基化，因此异构化成为硫赶磷酸酯。

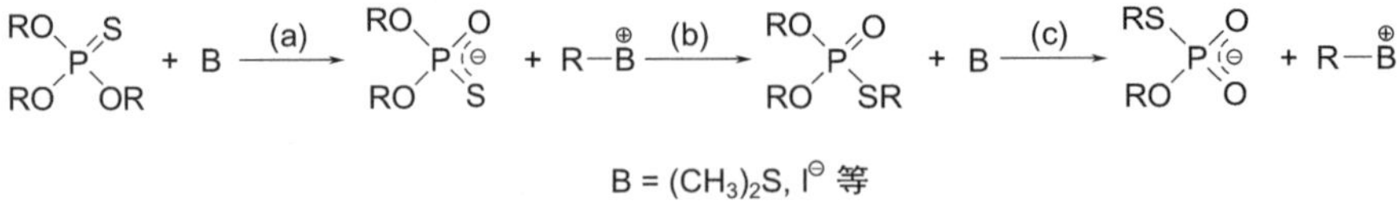

(2-30)

此反应中的硫赶磷酸酯可能进一步脱烷基，但是这时是 C—O 键断开，而 C—S 键并不断开[(c)步]，这是因为碳和硫电负性几乎相等(相对电负性都为 2.5)，C—S 键发生断键比 C—O 键难得多。

在没有亲核试剂共存时，硫代磷酰基也可能对相同分子中的硫原子进行烷基化(自烷基化)。硫赶重排在高温(120～180℃)时就会发生。这时反应是在相同的分子间按式(2-31)的方式进行的。

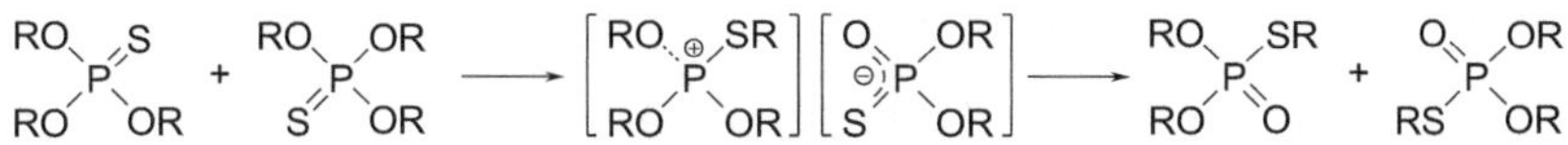

(2-31)

这一反应实际上是一个分子的硫逐磷酸酯对另一个分子上的硫原子进行烷基化。中间体烷氧基烷硫基𬭸离子烷氧键打开，使硫代磷酸离子上的硫原子接受烷基化。通常甲氧基比乙氧基或更高的烷基更易发生变化。例如，甲基对硫磷结晶纯品加热到 150℃，放 6.5h，就有 91% 发生异构化生成 *S*-甲基酯；而乙基对硫磷加热到 150℃，经 24h 才有 90% 异构化，生成相应的 *S*-乙基酯[式(2-32)]。

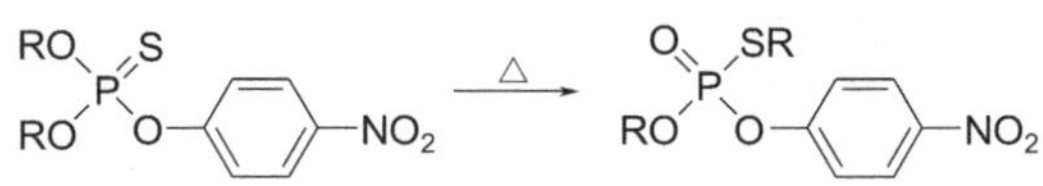

(2-32)

在制造硫逐磷酸酯类农药时，由于有些过程需要加热，就会发生热异构化作用。因此，硫逐磷酸酯类农药工业品可能含有一定比例的 *S*-烷基异构体，特别是甲基硫逐磷酸酯在极性溶剂中长时间贮存，即使是在室温，也会发生硫逐硫赶重排异构化反应，但芳基酯并不发生这样的变化。

和其他烷基化反应相似，取代基 R 的诱导效应能影响反应活性。例如，$(CH_3O)_2P(S)R$ 的热异构化速率随取代基 R 的变化递减的顺序为：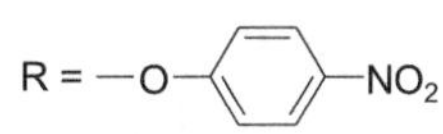 > R = —C_6H_5O > R = —CH_3O > R = —CH_3。

有些路易斯酸(如 $FeCl_3$、$AlCl_3$ 及 $SnCl_4$ 等)也能促使硫逐硫赶异构化作用在较低温度发生[7]。

碘代烷是比硫逐磷酸酯更强的烷基化剂，能更有效地促进硫逐硫赶重排异构化转化。

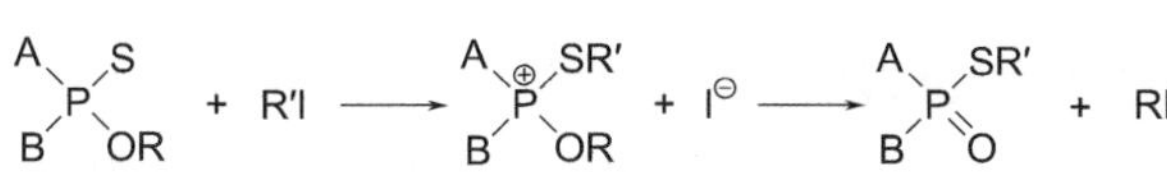

(2-33)

在反应式(2-33)中，R 与 R′相同时，反应的结果就是硫逐硫赶异构化重排。取代基 A 和 B 有利于这一反应的顺序为—Cl<—SR<—OR<—R<—NR_2，它们可增强硫原子的亲核活力。

由于在一定的条件下，硫逐键可以转化为硫赶键，而且硫赶磷酸酯不论化学或生物性能方面都和硫逐磷酸酯异构体显著不同，因此在生产中应设法控制两种异构体的比例。

例如，具有硫逐键(P══S 键)的甲基内吸磷可以异构化为具有硫赶键(P—S 键)的异甲基内吸磷。甲基内吸磷和异甲基内吸磷这两种异构体在物理性质、化学性质以及生物活性方面具有显著的差异。异甲基内吸磷内吸性好，水溶性更好，但急性毒性更高。如甲基内吸磷急性经口毒性 LD_{50}=180mg/kg，而异甲基内吸磷急性经口毒性 LD_{50}=40mg/kg，表明具有硫赶键的异甲基内吸磷的急性经口毒性明显高于具有硫逐键的异构体甲基内吸磷的急性经口毒性。又例如，内吸磷与异内吸磷也是互为硫逐硫赶的一对异构体。

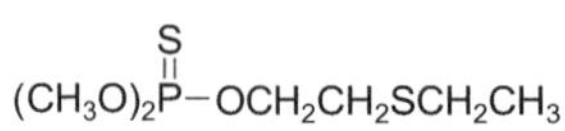

甲基内吸磷

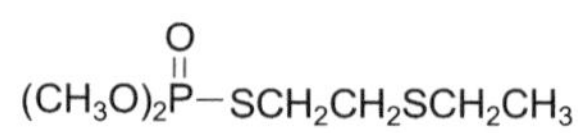

异甲基内吸磷

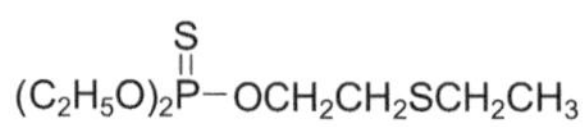

内吸磷

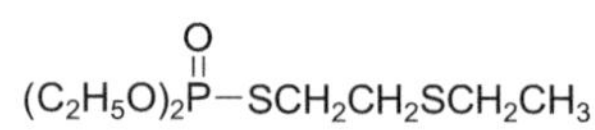

异内吸磷

2.4.3.3 烷基转移作用

在磷酸分子中，除硫逐式硫原子外，还有硫醚基和氨基也可作为亲核中心接受烷基，发生烷基转移作用。具有甲酯基的有机磷农药往往因为甲烷基转移到硫原子或氮原子上去，而产生意外的反应。例如异甲基内吸磷在贮存中，一个分子使另一个分子上的硫醚基甲基化，产生一个毒性高很多的锍化合物，几乎比原来的毒性提高了 1000 倍[式(2-34)][2]，此反应可称为烷基转移反应。

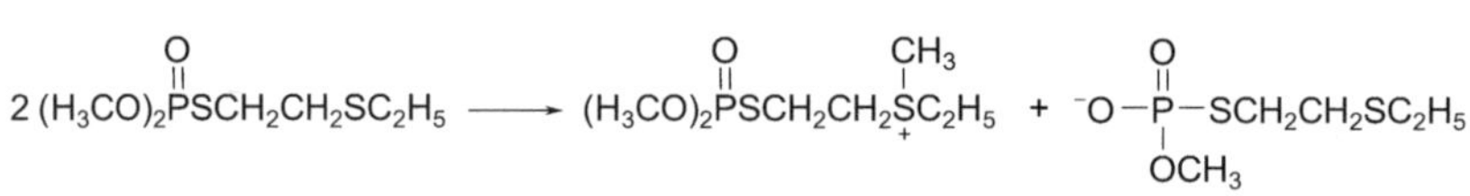

(2-34)

二甲基异噁唑基硫逐磷酸酯受热时，发生甲基转移反应，但有趣的是甲基不是转移至硫代磷酰基的硫原子上去，而是转移至异噁唑环的氮原子上[式(2-35)][2]。

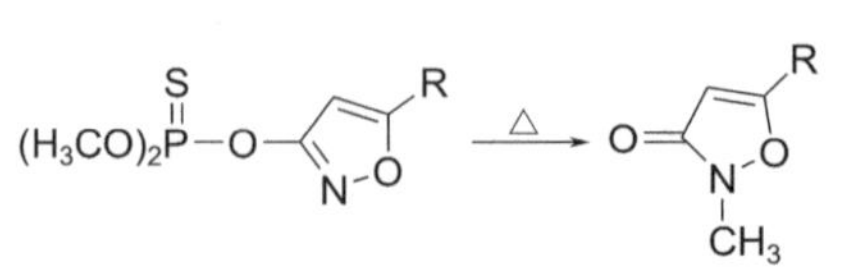

(2-35)

在烷基转移反应中，硫赶酯的硫原子也能接受一个烷基。例如，*O*-芳基-*O*,*S*-

二烷基硫赶磷酸酯及 *O*,*O*-二烷基-*S*-芳基硫赶磷酸酯受热时，可以很高的产率分别产生二烷基硫醚[式(2-36)]和烷基芳基硫醚[式(2-37)]。

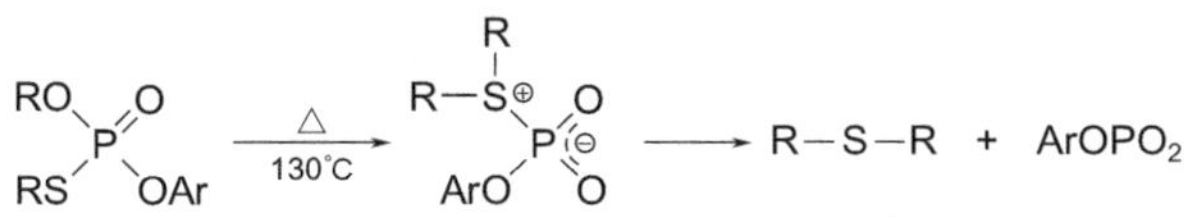

(2-36)

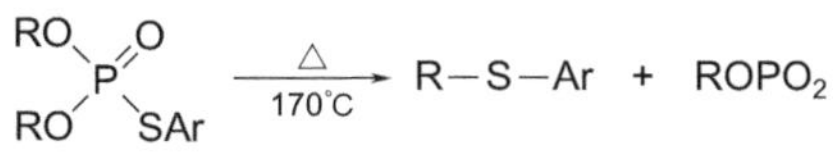

(2-37)

2.4.4 氧化反应

在氧化剂的作用下，许多有机磷农药易于氧化，中性有机磷酸酯的氧化作用一般涉及分子中硫代磷酰基及硫醚基的硫原子。紫外线照射能加快氧化作用，此类反应也称为光化反应。

氧化反应也是有机磷农药在生物体中常见的初级代谢反应之一。当这类化合物进入生物体内后，在代谢酶的催化作用下可以发生氧化反应。生物体内发生的农药初级代谢的氧化反应包括羟基化反应、脱烷基反应、硫氧化及酯氧化反应、环氧化反应。在氧化剂或生物酶的催化作用下，有机磷农药的氧化反应对有机磷农药的生物活性具有重要影响。

以下以有机磷农药的典型反应为例来说明其氧化反应。

2.4.4.1 硫氧化反应

在有机磷农药中最具有代表性或易于发生的氧化反应为硫氧化反应。

有机磷农药的硫氧化反应主要包括 P═S 键氧化为 P═O 键，以及—S—键氧化为亚砜或砜的反应。硫代磷酰基可以利用多种氧化剂进行氧化脱硫，形成磷酰基。通常可利用硝酸、四氧化二氮、溴水或过氧酸使硫逐磷酸酯转化为相应的氧类似物。在某些情况下，采用这些氧化剂去氧化硫逐磷酸酯，其产物不一定都是相应的氧类似物，例如侧链中硫醚基先氧化成亚砜，然后成为砜(图 2-7)。

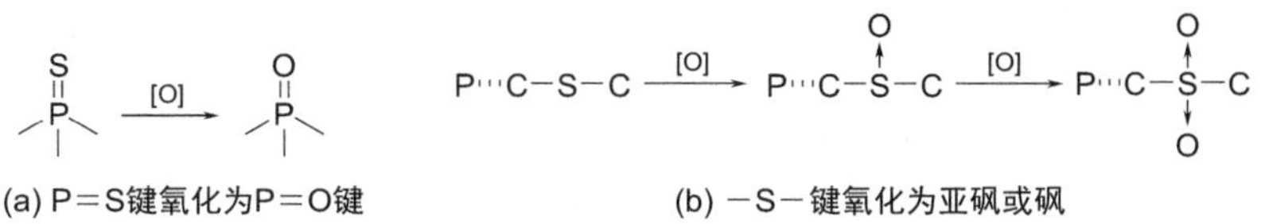

(a) P═S键氧化为P═O键　　(b) —S—键氧化为亚砜或砜

图 2-7　易于发生的硫氧化反应的类型

硫醚基比硫代磷酰基更易被氧化，例如倍硫磷利用过氧化氢被氧化成亚砜，如用高锰酸钾则氧化成砜，而结构中的硫代磷酰基不受影响。杀虫剂丰索磷的工业制造方法就是利用过氧化氢在硫酸存在下氧化而制备［式(2-38)］。

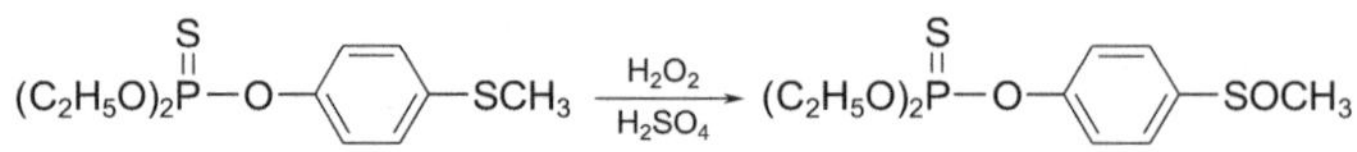

丰索磷 (2-38)

硫赶磷酸酯的硫极能抗氧化，异内吸磷用高锰酸钾氧化成砜，而分子中硫赶基的硫原子仍保持不变［式(2-39)］[2]。

(2-39)

相反，还原反应往往使有机磷农药失去活性，如对硫磷、杀螟松、苯硫磷等杀虫剂分子中有芳香族硝基，容易还原成氨基，使杀虫剂失去活性。在酸性溶液中某些还原剂能很容易地把亚砜还原成硫醚，常用的还原剂有锌加盐酸、氢碘酸等。

大多数商品化的含磷杀虫剂都属于磷酸酯类化合物，其作用机制是通过与昆虫体内的乙酰胆碱酯酶结合，生成磷酰化胆碱酯酶，从而抑制乙酰胆碱酯酶的活性而产生杀虫活性(具体详见第 4 章)。硫逐磷酸酯农药经氧化常变得反应性更强，成为更强的乙酰胆碱酯酶抑制剂。

许多硫逐磷酸酯类杀虫剂是在生物体经氧化代谢后才具有杀虫毒效的。例如对硫磷氧化为对氧磷，由硫逐磷酸酯氧化为磷酸酯。在生物体内，当对硫磷分子中的硫转化为氧时，杀虫活性大幅提高，为增毒代谢［式(2-40)］。

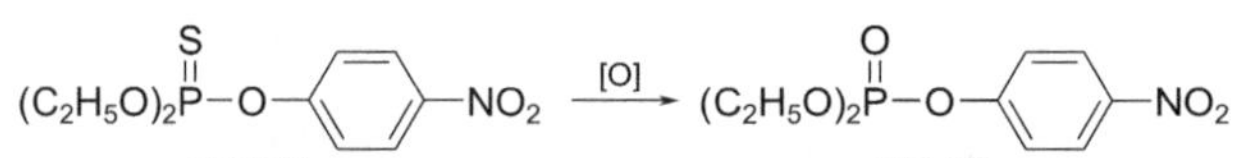

对硫磷　　对氧磷 (2-40)

又例如，杀虫剂马拉硫磷进入昆虫体内后，可氧化生成代谢产物马拉氧磷。由于分子中的 P═S 键氧化为 P═O 键时，马拉硫磷被激活增毒，因此这一代谢过程称为增毒代谢［式(2-41)］。

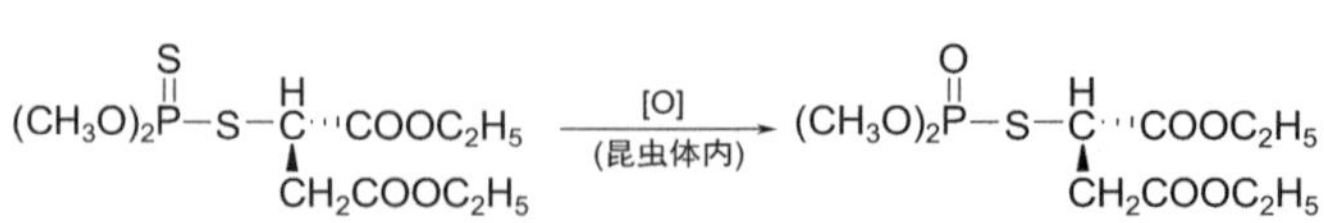

马拉硫磷　　马拉氧磷 (2-41)

但当马拉硫磷进入温血动物体内时，分子中的羧酸酯键被水解而失去杀虫活性，这一代谢过程称为解毒代谢。由于马拉硫磷进入昆虫体内被激活增毒，而在温血动物体内被水解解毒丧失活性，所以马拉硫磷是一种高效而对哺乳动物低毒的杀虫剂。

在生物体内，甲拌磷中的醚键可氧化为亚砜或砜。甲拌磷中的醚键氧化为亚砜时称之为保棉丰。保棉丰中的亚砜可进一步氧化为砜[式(2-42)]，如果彻底氧化，保棉丰中的P═S键也可进一步氧化为P═O键。

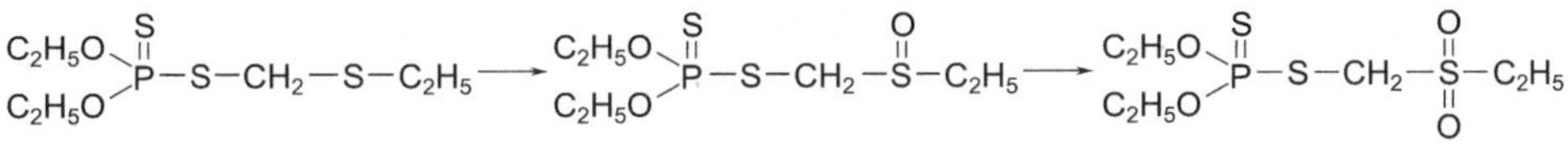
(2-42)

甲拌磷　　保棉丰

2.4.4.2　脱烷基反应

在农药初级代谢中，脱烷基氧化反应包括脱氧烷基(—OR)反应、脱硫烷基(—SR)反应、脱氮烷基(—NR)反应，这些都是在农药初级代谢中常见的反应。例如，百治磷可作为杀虫剂在农业中应用，但用于土壤中和浸种时易分解而不稳定。据报道百治磷在植物体中可以发生脱氮烷基代谢反应，并且发现在代谢中百治磷的氮上脱去一个甲基的产物显示了很好的杀虫活性，而且用于土壤中和浸种时其稳定性也优于百治磷，这一代谢产物成为了后来推广应用的杀虫剂久效磷。实际应用的效果表明久效磷不仅比百治磷具有更强的杀虫活性，而且在土壤中和浸种时表现出更持久的效力[3]。久效磷由于优异的杀虫效果被广泛地推广应用，曾在我国发展成为大吨位的品种，后因属于高毒品种，2007年该品种在我国被禁用。

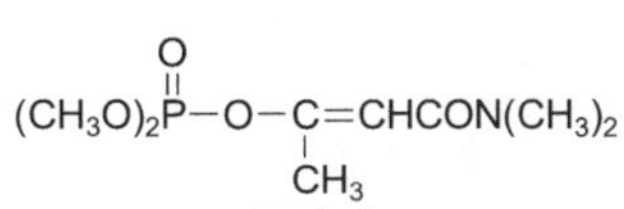
百治磷

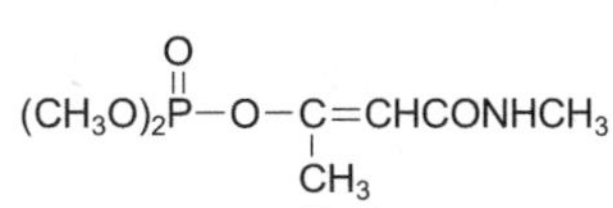
久效磷

2.4.5　光化反应

促使农药在环境中发生化学变化的各种物理因素中，以日光照射为最强。短波(波长小于290nm)的紫外线虽然在大气中容易被吸收，但在紫外线范围内的日光仍具有足够的能量，完全可以促使有机磷农药发生化学变化。在光照的作用下，可以促使有机磷农药中硫代磷酰基及硫醚基的硫氧化，能促成硫逐硫赶重排、顺反异构化及聚合等反应，还能促成分裂酯键及其他键合，这些统称为光化反应。许多因子都可以影响光化反应的产物以及产物生成的速率。其影响因子包括：光强度、波长、照射时间、有机磷农药化学品所处的状态(如溶液或其他介质)、溶液的种类、pH，以及环境中是否有水、空气或光敏剂共存等。

大多数商品化的含磷杀虫剂都属于磷酸酯类化合物，其作用机制是通过抑制昆虫体内乙酰胆碱酯酶的活性而产生杀虫活性。紫外线照射能促使硫代磷酸酯农药发生光氧化及光异构化作用，从而使很多有机硫代磷酸酯农药转变为更强的乙酰胆碱酯酶抑制剂而产生更高的杀虫活性。

已有研究证明甲基对硫磷、乐果及苯硫磷等均能发生光化学变化，促使农药分子中的硫代磷酰基变为磷酰基。此外，各种二烷基硫醚(甲拌磷、乙拌磷)、烷基芳基硫醚(倍硫磷、三硫磷)及二芳基硫醚(双硫磷)均可发生光氧化反应，侧链上硫醚基受光催化氧化时，生成亚砜及砜。而且这些化合物的光氧化反应都比硫代磷酰基的氧化脱硫迅速。例如在植物上，倍硫磷的硫醚基可发生光氧化作用，而硫代磷酰基的氧化脱硫则要靠酶的氧化作用才能发生。

紫外线照射也能诱发硫逐硫赶异构化，特别是对于甲基酯，可生成与加热引起硫逐硫赶异构化同样的产物。但这种紫外线照射引起的硫逐硫赶异构化反应不如加热引起的这类反应普遍。光催化辛硫磷的硫逐硫赶异构化反应，使分子中的氧亚胺转变为硫亚胺[式(2-43)]。

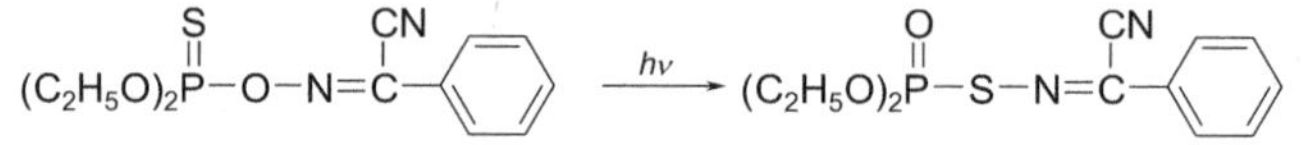

(2-43)

在紫外线照射下，硫代磷酸酯农药侧链中的烷基也可发生光化学氧化作用。例如，二嗪农在薄膜状受紫外线照射时，发生了烷基羟基化反应，转变为羟基二嗪农。羟基二嗪农的生物活性与二嗪农相同[式(2-44)]。

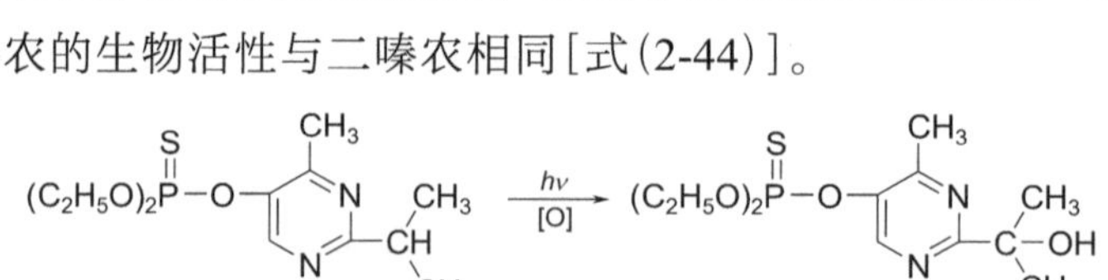

(2-44)

有趣的是，在紫外线(254nm)照射下发现*S*-苄基硫赶磷酸酯可以发生异常的硫赶酯变为硫逐酯的重排反应。有机磷杀菌剂异稻瘟净和乙苯稻瘟净经波长254nm

紫外线照射都变为相应的硫逐酯[式(2-45)、式(2-46)][8]。

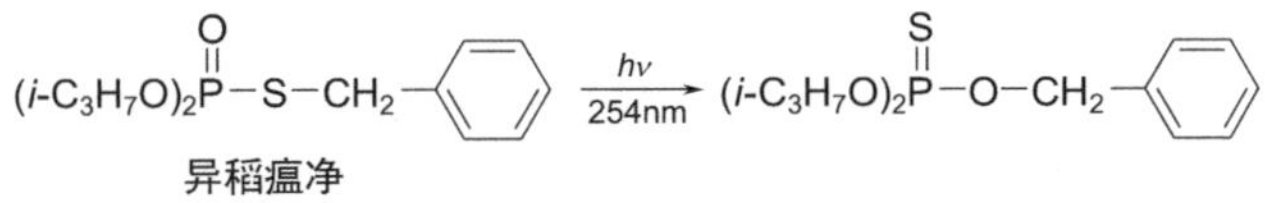
(2-45)

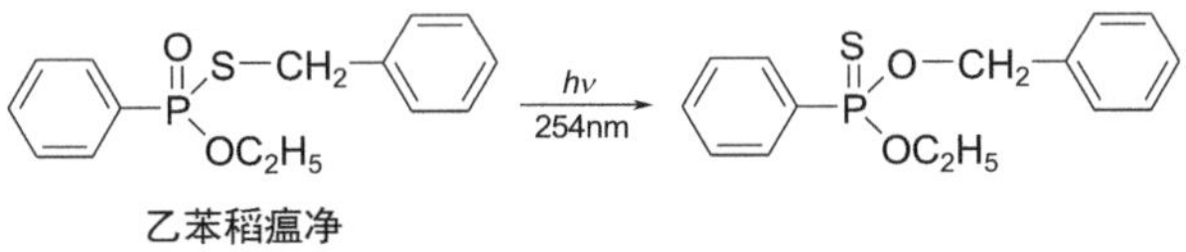
(2-46)

紫外线照射还可诱发顺反异构化作用。例如，受光的催化，速灭磷可发生顺反异构化作用，不论从顺式或反式速灭磷出发，紫外线照射后都可变为顺式约 30%、反式约 70% 的异构体混合物[式(2-47)][2]。

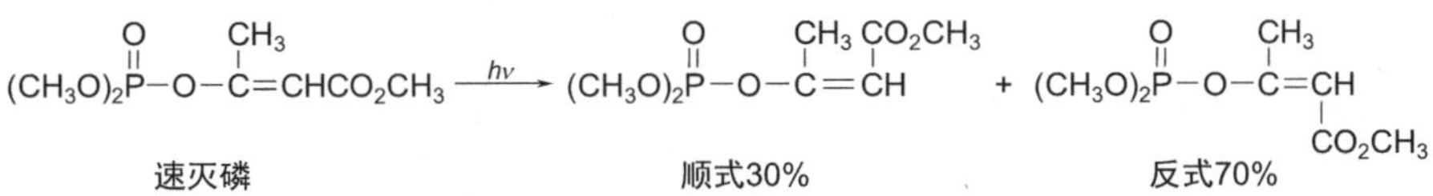
(2-47)

在 360nm 紫外线照射时，在水溶液、己烷溶液或膜中很多不同条件下，克瘟散主要降解方式都是 P—S 键断开[式(2-48)]。

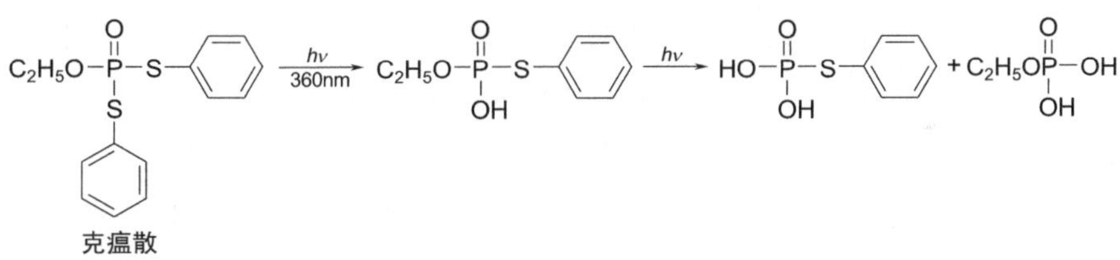
(2-48)

但在 360nm 紫外线照射时，如果是 *S*-苄基硫赶磷酸酯光分解则是分子中 S—C 键及 P—S 键同时断开，如乙苯稻瘟净光分解产生 *O*-乙基苯基硫赶膦酸及 *O*-乙基苯基膦酸[式(2-49)]。

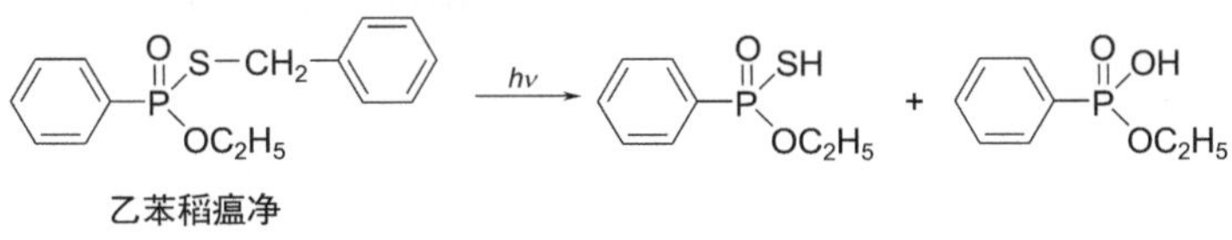
(2-49)

2.4.6 热分解作用

热分解是有机磷农药或有机磷酸酯常发生的主要反应之一。有机磷酸酯在受热的情况下，可发生多种热分解反应。烷基二芳基磷酸酯受热分解发生顺式消除，生成烯烃及二芳基磷酸[式(2-50)][9]。而焦磷酸酯的热分解产物是另外一种类型[10]，如式(2-51)所示。

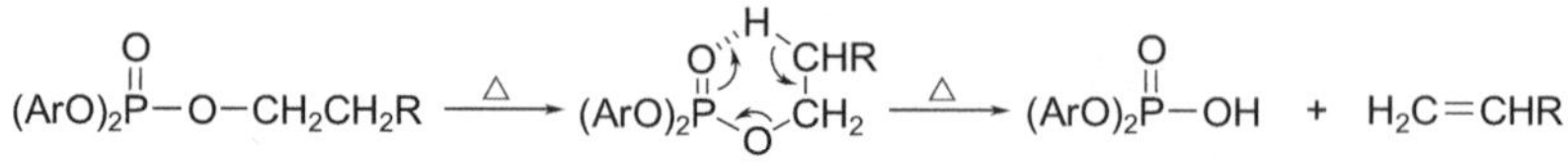
(2-50)

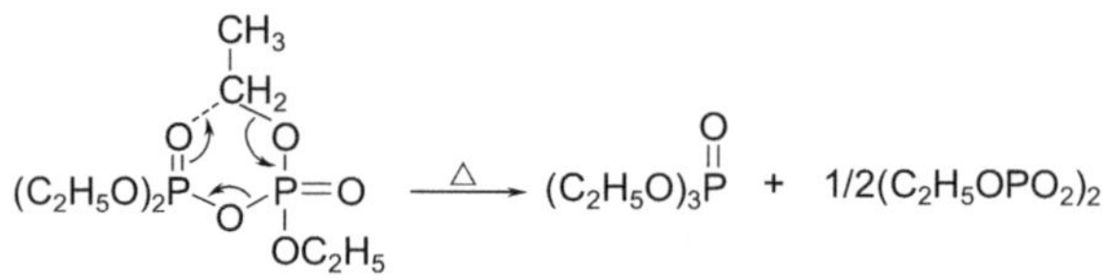
(2-51)

苯乙酮肟的磷酸酯受热时发生 Beckmann 重排反应，重排反应产生各种 *N*-苯基亚胺逐乙酰磷酸酯，这些都是强的乙酰胆碱酯酶抑制剂[式(2-52)][7]。

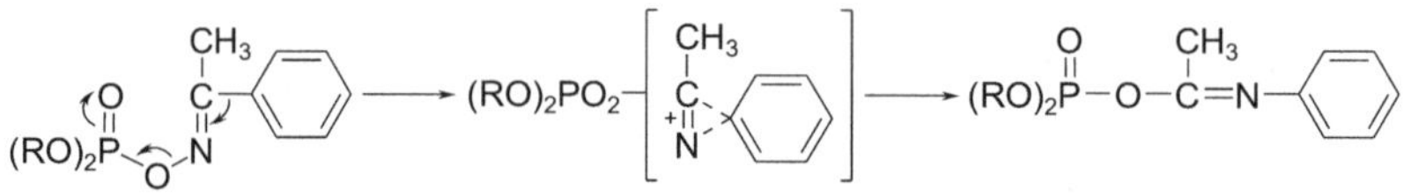
(2-52)

此外，硫逐硫赶重排作用是有机磷农药受热引起的反应中最重要的一种，在2.4.3 烷基化反应一节中已详细介绍。

一般有机磷农药或有机磷酸酯都不能耐受较高温度，在受热的情况下，具有化学不稳定性。通常在 200℃以下，有机磷农药便发生热分解，由于发热易升温，所产生气体分解产物甚至可以导致爆炸。高温分解是有机磷农药的普遍现象，但不同的有机磷农药具有不同的分解温度，其受热分解的程度也不同。其中甲基化合物最易分解。例如，对硫磷在 170℃可发生剧烈分解，易导致爆炸。而甲基对硫磷在130～140℃便可发生剧烈分解，发热升温导致爆炸。据报道，甲基对硫磷在放置过程中，温度较高时可释放出甲硫醚，而甲硫醚对甲基对硫磷的分解又具有催化作用，当甲硫醚达到一定浓度时，可促使甲基对硫磷在高温条件下快速分解，成为易发生爆炸事故的根源[3]。

2.4.7 异构化现象

异构化是有机磷农药中常见的现象。在有机磷农药中，可以观察到多种异构化现象，主要包括硫逐硫赶异构化、甲基异构化、光学异构化以及不对称双键的立体异构化等，其具体特点分述如下。

2.4.7.1 硫逐硫赶重排及甲基异构化

有关硫逐硫赶重排及甲基异构化现象与特点已在 2.4.3 烷基化反应一节中介绍，在此不再赘述。

2.4.7.2 光学异构化

手性(chirality)是自然界的本质属性之一，作为生命活动重要基础的生物大分子，如蛋白质、多糖、氨基酸、核酸等，几乎都是具有手性的。目前应用的许多化学农药也是具有手性的，具有手性的农药均具有光学异构化现象。

近几十年来，高活性的手性农药受到了广泛的关注。手性对映体具有相同的理化性质，而在手性环境中，由于对手性物质的特殊识别，会在对映选择性、毒性或靶标酶等方面产生差异。从化学生物学的角度看，农药分子进入生物体内是与具有手性特征的生物大分子相互作用，而这些生物大分子对同一农药分子的对映异构体的识别能力往往存在显著的差异，从而导致其对映体的活性差异。这就是为何有些异构体表现出很高的农药活性，而其对映体却活性很低甚至无活性的根本原因[11]。

在有机磷分子中，当磷原子与三个互不相同的原子或基团相连时，称为手性磷原子，与手性碳原子一样具有正四面体构型。具有手性磷原子的分子可以形成光学异构体。在全球生产和使用的许多不同结构类型的有机磷农药均具有手性。例如，手性硫赶磷酸酯：丙硫磷，速杀硫磷；手性磷酰胺：水胺硫磷；手性硫逐膦酸酯：苯腈磷，地虫硫磷；手性膦酸酯：氯酰草膦。又例如，含杂环的手性有机磷农药：噻唑磷。这些有机磷农药分子都具有一个手性磷原子或一个手性碳原子，每种农药分子都具有两种光学异构体。如果分子中同时具有一个手性碳原子和一个手性磷原子时，分子便具有四种光学异构体，例如磷酸酯马拉硫磷便具有四种光学异构体。

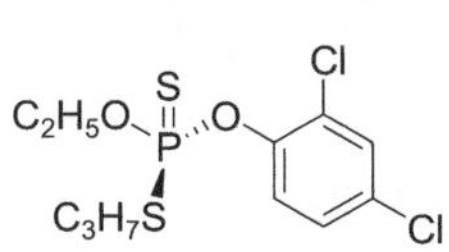

丙硫磷

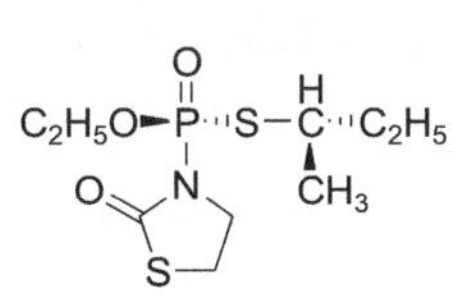

噻唑磷

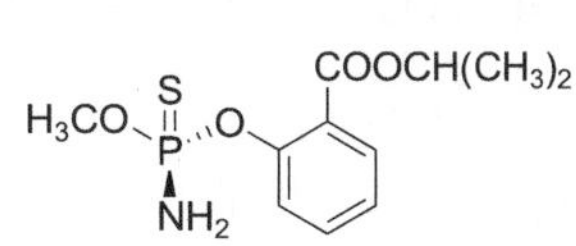

水胺硫磷

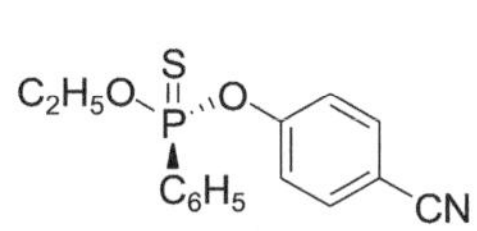

苯腈磷

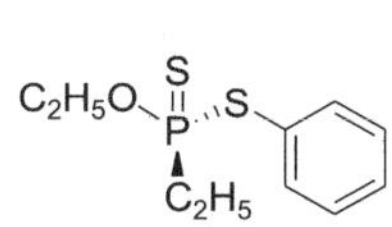

地虫硫磷

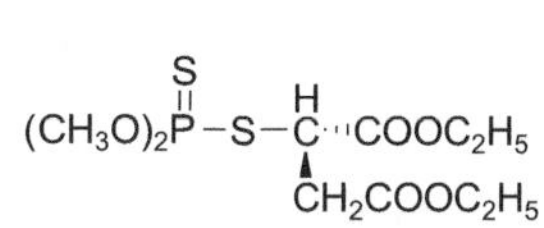

马拉硫磷

大量研究结果表明：许多手性有机磷农药不同的光学对映体在农药活性、毒性等一些重要性能方面可能存在显著差异。例如，手性硫赶磷酸酯丙硫磷 *R*-(−)-构型的光学异构体的杀虫活性比 *S*-(+)-构型的光学异构体的杀虫活性高 5 倍；甲丙硫磷 *S*-(+)-构型光学异构体的杀虫活性比 *R*-(−)-构型光学异构体的杀虫活性高 6～9 倍。此外，光学异构化不仅可导致同一农药两种光学异构体药效的差异，而且可以导致毒性的差异。1981 年南开大学的唐除痴教授制备了速杀硫磷的 *R*-(−)-构型和 *S*-(+)-构型两种光学异构体，1983 年尚稚珍教授的研究表明，速杀硫磷 *S*-(+)-构型的光学异构体对二化螟的杀虫活性是 *R*-(−)-构型光学异构体的 6～9 倍。速杀硫磷 *S*-(+)-构型的光学异构体对二化螟胆碱酯酶的抑制作用高于 *R*-(−)-构型 6～14 倍。但对温血动物(小白鼠)的毒性，*S*-(+)-构型的毒性仅为 *R*-(−)-构型的 1/3[12]。

与速杀硫磷 *R*-(−)-构型的光学异构体相比，速杀硫磷 *S*-(+)-构型的光学异构体显然具有药效更高、毒性更低的特点。光学异构化也可导致同一农药的两种光学异构体具有相近的农药活性。例如，贺红武教授课题组创制的手性膦酸酯类除草剂氯酰草膦(clacyfos)有一个手性碳原子，具有两种光学异构体。刘惠和肖文精等采用 α,β-不饱和膦酸酯进行不对称氢化反应成功制备了氯酰草膦的光学活性异构体 *R* 体和 *S* 体[13]。

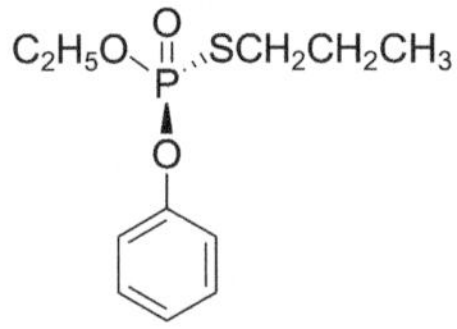

速杀硫磷

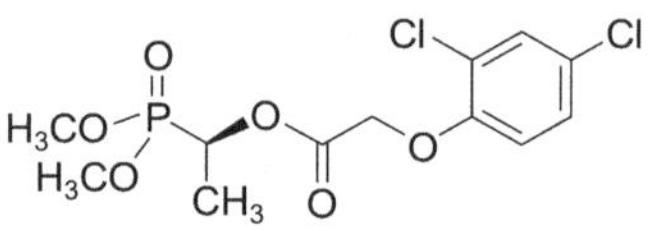

氯酰草膦

通过对氯酰草膦的 2 个光学异构体除草活性的评价，发现氯酰草膦的 2 个光学异构体具有相似的除草活性，如对油菜根长的抑制活性，*R* 体 IC_{50}=0.0496μmol/L，*S* 体 IC_{50}=0.0342μmol/L[14]。表明氯酰草膦的 2 个光学异构体对双子叶植物油菜具有类似的抑制效果。

因此，探明手性有机磷农药的各种光学活性异构体的生物特性是现代农药研究中必须研究解决的重要科学问题。只有探明了这些重要的科学问题，才能更准确地评价手性有机磷农药对人类健康和生态系统的风险性，才能更科学合理地使用农药。

新结构化合物的不断引入将使手性农药的比例超过 40%。然而，由于分离水平的限制，仅有25%的手性农药以纯对映体的形式被评估和使用[15]。目前在世界上已应用的具有不对称中心的农药中仅有少量能以单一光学异构体的形式进行商品化的销售和应用，其原因之一也是由于研发一种大规模制备光学异构体的不对称合成技术具有相当的难度。因此建立针对手性的有机磷农药分子的不对称合成或手性拆分方法，对获得光学纯的有机磷手性化合物，以及分别研究每一种光学异构体的生物活性具有重要意义。

2.4.7.3 不对称双键的立体异构现象

当有机磷分子中双键上的取代基不同时可形成不对称双键，便可以产生不对称双键的立体异构现象。如速灭磷便可以产生两种顺反异构体，且两种异构体的性质具有显著的差异。如顺式化合物易水解，有良好的内吸毒性；而反式化合物的药效却很差。

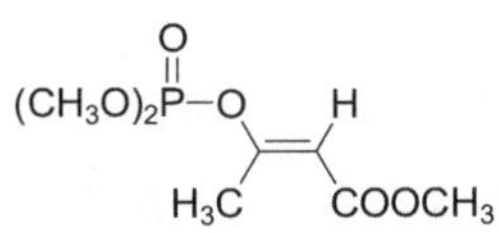

顺式速灭磷

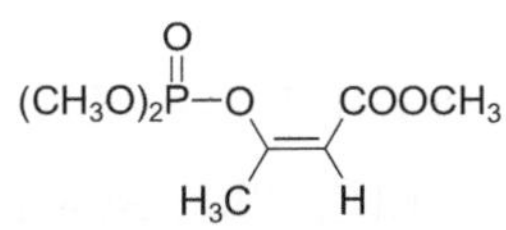

反式速灭磷

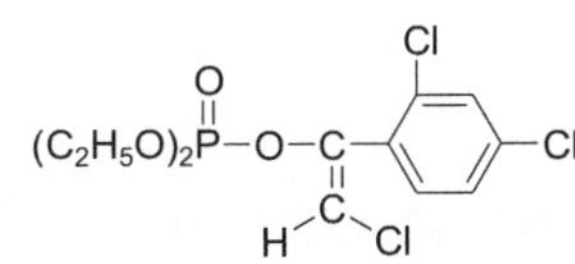

毒虫畏

杀螟威分子中具有一个不对称双键，通常工业杀螟威是顺式和反式异构体的混合物，其中顺式异构体与反式异构体之比为8.5∶1或9∶1。

又例如，久效磷分子中具有一个不对称双键，其工业品是顺式和反式异构体的混合物，其有效成分中顺式异构体占70%～73%或80%左右[3]。

2.5 含磷农药的毒性

含磷农药主要为四配位有机磷化合物。与其他结构类型的农药相比，四配位有机磷农药显示了一个更宽广的结构与活性的关系，这一特性使其发展成了一类品种最多和植物保护非常有效的农业化学品。

虽然有机磷农药的应用对世界的农业丰收做出了巨大的贡献，但在全世界范围内，随着人们对健康、食品安全与生态环境保护重视程度的日益增长，某些传统有机磷农药，特别是一些高毒的有机磷杀虫剂不能与人类及环境相容的安全性问题引起了人们极大的关注。

2.5.1 有机磷农药的安全性问题

一些高毒的有机磷酸酯类杀虫剂在全球推广应用中所引发的安全性问题可归纳为如下几点。

① 部分有机磷杀虫剂产品急性毒性较高，易使人类及环境生物中毒致死。

② 某些有机磷酸酯具有迟发性神经毒性，如伊比磷、苯腈磷、苯硫磷、溴苯磷等便为延迟性神经毒剂。

③ 某些有机磷酸酯在食用的农产品中存在残留问题，影响农产品质量安全。

④ 某些有机磷酸酯对蜂、鸟、鱼、青蛙高毒，可杀死有益生物，同时也会造成水源污染，影响生态平衡。

由于上述安全性问题，国际上有关生产企业已开始逐步放弃高毒农药的生产与销售。例如日本早在 1971 年就宣布 LD_{50}＜30mg/kg 的高毒农药在日本禁用，随后以甲胺磷、对硫磷、甲基对硫磷、久效磷和磷胺为代表的一些高毒有机磷杀虫剂在世界上逐渐被限用和淘汰。

1990～2002 年期间高毒杀虫剂在我国农药市场占有很大的比例，特别是甲胺磷、对硫磷、甲基对硫磷、久效磷和氧乐果五个高毒杀虫剂是我国农药工业的重要支柱，生产规模最大，投入使用的时期早，投入量大。虽然这五个有机磷杀虫剂对保证我国粮食丰收做出了巨大的贡献，但同时又导致了多起中毒事件。此外，由于上述五个高毒农药大量、盲目地使用，伤害了大量的天敌，破坏了一些野生动物资源，也造成耕地地力下降。因此限制和取代高毒农药的生产，成为当时我国农药工业亟待解决的问题。

为此，我国政府投入几亿资金用于组织农药企业减少高毒有机磷杀虫剂的生产，2007 年首先终止了甲胺磷、对硫磷、甲基对硫磷、久效磷和磷胺五个高毒有机磷杀虫剂的生产、销售和应用。之后开始逐批禁用高毒有机磷杀虫剂，2022 年，我国高毒农药的比例已下降至 0.71%。

2.5.2 毒性范围和分类

与其他农药的毒性一样，有机磷农药的毒性需按农药登记的程序，包括急性毒性、亚急性毒性以及慢性毒性等相关的一系列的毒理参数严格评价。急性毒性指药剂一次进入体内后短时间引起的中毒现象，一般常用平均能使一半被实验动物致死的剂量作为指标，称之为半数致死量(也称致死中量)，简称为LD_{50}。亚急性毒性试验，饲药时间为两三个月；慢性毒性，饲药时间长达两三年，要连续观察三代，以观察动物的生殖能力，有无致畸作用。慢性毒性的结果往往会决定一个品种的取舍。

虽然有机磷农药的毒性需由一系列的毒理参数才能完整评价，但通常首先评价其对动物的急性中毒半数致死量(LD_{50})，以判断有机磷农药毒性的高低。测试毒性一般采用大白鼠和小白鼠最多，也有采用豚鼠、家兔、鸡、猫等较大动物的。为了区别动物的两性，可注明动物的雌或雄。由于在测试毒性时，可采用不同的施药方式，其中最常用的为经口饲喂和皮肤涂抹，因此急性毒性又可分为急性经口毒性和急性经皮毒性。农药的急性经口中毒半数致死量(LD_{50})常作为直观判断农药毒性高低的首选重要数据。

按世界卫生组织的毒性分类：大鼠急性经口毒性LD_{50}=5～50mg/kg的为高毒类；LD_{50}=50～500mg/kg的为中等毒类；LD_{50}=500～5000mg/kg的为低毒类。有机磷农药对大鼠的急性毒性LD_{50}的变化范围非常大，可小于0.1mg/kg，也可大于5000mg/kg[16]。可见在有机磷农药中，除了高毒的类别，还包括了许多低毒类的有机磷农药。其中有相当一部分有机磷杀虫剂的急性经口毒性LD_{50}为50～500mg/kg，属国际卫生组织规定的“轻度危险”范围；而在500～5000mg/kg范围的低毒类有机磷品种，在实际使用时具有更好的安全性。

杀虫剂甲胺磷、对硫磷、甲基对硫磷、久效磷和磷胺的急性经口毒性$LD_{50} \leqslant$ 30mg/kg，均为高毒杀虫剂。由于这五个高毒农药LD_{50}值过低，在使用过程中易导致从业人员的急性中毒[17]。许多国家以及我国的农药管理部门已开始禁止登记高毒的有机磷农药，目前我国对急性毒性较高的化合物(如急性经口毒性$LD_{50} <$ 100mg/kg)不提倡进入农药登记。

可想而知，如果使用低毒类(急性经口毒性LD_{50}=500～5000mg/kg)的有机磷农药便意味着需用大量的化合物来喂大鼠才会使大鼠中毒。因而在实际的使用过程中，则不可能由于使用不当，而将大量的农药误入口中而中毒，除非服毒自杀。所以在农业生产中应用急性经口毒性低的有机磷农药可以很好地避免中毒事件。由此以低毒类有机磷农药替代高毒类有机磷农药已成为我国可持续发展的必然趋势。

为了衡量农药毒性和药效的关系，可以采用脊椎动物选择性比值(vetebrate selectivity ratio，VSR)或毒效比来评价。毒效比是农药对温血动物(如大鼠)和虫(如家蝇)两个 LD_{50} 的比值，LD_{50} 的单位均用 mg/kg，毒效比可按下式计算：

$$毒效比=大鼠LD_{50}(急性经口)/家蝇LD_{50}(点滴)$$

毒效比越高，则越有利于安全用药。

2.5.3 结构对急性毒性的影响

在全球应用开发的膦酸酯类与次膦酸酯类的有机磷除草剂大多具有低毒的特点。例如，膦酸酯类除草剂的大鼠急性经口 LD_{50} 范围为 748～9000mg/kg，次膦酸酯类除草剂草胺膦的大鼠急性经口 LD_{50} 范围为 1620～2000mg/kg。

大多数高毒含磷农药的结构都可以归属于有机磷酸酯的衍生物，且主要作为杀虫剂应用。从大量的结构与活性关系的研究看，有机磷酸酯不仅显示了一个非常宽广的结构与杀虫活性的关系，而且还具有一个非常宽广的结构与毒性的关系。可根据有机磷农药对大鼠的急性经口毒性和性能将其分为高毒类(toxic)、低毒类(less toxic)、内吸性高毒类(systemic and toxic)与内吸性低毒类(systemic and less toxic)。所谓内吸性的化合物是指化合物可通过植物的根或叶传导，而分布到植物的其他部位。杀虫剂通过化合物的这种内吸性，不仅可使新生的叶子被保护，而且还可以使不容易通过直接与毒性接触隐藏的害虫被控制。据报道，K. Naumann 曾对 1940～1990 年期间开发成功的有机磷杀虫剂按其毒性进行了分析和分类。其中，高毒类为 64 个品种，占 44%；中低毒类(急性经口毒性＞100mg/kg)为 34 个品种，占 23%；内吸性高毒类为 37 个品种，占 25%；内吸性中低毒类为 12 个品种，占 8%(图 2-8)[18]。

可见，其中占 31% 的急性经口毒性＞100mg/kg 的中低毒类和内吸性中低毒类品种值得进一步开发和利用，特别是具有内吸性的低毒有机磷杀虫剂是值得人们关注的一类优良的杀虫剂。

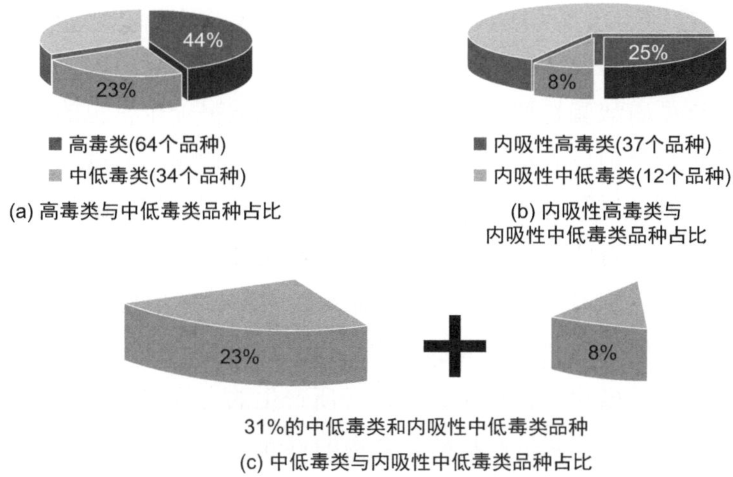

图 2-8　1940～1990 年期间开发成功的有机磷杀虫剂的毒性分类

针对高毒有机磷杀虫剂的不良影响，有机磷农药的一些结构与毒性上的相关性得到农药研究人员的关注和总结。总结有机磷农药的结构对毒性的影响，可以发现具有较低急性毒性的有机磷杀虫剂的结构单元的特点。即在大多数情况下，低毒的有机磷杀虫剂通常具有二甲基、硫逐式、邻位或间位取代基以及可代谢基团的磷酸酯结构类型，这些结构单元在低毒有机磷杀虫剂中占有相当大的比例。含有这些结构单元的有机磷杀虫剂在很大程度上往往是由于它们在大鼠体内有多种多样的不同于害虫体内的代谢途径而对大鼠显示了低毒的特点。例如，二甲基磷酸酯在大鼠体内的解毒代谢。由于在大鼠和温血动物的肝脏中存在某种 *S*-烷基转换酶，具有脱甲基的特异性，当二甲基磷酸酯进入温血动物体内后，在 *S*-烷基转换酶的作用下，二甲基磷酸酯能很快脱甲基而解毒，从而显示了低毒的特点，而在昆虫中这种脱甲基的能力却很弱，特别是吮吸性昆虫和螨类没有这种脱甲基的能力，所以二甲基磷酸酯进入害虫体内能充分发挥其毒力，因此显示了高效低毒的特点。如果是乙基磷酸酯进入温血动物体内，便不能发生类似于脱甲基的解毒代谢，因此乙基磷酸酯的毒性就比对应的甲基磷酸酯的毒性要高得多。如甲基毒死蜱对大鼠的急性经口毒性 LD_{50} 为 1630～2140mg/kg，而乙基毒死蜱急性经口毒性 LD_{50} 为 135～163mg/kg，其毒性范围差异很大，显然乙基毒死蜱毒性比甲基毒死蜱毒性要高很多。又如，甲基杀螟威对大鼠的急性经口、经皮 LD_{50} 分别为 210～155mg/kg、110mg/kg；而乙基杀螟威急性经口、经皮 LD_{50} 分别为 10～39mg/kg、31～108mg/kg，显示了比甲基杀螟威更高的毒性。

此外，硫逐型磷酸酯是许多低毒有机磷杀虫剂的另一个常见的结构类型。硫逐型磷酸酯通常是作为前体农药进入害虫体内，经增毒代谢而显著加强杀虫活性，而在温血动物体内则通过解毒代谢途径显示低毒的特点。例如，杀虫剂马拉硫磷在昆虫体内首先转变为高毒的马拉氧磷，而在温血动物体内则首先转变为对温血动物无毒的羧酸马拉硫磷，其代谢物在 4d 内可基本从尿和粪便中排出。正是由于马拉硫磷在昆虫与温血动物体内具有不同的代谢途径，从而显示了高效低毒的特点。上述实例充分说明了有机磷化合物由于结构差异所产生的毒性差异，由此表明通过化学结构的优化修饰可以显著降低有机磷化合物的毒性。

然而，虽然结构与毒性具有一定的相关性，但由于生物体系的复杂性，并不能完全保证具有上述结构单元的有机磷农药就一定是低毒农药。

参考文献

[1] 刘钊杰，刘纶祖．有机磷化学导论 [M]．武汉：华中师范大学出版社，**1991**.

[2] 江藤守総．有机磷农药的有机化学和生物化学 [M]．杨石先，等译．北京：化学工业出版社，**1981**.

[3] 张立言．有机磷农药 [M]．北京：燃料化学工业出版社，**1973**.

[4] Clark V M, Hutchinson D W, Kirby A J, et al. The Design of Phosphorylating Agents [J]. Angewandte Chemie International Edition, **1964**, 3 (10): 678-685.

[5] Zweig G. Plant Growth Regulators And Food Additives [J]. Analytical Methods For Pesticides, **1964**.

[6] Eto M, Tan L C, Oshima Y. et al. The Isomerization of Alky Phosphorothionates Induced by Carboxylic Acid Amides [J]. Agricultural and Biological Chemistry, **1968**, 32 (5): 656-663.

[7] Bellet E M, et al. Thermal Rearrangement of Substituted Acetophenone *O*-(Diethylphosphoryl)Oximes and Synthesis and Biological Activity Studies of Series of Related Phosphoramidates [J]. Journal of Agricultural & Food Chemistry, **1972**, 20 (5) : 931-936.

[8] Uesugi Y, Tomizawa C, Murai T. Degradation of Organophosphorus Fungicides [J]. Environmental Toxicology of Pesticides, **1972**: 327-339.

[9] Gamrath H R, Hatton R E, Weesner W E. Chemical and Physical Properties of Alkyl Aryl Phosphates [J]. Ind. Eng. Chem, **1954**, 46 (1): 522-527.

[10] Dauterman W C. Biological and Nonbiological Modifications of Organophosphorus Compounds [C]. International Conference on Alternative Insecticides for Vector Control, **1971**.

[11] Eto M. Functions of Phosphorus Moiety in Agrochemical Molecules [J]. Journal of the Agricultural Chemical Society of Japan, **1997**, 61 (1): 1-11.

[12] 蒋木庚，杨春龙，王鸣华．手性有机磷农药的研究与展望 [J]．世界农药，**2000**, 02: 18-23.

[13] Liu H, Zhou Y, Yu Z et al. Efficient Catalytic Asymmetric Synthesis of *α*-Substituted Phenyloxyacetyloxy and Aroyloxy Phosphonates [J]. Tetrahedron, **2006**, 62 (48): 11207-11217.

[14] 贺红武，周圆，彭浩．植物丙酮酸脱氢酶系抑制剂类除草剂的合理设计与研究进展 [J]．农药学学报，**2019**, 21 (5-6): 580-594.

[15] Gao Y, Zhao X, Sun X, et al. Enantioselective Detection, Bioactivity, and Degradation of the Novel Chiral Fungicide

Oxathiapiprolin [J]. Journal of Agricultural and Food Chemistry, **2021**, 69 (11): 3289-3297
[16] 夏世钧．农药毒理学 [M]．北京：化学工业出版社，**2008**.
[17] 贺红武，刘钊杰．有机磷农药的发展趋势与低毒有机磷杀虫剂的开发和利用：上 [J]．世界农药，**2001**, 023 (004): 26-31.
[18] 贺红武，刘钊杰．有机磷农药的发展趋势与低毒有机磷杀虫剂的开发和利用：下 [J]．世界农药，**2001**, 23 (04): 26-31.

PHOSPHORUS 磷科学前沿与技术丛书

含磷农药

3

含磷农药的制备原理和应用

含磷化合物通常以其配位数或者价态来进行分类，配位数指的是直接与磷原子相连的原子数目，即 σ 键数目，以 σ^n 表示；而价态是指与磷原子相连的化学键(包括 σ 键及 π 键)数目，以 λ^n 表示。有机磷化合物有一配位磷化合物(磷炔)、二配位磷化合物(磷烯)、三配位磷化合物(膦、亚磷酸酯和亚磷酰胺)、四配位磷化合物[膦氧化物、季鏻盐、磷(膦)酸酯、磷酰胺、磷酰氯、磷酰胺酯等]、五配位磷化合物以及六配位磷负离子[1,2]。本章有机磷农药的制备反应主要涉及三配位三价磷化合物以及四配位五价磷化合物。

三配位磷化合物、四配位磷化合物是磷化学中研究得最早和最详细的两类化合物，它们具有广泛的实际用途，含磷农药基本上都是四配位的磷酰基化合物，但在含磷农药的合成中也大量涉及三配位磷化合物。在国内外有机磷农药工业制备体系中，大多从黄磷出发生产五硫化二磷和三氯化磷，再获得三氯氧磷、三氯硫磷和五氯化磷等用来制备有机磷农药的基础原料。从这些基础原料又可以衍生出多种重要的含磷中间体，再进一步经过磷酰化反应、烷基化反应、亲核取代反应(如 Michaelis-Arbuzov 反应等)或加成反应等多种反应便可获得各类有机磷农药产品。从黄磷出发可获得的各种含磷基础原料以及相关重要含磷中间体的衍生关系如图 3-1 所示。

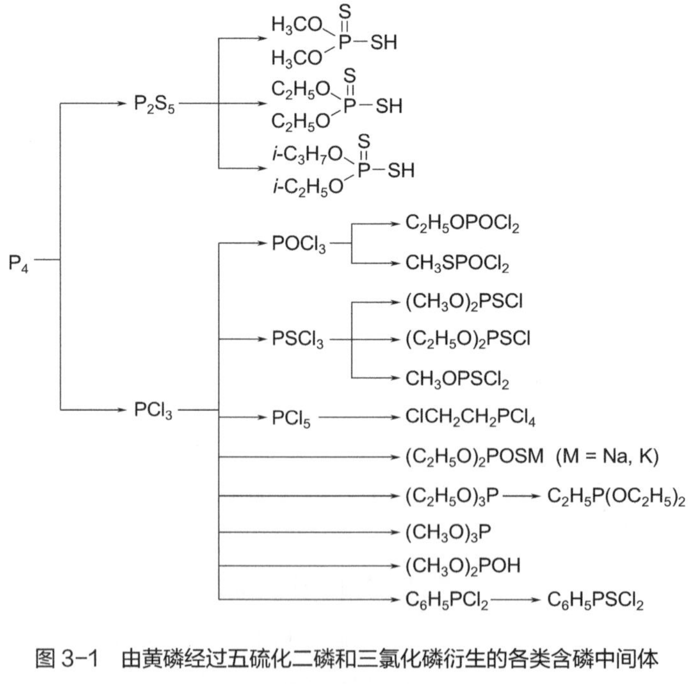

图 3-1　由黄磷经过五硫化二磷和三氯化磷衍生的各类含磷中间体

我国有机磷农药生产主要采用从黄磷出发，经过制备五硫化二磷、三氯化磷、三氯氧磷、三氯硫磷和五氯化磷并将其作为合成有机磷农药的基础原料，再进一步衍生合成各类有机磷农药产品的传统工艺(图 3-2)，但传统工艺存在耗能高、副产物多、原子经济性较差的问题。据不完全统计，每生产 1t 农药原药，消耗 3～4t 化工原料，大部分原料作为未反应物或副产物排出，造成严重的“三废”问题，对生态环境污染严重。

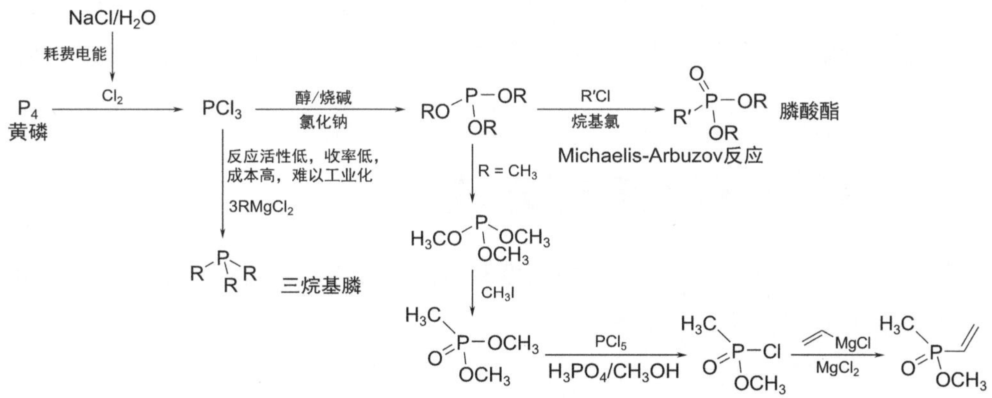

图 3-2　由黄磷经三氯化磷衍生磷系产品的传统工艺路线

与黄磷经三氯化磷等基础原料合成有机磷农药的传统工艺相比，由黄磷经磷化氢再衍生各类磷系产品的工艺路线(图 3-3)其产品收率和纯度较好，“三废”排放较少，具有原子经济性好和环境友好等优点，美国氰特公司和法国罗地亚公司均采用了此工艺路线来生产有机磷农药。但由于磷化氢的毒性和可燃性等原因，导致合成工艺复杂、设备要求极高，在我国虽有部分企业对此工艺路线进行了探索，但尚未正式实施并用于工业生产。

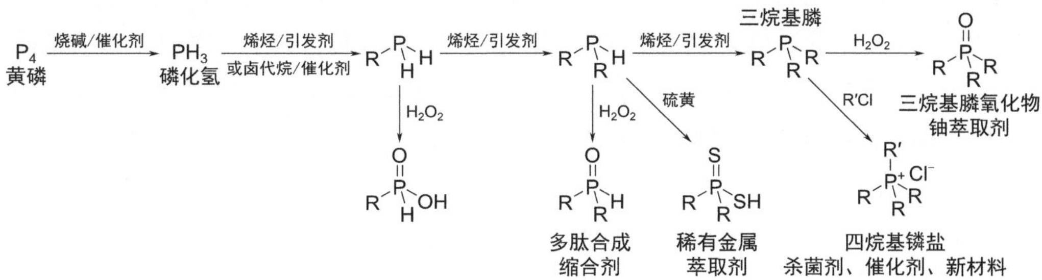

图 3-3　由黄磷经磷化氢衍生各类磷系产品的工艺路线

如果从黄磷出发，不经过三氯化磷或三氯氧磷，直接生产各有机磷化合物，便可避开传统的黄磷氯代过程，极大地提高反应的原子经济性，符合当前绿色经济、低碳环保的迫切要求。因此，开发由黄磷出发，不经由三氯化磷或三氯氧磷直接合成各种有机磷化合物的新方法或新工艺成为了磷化学及磷化工发展的必然趋势，也成为了磷化学、磷化工领域的科学家正在攻克的难题和探索的前沿科学问题。

本章基于从黄磷出发可获得的原料及相关重要含磷中间体的衍生关系，对含磷原料、重要含磷中间体以及主要结构类型的含磷衍生物的制备方法分别加以介绍。

3.1 含磷原料的制备方法

含磷原料主要包括黄磷及由黄磷出发获得的基础原料以及相关重要的含磷中间体。其制备方法 [3] 分类介绍如下。

3.1.1 元素磷的制备

单质磷是制备含磷原料如三氯化磷、五硫化二磷等中间体的起始原料。磷的同素异形体有很多种，最常见的有白磷、红磷、黑磷三种。白磷为四个磷原子通过 P—P 键组成的正四面体结构，用 P_4 来表示。白磷为白色至浅黄色蜡状固体，所以又称黄磷。白磷熔点 44.1℃，沸点 280℃，密度 1.82g/cm^3，不溶于水，可溶于 CS_2、C_6H_6、乙醚、四氢呋喃等常见有机溶剂中。白磷非常活泼，在空气中会缓慢氧化，当热量聚集到一定程度后发生自燃，产生磷光。因此，白磷必须储存在水里。白磷为剧毒物质，人吸入 0.1g 白磷就会中毒死亡。红磷结构复杂，一般认为是由多种重复单元组成的链状结构。红磷的溶解性差，不溶于常见的有机溶剂。红磷相对稳定，几乎无毒。黑磷具有层状网络结构，能导电，是磷的同素异形体中最稳定的。黑磷具有层状的晶体结构，可以剥离成有序磷原子构成的、单原子层的纳米片层结构，通常被称为黑磷烯，又称磷烯或二维黑磷。白磷在隔绝空气时加热至 260℃或在光照下可以转化为红磷，红磷在隔绝空气时加热至 416℃可升华后再凝结转换为白磷。在 1200MPa 下，白磷加热至 200℃可转变为黑磷。

磷在自然界中主要以磷酸盐的形式存在于磷矿石中。现代工业中生产黄磷以磷矿石(磷酸钙)为原料，配以石英石及焦炭，在电炉内加热至熔融状态(约 1500℃)，即有磷蒸气随一氧化碳逸出，经冷却并在熔点以上温度下静置、澄清，可得到高纯度的产品。由于供给反应所需热量的方式不同，黄磷的生产方式可分为高炉法和电炉法。高炉法投资大，磷的收率较低，在工业上未得到推广，国内主要采用电炉法生产[4]。其反应式如下:

$$4\ Ca_5F(PO_4)_3 + 30\ C + 21\ SiO_2 \longrightarrow 3\ P_4 + 30\ CO + 20\ CaSiO_3 + SiF_4$$

3.1.2 三氯化磷的制备

农药是三氯化磷最主要的应用领域，几乎所有三氯化磷下游产品都可用于农药合成和生产。三氯化磷是合成多种含磷中间体的原料，如三氯氧磷、三氯硫磷、五氯化磷、烃基二氯化膦、亚磷酸二酯以及亚磷酸三酯均需要利用三氯化磷来进行合成。

三氯化磷是一种具有强烈刺激性气味的无色透明液体，在潮湿的空气中会产生白色烟雾，这是由于湿气能与之反应生成亚磷酸和盐酸的缘故。

三氯化磷的合成以黄磷与氯气为原料，反应式如下:

$$P_4 + 6\ Cl_2 \longrightarrow 4\ PCl_3$$

反应过程中产生大量的热(314kJ/mol)，通常是将熔化的黄磷浸没在三氯化磷中，再通入氯气，反应产生的热量将三氯化磷气化，经冷却即可得到产物。反应过程中应注意防止水分和氧气，否则容易发生如下副反应得到三氯氧磷。

$$2\ PCl_3 + O_2 \longrightarrow 2\ POCl_3$$

$$PCl_3 + H_2O + Cl_2 \longrightarrow POCl_3 + 2\ HCl$$

3.1.3 三氯氧磷的制备

三氯氧磷亦称磷酰氯(phosphoryl chloride)，为无色透明液体，具有强烈的刺激性气味，沸点 105.8℃，遇水易分解成磷酸和氯化氢:

$$POCl_3 + 3\,H_2O \longrightarrow H_3PO_4 + 3\,HCl$$

三氯氧磷以三氯化磷为原料，经氧化制得。氧化剂可用氧气或用氯气加水，也可利用氯气与二氧化硫为氧化剂，三种方法各有其优劣。

$$2\,PCl_3 + O_2 \longrightarrow 2\,POCl_3$$

$$PCl_3 + H_2O + Cl_2 \longrightarrow POCl_3 + 2\,HCl$$

$$PCl_3 + Cl_2 + SO_2 \longrightarrow POCl_3 + SOCl_2$$

3.1.4 三氯硫磷的制备

三氯硫磷为无色透明液体，沸点 126℃，可溶于有机溶剂，与冷水反应缓慢，但与甲醇、乙醇反应剧烈。

三氯化磷与硫在金属铝存在下反应可制备三氯硫磷。

$$PCl_3 + S \xrightarrow{Al} PSCl_3$$

3.1.5 五硫化二磷的制备

五硫化二磷纯品为淡黄色结晶，工业品为灰至黄色，熔点 280～283℃。对五硫化二磷的蒸气密度测定表明，它的分子组成在 P_5S_{10} 和 P_2S_5 之间；在液态时，基本上由 P_4S_{10} 组成。

熔融的磷和硫在高温 400～450℃下反应可以制得五硫化二磷。该反应简单，但反应过程是很复杂的，有时还有一些低硫的磷化合物(P_4S_3、P_4S_7 等)生成。

$$P_4 + 10\,S \longrightarrow P_4S_{10}$$

3.1.6 五氯化磷的制备

采用三氯化磷与氯气反应可以制得五氯化磷。

$$PCl_3 + Cl_2 \longrightarrow PCl_5$$

五氯化磷为淡黄色固体，易升华，在空气中易潮解和发烟，生成磷酸和氯化氢。

$$PCl_5 + 4\,H_2O \longrightarrow H_3PO_4 + 5\,HCl$$

3.2 含磷中间体及其制备方法

本节介绍七类主要的含磷中间体，这些都是合成有机磷农药的重要中间体。

3.2.1 *O*,*O*-二烷基硫逐硫赶（二硫代）磷酸的制备

工业上大规模的制备方法是利用五硫化二磷与醇反应，常用的醇为甲醇或乙醇：

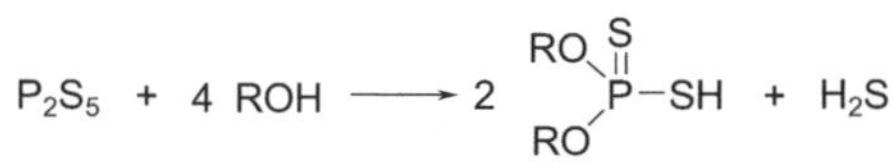

该反应存在许多副反应，产物中杂质也较多，人们对二乙氧基二硫代磷酸的中性副产物进行分离鉴定，发现存在以下六种主要副产物（图 3-4），其含量高达 15%～20%。

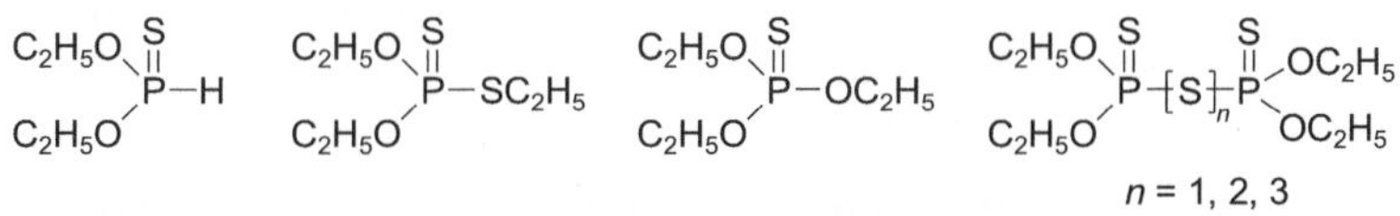

图 3-4　二乙氧基二硫代磷酸的中性副产物

3.2.2 硫代磷酰氯的制备

较为实用的合成方法有两种。一种方法是以三氯硫磷为原料与过量的醇反应得到 *O*-烷基硫代磷酰二氯，然后在缚酸剂氢氧化钠存在下与醇反应得到产物：

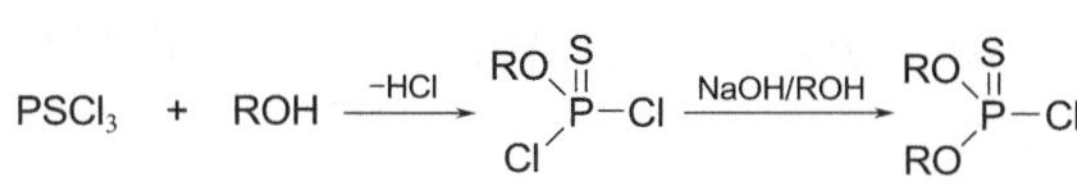

三氯硫磷与醇钠反应可以一步得到 *O*, *O*-二烷基硫代磷酰氯：

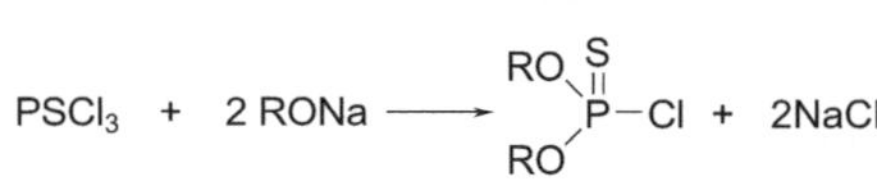

另一种方法是以五硫化二磷为原料，与醇反应得到 *O*, *O*-二烷基二硫代磷酸，然后与氯气反应得到硫代磷酰氯：

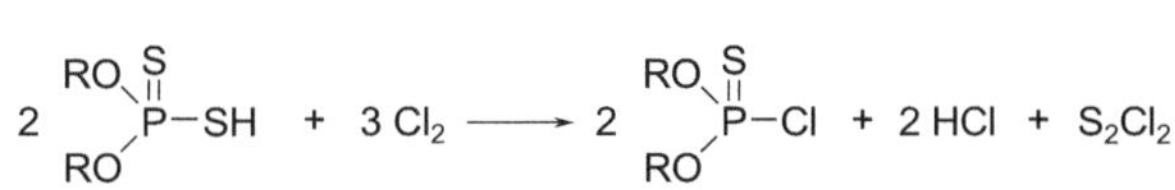

O,*O*-二甲基硫逐磷酰氯和 *O*,*O*-二乙基硫逐磷酰氯和 $(EtO)_2P(S)Cl$ 是制备有机磷农药特别是有机磷杀虫剂最常用的重要中间体。

3.2.3 烷基亚磷酸酯的制备

二烷基亚磷酸酯和三烷基亚磷酸酯，特别是甲酯和乙酯，是合成有机磷农药特别是有机磷杀虫剂的主要中间体。当甲醇与三氯化磷反应时，很容易得到二烷基亚磷酸酯：

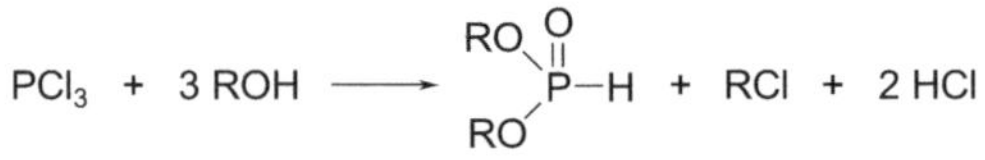

二烷基亚磷酸酯的制备过程经过了三烷基亚磷酸酯中间体，由于反应中生成的 HCl 不能及时移出，它很快与三烷基酯反应，经由中间体𬭸盐，生成产物。该反应机制如下：

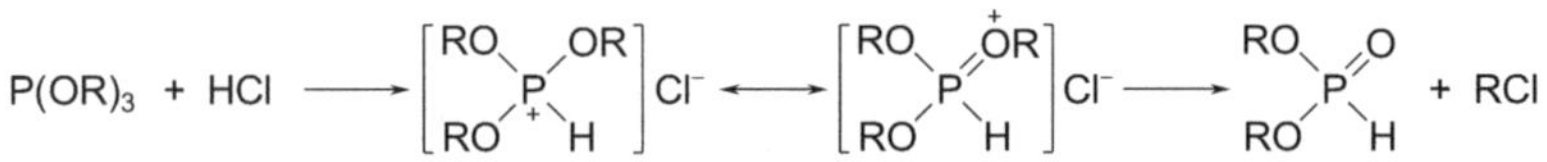

在醇与三氯化磷的反应中加入缚酸剂，可将生成的 HCl 及时除去，能以较高的产率得到三烷基亚磷酸酯，缚酸剂常用 *N*,*N*-二甲基苯胺和三乙胺。

$$PCl_3 + 3\,ROH + 3\,R'_3N \longrightarrow P(OR)_3 + 3\,R'_3N \cdot HCl$$

除上述方法之外，亚磷酸三甲酯在工业上也可以采用酯交换反应制备。三氯化磷与苯酚反应生成亚磷酸三苯酯，然后亚磷酸三苯酯在甲醇钠催化下与甲醇发生酯交换反应即可制备亚磷酸三甲酯：

$$PCl_3 + 3\,C_6H_5OH \longrightarrow P(OC_6H_5)_3 + 3\,HCl$$

$$P(OC_6H_5)_3 + 3\,CH_3OH \xrightarrow{CH_3ONa} P(OCH_3)_3 + 3\,C_6H_5OH$$

3.2.4 磷酰氯的制备

三氯氧磷与醇反应生成磷酰二氯，其产生的 HCl 可采用真空或通入氮气除去；磷酰二氯进一步在碱存在下与醇反应，可以较高收率制备得到磷酰氯。

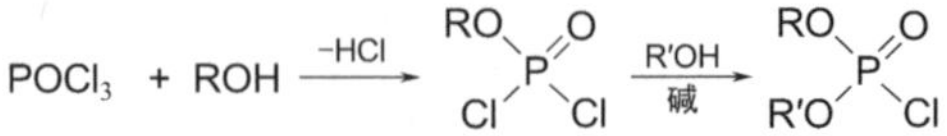

可采用二烷基亚磷酸酯与氯气反应制得含有两个相同烷氧基的磷酰氯。

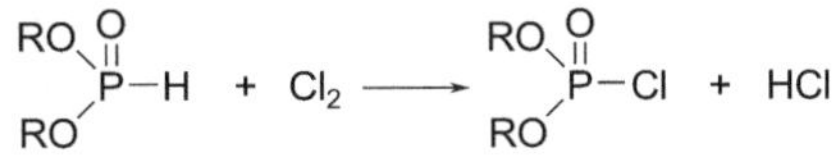

3.2.5 硫代（赶）磷酸盐的制备

O,*O*-二烷基硫代(赶)磷酸盐是制备硫赶磷酸酯类杀虫剂的关键中间体，二烷基硫代磷酸盐通常是以下列形式存在：

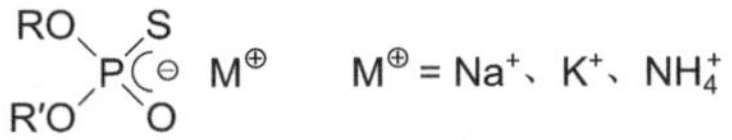

工业上最常用的方法是利用二烷基亚磷酸酯加单质硫成盐的方法来制备。

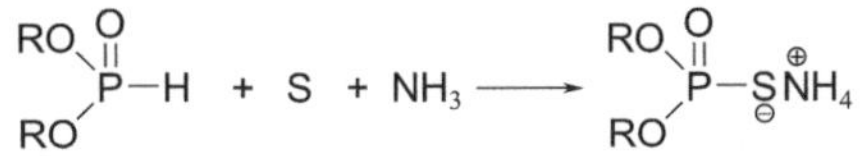

此外，通过硫代磷酰氯的碱性水解、磷酰氯与硫化钾反应或硫代磷酸三酯与硫氢化钠的反应，均可制备硫代(赶)磷酸盐。

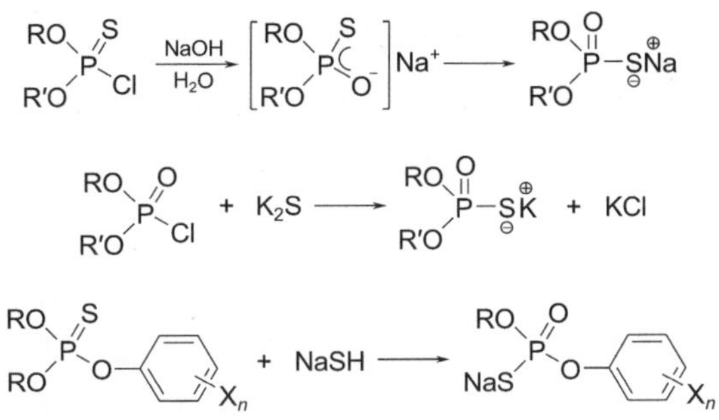

3.2.6 膦酰氯及硫代膦酰氯的制备

这类中间体中最重要的是*O*-烷基烷基(芳基)膦酰氯及其硫代类似物。大规模制备这类化合物的一种便利方法是：采用三氯化磷与卤代烷烃或卤代芳烃在氯化铝存在下形成复合物，然后用水进行分解可得到烷基(芳基)膦酰二氯[5]，进一步与醇/碱反应得到*O*-烷基烷基(芳基)膦酰氯；同时当复合物与醇反应时，可以直接生成*O*-烷基烷基(芳基)膦酰氯[5,6]；此外，复合物在氯化钾存在下与乙硫醇反应可得到烷基

(芳基)硫代膦酰二氯，其进一步与醇 / 碱反应可得到 *O*-烷基烷基(芳基)硫代膦酰氯。

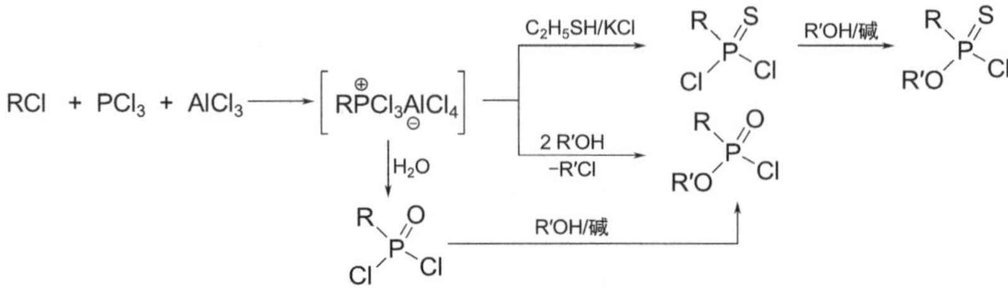

在氯化铝存在下利用三氯化磷与苯的反应可制备苯基二氯化膦，该反应可认为是三氯化磷的傅克反应[7]。苯基二氯化膦经硫化后，在碱性条件下与醇反应可制备 *O*-烷基苯基硫代膦酰氯。

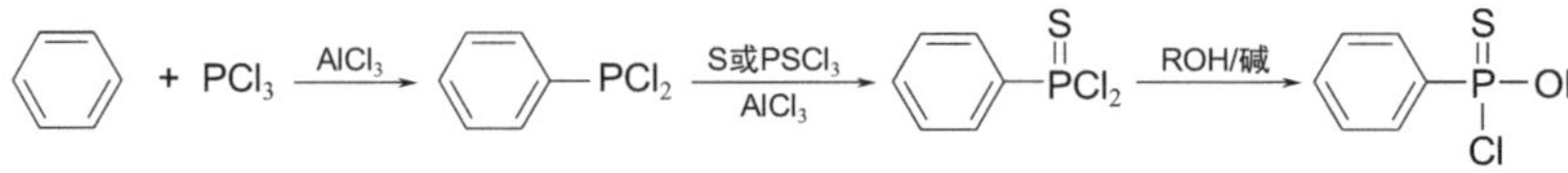

3.2.7 *O*-烷基取代氨基磷酰氯的制备

这类中间体中最常见的是 *N*,*N*,*N*,*N*-四烷基氨基磷酰氯和 *O*-烷基-*N*,*N*-二烷基氨基磷酰氯及其硫代类似物，其制备方法可从三氯氧磷或三氯硫磷出发，与仲胺或伯胺反应，也可与其胺的盐酸盐反应；该过程分两步进行，首先制备得到氨基磷酰二氯，然后进一步与胺或醇反应即可制得 *O*-烷基取代氨基磷酰氯或其硫代类似物[8,9]。

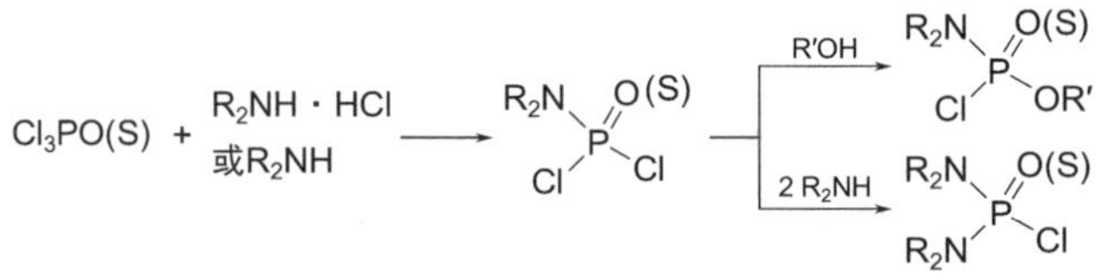

用于杀虫剂的重要含磷原料和中间体以及它们之间的相互转化关系，也可参阅相关文献[10]。

3.3 含磷农药的通用合成方法

目前广泛使用的绝大多数含磷农药都是含有磷酰(P═O)或硫代磷酰基(P═S)的磷酸或膦酸衍生物。含磷农药按中心磷原子所连接基团不同，可分为磷酸酯、硫代磷酸酯、磷酰胺和硫代磷酰胺、磷酰卤、焦磷酸酯、膦酸酯和次膦酸酯等多种结构类型。

根据含磷农药的不同结构特点，其制备方法也各不相同；本节以形成磷杂键为主线，将有机磷农药的制备方法概括为 P—O、P—S、P—N、P—C 和 P—X(磷卤)键的形成方法。如形成 P—O 键的方法可用于制备磷酸酯、硫逐磷酸酯、焦磷酸酯；形成 P—S 键的方法可用于制备硫赶磷酸酯；形成 P—N 键的方法可用于制备磷酰胺和硫逐磷酰胺；形成 P—C 键的方法可用于制备膦酸酯和次膦酸酯；形成 P—F 键的方法可用于制备磷酰氟等。各类有机磷农药的通用合成方法归纳如下。

3.3.1 P—O 键形成的方法

利用磷酰化反应或 Perkow 重排反应可以制备含 P—O 键的磷酸酯、硫逐磷酸酯、焦磷酸酯类有机磷农药，其合成方法归纳如下。

3.3.1.1 利用磷酰化反应形成 P—O 键

O, *O*-二烷基磷酰氯与酚的磷酰化反应是制备芳基磷酸酯类农药最重要的方法，该方法需要在缚酸剂(如碳酸盐、叔胺等)存在下进行；如果采用酚钠与磷酰氯进行反应，不再需要外加缚酸剂。

以对氧磷制备为例，使磷酰氯在乙腈溶剂中与对硝基酚钠于 70℃下反应 2h 即可制备得到对氧磷。

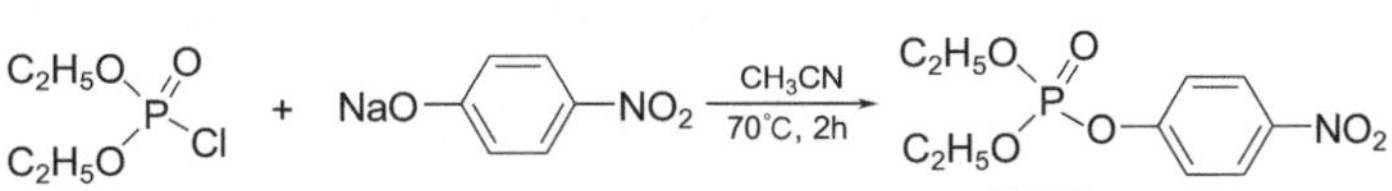

对氧磷

硫逐(酮)磷酰氯与羟基化合物的磷酰化反应也是合成硫逐(酮)磷酸酯的常用方法，某些碳酸盐、无机碱或者有机碱均可作为缚酸剂，也可利用羟基化合物的钠盐进行合成。下面以杀螟松[11]、噁唑磷、辛硫磷的合成为例加以说明:

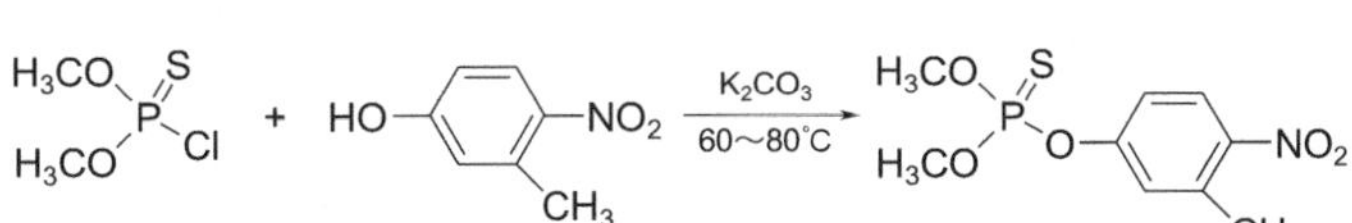

杀螟松

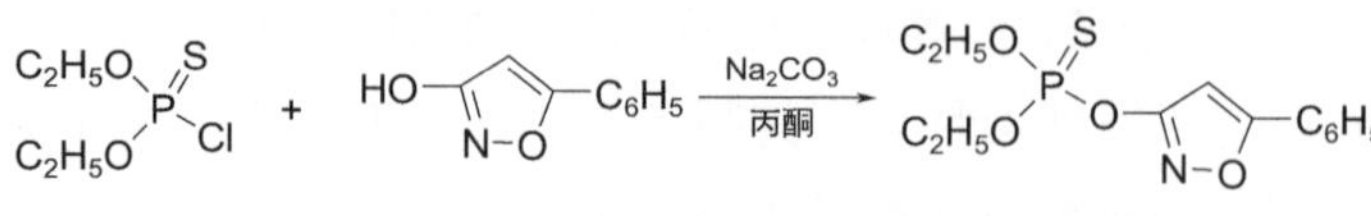

噁唑磷

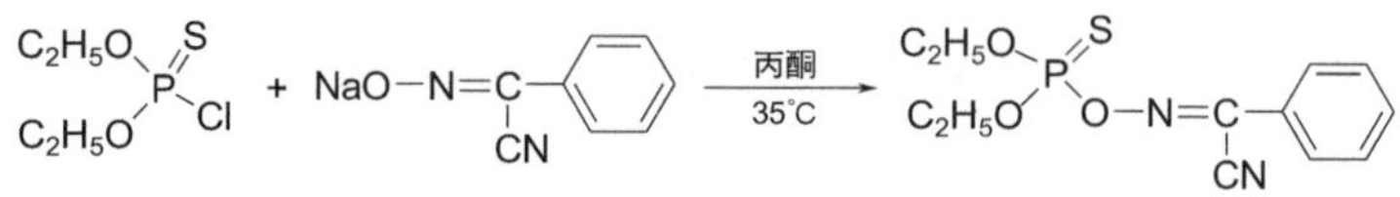

辛硫磷

膦酰氯与酚、硫酚或者酚的钠盐的磷酰化反应是制备苯硫磷及其类似物的常用方法，例如通过膦酰氯与对硝基苯酚的钠盐便可制备苯硫磷。

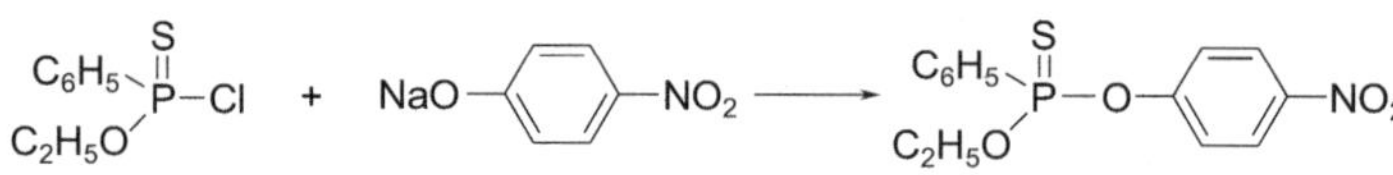

苯硫磷

蔬果磷是一类含磷杂环的硫逐(酮)磷酸酯，可采用水杨醇与硫逐磷酰二氯在碱性条件下合成得到[12]。

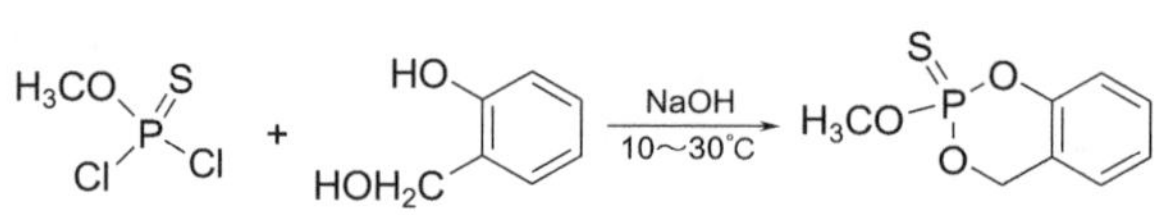

蔬果磷

在磷酰化反应合成内吸磷过程中，还会生成部分硫赶(醇)磷酸酯异构体，这归因于硫逐硫赶重排反应。

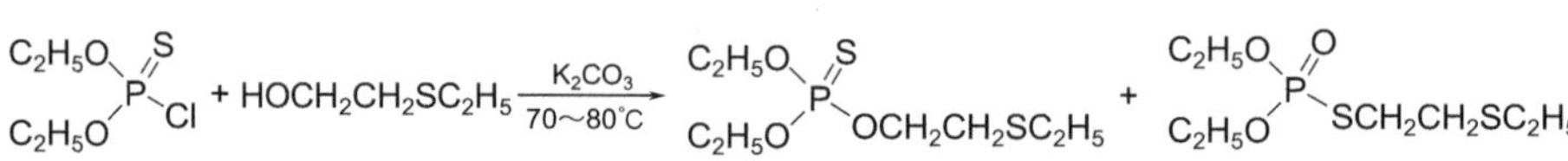

70% 30%

内吸磷

O-烷基-*S*-烷基磷酰氯是制备丙硫基不对称磷酸酯的关键中间体，可利用它合成杀虫剂 RH-0994。

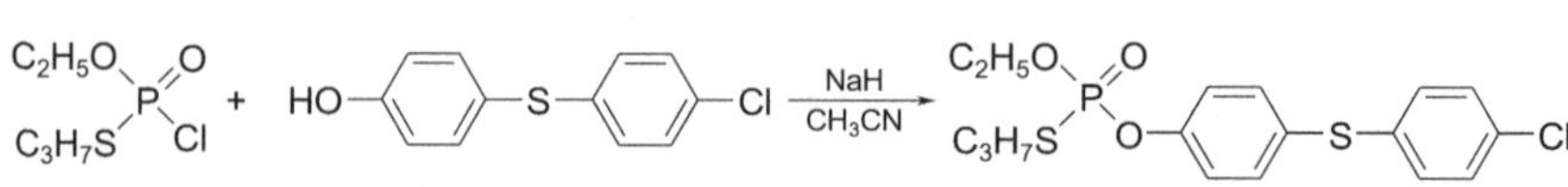

RH-0994

在制备杀虫剂吡唑硫磷时，也可以利用三价磷与 C_3H_7SCl 的硫杂 Arbuzov 重排反应。

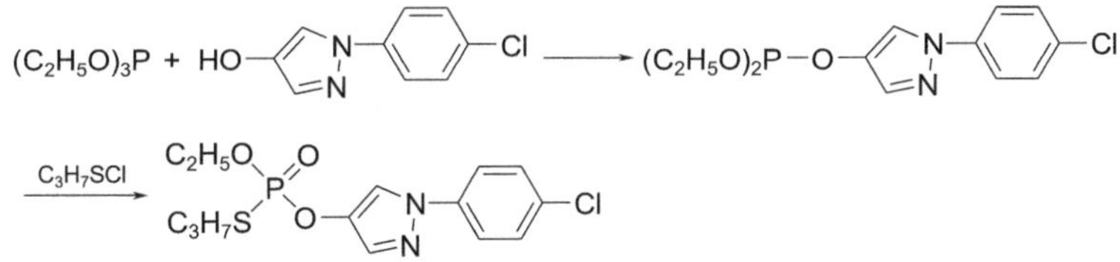

焦磷酸衍生物包括对称的焦磷酸酯和不对称的磷酸酐两类。对称的焦磷酸酯采用二烷氧基磷酰氯和水在碱存在条件下反应制备[13]，即一部分磷酰氯先水解，其水解产物再与另一部分未水解的磷酰氯进行反应。例如特普(R=Et，X=O)、硫特普(R=Et，X=S)可按该方法制得，八甲磷也可用类似的方法来制备。

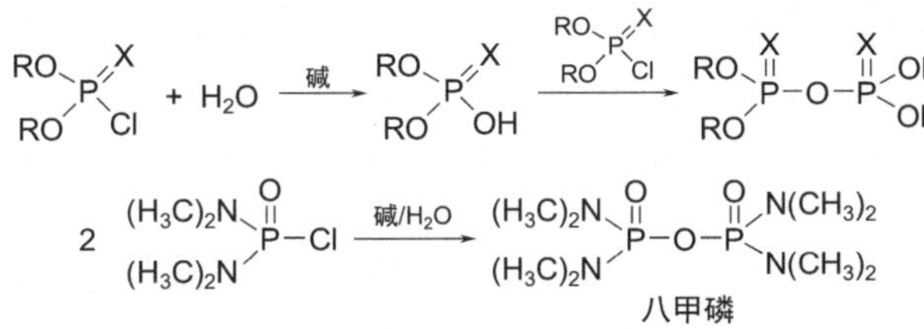

不对称的磷酸酐可采用一种磷酸盐与另一种膦酰氯反应制备，如膦磷酸酐[14]。

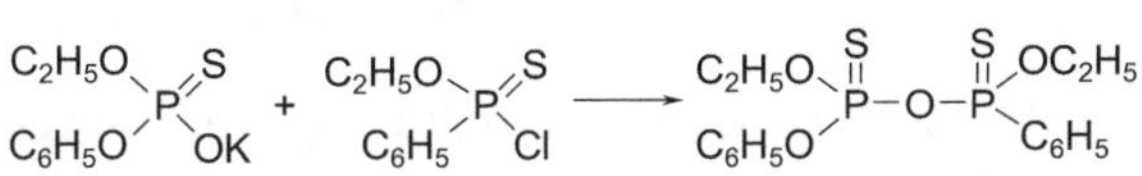

磷酰胺类农药可经酯化(形成P—O键)、氨基化(形成P—N键)等反应合成，如异丙胺磷和胺丙畏[15]的合成。

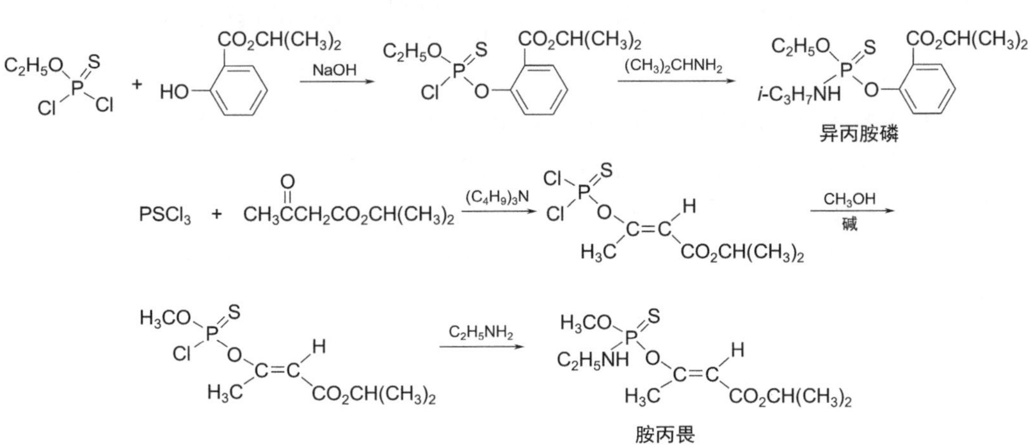

利用 O-乙基乙基硫逐膦酰氯与三氯苯酚钠的磷酰化反应可制备硫逐膦酸酯——毒壤磷。

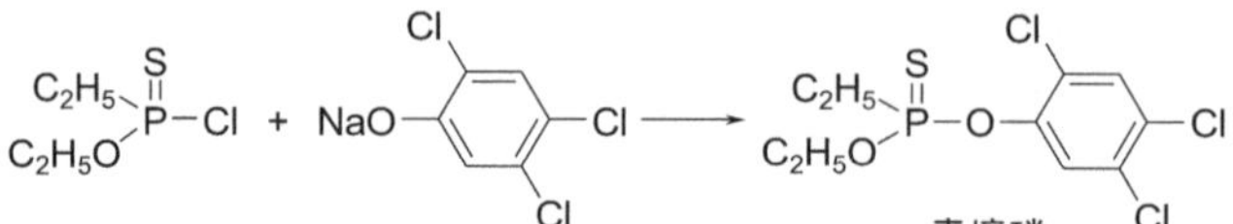

毒壤磷

3.3.1.2 利用亚磷酸酯的反应形成 P—O 键

(1)利用 Perkow 重排反应构建 P—O 键　除了磷酰化反应可引入 P—O 键外，利用 Perkow 重排反应也可在分子中引入含乙烯基的 P—O 键。三烷基亚磷酸酯与 α-氯代羰基化合物反应可生成乙烯基磷酸酯[16]，这就是著名的 Perkow 反应，也称为 Perkow 重排。在此反应中，α-卤代羰基化合物反应活性顺序为 α-卤代醛＞α-卤代酮＞α-卤代酯。不同卤代物的反应活性也不一样，其活性顺序为 R—Cl ＞ R—Br ＞ R—I。

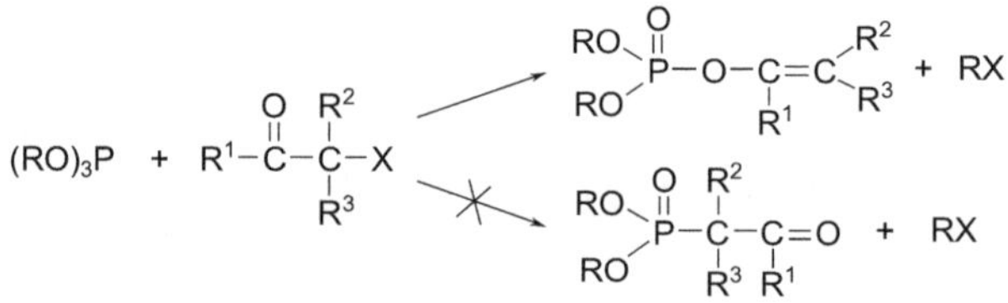

Perkow 反应已成为乙烯基磷酸酯类杀虫杀螨剂最重要的制备方法。其中杀螟威、敌敌畏、速灭磷、久效磷、磷胺等都是通过该反应来制备的。例如，亚磷酸三甲酯与三氯乙醛反应可得到敌敌畏。

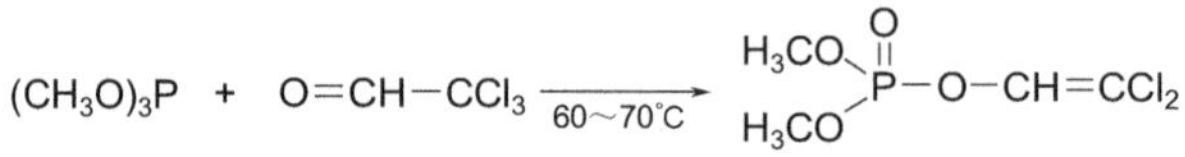

敌敌畏

关于 Perkow 反应的机制至今仍有许多争论，感兴趣的读者也可参阅相关文献[17]。

采用 Perkow 反应合成灭蚜净时，得到的产物为 73% 的 E 构型和 27% 的 Z 构型的混合物。如当 O,O-二甲基磷酰氯与乙酰乙酸乙酯的烯醇盐反应时，可得到几乎定量的 Z 构型；但当采用三氯氧磷在三乙胺存在下与乙酰乙酸乙酯反应，然后再进行甲酯化时，可制备得到 94% 的 E 构型[18]。

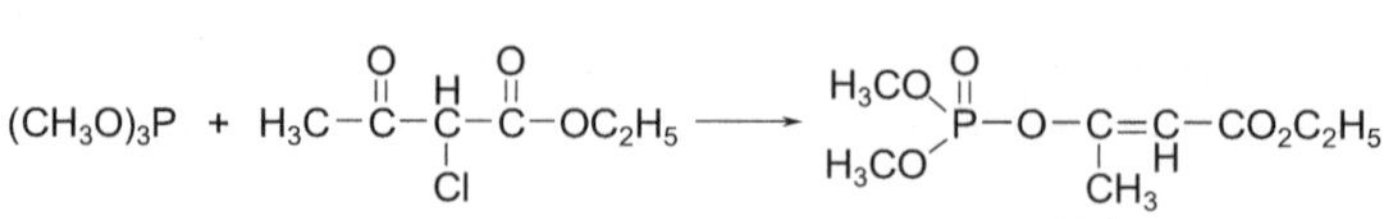

灭蚜净

73% E构型 + 27% Z构型

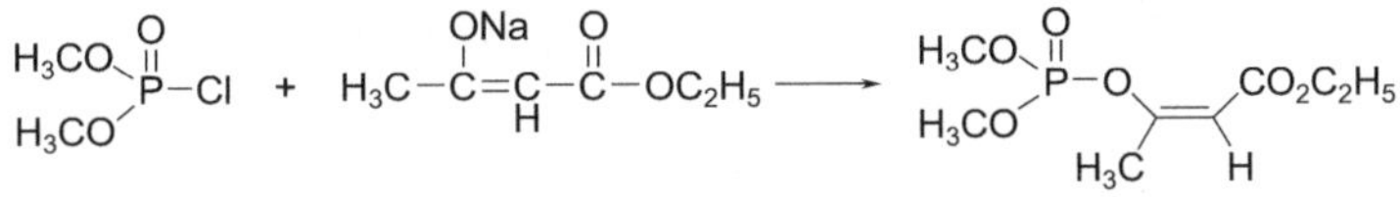

Z构型

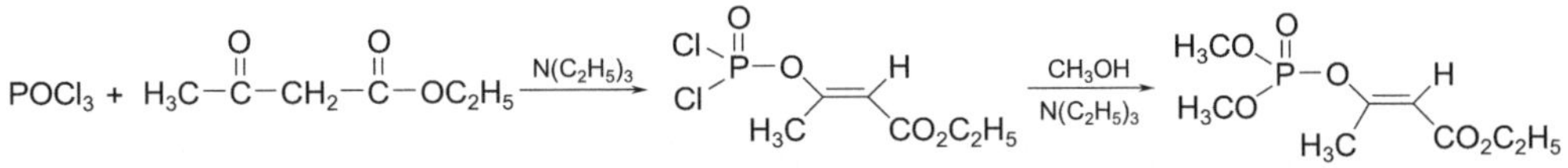

E构型

(2) 利用亚磷酸酯的其他反应来形成 P—O 键　三烷基亚磷酸酯与苯醌反应可生成相应的磷酸酯，可归因于亚磷酸酯的磷对氧原子具有高度亲和力，这一反应才得以顺利发生。

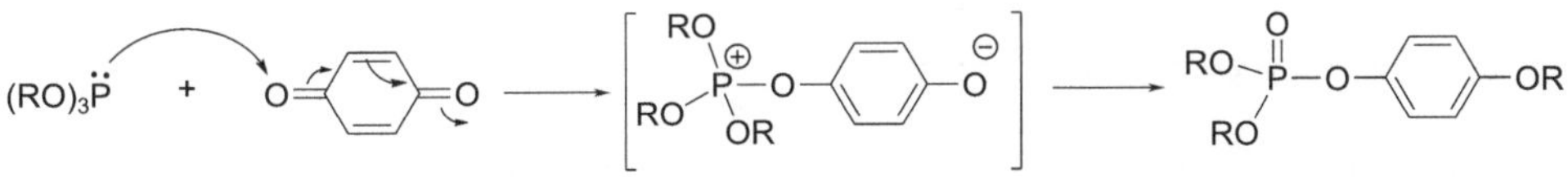

在碱催化下，二烷基亚磷酸酯也可与苯醌反应生成对羟基苯基磷酸酯。

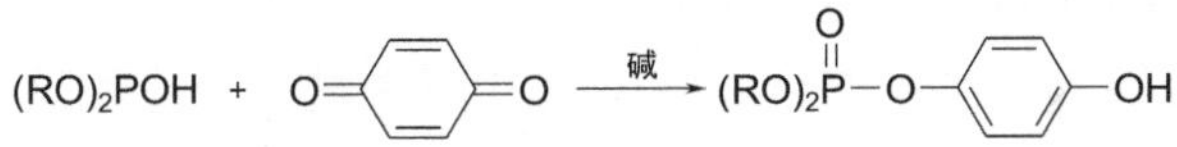

3.3.1.3　利用硫逐（酮）磷酸酯的氧化脱硫反应形成 P═O 键

通过硫逐(酮)磷酸酯的氧化反应可形成 P═O 键，得到相应磷酸酯，实现这一过程的氧化剂主要有硝酸、氮氧化物、过氧化氢等。例如蝇毒磷在硝酸氧化下可以得到氧化蝇毒磷；又如，对硫磷用 N_2O_4 氧化可以制备对氧磷[19]。

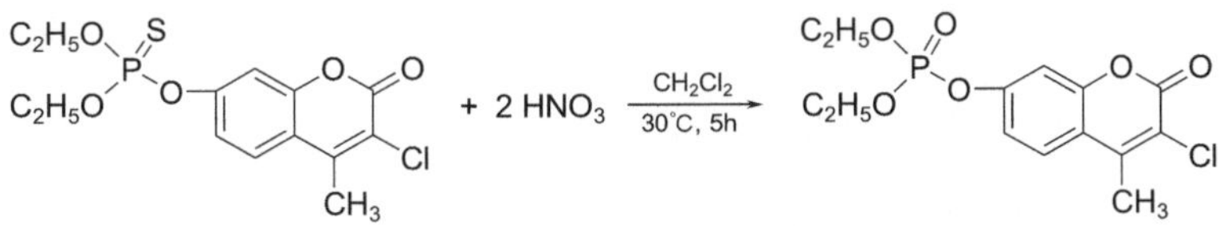

蝇毒磷　　氧化蝇毒磷

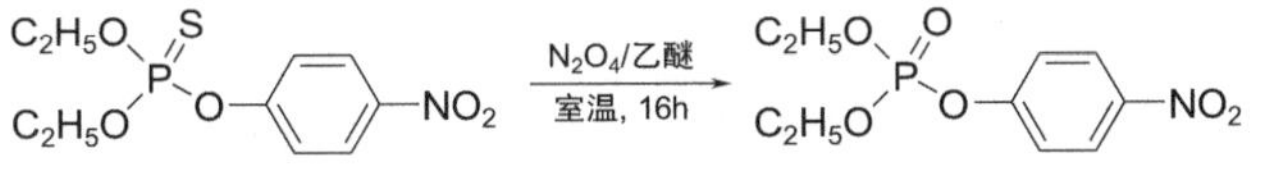

对硫磷　　对氧磷

3.3.1.4 利用α-羟基烷基膦酸酯的重排反应形成 P—O 键

敌百虫在氢氧化钠作用下可重排成敌敌畏。

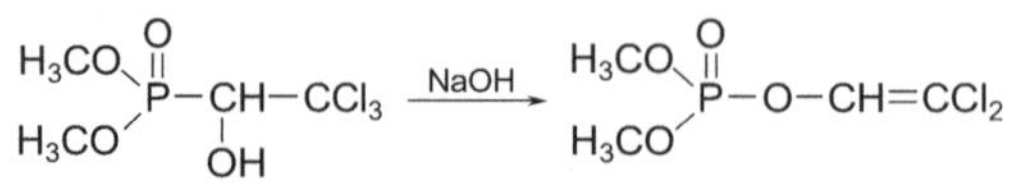

敌百虫　　敌敌畏

另一个例子是采用碱处理敌百虫的次膦酸酯类似物，亦可重排成乙烯基膦酸酯，该过程与敌百虫转变为敌敌畏类似。

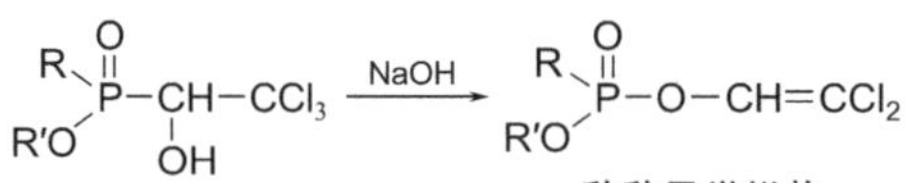

敌敌畏类似物

3.3.2 P—S 键形成的方法

利用磷酰化反应和烷基化反应均可以在分子中引入 P—S 键来制备含硫赶结构的有机磷农药。与磷酰化反应相比，采用烷基化反应引入 P—S 键的方法不易发生脱烷基化副反应，因此利用烷基化反应在分子中引入 P—S 键被广泛采用。

现以一些有机磷农药品种的合成为例来介绍磷酰化反应和烷基化反应在合成方法中的应用。

3.3.2.1 利用磷酰化反应形成 P—S 键

磷酰氯与巯基化合物的磷酰化反应是制备硫赶磷酸酯的方法之一，但由于此法容易发生含磷产物的脱烷基化副反应，因而较少被用来制备含 P—S 键的化合物。现将利用磷酰氯与巯基化合物的磷酰化反应制备硫赶磷酸酯部分农药品种的原理介绍如下。

杀虫剂异内吸磷可用此法进行合成。

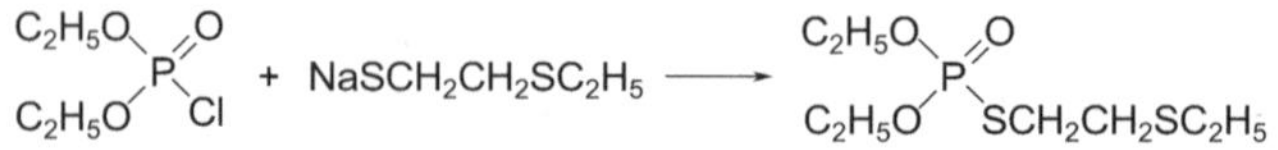

异内吸磷

另一种合成方法是采用丙硫基磷酰氯与巯基化合物的磷酰化反应合成二硫赶磷酸酯。

苯硫磷类农药如地虫硫磷也可采取磷酰化反应路线进行合成[20]。

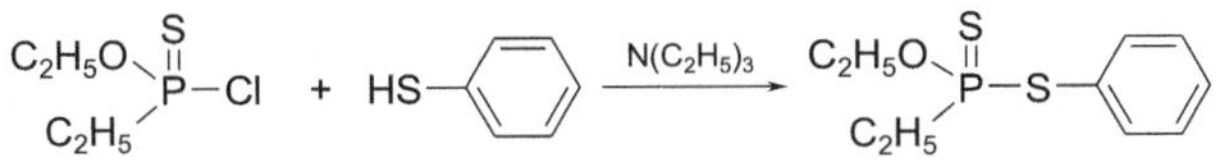

地虫硫磷

此外，杀菌剂如克瘟散也是采用磷酰二氯和苯硫酚在碱作用下经磷酰化反应形成两个硫赶键而合成。

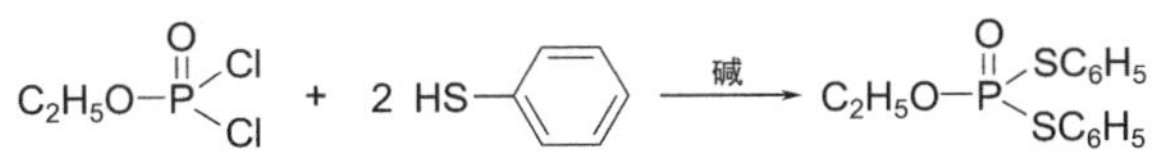

克瘟散

3.3.2.2 利用烷基化反应形成 P—S 键

通过烷基化反应引入 P—S 键，是制备硫赶磷酸酯或具有硫赶结构含磷农药产品的重要方法。用于制备含磷农药的烷基化反应涉及酸性磷酸酯(或硫代磷酸酯)的烷基化反应、硫逐硫赶磷酸酯重排以及硫逐磷酸酯异构化反应三种方法。而最重要且最实用的方法是硫代磷酸酯的烷基化反应，下面分别加以介绍。

(1) 利用硫代磷酸酯(膦酸酯)的盐与烷基化试剂的反应形成 P—S 键　硫代磷酸酯的烷基化反应适用于多种硫赶磷酸酯农药的合成，通常采用 *O*,*O*-二烷基硫代磷酸盐与卤代烷反应来制备 *O*,*O*-二烷基硫赶磷酸酯，其反应通式如下：

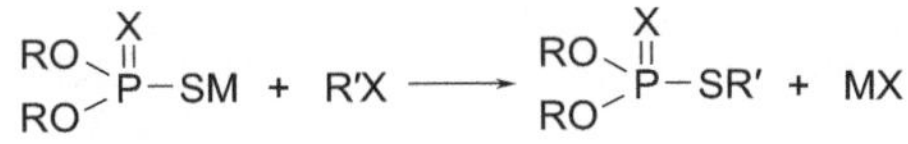

反应式中 X 为 O 或 S，R 为烷基、芳基，M 为金属或铵阳离子，R′X 为烷基化剂。这一步反应实际上为构成 S—C 键的通用方法。在该制备方法中，需要制备中间体 *O*,*O*-二烷基硫代磷酸盐[其制备方法见第 3 章硫代(赶)磷酸盐的制备]，然后采用 *O*,*O*-二烷基硫代磷酸盐与卤代烷反应时，其反应选择性发生在硫原子上，不产生硫逐磷酸酯(其理由详见第 2 章烷基化反应)。因此，*O*,*O*-二烷基硫代磷酸盐是合成多种硫赶磷酸酯类农药的关键中间体。*O*,*O*-二烷基硫代磷酸盐与卤代烷反

应可为制备 *O*,*O*-二烷基硫赶磷酸酯提供最重要的合成方法。

如利用 *O*,*O*-二甲基硫代磷酸的钠盐或钾盐与卤代烷的反应可合成氧化乐果和异甲基内吸磷。

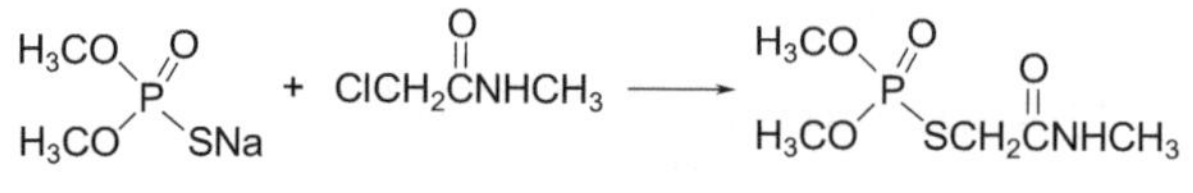

氧化乐果

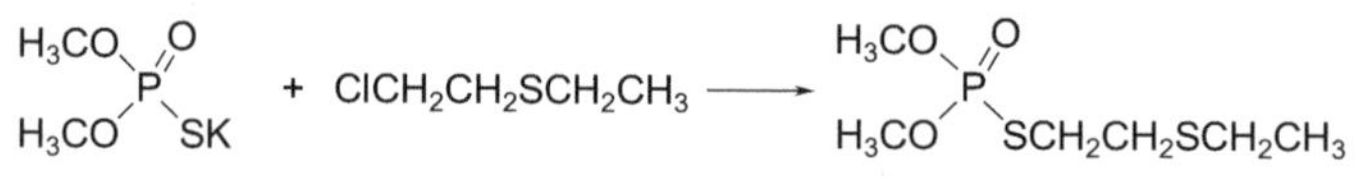

异甲基内吸磷

又如通过不对称 *O*-乙基-*O*-取代苯基硫代磷酸钾盐与卤代烷的反应可以制备不对称硫赶磷酸酯。

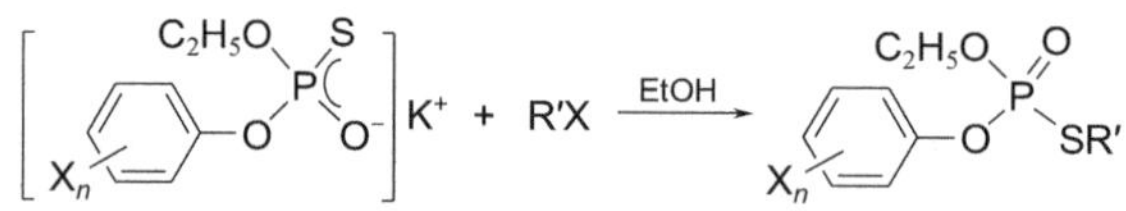

烷基化反应也常用来制备硫逐硫赶的二硫代磷酸酯类农药，例如二甲硫吸磷、家蝇磷、保棉磷等。

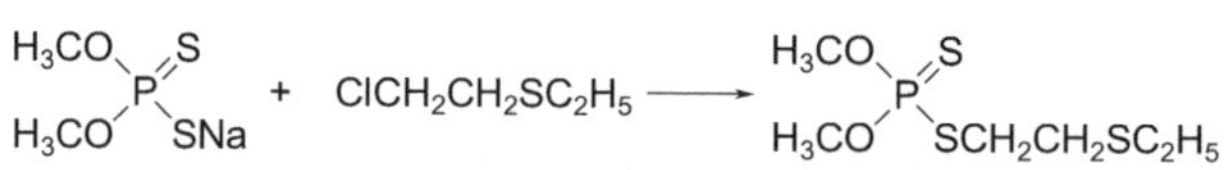

二甲硫吸磷

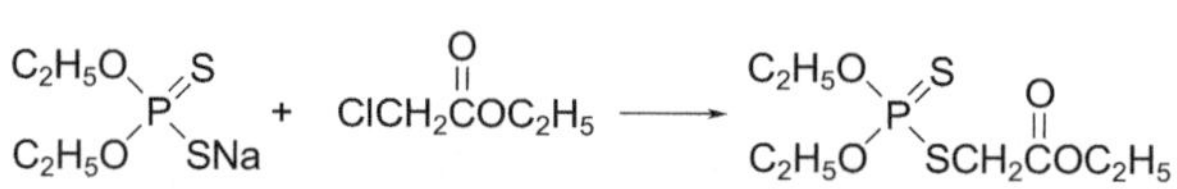

家蝇磷

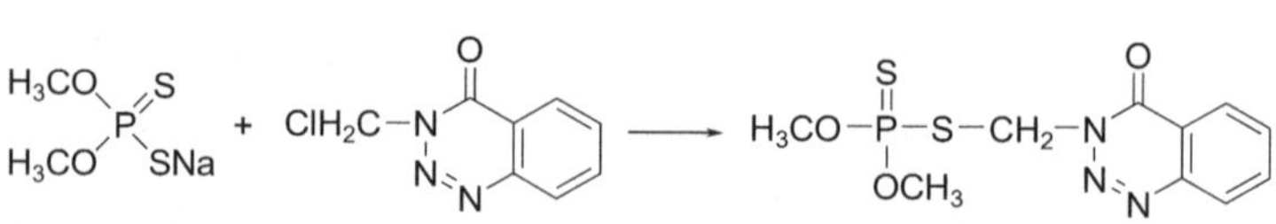

保棉磷

关于硫赶膦酸酯的制备，可以先从硫代膦酰二氯和醇制备 *O*,*O*-二烷基硫逐膦酸酯开始，然后在强碱作用下进行部分水解，所得的硫代膦酸盐与卤代烷发生烷基化反应，该烷基化优先在硫原子上进行。

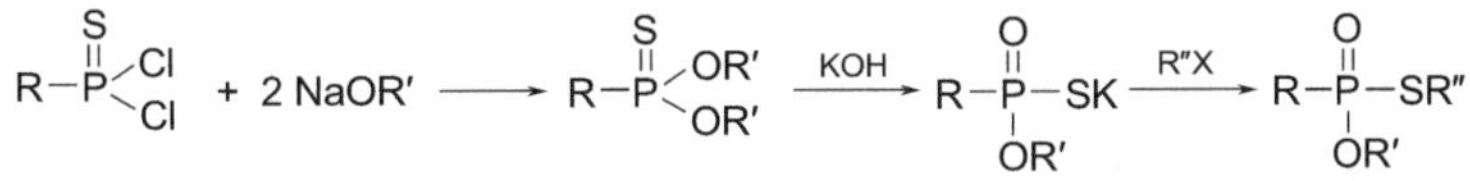

(2) 利用类 Mannich 反应制备硫赶磷酸酯　此法采用二硫代磷酸作为含磷中间体，利用类 Mannich 反应来制备硫赶磷酸酯。二硫代磷酸在甲醛存在下发生类 Mannich 反应，经一步反应即可制得硫赶磷酸酯杀扑磷。该方法也适用于制备硫赶磷酸酯甲拌磷[21]。

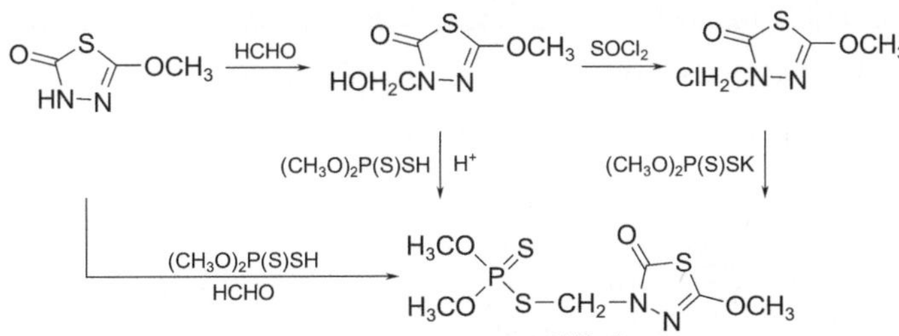

杀扑磷

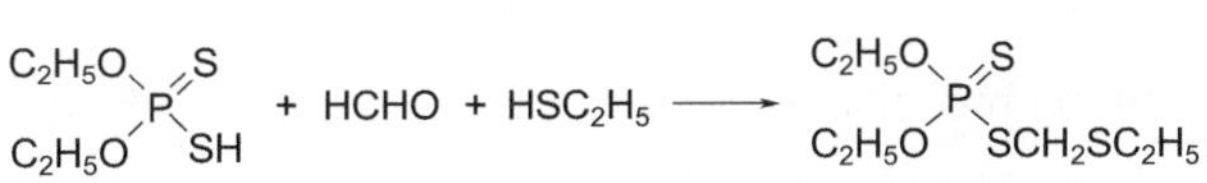

甲拌磷

贵州大学自主创制的抗植物病毒剂毒氟磷[22]也是采用类 Mannich 反应制备得到的。

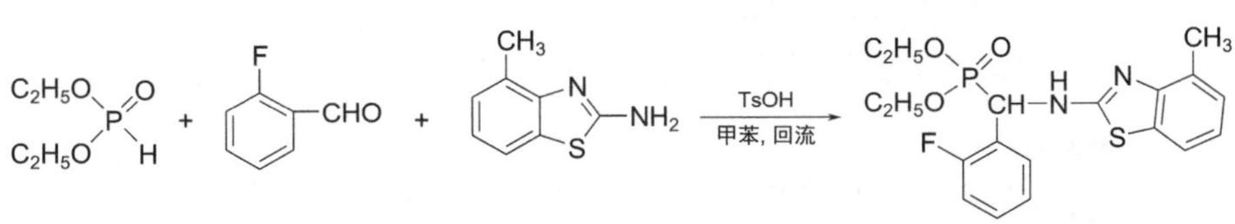

毒氟磷

(3) 利用硫逐硫赶磷酸酯重排反应形成 P—S 键　许多中性烷基硫逐磷酸酯，在较高温度下本身可作为烷基化试剂，对另一分子硫逐磷酸酯进行分子间的硫烷基化反应，尤其对于甲基酯而言这一反应更为容易进行。如甲基对硫磷于 150℃反应 6.5h，即有 91% 底物发生了硫逐硫赶重排[23]。

其硫逐硫赶磷酸酯重排反应可能的反应机制如下：

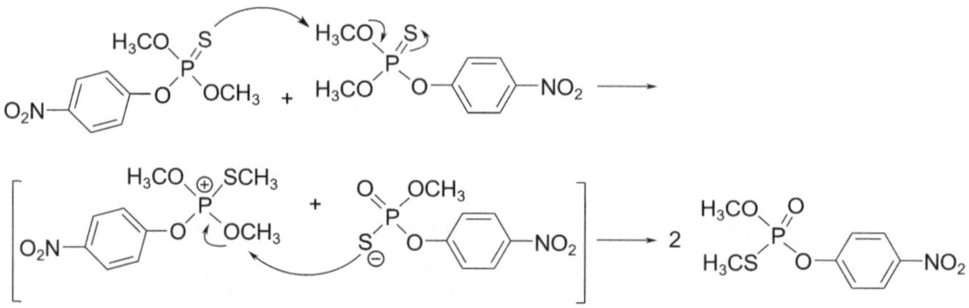

但这种高温下的硫逐硫赶重排反应并不能作为合成硫赶磷酸酯的通用方法，因为硫赶磷酸酯的收率较低而不具备制备价值。尽管在合成上无应用意义，但了解高温下的硫逐硫赶重排反应，对于防止副反应发生、提高农药产品质量具有实际意义。

尽管如此，如果采用合适的反应条件，硫逐硫赶重排反应也可以用于含磷农药的制备。例如，在强极性溶剂如二甲基甲酰胺和碳酸钾存在下，蔬果磷可以很顺利地转化为其硫赶异构体[17]，其反应如下：

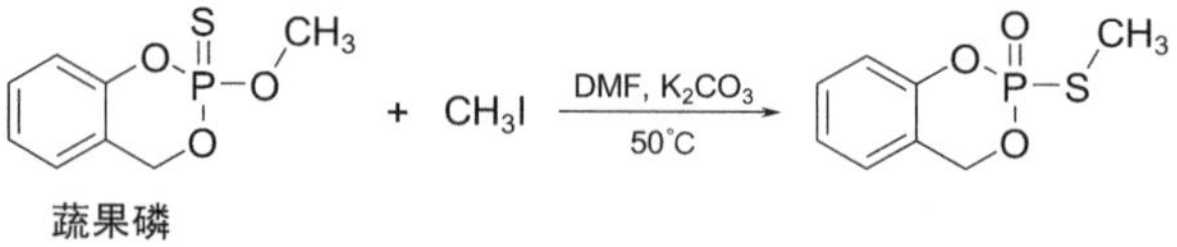

(4)利用硫逐磷酸酯异构化反应形成P—S键　对于某些特定的结构，这种硫逐磷酸酯热异构化反应也可作为含磷农药的制备方法。当烷基硫逐磷酸酯中烷基β碳上连有孤对电子的原子(如N，O，S等)时，在一定温度下很容易发生分子内硫逐磷酸酯异构化，转化为相应的硫赶磷酸酯，对于极易异构化的硫逐化合物特别适合采用热异构化法来制备硫赶磷酸酯。

如杀虫剂胺吸磷就是通过热异构化法来制备的。

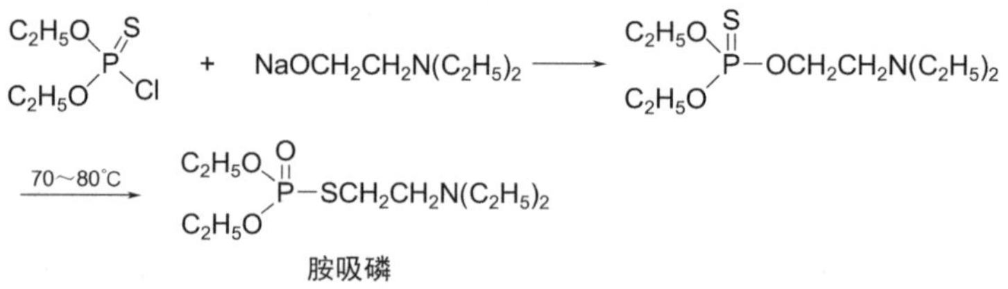

这一反应过程如下：

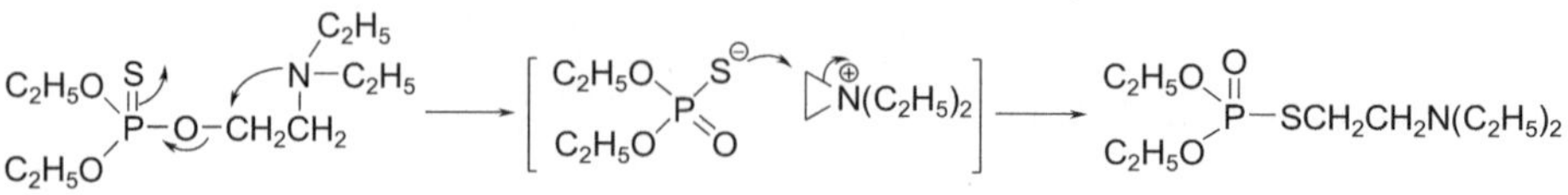

3.3.2.3 利用亚磷酸酯与硫化物反应形成 P—S 键

三烷基亚磷酸酯与烷基次亚磺酰氯或芳基次亚磺酰氯反应可以生成相应的硫赶磷酸酯，且有较好的收率，其反应机理与 Michaelis-Arbuzov 类似。其反应过程为：亚磷酸酯中的磷原子进攻硫原子，形成准鏻盐，然后氯离子发生亲核进攻，生成硫赶磷酸酯和氯代烷。

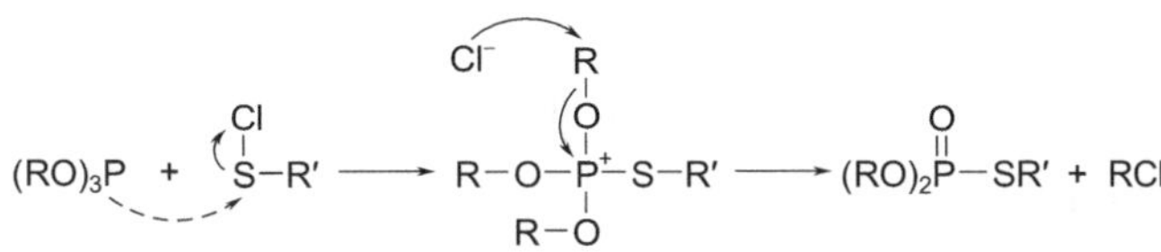

另外，烷基磺酰氯或芳基磺酰氯也可以和三烷基亚磷酸酯反应生成次亚磺酰氯，而不是磺酰基磷酸酯，原因是亚磷酸酯具有夺取氧原子生成磷酸酯的强烈倾向。因此在该制备反应中，磺酰氯可被亚磷酸酯脱去氧生成次亚磺酰氯，然后进一步与三烷基亚磷酸酯反应，便可制备相应的硫赶磷酸酯。

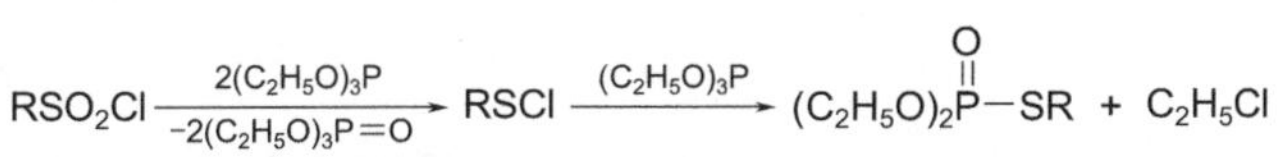

此制备反应亚磷酸酯至少应含有一个烷氧基；而含有两个烷氧基的亚磷酸酯和含有一个硫苯基的次亚磺酰氯反应，会生成相应的二硫赶磷酸酯，反应式如下：

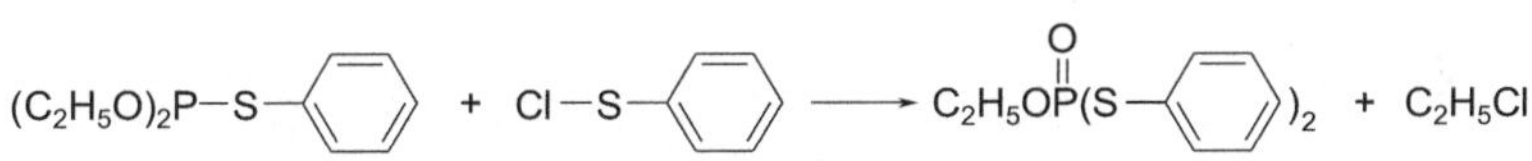

此外，含 P—S—P 键的不对称磷酸酐也可以从亚磷酸二酯进行制备 [24]。

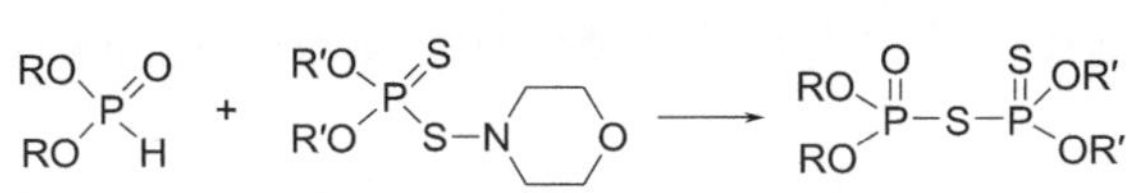

3.3.2.4 硫逐硫赶磷酸与双键的加成反应制备硫逐硫赶磷酸酯

利用中间体硫逐硫赶磷酸[其制备方法见第 3 章 *O*, *O*-二烷基硫逐硫赶（二硫代）磷酸的制备]与烯的加成反应可以制备硫逐硫赶磷酸酯马拉硫磷，该反应在碱催化下进行。其反应原理为烷基硫逐硫赶磷酸与碳碳双键的亲核加成反应。

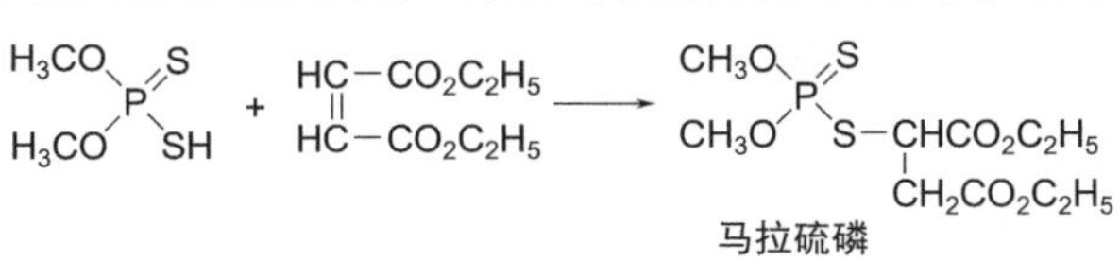

3.3.3 P—N 键形成的方法

通过磷酰氯和胺类化合物的磷酰化反应引入 P—N 键的方法来制备磷酰胺酯和硫代磷酰胺类农药。其反应通式如下：

式中的 R 与 R′，R^1 与 R^2 可以相同，也可以不相同；X=O 或 S。此反应可用于合成多种磷酰胺酯类农药。

如育畜磷可从三氯氧磷出发，先和甲胺发生磷酰化反应引入 P—N 键，再分别与甲醇和酚类化合物进行烷酯化和芳酯化来进行合成。

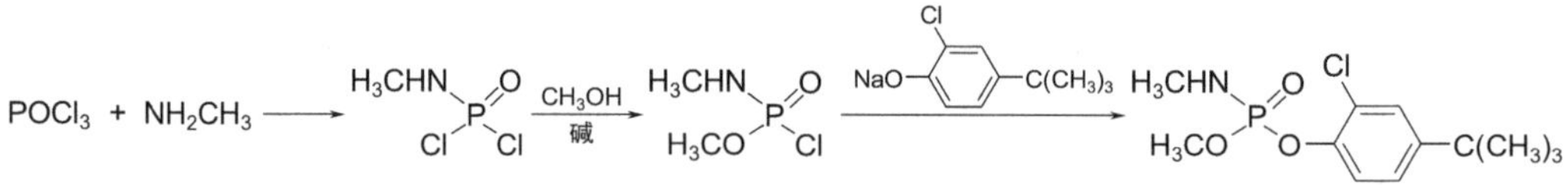

育畜磷

在硫代(醇)磷酰胺类杀虫剂中，甲胺磷的合成有多条路线，其中较为便利的路线是先通过磷酰化反应进行胺化再异构化，异构化过程采用 CH_3I 或硫酸二甲酯为催化剂。

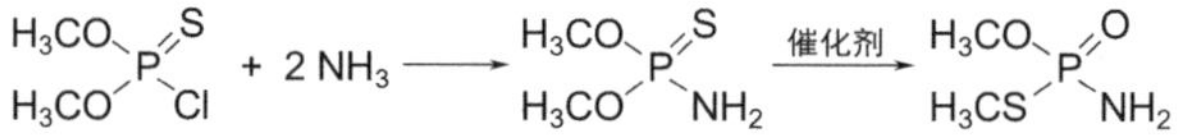

甲胺磷

也可以从三价磷中间体出发合成亚磷酰胺，如早年 Saunders 按下列反应合成了神经毒剂塔崩。

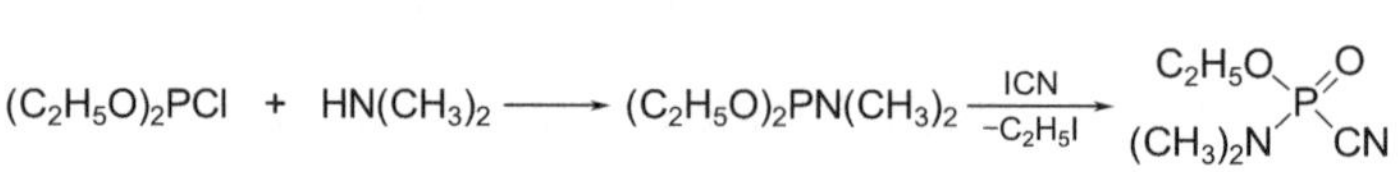

塔崩

3.3.4 P—C 键形成的方法

自 1952 年发现了第一个膦酸酯杀虫剂苯硫磷以来，人们开始从含有 P—C 键的膦酸酯类化合物里寻找新农药。关于形成 P—C 键的制备方法主要涉及以下反应：① Lewis 酸(路易斯酸)催化三氯化磷与芳烃或卤代烷的反应；②三氯化磷和金属有机化合物的反应；③亚磷酸酯与卤代烷的反应(Michaelis-Arbuzov 重排反应)；④二烷基亚磷酸酯与不饱和化合物的加成反应。以上 4 种反应是制备膦酸酯和次膦酸酯类农药的重要方法[17]。

3.3.4.1 利用 Lewis 酸催化反应形成 P—C 键

在这一制备方法中，采用芳烃和过量的三氯化磷在氯化铝催化下进行 Friedel-Crafts 反应，可生成具有 P—C 键的芳基亚膦酰二氯与氯化铝络合物，再采用三氯氧磷或吡啶可将其分解转变成芳基亚膦酰二氯，然后加入三氯硫磷或硫黄，可转变成硫代膦酰二氯，可用于合成膦酸酯类化合物，如苯硫磷。

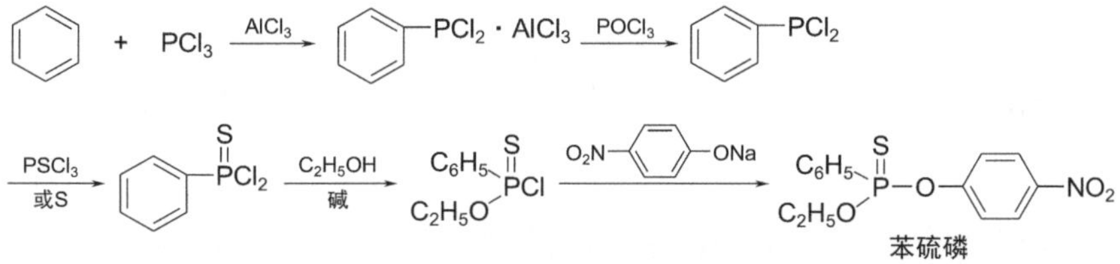

三氯化磷在氯化铝催化下也可和卤代烷反应生成络合物，加水时分解为烷基膦酰二氯。烷基膦酰二氯与五硫化二磷反应，或者将络合物在新烘过的氯化钾存在下与硫反应可以生成烷基硫代膦酰二氯；此外，络合物在氯化钾存在下用金属铝还原，可生成烷基亚膦酰二氯。

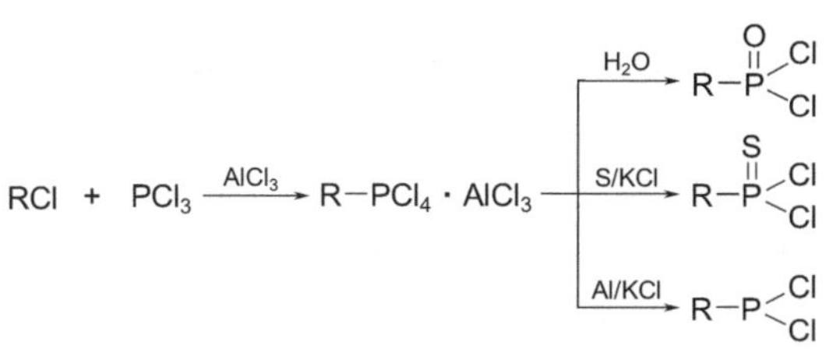

以上反应除了氯化铝外，也可以采用氯化锌或氯化铁为催化剂。

从具有 P—C 键的中间体烷基硫代膦酰二氯或烷基亚膦酰二氯出发，可进一步衍生获得各种膦酸酯类化合物或农药。

膦酰二氯比相应磷酰二氯更为活泼，在叔胺作用下可以与二羟基化合物如邻羟基苯甲醇反应，生成环膦酸酯杀虫剂。

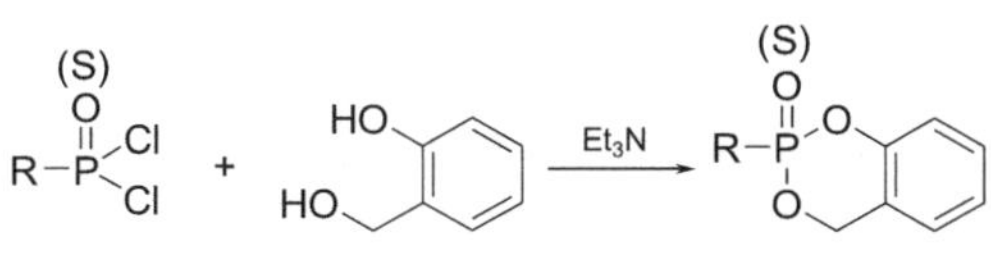

3.3.4.2 利用三氯化磷和金属有机化合物的反应形成 P—C 键

某些金属有机化合物和三氯化磷反应可形成 P—C 键。Szabo 和 Menn 利用三烷基铝、三当量三氯化磷和硫黄反应生成烷基硫代膦酰二氯与氯化铝络合物，然后用冰水分解，制备得到烷基硫代膦酰二氯。

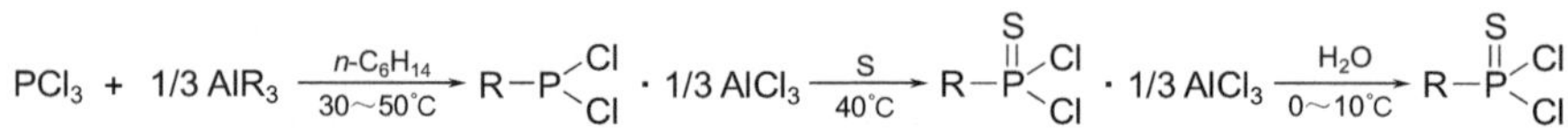

利用烷基硫代膦酰二氯可制备杀虫剂。例如，利用乙基硫逐膦酰二氯可制备杀虫剂地虫硫磷。

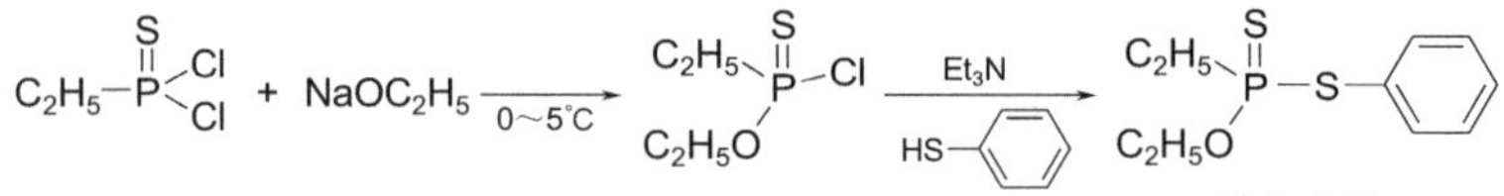

地虫硫磷

又如，杀虫剂亚胺硫磷的烷基膦酸酯类似物也可由乙基硫逐膦酰二氯衍生而制备。

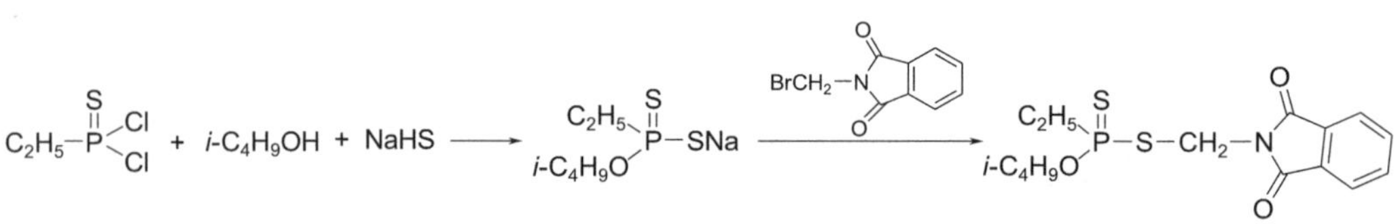

二硫代膦酸酯也可以通过双硫酐化合物来制备，卤代烷与双硫酐反应生成 *S*-烷基二硫代膦酰卤，然后与醇或醇钠反应，或者双硫酐先与醇反应生成二硫代膦酸，再与卤化烷反应最终生成二硫代膦酸酯。

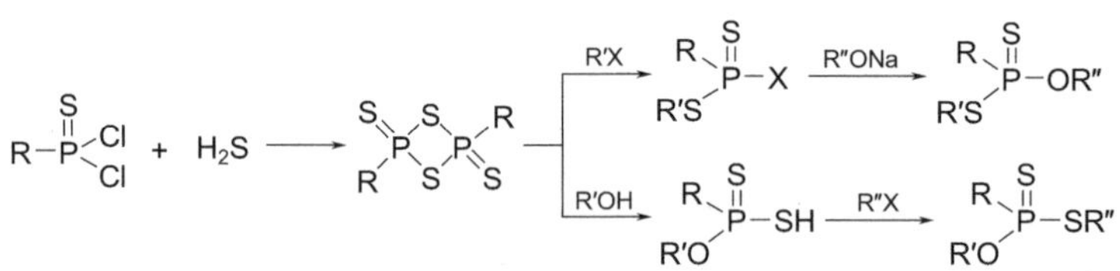

含镉、铅、锂、汞和锡的金属有机物也可以和三氯化磷或氯代亚磷酸酯反应，形成 P—C 键。

$$PCl_3 + (n\text{-}C_4H_9)_2Cd \longrightarrow n\text{-}C_4H_9PCl_2$$

$$PCl_3 + (C_2H_5)_4Pb \longrightarrow C_2H_5PCl_2$$

$$PCl_3 + R_2Hg \longrightarrow RPCl_2$$

$$(n\text{-}C_4H_9O)_2PCl + n\text{-}C_4H_9Li \longrightarrow (n\text{-}C_4H_9O)_2PC_4H_9\text{-}n$$

$$PCl_3 + (n\text{-}C_4H_9)_3SnCH_2COOCH_3 \longrightarrow ClP(CH_2COOCH_3)_2$$

Grignard 试剂（格氏试剂）也可以与三卤化磷反应制备叔膦化合物。

$$PX_3 + RMgX \longrightarrow PR_3$$

氯化铝能催化卤化物与金属有机化合物间的烷基卤素交换反应。例如三氯硫磷在氯化铝催化下与四乙基铅反应，可直接合成烷基硫逐膦酰氯及烷基硫逐次膦酰氯及其相关衍生物。

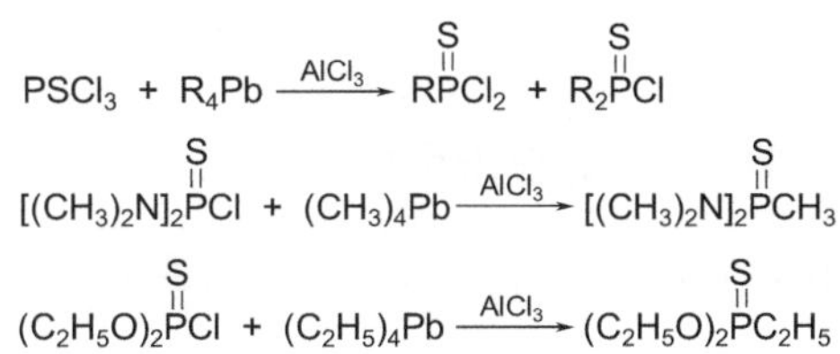

合成含两个 P—C 键的次膦酸衍生物，可采用金属有机化合物与三价磷化合物反应，如利用四乙基铅 [25] 制备中间体二烃基氯化膦，然后与硫粉反应得到；也可以利用三氯硫磷与格氏试剂反应后，利用氯化硫酰或氯化亚硫酰处理，可分别得到硫代次膦酰氯或次膦酰氯。

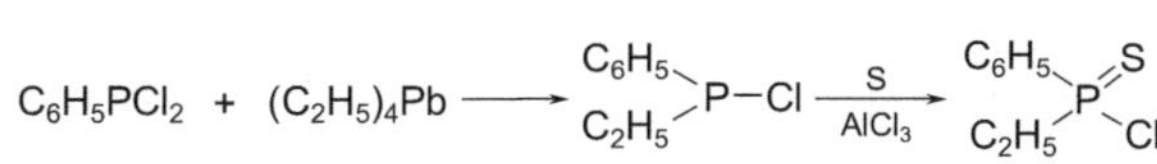

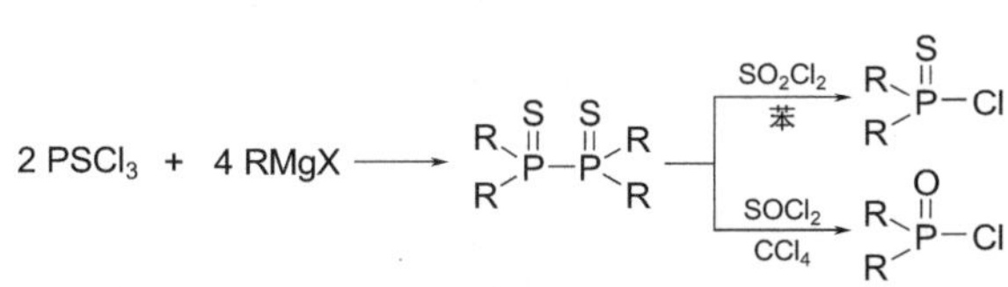

也可以从烷基二氯化膦与氯化铝形成的复合物经硫化反应来制备硫代次膦酰氯。

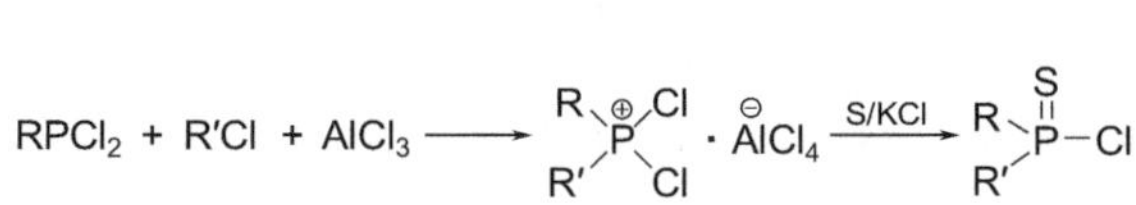

与二烷基亚磷酸酯相似，烷基次膦酸酯也和羰基化合物加成形成 P—C 键；*O*-烷基次膦酸酯可与不饱和键加成，例如敌百虫的次膦酸酯类似物可通过烷基次膦酸酯和三氯乙醛的加成反应后，再经氢氧化钠处理得到。

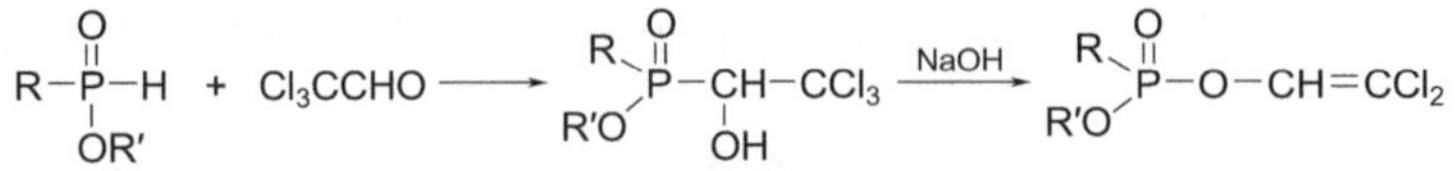

O-烷基次膦酸酯可以对不饱和羰基化合物进行磷杂 Michael 加成反应，例如 *O*-乙基甲基次膦酸酯与丙烯酰胺反应，生成具有杀虫活性的次膦酸酯。

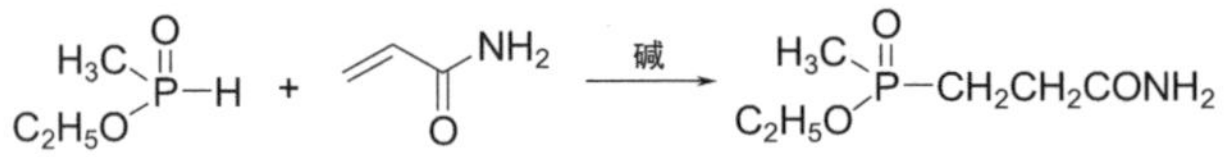

3.3.4.3 Michaelis- Arbuzov 重排反应

众所周知，Michaelis-Arbuzov 重排反应 [26] 是形成 P—C 键的好方法。反应机制是亚磷酸三酯与卤代烃生成鏻盐中间体，最后重排得到膦酸酯。

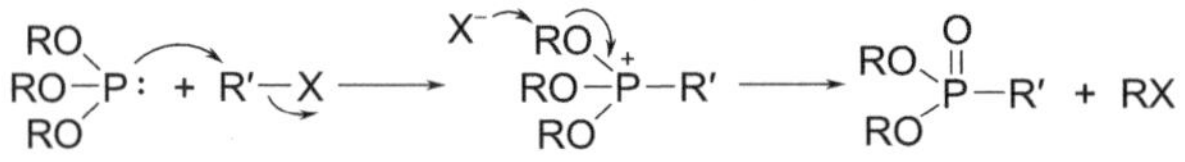

采用 Arbuzov 反应可以制备杀虫剂丁酯磷 [27]。

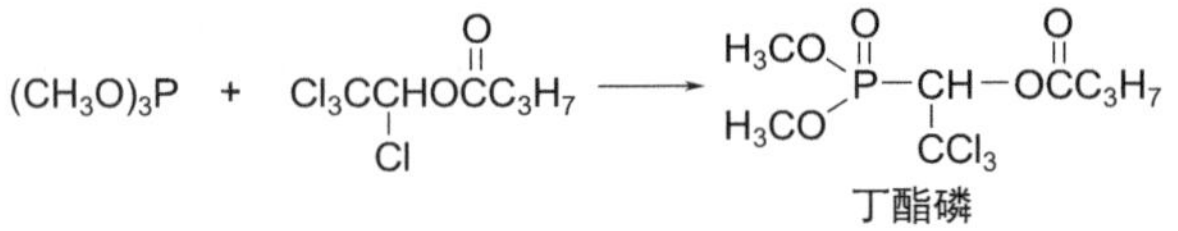

而利用分子内的 Arbuzov 反应可生产膦酸酯，经水解后可制备植物生长调节剂乙烯利。

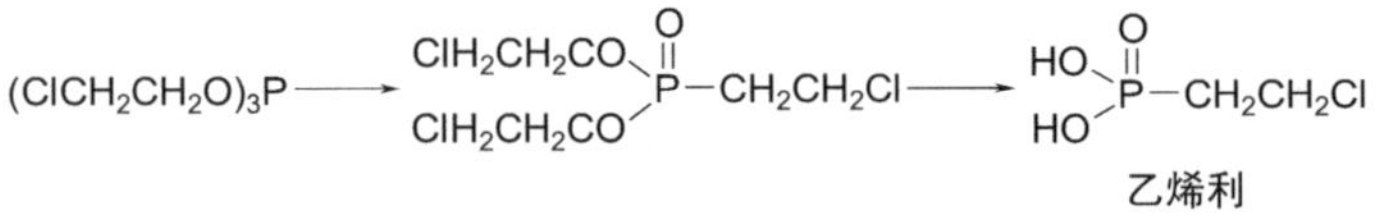

该反应会产生副产物，这在一定程度上限制了其合成应用。另一个与其近似的反应是 Michaelis-Becker 反应 [29]，即亚磷酸二酯的盐与卤代烷的反应，应用较为广泛。

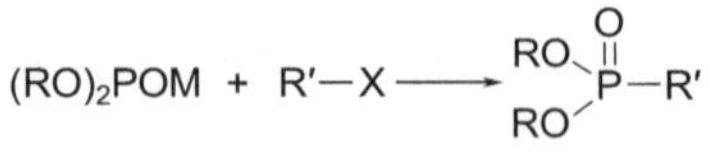

采用 *O*,*O*-二烷基烷基膦酸酯和五氯化磷、草酰氯或光气反应可以生成膦酰氯。

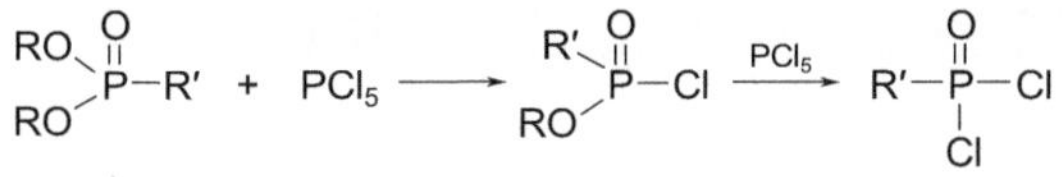

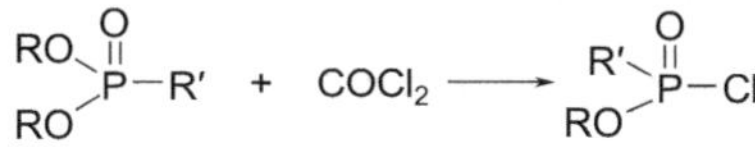

利用三氯乙醛和丁酰氯在氯化锌催化下生成卤代羧酸酯，继续与二甲基亚磷酸酯反应即可制备杀虫剂丁酯磷。

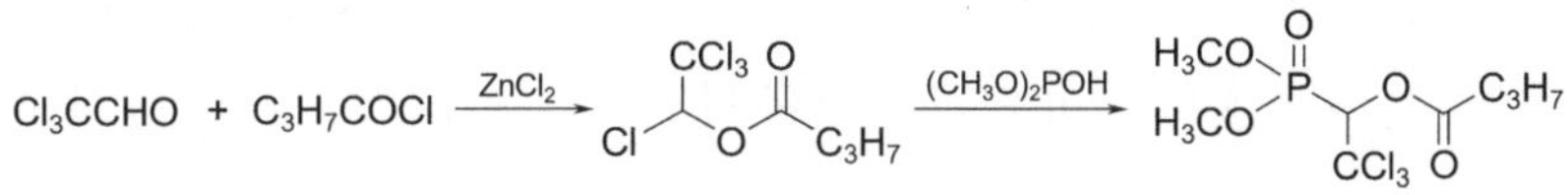

丁酯磷

酰氯也可和二烷基亚磷酸酯反应，形成 P—C 键。例如，三氯乙酰氯和二烷基亚磷酸酯反应，得到二乙基三氯乙酰基膦酸酯，该化合物是敌百虫乙基类似物的氧化产物，具有较强的杀虫作用。二乙基三氯乙酰基膦酸酯和胺类化合物反应，例如和吗啉反应，可生成其 α-氨基衍生物，该化合物亦具有杀虫作用。

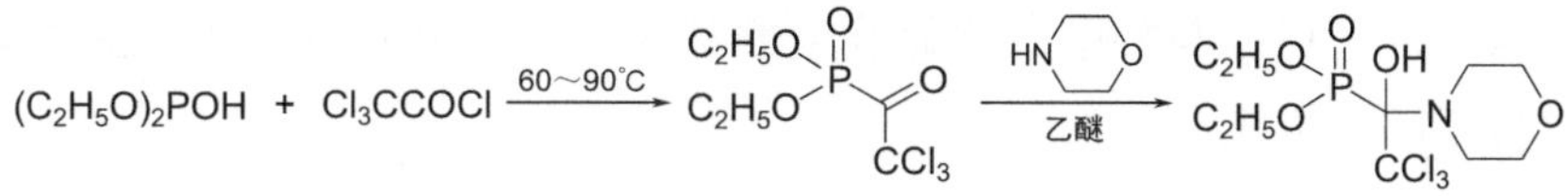

与此相似的还有氨基甲酰氯和 *O*- 烷基亚磷酰二胺酯的反应，该反应生成的氨基甲酰基膦酰胺类化合物是一种有效的杀螨剂和除草剂。

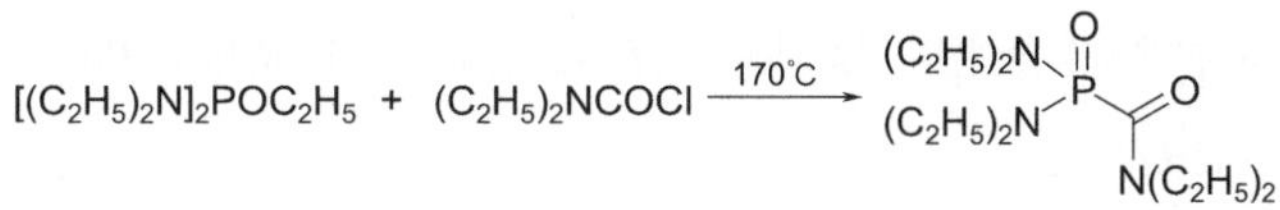

Michaelis-Arbuzov 反应也可用来制备次膦酸酯。从 *O*-甲基-*S*-丙基甲基膦酸酯和氯化苄反应，可以制备具有杀虫作用的 *S*-丙基苄基甲基硫赶次膦酸酯 [28]。

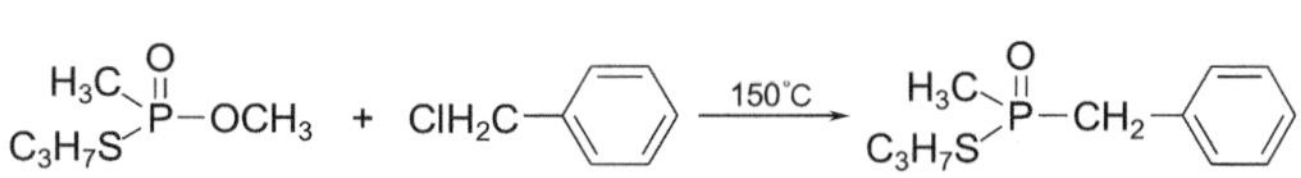

3.3.4.4 利用二烷基亚磷酸酯的加成反应形成 P—C 键

二烷基亚磷酸酯对羰基化合物的亲核加成反应，也是形成 P—C 键的另一类重要方法。例如可采用二甲基亚磷酸酯与三氯乙醛的加成反应制备敌百虫[30]；此外，还可利用三氯化磷、三氯乙醛和甲醇反应制备。

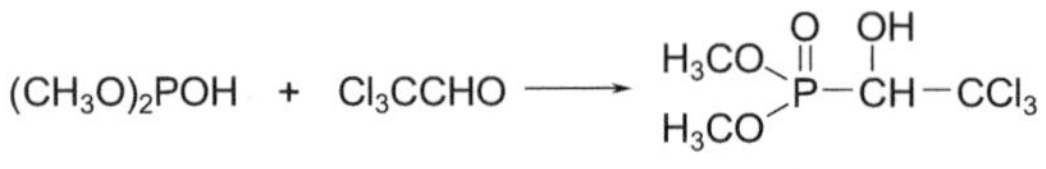

敌百虫

该反应没有敌敌畏的生成，说明三甲基亚磷酸酯不是中间体，因而没有 Perkow 反应的发生。该反应机制可能是经过五配位中间体，通过醇对磷原子进攻生成羟基膦酰氯，最后与醇反应生成 α-羟基膦酸酯。

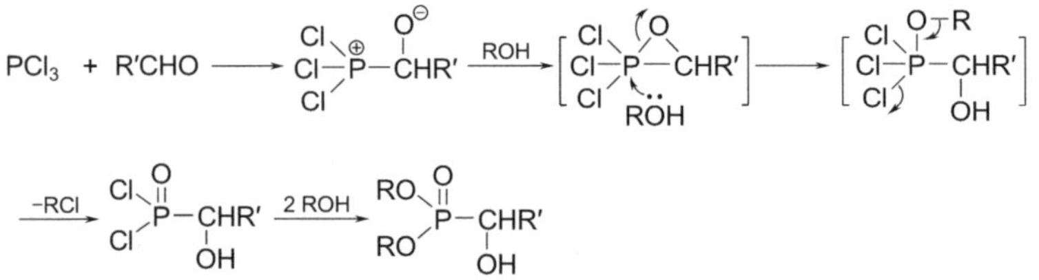

敌百虫的羟基可以与酸酐或酰氯发生酰基化反应，早期杀虫剂丁酯磷就是利用敌百虫进行丁酰化反应来制备的。

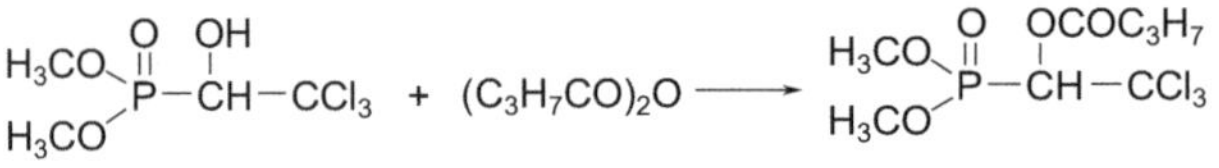

敌百虫 丁酯磷

α-酮酸酯类化合物也能和二烷基亚磷酸酯反应，生成相应的 α-羟基膦酸酯，它们都具有一定的杀虫活性。

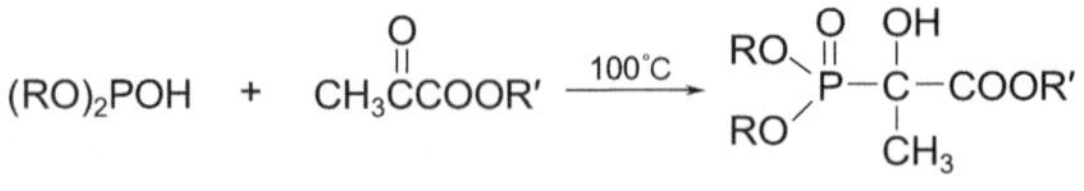

二烷基亚磷酸酯也可以和异氰酸酯加成，生成氨基甲酰基膦酸酯。例如具有杀虫活性的芳基磺酰氨基甲酰基膦酸酯就是利用该反应进行合成的。

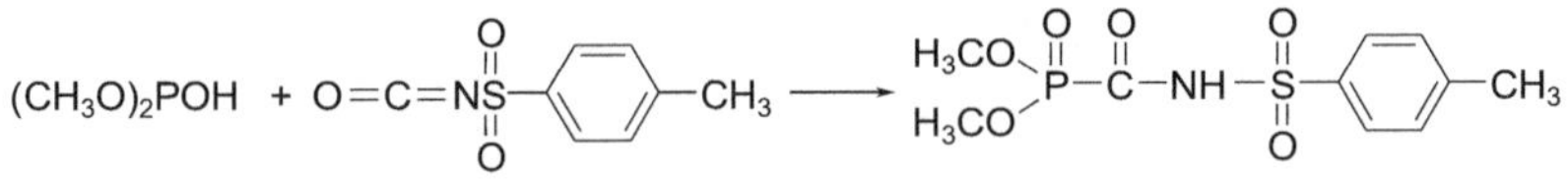

同时二烷基亚磷酸酯和C═N键(Schiff base)进行加成，可生成 α-氨基膦酸酯类化合物。例如 *N*-亚环己基苯胺与二乙基亚磷酸酯反应，生成的产物具有一定的除草活性。

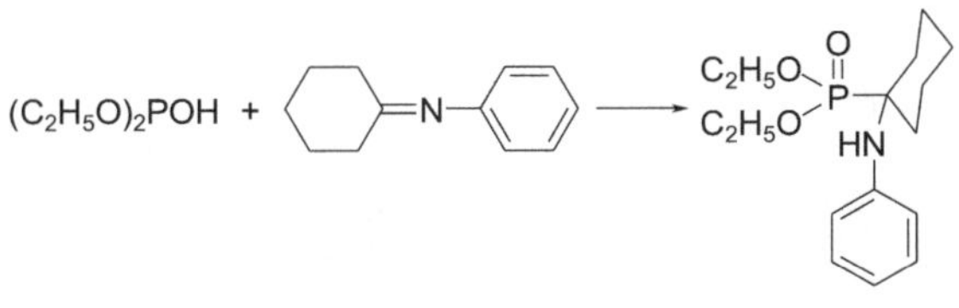

除了亚磷酸酯以外，五氯化磷也可以与烯烃进行加成，生成 $RPCl_4$ 型的 β-氯代烷衍生物，水解可生成 β-氯代烷基膦酸；进一步脱氯化氢可形成乙烯基膦酸。β-氯乙基膦酸可作为植物生长调节剂(如乙烯利)在农业生产中得到应用。

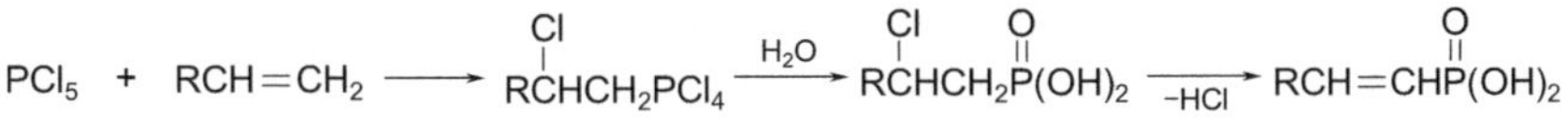

3.3.5 P—F 键形成的方法

含磷农药或有机磷农药涉及的P—X(磷卤键)主要为P—Cl键和P—F键，P—Cl键的制备方法见本章3.1节和3.2节。以下主要介绍P—F键形成的制备方法。

含P—F键的磷酰基化合物主要包括氨基磷酰氟、磷酰氟酯和膦酰氟酯三类。前两类曾用作杀虫剂，后一类主要作为神经毒剂。

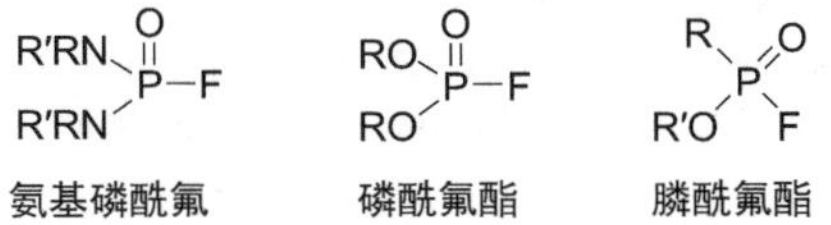

它们的制备方法通常是用氟置换相应磷酰氯中的氯原子，例如甲氟磷[31]、丙氟磷[31]和沙林的合成方法。

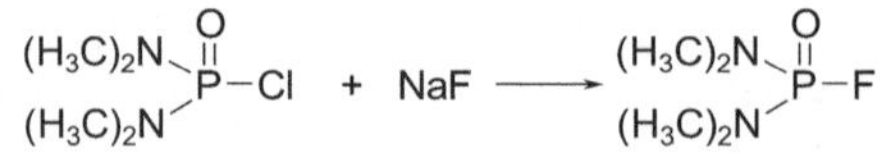

甲氟磷

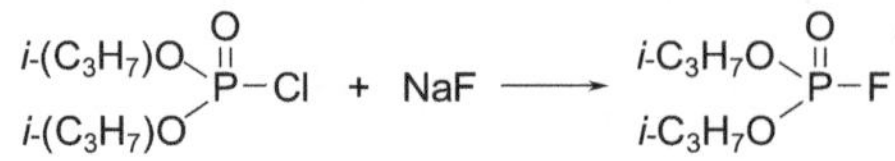

丙氟磷

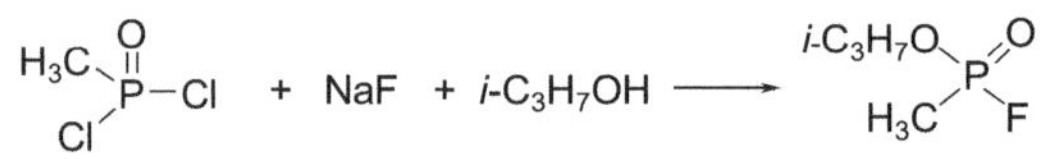

沙林

这类化合物也可以从容易制备的二氯磷酰氟为起始原料来进行合成[31]。例如丙氟磷的制备反应如下:

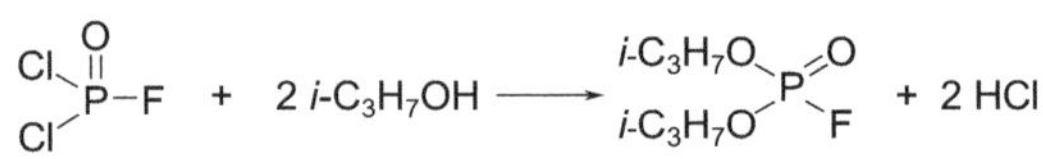

参考文献

[1] 陈茹玉，李玉桂．有机磷化学 [M]．北京：高等教育出版社，1987.

[2] 刘纶祖，刘钊杰．有机磷化学导论 [M]．武汉：华中师范大学出版社，1991.

[3] 张立言．有机磷农药 [M]．北京：化学工业出版社，1974.

[4] 熊家林，刘钊杰，贡长生．磷化工概论 [M]．北京：化学工业出版社，1994.

[5] Kinnear A M, Perren E A. Formation of Organophosphorus Compounds by the Reaction of Alkyl Chlorides with Phosphorus Trichloride in the Presence of Alurninium Chloride[J]. J. Chem. Soc, 1952: 3437.

[6] Kosolapoff G M. Friedel-Grafts and Related Reactions[M]. New York: InterScience, 1965.

[7] Buchner B, Lockhart L B. An Improved Method of Synthesis of Aromatic Dichlorophosphines [J]. J. Am. Chem. Soc., 1951, 73: 755.

[8] Gardiner E, Kilby B A. Organic Phosphorus Insecticides. Part I. Synthesis of Bisdimethylaminophosphonous Anhydride Containing ^{32}P [J]. J. Chem. Soc., 1950: 1769.

[9] 杨石先，陈天池，王琴孙，等．有机磷杀虫剂的研究Ⅲ．O-乙基 N, N-二乙氨基硫代磷酰氯的合成及其与硫氢化钠的反应 [J]．化学学报，1963, 29 (3): 153-158.

[10] Buchel K H. Chemistry of Pesticides [M]. New York: John Wiley & Sons, 1983.

[11] Nishizawa Y, Nakagawa M, Suzuki Y, et al. Studies on the Organophosphorus Insecticides [J]. Agric. Biol. Chem., 1961, 25: 597.

[12] Kobayashi K. Et, M. Hirai, S. et al. Studies on Saligenin Cyclic Phosphorus Esters with Insecticidal Activity Part Ⅸ [J]. J. Agric. Soc. Jap., 1966, 40: 315.

[13] Toy A D F. The Preparation of Tetraethyl Pyrophosphate and Other Tetraalkyl Pyrophosphates [J]. J. Am. Chem. Soc., 1948, 70: 3882.

[14] 唐除痴，唐永军，陈茹玉．手性硫代磷酸及其衍生物的研究——旋光活性的 O-乙基苯基硫代膦酸和 O-乙基 O-苯基硫代磷酸混合酸酐的合成 [J]. 科学通报，1986, 1: 32.

[15] Leber J P. Pesticide Chemistry Proceedings and International IUPAC Congress [C]. London, 1972: 381.
[16] Perkow W. Umsetzungen mit Alkylphosphiten. I. Mitteil.: Umlagerungen bei der Reaktion mit Chloral und Bromal [J]. Chem. Ber., 1954, 87: 755.
[17] 江藤守総．有机磷农药的有机化学与生物化学 [M]．杨石先，等译．北京：化学工业出版社，1981: 17.
[18] 邵端链，董希阳，张春造．某些乙烯基磷酸酯类杀虫剂几何异构体的研究（I）——影响合成“灭蚜净”Z, E 异构体比率的因素的探讨 [J]．高等学校化学学报，1981, 2: 63.
[19] Berkelhammer G, Dauterman W C, O′ Brien R D. Insecticide Analogs, Conversion of Phosphorothionates to Their Oxygen Analogs with Dinitrogen Tetroxide [J]. J. Agric. Food Chem., 1963, 11: 307.
[20] Menn J J, Szabo K. The Synthesis and Biological Properties of New O-Alkyl S-Aryl Alkylphosphonodithioates [J]. J. Econ. Entomol, 1965, 58: 734.
[21] Clark E L, Johnson G A, Mattson E L. Systemic Insecticides, Evaluation of O,O-Dialkyl S-Alkylthiomethyl Phosphorodithioates [J]. J. Agric. Food Chem., 1955, 3: 834.
[22] 贵州大学．N- 取代苯并噻唑基 -1- 取代苯基 -O,O- 二烷基 -α- 氨基膦酸酯类衍生物及制备方法和用途：中国，CN1687088A. 2005-10-26.
[23] 熊家林，刘钊杰，贡长生．磷化工概论 [M]．北京：化学工业出版社，1994: 426-427.
[24] Almasi L, Paskucz L. Synthesis of Asymmetric O,O,O,O-Tetraalkyl Dithiopyrophosphates [J]. Angew. Chem. Int. Ed., 1967, 6(10): 863.
[25] 杨石先，陈天池，李正名，等．有机磷杀虫剂的研究Ⅶ：某些苯基对位取代硫代磷酸酯的合成 [J]．化学学报，1965, 31 (5): 399.
[26] Harvey R G, Sombre E R. Topics in Phosphorus Chemistry [M]. New York: Interscience, 1964: 57.
[27] Sittig M. Agricultural Chemicals Manufacture [M]. Park Ridge: Noyes Data Corp, 1971: 39.
[28] Pullman B, Valdemoro C. Electron Structure and Activity of Organophosphorus Inhibitors of Esterases [J]. Biochim. Biophys. Acta., 1960, 43: 548.
[29] Michaelis A, Becker T. Uber Die Constitution Der Phosphorigen Saure[J]. Chem. Ber., 1897, 30: 1003.
[30] Barthel W F, Giang P A, Hall S A. Dialkyl α-Hydroxyphosphonates Derived from Chloral [J]. J. Am. Chem. Soc., 1954, 76: 4186.
[31] Schrader G. 新磷酸酯类杀虫剂的进展 [M]．杨石先，等译．北京：化学工业出版社，1966: 92-107.

PHOSPHORUS 磷科学前沿与技术丛书

含磷农药

4

含磷杀虫杀螨剂

Pesticide Containing Phosphorus

人们通常将危害各种植物的昆虫和螨类等称为害虫，将由它们引起的各种植物伤害称为虫害。虫害的特点是危害速度快，损失程度重，防控难度大。常见的农业害虫主要包括危害水稻、玉米、小麦、薯类、大豆、向日葵、蔬菜、果树等栽培植物的多种昆虫和螨类。昆虫种类繁多，是农作物遭受虫害中最多的种类。昆虫属于动物界节肢动物门昆虫纲，有 33 个目，其中有 9 个目与农业密切相关。直翅目如蝗虫、蝼蛄；半翅目即蝽象类；同翅目包括蚜虫、叶蝉、飞虱等；缨翅目即蓟马类；鞘翅目即各种甲虫类；鳞翅目即蛾类、蝶类；膜翅目即蜂类、蚁类；双翅目即蚊、蝇、虻类；脉翅目如草蛉、蚁蛉等。但脉翅目都是捕食或寄生蚜虫、螨虫、叶蝉、飞虱及其他小虫的益虫。在害虫防治实践中，首先要正确识别益虫和害虫，才能很好地利用益虫来控制害虫。其次要掌握昆虫的一般形态特征及其生长发育规律，针对昆虫的弱点对其防治，可达到事半功倍的效果。

杀虫剂是一类用于防治危害农作物及其农副产品的害虫的化学药剂，被广泛用于防治卫生、畜牧、水产、树林、仓储等方面的害虫[1-3]。一方面，随着世界人口持续增长和可用耕地不断减少的矛盾日益加剧，粮食生产不能满足人们的需要；另一方面，各种有害生物的侵扰，造成相当于全球农作物收成 1/3 左右的损失。因此，正确使用杀虫剂，对于保证农作物的增产增收、保障农产品品质、降低农产品的生产成本、提高经济效益具有重要意义。杀虫剂在农产品收获以后的存储、保鲜、运输、销售以及加工等环节均起着非常重要的作用。此外，杀虫剂的使用可以有效防治疾病的传播媒介(如疟疾、黄热病、锥虫病等)，例如由于广泛使用杀虫剂 DDT，疟疾的传播得到有效控制；同时，杀虫剂可以用作卫生杀虫剂，用于防治蚊子、苍蝇等，对发展卫生事业、保护人们的身体健康起着重要作用。总之，杀虫剂不但是人类和饥饿做斗争的重要武器，也是人类预防疾病的有力手段。含磷杀虫剂或有机磷杀虫剂是世界上广泛应用的最重要的一类杀虫剂。

螨类也可对农作物造成很大的危害。目前，我国记载的害螨有 500 余种，全国性或局部严重危害的约 40 种，主要分为叶螨、瘿螨、跗线螨、根螨等。其中叶螨是农业害螨中最大的类群，包括柑橘全爪螨(红蜘蛛)、麦岩螨、朱砂叶螨、二斑叶螨。除少数种类是寡食性外，多数是多食性，适应性强，防治难度大。我国以朱砂叶螨为主，属蛛形纲蜱螨目叶螨科，其分布广泛，食性杂，可危害 110 多种植物。

螨类个体较小，约 0.5mm 长，体呈圆形或椭圆形，大多密集群居于叶的背面。在一个群体中可以存在所有生长阶段的螨，包括卵、若虫、幼虫和成虫。当环境有利时，1～2 周可完成一个世代的生长。温室生长季节普通红叶螨能繁殖 30 世代。其卵和成虫可在灌木丛中、地表的缝隙及洞穴中越冬。螨类吸取细胞液，从而破坏叶组织细胞的同化作用，导致形成斑点状坏死组织，严重危害可造成整个叶的坏死并过早落叶，叶组织同化作用的丧失可引起作物产量的降低。

杀螨剂是指用于防治危害植物的螨类的化学药剂。螨类对作物造成的损失，在过去 30 年已有明显的增加。主要原因是密集地单一栽培和使用非专一性杀虫剂。这些杀虫剂往往杀螨活性并不是很高，在杀死螨类的同时也消灭了螨类的天敌。此外，螨类一个世代的生长时间较短，对原有杀螨剂能迅速产生抗性。螨类的防治虽然也可在越冬期，例如用矿物油制剂喷雾，但最有效的防治是在活动期。一个理想的杀螨剂，最好具有杀卵作用，并有较长的残效，足以防治整个变态期间的螨。通常对一种药剂产生抗性的螨，对具有同样作用机制的其他化合物也会有抗药性。

多种有机磷杀虫剂也兼具杀螨作用，可与其他杀螨剂轮换使用来防治抗性螨类或延缓抗药性的产生。但一些高效的有机磷杀虫剂并不具有杀螨活性。本章主要涉及含磷杀虫剂、含磷杀虫杀螨剂，或具杀螨活性的含磷杀虫剂。

4.1 含磷杀虫杀螨剂的发展历程

有机磷杀虫剂的发现可追溯到 20 世纪 30 ～ 40 年代，1932 年 Lange 首先研究发现二烷基磷酰氟具有异常的生理作用 [4]。第二次世界大战期间，英国人 Saunders 率先合成了神经毒剂，其中二异丙基磷酰氟就是一个典型的神经毒剂 [5]。1937 年 Schrader 第一次在拜耳实验室发现具有杀虫活性的含磷有机化合物之后，有机磷化合物作为杀虫剂的应用研究获得了快速的发展。1943 年，Schrader 研究的第一个含磷杀虫剂进入德国市场。1944 年由 Schrader 合成了对硫磷，之后由美国氰胺公司、美国孟山都公司和德国拜耳公司先后将对硫磷作为杀虫剂发展，实现了工业化生产，并开始在世界范围的农业上推广应用，从而使有机磷化学从基础性研究走向工业化应用，与农业生产产生了直接的联系，对于有机磷农药的发展具有里程碑的意义。

为了从有机磷化合物中寻找活性适合于农业的杀虫剂，Schrader 曾提出一个可能会具有杀虫活性的酰基化规则[6]，从而暗示了这类化合物为酰化剂。根据随后在这一领域中已申请的数以千计的专利来看，Schrader 提出的酰基化规则通式符合大多数结构类型的有机磷酸酯类衍生物，并且由此获得了多种具有良好杀虫活性的化合物，使含磷杀虫剂的研发领域有了突飞猛进的发展。

继非内吸性的对硫磷之后，1951 年德国拜耳公司成功开发了第一个广泛应用的高效内吸杀虫剂——内吸磷，内吸磷的应用是有机磷农药发展过程中的又一个突破！

对硫磷（大鼠急性经口 LD_{50}：3.6 ～ 13mg/kg）和内吸磷（大鼠急性经口 LD_{50}：2.5 ～ 6mg/kg）对温血动物都具有很高的毒性，后来发现在对硫磷结构上稍加改变就可能获得比对硫磷急性毒性更低的杀虫剂品种。如氯硫磷、倍硫磷，以及杀螟松等，它们的大鼠急性经口 LD_{50} 均大于 200mg/kg。通过对杀虫剂磷酸酯母体结构的合理修饰，可以获得毒性更低的有机磷杀虫剂。例如，美国氰胺公司推出重要的低毒杀虫剂马拉硫磷（大鼠急性经口 LD_{50}：2800mg/kg）。这些研究结果开创了有机磷杀虫剂结构与毒性关系的研究，对于含磷杀虫剂的低毒化持续发展具有重要的意义。

1952 年 Perkow 反应的问世为乙烯基磷酸酯类杀虫剂提供了一种便利的合成方法，极大促进了这类杀虫剂的开发和应用，其代表性的品种为敌敌畏、久效磷等。20 世纪 70 年代以后，一些不对称含丙硫基的磷酸酯类杀虫剂进入市场。这类化合物毒性较低，对抗性害虫效果较好，如丙硫磷、甲丙硫磷、丙溴磷等。虽然所开发的大量有机磷酸酯类杀虫剂的确符合 Schrader 提出的酰基化规则的通式，但在商业开发中获得成功的仅限于某些结构类型的有机磷酸酯类。其中 18 个最具有经济价值的有机磷杀虫剂包括久效磷、敌敌畏、敌百虫、甲基对硫磷、毒死蜱、杀螟硫磷、二嗪磷、倍硫磷、特丁硫磷、甲胺磷、乙酰甲胺磷、地虫硫磷、乐果、甲拌磷、杀扑磷、马拉硫磷、丙溴磷、砜拌磷（具体结构类型见 1.1 节）。

从 1985 年到 20 世纪 90 年代前后世界上的各大农药公司对含磷杀虫剂的创新性研究和开发已逐渐进入低潮。但之后仍有一些公司进一步开发了一些新的有机磷杀虫剂品种，如德国拜耳开发的丁基嘧啶磷（tebupirimfos），德国巴斯夫公司开发的磷虫威（phosphocarb），韩国星甫化学有限公司开发的氟硫磷（flupyrazofos）以及FMC与日本石原生物科学开发的cathsafos 等（具体结构见附录 1）。

我国农药工业是新中国成立以后逐步建立和发展起来的[10-13]。20 世纪 50 年代前，我国有机农药还是空白，只有少量无机农药及天然产物农药。50 年代初，六六六和 DDT 等有机氯杀虫剂首先在我国投入生产。50 年代末开始建造有机磷杀虫剂的生产装置[7]。当时，为了响应国家发展农药工业和大办农业的号召，我国于 1957 年在天津农药厂建成投产第一个有机磷杀虫剂——对硫磷。为了满足我国粮食生产对杀虫剂的亟需，20 世纪 50 年代以来一些高校的研究人员也投入力量积极开展了有机磷农药的研究开发与应用。中国农业大学在国内研发了对硫磷，乐果，灭蚕蝇 1 号，灭蚕蝇 3 号和牛蝇净(亚胺硫磷)。与此同时，南开大学元素有机所在国内先后研发了敌百虫、马拉硫磷、磷 32 号、磷 47 号、久效磷、多硫磷和甲基对硫磷，满足了当时我国农业生产对杀虫剂产品的需求，填补了我国有机磷杀虫剂的技术空白[8]。20 世纪 60 ～ 80 年代，为了取代高残留杀虫剂六六六，华中师范大学农药化学研究所在我国独立研制了未见国外报道的有机磷杀虫杀螨剂新品种甲基异柳磷、苯胺硫磷和抗虫灵，还先后研发了杀虫剂乙基异柳磷、蔬果磷、氯乙硫磷、水胺硫磷和杀线虫剂苯线磷新工艺，以及农药增效剂甲基增效磷，均成功实现了产业化[9,10]。20 世纪 90 年代初贵州大学精细化工研究开发中心研发了有机磷杀虫剂毒死蜱和甲胺磷新工艺，成功实现了产业化。2007 年在我国全面禁用甲胺磷、对硫磷、甲基对硫磷、久效磷、磷胺 5 种高毒有机磷杀虫剂之后，我国加强了新农药创制和高毒杀虫剂替代品种的研究。由武汉工程大学和浙江乐斯化学有限公司共同开发了低毒含磷杀虫剂氯甲胺磷以替代高毒农药甲胺磷；四川化工研究设计院自主研发的低毒含磷杀虫杀螨剂硝虫硫磷于 2008 年在我国获得了正式登记。上述含磷杀虫剂(具体结构见附录 1)的研发与应用为我国农药工业的发展和农业丰收作出了卓越的贡献[11,12]。

4.2 含磷杀虫剂的分类与品种简介

四配位有机磷化合物作为杀虫剂广泛应用于水稻、玉米、小麦、棉花、水果和蔬菜等作物田杀虫，也广泛用于家禽、家畜杀虫。多种有机磷杀虫剂不仅可以杀虫，而且还具有杀螨作用，可用于防治大豆、棉花、水稻、果树、茶树等上的害螨。兼有杀螨作用的有机磷杀虫剂品种较多，含磷杀虫杀螨剂将在 4.3 节中详细介绍。本节介绍的有机磷杀虫剂的主要活性是杀虫活性，但有些也兼具杀螨活性，可以与杀螨剂轮换使用来防治抗性螨类或延缓抗药性的产生。

根据目前商品化的含磷杀虫剂的结构特点，其结构可分为：磷酸酯类、硫逐(酮)磷酸酯类、硫赶(醇)磷酸酯类、二硫代(硫逐硫赶)磷酸酯类、焦磷酸衍生物类、磷酰胺酯类、膦酸酯类等七大结构类型。

本节将介绍以上七大类含磷杀虫剂的代表性品种。有关含磷杀虫剂品种的全貌，可以查阅本书附录1或参考有关手册和专著[1,8,13-17]。

4.2.1 磷酸酯类杀虫剂

4.2.1.1 敌敌畏（dichlorvos）

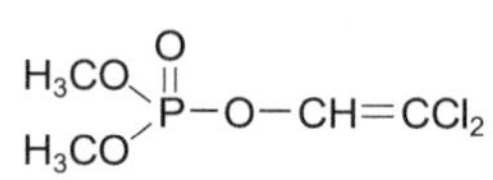

化学名称 *O*,*O*-二甲基-*O*-(2,2-二氯)乙烯基磷酸酯

毒性 大鼠急性毒性：经口 LD_{50} 25～80mg/kg(雄)；经皮 LD_{50} 70～250mg/kg；大鼠吸入(4h)毒性 LC_{50} 200mg/m^3；由于敌敌畏具有挥发性，因而吸入是最常见的接触途径；对家兔皮肤轻度刺激；对家兔眼睛轻度刺激。致突变试验：Ames试验阳性；小鼠骨髓细胞染色体畸变试验阴性；中国仓鼠精子细胞染色体畸变试验阴性；母鸡迟发性神经毒性试验阴性。大鼠两年致癌试验：无致癌性。

用途 触杀和胃毒性杀虫剂，也有熏蒸和渗透作用，残留极小。对蝇、蚊、飞蛾等击倒性速度很快，广泛用作卫生害虫防护剂，也用于田间防治刺吸式口器及咀嚼式口器害虫。

4.2.1.2 杀螟威（chlorfenvinphos）

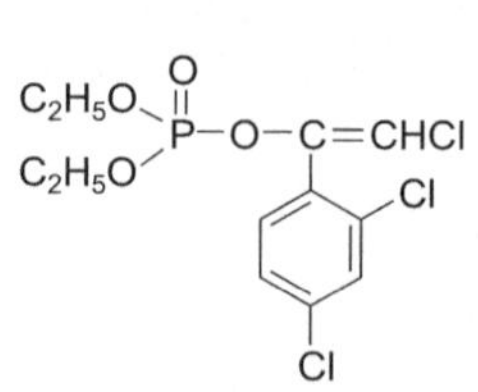

化学名称 *O*,*O*-二乙基-*O*-[2-氯-1-(2,4-二氯苯基)乙烯基]磷酸酯

毒性 急性经口毒性 LD_{50}：大鼠 10～39mg/kg；小鼠 117～200mg/kg；兔 180～400mg/kg；狗＞12000mg/kg。急性经皮毒性 LD_{50}：大鼠 31～108mg/kg；兔 400～4700mg/kg。对鱼有毒；对杂色鱼的 LC_{50}(24h)为 0.36mg/L。对蜜蜂有毒，使用颗粒剂可无毒害。

用途 广谱高效杀虫剂，主要用于防治水稻螟虫及其他水稻害虫，如叶蝉、飞虱等，对棉花、蔬菜害虫也有较好的效果；也可用于防治危害农林牧业生产的有害生物(害虫、害螨、线虫)；也可以作为土壤杀虫剂，用于土壤防治根蝇、根蛆和地老虎；同时可作为植物生长调节剂。

4.2.1.3 杀虫畏(tetrachlorvinphos)

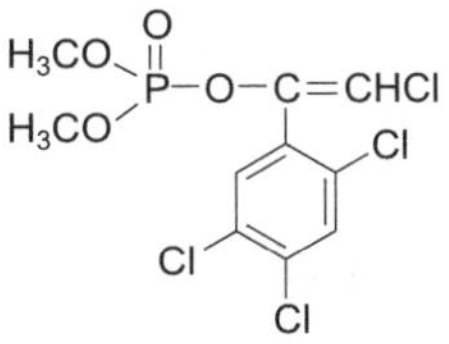

化学名称 2-氯-1-(2,4,5-三氯苯基)乙烯基二甲基磷酸酯

毒性 急性经口毒性 LD_{50}：大鼠 4000～5000mg/kg；小鼠 2500～5000mg/kg。兔急性经皮 LD_{50}＞2500mg/kg。两年的饲养试验：对大鼠的无作用剂量为 125mg/L；对狗的无作用剂量为 200mg/L。对鱼有毒，它对 5 种不同鱼种的 LC_{50} 值是 0.29～5.8mg/L。对蜜蜂有毒，在每天蜜蜂的采花粉时间过后使用可湿性粉剂无害，但不能使用乳油制剂。

用途 可有效防治鳞翅目、双翅目及鞘翅目害虫。可用于蔬菜、果树、仓储害虫的防治，也可以用于奶牛场及家畜畜舍害虫的防治。

4.2.1.4 二溴磷(bromchlophos)

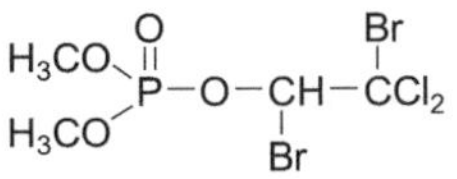

化学名称 *O*,*O*-二甲基-1,2-二溴-2,2-二氯代乙基磷酸酯

毒性 大鼠急性经口毒性 LD_{50}：430mg/kg；兔急性经皮 LD_{50}：1100mg/kg。用含 100mg/L 工业二溴磷(纯度为 91%)的饲料喂大鼠两年，无有害作用。工作场所

每天工作超过7～8h，二溴磷在空气中的最高容许浓度为$3mg/m^3$。二溴磷对皮肤有刺激性，能渗透皮肤；并能灼伤眼睛。对鱼的毒性：TLm(24h)鲫鱼为2～4mg/L；螃蟹为0.33mg/L。对蜜蜂有毒。

用途 二溴磷是一种内吸性的杀虫剂和杀螨剂，具有触杀、胃毒作用，并有一定的熏蒸作用，用于防治将要采收的蔬菜、果树等作物的害虫。防治葱蓟马、菜螟、温室白粉虱、菜蚜，用50%乳油1500～2000倍液喷雾。防治棉红蜘蛛，用50%乳油2000倍液喷雾。防治菜青虫、黄条跳甲、斜纹夜蛾，于低龄虫期用50%乳油1500倍液喷雾。

注意事项：①水溶液易分解，要随配随用；②不能与碱性农药混用；③对人皮肤、眼睛等刺激性较强，使用时应注意防护；④豆类、瓜类作物慎用，因本品在豆类、瓜类作物中易引起药害，使用时应慎重，最好改用其他杀虫剂；⑤对蜜蜂毒性强，开花期不宜用药。

4.2.1.5 久效磷(monocrotophos)

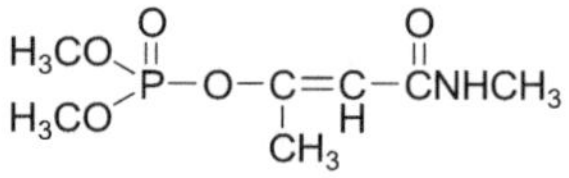

化学名称 *O,O*-二甲基-2-甲基氨基甲酰基-1-甲基乙烯基磷酸酯

毒性 大鼠急性经口LD_{50}：17mg/kg(雄)；20mg/kg(雌)。大鼠急性经皮LD_{50}：126mg/kg(雄)；112mg/kg(雌)。大鼠吸入LC_{50} $800mg/m^3$。对家兔皮肤轻度刺激；对家兔眼睛轻度刺激。母鸡迟发性神经毒性试验为阴性。大鼠两代繁殖出现某些负面效应，但无显著性差异。致畸试验：于最高剂量2mg/kg未见致畸效应。

用途 速效杀虫剂，兼有内吸和触杀活性。用于各种作物防治螨类、刺吸式口器害虫、棉铃虫和其他鳞翅目幼虫。对松树介壳虫和松毛虫，春、秋两季可将药液涂于树干或打孔注入树干内进行防治。

4.2.1.6 磷胺(phosphamidon)

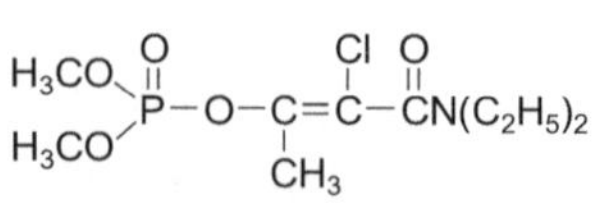

化学名称 *O,O*-二甲基-*O*-[2-氯-2-(二乙基氨基甲酰)-1-甲基]乙烯基磷酸酯

毒性 急性毒性LD_{50}：大鼠经口17～30mg/kg；经皮374mg/kg。大鼠涂皮640mg/kg；大鼠吸入LC_{50}约为180mg/m^3(4h)，能被皮肤吸收。兔皮下注射LD_{50}为80mg/kg，对兔皮肤和眼睛有轻度刺激作用。在试验条件下，对动物未见致突变、致畸和致癌作用。在动物体内的蓄积性很小，它能很快地被代谢和排泄出体外。磷胺对鸟有毒，鹌鹑喂养5d的LC_{50}为250mg/L；对5种鱼类的TLm值(96h)为20～600mg/L；对蜜蜂为高毒，但因其内吸性强，危害期短。

用途 易被植物吸收的内吸性杀虫剂，略有触杀作用，能有效地防治刺吸式口器害虫，主要用于防治棉花蚜虫，对防治抗性棉蚜亦有效，并适用于防治水稻、麦类、果树等作物害虫。

4.2.2 硫逐（酮）磷酸酯类杀虫剂

4.2.2.1 对硫磷（parathion）

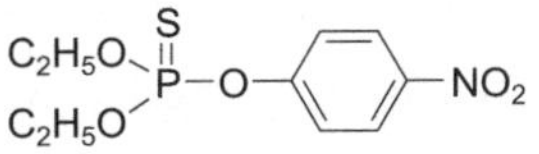

化学名称 *O*,*O*-二乙基-*O*-(4-硝基苯基)硫逐磷酸酯

毒性 大鼠急性毒性，经口LD_{50}: 13mg/kg(雄)，3.6mg/kg(雌)；经皮LD_{50}: 21mg/kg(雄)，6.8mg/kg(雌)，兔40～50mg/kg。对禽鸟有毒，急性经口LD_{50} 2mg/kg。对蜜蜂有毒(点滴法)，LD_{50}: 3.5mg/kg。能经过皮肤吸收，但在哺乳动物体内无蓄积。

用途 广谱高效高毒杀虫剂，兼有杀螨作用。具有触杀、胃毒、熏蒸作用，无内吸传导作用，但能渗透到植物体内。可防治水稻、棉花等作物上的多种害虫，主要防治水稻螟虫、棉铃虫、玉米螟、高粱条螟等害虫，并可用于防治棉花、苹果、柑橘、梨、桃等果树害虫及麦红蜘蛛等。

4.2.2.2 甲基对硫磷（parathion-methyl）

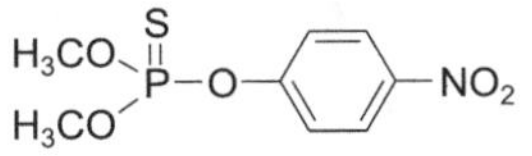

化学名称 *O*,*O*-二甲基-*O*-(4-硝基苯基)硫逐磷酸酯

毒性 大鼠急性毒性，经口LD_{50}: 25mg/kg(雄)，62mg/kg(雌)；经皮LD_{50}:

482mg/kg（雌、雄）；大鼠吸入 LC_{50} 135mg/m^3。对家兔皮肤轻度刺激；对家兔眼睛轻度刺激。对豚鼠无致敏性。Ames 试验、小鼠微核试验、大鼠肝细胞期外 DNA 合成试验、小鼠显性致死试验、大鼠两年致癌试验、母鸡迟发性神经毒性试验均为阴性。

用途 广谱高毒杀虫剂，具有触杀、胃毒作用，主要用于防治棉花、水稻、果树害虫。

4.2.2.3 杀螟松（sumithion）

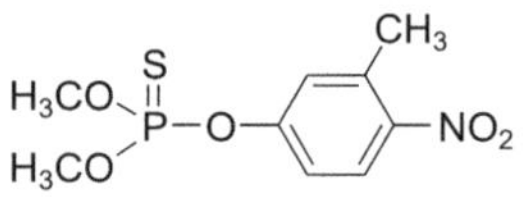

化学名称 *O,O*-二甲基-*O*-（3-甲基-4-硝基苯基）硫逐磷酸酯

毒性 大鼠急性经口 LD_{50}：400～800mg/kg。大鼠急性经皮 LD_{50} 1200mg/kg。小鼠经口 LD_{50} 870mg/kg，经皮 LD_{50} > 3000mg/kg；有较弱的致突变作用。对禽鸟毒性，经口 LD_{50} 值：鹌鹑 23.6mg/kg。对鱼毒性，LD_{50}（96h）：美洲红点鲑 1.7mg/L，蓝鳃太阳鱼 3.8mg/L；LD_{50}（48h）：鲤鱼 2.0mg/L。对蜜蜂有毒。

用途 触杀性低毒杀虫剂，对水稻、大豆、棉花、果树、蔬菜等多种作物害虫均有良好的防治效果，可防治大螟、二化螟、三化螟、稻飞虱、稻叶蝉、蚜虫、红蜘蛛、棉铃虫、大豆食心虫、茶天蠖等，为防治水稻螟虫特效药。

4.2.2.4 倍硫磷（fenthion）

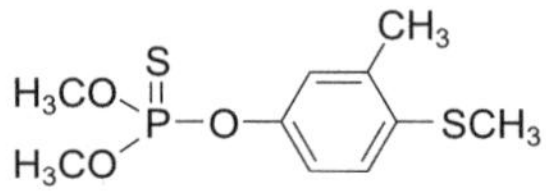

化学名称 *O,O*-二甲基-*O*-（3-甲基-4-甲硫基苯基）硫逐磷酸酯

毒性 大鼠急性经口 LD_{50}：215～615mg/kg；大鼠急性经皮 LD_{50}：330～500mg/kg。大鼠吸入（1h）LC_{50}：2800～3000mg/m^3。对家兔皮肤为轻微刺激；对家兔眼睛为轻微刺激。豚鼠致敏试验为阴性；大鼠两代繁殖试验无负面生殖效应；大鼠致畸试验无不良效应；大鼠两年慢性毒性与致癌试验未见肿瘤效应；母鸡迟发性神经毒性试验为阴性。

用途 是一种触杀性和胃毒性低毒杀虫剂，具有渗透作用强、挥发性低、持效期长等特点。主要用于防治大豆食心虫以及棉花、果树、蔬菜和水稻害虫，也可用于防治卫生害虫蚊、蝇、臭虫、虱子、蟑螂等。

4.2.2.5 杀螟腈（cyanophos）

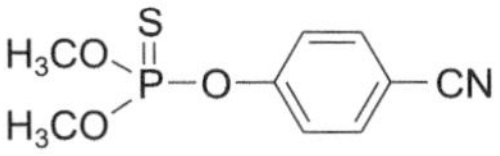

化学名称 *O*,*O*-二甲基-*O*-(对氰基苯基)硫逐磷酸酯

毒性 急性毒性：大鼠经口 LD_{50} 580mg/kg(雄)，610mg/kg(雌)；大鼠经皮 LD_{50} 800mg/kg。对鱼毒性：对鲤鱼 TLm(48h)值为 5mg/L，金鱼在 6mg/L 浓度中 24h 无死亡。对蜜蜂有毒。

用途 广谱低毒杀虫剂，对水稻螟虫、稻苞虫、稻飞虱、稻纵卷叶虫、叶蝉、黏虫等防治效果更为显著。可有效防治果树、蔬菜和观赏植物上的鳞翅目害虫，也可防治蟑螂、苍蝇和蚊子之类的卫生害虫。

4.2.2.6 双硫磷（temephos）

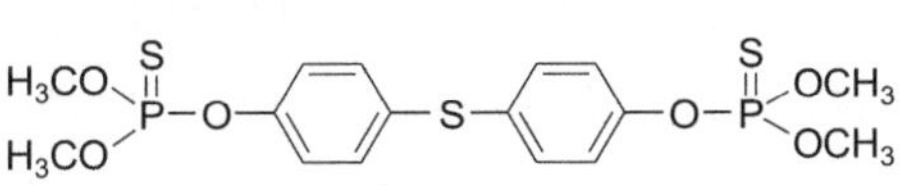

化学名称 4,4′-双(*O*,*O*-二甲基硫代磷酰氧基)苯硫醚

毒性 急性毒性：大鼠经口 LD_{50} 2030～2300mg/kg；兔经皮 LD_{50} 970～1930mg/kg。大鼠急性吸入 LC_{50}(4h)＞4.79mg/L。对兔眼睛和皮肤无刺激。对鱼毒性：虹鳟 LC_{50} 31.8mg/L。蜜蜂直接接触双硫磷有较高毒性，但在大田条件下使用仅有轻度毒性；蜜蜂 LD_{50} 为 1.5μg/只(点滴法)。

用途 属于低毒杀虫剂，主要用于防治孑孓、蚋、蠓、体虱、跳蚤等卫生害虫，也可用来防治地老虎、柑橘上的蓟马和牧草上的盲蝽属害虫，对水稻二化螟、黏虫、叶蝉、棉铃虫等农业害虫也有效。

4.2.2.7 皮蝇磷（fenchlorphos）

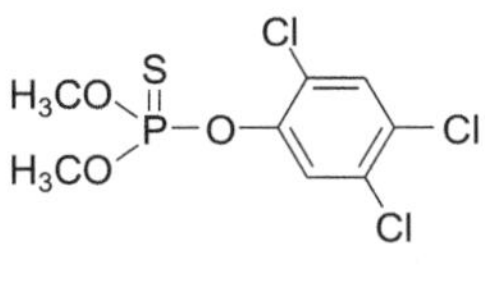

化学名称 *O*,*O*-二甲基-*O*-(2,4,5-三氯苯基)硫逐磷酸酯

毒性 急性毒性：大鼠经口 LD_{50} 1250mg/kg(雄)，2630mg/kg(雌)；大鼠经皮 LD_{50} 1000～2000mg/kg；小鼠经口 LD_{50} 2000mg/kg；兔经皮 LD_{50} 1600～2000mg/kg。对蜜蜂有中等毒性。

用途 动物内吸性低毒杀虫剂，对多种害虫有很好的杀虫效果，兼具动物内吸和熏蒸作用。对卫生害虫，如家蝇有效，也可用于食品加工厂灭蝇；同时可有效防治粮食害虫，对农业害虫如麦秆蝇的防治效果与敌百虫相似，对小菜蛾的防治效果可达 94.5%。

4.2.2.8 蝇毒磷 (coumaphos)

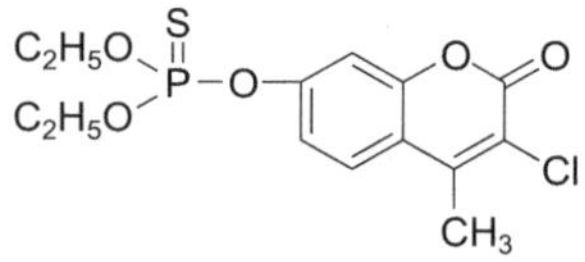

化学名称 *O*,*O*-二乙基-*O*-(3-氯-4-甲基香豆素-7)硫逐磷酸酯

毒性 急性毒性：大鼠及豚鼠经口 LD_{50} 100mg/kg；兔经口 LD_{50} 200mg/kg；大鼠经皮 LD_{50} 860mg/kg(雄)；小鼠经口 LD_{50} 55mg/kg；兔经皮 LD_{50} 1600～2000mg/kg。对蜜蜂有中等毒性。对鱼毒性：虹鳟 LC_{100}(24h)：100mg/L。

用途 蝇毒磷是第 1 个允许作为在家畜体上防治旋丽蝇的磷酸酯杀虫剂，也是第 1 个对牛蝇幼虫有显著内吸效果，且可作用于皮下的杀虫剂。还可用于防治牛、山羊、绵羊及其他家畜的体外寄生虫，特别是防治蝇、蚊的幼虫效果显著。可有效防治皮肤蝇、牛皮蝇、扁虱、头虱、丝光绿蝇、羊皮蝇等。

4.2.2.9 毒死蜱 (chlorpyrifos)

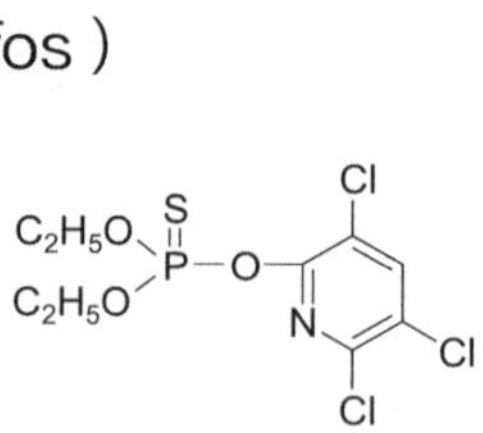

化学名称 *O*,*O*-二乙基-*O*-(3,5,6-三氯-2-吡啶基)硫逐磷酸酯

毒性 大鼠急性毒性：经口 LD_{50} 135～163mg/kg。兔急性经皮 LD_{50} 约 2000mg/kg。大鼠吸入 LC_{50}(4h) > 2000mg/m^3。对家兔皮肤为轻微刺激；家兔眼睛为轻微刺激。

豚鼠致敏试验为阴性；细胞染色体畸变试验为阴性；大鼠淋巴细胞染色体畸变试验为阴性。无致畸性。母鸡迟发性神经毒性试验为阴性。

用途 曾用商品名乐斯本。为高效、广谱有机磷杀虫剂，对害虫具有触杀、胃毒和熏蒸作用，对水稻、小麦、棉花、果树、蔬菜、茶树上多种咀嚼式口器和刺吸式口器害虫均具有较好防效，尤其对褐飞虱的防治有非常好的效果。

4.2.2.10 甲基毒死蜱（chlorpyrifos-methyl）

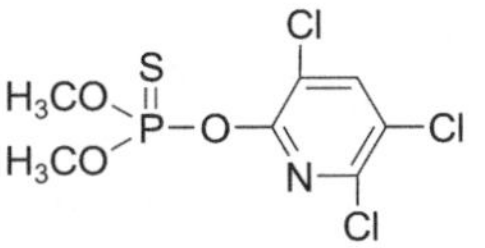

化学名称 *O*,*O*-二甲基-*O*-(3,5,6-三氯-2-吡啶基)硫逐磷酸酯

毒性 大鼠急性毒性：经口 LD_{50} 2860mg/kg(雄)，3069mg/kg(雌)；经皮 LD_{50} > 2000mg/kg；大鼠吸入 LC_{50}(4h) > 670mg/m^3。对家兔皮肤为轻微刺激；对家兔眼睛为轻微刺激。豚鼠致敏试验阴性。致突变试验：Ames 试验、小鼠骨髓细胞染色体畸变试验、大鼠肝细胞期外 DNA 合成试验、小鼠微核试验均为阴性。大鼠繁殖试验：3mg/(kg·d)，对雄性和雌性大鼠的生殖功能均无负面效应。家兔致畸试验：无致畸毒性。母鸡急性迟发性神经毒性试验阴性。大鼠致癌试验阴性。

用途 甲基毒死蜱主要用于防治多种卫生昆虫(包括蚊幼虫)和贮粮害虫，以及蔬菜和果树上的一些害虫和稻田螟虫，它在碱性环境中易分解，不能与碱性农药混用。

4.2.2.11 二嗪磷（diazinon）

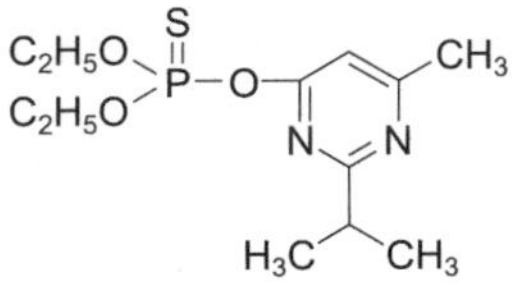

化学名称 *O*,*O*-二乙基-*O*-(2-异丙基-4-甲基-6-嘧啶基)硫逐磷酸酯

毒性 大鼠急性毒性：经口 LD_{50} 300～850mg/kg；经皮 LD_{50} > 2150mg/kg。家兔急性经皮 LD_{50} 3600mg/kg。大鼠吸入 LC_{50}(4h) 3500mg/m^3。对家兔皮肤刺激为阴性；对家兔眼睛刺激为阴性。豚鼠致敏试验为阴性；Ames 试验为阴性；大鼠致畸试验

母鼠有轻度毒性效应。大鼠两年(99周)慢性毒性试验无负面效应；大鼠两年致癌试验无致癌性，无负面效应。母鸡迟发性神经毒性试验为阴性。

用途 曾用名地亚农、二嗪农。可用于防治土壤害虫，以及果树、蔬菜和水稻害虫。如用于防治苹果蠹虫，效果与对硫磷相当；防治蛴螬或金针虫比对硫磷更有效。也可以用于家庭和家畜害虫的防治。

4.2.2.12 哒嗪硫磷(pyridaphenthione)

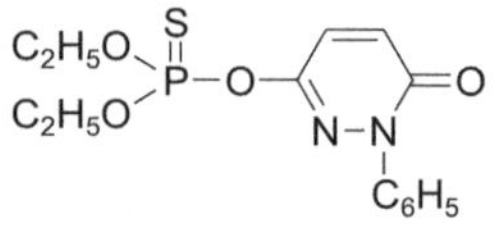

化学名称 *O*,*O*-二乙基-*O*-(2,3-二氢-3-氧代-2-苯基-6-哒嗪基)硫逐磷酸酯

毒性 急性毒性：大鼠经口 LD_{50} 769.4mg/kg；大鼠经皮 LD_{50} 2000mg/kg；小鼠经口 LD_{50} 554.6mg/kg(雄)；小鼠经皮 LD_{50} 458.7mg/kg(雌)。对大鼠进行的三代繁殖试验，未出现致癌和致突变效应。对大鼠24h的试验，对皮肤未出现有刺激症状。对禽鸟毒性：急性经口 LD_{50} 日本鹌鹑68.4mg/kg；野鸡1.162mg/kg。对鱼和水生生物毒性，TLm(48h)：鲤鱼12.0mg/L；金鱼＞10mg/L；田螺10～100mg/L；水蚤0.02mg/L。对有益生物毒性：蚕 LD_{50} 20mg/L；稻田蜘蛛(施药24h内) LD_{50} 6400mg/kg。哒嗪硫磷对蜜蜂几乎没有影响。

用途 具有触杀和胃毒作用，杀虫谱广，可用于水稻、小麦、杂粮、油料、蔬菜、果树及林木等的多种咀嚼式口器、刺吸式口器害虫及叶螨的防治。特别适合用于螟虫、稻苞虫、飞虱、叶蝉、蓟马、稻瘿蚊等以及棉蚜、棉铃虫、红铃虫的防治。

4.2.2.13 辛硫磷(phoxim)

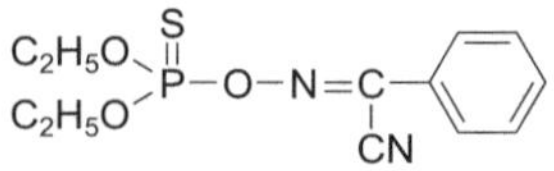

化学名称 *O*,*O*-二乙基-*O*-(*α*-氰基亚苯基氨基)硫逐磷酸酯

毒性 急性毒性，LD_{50}：2170mg/kg(雄大鼠经口)；1000mg/kg(大鼠经皮)；250mg/kg(狗经口)；250～500mg/kg(雌猫和雌狗经口)；250～375mg/kg(雌兔经口)。

用途 低毒广谱杀虫剂，以触杀和胃毒作用为主，击倒力强，无内吸作用。在田间因对光不稳定，残留期短，适合于防治地下害虫。对危害花生、小麦、水稻、棉花、玉米、果树、蔬菜、桑、茶等作物的多种鳞翅目害虫的幼虫有良好的作用效果，对虫卵也有一定的杀伤作用；也适于防治仓库和卫生害虫。此外，对蚜虫的天敌七星瓢虫的卵、幼虫和成虫也有强烈杀伤作用。

4.2.2.14 蔬果磷（salithion）

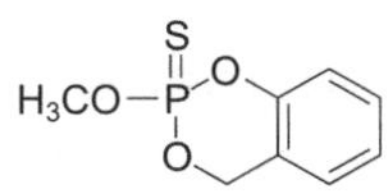

化学名称 2-甲氧基-4*H*-苯并-1,3,2-二氧磷杂芑-2-硫化物

毒性 急性毒性：大鼠经口 LD_{50} 125mg/kg（雄），180mg/kg（雌）；大鼠经皮 LD_{50} 490mg/kg（雌），400mg/kg（雄）；小白鼠经口 LD_{50} 91.3mg/kg；小白鼠经皮 LD_{50} > 1250mg/kg。对鱼毒性：TLm（48h）鲤鱼 3.55mg/L；鲫鱼 2.8mg/L。半数致死浓度 LC_{50}（48h）：虹鳟鱼 7.8mg/L。

用途 以 25g/hm^2 剂量能有效地防治水果、水稻、蔬菜和其他经济作物上的许多害虫，对稻瘿蚊和抗对硫磷的棉铃虫有特效。可用于防治柑橘凤蝶、卷叶蛾、袋蛾、菜青虫、桃小食心虫、蚜虫、甘蓝夜蛾等。

4.2.2.15 内吸磷（demeton，1059）

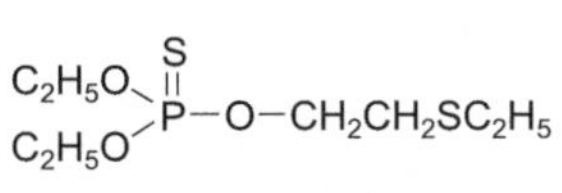

内吸磷(1059-O)

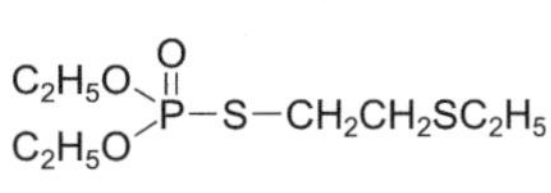

异内吸磷(1059-S)

化学名称 *O*,*O*-二乙基-*O*-(2-乙基硫代乙基)硫逐磷酸酯（内吸磷）；*O*,*O*-二乙基-*S*-(2-乙基硫代乙基)硫赶磷酸酯（异内吸磷）

毒性 内吸磷工业品（通常为硫逐型内吸磷和硫赶型异内吸磷的混合物）：大鼠急性经口 LD_{50} 2.5～6mg/kg；大鼠急性经皮 LD_{50} 8.2～14mg/kg。内吸磷：雄大鼠急性经口 LD_{50} 30mg/kg。异内吸磷：雄大鼠急性经口 LD_{50} 1.5mg/kg。内吸磷能通过皮肤迅速被吸收。在工作场所工作 8h 的最大容许浓度为 0.1mg/m^3。对鱼有中度毒性，LC_{50}（48h）：鲤鱼 15.2mg/L；LC_{100}：鲑鱼 4.0mg/L。

用途 内吸性杀虫杀螨剂，具有一定的熏蒸作用，主要用来防治棉花和果树的蚜虫和红蜘蛛等刺吸式口器害虫及害螨，也可采用涂茎法防治高粱蚜虫。50% 乳油 3000 倍液喷雾，每公顷用量为 0.2～0.6kg，可防治棉花蚜虫、红蜘蛛、叶蝉、盲蝽象、蓟马等，也能防治果树蚜虫、红蜘蛛、梨实蜂、柑橘潜叶蛾，药效一般可维持 2～4 周。乳油的 150～200 倍液涂茎可防治高粱蚜虫。乳油的 10～20 倍液包扎树干，可防治柑橘蚜虫、锈壁虱、介壳虫，根据树龄大小一般每株约注入药液 100mL。但因毒性高及害虫的抗药性，目前不再使用。

4.2.2.16 甲基内吸磷（demeton-methyl）

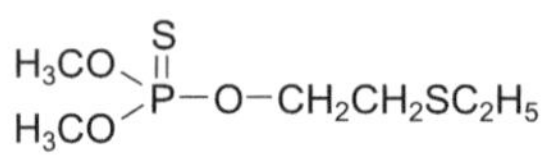

(1) 甲基内吸磷

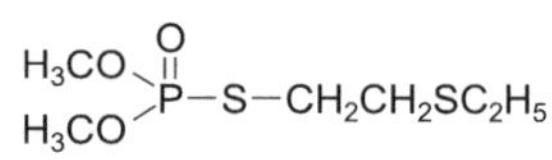

(2) 异甲基内吸磷

化学名称 (1) *O*, *O*-二甲基-*O*-(2-乙硫基乙基) 硫逐磷酸酯；(2) *O*, *O*-二甲基-*S*-(2-乙硫基乙基) 硫赶磷酸酯

毒性 急性毒性：大鼠经口 LD_{50} 180mg/kg，85mg/kg (工业品)。异甲基内吸磷 (甲基内吸磷硫醇式酯)，大鼠急性经口 LD_{50} 57～106mg/kg；大鼠急性经皮 LD_{50} 306mg/kg。甲基内吸磷对皮肤有渗透作用。

用途 对昆虫为触杀、胃毒作用，可用于多种作物上防治蚜虫、蓟马、潜叶蝇、螨类。制剂有乳油。可燃，燃烧时分解为有毒的氮氧化物、磷氧化物、硫氧化物气体。储存时，库房应保持低温、通风、干燥的条件；应与食品原料分开存放。

4.2.3 硫赶（醇）磷酸酯类杀虫剂

4.2.3.1 氧乐果（omethoate）

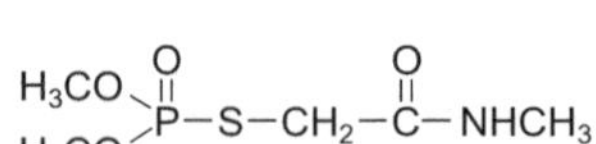

化学名称 *O*, *O*-二甲基-*S*-[*N*-甲基氨基甲酰甲基] 硫赶磷酸酯

毒性 纯品大鼠急性经口 LD_{50} 50mg/kg；急性经皮 LD_{50} 700mg/kg。原油大鼠

急性经口 LD_{50} 30～60mg/kg；急性经皮 LD_{50} 700～1400mg/kg。

用途 高毒杀虫剂，对害虫和螨类有很强的触杀作用，尤其对一些已经对乐果产生抗药性的蚜虫毒力较高，且在低温期仍能保持较强的毒性，主要用于防治香蕉多种蚜虫、卷叶虫、斜纹夜蛾、花蓟马和网蝽等；具有很强的内吸杀虫作用，可以被植株的茎、叶吸进植株体内，并可传送到未喷到药液的部位，使在上面危害的害虫中毒死亡。

4.2.3.2 丙溴磷（profenofos）

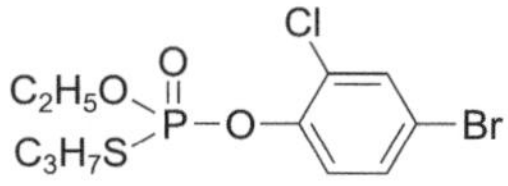

化学名称 *O*-(4-溴-2-氯苯基)-*O*-乙基-*S*-丙基硫赶磷酸酯

毒性 大鼠急性经口 LD_{50} 358mg/kg；大鼠急性经皮 LD_{50} 472mg/kg。LC_{50}(96h, mg/L)：虹鳟鱼 0.08，十字鲤鱼 0.09，蓝鳃太阳鱼 0。

家兔经皮 LD_{50} 2000mg/kg。大鼠吸入 LC_{50}(4h) 3000～3360mg/m^3。对家兔皮肤轻度刺激；对家兔眼睛中等程度刺激。豚鼠致敏试验阳性。致突变试验：Ames试验、微核试验、CHO 细胞(CCL61)染色体畸变试验、DNA 损伤(大鼠原代肝细胞)试验均为阴性。大鼠两代繁殖试验：未见负面效应。母鸡迟发性神经毒性试验阴性。

用途 非内吸性广谱杀虫剂，具有触杀和胃毒作用，作用迅速，可用于防治棉花、蔬菜、果树等作物的多种有害昆虫和螨类，特别是对抗性棉铃虫的防治效果极佳。

4.2.3.3 亚砜吸磷（oxydemeton-methyl）

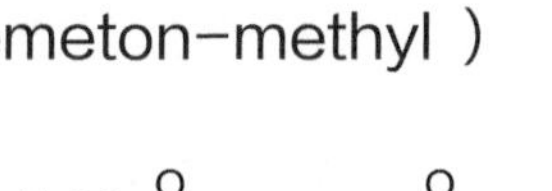

化学名称 *S*-[2-(乙基亚磺酰基)乙基]-*O*,*O*-二甲基硫赶磷酸酯

毒性 急性毒性：大鼠经口 LD_{50} 30～75mg/kg；大鼠经皮 LD_{50} 150mg/kg；小鼠经口 LD_{50} 10mg/kg。大鼠急性吸入 LC_{50} 为 1.5mg/L 空气(1h)。喂大鼠 5mg/kg

含药饲料连续 75d，未出现病变征兆；10mg/kg 时在第 6 天出现死亡。对鱼和蜜蜂有毒。

用途 用于防治刺吸式口器害虫和螨类，应用范围类似于甲基内吸磷，亚砜吸磷是甲基内吸磷的代谢产物。防治对象为蚜虫、红蜘蛛、锯蜂、木虱、棉蚜和果树及马铃薯上的叶甲。不能与碱性农药合用。作物收获前的禁用期为 21d。

4.2.4 硫逐硫赶（二硫代）磷酸酯类杀虫剂

4.2.4.1 甲拌磷（phorate）

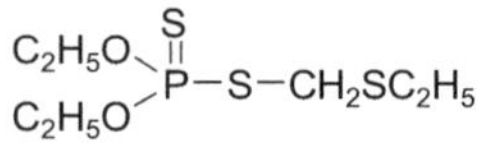

化学名称 *O*, *O*-二乙基-*S*-(乙硫基甲基)硫逐硫赶磷酸酯

毒性 大鼠急性经口 LD_{50} 1.1～3.7mg/kg，大鼠急性经皮 LD_{50} 70～300mg/kg；大鼠吸入 LC_{50} 60mg/m^3。家兔皮肤刺激试验阴性；家兔眼睛刺激试验阳性。豚鼠致敏试验为阴性；基因突变试验为阴性；大鼠骨髓细胞染色体畸变试验为阴性；母鸡迟发性神经毒性试验为阴性。

用途 曾用名 3911。为高毒、高效、广谱的内吸性杀虫杀螨剂，具有触杀、胃毒、熏蒸作用，对刺吸式口器和咀嚼式口器害虫害螨都有效，可用于棉花、甜菜、萝卜等拌种或浸种，在苗期对蚜虫、螨、蓟马、介壳虫等有强毒杀作用，且残效持久。

4.2.4.2 特丁磷（terbufos）

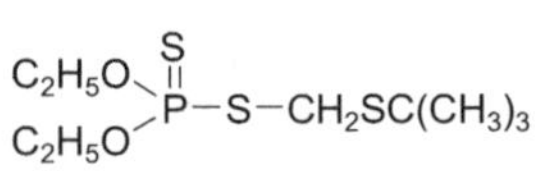

化学名称 *O*, *O*-二乙基-*S*-(叔丁基硫甲基)硫逐硫赶磷酸酯

毒性 大鼠急性经口 LD_{50}: 1.6mg/kg(雄)；5.4mg/kg(雌)。工业品大鼠急性经口 LD_{50}: 4.5mg/kg(雄)，9.0mg/kg(雌)；小鼠急性经口 LD_{50}: 3.5mg/kg(雄)，9.2mg/kg(雌)。工业品大鼠急性经皮 LD_{50} 1.0～7.4mg/kg，对皮肤和眼睛有刺激性，能通过皮肤迅速被吸收。每天喂大鼠特丁磷 1mg/kg 长达 1 年之久，未出现有害影响。LC_{50}(96h)：鳟鱼 10μg/L；蓝鳃太阳鱼 4μg/L。

用途 广谱、高效、高毒杀虫剂，具有内吸、触杀和熏蒸作用，能防治棉花、甘蔗、玉米、水稻等作物的主要害虫，如对红蜘蛛、蚜虫、螟虫、线虫等均有很好的防治效果，残效期长，无药害。因其毒性高，只作为土壤处理剂或拌种剂，对多种土壤线虫及其他地下害虫有优异的防效。

4.2.4.3 乙硫磷（diethion）

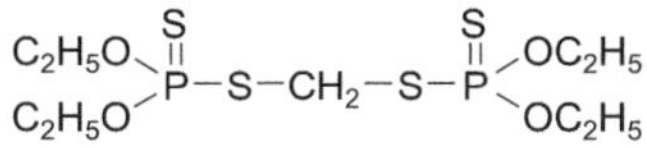

化学名称 *O,O,O′,O′*-四乙基-*S,S′*-亚甲基双硫逐硫赶磷酸酯

毒性 大鼠急性经口 LD_{50} 208mg/kg；大鼠急性经皮 LD_{50} 1600mg/kg；大鼠急性吸入 LC_{50} 0.864ng/L。能通过皮肤被吸收。鱼毒性 LC_{50}: 0.72mg/L（96h）（黑头呆鱼）; 0.5mg/L（96h）（虹鳟鱼）; 0.21mg/L（96h）（蓝鳃太阳鱼）; 0.0056mg/L（96h）（长臂虾）。对蜜蜂有毒。

用途 杀虫杀螨剂，具有较强的触杀作用，用于防治棉花、水稻、果树等作物上的害虫和害螨，也可用于拌种，防治蛴螬、蝼蛄等地下害虫。不能在蔬菜和茶树上使用。

4.2.4.4 三硫磷（trithion）

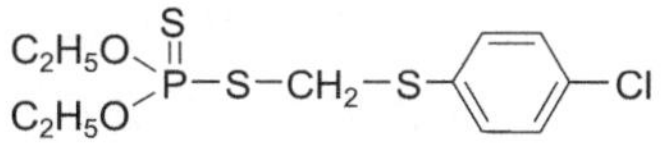

化学名称 *O,O*-二乙基-*S*-(4-氯苯硫基甲基)硫逐硫赶磷酸酯

毒性 小鼠急性经口 LD_{50} 218mg/kg；大鼠急性经口 LD_{50} 6.8mg/kg；小鼠腹腔注射 LD_{50} 27mg/kg。大鼠腹腔注射 LD_{50} 6mg/kg。

用途 高效、高毒的广谱性杀虫杀螨剂，普遍应用于棉花、果树等作物，防治红蜘蛛、棉铃象甲、蚜虫等多种害虫。也用作粮食作物的拌种剂防治种蝇。与石油醚混配于落叶果树休眠期喷药，可防治越冬螨类、蚜类和介壳虫。

4.2.4.5 亚胺硫磷（phosemet）

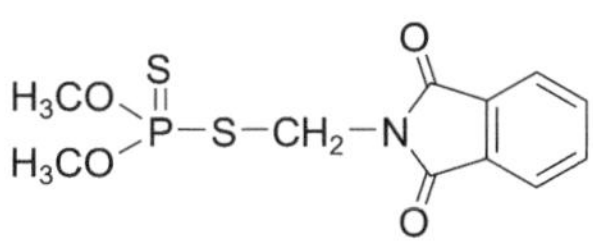

化学名称 *O*, *O*-二甲基-*S*-(酞酰亚氨基甲基)硫逐硫赶磷酸酯

毒性 大鼠急性经口 LD_{50}: 147mg/kg。工业品大鼠急性经口 LD_{50}: 230mg/kg(雄); 299mg/kg(雌)。白兔急性经皮 LD_{50}: ＞3160mg/kg。小鼠急性经口 LD_{50}: 45mg/kg；小鼠急性经皮 LD_{50}: ＞1000mg/kg。大鼠急性吸入 LC_{50} 值为 2.76mg/L 空气(1h)。对眼睛有轻微刺激性。对鱼和蜜蜂有毒，对蜜蜂的毒性为 18.1μg/只。

用途 广谱、非内吸性杀虫剂，具有触杀和胃毒作用。对刺吸式口器和咀嚼式口器害虫均有效，适用于防治水稻、棉花、果树、蔬菜等多种作物上的害虫，并可兼治叶螨。

4.2.4.6 保棉磷(azinphos-methyl)

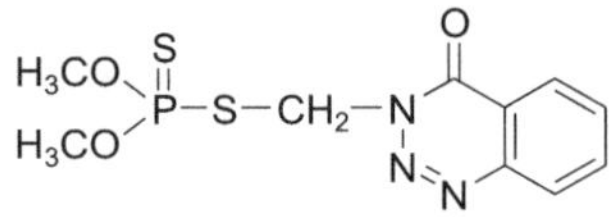

化学名称 *O*, *O*-二甲基-*S*-(4-氧苯并三嗪-3-甲基)硫逐硫赶磷酸酯

毒性 大鼠急性经口 LD_{50} 11～20mg/kg；大鼠急性经皮 LD_{50} 88～220mg/kg。保棉磷能通过皮肤被吸收。每天以 2.5mg/L 保棉磷喂大鼠 2 年，未引起中毒症状。但剂量＞10mg/kg 时，则有影响。在工作场所超过 8h 时空气中最大容许浓度为 0.2mg/m^3。对鱼高毒，对虹鳟的 LC_{50}(48h)为 0.01mg/L。对蜜蜂有毒。

用途 非内吸性杀虫杀螨剂，持效期长。主要用于棉花、果树、蔬菜等防治刺吸式口器和咀嚼式口器害虫和螨类，如棉椿象、棉红铃虫、黏虫、棉铃象甲、介壳虫等。

4.2.4.7 乙拌磷(disulfoton)

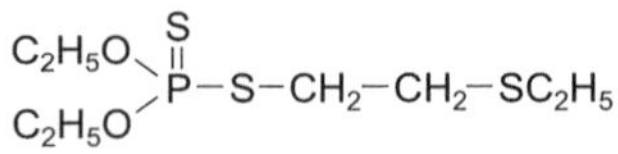

化学名称 *O*, *O*-二乙基-*S*-[2-(乙硫基)乙基]硫逐硫赶磷酸酯

毒性 大鼠急性经口 LD_{50} 4mg/kg；急性经皮 LD_{50} 50mg/kg；急性吸入 LC_{50} 200mg/m^3。

用途 内吸性杀虫杀螨剂。对害虫害螨具有内吸、触杀、胃毒及熏蒸作用。一般用于拌种和土壤处理。可用于防治棉花、甜菜、马铃薯、苜蓿等作物苗期蚜虫、叶螨及地下害虫等。乙拌磷主要以颗粒剂随播种进行土壤处理或以乳油配成药液进行种子处理，用于棉花及其他大田作物防治土壤害虫及苗期刺吸式口器害虫，也能兼治线虫。用于棉花种子处理或土壤处理防治棉苗蚜虫、叶螨，持效期可达45～50d。小麦用粉粒剂进行种子处理防治土壤害虫及麦苗蚜虫，持效期可达30d以上。对甜菜做种子处理，可防治蒙古灰象甲及土壤害虫。高粱地用颗粒剂配成毒土撒施，每12垄施药土1垄，可熏蒸防治蚜虫。乙拌磷使用时要特别注意安全操作，不可用于叶面喷雾，药剂处理过的种子不可用作其他用途，并严禁在果树、蔬菜、烟草、茶树、桑树、药材的生长期使用。

4.2.4.8 马拉硫磷（malathion）

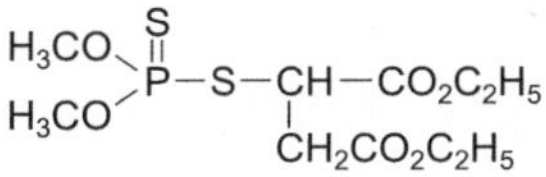

化学名称 *O*,*O*-二甲基-*S*-[1,2-二(乙氧基羰基)乙基]硫逐硫赶磷酸酯

毒性 大鼠急性经口 LD_{50} 2800mg/kg；大鼠急性经皮 LD_{50} 4000～6150mg/kg。家兔经皮 LD_{50} 8790mg/kg。大鼠吸入 LC_{50}(4h) > 5200mg/m^3。家兔皮肤刺激试验为阴性；家兔眼睛刺激试验为阴性；豚鼠致敏试验为阴性；Ames试验、细胞染色体畸变试验、雄性大鼠肝细胞期外DNA合成试验、大鼠淋巴细胞染色体畸变试验均为阴性，微核试验为阳性。大鼠两年慢性毒性，AChE系统未见负面效应。两年致癌试验表明不致癌。母鸡迟发性神经毒性试验为阴性。

用途 具有良好的触杀、胃毒和一定的熏蒸作用，无内吸作用。对于玉米、小麦、高粱、水稻、棉花、茶树、蔬菜、果树、豆类和许多其他禾本科农作物，特别是水稻的主要害虫中华稻蝗具有很好的触杀作用；还可用于防治蔬菜黄条跳甲、蚜虫，林木蝗虫，果树蝽象，茶树长白蚧、象甲，棉花盲蝽象、蚜虫，水稻飞虱、蓟马、叶蝉，小麦黏虫、蚜虫，豆类食心虫、造桥虫等多种害虫。马拉硫磷和其混剂仍是粮食储藏中使用较多的谷物保护剂之一。

4.2.4.9 稻丰散（phenthoate）

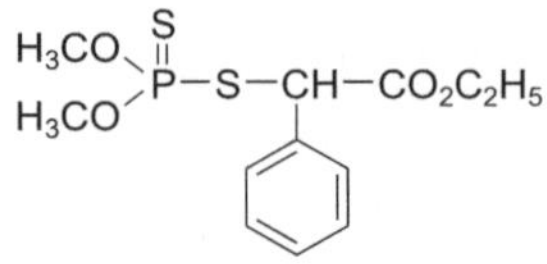

化学名称 *O,O*-二甲基-*S*-(*α*-乙氧基羰基苄基)硫逐硫赶磷酸酯

毒性 大鼠急性经口 LD_{50} 200～300mg/kg；大鼠急性经皮 LD_{50} 2100mg/kg。大鼠急性吸入 LC_{50} > 0.8mg/L。对眼睛和皮肤无刺激性。禽鸟急性经口 LD_{50}：鹌鹑 300mg/kg；鸡 296mg/kg；野鸭 218mg/kg。对鱼有中等程度毒性，LC_{100}(接触 4d)：鲫鱼 4.5mg/L；食蚊鱼 0.3mg/L；虹鳉 2～3mg/L。LC_{50}(48h)：金鱼 2.4mg/L。对蜜蜂有毒，LD_{50} 为 0.12μg/只，有时可引起蜘蛛等捕食性天敌的密度下降。在试验剂量下对动物无“三致”作用。

用途 广谱、中低毒、非内吸性杀虫杀螨剂。能保护水稻、棉花、蔬菜、油料作物、果树和其他作物不受鳞翅目、叶蝉科、蚜类和软甲虫类的危害，可用于替代甲胺磷等农药。

4.2.4.10 乐果（dimethoate）

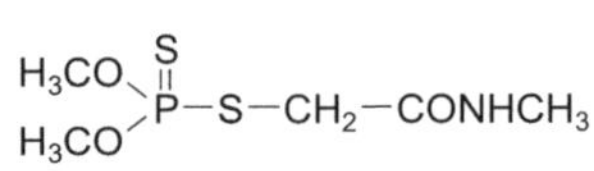

化学名称 *O,O*-二甲基-*S*-(*N*-甲基氨基甲酰甲基)硫逐硫赶磷酸酯

毒性 大鼠急性经口 LD_{50} 500～600mg/kg；大鼠急性经皮 LD_{50} 650mg/kg。兔急性经皮 LD_{50} 750mg/kg。雄野鸭急性经口 LD_{50} 15mg/kg。蜜蜂 LD_{50} 0.09pg/只。

生态毒性，LC_{50}：6.2mg/L(96h)(虹鳟鱼，静态)；6mg/L(96h)(蓝鳃太阳鱼，静态)；2.5mg/L(48h)(水蚤)。微生物致突变：鼠伤寒沙门菌 5μg/皿。姐妹染色单体交换：人类淋巴细胞 2mg/kg。微核试验：小鼠经口 103mg/kg(24h)。程序外 DNA 合成：人成纤维细胞 100μmol/L。致畸性：大鼠孕后 6～15d 经口给予最低中毒剂量(TDLo)120mg/kg，致肌肉骨骼系统发育畸形。大鼠经口给予最低中毒剂量(TDLo)：256mg/(kg·周)(间歇)，致癌，如肝肿瘤、血液系统肿瘤。

用途 高效、广谱触杀性和内吸性杀虫杀螨剂。对观赏植物、蔬菜、棉花和果树上的多种害虫特别是刺吸式口器害虫和螨类，具有更高的毒效。杀虫范围广，能防治蚜虫、红蜘蛛、潜叶蝇、蓟马、果实蝇、叶蜂、飞虱、叶蝉、介壳虫。乐果能潜入植物体内保持药效达一周左右。

4.2.4.11 丙硫磷（prothiofos）

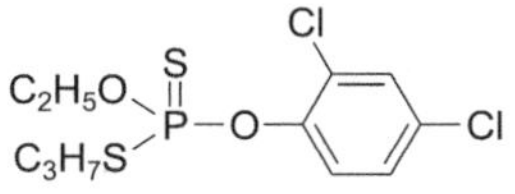

化学名称 *O*-乙基-*O*-(2,4-二氯苯基)-*S*-丙基硫逐硫赶磷酸酯

毒性 大鼠急性经口 LD_{50}: 926～966mg/kg(雄)；大鼠急性经皮 LD_{50}: 1300mg/kg(雄)。禽鸟急性经口 LD_{50}: 日本鹌鹑 200mg/kg；金丝雀 100～200mg/kg。鱼毒性 TLm(48h)：鲤鱼 9.5mg/L；泥鳅 7.0mg/L；虹鳉 2.0mg/L。鲤鱼 LC_{50}(96h)为 1.8mg/L。对实验动物的皮肤和眼黏膜均无特殊危害作用。

用途 高效低毒杀虫杀螨剂，具有熏蒸、触杀作用，无内吸性，对鳞翅目幼虫有特效。用于防治蔬菜、果树、烟草等经济作物上的害虫，如菜青虫、小菜蛾、甘蓝夜蛾、黑点银纹夜蛾、蚜虫、卷叶蛾、粉蚧、斜纹夜蛾、烟青虫和美国白蛾等，菜地推荐使用浓度为 50～75μg/L。也用于防治土壤害虫。

4.2.4.12 甲丙硫磷（sulprofos）

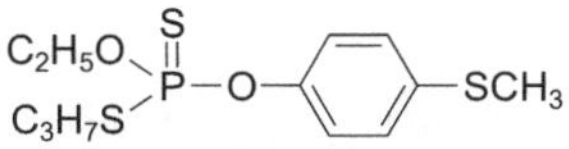

化学名称 *O*-乙基-*O*-(4-甲硫基苯基)-*S*-丙基硫逐硫赶磷酸酯

毒性 大鼠急性经口 LD_{50}: 100～300mg/kg；大鼠急性经皮 LD_{50}: 1000～1200mg/kg；兔急性经皮 LD_{50}: 800mg/kg。鱼毒性，工业品 LC_{50}(96h)：蓝鳃太阳鱼 11mg/L；虹鳟 23mg/L。500g/L 乳油 LC_{50}(96h)：金鱼 30mg/L；鲤鱼约 10mg/L；雅罗鱼 8～10mg/L。

用途 强触杀剂，无内吸、熏蒸作用，持效期较长，与其他有机磷农药没有交互抗性。可高效防治棉铃虫，也能有效防治黏虫、棉叶蛾、棉椿象以及蚜、螨、介壳虫、叶蝉等。

4.2.4.13 砜拌磷（oxydisulfoton）

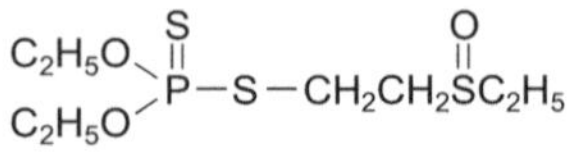

化学名称 *O*,*O*-二乙基-*S*-(2-乙基亚磺酰基乙基)硫逐硫赶磷酸酯

毒性 大鼠急性经口 LD_{50}: 3.5mg/kg；小鼠急性经口 LD_{50}: 12mg/kg。

用途 处理种子以防苗期害虫和蚜虫传播的病毒病。

4.2.5 焦磷酸衍生物类杀虫剂

4.2.5.1 八甲磷（schradan）

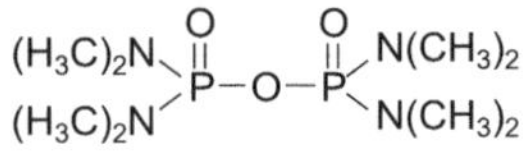

化学名称 八甲基焦磷酰胺

毒性 大鼠急性经口 LD_{50}: 42mg/kg(雄)；9.1mg/kg(雌)。大鼠急性经皮 LD_{50}: 15mg/kg(雄)；44mg/kg(雌)。可以通过皮肤被吸收。

用途 高毒、内吸性杀虫剂，对刺吸式口器害虫和螨类有效，可防治柑橘、苹果、花卉等植物上的蚜虫和红蜘蛛，能杀死蚕豆叶上的豆卫矛蚜。

4.2.5.2 治螟磷（sulfotep）

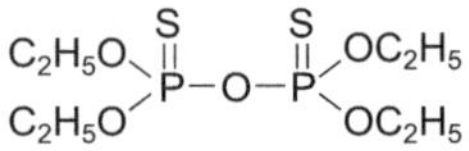

化学名称 *O*,*O*,*O*′,*O*′-四乙基二硫代焦磷酸酯

毒性 大鼠急性经口 LD_{50}: 5mg/kg。小鼠急性经口 LD_{50}: 8～12mg/kg(纯品)；33mg/kg(80%工业原油)。小鼠皮下注射 LD_{50}: 8mg/kg。兔急性经皮 LD_{50}: 20mg/kg。雄大鼠急性吸入 LD_{50} 为 0.33mg/L 空气(1h)。在工作场所工作 7～8h 大气中最高允许浓度为 0.2mg/m^3。按照给定的浓度使用对蜜蜂无害。

用途 广谱杀虫杀螨剂，具有较强的触杀和熏蒸作用，持效期较短。用于防治水稻、棉花害虫，如水稻螟虫、稻叶蝉、飞虱，棉红蜘蛛、棉蚜等；也可防治油菜蚜、豆蚜、象鼻虫、谷子钻心虫、介壳虫等。对钉螺和蚂蟥有很好的杀灭效果，亦可用于温室熏蒸杀虫杀螨。

4.2.6 磷酰胺酯类杀虫剂

4.2.6.1 甲胺磷（methamidophos）

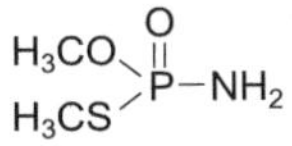

化学名称 *O*, *S*-二甲基硫赶磷酰胺

毒性 大鼠急性经口 LD_{50} 20～30mg/kg；大鼠急性经皮 LD_{50} 50～110mg/kg（雄），380mg/kg（雌）。急性经口 LD_{50}：豚鼠 30～50mg/kg；兔 10～30mg/kg；母鸡 25mg/kg；鹌鹑 25.7mg/kg。对鱼毒性 TLm（96h）：金鱼 100mg/L，鳟鱼 51mg/L，虹鳟鱼 46mg/L。家兔皮肤刺激试验为阴性，家兔眼睛刺激试验为阳性。Ames 试验、大鼠微核试验、雄性小鼠显性致死试验均为阴性。大鼠繁殖试验，无胚胎毒性，NOEL 0.5mg/（kg·d）。家兔致畸试验为阴性。大鼠 80 周多次染毒，NOEL 0.03mg/（kg·d）；狗 1 年致癌观察，未见致癌效应，NOEL 32mg/（kg·d）。母鸡迟发性神经毒性试验为阴性。

用途 高效广谱、高毒杀虫杀螨剂，内吸性很强，兼有触杀和胃毒作用。对刺吸式口器害虫和螨类有效，对抗药性害虫有良好防治效果；对蚜虫、螨类、稻叶蝉、稻飞虱的防治效果优于对硫磷、马拉硫磷。还可用于防治棉铃虫、黏虫、三化螟、稻纵卷叶虫及蝼蛄、蛴螬等地下害虫。可有效防治棉蚜、棉铃虫、棉红蜘蛛、棉蓟马、稻飞虱、稻螟、花生蚜虫、大豆螟虫、果树蚜虫、小麦蚜虫、果树红蜘蛛、小麦红蜘蛛。

4.2.6.2 乙酰甲胺磷（acephate）

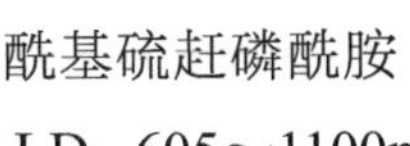

化学名称 *O*, *S*-二甲基-*N*-乙酰基硫赶磷酰胺

毒性 大鼠急性毒性：经口 LD_{50} 605～1100mg/kg；经皮 LD_{50} 4640mg/kg。家

兔经皮 LD_{50} > 2000mg/kg。大鼠吸入 LC_{50} > 15000mg/m^3。对家兔皮肤轻度刺激；对家兔眼睛轻度刺激。豚鼠致敏试验为阴性。Ames 试验、雄性大鼠肝细胞期外 DNA 合成试验、小鼠微核试验均为阴性。母鸡迟发性神经毒性试验为阴性。狗饲养染毒 2 年，未见致癌效应。

用途 内吸性杀虫剂，具有胃毒和触杀作用，并可杀卵，有一定的熏蒸作用，是缓效型杀虫剂。在施药后初期作用缓慢，2～3d 后效果显著，后效作用强，适用于蔬菜、茶叶、烟草、果树、棉花、水稻、小麦等作物，能防治多种咀嚼式、刺吸式口器害虫和害螨。

4.2.6.3 硫环磷（phosfolan）

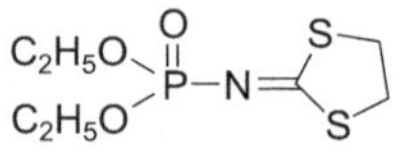

化学名称 2-(二乙氧基磷酰亚氨基)-1,3-二硫戊环

毒性 工业品大鼠急性经口 LD_{50}：8.9mg/kg(雄)。小鼠急性经口 LD_{50}：12.1mg/kg(雄)。急性经皮 LD_{50}：兔 23mg/kg；豚鼠 54mg/kg。以 1mg/(kg·d)的剂量喂狗 13 周以上，未观察到临床症状。

用途 内吸性杀虫剂，用于防治刺吸式口器害虫、害螨。可防治棉花上食叶害虫的幼虫(如斜纹夜蛾)，有很好的效果；还可用于防治地下害虫。

4.2.6.4 水胺硫磷（isocarbophos）

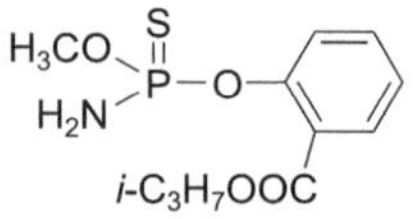

化学名称 *O*-甲基-*O*-(2-异丙氧基羰基苯基)硫逐磷酰胺

毒性 雄大鼠急性经口 LD_{50} 28.5mg/kg；大鼠急性经皮 LD_{50} 447.1mg/kg。Ames 试验为阴性；显性致死试验为阴性。

用途 广谱杀虫、杀螨剂，具有触杀、胃毒和杀卵作用。对螨类及鳞翅目、同翅目害虫具有良好的防治效果。主要用于防治棉花红蜘蛛、棉蚜、棉伏蚜、棉铃虫(幼虫和卵)、红铃虫卵、斜纹夜蛾、水稻三化螟，对各类介壳虫也有良好效果；也可作为土壤杀虫剂，但残效不算太长。

4.2.6.5 异丙胺磷（isofenphos）

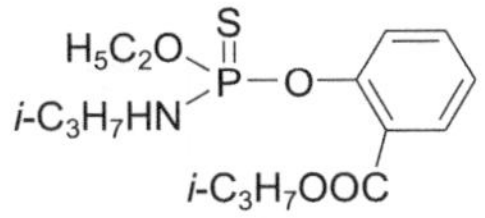

化学名称 *O*-乙基-*O*-(2-异丙氧基羰基苯基)-*N*-异丙基硫逐磷酰胺

毒性 大鼠急性经口 LD_{50}: 28.0～38.7mg/kg；34.2mg/kg(工业品)。小鼠急性经口 LD_{50}: 91.3～127.0mg/kg。大鼠急性经皮 LD_{50}: 700mg/kg。大鼠急性吸入 LD_{50}: 144～210mg/m^3(4h)。不伤害皮肤和黏膜。鱼毒 LC_{50}(96h): 金鱼 2mg/L；鲤鱼 2～4mg/L；圆腹雅罗鱼 1～2mg/L；红眼鱼 1mg/L；红箭鱼 1.8mg/L。

用途 广谱土壤杀虫剂，具有触杀和胃毒作用。能防治玉米、蔬菜等作物害虫，对金针虫、地老虎、根蛆、蛴螬等都有防效。在水中使用颗粒剂可防治多种水稻害虫，如螟虫、飞虱、叶蝉等；对线虫有兼治作用。残效较长，可达 6 个月。

4.2.6.6 甲基异柳磷（isofenphos-methyl）

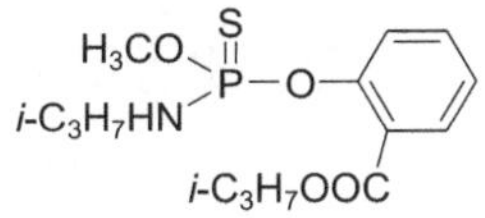

化学名称 *N*-异丙基-*O*-甲基-*O*-[(2-异丙氧基羰基)苯基]硫逐磷酰胺

毒性 大鼠急性经口 LD_{50}: 28.4mg/kg(雄)，30mg/kg(雌)；大鼠急性经皮 LD_{50}: 60mg/kg(雄)，49mg/kg(雌)。蓄积毒性试验表明：在动物体中无明显蓄积作用。致突变、致畸试验：未见致突变、致畸作用。大鼠经口无作用剂量: 0.02mg/(kg·d)(雄)，0.019mg/(kg·d)(雌)。

用途 广谱高毒土壤杀虫剂，具有较强的触杀和胃毒作用。只准用于拌种或土壤处理，不能用于防治蔬菜害虫和进行果树叶面喷雾。主要用于小麦、花生、大豆、玉米、红薯、甜菜、苹果等作物防治蛴螬、蝼蛄、金针虫等地下害虫，也可用于防治黏虫、蚜虫、烟青虫、桃小食心虫、红蜘蛛等。

4.2.7 膦酸酯类杀虫剂

4.2.7.1 敌百虫（trichlorfon）

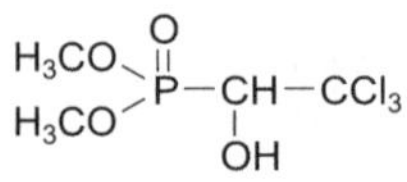

化学名称 *O*,*O*-二甲基-(2,2,2-三氯-1-羟基乙基)膦酸酯

毒性 急性毒性 LD_{50}: 400～900mg/kg（大鼠经口）; 500mg/kg（兔经皮）。刺激性：家兔经眼 120mg(6d，间歇)，轻度刺激。微生物致突变性：鼠伤寒沙门菌 3400nmol/ 皿。哺乳动物体细胞突变性：小鼠淋巴细胞 80mg/L。姐妹染色单体交换：仓鼠肺 20mg/L。程序外 DNA 合成：人成纤维细胞 100mg/L。细胞遗传学分析：人白细胞 40mg/L。致畸性：大鼠孕后 6～15d 经口给予最低中毒剂量(TDLo) 1450mg/kg，致中枢神经系统、颅面部(包括鼻、舌)和肌肉骨骼系统发育畸形；小鼠孕后 7～16d 经口给予最低中毒剂量(TDLo) 3g/kg，致泌尿生殖系统发育畸形。母鸡急性迟发性神经毒性试验为阴性。

用途 高效、低毒、低残留、广谱性杀虫剂，以胃毒作用为主，兼有触杀作用，也有渗透活性。可用于防治水稻、麦类、蔬菜、茶树、果树、桑树、棉花等作物上的咀嚼式口器和刺吸式口器害虫，如菜青虫、棉叶跳虫、桑野蚕、象鼻虫、果树叶蜂、果蝇等多种害虫、地下害虫等；也可用于家畜体内外寄生虫、卫生害虫的防治，还可用于治疗血吸虫病等。

4.2.7.2 苯硫磷（EPN）

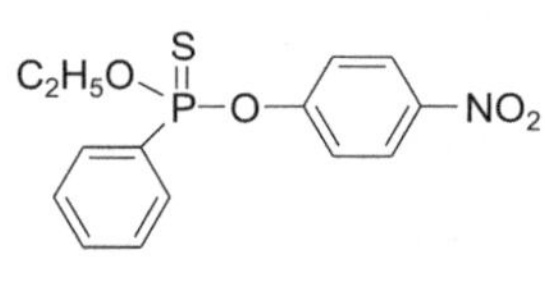

化学名称 *O*-乙基-*O*-(4-硝基苯基)苯基硫逐膦酸酯

毒性 大鼠急性经口 LD_{50}: 36mg/kg(雄); 7.7～14mg/kg(雌)。大鼠急性经皮 LD_{50}: 230mg/kg(雄); 25mg/kg(雌)。小鼠急性经口 LD_{50}: 43～100mg/kg。能通过皮肤吸收，在空气中的最高容许量为 0.5mg/m^3。禽毒性 LC_{50}(每天喂食)：野鸭 168mg/L。鱼毒 LC_{50}(96h)：虹鳟 80pg/L；蓝鳃太阳鱼 190μg/L。对蜜蜂有毒。

用途 具有触杀和胃毒作用，用于防治害虫和螨，对鳞翅目幼虫有广泛的活性，可用于防治棉蚜、棉红蜘蛛、稻螟虫、菜青虫等。

4.2.7.3 地虫硫磷（fonofos）

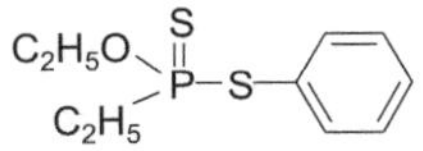

化学名称 *O*-乙基-*S*-苯基乙基硫逐硫赶膦酸酯

毒性 大鼠急性经口 LD_{50}: 24.5mg/kg（雄）; 10.8mg/kg（雌）。大鼠急性经皮 LD_{50} 147mg/kg。大鼠吸入 LC_{50}（4h）900mg/m^3。鹌鹑急性经口 LD_{50} 133mg/kg。急性经皮 LD_{50}：豚鼠 278mg/kg，兔 159mg/kg。虹鳟鱼 LC_{50}（96h）215mg/L。对兔皮肤和眼睛无刺激作用。对蜜蜂有毒。致突变试验：Ames 试验阴性；母鸡急性迟发性神经毒性试验，观察到胫骨神经轴突变性，可能具有负面效应。

用途 可用于土壤处理，防治地下害虫，对害虫具有很强的触杀作用，在土壤中持效期较长，是防治地下害虫（如金针虫、地老虎、种蝇等）的良好药剂。该农药禁止在蔬菜、瓜类、果树、茶叶和中药上使用。

4.3 含磷杀虫杀螨剂品种

危害作物最重要的螨有叶螨科的榆全爪螨（*Panonychus ulmi* Koch）、柑橘全爪螨（*Panonychus citri*），这两种螨主要危害苹果、柑橘等果树。除此之外，危害果树、温室作物、蔷薇科植物和蔬菜的二斑叶螨（*Tetranychus urticae* Koch）、危害棉花的朱砂叶螨（*Tetranychus cinnabarius*）以及茶叶上的神泽氏叶螨（*Tetranychus kanzawai* Kishida）等也属叶螨科。跗线螨科中危害棉花和茶叶的侧多食跗线螨[*Polyphagotarsonemus latus*（Banks）]以及柑橘锈瘿螨[*Phyllocoptruta oleivora*（Ashmead）]等均为重要的害螨。

杀螨剂是指专门用来防治蛛形纲中有害螨类的一类农药。对杀螨剂而言，具有与常规杀虫剂不一样的要求，因为螨虫 1 年内发生的代数多，种群增长能力强，较易产生抗药性，往往对常规杀虫剂具有较高的抗性。而杀螨剂是指针对螨虫有特效的药剂。

含磷杀螨剂是在含磷杀虫剂的基础上发展起来的。人们发现许多商品化的含磷杀虫剂兼具杀螨活性，因此，一些含磷杀虫剂也发展成为目前应用于农业中的一类杀螨剂。这些品种大多具有触杀作用或内吸作用，对螨的不同发育阶段也有选择性，即有的品种可以用于防控成螨、幼螨和卵，有的品种只能用于防治成螨、幼螨或卵。与作为杀虫剂的作用机理类似，含磷杀螨剂也是通过抑制乙酰胆碱酯酶活性而发挥杀螨作用的。有杀螨作用的有机磷杀虫剂品种较多，但它们的主要活性是杀虫，通常并不称为杀螨剂。有机磷的杀虫活性与杀螨活性之间似乎并无直接的相关性，许多好的有机磷杀虫剂往往不具有杀螨活性。本节将主要介绍具有杀螨活性的有机磷杀虫剂品种。

一些有机磷杀虫杀螨剂能有效防治食植性螨的成虫、幼虫及其卵，用作植株喷射，能有效地防治瘿螨科、叶螨科和跗线螨科的多种螨类，如能有效防治红蜘蛛、麦红蜘蛛、棉红蜘蛛、茄红蜘蛛、梨叶肿瘿螨，柑橘红蜘蛛，茶树上的茶叶瘿螨、茶橙瘿螨和茶短须螨。应用在苹果、柑橘和葡萄上，能有效防治食植性螨的成虫和幼虫。

在本书含磷杀虫剂部分介绍的八甲磷、保棉磷、甲胺磷、亚砜吸磷、砜拌磷、三硫磷、乙拌磷、内吸磷、乐果、氧乐果、水胺硫磷、苯硫磷、乙硫磷和丙溴磷均兼具杀螨活性，此处不再重复介绍。此外，还有一些具有杀螨活性的有机磷杀虫剂列在表 4-1 中。

表 4-1 中所列的这些有机磷杀虫杀螨剂是在 1939～1995 年间开发的品种，均属于中高毒级的品种。随着全球环境保护法规的加强，一些高毒农药的使用也在全球范围内受到了限制，因此表 4-1 中所列的高毒有机磷杀虫杀螨剂的使用也受到限制。

在全世界范围内均有食植性害螨分布，在我国，大豆、棉花、水稻、果树、茶等是受螨害危害最严重的作物。特别是随着设施农业的大面积推广，螨害呈现逐年加剧的态势，对杀螨剂的需求也逐年增加。因此，符合全球环境保护法规要求的低毒有机磷杀虫杀螨剂仍具有推广应用的价值。在大鼠急性经口 500～5000mg/kg 范围的低毒类有机磷杀虫杀螨剂，在实际使用时将具有更好的安全性。一些中低毒的有机磷杀虫杀螨剂，例如二甲硫吸磷、四硫特普、安果、伏杀硫磷、敌螟强、浸移磷、甲基吡噁磷、噁唑磷、甲基嘧啶磷、噻唑硫磷、嘧啶氧磷和甘氨硫磷仍将具有推广应用的价值。从结构特点而言，这些品种可以分为硫逐硫赶磷酸酯和硫逐磷酸酯(或磷酰胺酯)两类，其中大多为硫逐硫赶型磷酸酯。这些品种的结构、毒性和用途具体归纳介绍如下。

表4-1 具有杀螨活性的含磷杀虫剂

结构式及通用名或商品名	结构式及通用名或商品名	结构式及通用名或商品名
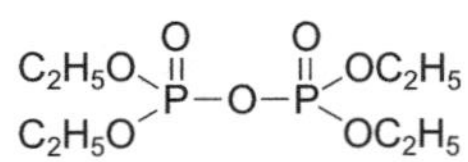 特普	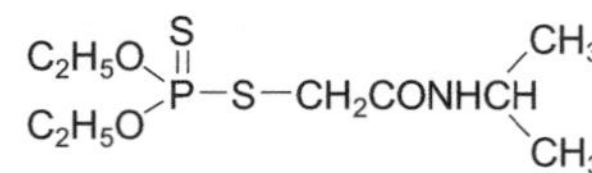 发硫磷	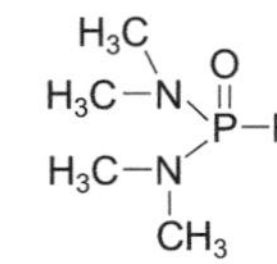 甲氟磷
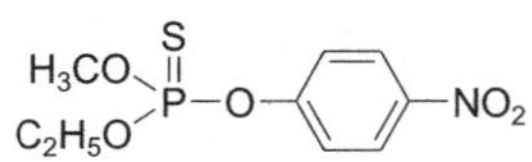 甲乙基对硫磷	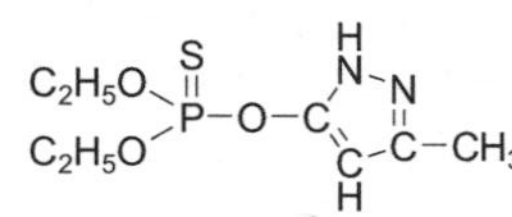 吡硫磷	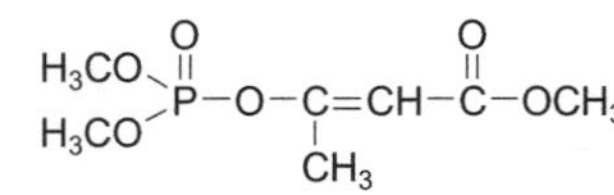 速灭磷
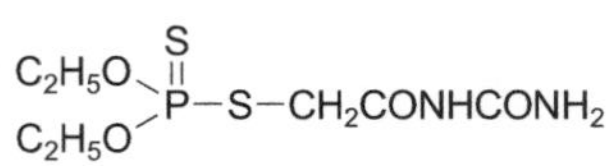 乙酰脲	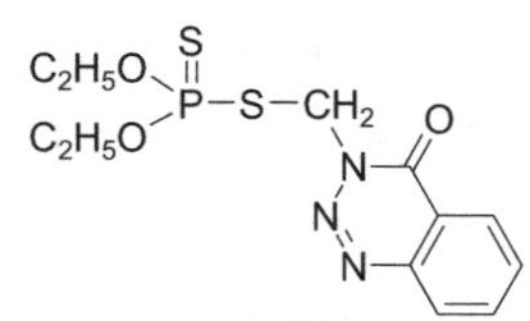 益棉磷	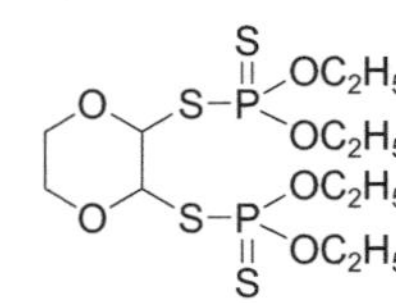 二噁磷
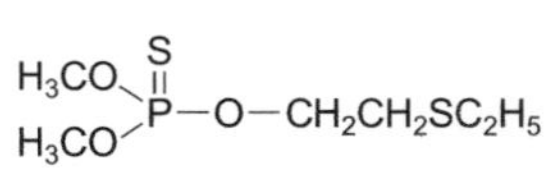 甲基内吸磷	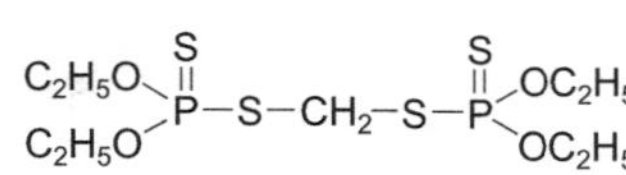 乙硫磷	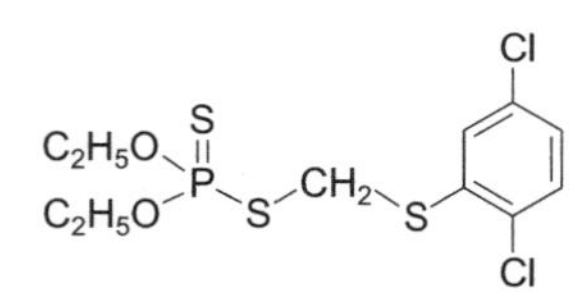 芬硫磷

续表

结构式及通用名或商品名	结构式及通用名或商品名	结构式及通用名或商品名
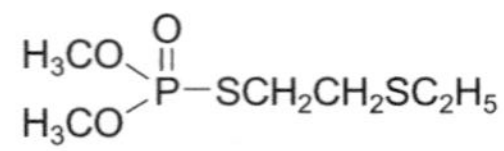 异甲基内吸磷	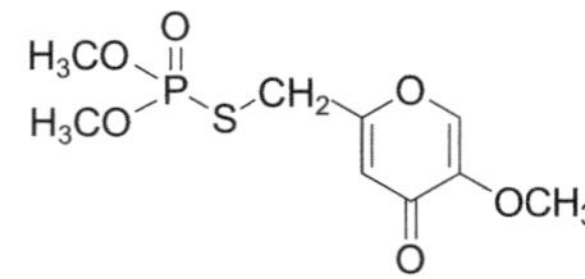 因毒磷	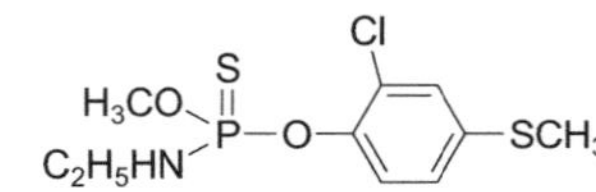 果满磷
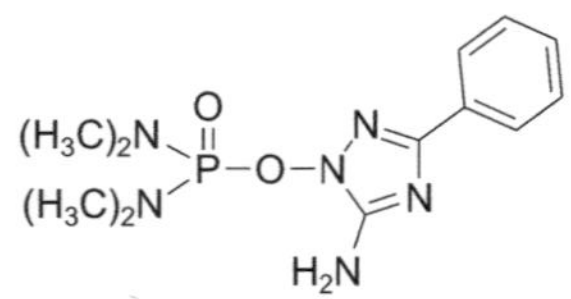 三氨磷	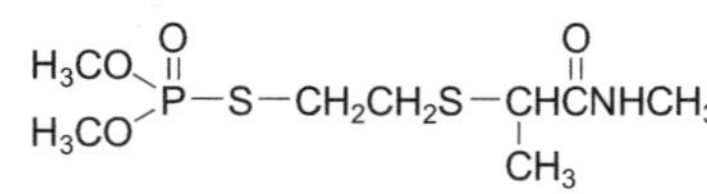 蚜灭磷	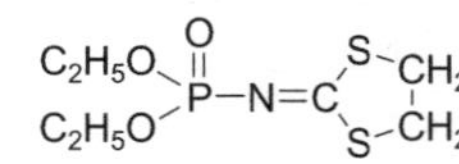 硫环磷
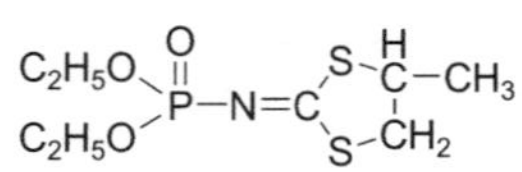 地安磷	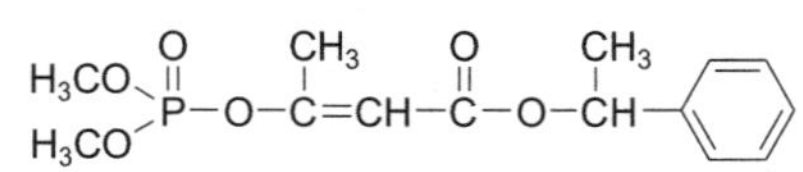 巴毒磷	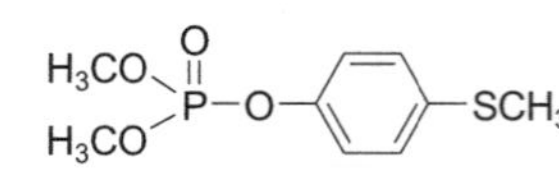 甲硫磷
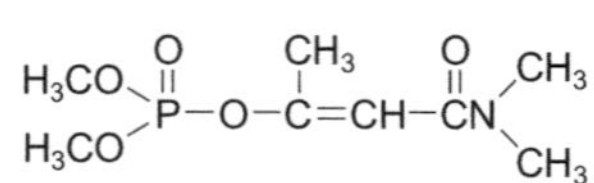 百治磷	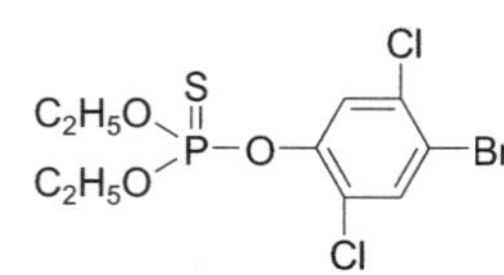 乙基溴硫磷	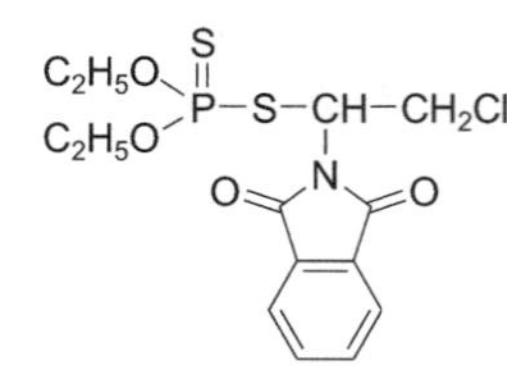 氯乙亚胺磷

续表

结构式及通用名或商品名	结构式及通用名或商品名	结构式及通用名或商品名
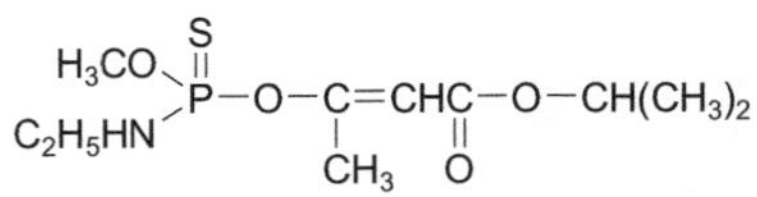 胺丙畏	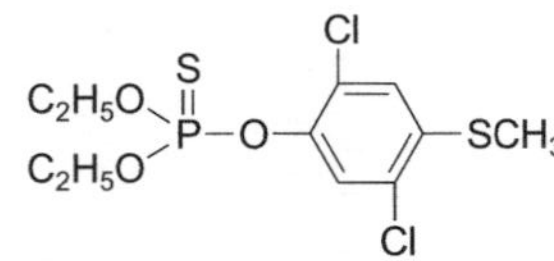 虫螨磷	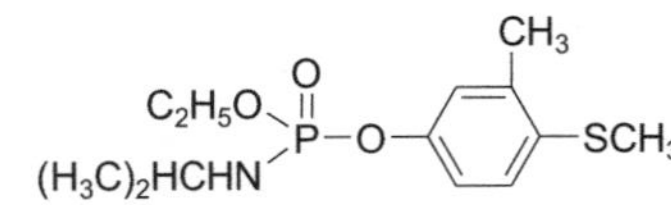 苯胺磷
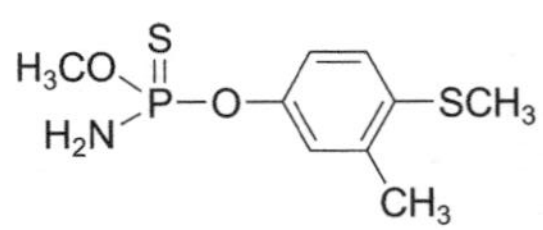 苯胺硫磷	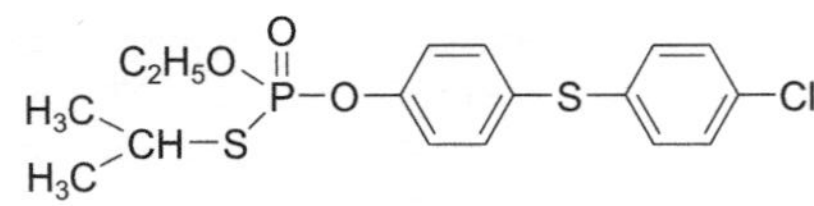 硫醚磷	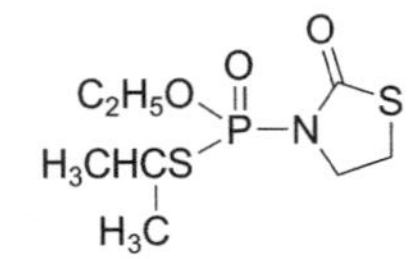 线螨磷
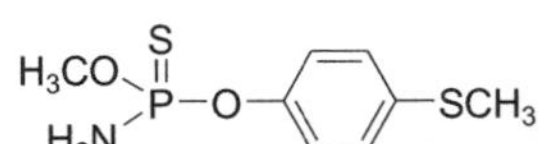 抗虫灵	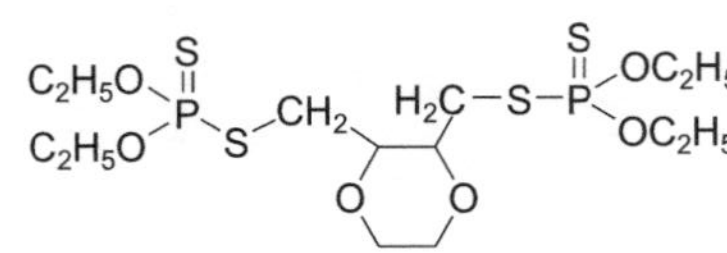 敌噁磷	

4.3.1 硫逐硫赶磷酸酯类杀虫杀螨剂

4.3.1.1 二甲硫吸磷

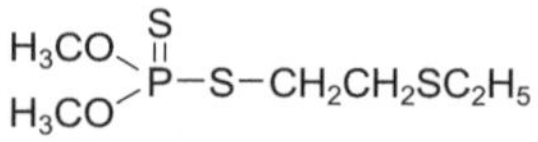

化学名称 *O*,*O*-二甲基-*S*-(2-乙基硫代乙基)硫逐硫赶磷酸酯

毒性 大鼠急性经口 LD_{50} 120～130mg/kg；大鼠急性经皮 LD_{50} > 1000mg/kg。20% 乳油大鼠急性经口 LD_{50} 425mg/kg；小鼠急性经口 LD_{50} 540mg/kg。对大鼠的无作用剂量为 5.0mg/kg(90d)。对蜜蜂有毒。

用途 内吸性有机磷杀虫、杀螨剂，用于棉花、蔬菜等多种作物，可以防治蚜虫、螨类、蓟马、蚧类、粉虱、叶蝉等害虫。

4.3.1.2 四硫特普（phostex）

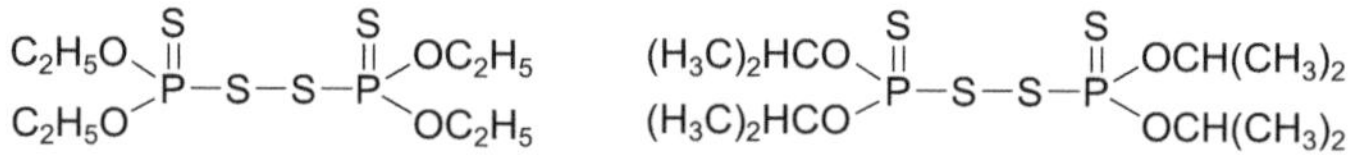

(1)　　(2)

化学名称 (1)双(二乙基硫代磷酰基)二硫化物；(2)双(二异丙基硫代磷酰基)二硫化物。其产品通常为(1)和(2)的混合物(前者含量为 75%，后者为 25%)

毒性 大鼠急性经口 LD_{50} 2500mg/kg；以 2500mg/kg 剂量涂敷在大鼠皮肤上，有轻微的刺激性。以 5000mg/L 四硫特普喂养大鼠 40d，大鼠体重减轻。

用途 为杀虫杀螨剂，可用于防治落叶树上的介壳虫、梨叶肿瘿螨，并能作为杀蚜卵剂。用 0.031% 浓度药液可 100% 歼灭棉红蜘蛛的幼虫。在某些条件下，对核果类果树有药害，故可在收获期或冬眠期用药，以消灭越冬的螨卵和蚜卵。

4.3.1.3 安果（formothion）

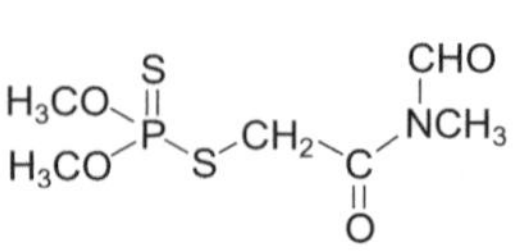

化学名称 *S*-[2-(甲酰甲氨基)-2-氧代乙基]-*O*,*O*-二甲基硫逐硫赶磷酸酯

毒性 急性经口 LD_{50}：大鼠为 375～535mg/kg；小鼠为 102mg/kg；兔为 420mg/kg；猫为 210mg/kg。大鼠急性经皮 LD_{50} 1650mg/kg；豚鼠急性经皮 LD_{50} 1850mg/kg；对皮肤无刺激性。对大鼠的无作用剂量为 80mg/kg。鱼毒性 LC_{50}（48h）：虹鳟鱼 66～90mg/L。对蜜蜂有毒。

用途 能防治蚜虫、螨虫、木虱、粉蚧，主要用于防治介壳虫、蓟马、小卷蛾、细蛾科害虫和一些蝇类。

4.3.1.4 伏杀硫磷（phosalone）

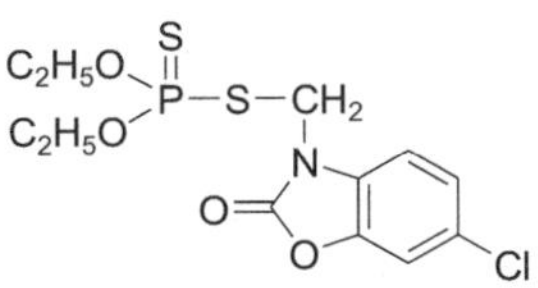

化学名称 *O,O*-二乙基-*S*-[（6-氯-2-氧代苯并噁唑啉-3-基）甲基]硫逐硫赶磷酸酯

毒性 大鼠急性毒性：经口 LD_{50} 82～205mg/kg（雄），90～170mg/kg（雌）；经皮 LD_{50} 1500mg/kg；中等毒。对家兔皮肤中等程度刺激；对家兔眼睛中等程度刺激。致突变试验：Ames 试验阴性；CHO/K1 细胞染色体畸变试验阴性；小鼠骨髓嗜多染红细胞微核试验阴性；雄性小鼠 UDS 试验弱阳性；显性致死试验阴性。大鼠繁殖试验：母鼠妊娠期染毒 50mg/（kg·d），未见繁殖毒性。大鼠致畸试验：妊娠期染毒剂量 50mg/（kg·d），未见致畸效应。母鸡迟发性神经毒性试验阴性。

用途 伏杀硫磷可用于防治果树、棉花、大豆、蔬菜、玉米、小麦等多种作物的害虫及螨。防治对象主要为棉蚜、棉铃虫、红铃虫、棉盲蝽蚜、黏虫、麦蚜、菜蚜、菜青虫、小菜蛾、豆野螟、柑橘潜叶蛾、桃小食心虫、木尺蠖、丽绿刺蛾、茶毛虫和小绿叶蝉。作为杀螨剂可以防治棉花上的棉红蜘蛛，茄子上的红蜘蛛，茶树上的茶叶瘿螨、茶橙瘿螨和茶短须螨。

4.3.1.5 浸移磷（DAEP）

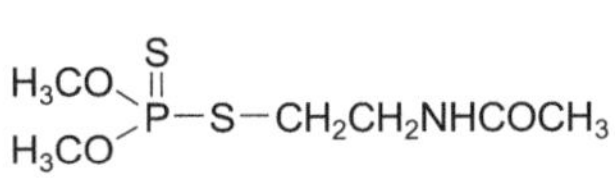

化学名称 *O,O*-二甲基-*S*-2-乙酰氨基乙基硫逐硫赶磷酸酯

毒性 急性经口 LD_{50}：大鼠 475mg/kg，小鼠 146mg/kg，猫 410mg/kg。大鼠急性经皮 LD_{50}：472mg/kg。对大鼠的无作用剂量为 80mg/L。不易通过皮肤吸收。

用途 用于防治柑橘等果树以及女贞属、竹和甜菜等作物上的螨类、蚧类和蚜虫，能有效防治的对象主要为柑橘红蜘蛛、条带介壳虫、日本蜡蚧、鞘竹粉蚧(幼虫、成虫)、甜菜蚜、柑橘粉虱、桃蚜、莲缢管蚜等。

4.3.1.6 噻唑硫磷（colophonate）

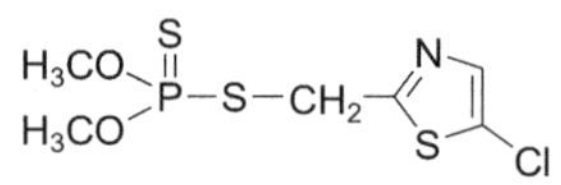

化学名称 *O*, *O*-二甲基-*S*-(5-氯-2-噻唑基)甲基硫逐硫赶磷酸酯

毒性 急性经口 LD_{50} 值：雄性大鼠为 760mg/kg，雌性大鼠为 830mg/kg。大鼠(雄雌)急性经皮 LD_{50} 值＞2000mg/kg。对鱼毒性：鲤鱼 LD_{50}(48h)7.8mg/L。

用途 具有触杀和胃毒作用的杀虫杀螨剂，有广谱性。与甲基毒死蜱以 1∶1 的配比在实验室防治水稻黑尾叶蝉，有 80% 的效果；如单用噻唑硫磷和甲基毒死蜱时，则分别为 70.0% 和 23.8%。因此与甲基毒死蜱搭配使用有增效作用。

4.3.1.7 甲基吡噁磷（azamethiphos）

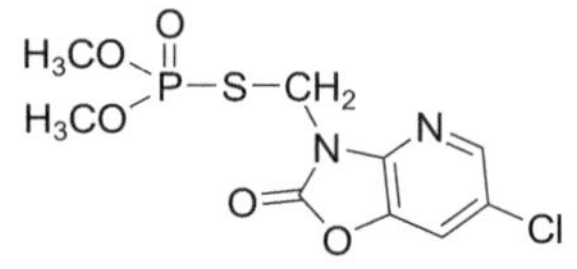

化学名称 *O*, *O*-二甲基-*S*-[(6-氯-2-氧代吡啶并噁唑[4, 5-*b*]-3-基)]甲基硫赶磷酸酯

毒性 大鼠急性经口 LD_{50}：1180mg/kg；大鼠急性经皮 LD_{50}：＞2150mg/kg。对兔皮肤无刺激作用。90d 饲喂试验无作用剂量为：大鼠 2mg/(kg•d)，狗 0.3mg/(kg•d)。对鹌鹑无毒性。鱼毒 LC_{50}(96h)：虹鳟 0.2mg/L，鲤鱼 6.0mg/L，青鳃鱼 8.0mg/L。对蜜蜂有毒。

用途 用于防治蚜、螨、叶蝉、木虱、苹果蠹蛾、梨小食心虫、马铃薯甲虫等农业害虫，以及蚊蝇等卫生害虫。

4.3.2 硫逐磷酸酯或磷酰胺酯类杀虫杀螨剂

4.3.2.1 敌螟强

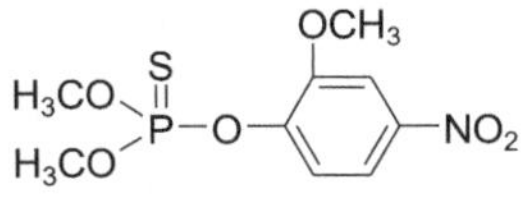

化学名称 *O,O*-二甲基-*O*-(2-甲氧基-4-硝基苯基)硫逐磷酸酯

毒性 鼷鼠急性经口 LD_{50} 800mg/kg。

用途 可有效防治螨类，以及鳞翅目、半翅目、鞘翅目和直翅目等昆虫，对水稻二化螟有强力杀灭作用。

4.3.2.2 嘧啶氧磷（N-23）

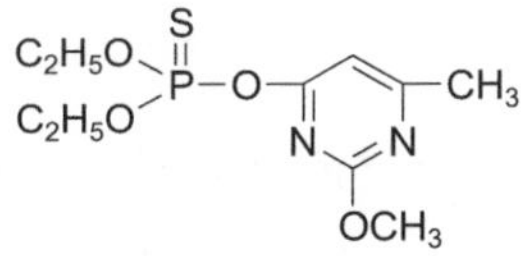

化学名称 *O,O*-二乙基-(2-甲氧基-4-甲基-6-嘧啶基)硫逐磷酸酯

毒性 大鼠急性经口 LD_{50} 为 56～115mg/kg；小鼠急性经口 LD_{50} 为 56～71mg/kg；小鼠吸入 LC_{50} 为 207mg/m^3。另有报道大鼠急性经口 LD_{50} 为 183.4mg/kg，急性经皮 LD_{50} 为 1062～1667mg/kg；小鼠急性经口毒性 LC_{50} 为 109～146mg/kg。

用途 用于防治咀嚼式口器、刺吸式口器害虫和螨类，对某些鳞翅目害虫的卵也有抑制作用。例如用于棉花上防治棉蚜、红蜘蛛、棉铃虫和红铃虫等，还可用于水稻上防治二化螟、三化螟、稻纵卷叶螟、稻苞虫、飞虱、叶蝉、蓟马和稻瘿蚊等。

4.3.2.3 噁唑磷（isoxathion）

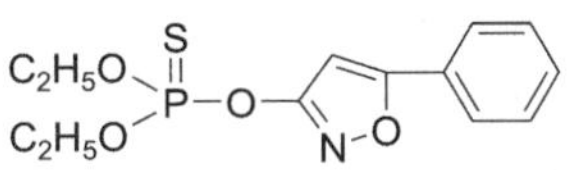

化学名称 *O,O*-二乙基-(5-苯基-3-异噁唑基)硫逐磷酸酯

毒性 大鼠急性经口 LD_{50}：112mg/kg；大鼠急性经皮 LD_{50}：＞450mg/kg(另

有文献为＞2000mg/kg)；小鼠急性经口 LD_{50}: 98.4mg/kg；小鼠急性经皮 LD_{50}: 193mg/kg。两年喂养试验对大鼠的无作用剂量为 12mg/kg。

用途 对鳞翅目害虫幼虫有特效，并能作为土壤杀虫剂使用，可防治蚜虫、蚧类、螨类等，它对茶树上桑白盾蚧很有效；同时也能用于防治水稻二化螟、稻瘿蚊、稻飞虱和一些鳞翅目幼虫，以及多种作物上的叶甲、粉虱类等。在甘蓝收获前 26d 和 29d，喷 250mg/L 噁唑磷 2 次，可有效防治小菜粉蝶、小菜蛾、黑点银纹夜蛾和甘蓝夜蛾，使甘蓝获得增产。此外，它还能用于防治某些土壤害虫。噁唑磷不宜与碱性农药或其他碱性物混用。

4.3.2.4 甲基嘧啶磷（pirimiphos-methyl）

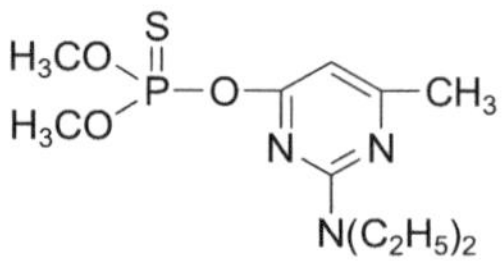

化学名称 *O,O*-二甲基-*O*-[2-(二乙基氨基)-4-甲基嘧啶-6-基]硫逐磷酸酯

毒性 大鼠急性毒性：经口 LD_{50} 2204mg/kg；经皮 LD_{50} 3264mg/kg。雄小鼠急性经口 LD_{50} 1180mg/kg；对家兔皮肤轻微刺激；对家兔眼睛轻微刺激。致突变试验：Ames 试验阴性；人淋巴细胞染色体试验阴性；小鼠淋巴细胞染色体畸变试验阴性。中国仓鼠肺成纤维细胞转化试验阴性；小鼠微核试验阴性；小鼠显性致死试验阴性。大鼠三代繁殖试验：没有生产和繁殖功能方面的负面效应。大鼠致畸试验：未见致畸性的证据。大鼠两年慢性毒性与致癌试验：(肿瘤与非肿瘤)均未见与染毒有关。母鸡迟发性神经毒性试验阴性。

用途 最适用于防治作物及仓储害虫，如象鼻虫、蛾类和螨类等农业害虫。对储粮中的甲虫、象鼻虫、蛾类和螨类都有良好防效，但对谷蠹效果较差。也用于防治家庭卫生害虫。

4.3.2.5 甘氨硫磷（phosglycin）

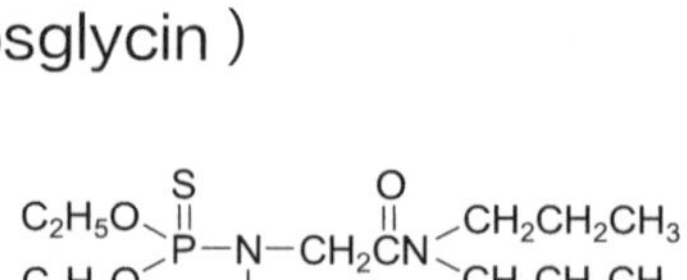

化学名称 *N*-二乙氧基硫逐磷酰基-*N*-乙基-*N*′,*N*′-二丙基甘氨酰胺

毒性 大鼠急性经口 LD_{50}: 2081mg/kg；大鼠急性经皮 LD_{50}: ＞5000mg/kg。小鼠急性经口 LD_{50}: 1800mg/kg(雄)，1550mg/kg(雌)。在 0.59mg/L 空气(可达到的最高浓度)浓度下，对大鼠无急性吸入毒性。鱼毒 LC_{50}: 须鲶 12mg/L，鲤鱼 9.47mg/L，草鱼 12.5mg/L。

用途 用于防治食植性螨及其卵。用作植株喷射，能有效地防治瘿螨科、叶螨科和跗线螨科的多种螨类，如应用在苹果、柑橘和葡萄上，能有效防治食植性螨的成虫和幼虫。在推荐的用量和稀释倍数下使用，对多数植物(如果树、蔬菜、观赏植物等)没有药害。

4.4 含磷杀虫剂的作用机制

1947 年 Adrian 等率先发现含磷杀虫剂对乙酰胆碱酯酶具有抑制作用[18]。1952 年 Balls 等认为抑制作用是由于酯基部位的磷酰化造成的[19]。1953 年 Gage 证实了对硫磷在体内产生的氧化类似物对氧磷是乙酰胆碱酯酶抑制剂[20]。这些研究工作大大地促进了有机磷杀虫剂作用机制、代谢和选择毒性的研究。

含磷杀虫剂主要通过昆虫体表或气门渗入，也可通过内吸或渗透后被昆虫取食，通过肠胃、体液到达并与动物体内的乙酰胆碱酯酶结合，生成磷酰化胆碱酯酶，抑制神经轴突间的乙酰胆碱酯酶的活性，使乙酰胆碱不能及时分解而积累，并不断与突触后膜上的受体结合，造成突触后膜上钠离子通道长时间开放，使钠离子长时间持续涌入膜内，导致昆虫神经长时间兴奋，使其神经传导失去控制，从而使其因神经兴奋而死亡。其中毒症状为运动失调、过度兴奋、痉挛而死。由于含磷杀虫剂直接作用于分解神经递质的“酶”，杀虫速度较快，且其杀虫无选择性，杀虫谱广[21-23]。同时，含磷杀虫剂对包括昆虫和人体在内的所有以乙酰胆碱酯酶为神经传导介质的生物都具有杀伤作用。

4.4.1 胆碱酯酶的功能

在动物神经中，刺激或冲动通过轴突而传递，轴突终端与另一神经元通过突触

相连接，或通过一个特殊的突触，即神经突触间肌肉接头与肌纤维连接，沿轴突传导的电刺激不能越过神经细胞连接处的突触间隙，但能使轴突末端释放一种被称为神经传递介质或神经激素的化学物质。传递介质转移至下一神经元或肌纤维的突触后膜受体，并与受体发生作用，使电刺激不断传递。最常见的传递介质是乙酰胆碱和去甲肾上腺素。此外，一些生物胺及氨基酸也能作为传递介质，γ-氨基丁酸（GABA）已被证实为节肢动物体内的一种传递介质。

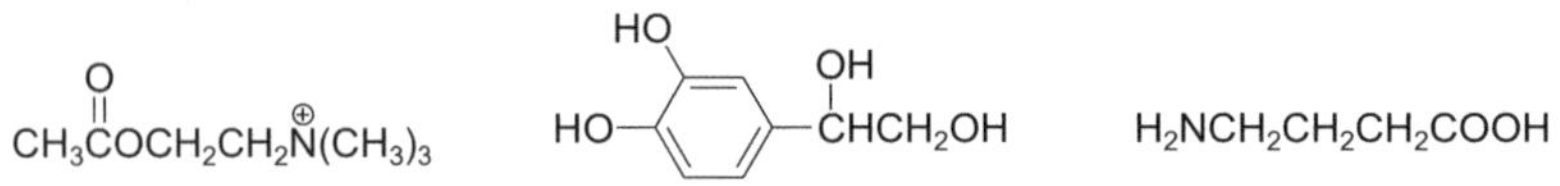

乙酰胆碱　　　　去甲肾上腺素　　　　GABA

在脊椎动物的神经系统中，乙酰胆碱作为传递介质，作用于胆碱能突触，其中包括中枢神经系统突触、运动神经的神经肌肉接头、感觉神经末梢突触、交感神经及副交感神经各神经节突触，以及所有神经节后副交感神经末梢和汗腺、血管、肾上腺髓质等处交感神经末梢。在昆虫体内，中枢神经系统为一串腹神经节，乙酰胆碱也是其突触中的传递介质。

乙酰胆碱是在神经末梢由胆碱和乙酰辅酶A在胆碱乙酰化酶作用下合成的，并存储在突触小泡中。当其受到动作电流刺激时，小泡破裂，迅速大量释放乙酰胆碱，产生突触或终极电位（10～20mV），导致突触后兴奋。在下一个冲动来临之前，释放的乙酰胆碱能很快被乙酰胆碱酯酶水解，生成无活性的乙酸和胆碱。只要突触间隙附近有乙酰胆碱滞留或蓄积，突触后膜的静止状态就不能恢复。因此，如果乙酰胆碱酯酶受到抑制，神经功能就会受到干扰，机体就会受到严重的甚至是致死的损害，这就是含磷杀虫剂和氨基甲酸酯杀虫剂引起的主要致死损害的原因。

胆碱酯酶分为乙酰胆碱酯酶（AChE）和丁酰胆碱酯酶（BChE）两类。BChE主要水解丁酰胆碱、琥珀胆碱等。哺乳动物有BChE，而昆虫缺乏。乙酰胆碱酯酶主要水解神经递质乙酰胆碱（ACh）。哺乳动物的AChE广泛存在于中枢和外周神经系统，昆虫的AChE集中于头部中枢。由于昆虫的AChE对有机磷杀虫剂的敏感性高于哺乳动物的AChE，因此AChE是有机磷杀虫剂的核心靶标。以下将主要介绍乙酰胆碱酯酶的催化功能。

4.4.2 乙酰胆碱酯酶的催化功能

乙酰胆碱酯酶(AChE)的功能是催化乙酰胆碱(ACh)水解，断裂其酯键生成胆碱(Ch)和乙酸(Ac)，从而终止神经信号传递。其水解的反应如下：

$$\text{AChE} + \text{ACh} \underset{K_{-1}}{\overset{K_1}{\rightleftharpoons}} \text{AChE-ACh} \xrightarrow{K_2} \text{AChE} \xrightarrow[H_2O]{K_3} \text{Ch} + \text{Ac}$$

式中 K_1、K_{-1}、K_2、K_3 分别代表不同反应步骤的速率常数。

具体反应步骤如下。

(1)酶-底物复合物(ES)的形成

AChE(E)的活性位点通过氢键、疏水作用等非共价键与 ACh(S)结合，形成 Michaelis 底物复合物，或 AChE-ACh 复合物(ES)。

(2)催化反应与产物释放

① 酰基化阶段：AChE 的活性丝氨酸(Ser200)亲核攻击 ACh 的酯键碳，形成乙酰化酶中间体(E-Ac)，同时释放胆碱(Ch)。

② 去酰基化阶段：水分子攻击乙酰化酶中间体，恢复 AChE 的游离状态，并释放乙酸(Ac)。

在 AChE 的活性空腔里有两个活性部位，一个起着固定底物的作用，决定了酶的特异性，称为阴离子部位或连接部位；另一个则催化底物水解过程，称为酯动部位或催化部位。

阴离子部位可吸引和连接底物，以便受到酯动部位的进攻。

人们认为，酶蛋白链上组氨酸的咪唑基可能参与其催化过程，并激活酯动部位丝氨酸分子中的羟基。未质子化的咪唑环上的双键氮原子可与丝氨酸中的羟基形成氢键，导致丝氮酸的羟基氧带有部分负电荷，从而有利于丝氨酸中的羟基对羰基底物(或抑制剂磷酰基)的亲核进攻，生成乙酰化酶，并游离出胆碱，离开酶的分子表面。由于生成的酶酯键键能很弱，它能迅速水解，释放出 AChE，使其继续与另一分子的乙酰胆碱作用。据推算，在 37℃条件下每分子酶在 1min 内可以分解大约 30 万个乙酰胆碱分子。

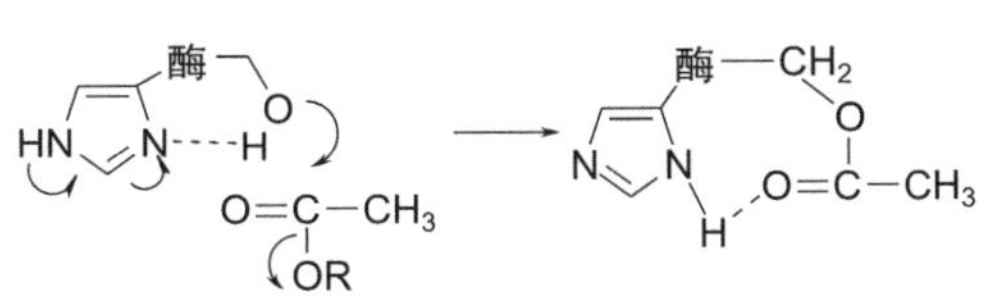

乙酰胆碱酯酶催化乙酰胆碱水解的作用模式

4.4.3 含磷杀虫剂与 AChE 的反应

含磷杀虫剂与乙酰胆碱酯酶(AChE)发生反应，使乙酰胆碱酯酶的活性被抑制，从而产生杀虫作用，其基本原理介绍如下。

4.4.3.1 酶抑制活性（杀虫作用）

乙酰胆碱酯酶是由蛋白质组成的结构复杂的物质，它和乙酰胆碱或有机磷杀虫剂作用过程中具有生物化学意义的活性部位主要为阴离子部位和酯动部位(见图4-1)。

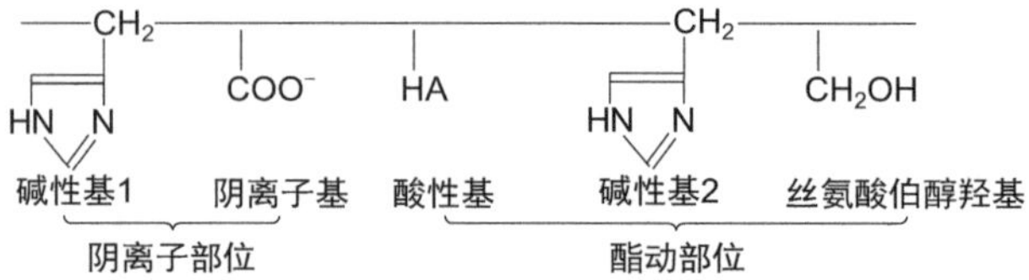

图 4-1 乙酰胆碱酯酶活性部位结构示意图

许多含磷杀虫剂与天然底物乙酰胆碱在结构上具有一定相似性。尽管许多有机磷化合物大多数没有正电荷与酶的阴离子部位相结合，但磷酸酯基仍然可以被吸附在酶的酯动部位，分子的其余部分则排列在由多种氨基酸侧链基团组成的活性空腔内，相互之间形成亲和力，发生一系列与乙酰胆碱类似的反应，生成磷酰化酶。乙酰化酶不稳定，很容易水解(半衰期约 0.1ms)，而磷酰化酶却十分稳定，二者的稳定性相差 10^7 倍以上。

研究表明，许多有机磷杀虫剂对乙酰胆碱酯酶的抑制作用是由于在乙酰胆碱酯酶结构中的酯动部位上发生了磷酰化反应的结果。从化学的机制而言，是带有部分正电荷的磷原子作为一个亲电试剂，进攻乙酰胆碱酯酶酯动部位上受到咪唑基激活的丝氨酸羟基并使之发生磷酰化反应，因而有机磷杀虫剂也可称为磷酰化试剂。显然，磷原子正电荷越强，其对乙酰胆碱酯酶的抑制能力也越强，一般而言其杀虫活性也越高。

含磷杀虫剂与乙酰胆碱酯酶发生磷酰化反应的通式如下:

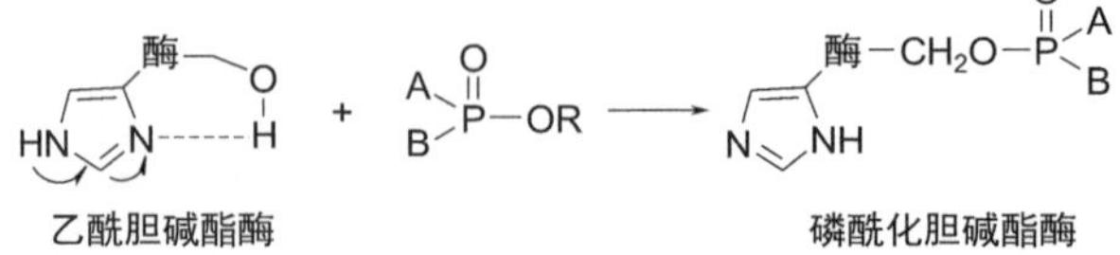

酶的磷酰化反应与磷酸酯的碱性水解反应很类似(S_N2 反应)。碱性水解是氢氧

根发生亲核进攻，而丝氨酸分子的羟基由于咪唑环的激活可作为亲核试剂，亲核进攻带部分正电荷的磷原子。但酶的磷酰化作用速度很快，比碱性水解反应快百万倍以上，说明酶与抑制剂形成复合物作为中间体非常有利于酶的磷酰化反应。磷酸酯与 AChE 的反应过程如下：

$$\mathrm{EH} + \mathrm{PX} \underset{K_{-1}}{\overset{K_1}{\rightleftharpoons}} \mathrm{EH \cdot PX} \xrightarrow{K_2} \mathrm{EP} + \mathrm{HX}$$

式中，K_1、K_{-1}、K_2 分别代表不同反应步骤的速率常数，EH 为游离的乙酰胆碱酯酶(AChE)，PX 为有机磷抑制剂，其离去基为 X。第一步反应是生成酶-抑制剂复合物 EH • PX(或AChE • PX)，这一步是一个可逆的过程，第二步发生磷酰化反应，生成磷酰化酶(EP)，该步是不可逆的抑制过程。

第一步反应依靠抑制剂和酶的活性空腔之间的亲和力，用离解常数 K_a 表示。$K_a=K_{-1}/K_1$，K_a 是亲和力的量值，数值越小，亲和力越大。第二步过程反映了抑制剂的磷酰化能力，以磷酰化常数 K_2 表示，K_2 是单分子反应速率常数。

Main 用动力学方法计算了亲和力和磷酰化能力。当抑制剂浓度 i 远高于酶浓度 e 时，磷酰化酶的生成速率为：

$$\frac{\mathrm{d}p}{\mathrm{d}t}=-K_2c=\frac{i}{i+K_a}K_2(\mathrm{e}-p)$$

式中，c 为酶-抑制剂复合物浓度；p 为磷酰化酶的浓度。

将其积分可得：

$$\frac{1}{i}=\frac{t}{2.3\Delta \lg v}\cdot\frac{K_2}{K_a}-\frac{1}{K_a}$$

式中，$\Delta\lg v$ 为时间 t 内底物水解速率的对数变化。因此，以 $1/i$ 对 $t/2.3\Delta\lg v$ 作图，可求得 K_a 及 K_2。K_2/K_a 的量纲与双分子反应速率常数[mol/(L • min)]相同。如果令 $K_i=K_2/K_a$，则可表示为：$\mathrm{d}p/\mathrm{d}t=K_i(\mathrm{e}-c-p)I$；这里 K_i 为抑制剂总抑制能力的量值，可以导出：

$$K_i=\frac{2.3\Delta\lg v}{t}\times\left(\frac{1}{i}+\frac{1}{K_a}\right)$$

常数 K_i 为双分子反应速率常数，它不但包含一个速率常数，而且还包含一个平衡常数，因此它不是一个单纯的速率常数，见表 4-2。

抑制能力可用速率常数 K_i 表示，也可以用抑制中浓度 I_{50} 表示。I_{50} 为经一定时间培养后，至酶活性被抑制到 50% 时所需抑制剂的物质的量浓度，I_{50} 与 K_i 之间的关系：$I_{50}=0.695/t \times K_i$；$I_{50}$ 也可以用它的负对数 pI_{50} 表示。有机磷酸酯的 pI_{50} 值一般在 6～9 之间。

表4-2　含磷化合物与乙酰胆碱酯酶的反应速率常数

含磷化合物	温度 /℃	K_a/(mol/L)	K_2/min^{-1}	K_1/[mol/(L·min)]
$(C_2H_5O)_2P(O)OC_6H_4NO_2$-*p*	5	3.6×10^{-4}	42.7	1.2×10^{5}
$(C_2H_5O)_2P(O)OC_6H_4(NMe_3)$-*m*	25	1.2×10^{-4}	5.2	4.2×10^{4}
马拉硫磷	5	2.4×10^{-3}	67.0	2.8×10^{4}
氧乐果	25	1.38×10^{-2}	6.2	4.5×10^{2}
$(C_2H_5O)_2P(O)SC_2H_4N(Me)_2$	5	1.8×10^{-4}	126	7.1×10^{5}
灭蚜净	5	2.1×10^{-3}	42	2.0×10^{4}
$(i\text{-}C_3H_7O)_2P(O)F$	5	1.58×10^{-3}	11.9	7.5×10^{3}

注：K_a 为离解常数；K_1 为反应速率常数；K_2 为反应速率常数，磷酰化常数。

4.4.3.2　酶活性的恢复

酶发生磷酰化后，尽管水解反应极为缓慢，但仍然能自发地放出磷酸并使酶复活，这一反应称为自发复活作用或脱磷酰化作用。反应可用下式表示：

$$\text{EP} + \text{H}_2\text{O} \xrightarrow{K_3} \text{EH} + \text{POH}$$

式中，EP 代表磷酰化的酶；EH 代表复活的酶；POH 代表磷酸；K_3 为磷酰化酶的水解速率常数或代表催化反应中心的活性，以每分钟从磷酰化酶上水解下来磷酰基的数目来表示。表 4-3 列举了一些磷酰化酶、氨基甲酰化酶和乙酰化酶的水解速率。

表4-3　酰化胆碱酯酶的自发脱酰基化作用（水解、酶复活）

酰基化酶	酶的来源	催化中心活性 K_3/min^{-1}	半衰期	温度 /℃
$(CH_3O)_2P(O)$—酶	家兔红细胞	0.0085	1.3h	37
	马血清	＞0.0058	＜2h	37
	蝇头	0.0023	＞5h（无复活）	37
$(C_2H_5O)_2P(O)$—酶	人红细胞	0.0002	2.4d	37
	人血清	0.000016	30d	37
$(ClC_2H_4O)_2P(O)$—酶	羊红细胞	0.03	23min	36
$(i\text{-}C_3H_7O)_2P(O)$—酶	豚鼠红细胞	不复活	不复活	
$NH_2C(O)$—酶	电鳗	0.35	1.9min	25
	蝇头	0.046	15min	25

续表

酰基化酶	酶的来源	催化中心活性 K_3/min^{-1}	半衰期	温度 /℃
$CH_3NHC(O)$—酶	牛红细胞	0.023	30min	25
	蝇头	0.0097	1.2h	25
$(CH_3)_2NC(O)$—酶	牛红细胞	0.0123	56min	25
	蝇头	0.0029	4h	25
$CH_3C(O)$—酶	牛红细胞	295000	0.14ms	37
	电鳗	610000	0.07ms	25

磷酰化乙酰胆碱酯酶的水解速率远低于氨基甲酰化酶，正常底物乙酰化酶比磷酰化乙酰胆碱酯酶的水解速率高 10^7～10^9 倍。二异丙基磷酰化酶不能自发复活，而二甲基磷酰化酶比二乙基磷酰化酶更易于复活。

综上所述，AChE 与磷酸酯的反应和 AChE 与乙酰胆碱的反应基本上是相同的，主要差别在于 K_3 的变化。因此磷酸酯的作用是抑制剂，而乙酰胆碱是反应底物。

除自发复活之外，受抑制的酶也可以在复活剂作用下进行复活。磷酰化酶的复活作用实质上是磷原子上的亲核取代反应，那些具有 α-效应的碱可作为亲核试剂来促使被抑制酶的复活。

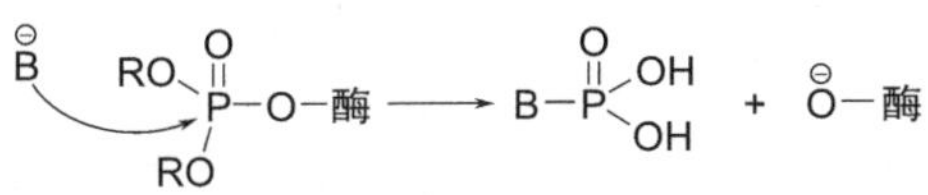

复活剂实际上为一种亲核剂(如上式中的 $B^{\ominus}$)，通过亲核置换反应使磷酰化酶发生去磷酰化作用，因而复活剂可用于有机磷农药中毒的治疗。因此，一个复活剂(R)使磷酰化乙酰胆碱酯酶(EP)复活，释放出 AChE(E)和磷化合物(PR)的能力，与影响形成复合物(EP • R)的因素以及影响磷原子上亲核取代反应的因素有关。此反应可表示为:

$$EP + R \underset{K_{-1}}{\overset{K_1}{\rightleftharpoons}} EP \cdot R \xrightarrow{K_2} E + PR$$

其平衡常数为:

$$K_r = \frac{[EP][R]}{[EP \cdot R]} = \frac{K_{-1} + K_2}{K_1}$$

一些好的复活剂如肟、羟肟酸等，在其分子中，如果在亲核中心合适位置引入阳离子中心，就会使其复活活性更强。因此，用于有机磷中毒治疗的解毒剂，如解磷定(2-PAM)、4-PAM、双复磷等均具有这类结构。

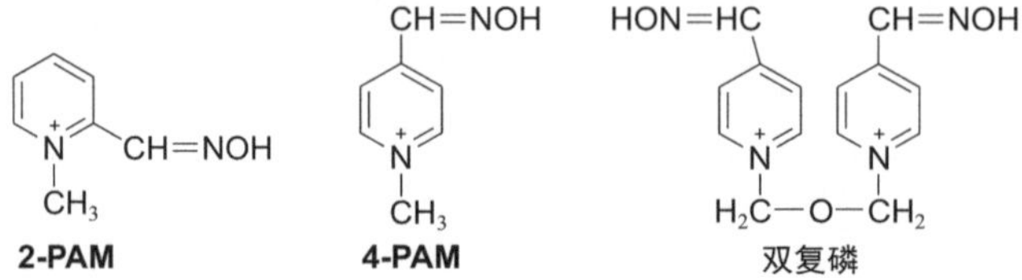

2-PAM　4-PAM　双复磷

为防止受抑制酶复活后继续发生逆反应，最好选择能生成易于分解的磷酰化肟酯的肟类复活剂。肟类导致复活的速率也会受到磷上取代基的影响，如二乙基磷酰化乙酰胆碱酯酶及由沙林产生的异丙基甲基膦酰化 AChE 容易被复活，而二异丙基氟磷酸(DFP)抑制的 AChE 复活速率则很缓慢。

4.4.3.3 磷酰化酶的老化

受抑制的乙酰胆碱酯酶经存放后，会逐渐变得不易复活，这个现象称为磷酰化酶的老化作用。通常认为，老化现象是由于二烷基磷酰化酶的脱烷基反应造成的。在脱去烷基后，磷酰化酶变得稳定了，这是由于磷酸负离子不易受到肟类复活剂的亲核进攻。由于电荷的存在可抵抗复活剂的去磷酰化作用，此时用药物来治疗有机磷中毒也就不可能了。

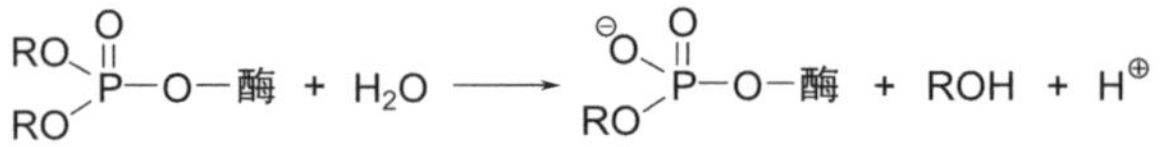

老化速率在很大程度上受磷上烷氧基的影响。二乙基磷酰化乙酰胆碱酯酶老化缓慢，但仲烷基磷酰化乙酰胆碱酯酶及苄基磷酰化乙酰胆碱酯酶的老化速率要快得多，见表 4-4。老化反应速率主要取决于非酶的化学键，即烷基磷酸酯中的 C—O 键断裂。因此，酶如果受到烷基化能力强的磷酸酯的抑制作用，其老化现象易于发生。

老化速率在光学异构体上表现出立体选择性[24]。例如环戊基甲基膦酰化 AChE 的(*R*)p 异构体比(*S*)p 异构体的老化速率快 1000 倍。梭曼(*R*)c-(*R*)p 异构体抑制的 AChE 老化速率是(*S*)c-(*R*)p 异构体的 1/7，而比(*R*)c-(*S*)p 异构体快 1000 倍。

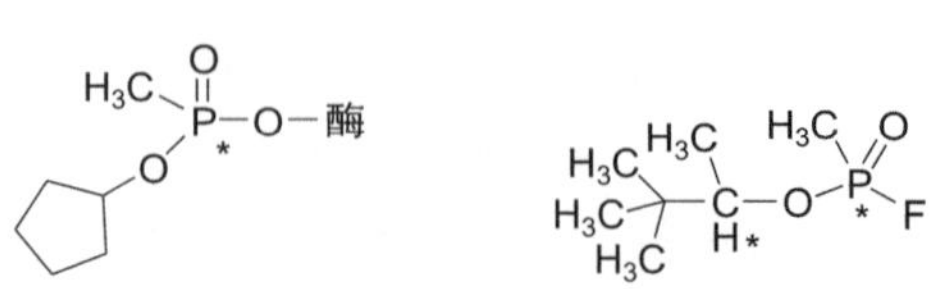

环戊基甲基膦酰化AChE　梭曼

表4-4　几种磷酰化酶的老化速率（K，pH 7.4）[25-27]

磷酰化酶	温度 /℃	乙酰胆碱酯酶 /h^{-1}	胆碱酯酶 /h^{-1}	胰乳糜蛋白酶 /h^{-1}
$(C_2H_5O)_2P(O)O$—酶	37	0.017	—	—
(i-$C_3H_7O)_2P(O)O$—酶	37	0.26	0.28	0.007
t-Bu—CH(CH_3)—O—P(O)(CH_3)—O—酶	25	6.9	—	—
p-MeC_6H_4—CH_2—O—P(O)(CH_3)—O—酶	25	＞12.8	12.0	—
4-$NO_2C_6H_4$—CH_2—O—P(O)(CH_3)—O—酶	25	＜0.03	＜0.02	—

同时酶的老化速率也因酶的来源不同而异[28]。总之，磷酸酯与各种酯酶的反应可以用以下通式表示：

$$\mathrm{E} + \mathrm{XPR} \underset{}{\overset{K_a}{\rightleftharpoons}} \mathrm{E\cdot XPR} \xrightarrow{K_2} \mathrm{X^-} + \mathrm{EPR} \xrightarrow{K_3} \mathrm{E} + \mathrm{PR}$$

$$\mathrm{EPR} \xrightarrow{K_4} \mathrm{E^-} + \mathrm{PR^+}$$

式中，E 为磷酸酯酶；XPR 为含磷杀虫剂；K_a 代表杀虫剂对酯酶的亲和力的反应速率常数；E • XPR 为杀虫剂和酯酶的复合物；K_2 代表酯酶的磷酰化反应速率常数；EPR 代表磷酰化的酯酶；X^- 代表含磷杀虫剂与酯酶发生磷酰化反应的离去基团；K_3 代表磷酰化酯酶去磷酰化反应速率常数；PR 代表磷酰化酯酶去磷酰化后的含磷物质；K_4 代表磷酰化酯酶老化反应速率常数；E^- 代表磷酰化酯酶经老化反应生成的酯酶；PR^+ 代表磷酰化酯酶去磷酰化后的含磷物质。

一个理想的含磷杀虫剂，对人和昆虫 AChE 的反应性质存在较大差别[29]，一个优良的含磷杀虫剂对来源于害虫和人的 AChE 的反应常数具有合理的差异(见表 4-5)，由此显示对害虫和温血动物的选择性，从而对温血动物具有较好的安全性。

表4-5　优良的含磷杀虫剂与害虫和人AChE的反应速率常数

反应步骤	反应速率常数	反应速率常数的比较
对酶的亲和力	K_a	害虫＞人
磷酰化	K_2	害虫＞人

续表

反应步骤	反应速率常数	反应速率常数的比较
去磷酰化	K_3	害虫<人
老化	K_4	害虫<人

4.5 含磷杀虫剂的结构与活性的关系

自 1937 年德国的 Schrader 第一次在拜耳实验室发现具有杀虫活性的含磷有机化合物以来，含磷杀虫剂得到了突飞猛进的发展。至今为止，在全球研发的有机磷杀虫剂超过了 200 个品种。因此，探讨含磷杀虫剂的结构与 AChE 抑制活性、杀虫活性以及毒性之间的关系，对于理解含磷杀虫剂的性质规律、正确使用含磷杀虫剂以及研究开发新型低毒含磷杀虫剂均具有重要意义。

4.5.1 含磷杀虫剂的结构与抑制 AChE 活性的关系

4.5.1.1 与酶抑制活性相关的重要参数

Aldridge 等发现，红细胞 AChE 的抑制常数 K_i 与二乙基苯基磷酸酯的水解速率有关[28]。Fukuto 等的研究表明，二乙基苯基磷酸酯对家蝇头 AChE 的抑制活性，与 P—O—Ar 键中芳香环上的取代基因素有关，这种影响可用 Hammett 常数 σ、P—O—Ar 键伸张频率的变动以及水解速率进行估量[29,30]。芳香环上的取代基对 P—O—Ar 键反应活性的影响可用 Hammett 方程进行表示：

$$\lg K/K_0=\rho\sigma$$

式中，K 和 K_0 分别为取代和未取代化合物的反应速率或平衡常数；ρ 为反应常数，它依赖于反应和进行反应的条件；σ 为取代基常数，它取决于取代基的性质和位置。当 σ 为正值时，取代基是吸电子基；σ 为负值时，取代基是推电子基。取代基吸电子性越强，磷酸酯抗乙酰胆碱酯酶活性越高，这与抑制作用的机制（亲核取代反应）是一致的。

Fukui 修正了分子轨道能级的电子云，得到在 *O*,*O*-二乙基-*O*-取代苯基磷酸酯的磷原子上进行亲核反应的超离域能 $\boldsymbol{S}_p^{(N)}$（Superdelocalizability，代表反应性的一个参数)，他发现在超离域能、碱性水解速率和抗乙酰胆碱酯酶活性之间存在很好的相关性(表 4-6)。

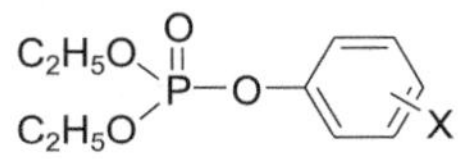

O,*O*-二乙基-*O*-取代苯基磷酸酯

表4-6　*O*,*O*-二乙基-*O*-取代苯基磷酸酯的物理化学参数与使家蝇死亡的关系

X	$S_p^{(N)}$①	σ②	$K_{水解}$③	pI_{50}④	LD_{50}⑤
2,4-$(NO_2)_2$	1.132	—	5.7×10^{-3}	8.52	155
o-NO_2	1.120	—	3×10^{-4}	7.30	7.0
p-NO_2	1.119	1.27	2.7×10^{-4}	7.59	0.5
p-CHO	1.106	1.13	—	6.82	＞500
p-CN	1.106	1.00	—	6.88	3.5
2,4,5-$(Cl)_3$	1.100	—	7.9×10^{-5}	8.22	8.0
2,4-$(Cl)_2$	1.100	—	4.8×10^{-5}	6.30	15.0
o-Cl	1.099	—	5.1×10^{-5}	4.70	250
p-Cl	1.099	0.23	3.2×10^{-5}	4.52	150
m-NO_2	1.097	0.71	9.8×10^{-5}	7.30	9.8
H	1.097	0	9.2×10^{-6}	＜3.00	＞500
p-CH_3	1.097	−0.17	—	＜3.00	＞500
p-*t*-Bu	—	−0.20	—	4.00	＞500
m-*t*-Bu	—	0.12	8.6×10^{-6}	6.05	500
m-OCH_3	1.096	−0.12	8.9×10^{-6}	3.89	＞500
p-OCH_3	1.096	−0.27	—	＜3.00	＞500
m-$N(CH_3)_2$	1.096	−0.21	1.9×10^{-6}	6.40	25
m-$N^+(CH_3)_3$	—	0.82	—	7.52	＞500

① 在磷原子上的超离域能；
② 取代基常数；
③ pH 为 9.5 时一级水解常数 [30]；
④ 15min，家蝇头 AChE 活性被抑制 50% 时所需的抑制剂的物质的量浓度的负对数；
⑤ 家蝇点滴致死中量(μg/g)[30]。

一些含有间位取代基的抑制剂，其抑制活性比从电子参数 σ、$S_p^{(N)}$、$K_{水解}$等所预测的更强，这可能归因于间位取代基的立体效应。化合物的疏水性不仅决定该化合物在活体水相和疏水相的分配比例，也和酶上导致分子构型的改变有关，因此抑制剂结构的改变能引起生物活性的改变，可以用电子性质、立体性质和疏水性质三者的函数进行表示，Hammett 常数 σ 和 Taft 的立体参数 Es[31,32] 或它们的修正值，可以用来代替取代基的电子效应和立体效应的参数。疏水性常数 π 等于母体(P_0)和生物(P)在辛醇和水体系中的分配系数的对数差[33]：

$$\pi = \lg P/P_0$$

假如观测到的生物效应是由一种起决定作用的物理或化学反应速率或平衡常数(K)所控制，并将与能量有关的三个物理化学参数进行线性结合，可得：

$$\lg K/K_0 = a\pi + \rho\sigma + bEs$$

式中，K_0 为母体化合物的反应速率或平衡常数；a 和 b 为常数。

通常生物活性用一定时间内产生一定生物效应的浓度(c)表示，例如用 LD_{50}、I_{50} 等表示，故上式可写为：

$$\lg 1/c = -a\pi^2 + b\pi + \rho\sigma + cEs + d$$

利用这些取代基常数和回归分析，可以分别研究取代基电子效应、立体效应、疏水效应的相对重要性。有时，为了表示一系列化合物的生物活性，也可删去式中的一项或几项。例如，二乙基苯基磷酸酯的一系列对位衍生物，单用 σ 就能得到很好的抑制乙酰胆碱酯酶活性的关系式：

$$pI_{50} = 3.451\sigma + 4.461\ (r = 0.954)$$

但是间位取代衍生物的抗乙酰胆碱酯酶活性与 σ 和 π 就没有很好的相关性[34]，当加上立体参数 E_s^m(与范德华半径成线性关系[35])，此时不仅对位取代衍生物，而且间位取代物都有很好的相关性[36]：

$$pI_{50} = -0.97E_s^m + 2.29\sigma - 1.20X + 5.52\ (r = 0.980)$$

式中，X 为位置常数，间位取代为 1，对位取代为 0；r 为相关系数。

4.5.1.2 基团效应

(1) 硫逐基和硫赶基(硫酮基和硫醇基)　含 P═S 键的杀虫剂，它们在体外几乎不能抑制 AChE，需要将 P═S 转化成 P═O 后才能显示出杀虫活性。以对硫磷为例，硫原子吸电子能力比氧差，其磷原子上超离域能(1.056)比对氧磷(1.119)小，对硫磷的碱性水解活性是对氧磷的 1/10，但对氧磷抗 AChE 活性却比对硫磷高 10000 倍以上。以上事实说明硫酮(P═S)效应的产生，不仅仅是电子效应能解释的，应该还有别的原因，例如硫原子不可能和氧原子一样与酶的活性中心形成氢键等。

一般而言，硫赶(硫醇)磷酸酯作为乙酰胆碱酯酶抑制剂的活性要比相应的磷酸酯高很多，即所谓的硫赶(硫醇)效应。在硫逐→硫赶(硫酮→硫醇)重排反应中生成 *S*-烷基硫赶(硫醇)磷酸酯，尽管 *S*-烷基不是离去基团，该重排也能使其 AChE 抑制活性大为提高(表 4-7、表 4-8)。

表4-7　抑制乙酰胆碱酯酶活性中的硫赶（硫醇）效应[37]

化合物	I_{50}(AChE)		
	X=O	X=S	比值
$(C_2H_5O)_2P(O)XCH_2CH_2N(C_2H_5)_2$	$>10^{-3}$	4.9×10^{-8}	>20400
$(C_2H_5O)_2P(O)XCH_2CH_3$	$>10^{-2}$	1.4×10^{-5}	>710
$(C_2H_5O)_2P(O)XCH_2CH_2CH_3$	4.5×10^{-5}	7.0×10^{-6}	6.4
$(C_2H_5O)_2P(O)XC_6H_5$	$>10^{-3}$	2.8×10^{-7}	>3600
$(C_2H_5O)_2P(O)XC_6H_4$-Me-*p*	$>10^{-3}$	2.0×10^{-8}	>50000
$(C_2H_5O)_2P(O)XC_6H_4$-NO_2-*p*	5.5×10^{-8}	9.0×10^{-9}	6
$(C_2H_5O)(NH_2)P(O)XC_2H_5$	1.7×10^{-5}	2.3×10^{-5}	0.7

表4-8　某些硫逐（硫酮）类杀虫剂及其重排和脱硫产物对乙酰胆碱酯酶的抑制活性

化合物	I_{50}(家蝇头 AChE)		
	X=S，Y=O	X=O，Y=S	X=O，Y=O
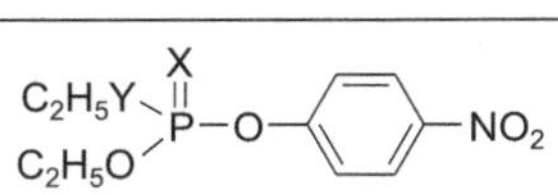	2.4×10^{-5}	2.4×10^{-7}	1.1×10^{-7}
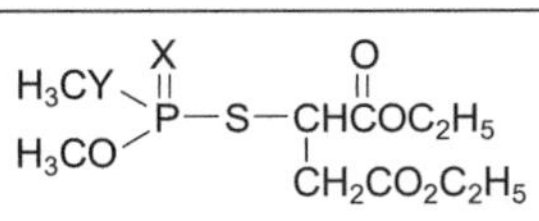	4.5×10^{-5}	1.2×10^{-6}	6.0×10^{-8}
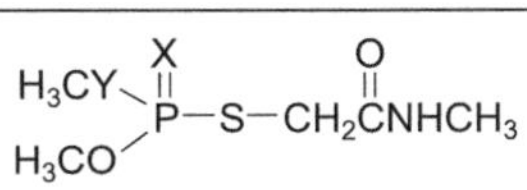	1.5×10^{-2}	5.6×10^{-6}	2.8×10^{-6}

(2) 酰氨基　酰氨基的氮原子具有很强的给电子能力，所以磷酰胺抑制乙酰胆

碱酯酶活性较低，这种效应在二烷基氨基上比在单烷基氨基上表现得更明显。八甲磷和甲氟磷在体外几乎没有活性，但当其氧化成氮氧化物或氮羟甲基物时其活性大大提高。单烷基酰胺通常比二烷基酰胺活性高，在烷基芳基磷酰胺、烷基-*S*-芳基硫代磷酰胺以及 *O*, *S*-二烷基硫代磷酰胺系列中，对乙酰胆碱酯酶的抑制活性按下列顺序递减：$NH_2 > NHR > NR_2$。

Hansch 研究了如图 4-2 所示的结构通式的磷酰胺中 *N*-烷基对家蝇头 AChE 抑制活性的影响，发现双分子抑制常数 K_i 的对数与立体参数 Es 和取代基常数 σ 的相关性很好（r=0.939）[37]：

$$\lg K_i = 2.359Es - 3.913\sigma + 4.948 \quad (r=0.980)$$

此式表明立体效应非常重要，R′为异丙基和叔丁基时，由于空间位阻较大，抑制活性速率显著降低。

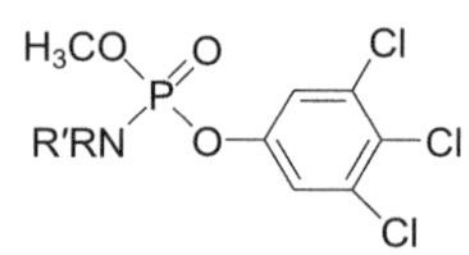

R, R′=H, CH_3, C_2H_5, *n*-C_3H_7, *i*-C_3H_7, *n*-C_4H_9, *t*-C_4H_9

图 4-2　Hansch 研究的结构通式

（3）磷碳键　膦酸酯分子由于含有 P—C 键，缺少 *p*π-*d*π 效应，一般来讲比相应的磷酸酯亲核反应活性强。然而，在对乙酰胆碱酯酶的抑制活性上并不都是如此。在 *O*-乙基-*O*-对硝基苯基烷基膦酸酯中，当烷基从乙基增大至己基时，对家蝇头 AChE 的抑制速率 K_i 逐步降低，多重回归分析结果表明，K_i 与修正的立体参数 E^cs 存在很好的相关性[36]：

$$\lg K_i = 2.58E^cs + 7.94 \quad (r=0.927)$$

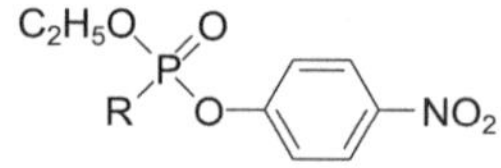

R=CH_3, C_2H_5, *n*-C_3H_7, *n*-C_4H_9, *n*-C_5H_{11}, *n*-C_6H_{13}

O-乙基-*O*-对硝基苯基烷基膦酸酯

（4）类胆碱结构　在结构上与乙酰胆碱类似的有机磷化合物，其对乙酰胆碱酯酶的抑制活性比从化学反应活性所预料的大很多。类胆碱结构的磷酸酯一端含有的季铵或锍基正离子，通常与磷原子相隔三个原子（约 0.5nm）。正离子部分可以与

AChE 的阴离子部位相结合，因此磷酰基可以到达适宜位置，使酯动部位发生磷酰化。砜类化合物亦有效，但活性不及锍基化合物强。叔丁基尽管不带正电荷，也具有较好的活性。以上结果表明这种疏水性大基团可以完全进入至酶分子的活性空腔，有助于酶与抑制剂相结合(表 4-9)。

表4-9　类胆碱结构磷酸酯中烷酯基的β-位取代基结构对乙酰胆碱酯酶抑制活性的影响[39,40]

类胆碱结构化合物	pI_{50}（AChE）	类胆碱结构化合物	pI_{50}（AChE）
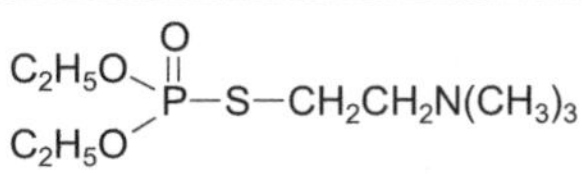	8.4（人）	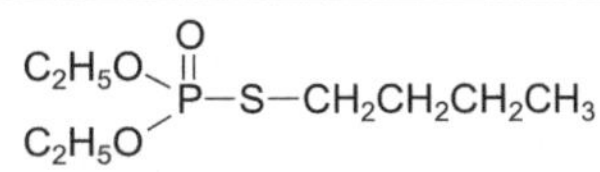	5.0（红细胞）
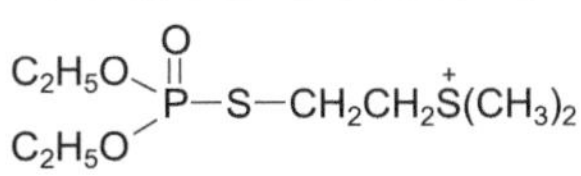	8.3（羊）	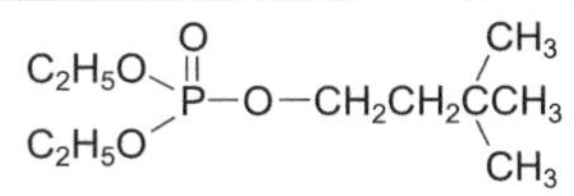	6.5
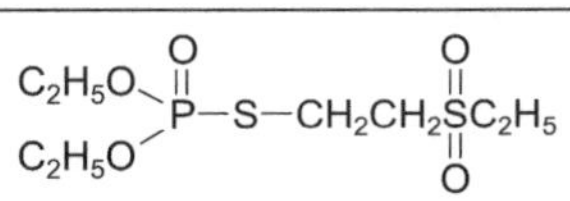	6.2（家蝇）	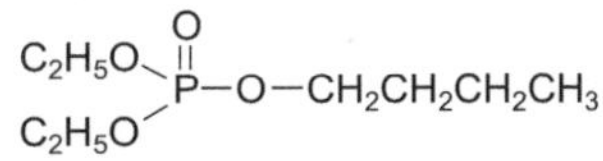	3.5（红细胞）
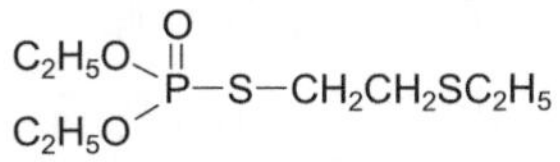	5.5（家蝇）		

在苯基磷酸酯分子中的苯基上的间位引入取代基，能有效提高对家蝇 AChE 的抑制活性(表 4-10)，该结果可以归因于类胆碱式结构效应，具有这种效应的杀螟松和倍硫磷均表现了高度的选择毒性。杀螟松对哺乳动物的毒性比甲基对硫磷低 180 倍，而二者的杀虫活性却相当。从它们的氧代类似物来看，在苯环间位引入甲基能增强抑制家蝇头 AChE 的活性，但对哺乳动物的 AChE 抑制活性却降低[38]。由于酶的阴离子部位与酯动部位之间的距离在昆虫酶中(0.5～0.55m)与在哺乳动物酶中(0.413～0.47nm)是不同的，苯基上间位烷基与磷原子的距离为 0.52～0.62mm，因此间位烷基能很好地附着于昆虫酶的阴离子部位，增加酶和抑制剂之间的亲和力，促进酶-抑制剂复合物的形成[38]；但在哺乳动物酶上却因距离不匹配导致附着不好，不利于酶-抑制剂复合物的形成。这是该类化合物具有良好选择毒性的根本原因。

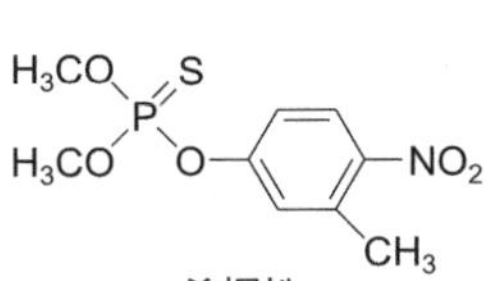

杀螟松

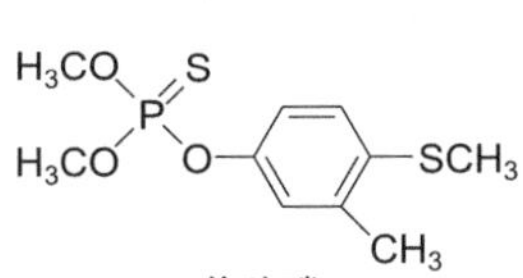

倍硫磷

表4-10　间甲基对二甲基对硝基苯基磷酸酯和硫逐磷酸酯的生物活性的影响

化合物	毒性(X=S) LD₅₀/(mg/kg)		对乙酰胆碱酯酶的抑制活性(X=O)					
			$K_1\times10^{-5}$ /(mol/min)		$K_a\times10^{5}$ /mol		K_p /min^{-1}	
	家蝇	小白鼠	家蝇	牛红细胞	家蝇	牛红细胞	家蝇	牛红细胞
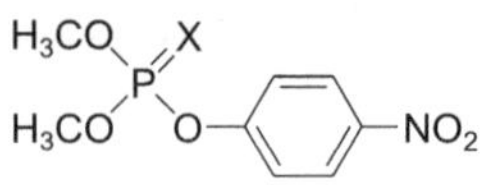	1.2	23	2.9	5.2	3.7	1.3	10.6	6.6
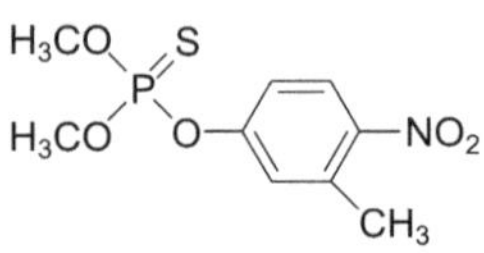	3.1	1250	7.6	0.73	1.1	6.7	8.3	5.0

注：K_1 为酯酶和抑制剂亲和反应的速率常数；K_a 代表酯酶和抑制剂的亲和力的平衡常数；K_p 表示催化中心的活性，指每分钟从磷酰化酶上水解下来磷酰基的数目，也可以用半衰期来表示。

4.5.1.3　手性效应

尽管 AChE 的天然底物乙酰胆碱是没有手性的，但 AChE 与含手性碳原子或手性磷原子的磷酸酯作用时，却表现出显著的立体选择性。1958 年 Aaron 等首次证实了化合物$(C_2H_5O)C_2H_5P(O)SCH_2CH_2SC_2H_5$(A)的左旋异构体与 AChE 的反应比其右旋体快 10～20 倍[40]。此后，在生物活性磷酸酯光学异构体的拆分、合成以及与酶的反应方面进行了许多研究工作[39]。

同时具有磷原子和碳原子两个手性中心的化合物，尽管两个手性中心均表现出抗乙酰胆碱酯酶的立体选择性，但手性磷原子的影响比手性碳原子的影响更大。如图 4-3 所示化合物 A 中，比较其四个对映异构体对家蝇头 AChE 的相对活性可以看出，P 原子的(-)与(+)构型相差 700 倍以上，而 C 原子的(-)与(+)构型仅相差 1～2 倍。

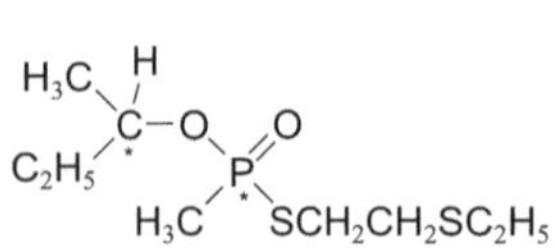

构型	抗家蝇AChE的相对活性
(+)*c*-(−)*p*	1270
(+)*c*-(+)*p*	1
(−)*c*-(−)*p*	1440
(−)*c*-(+)*p*	2

图 4-3　化合物 A 的四个对映异构体对家蝇头 AChE 的相对活性

而在图 4-4 所示化合物 B 中，(*S*)*p*-构型异构体对牛红细胞 AChE 的抑制活性比(R)*p*-构型大 1630 倍，抑制家蝇头 AChE 的活性高 9120 倍[39]。

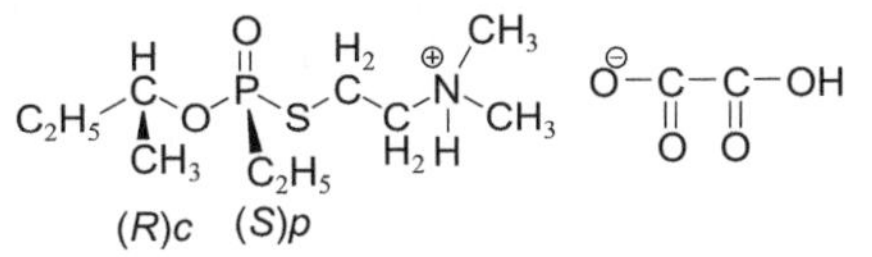

图 4-4　化合物 B 的立体构型

含有手性碳的磷酸酯，如马拉硫磷不同的旋光异构体对酯酶的抑制活性也显示出差异，其(+)-异构体对 AChE、羧酸酯酶的抑制活性比其(−)-异构体分别高 4 倍和 8 倍[41]。表 4-11 所列为水解酶对手性磷酸酯的光学活性异构体反应的立体选择性。

表4-11　水解酶对手性磷酸酯的光学活性异构体反应的立体选择性[42-47]

手性化合物	酶	I_{50}(−)-体/I_{50}(+)-体或 K_i(−)-体/K_i(+)-体①
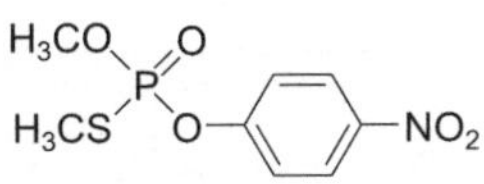	鼠脑 AChE	5.5
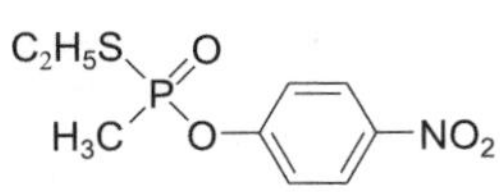	牛红细胞 AChE	13.1
	马血清 ChE	0.86
	脂族酯酶	0.15
	乙酰酯酶	49
	胰凝乳蛋白酶	0.29
	胰蛋白酶	1.5
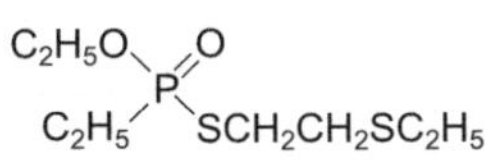	电鳗 AChE	18
	人红细胞 AChE	9.6
	牛红细胞 AChE	9.6
	马血清 ChE	20
	家蝇 AChE	11.3
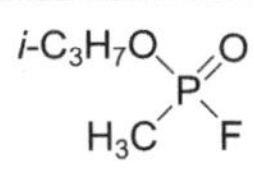	牛红细胞 AChE	4200
	马血清 ChE	1

续表

手性化合物	酶	$I_{50}(-)$-体/$I_{50}(+)$-体或 $K_i(-)$-体/$K_i(+)$-体①
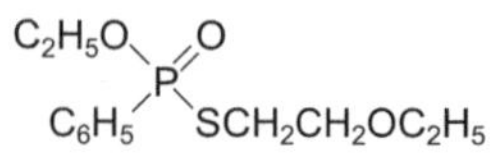	二化螟 ChE（体内）	0.068
	二化螟 ChE（体外）	7.81
	小鼠脑 ChE	5.92
	人血清 ChE	0.13
	马血清 ChE	0.79

① I_{50} 为抑制中浓度，即经过一定时间培养后，使酶活性被抑制 50% 时所需抑制剂的摩尔浓度，$I_{50}(-)$-体、$I_{50}(+)$-体分别为不同构型异构体抑制剂对酶的抑制中浓度；而 K_i 为衡量抑制剂总抑制能力的速率常数，$K_i(-)$-体、$K_i(+)$-体为不同手性构型的抑制剂的抑制速率常数；因此，活性比 =$I_{50}(-)$-体/$I_{50}(+)$-体或 $K_i(-)$-体/$K_i(+)$-体。

4.5.2 结构与杀虫活性、毒性的关系

含磷杀虫剂在抑制 AChE 活性与生物活性之间并不一定存在正相关性。在讨论了结构与抑制 AChE 活性关系后，有必要继续讨论结构与生物活性（包括杀虫活性及对温血动物毒性）的关系。这方面研究过的结构类型很多，下面仅就以对硫磷作为母体结构的类似物加以讨论（表 4-12）。

表4-12 对硫磷类似化合物的毒性与杀虫活性 [48,49]

编号	名称	结构	大鼠经口 LD_{50}/(mg/kg)	黑豆蚜虫	
				浓度 /%	致死率 /%
1	甲基对硫磷	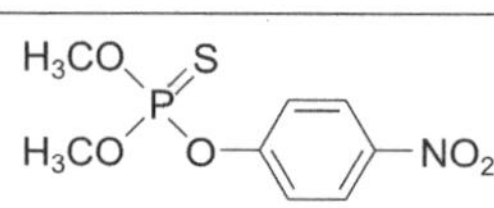	14	0.0008	100
2		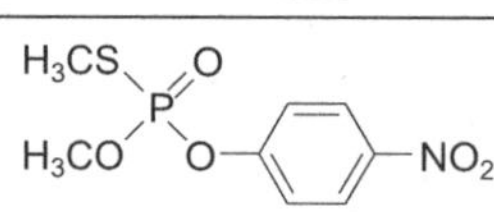	50	0.0008	30
3	甲基对氧磷	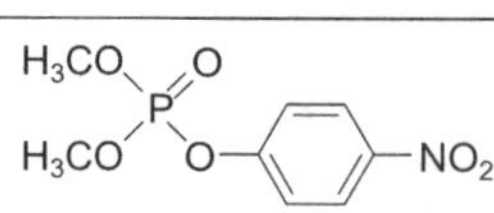	2.5	0.005	100
4		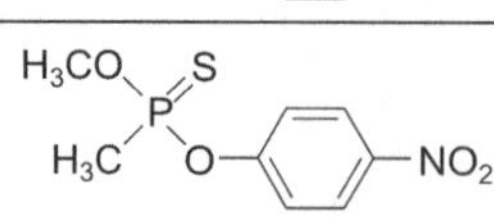	1	0.001	100

续表

编号	名称	结构	大鼠经口 LD_{50}/(mg/kg)	黑豆蚜虫	
				浓度 /%	致死率 /%
5		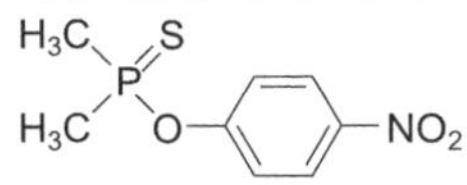	100	0. 1	98
6		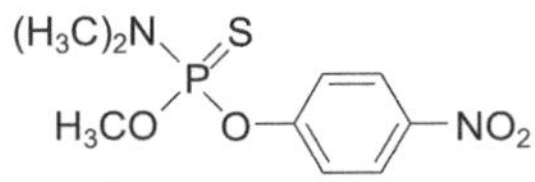	250	0. 01	90
7		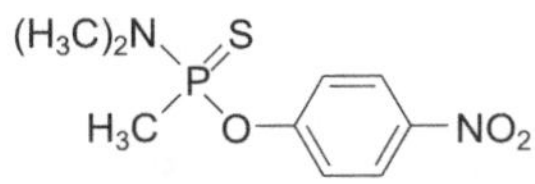	500	0. 1	0
8		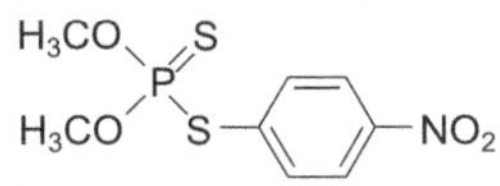	1000	0.1	80
9	对硫磷	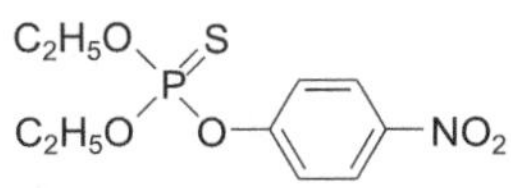	6.8	0.00016	20
10		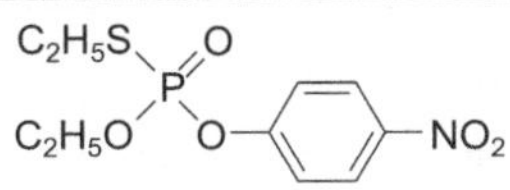	50	0.01	100
11	对氧磷	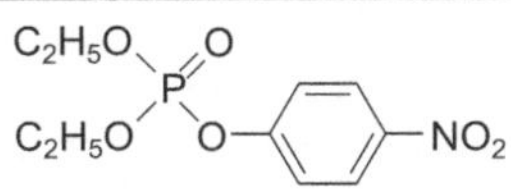	2.5	0.00016	10
12		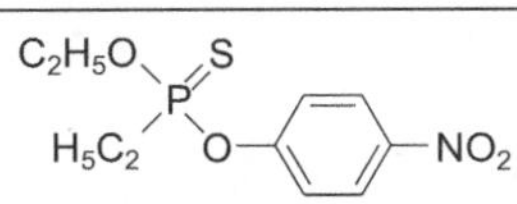	2.5	0.001	100
13		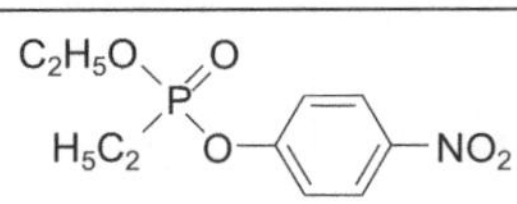	—	0.001	100
14		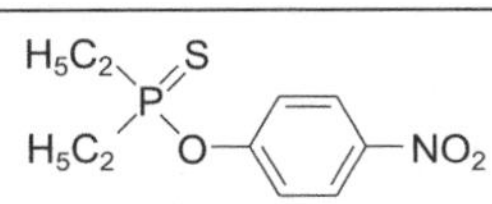	5	0.01	100
15		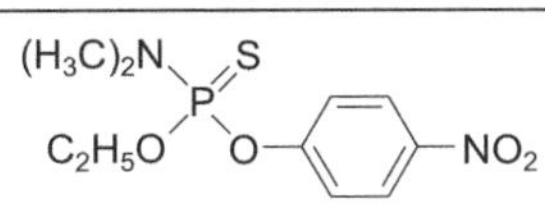	50	0.001	90
16		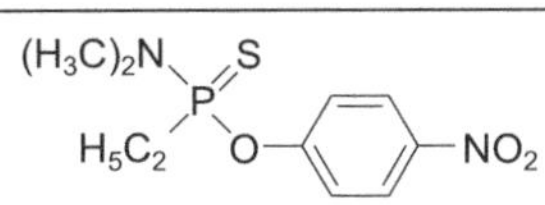	250	0.1	100

续表

编号	名称	结构	大鼠经口 LD_{50}/(mg/kg)	黑豆蚜虫	
				浓度 /%	致死率 /%
17		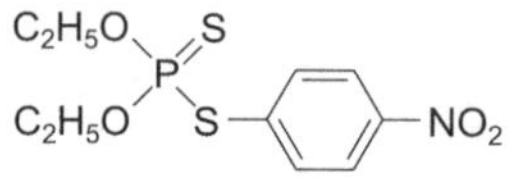	10	0.1	90
18		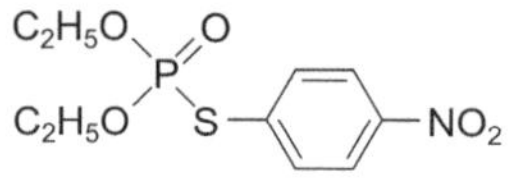	2.5	0.1	100
19		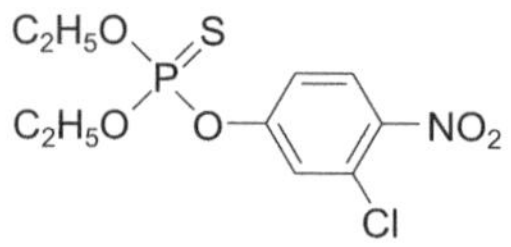	50	0.001	100
20		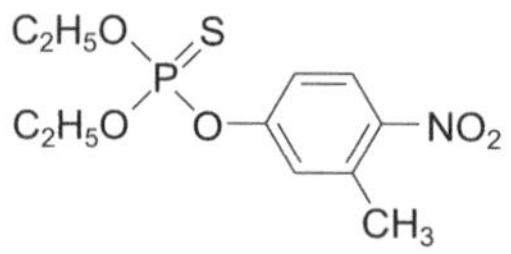	10	0.02	100
21	氯硫磷	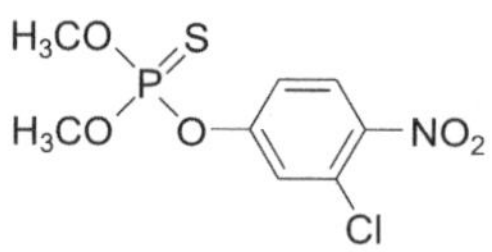	625	0.001	100
22	杀螟松	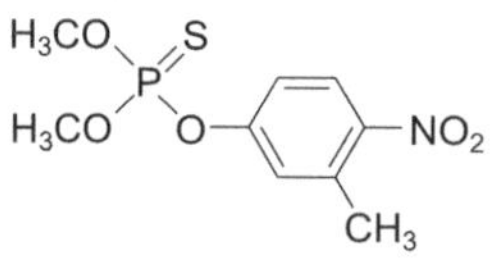	250	0.004	100
23		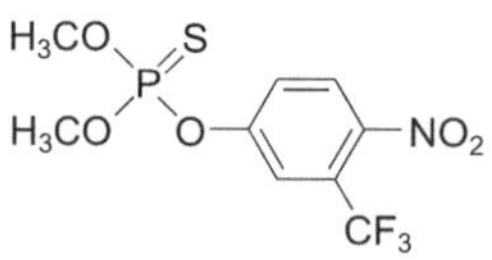	250	0.02	100
24		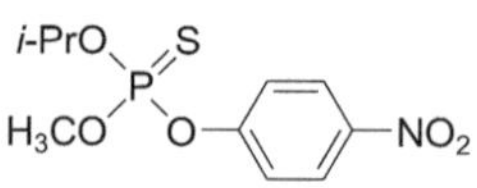	5	0.00016	100
25		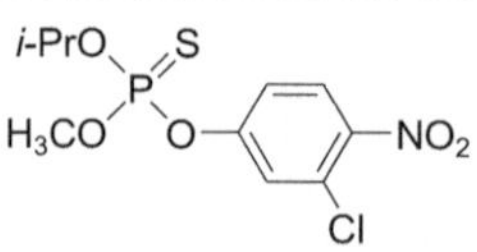	50	0.004	100

续表

编号	名称	结构	大鼠经口 LD_{50}/(mg/kg)	黑豆蚜虫	
				浓度/%	致死率/%
26		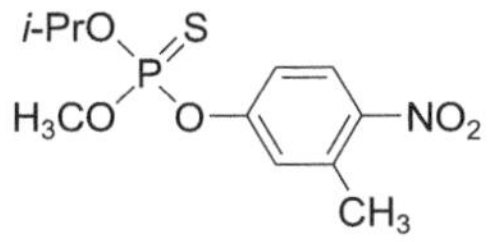	25	0.0008	40

比较有关对硫磷类似物的结构、毒性和杀虫活性的数据，不难发现以下结构与活性的关系规律。

(1) 硫逐(硫酮)磷酸甲酯比相应的乙酯毒性低，而杀虫活性不一定降低(如 19 和 21 比较；1 和 9 比较；22 和 20 比较)。

(2) *S*-烷基硫赶(硫醇)磷酸酯比相应的硫逐(硫酮)磷酸酯的杀虫活性和毒性均低(如 1 和 2 比较)。

(3) 膦酸酯比相应的磷酸酯毒性高(如 4 和 1 比较)。但是膦酰胺酯比相应的磷酰胺酯毒性低(如 16 和 15 比较)。

(4) 硫逐(硫酮)二甲基次膦酸酯比二乙基类似物毒性和杀虫活性均低(如 5 和 14 比较)。而硫逐(硫酮)二甲基磷酸酯比二乙基类似物毒性低，但杀虫活性高(如 20 和 22 比较)或相当(如 21 和 19 比较)。

(5) 次膦酸酯的杀虫活性比相应的磷酸酯或膦酸酯要低(如 5 和 4、1 比较)。

(6) 烷基被二甲氨基取代后，毒性和杀虫活性降低(如 14 和 16 比较)。

(7) *S*-芳基酯比相应 *O*-芳基酯的毒性和杀虫活性低(如 8 和 1 比较)。

(8) 在硝基邻位引入氯、甲基或三氟甲基时，毒性均明显下降(如 24 和 25、26 比较)。

(9) 两个烷氧基中的一个被异丙氧基取代后形成的手性磷酸酯，通常情况下，其毒性和杀虫活性相应提高(如 1 和 24 比较)。

4.6 主要含磷杀虫杀螨剂品种的合成

根据目前商品化的含磷杀虫剂或有机磷杀虫剂的结构特点，其结构主要可以分为：磷酸酯、硫逐（硫酮）磷酸酯、硫赶（硫醇）磷酸酯、硫逐硫赶（二硫代）磷酸酯、焦磷酸衍生物、磷酰胺酯和膦酸酯等七大类型。以下分别介绍各类杀虫剂代表性品种的合成方法。

4.6.1 磷酸酯类杀虫剂的合成

磷酸酯类杀虫剂按结构可分为芳基磷酸酯、乙烯基磷酸酯和磷酸肟酯三种类型，它们主要通过磷酰氯与羟基化合物的反应、硫代磷酸酯的氧化反应、Perkow 重排反应和膦酸酯的重排反应来制备。

4.6.1.1 敌敌畏的合成

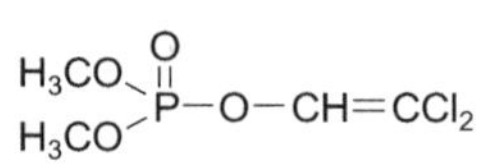

化学名称 *O*,*O*-二甲基-*O*-（2,2-二氯）乙烯基磷酸酯

理化性质 工业品均为无色至浅棕色液体。纯品沸点 74℃（在 133.322Pa 下），挥发性大，室温下在水中溶解度 1%，在煤油中溶解度 2%～3%，能溶于有机溶剂，易水解，遇碱分解更快。

合成方法 敌敌畏可利用 Perkow 重排反应和敌百虫的碱性重排反应两种方法合成[50,51]。

（1）利用 Perkow 重排反应 Perkow 反应已成为乙烯基磷酸酯类杀虫杀螨剂最重要的制备方法。三烷基亚磷酸酯与 α-氯代羰基化合物反应可生成乙烯基磷酸酯，称为 Perkow 重排反应，利用 Perkow 重排反应可在分子中引入含乙烯基的 P—O 键。

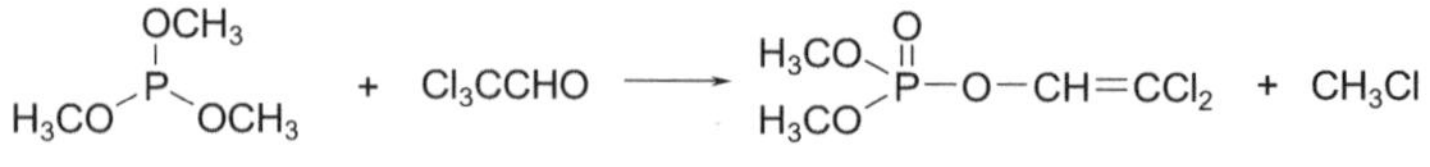

利用亚磷酸三甲酯与三氯乙醛反应，脱去一分子氯甲烷可重排生成相应的乙烯基磷酸酯（即敌敌畏）。操作时将亚磷酸三甲酯（或三氯乙醛）在常温下滴加到三氯乙醛（或亚磷酸三甲酯）中，放出的热量需冷却，控制滴加温度为 60℃，滴毕，于 70℃保温 90min，亚磷酸三甲酯与三氯乙醛的配比为 1∶1，收率可达 94% 左右[51]。

(2) 利用敌百虫的碱性重排反应　敌百虫在碱性条件下脱氯化氢生成敌敌畏。操作时控制敌百虫水悬浮液含量为25%(也可用精制敌百虫母液，加适量的敌百虫固体)，敌百虫与碱的配比为1∶(1.35～1.4)，采用水和甲苯(二甲苯、苯)混合溶剂，反应温度50～60℃，反应时间20～25min，终点pH值7～8。这一反应使*α*-羟基膦酸酯重排成磷酸酯。反应结束静置分层，油层经薄膜蒸发回收溶剂，并得敌敌畏原油[52]。

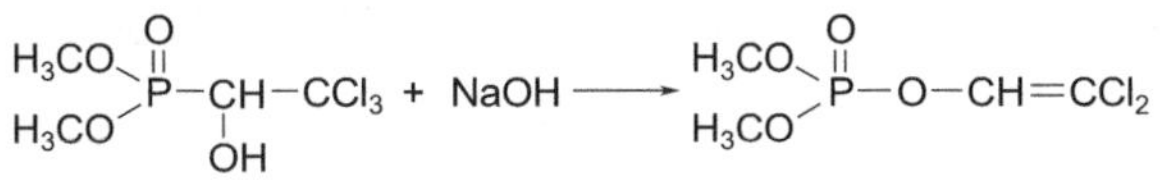

4.6.1.2　杀虫畏的合成

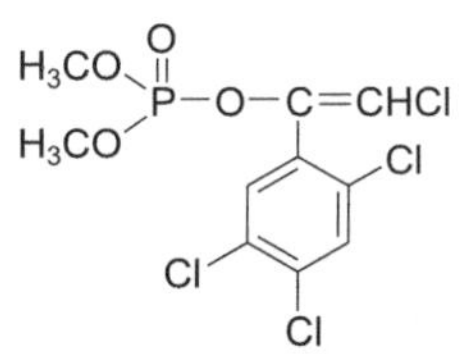

化学名称　*O*,*O*-二甲基-*O*-[2-氯-1-(2,4,5-三氯苯基)乙烯基]磷酸酯

理化性质　纯品为无色晶体或白色粉末，密度1.52g/cm^3，熔点97～98℃(文献值)，沸点399.5℃(在760mmHg，1mmHg=133.32Pa)，闪点302.8℃。0～6℃储存于阴凉、通风的库房，应与氧化剂、食用化学品分开存放，切忌混储，保持容器密封，远离火种、热源。

合成方法　采用乙酰氯与1,2,4-三氯苯发生傅克酰基化反应得到2,4,5-三氯苯乙酮；然后在光照下氯化，继而与亚磷酸三甲酯发生Perkow反应，生成杀虫畏。

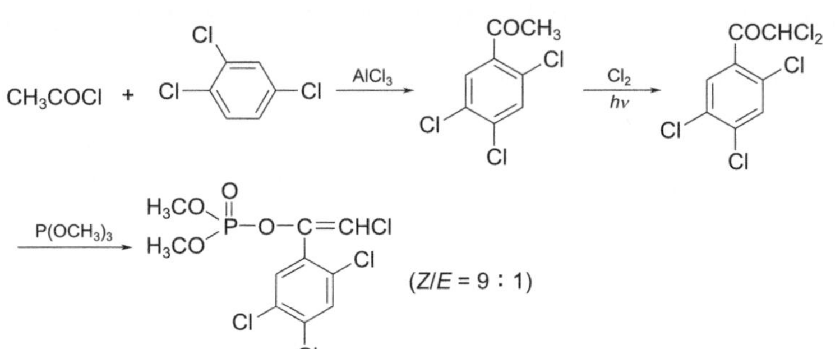

合成实例

(1)中间体五氯苯乙酮的制备　将乙酰氯滴入1,2,4-三氯苯和无水三氯化铝浆状物中，升温至90℃，维持4h，制得2,4,5-三氯苯乙酮；然后在光照下进行氯化，即得五氯苯乙酮。

(2)中间体亚磷酸三甲酯的制备　苯酚与三氯化磷作用，先生成亚磷酸三苯酯，然后与过量的无水甲醇在甲醇钠的存在下，于一个乳化反应塔内进行酯交换反应，温度130～150℃，用过量的甲醇蒸气把三甲酯从塔顶带出，再经蒸馏后分离甲醇和三甲酯，塔底出来的苯酚循环使用。该反应过程收率较好。

(3)杀虫畏的合成　将五氯苯乙酮投入反应釜中，于30～50℃滴入亚磷酸三甲酯，再升温至110℃，保温反应0.5h，用乙醇(或乙醚和戊烷)处理所得杀虫畏，收率达77%[53]。

4.6.1.3　久效磷的合成

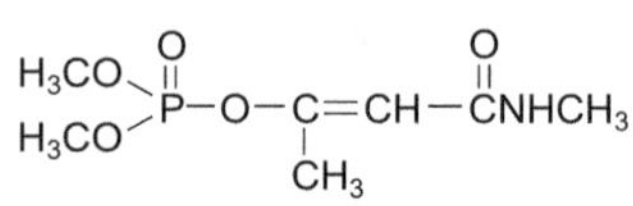

化学名称　*O*,*O*-二甲基-*O*-(1-甲基-2-甲氨基甲酰)乙烯基磷酸酯

理化性质　纯品为白色结晶，有轻微的酯味，熔点54～55℃。工业原药(有效成分含量80%，顺式异构体)为红棕色半固体，熔点25～30℃。可与水混溶，能溶于丙酮、二氯甲烷、甲醇、乙醇，微溶于二甲苯，不溶于柴油和煤油。于pH值1～7时缓慢水解，pH值7以上时很快水解。会腐蚀黑铁皮、不锈钢皮、黄铜等，但不腐蚀玻璃、铝等。

合成方法　久效磷属于乙烯基磷酸酯类杀虫剂，由亚磷酸三甲酯与2-乙酰基-2-氯代乙酰甲胺经Perkow重排反应制得的。

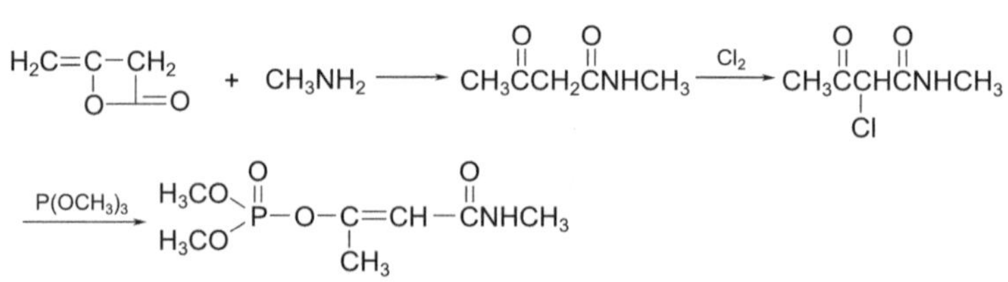

亚磷酸三甲酯可由亚磷酸三苯酯与甲醇通过酯交换反应制取，或由三氯化磷与

甲醇在缚酸剂存在下直接酯化制得。2-乙酰基-2-氯代乙酰甲胺可先由双乙烯酮与甲胺反应生成 2-乙酰基乙酰甲胺，后者再在尿素、氯化钠存在下与氯气反应制取。将 2-乙酰基-2-氯代乙酰甲胺加入溶剂二氯乙烷中，在 50～65℃下加入亚磷酸三甲酯。加毕，在 90℃反应 2h 可得到久效磷 [54]。

4.6.2 硫逐（酮）磷酸酯类杀虫剂的合成

硫逐(酮)磷酸酯类杀虫剂按结构可分为芳基(杂芳基)硫逐(酮)磷酸酯、*β*-烷基硫乙基硫逐(酮)磷酸酯和硫逐(酮)磷酸肟酯三种类型，它们主要采用硫逐磷酰氯与羟基化合物在碱性(无机碱或有机碱)条件下反应制备，也可以采用硫逐磷酰氯与羟基化合物的钠盐反应来制备。

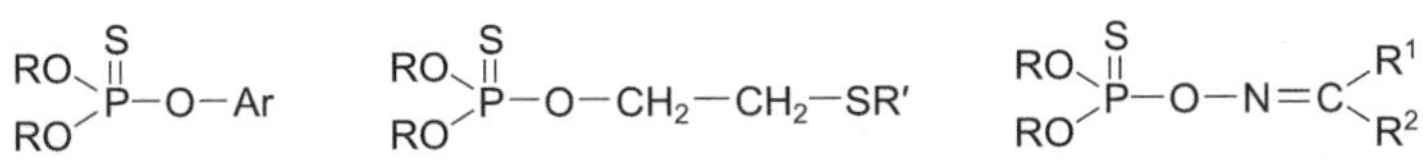

4.6.2.1 杀螟松的合成

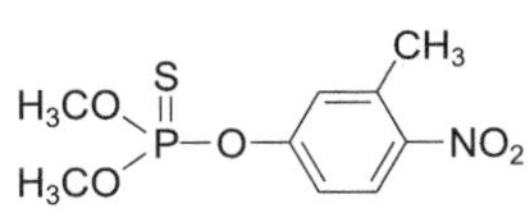

化学名称 *O*,*O*-二甲基-*O*-(3-甲基-4-硝基苯基)硫逐磷酸酯

理化性质 本品为黄色油状液体，沸点 140～150℃(0.013kPa)，熔点 0.3℃，蒸气压 0.7×10^{-5}kPa(20℃)，不溶于水，溶于乙醇、乙醚、苯等有机溶剂。对光相当稳定，遇碱分解失效。属低毒类，进入体内排泄较快，24h 基本排完。

合成方法 *O*,*O*-二甲基硫逐磷酰氯与 4-硝基间甲酚的磷酰化反应是制备杀螟松最重要的方法。

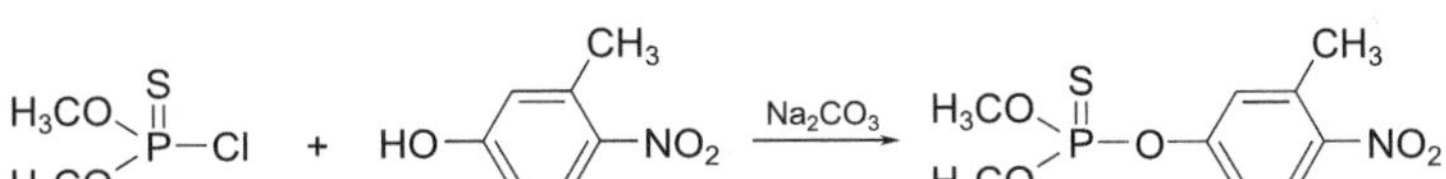

合成实例 其制备过程中，先由 $PSCl_3$ 与甲醇通过磷酰化反应制备 *O*-甲基硫逐磷酰二氯，然后再进一步与甲醇发生磷酰化反应制备 *O*,*O*-二甲基硫逐磷酰氯。

(1) 中间体 *O*-甲基硫逐磷酰二氯的制备　在甲醇过量情况下，$PSCl_3$ 与甲醇的磷酰化反应速率很快，能使反应进行到底，其副产物氯化氢可用负压排出。主要工艺参数：投料比为 5 ∶ 1，反应温度(−5±2)℃，水洗温度(5±5)℃，加水量(水洗)为投料量×0.7，收率 95%～98%，含量＞ 95%。

(2) 中间体 *O*,*O*-二甲基硫逐磷酰氯的制备　该反应需在碱性条件下进行。采用醇碱法生产时，其主要工艺参数为：投料比为 *O*-甲基硫逐磷酰二氯∶甲醇∶碱＝1∶5∶1.08，反应温度−4～0℃，反应终点pH值9.5～10，水洗加水量为投料量×0.7，以 *O*-甲基硫逐磷酰二氯计收率 85%～90%，含量 95%。该反应也可在偶极非质子溶剂中进行：将 84g *O*- 甲基硫逐磷酰二氯(0.5mol)、48g 甲醇(1.5mol)和 60g 非质子溶剂混合后，于≤ 5℃、60～90min 内滴加 0.55mol 30% 氢氧化钠水溶液，滴毕，搅拌 15～20min，用冷至 10℃的水 120mL 洗涤，静置分离，得 *O*,*O*-二甲基硫逐磷酰氯，收率≥ 90%，纯度≥ 93%。此外，采用 P_2S_5 路线也可制备 *O*,*O*-二甲基硫逐磷酰氯。

(3) 中间体 4-硝基间甲酚的制备　由间甲酚经亚硝化、氧化制得。亚硝化反应是将间甲酚与亚硝酸钠水溶液在 15%～20% 硫酸中反应，控制温度在 10～15℃。氧化反应是将亚硝基间甲酚用稀硝酸进行氧化，加酸速度先慢后快，反应温度 35～38℃，加毕在 44～46℃保温 3h，经离心水洗，使 pH 值达 3～4，即制得 4-硝基间甲酚。

(4) 杀螟松的合成　一般采用溶剂法，也可采用三甲胺水溶液法或甲苯-丙酮双溶剂法，来实施 *O*,*O*-二甲基硫逐磷酰氯与 4-硝基间甲酚的磷酰化反应。例如，以甲苯为溶剂，以氯化亚铜为催化剂，碳酸钠为缚酸剂，在反应温度 90～96℃的条件下可制得杀螟松[55]。

4.6.2.2　二嗪磷的合成

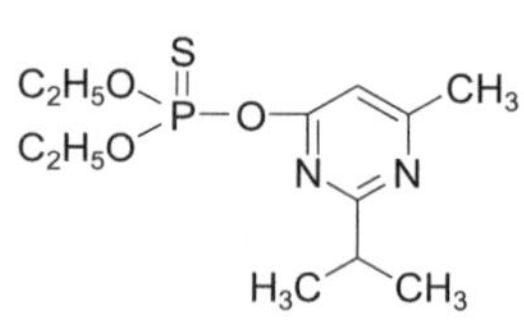

化学名称　*O*,*O*-二乙基-*O*-(2-异丙基-4-甲基-6-嘧啶基)硫逐磷酸酯

理化性质　纯品是无色油状液体，难溶于水，与乙醇、丙酮、二甲苯可混溶，并可溶于石油醚。商品是灰色或暗棕色液体，纯度约 95%。除含铜杀菌剂、碱性农

药外，可与大多数农药混用。在 120℃以上分解，易氧化；在碱性介质中稳定，水和稀酸能使它缓慢水解。贮存中，微量水即能促进二嗪磷水解，使其变成高毒的四乙基一硫代焦磷酸酯。

合成方法　二嗪磷是由 *O,O*-二乙基硫逐磷酰氯与 2-异丙基-4-甲基-6-羟基嘧啶通过磷酰化反应来制备的。

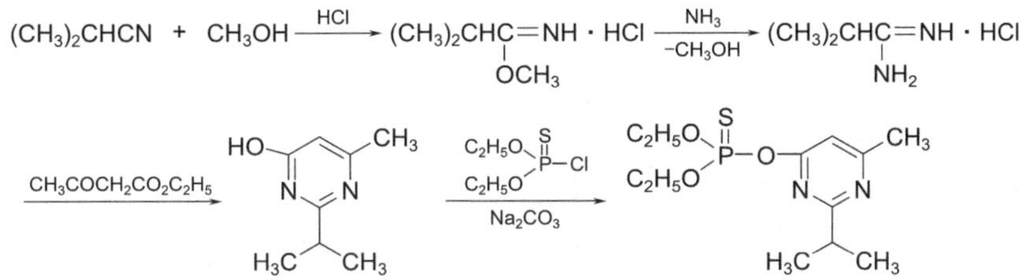

由乙酰乙酸乙酯与异丁脒缩合成 *α*-异丙基-4-甲基-6-羟基嘧啶后，再与 *O,O*-二乙基硫逐磷酰氯反应而得。具体过程如下：异丁腈在盐酸存在下，与甲醇反应，然后通氨气，在氢氧化钠存在下与乙酰乙酸乙酯反应，制得主要中间体 2-异丙基-4-甲基-6-羟基嘧啶。最后在缚酸剂碳酸钠的存在下，中间体 2-异丙基-4-甲基-6-羟基嘧啶与 *O,O*-二乙基硫逐磷酰氯在苯或甲苯中反应，反应温度 117～120℃，反应时间 135～155min，可制得二嗪磷 [56]。

4.6.2.3　辛硫磷的合成

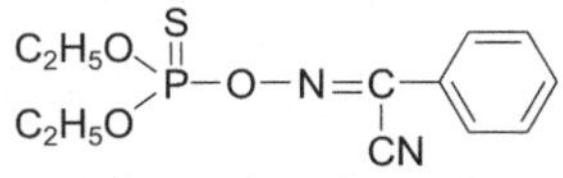

化学名称　*O,O*-二乙基-*O*-(*α*-氰基亚苯基氨基)硫逐磷酸酯

理化性质　纯品为黄色液体(原药为红棕色油状液体)，熔点 6.1℃，达沸点蒸馏时分解，密度 1.178g/mL(20℃)。溶解度：水 1.5mg/L(20℃)；甲苯、正己烷、二氯甲烷、异丙醇均大于 200g/L，微溶于脂肪烃类。在植物油和矿物油中缓慢水解，在紫外线下逐渐分解。

合成方法　辛硫磷是由 *O,O*-二乙基硫逐磷酰氯与 2-氰基苯甲肟钠通过磷酰化反应来制备的。

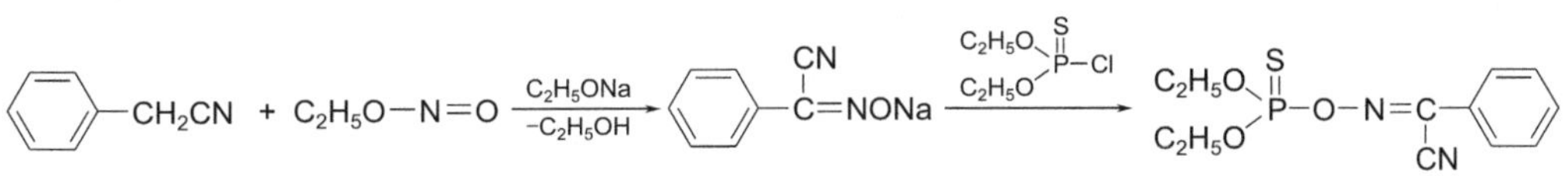

合成实例

(1)实例 1　将乙醇和亚硝酸钠混合，于 20～40℃滴加浓盐酸制得亚硝酸乙酯。将其通过文氏管送入肟化釜，与釜内的苯乙腈、氢氧化钠的乙醇溶液反应，生成 2-氰基苯甲肟钠。将其配制成 25% 水溶液，于室温下滴入 *O*,*O*-二乙基硫逐磷酰氯中。滴加后再加入三乙胺搅拌 30min，升温至 40～50℃继续反应 1.5h。经水洗、分离、干燥即得辛硫磷原油[57]。

(2)实例 2　将 0.55mol 含量 25% 的 2-肟基苯乙腈钠水溶液 373g，于室温下 30min 内滴加 0.5mol 含量为 90% 的 *O*,*O*-二乙基硫逐磷酰氯 105g，滴毕，再加入少许催化剂三乙胺，搅拌 30min，升温至 45～50℃，反应 1.5h，经水洗、分液、干燥得 156～161g 产品，含量 87%～92%，收率 94%～96%。

中间体 2-肟基苯乙腈钠由苯乙腈与亚硝酸乙酯作用制得。催化剂可采用醇钠、醇 +NaOH 或碱液等碱性物质。若以液碱为催化剂，反应温度宜为 35～40℃[57]。

4.6.2.4　蔬果磷的合成

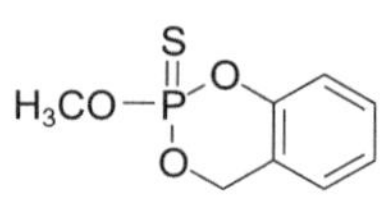

化学名称　2-甲氧基-4*H*-苯并-1,3,2-二氧磷杂芑-2-硫化物

理化性质　纯品是白色晶体(工业品呈浅黄色)，熔点 55～56℃。难溶于水，与丙酮、苯、乙醇和乙醚等有机溶剂混溶，可溶于环己烷、异丁基甲酮、甲苯和二甲苯，30℃时在水中溶解度 58mg/L。遇碱易分解，耐热性差。

合成方法　蔬果磷可由 *O*-甲基硫代磷酰二氯与邻羟基苯甲醇通过磷酰化反应来制备。

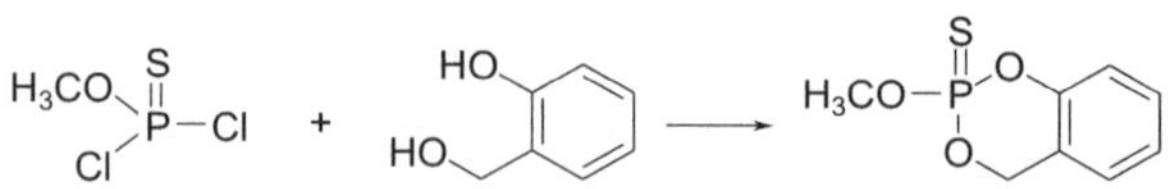

合成实例　邻羟基苯甲醇与 *O*-甲基硫代磷酰二氯在碱液中反应，先通过磷酰化反应制得 *O*-甲基-*O*-(邻甲酰基苯基)硫代磷酰氯，在碱液中再进一步通过磷酰化反应成环制得蔬果磷。具体过程为：将邻羟基苯甲醇 6.1g、*O*-甲基硫代磷酰二氯

8.3g、四丁基溴化铵 80mg 溶于 50mL 甲苯中，在搅拌下于 5～10℃滴加 5.5g 碳酸钠溶于 15mL 水的溶液，继续搅拌反应 5h，加入 50mL 甲苯和 50mL 水，分液，水洗甲苯层，干燥，过滤，浓缩得油状 *O*-甲基-*O*-(邻甲酰基苯基)硫代磷酰氯，再将所得硫代磷酰氯 2.50g 溶于 10mL 甲苯中，冷却至 5～10℃，在搅拌下加入含有硼氢化钠 0.5g 的 10mL 0.2mol/L 氢氧化钠溶液中，搅拌反应 2h，再在室温下搅拌反应 16h。分液水洗，甲苯层经干燥过滤，蒸出甲苯，残留物冷却后用甲醇重结晶，得白色晶体，即蔬果磷[58]。

4.6.2.5 内吸磷的合成

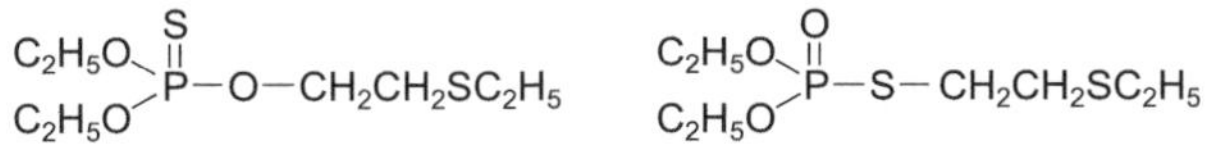

(1) 内吸磷(**1059-O**)　　(2) 异内吸磷(**1059-S**)

化学名称 (1)*O*,*O*-二乙基-*O*-(2-乙基硫代乙基)硫逐磷酸酯；(2)*O*,*O*-二乙基-*S*-(2-乙基硫代乙基)硫赶磷酸酯

理化性质 工业品为淡黄色微溶于水的油状液体，带有硫醇臭味。内吸磷为异构体(1)和(2)的混合物。市场上出售的药剂含 70% 的硫酮式酯和 30% 的硫醇式酯，其相对分子质量为 258。蒸气压：0.033Pa(20℃)(内吸磷)，0.035Pa(20℃)(异内吸磷)。沸点：116℃(1.07kPa)(内吸磷)，120℃(1.07kPa)(异内吸磷)。溶解性：在水中溶解度为 2000mg/L，能溶于包括万脑油和万油醚在内的多种有机溶剂。相对密度：1.117(内吸磷)；1.132(异内吸磷)。强碱使其水解。

合成方法 内吸磷是通过二乙氧基硫逐磷酰氯和中间体羟基乙硫醚发生磷酰化反应制备的，反应如下：

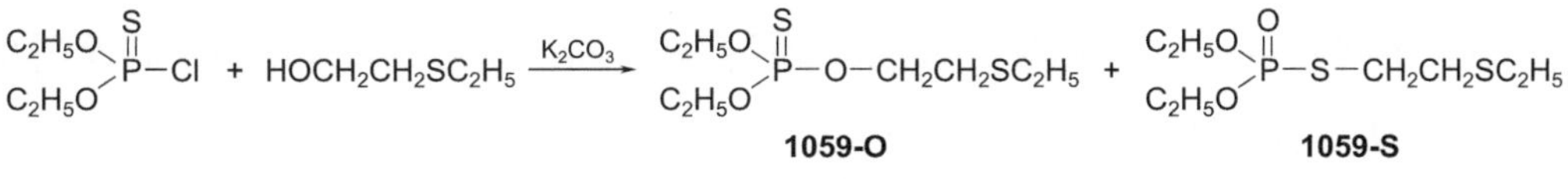

4.6.3 硫赶(醇)磷酸酯类杀虫剂的合成

硫赶(醇)磷酸酯类杀虫剂的共同特点是均含有 P—S 键，按其结构又可细分为烷氧(烷胺)羰基甲基硫赶(醇)磷酸酯、烷氧(硫)乙基硫赶(醇)磷酸酯以及含手性磷

原子的不对称硫赶(醇)磷酸酯(主要是含硫丙基的化合物)三种类型。通过烷基化反应引入P—S键，是制备硫赶磷酸酯的主要方法，如通过硫(醇)代磷酸盐与卤代烷的烷基化反应；此外，利用三烷基亚磷酸酯与烷基次亚磺酰氯或芳基次亚磺酰氯反应也可以生成相应的硫赶磷酸酯；在少数情况下，也可通过磷酰氯与巯基化合物的磷酰化反应在分子中引入P—S键。

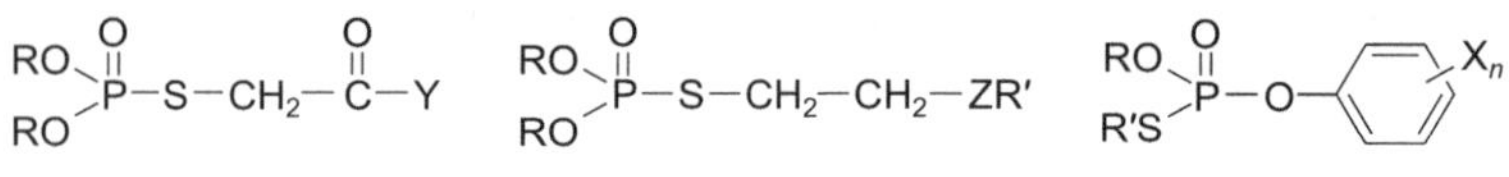

4.6.3.1 氧乐果的合成

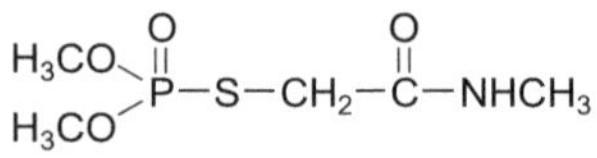

化学名称 *O,O*-二甲基-*S*-(*N*-甲基氨基甲酰甲基)硫赶磷酸酯

理化性质 纯品为无色透明油状液体，相对密度1.32，沸点约135℃(有分解)，折射率1.4987，可与水、乙醇和烃类等多种溶剂混溶，微溶于乙醚，几乎不溶于石油醚。原油为浅黄至黄色透明油状液体，氧乐果乳油为淡黄色油状液体。

合成方法 通常利用硫代磷酸酯与烷基化试剂的反应进行合成。如可采用*O,O*-二甲基硫赶磷酸铵盐与相应的卤代烷的烷基化反应来制备具有P—S键的硫赶磷酸酯。

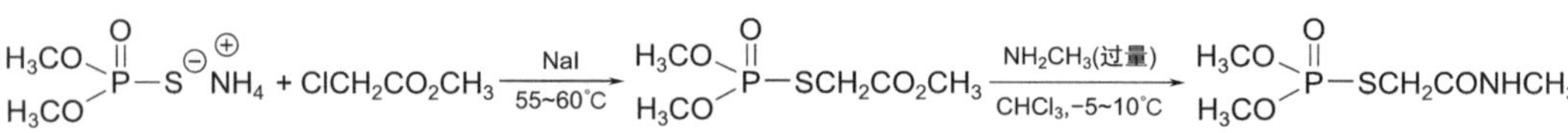

合成实例

(1)中间体*O,O*-二甲基硫赶磷酸铵盐的制备　将亚磷酸二甲酯与硫黄悬浮剂在25～30℃通氨气反应1.5～2h制得。

(2)中间体*O,O*-二甲基-*S*-(甲氧羰基甲基)硫赶磷酸酯的制备　在少量催化剂(如NaI)的存在下，反应温度控制在55～60℃，由氯乙酸甲酯与二甲基硫赶磷酸铵盐反应制得。

(3)氧乐果的合成　在温度−5～10℃，甲胺过量，氯仿为溶剂的条件下，*O,O*-二甲基-*S*-(甲氧羰基甲基)硫赶磷酸酯与甲胺反应，可制得氧乐果[59]。

4.6.3.2 丙溴磷的合成

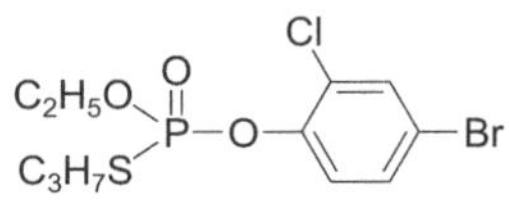

化学名称 *O*-乙基-*S*-丙基-*O*-(4-溴-2-氯苯基)硫赶磷酸酯

理化性质 浅黄色液体，具蒜味，沸点100℃(1.80Pa)，蒸气压1.24×10^{-4}Pa(25℃)，相对密度1.455(20℃)，$K_{ow}\lg P=4.44$。水中溶解度28mg/L(25℃)，与大多有机溶剂混溶。中性和微酸性条件下比较稳定，碱性环境中不稳定。

合成方法一 先制备*O*-乙基-*S*-丙基硫赶磷酰氯，再在缚酸剂存在下，进一步与2-氯-4-溴苯酚发生磷酰化反应，即可制得丙溴磷。

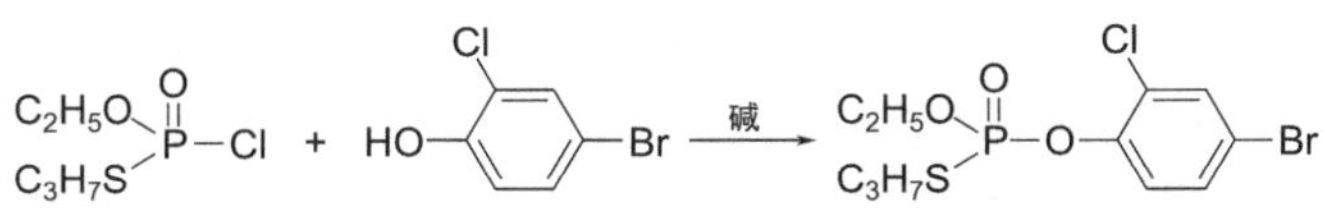

合成方法二 以乙醇为溶剂，先由*O*,*O*-二乙基-*O*-(2-氯-4-溴苯基)硫逐磷酸酯与硫氢化钾作用，生成相应的硫赶磷酸酯中间化合物，再与溴丙烷发生烷基化反应，即可制得丙溴磷。

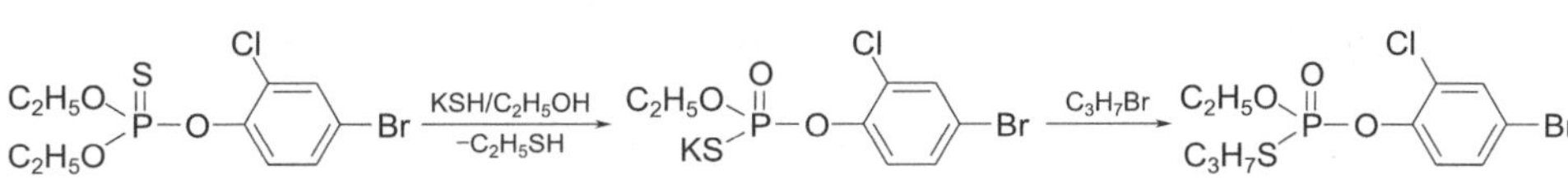

4.6.4 二硫代磷酸酯类杀虫剂的合成

按结构分类，二硫代磷酸酯类杀虫剂主要包括两种类型：硫逐硫赶磷酸酯和二硫赶(醇)磷酸酯，其具体结构类型如下：

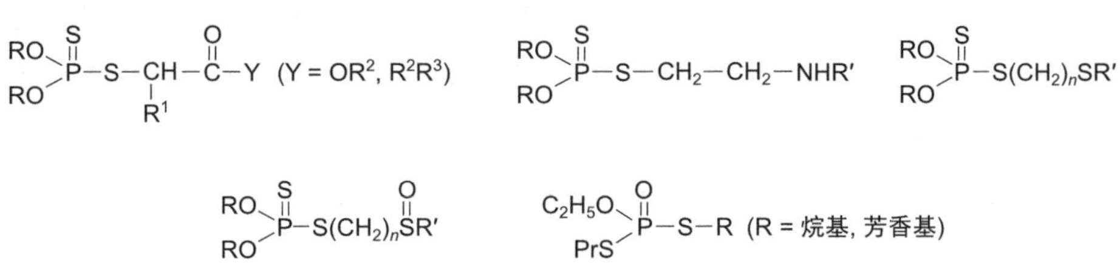

其中硫逐硫赶磷酸酯的主要制备方法是利用 *O*, *O*-二烷基硫逐硫赶磷酸为原料的烷基化反应、类 Mannich 反应或烯烃的加成反应等。而二硫赶(醇)磷酸酯也是以 *O*, *O*-二烷基硫逐硫赶磷酸为原料合成制备的。

4.6.4.1 甲拌磷的合成

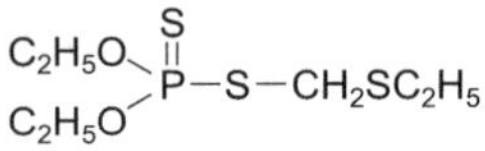

化学名称 *O*, *O*-二乙基-*S*-(乙硫基甲基)硫逐硫赶磷酸酯

理化性质 无色油状液体，有臭味，相对密度 1.167，蒸气压 112mPa(20℃)，熔点 −15℃，沸点 118～120℃(106.7Pa)，不溶于水，溶于乙醇、乙醚、丙酮等。在室温下稳定，pH 值 5～7 时稳定，强酸(pH＜2)或碱(pH ＞ 9)介质中能促进水解，且水解速率取决于温度和酸碱度。

合成方法 采用二硫代磷酸作为含磷中间体，在甲醛存在下发生类 Mannich 反应，一步反应即可制得硫逐硫赶磷酸酯。如采用二硫代磷酸二乙酯与乙硫醇在甲醛存在下发生类 Mannich 反应制备甲拌磷。

4.6.4.2 乙硫磷的合成

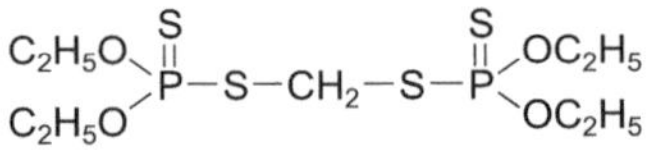

化学名称 *O*, *O*, *O'*, *O'*-四乙基-*S*, *S'*-亚甲基双(硫逐硫赶磷酸酯)

理化性质 纯品为白色至琥珀色油状液体，工业品为油状液体，有恶臭。熔点 −15～12℃，相对密度 1.22，沸点 125℃(1.3Pa)，微溶于水，溶于氯仿、苯、二甲苯，易溶于丙酮、甲醇、乙醇。

合成方法 在碱性条件下，如采用碳酸氢钠和氢氧化钠，先使 *O*, *O*-二乙基二硫代磷酸转变为相应的钠盐后，再与二氯甲烷进行烷基化反应，即可得到乙硫磷。

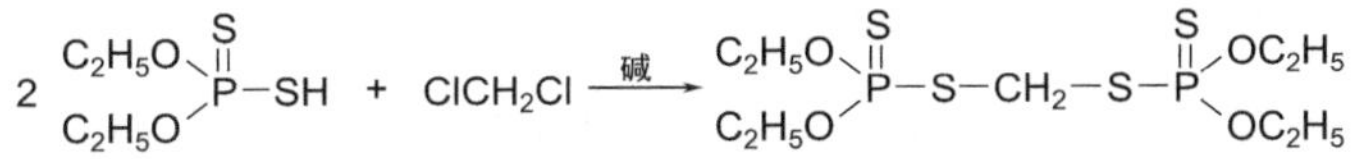

合成实例　制得 *O*,*O*-二乙基硫逐硫赶磷酸钠盐后，将 *O*,*O*-二乙基硫逐硫赶磷酸钠盐、碳酸氢钠和氢氧化钠投入反应锅，加料量一般为每 500g 60% 的钠盐加碳酸氢钠5g，氢氧化钠的用量以使料液的pH值调节到7为限。再按钠盐∶二氯甲烷=1∶0.7(摩尔比)投入二氯甲烷。向反应锅充入氮气，使锅内保持 0.2～0.4MPa 的压力。升温至 100～110℃，反应 5～8h，反应压力为 1～1.5MPa。反应完成后，冷却至 35℃。将合成的原油滤去少量滤渣后，静置分层，取油层用水洗涤三次，减压脱水可得 90% 左右的乙硫磷原油，收率达 70% 以上[60]。

4.6.4.3　三硫磷的合成

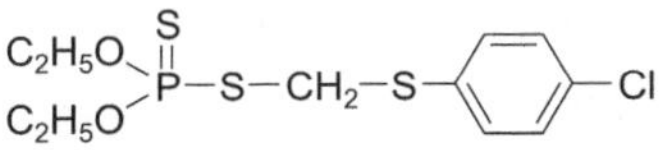

化学名称　*O*,*O*-二乙基-*S*-(4-氯苯硫基甲基)硫逐硫赶磷酸酯

理化性质　工业品为黄褐色液体，不溶于水，易溶于多种有机溶剂，化学性质比较稳定，在碱性物质中容易分解失效。加工剂型有乳油及粉剂。于 4℃条件下密封保存。

合成方法　三硫磷是通过 *O*,*O*-二乙基二硫代磷酸钠盐与 1-氯甲基-(4-氯苯基)硫醚的烷基化反应制备的。而中间体 1-氯甲基-(4-氯苯基)硫醚则由对氯硫酚、甲醛及盐酸作用生成。

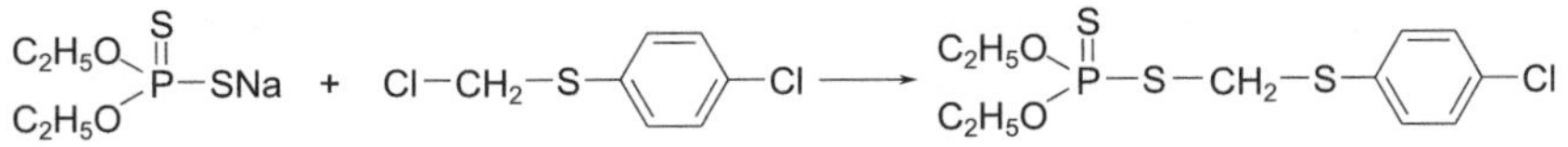

合成实例　以氯苯、五硫化二磷、甲醛、无水乙醇、氯磺酸为主要原料，经下述步骤生产得三硫磷原油。

(1) 中间体对氯苯磺酰氯的制备　将氯磺酸加入反应锅，滴加氯苯，反应所得物料为对氯苯磺酰氯、氯磺酸和硫酸的混合物(磺化液)。

(2) 中间体对氯硫酚的制备　反应锅中加入水，用蒸汽预热到回流，再加入铁粉，边搅拌边滴加上述磺化液，即得对氯硫酚。

(3) 中间体 1-氯甲基-(4-氯苯基) 硫醚的制备　在反应锅中加入浓盐酸，在搅拌下加入甲醛，然后滴加对氯硫酚的苯溶液，得 1-氯甲基-(4-氯苯基) 硫醚。

(4) 中间体 *O*,*O*-二乙基二硫代磷酸钠盐的制备　向五硫化二磷中滴加无水乙醇，将反应物滴加到碳酸氢钠的水溶液中，得到 *O*,*O*-二乙基二硫代磷酸钠盐水溶液。

(5) 三硫磷的合成　将 *O*,*O*-二乙基二硫代磷酸钠盐水溶液加入反应锅，滴加 1-氯甲基-(4-氯苯基) 硫醚。反应完成后，静置分层，用水洗涤油层，干燥后即得三硫磷原油 [61]。

4.6.4.4　亚胺硫磷的合成

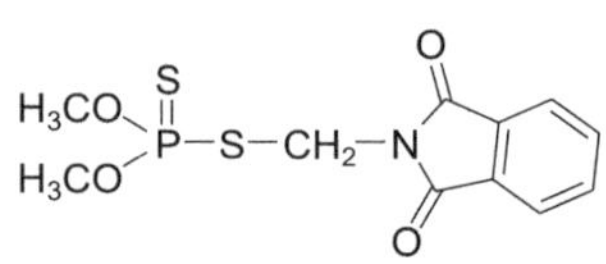

化学名称　*O*,*O*-二甲基-*S*-(酞酰亚胺甲基) 硫逐硫赶磷酸酯

理化性质　纯品为白色无臭晶体，熔点 72～72.7℃。工业品为白色或浅褐色晶体，熔点 59～63℃，具有特殊刺激性臭味。微溶于水，溶于甲醇、乙醇、苯、甲苯、四氯化碳、丙酮等有机溶剂。遇碱分解。

合成方法　在碱性条件下，先使 *O*,*O*-二甲基二硫代磷酸转变为相应的钠盐后，再与 *N*-氯甲基邻苯二甲酰亚胺进行烷基化反应，即可得到亚胺硫磷。

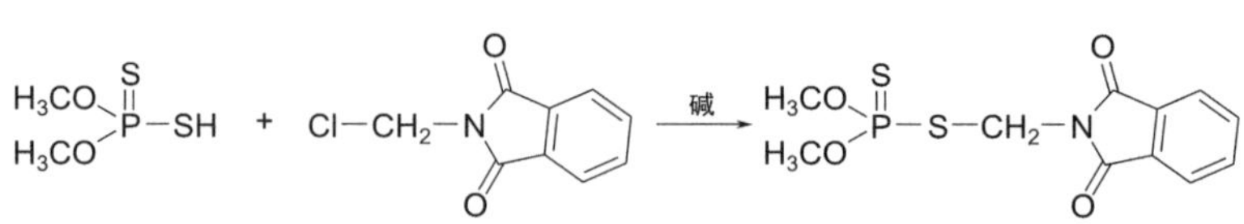

合成实例

(1) 中间体 *O*,*O*-二甲基二硫代磷酸的制备　*O*,*O*-二甲基二硫代磷酸 (简称甲基硫代物) 的制备通常采用 P_2S_5 与 CH_3OH 作用，反应时甲醇适当过量，反应温度保持在 55～60℃，此反应为强放热反应，操作时要特别注意安全。反应过程较复杂，同时发生一系列副反应。*O*,*O*-二甲基二硫代磷酸的收率和含量均为 75%～80%。采

用适当催化剂，在(55±2)℃反应，收率和含量可达 90% 左右。

(2) *O*,*O*-二甲基二硫代磷酸钠的制备　采用 *O*,*O*-二甲基二硫代磷酸与碳酸钠(铵)或碳酸氢钠在常温下反应，控制终点 pH 值成盐。

(3) 中间体 *N*-氯甲基邻苯二甲酰亚胺的制备　将邻苯二甲酸与 20% 氨水缓慢加热，温度上升至 110～120℃时有大量水分蒸发。反应物用热水处理，得白色结晶邻苯二甲酰亚胺，将其与 12% 甲醛水溶液加热回流反应 2.5h，冷却、过滤、水洗、干燥，得 *N*-羟甲基邻苯二甲酰亚胺。反应中原料比为 *N*-羟甲基邻苯二甲酰亚胺∶盐酸≈ 1∶6.6，升温时间 40～50min，反应温度(60±2)℃。加苯，控制温度在 55～58℃，盐酸含量 35%，操作周期 6h，制得 *N*-氯甲基邻苯二甲酰亚胺。

(4) 亚胺硫磷的合成　最后由 *O*,*O*-二甲基二硫代磷酸钠与 *N*-氯甲基邻苯二甲酰亚胺反应，制得 *O*,*O*-二甲基-*S*-(酞酰亚胺甲基)硫逐硫赶磷酸酯(亚胺硫磷)。原料配比为 *N*-氯甲基邻苯二甲酰亚胺∶钠盐 =1∶1.01，反应温度 50℃，升温时间 30min，反应时间 2h，反应介质 pH 值为 5～7，操作周期 4～6h[62]。

4.6.4.5　马拉硫磷的合成

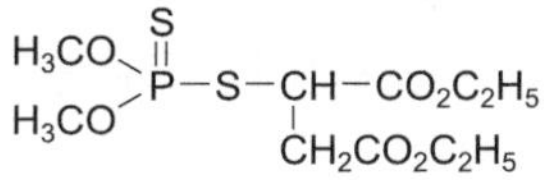

化学名称　*O*,*O*-二甲基-*S*-[1,2-二(乙氧基羰基)乙基]硫逐硫赶磷酸酯

理化性质　无色至淡黄色油状液体，熔点 2.58℃，沸点 385.1℃，密度 1.23g/cm^3，辛醇/水分配系数 2.36，闪点 186.7℃，微溶于水，易溶于醇、醚、酮等多数有机溶剂。

合成方法　由中间体二甲基二硫代磷酸与中间体顺丁烯二酸二乙酯中的不饱和双键发生加成反应是马拉硫磷的制备反应原理。二甲基二硫代磷酸可由五硫化二磷和甲醇在反应过程中原位生成得到。

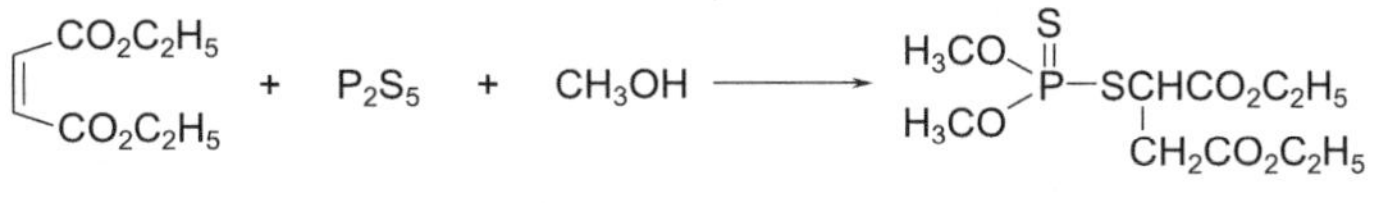

合成实例　将顺丁烯二酸二乙酯(以 100% 计为 380kg)投入 1000L 搪玻璃反应

锅内搅拌，控制温度在45℃以下，投入350kg五硫化二磷。慢慢滴加甲醇，控制温度为48～55℃，约2h加完250kg甲醇。加毕，保持65～75℃反应8h。反应产生硫化氢和逸出甲醇蒸气，经冷凝器使甲醇回流，硫化氢则用碱液吸收。反应过程在负压下进行。反应完成后，冷却至40～50℃，静置分层使杂质沉淀。上层原油先后进行水洗、碱洗、水洗，然后在真空脱水锅中进行脱水，在85℃以下(真空度93.3kPa)使原油中的水分蒸发1.5～2h，得马拉硫磷原油[63]。

4.6.4.6 稻丰散的合成

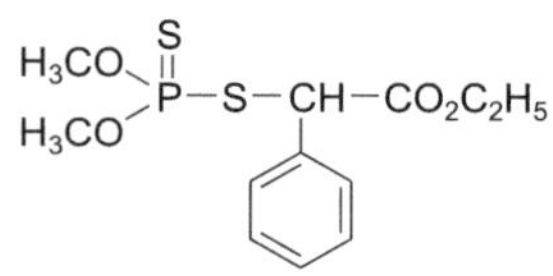

化学名称 *O*,*O*-二甲基-*S*-(*α*-乙氧基羰基苄基)硫逐硫赶磷酸酯

理化性质 纯品为无色晶体(原药为微红色至黄色油状液体)，密度1.275g/cm^3，沸点379.5℃(760mmHg)，闪点183.3℃，蒸气压5.84×10^{-6}mmHg(25℃)，折射率1.564。

合成方法 在合成反应中，先制备中间体1-氯代苯乙酸乙酯，再由二甲基二硫代磷酸钠与1-氯代苯乙酸乙酯发生烷基化反应制得稻丰散。

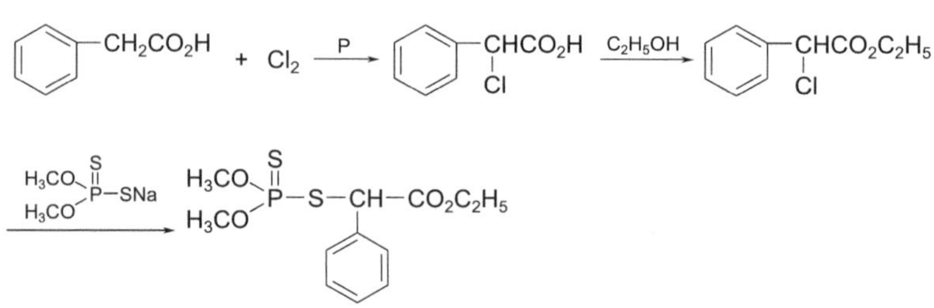

4.6.4.7 乐果的合成

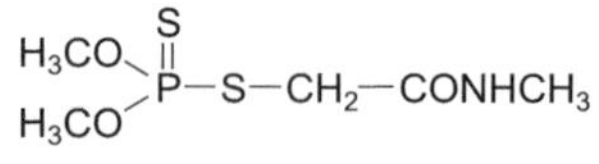

化学名称 *O*,*O*-二甲基-*S*-(*N*-甲基氨基甲酰甲基)硫逐硫赶磷酸酯

理化性质 工业品为浅黄棕色的乳剂。纯品为白色结晶，有樟脑气味，熔点

51～52℃，沸点 117℃(0.013kPa)，相对密度 1.28，辛醇 / 水分配系数 0.78，闪点 107℃，微溶于水，溶于乙醇、氯仿、苯、酮等。应储存于阴凉、通风的库房，远离火种和热源，应与氧化剂、碱类、食用化学品分开存放，切忌混储。

合成方法 乐果通过二甲基二硫代磷酸钠与相应卤代烷的烷基化反应来制备。由于所采用的卤代烷不同，其合成方法可分为以下两种：

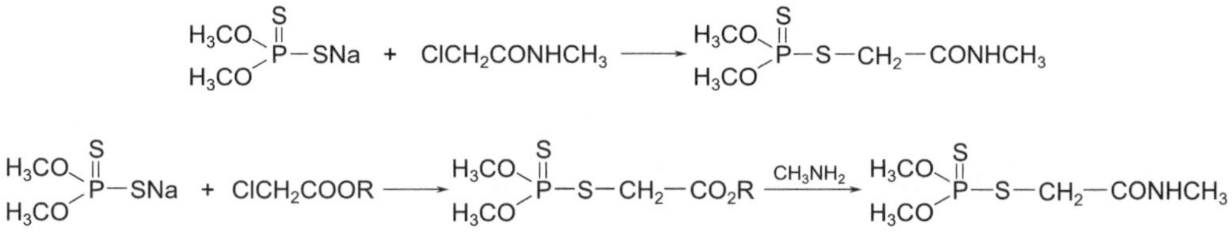

合成实例 由二甲基二硫代磷酸钠与氯乙酸甲酯制备乐果的反应步骤如下。

(1) 中间体 *O,O*-二甲基二硫代磷酸的制备 通常采用 P_2S_5 与 CH_3OH 作用，反应时甲醇适当过量，反应温度保持在 55～60℃，此反应为强放热反应，操作时要特别注意安全。反应过程较复杂，同时发生一系列副反应。*O,O*-二甲基二硫代磷酸的收率和含量为 75%～80%。采用适当催化剂，在(55±2)℃反应，收率和含量可达 90% 左右。

(2) 中间体 *O,O*-二甲基二硫代磷酸钠的制备 *O,O*-二甲基二硫代磷酸与碳酸钠(铵)或碳酸氢钠在常温下反应，控制终点 pH 值成盐。

(3) 中间体 *O,O*-二甲基-*S*-(乙酸甲酯)二硫代磷酸酯的制备 由 *O,O*-二甲基二硫代磷酸钠与氯乙酸甲酯作用制得，原料配比为 1∶1.7，反应温度 55℃，若采用连续化生产工艺，预热温度 60～70℃，反应温度(80±5)℃。

(4) 乐果的合成 *O,O*-二甲基-*S*-(乙酸甲酯)二硫代磷酸酯与甲胺作用，原料配比为 1∶(1.2～1.3)，反应温度为 −5～0℃。反应结束加苯(或三氯乙烯)萃取反应液中的乐果，加盐酸调节 pH 值为 7，加适量水，以促进分层。此法副反应少，产品纯度可达 90% 以上，粗品收率在 90% 左右[64]。

4.6.4.8 丙硫磷的合成

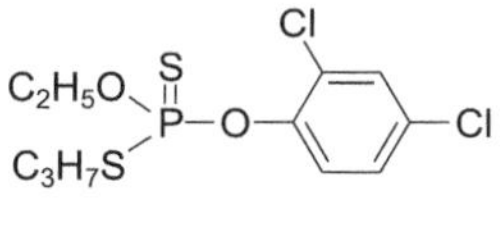

化学名称 *O*-乙基-*O*-(2,4-二氯苯基)-*S*-丙基硫逐硫赶磷酸酯

理化性质 纯品为无色液体，沸点 164～167℃(24Pa)，蒸气压小于 9.999×10^{-4}Pa (20℃)，相对密度 1.293(20℃)，折射率 1.5680。可溶于甲苯、环己酮等多种有机溶剂，20℃时在水中溶解度为 1.7mg/L。在异丙醇 - 水(1∶1)混合液中的半衰期：37℃、pH 值 11.4 时为 26h；40℃、pH 值 2 时为 160d。

合成方法 丙硫磷可以采用以下三种方法合成：①由 C_3H_7SNa 与 *O*-乙基-*O*-2,4-二氯苯氧基硫逐磷酰一氯的缩合反应制备；②在碱性条件下，由 *O*-乙基-*S*-丙基硫逐硫赶磷酰一氯与 2,4-二氯苯酚发生磷酰化反应制备；③由 *O*-乙基-*O*-2,4-二氯苯氧基二硫代磷酸钾盐与溴丙烷发生烷基化反应制备。

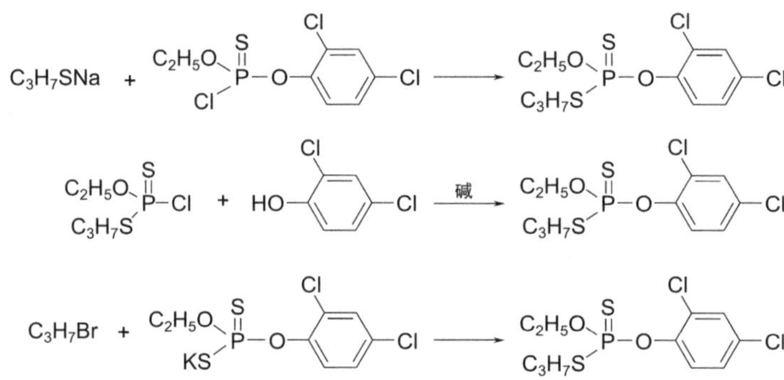

合成实例 通过磷酰化反应制备：将 $C_3H_7SP(O)Cl_2$ 与粉状 P_2S_5 于 130℃加热 3h，得 $C_3H_7SP(S)Cl_2$。将它溶于苯中，在 0～5℃用乙醇和三乙胺处理得 $C_3H_7S(C_2H_5O)P(S)Cl$。再与 2,4-二氯苯酚和碳酸钾在丁酮中回流反应 3h，得丙硫磷。

反应可在装有搅拌器、温度计和回流冷凝器的反应器中进行，将五硫化二磷、2,4-二氯苯酚、催化剂及有机溶剂在较低温度下反应 2～3h，然后加入缚酸剂和溴丙烷，升温后继续反应 2h，反应完毕，冷却过滤，水洗至中性，减压脱溶得丙硫磷[65]。

4.6.5 焦磷酸衍生物类杀虫剂的合成

焦磷酸衍生物类杀虫剂包括对称的焦磷酸酯和不对称的磷酸酐两类。对称的焦磷酸酯采用二烷氧基磷酰氯和水在碱存在条件下反应，一部分磷酰氯先水解，其产物与另一部分未水解的磷酰氯进行反应制得。不对称的磷酸酐可以从磷酸盐与另一种磷酰氯反应制备。

4.6.5.1 八甲磷的合成

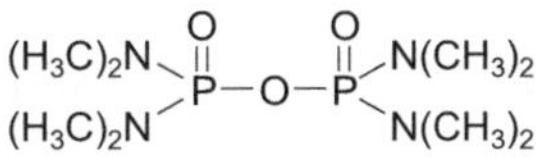

化学名称 八甲基焦磷酰胺

理化性质 无色或浅黄色黏稠液体，有胡椒气味，蒸气压0.13Pa，熔点20～21℃，沸点137℃(0.27kPa)，相对密度1.14，与水混溶，溶于醇、酮等多数有机溶剂。

合成方法 八甲磷可通过两种方法制备：①由双(二甲氨基)磷酰一氯与双(二甲氨基)乙基磷酰胺缩合反应制备；②在碱存在的条件下，由部分双(二甲氨基)磷酰一氯先水解，其水解产物与另一部分未水解的双(二甲氨基)磷酰一氯进行反应制备。

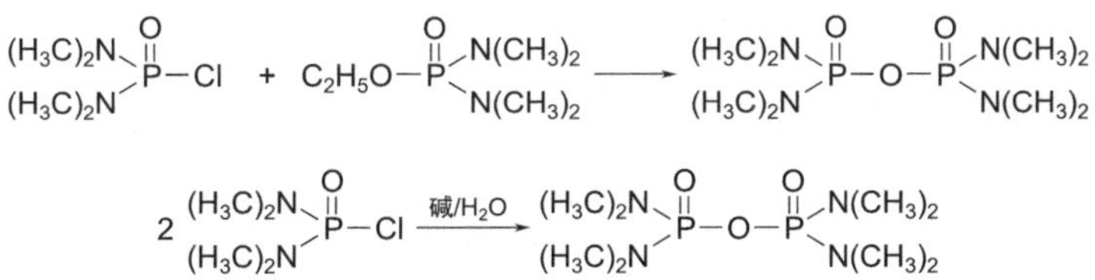

4.6.5.2 治螟磷的合成

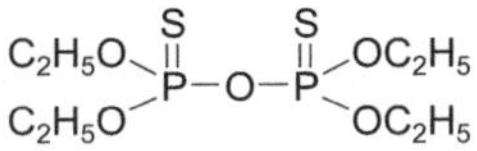

化学名称 *O,O,O',O'*-四乙基二硫代焦磷酸酯

理化性质 纯品是无色液体，相对密度1.196(25℃)，沸点92℃(13.3Pa)，折射率1.4753(25℃)。工业品微带黄色。易溶于多种有机溶剂，难溶于石油醚和水。化学性质稳定，加工成乳油和粉剂使用。

合成方法 在吡啶和碳酸钠存在的条件下，由部分*O,O*-二乙基硫逐磷酰一氯先水解，其水解产物与另一部分未水解的*O,O*-二乙基硫逐磷酰一氯反应来制备*O,O,O',O'*-四乙基二硫代焦磷酸酯(治螟磷)。

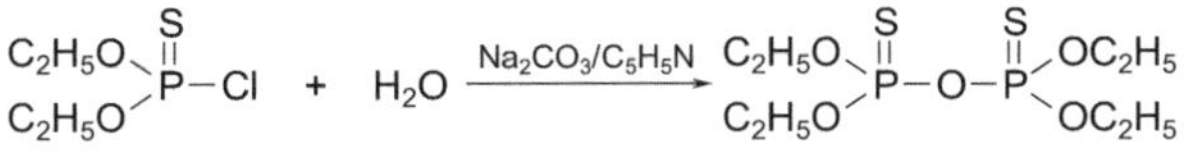

合成实例 将29.5kg *O*,*O*-二乙基硫逐磷酰一氯加入反应釜，在搅拌下，于25～30℃加入1.4kg吡啶和0.8kg水配成的溶液，搅拌15min后，将温度调至35～40℃，在1h内分批缓慢加入碳酸钠8kg，加完后搅拌15min，加水16L，在40～45℃反应4h，反应物分别用40L水和20L水洗两次，油层加助滤剂进行抽滤，将油层静置脱水8h，得24～25kg治螟磷原油[66]。

4.6.6 磷酰胺酯类杀虫剂的合成

磷酰胺酯类杀虫剂的共同结构特点是含有P—N键，包括以下两种结构类型：

通过磷酰氯和胺类化合物的磷酰化反应引入P—N键是制备磷酰胺酯的常规方法。

4.6.6.1 乙酰甲胺磷的合成

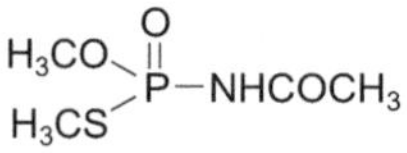

化学名称 *O*,*S*-二甲基-*N*-乙酰基硫赶磷酰胺

理化性质 纯品为白色结晶，熔点为91℃。工业品为白色固体，纯度80%～90%，相对密度1.35，易溶于水、乙腈、甲醇、乙醇、丙酮等极性溶剂和二氯甲烷、二氯乙烷等卤代烃类。在苯、甲苯与二甲苯的混合溶液中溶解度较小。在碱性介质中极易分解。

合成方法 先由*O*,*O*-二甲基硫逐磷酰一氯与氨气进行磷酰化反应引入P—N键，生成*O*,*O*-二甲基硫逐磷酰胺，再由乙酰化反应生成*O*,*O*-二甲基-*N*-乙酰基硫逐磷酰胺，然后在硫酸二甲酯的存在下，发生硫逐硫赶异构化反应生成*O*,*S*-二甲基-*N*-乙酰基硫赶磷酰胺。

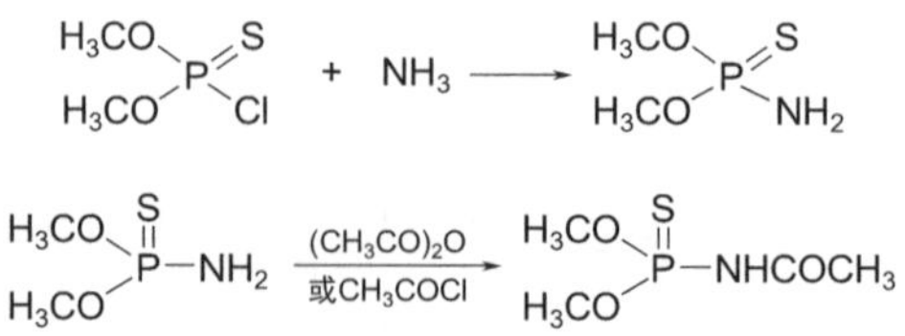

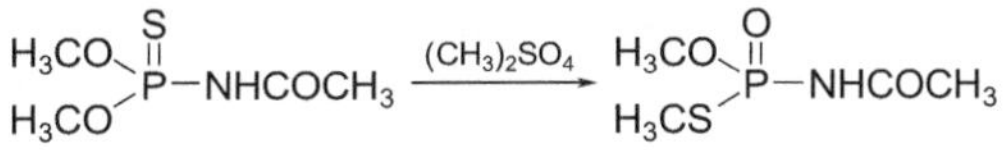

合成实例 乙酰甲胺磷的合成具体包括氨基化、酰化和异构化三个步骤。

(1)氨基化步骤 将*O*,*O*-二甲基硫逐磷酰一氯(甲基氯化物)及相应比例量的二氯乙烷分别从高位计量槽加入氨基化釜中，开启搅拌和调节冷冻盐水，当釜内温度降至15℃时，由氨水高位计量槽慢慢滴加氨水于釜中，釜中温度控制在35～40℃，保持35～40min，氨水滴加完毕后，调节冷冻盐水，使釜内温度降至20～23℃。保持温度搅拌30～35min，然后加入6L水，搅拌2～3min后，停止搅拌，将物料抽至氨基化分离器中静置分层，30min后将有机相放至受槽计量，该有机相即为含溶剂的胺化物(*O*,*O*-二甲基硫逐磷酰胺，简称为胺化物)。

(2)酰化步骤 此步骤可分为乙酐法和乙酰氯法两种方法。

① 乙酐法。将带溶剂的胺化物由高位计量槽放入酰化釜中，开启搅拌，再由乙酐高位计量槽加入乙酐于酰化釜中，再开启冷冻盐水，使釜中温度降至10℃，将浓硫酸从高位计量槽慢慢地滴加进反应釜中，硫酸滴加完毕后，开启空压，将夹套中的冷冻盐水排出，用蒸汽慢慢加热，使釜中温度升至55～60℃，保持50min。反应完毕，再将釜内温度降至10℃，由氨水高位槽滴加氨水，以中和反应生成的乙酸，中和至pH值7～8。在中和过程中，温度应控制在30℃以下。中和完毕后，将物料抽至分离器中静置分离，分出下层有机相至粗酰化物贮槽，再抽进蒸馏釜中进行减压蒸馏脱溶(真空度86.7kPa，70℃，15～20min)，即得酰化物(*O*,*O*-二甲基-*N*-乙酰基硫逐磷酰胺)。

② 乙酰氯法。将带溶剂的胺化物由高位计量槽放入酰化釜中，开启搅拌，从乙酰氯高位计量槽加入乙酰氯。然后慢慢将釜中温度升至50℃，保持温度反应2h。反应完毕，将反应釜内温度降至10℃，然后由氨水高位计量槽慢慢滴加氨水，以中和反应生成的酸，中和至pH值7。在中和过程中，釜内温度应控制在30℃以下。中和完毕后，加入适量的水，以溶解中和过程中生成的铵盐，搅拌2～3min，将物料抽至分离器静置分离。分出下层有机相，抽至蒸馏釜中减压脱溶(真空度86.7kPa，70℃，15～20min)，即得酰化物。

(3)异构化 从酰化物高位计量槽将定量的酰化物放入异构化釜中，开启搅拌，随后由硫酸二甲酯高位计量槽按比例将硫酸二甲酯加入异构化釜中，慢慢升温至

65～70℃，保持温度 2h，出料，即得乙酰甲胺磷原油[67]。

4.6.6.2 硫环磷的合成

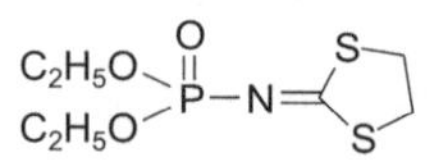

化学名称 2-(二乙氧基磷酰亚氨基)-1,3-二硫戊环

合成方法 利用 *O*,*O*-二乙基磷酰氯和 2-亚氨基-1,3-二硫戊环的磷酰化反应引入 P—N 键的方法可制备 2-(二乙氧基磷酰亚氨基)-1,3-二硫戊环(硫环磷)。

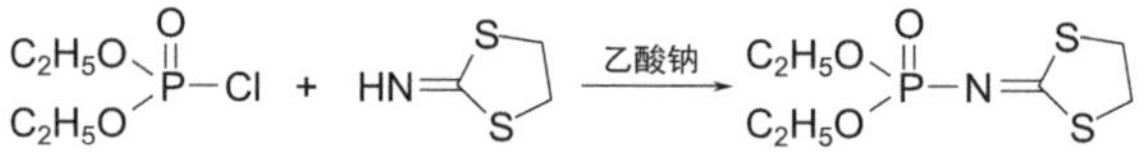

合成实例 2-亚氨基-1,3-二硫戊环盐酸盐与 *O*,*O*-二乙基磷酰氯在苯 - 水混合溶剂中搅拌，在约 0.5h 内加入乙酸钠水溶液，搅拌后静置分层，分离苯层，水层用乙醚萃取一次，合并苯层与乙醚层，用稀碳酸钠溶液和水洗涤，干燥，用石油醚洗涤，结晶，即得产品硫环磷[68]。

4.6.6.3 水胺硫磷的合成

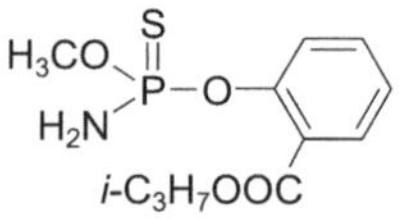

化学名称 *O*-甲基-*O*-(2-异丙氧基羰基苯基)硫逐磷酰胺

理化性质 纯品为无色鳞片状结晶，能溶于乙醚、苯、丙酮和乙酸乙酯，不溶于水，难溶于石油醚。工业品为茶褐色黏稠的油状液，放置过程中不断析出结晶，有效成分含量 85%～90%，常温下贮存稳定。

合成方法 先由 *O*-甲基硫逐磷酰二氯与水杨酸异丙酯在碱性条件下发生磷酰化反应生成相应的硫逐磷酰一氯，再进一步与氨气发生磷酰化反应生成 P—N 键，便可获得水胺硫磷。

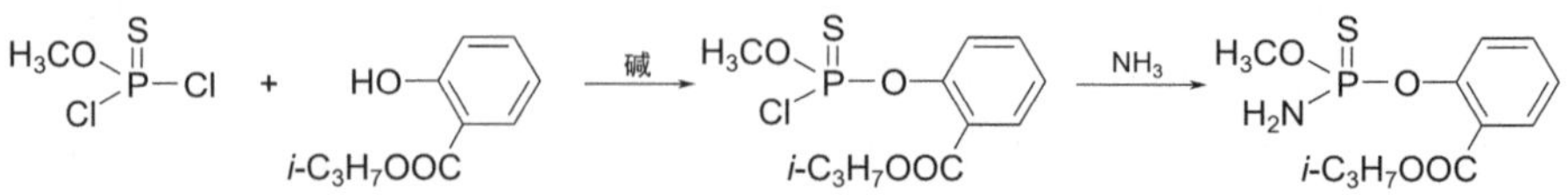

合成实例

(1) 中间体 *O*-甲基硫逐磷酰二氯的制备　将甲醇慢慢滴入三氯硫磷中，控制温度在 -5℃，滴加时间 1.5～2h，保温反应 40min，用冷水洗去 HCl，静置分层得 *O*-甲基硫逐磷酰二氯，含量≥ 96%，收率≥ 96%。废水层回收甲醇。

(2) 中间体水杨酸异丙酯的制备

① 间接法。水杨酸与氯化亚砜反应，制得水杨酰氯，再用异丙醇酯化即得水杨酸异丙酯。其工艺条件为：水杨酸与氯化亚砜的配比为 1∶1.2(摩尔比)，以甲苯为溶剂，二甲基甲酰胺为催化剂，在 35～45℃投入氯化亚砜，然后在 50～70℃下反应 2～3h，得水杨酰氯。再以水杨酰氯与异丙醇按 1∶1.4(摩尔比) 配比，于 50～75℃下反应 1.5～4h，经洗涤、脱溶即得水杨酸异丙酯，含量 95%～98%，收率 90%～95%。

② 直接法。是指采用水杨酸与异丙醇直接合成水杨酸异丙酯的方法。

其工艺条件为：异丙醇过量，反应温度 95～100℃、110～118℃分别回流 10h 和 8h，所用催化剂为硫酸或由硫酸、乙酸、磷酸等 5 种混酸组成的催化剂。据报道采用 5 种混酸组成的催化剂，产品含量≥ 90%，收率在 90% 左右。

(3) 水胺硫磷的合成　在以甲苯(或二氯乙烷) 为溶剂，以液碱为缚酸剂，反应温度 (20±2) ℃，滴加液碱和保温反应各 1.5～2h，pH 值控制在 11 的工艺条件下，所用催化剂为农乳 600(或农乳 0208)、三丁胺或四丁基溴化铵等，先将 *O*-甲基硫逐磷酰二氯与水杨酸异丙酯反应，合成 *O*-甲基-*O*-(2-甲酸异丙酯苯基) 硫逐磷酰氯(简称甲基一氯化物)。然后在 20～30℃滴加 20% 氨水，时间 1.5～2h，滴加完毕后在 35～40℃反应 1.5～2h，pH 值 8～9，制得水胺硫磷原油，含量 70%～75%，收率近 100%(以甲基一氯化物计)[69]。

4.6.7 膦酸酯类杀虫剂的合成

膦酸酯类杀虫剂主要包括以下两种结构类型：

膦酸酯类杀虫剂的合成可以采用多种方法，包括：膦酰氯与酚或硫酚反应；亚

磷酸酯与卤代烃的 Arbuzov 反应；亚磷酸二酯的盐与卤代烃的 Michaelis-Becker 反应；二烷基亚磷酸酯与羰基化合物的加成反应等。

4.6.7.1 敌百虫的合成

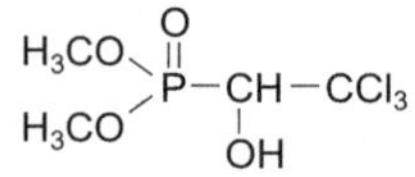

化学名称 *O*,*O*-二甲基-(2,2,2-三氯-1-羟基乙基)膦酸酯

理化性质 纯品为白色结晶，熔点 77～81℃，沸点 269.4℃，闪点 116.7℃，密度 1.73g/cm^3，折射率 1.486，溶于水、氯仿，不溶于汽油。

合成方法 采用二甲基亚磷酸酯与三氯乙醛的加成反应，便可制得敌百虫。

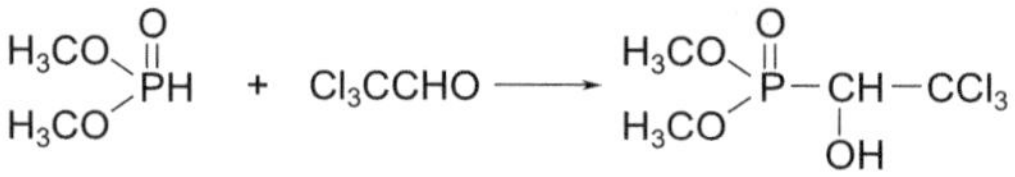

其合成工艺可分为一步法和两步法。

(1)一步法 是国内广泛采用的方法，即将三氯化磷、甲醇和三氯乙醛三种原料按适当比例同时加入反应器，在低温下减压脱除副产物氯化氢和氯甲烷，然后加温缩合成敌百虫。此法可间歇或连续操作，具有流程短、设备体积小、产量大的特点。

(2)两步法 先用甲醇与三氯化磷反应制得二甲基亚磷酸，再与三氯乙醛进行亲核加成生成敌百虫原药。

4.6.7.2 地虫硫磷的合成

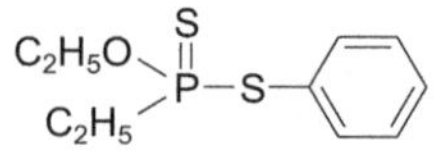

化学名称 *O*-乙基-*S*-苯基乙基硫逐硫赶膦酸酯

理化性质 浅黄色透明液体，具有刺激性气味，熔点 -31.7℃，沸点 130℃(13.332Pa)，闪点 2℃，折射率 1.5883。能溶于丙酮、二甲苯、异戊酮、煤油等有机溶剂；20℃时水中溶解度为 13mg/L，40℃时为 34mg/L。剂型为颗粒剂。

合成方法 由 *O*-乙基乙基硫逐膦酰氯与苯硫酚钠通过缩合反应来制备地虫硫磷。

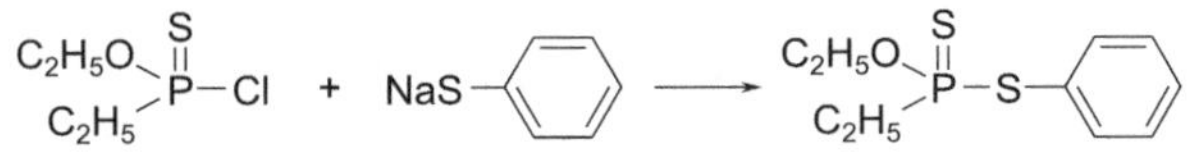

(1) *O*-乙基乙基硫逐膦酰氯的制备

① 方法 1。在碘催化下，使亚磷酸三乙酯异构化生成二乙氧基膦酸酯，然后将二乙氧基膦酸酯在DMF溶剂中通入光气反应，由此可制得 *O*-乙基乙基硫逐膦酰氯，收率 99%。

② 方法 2。乙烷与三氯硫磷作用，生成乙基硫代膦酰二氯，乙烷过量，循环回用；生成的乙基硫代膦酰二氯在缚酸剂存在下与无水乙醇反应，制得 *O*-乙基乙基硫逐膦酰氯。

(2) 苯硫酚钠的制备　由苯磺酸钠与五氯化磷反应制得(收率 80%)。

(3) 地虫硫磷的合成　将三乙胺分批加到苯硫酚钠、*O*-乙基乙基硫逐膦酰氯和丙酮混合物中反应，经后处理可得地虫硫磷，收率 90%[70]。

4.7 含磷杀虫杀螨剂的代谢反应

含磷杀虫杀螨剂的生物转化(代谢)主要包括氧化、水解、基团氧化、还原、结合等反应；这些反应可分为两种类型：激活代谢反应——导致杀虫剂活性增强(增毒)；解毒代谢反应——引起杀虫剂活性降低或失活(解毒)。

4.7.1 激活代谢反应

激活代谢反应主要包括氧化脱硫反应、硫醚键的氧化、酰胺键的氧化、烃基的羟基化和非氧化激活反应五类，具体介绍如下。

(1) 氧化脱硫反应　含磷杀虫杀螨剂的激活反应主要是多种氧化反应，其中氧化脱硫是指 P═S 转化成 P═O 的反应。硫代磷酸酯是胆碱酯酶的弱抑制剂，而相应的氧化物是强抑制剂。在动物体内，P═S 酯转化成 P═O 酯依赖于微粒体多功能氧化酶系(MFO)的作用。在植物中，过氧化物酶可能参与 P═S 向 P═O 的转化[71]。

很多含磷杀虫杀螨剂均存在氧化脱硫反应过程。例如：对硫磷、马拉硫磷和地虫硫磷，在生物体氧化成相应的氧化物后，其 AChE 的抑制活性和毒性都得到提高。

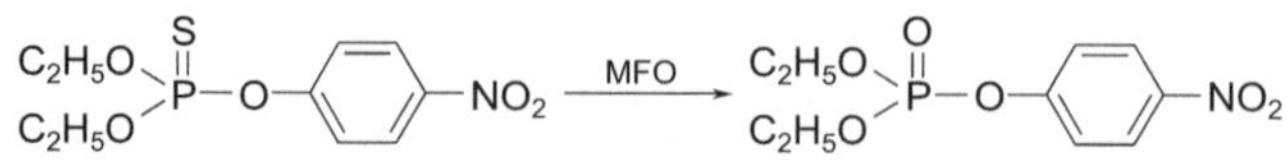

对硫磷

IC_{50}AChE/(mol/L)	1×10^{-4}	6.6×10^{-9}
LD_{50}(大鼠)/(mg/kg)	3.3	1.4

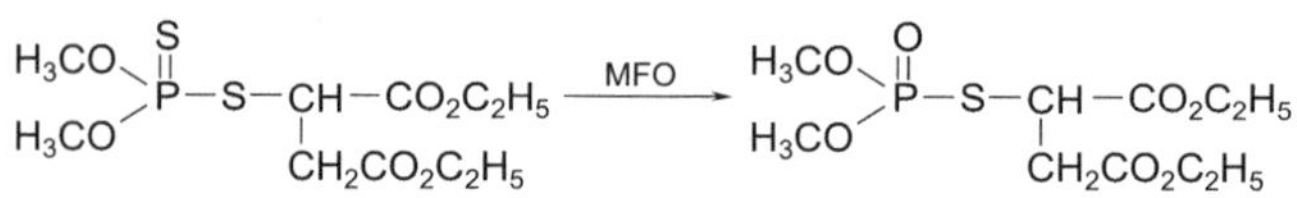

马拉硫磷

IC_{50}AChE/(mol/L)	2.9×10^{-3}	7.0×10^{-7}
LD_{50}(大鼠)/(mg/kg)	2600	308

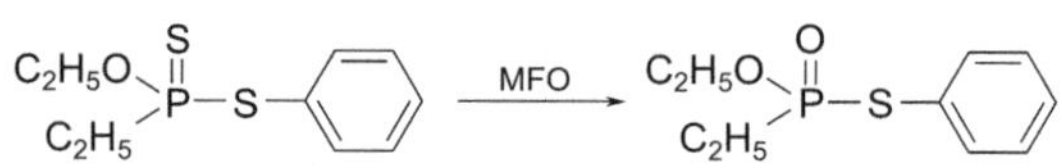

地虫硫磷

IC_{50}AChE/(mol/L)	2×10^{-5}	3×10^{-8}
LD_{50}(大鼠)/(mg/kg)	14.7	2.8

这种氧化产物的形成需要有还原型辅酶Ⅱ(NADPH，学名为还原型烟酰胺腺嘌呤二核苷酸磷酸)及分子氧与微粒体共存，该反应受一氧化碳、增效醚(胡椒基丁醚，可用作杀虫增效剂)等抑制，表明该类反应受多功能氧化酶系的催化。体外实验表明排出的硫吸附在微粒体上，而在体内硫被排到尿中。

(2)硫醚键的氧化　某些含有硫醚结构的含磷杀虫剂，已观察到它们在植物、哺乳动物和昆虫体内的氧化作用，硫醚逐步氧化成亚砜、砜。例如双硫磷在蚊幼虫体内发生硫醚键的氧化以及氧化脱硫反应，从而引起抗 ChE 活性的改变[72]。

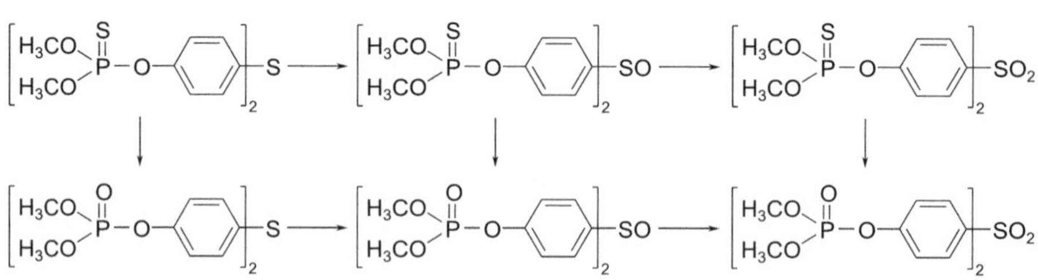

k_i(mol^{-1} · min^{-1} · 10^8)

蚊幼虫ChE

0.37	1.10	1.56

甲拌磷在植物体内的代谢与在动物体中不一样[73]，首先迅速氧化成亚砜和砜，然后脱硫，而脱硫过程则较缓慢。抗胆碱酯酶的活性一般是硫醚＜亚砜＜砜，因此这类氧化反应具有一定的激活作用，但不如氧化脱硫的激活作用大。

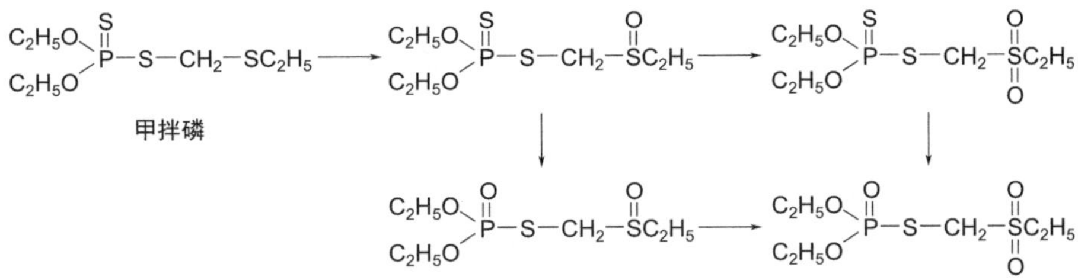

在体外实验中尚未证实任何酶系参与磷酸酯硫醚的氧化过程。根据其他硫化物的体外实验结果[74]，可以设想动物的多功能氧化酶系参与磷酸酯硫醚的生物氧化过程。在植物体内，P═S 键的氧化是由酶的催化导致的，而硫醚的氧化似乎与光催化作用有关。

(3) 酰胺键的氧化　八甲磷没有抗 ChE 活性，但经过生物氧化或化学氧化后，可转化成强抗 ChE 剂，其活性是八甲磷的 10^5 倍[74-76]；生物氧化可导致 *N*-脱甲基化[75-77]。其氧化产物的存在，可能是代谢产物抗 ChE 活性增大的重要原因。其分子的羟甲基可以通过形成分子内氢键，对磷产生诱导作用，从而增强其磷酰化能力。

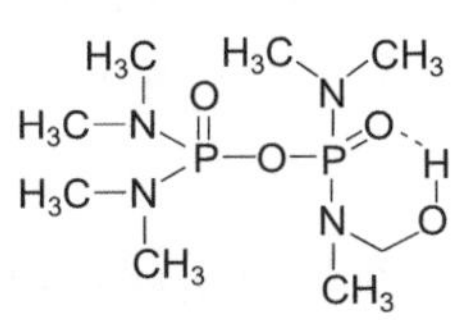

与磷酰胺相比，酰胺的代谢过程研究得更加透彻。以百治磷[R=N$(CH_3)_2$]为例，其代谢过程如下[78]：

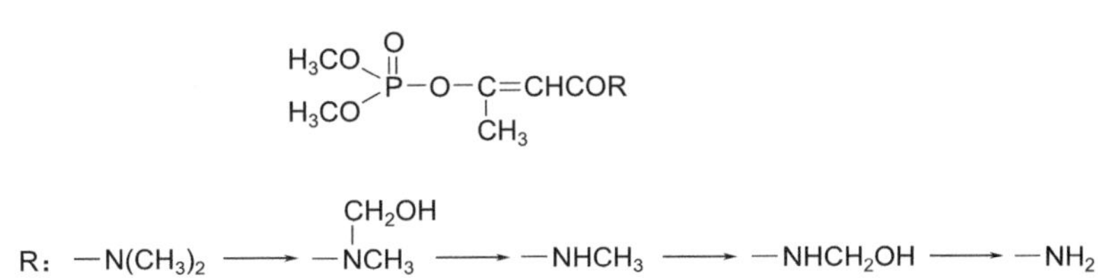

R：	$-N(CH_3)_2$	$-N(CH_2OH)CH_3$	$-NHCH_3$	$-NHCH_2OH$	$-NH_2$
pI_{50}家蝇AChE/(mol/L)：	7.2	7.0	6.8	6.9	6.5
LD_{50}蝇/(mg/kg)：	3.8	14	6.4	30	1.0
LD_{50}小鼠/(mg/kg)：	14	18	8	12	3

通过氧化 *N*-脱甲基化，百治磷转化成另一种杀虫剂（$R=NHCH_3$），进一步代谢，最后转化成 N 原子上未取代的酰胺化合物。

同样，*N*-脱甲基化可在多种有机磷杀虫剂的代谢过程中发现。如在乐果中观察到了 *N*-脱甲基化[79]；在含磺酰胺基团的伐灭磷中也发现了 *N*-脱甲基化过程，且伐灭磷的 *N*-脱甲基化代谢产物已发展成为内吸性杀虫剂——赛灭磷。此外，磷胺中的 *N*-乙基也可以通过 α-碳原子上的羟基化而被氧化成乙醛排出[80]。

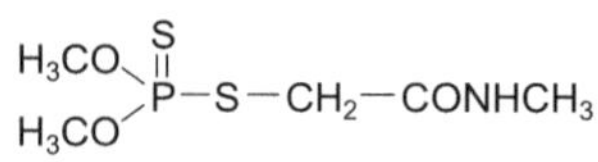

乐果

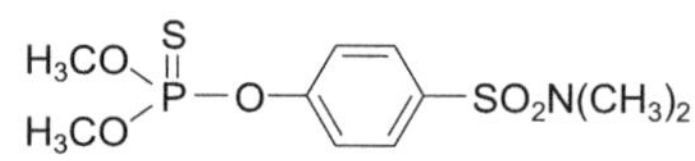

伐灭磷

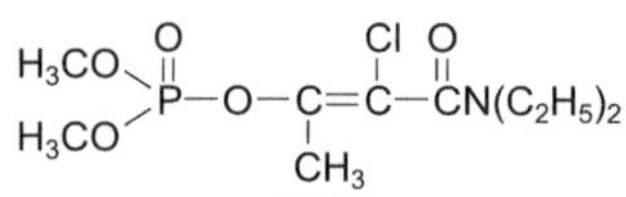

磷胺

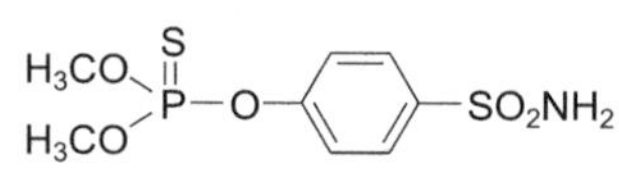

赛灭磷

（4）烃基的羟基化　含磷杀虫剂芳环上的烷基侧链在 MFO 作用下氧化为醇类，且还可以发生进一步转化。例如，磷酸三邻甲苯酯（TOCP）本身不是杀虫剂，但能使马拉硫磷增效，具有迟发性神经毒性。在体内可以转化成具有生物活性的水杨醛环状磷酸酯，其抑制 ChE 的活性比 TOCP 强 10^7 倍[81,82]。人们在哺乳动物、鸟类和昆虫中观察到 TOCP 及其类似物的代谢激活作用，但在植物中没有发现[83,84]。代谢的第一步是在苯环的邻甲基上发生羟基化，继而关环生成环状磷酸酯，至少有一个邻烷基苯基的含磷杀虫剂才能发生这种激活反应。日本九州大学的江藤守総教授对该类环状磷酸酯的结构与活性的关系进行了深入研究，由此发现了无迟发性神经毒性的蔬果磷。1962 年由日本住友化学公司将蔬果磷开发为杀虫剂，用于防治稻螟虫、飞虱、叶蝉、地老虎和卷叶蛾等害虫。

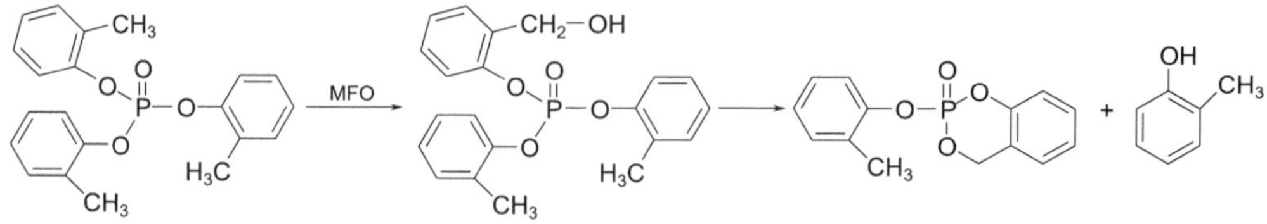

TOCP

O, *O*-二烷基-*O*-对乙基苯基磷酸酯（TPEP）也是一种神经毒物，它能通过大鼠肝

微粒体氧化酶在空气中和还原型辅酶Ⅱ(NADPH)存在下氧化成 α-羟乙基化合物，继而在可溶性脱氢酶存在下生成乙酰基化合物[85,86]，这种转化使对位取代基的 σ 值发生了很大改变[从 Et(−0.151)到 CH_3CO(+0.874)]，从而使其抗 ChE 活性和神经毒性增加。这类激活作用通常发生在哺乳动物、鸟类和昆虫中。

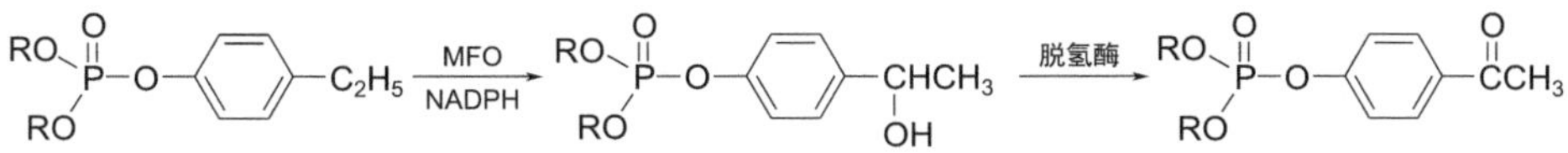

I_{50}蝇ChE/(mol/L)			9×10^{-5}
TPEP($R = EtC_6H_4$)	$>10^{-3}$	$>10^{-3}$	1.6×10^{-7}(三酮式)
I_{50}蝇ChE/(mol/L)			
(R = Et)	3×10^{-4}		8.6×10^{-9}

杂环上的侧链也能被 MFO 氧化羟基化。大鼠肝及蜚蠊脂肪体微粒体能催化二嗪磷的氧化代谢，使其转化成侧链羟基代谢物及氧化二嗪磷等[87]。二嗪磷的代谢产物在动物[88-90]及植物中均已被发现。这些氧化代谢产物均具有增毒的倾向，因此二嗪磷的氧化代谢是激活代谢过程。

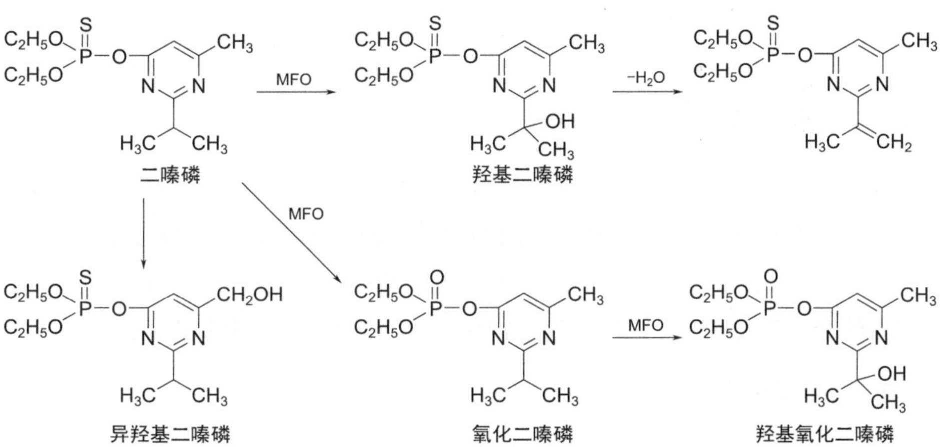

(5) 非氧化激活反应　除氧化反应以外，还有几个反应与磷酸酯的激活有关。丁酯膦在酯酶作用下转化成敌百虫，这种转化在植物中尤为迅速。敌百虫可自发转化成敌敌畏(DDVP)[91]。二溴磷与半胱氨酸巯基反应脱溴也能生成敌敌畏[92]。

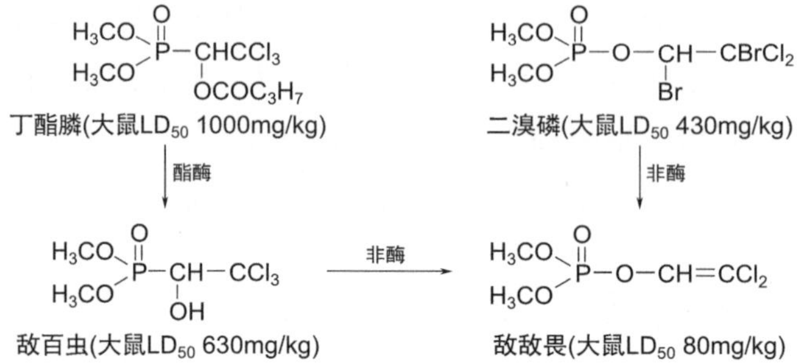

丰索磷在植物中酶作用下会发生P═S键重排生成P—S键的反应[93]，从而被激活。

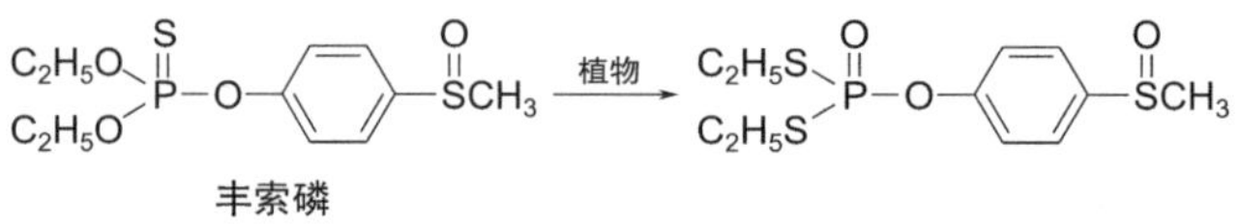

磷胺在大鼠体内转化成*N*-双去乙基羟基衍生物[94]。

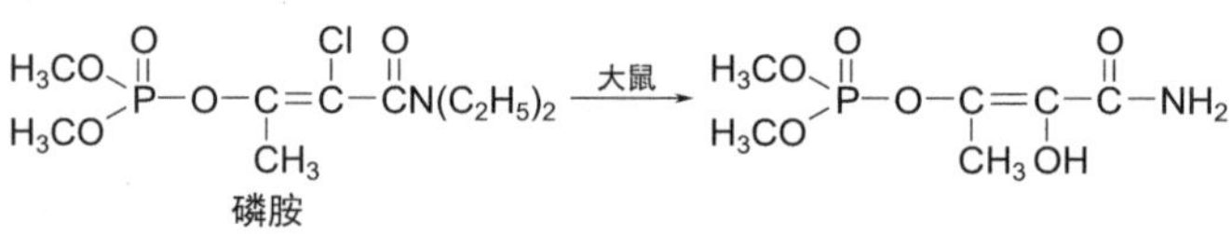

4.7.2 解毒代谢反应

含磷杀虫杀螨剂的解毒代谢主要是磷酸酯键的断裂，在分子中生成磷酸根负离子，从而失去磷酰化能力。有两种不同类型磷酸酯键的断裂，一种是酸性基团与磷原子形成的酸酐键断裂，另一种是烷基酯键的断裂。此外，不含磷官能团(如侧链上的羧酸酯基、酰氨基、硝基等)的生物降解，也是解毒代谢的重要途径。

4.7.2.1 酸酐键的断裂

酸酐键断裂的解毒代谢反应主要包括氧化脱芳基反应、水解反应和谷胱甘肽*S*-芳基转移反应，具体介绍如下。

(1)氧化脱芳基反应　在这类解毒代谢反应中，如哺乳动物肝微粒体既能催化对硫磷的氧化脱硫，又能催化芳基酯的氧化脱芳基化反应。这些反应需要在辅酶Ⅱ(NADPH)和氧分子参与，一氧化碳、SKF-525A(盐酸普罗地芬，细胞色素P450抑制剂，IC_{50}=19μmol/L）及苯并二噁茂均能强烈抑制以上反应，研究表明这些反应是受到 MFO 催化的[95]。

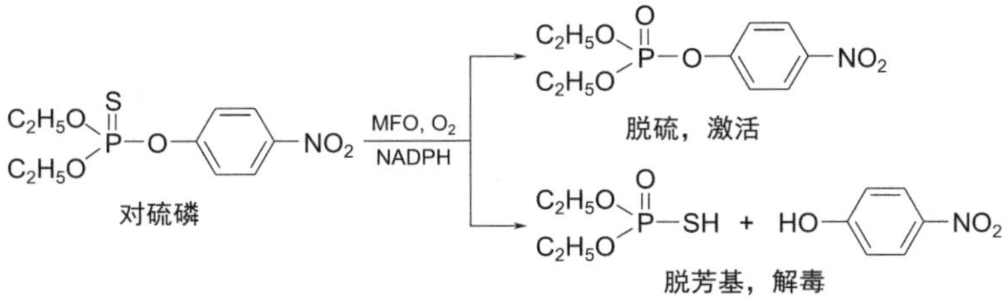

人们观察到一些硫逐（酮）磷酸酯（如甲基对硫磷、异氯磷、杀螟松、二嗪磷），硫逐（酮）膦酸酯（如苯硫磷），以及二硫代膦酸酯（如地虫硫磷）等在动物肝中和家蝇腹部 MFO 中也存在类似的反应[96-99]。如地虫硫磷发生 P—SPh 键断裂的反应，生成苯硫酚。

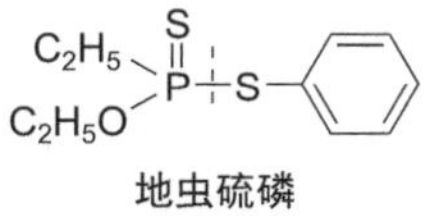

（2）水解反应　磷酰基化合物能被酯酶 A（也称为芳基酯酶或磷酸三酯酶）水解，该类酶广泛存在于哺乳动物的组织，尤其是血浆、肝和肾中。类似的酯酶也存在于昆虫以及微生物中[100]。此类酶还能水解某些氨基甲酸酯及羧酸酯。酯酶 A 与磷酸酯酶不同，磷酸酯酶只能水解酸性磷酸酯，而酯酶 A 能水解多种中性磷化合物，使磷原子与最具酸性的基团发生断裂。因此，酯酶 A 不仅能使 P（O）—OAr，P（O）—SAr 等键断裂，也能使 P（O）—O—P（O），P（O）—F，P（O）—CN 等键发生断裂，这些键的断裂导致含磷杀虫剂失去对 AChE 的抑制活性。

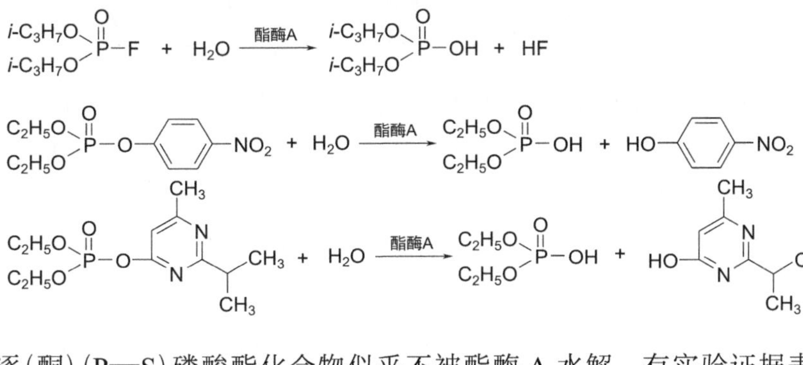

硫逐（酮）（P═S）磷酸酯化合物似乎不被酯酶 A 水解。有实验证据表明，在某

些情况下，同一种酯酶A能水解不同的有机磷化合物、氨基甲酸酯、羧酸酯。例如：羊血浆中一种纯化的酯酶能催化对硫磷、二异丙基磷酰氟(DFP)、塔崩及乙酸对硝基苯酯的水解，但不能催化特普及乙酸苯酯的水解[101]。

(3)谷胱甘肽*S*-芳基转移反应　有些酶能促进谷胱甘肽(GSH)对磷酸酯中酸酐键的断裂作用[97]，这种酶称为谷胱甘肽*S*-转移酶。二嗪磷发生这类降解时生成硫代磷酸和嘧啶基谷胱甘肽[102]。

氧化二嗪磷以及二嗪磷的某些高级烷基同系物，也同样可以在谷胱甘肽*S*-转移酶催化下发生芳基转移反应。

4.7.2.2　烷基酯键断裂

烷基酯键断裂的解毒代谢反应主要包括氧化脱烷基反应和谷胱甘肽*S*-烷基转移反应，具体介绍如下：

(1)氧化脱烷基反应　杀螟威在还原型辅酶Ⅱ(NADPH)和氧气存在下，被肝微粒体氧化脱乙基，反应产物经鉴定是乙醛和磷酸二酯[103]。

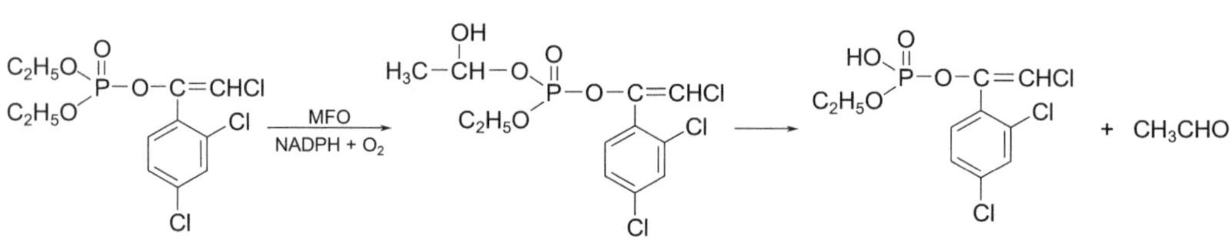

除杀螟威外，许多含乙烯基、苯乙烯基、苯基和萘基的磷酸三酯均可发生该类反应。这种酶称为磷酸三酯-氧-$NADPH_2$氧化还原酶，它能催化二甲基、二乙基、二异丙基、二正丁基等的脱烷基化反应，而二乙酯是最适合的底物。各种哺乳动物体内酶的脱烷基化的活性差异较大，狗的肝微粒体酶活性最高，而大鼠肝微粒体酶的活性只有狗的百分之一。

氧化二嗪磷、对氧磷在还原型辅酶Ⅱ(NADPH)和氧气存在条件下，经抗性家蝇微粒体的作用，也可以发生类似的脱烷基化反应[104,105]。氧化脱烷基化反应是磷酸三酯解毒的一个重要途径，尤其是含有乙基的磷酸酯；但不是硫逐(酮)磷酸酯的解毒代谢途径。

(2)谷胱甘肽*S*-烷基转移反应　大鼠肝匀浆上清液的酶能催化某些二甲基磷酸酯的脱甲基化反应。当加入谷胱甘肽(GSH)以后，催化作用大大加强，GSH在该反应中充当甲基受体作用[106,107]。这一结论在速灭磷[108]、杀螟松和甲基对硫磷[109]的代谢中得到证实，其产物是*S*-甲基GSH和磷酸单甲酯，即其甲基转移至GSH上了。这种酶被称为GSH *S*-烷基转移酶[110]，能催化硫逐(酮)磷酸酯或磷酸酯的反应。

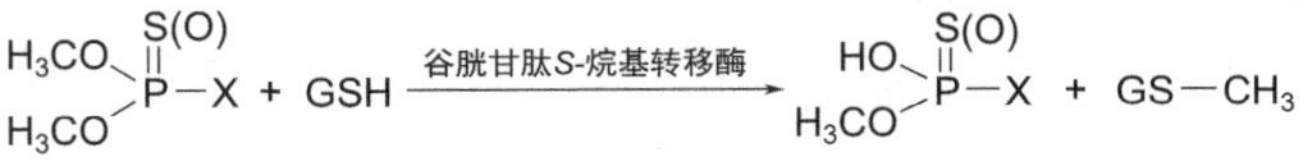

在哺乳动物肝脏的可溶性组分中GSH *S*-烷基转移酶的活性最高，而在昆虫中肠及其脂肪体的活性较低。尽管这种酶也能使乙基及其他烷基发生烷基转移反应，但哺乳动物转移酶对二甲酯类杀虫剂具有高度的专一性，这与二甲酯杀虫剂的毒性远远低于二乙酯类是一致的。所以，GSH的强烈脱甲基化转移作用在有机磷二甲酯杀虫剂的解毒代谢中具有重要地位。然而在抗性昆虫中这类转移酶对二乙酯类杀虫剂更具专一性，导致抗性家蝇对二乙氧基杀虫剂比二甲氧基类抗药性更强[111,112]。

4.7.2.3　非磷官能团的生物转化

非磷官能团生物转化的解毒代谢反应主要包括羧酸酯的水解反应、羧酰胺的水解反应和还原反应，具体介绍如下。

(1)羧酸酯的水解反应　许多含羧酸酯基的含磷杀虫剂(如马拉硫磷)，由于哺乳动物中羧酸酯酶的存在引起酯基水解而解毒。羧基阴离子因靠近磷原子导致磷的亲电性降低，水解产物失去活性[113,114]。在马拉硫磷的光学异构体中，左旋体与酶的反应活性高于右旋体，显示出较好的立体专一性。

羧酸酯酶又称为脂肪族酯酶或酯酶B，分布于哺乳动物的肝、肾、血清、肺、脾和肠中，但在昆虫中羧酸酯酶活性很低。马拉硫磷和家蝇磷的高选择性毒性比

[LD_{50}(动物)/LD_{50}(昆虫)的比值]主要是由于该原因。具有羧酸酯的杀虫剂，并非都是低毒和高选择性的，速灭磷是一种比其结构所预料的毒性强很多的杀虫剂，原因是在它的解毒降解过程中，羧酸酯酶所起的作用较小。部分含羧酸酯基的含磷杀虫剂的选择性毒性比为：马拉硫磷 27；马拉氧磷 5；家蝇磷 130；家蝇氧磷 63；速灭磷 5(表 4-13)。

在某些昆虫中，酯酶活性的增高，可能是其对马拉硫磷产生抗性的重要原因之一，这些抗性昆虫有蚊、蝇、叶蝉、飞虱和柑橘红蜘蛛 [115-119]。

表4-13　一些含羧酸酯基的含磷杀虫剂的选择性毒性比[113,114]

含磷杀虫剂	结构	LD_{50}/(mg/kg)		LD_{50} 比值
		小鼠	家蝇	
马拉硫磷	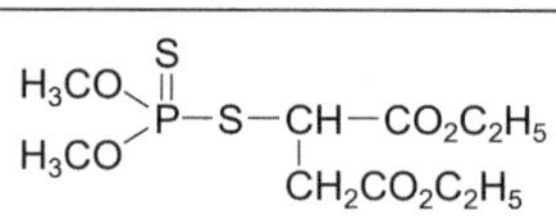	815	30	27
马拉氧磷	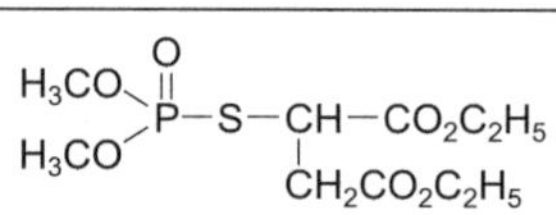	75	15	5
家蝇磷	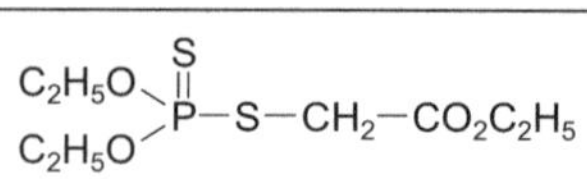	1280	9.4	130
家蝇氧磷	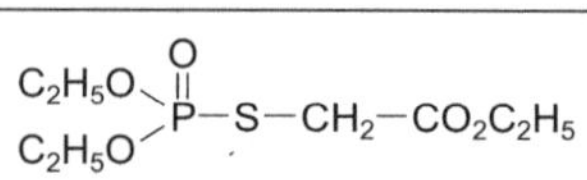	214	3.4	63
速灭磷	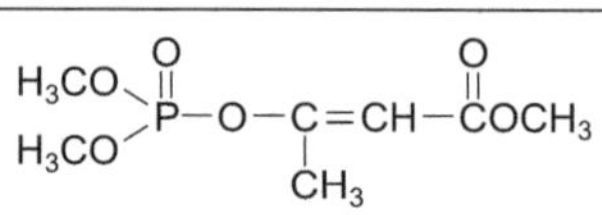	5	1	5

(2)羧酰胺的水解反应　另一个可水解的非磷官能团是羧酰氨基。乐果及其他含有酰胺键的杀虫剂中酰胺键断裂对选择性毒性是很重要的，体外降解与毒性之间具有一定的相关性 [120]。乐果具有较高的选择性毒性，其 LD_{50}(小鼠)/LD_{50}(家蝇)的比值为 350。

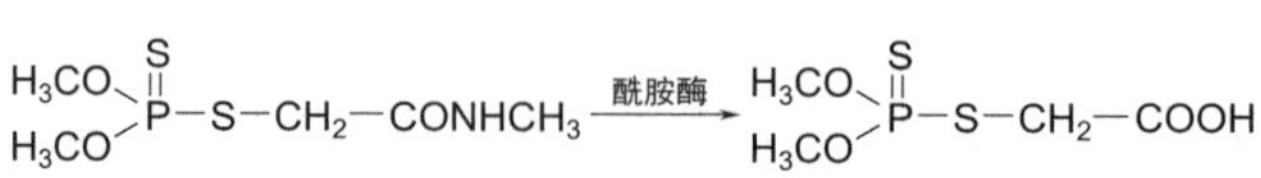

乐果　　　　乐果酸

在脊椎动物中，参与羧酰胺代谢的酰胺水解酶主要分布于肝脏中的微粒体中，羊肝是酰胺酶的重要来源。在乐果类似物中，*N*-丙基乐果是最好的底物，氧乐果不能被酰胺酶水解，却可以抑制该酶。只有硫逐(酮)磷酸酯类似物可作为该酶的底物，进行酰胺键的水解反应。

(3)还原反应　对硫磷和苯硫磷等化合物中的硝基被还原成氨基后，导致其杀虫活性和抗AChE活性消失，这是分子中的硝基由强吸电子基团转变成了供电子的氨基的缘故。

还原酶需要在辅酶Ⅱ的参与下才能进行反应。还原反应容易在瘤胃液中和微生物中发生[121]。因此，氨基对硫磷在反刍动物中是一个主要的代谢产物。尽管对硫磷的降解作用主要来自自氧化系统，但使对硫磷和对氧磷发生解毒作用的硝基还原酶也已经在家蝇腹部和脊椎动物肝脏中发现[122,123]。

4.7.2.4　结合作用

(1)葡糖苷酸的形成　解毒代谢反应还包括结合作用，这种结合作用可以分为葡糖苷酸的形成、葡糖苷的形成、硫酸酯的形成和谷胱甘肽结合作用，具体介绍如下。

经初级代谢生成的酚、醇、羧酸、胺和硫醇等产物，在脊椎动物的葡糖醛酸转移酶作用下形成葡糖苷酸结合物(即小分子中的氨基、羟基与葡糖醛酸中的醛基形成半缩醛或胺缩醛产物)。尿苷二磷酸葡糖醛酸(UDPGA)的作用是向底物供应D-葡糖醛吡喃基，以便形成葡糖苷酸。

人们已经从多种含磷杀虫剂的体内代谢过程中观测到葡糖苷酸的形成。在大鼠中敌敌畏(DDVP)代谢为二氯乙基葡糖苷酸[124]；在大鼠和狗中，杀螟威代谢为1-(2,4-二氯苯基)乙基葡糖苷酸[125]；在小牛中伐灭磷代谢为甲基氨基磺酰苯基葡糖苷酸和二甲基氨基磺酰苯基葡糖苷酸[126]；在母牛中对硫磷代谢为对氨基苯基葡糖苷酸[127]。

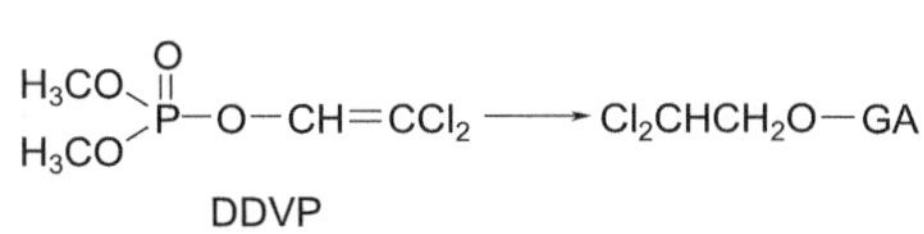

GA = 葡糖醛酸　　　　OGA = 葡糖醛酸的半缩醛苷(葡糖苷酸)

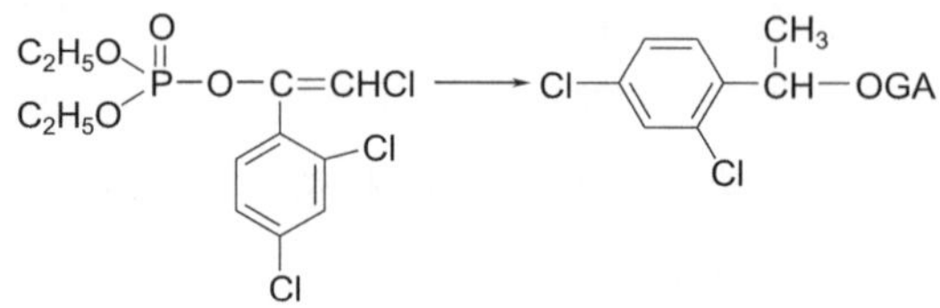

杀螟威

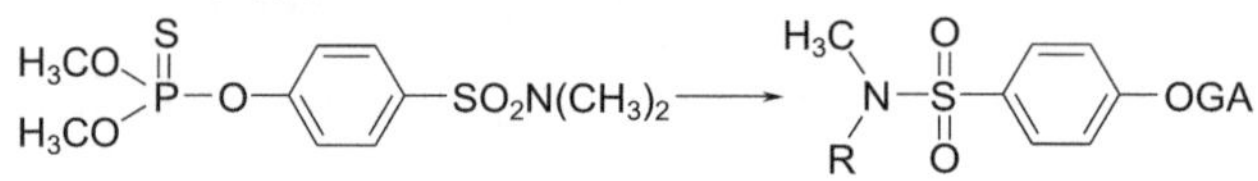

伐灭磷　　　　生成R = H和CH_3的两种产物

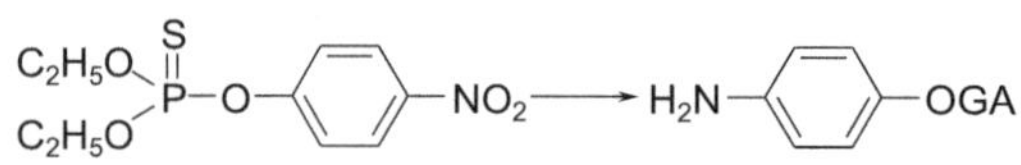

对硫磷

(2) 葡糖苷的形成　与脊椎动物不同的是，植物和昆虫能够利用从尿苷二磷酸葡糖(UDPG)转移而来的D-葡糖吡喃基形成结合物。甲硫磷的代谢产物是亚砜和砜，它们在大鼠中可很快形成相应的葡糖苷酸及硫酸酯，而在昆虫及植物体内则形成酚的β-葡糖苷[128,129]。

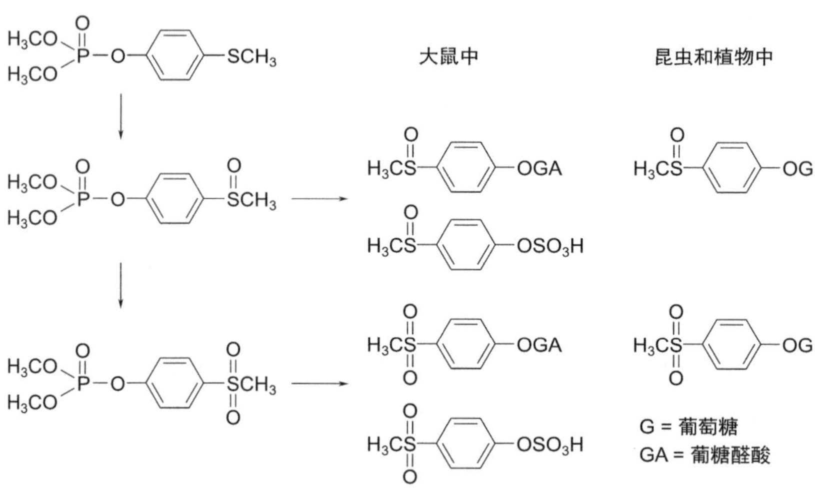

伏杀硫磷在植物中的代谢产物经确定为苯并噁唑酮的*N*-葡糖苷。

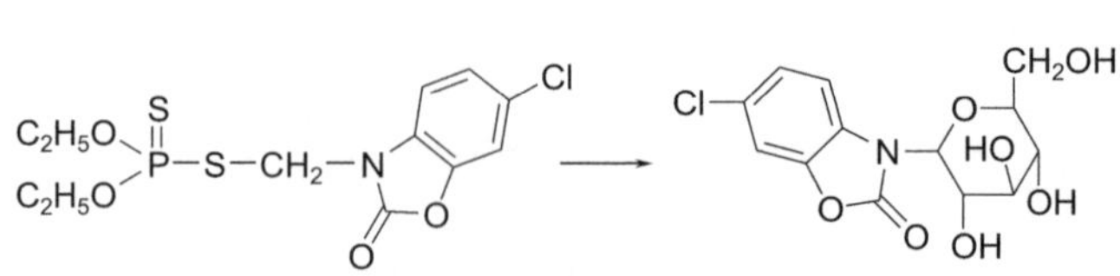

(3) 硫酸酯的形成　硫酸酯的结合作用是酚和醇的重要代谢反应。硫酸酯结合作用需要硫酸酯转移酶的参与，硫酸酯基来自 3′-腺磷酸-5′-磷酸硫酸酯 (PAPS)。

例如在硫酸酯转移酶的作用下，杀螟腈在大鼠体内与硫酸酯结合被降解，生成的主要代谢物——对氰基苯基硫酸酯从尿中排出。

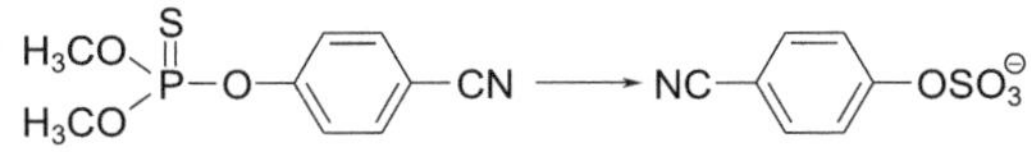

芳香胺也能与硫酸酯结合，代谢生成氨基磺酸酯。

(4) 甲基化作用　甲基化是外源物质代谢的次要过程，其通常为解毒过程。当含磷杀虫剂分子中含有 P—S—C 键时，有可能生成 *S*-甲基化代谢产物。例如杀扑磷在大鼠体内迅速降解，生成噻二唑酮亚砜及其砜衍生物等主要代谢产物[130]。这些代谢产物可能来源于 P—S 键的断裂，生成巯甲基衍生物，经甲基化，随后发生氧化反应。

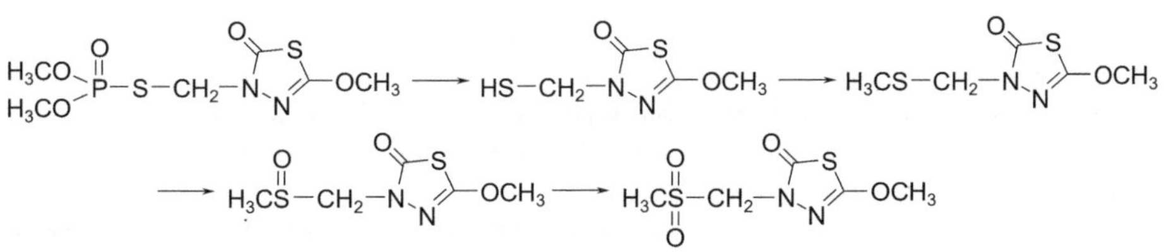

伏杀硫磷在大鼠体内的代谢过程与之类似，产生类似的代谢产物。

地虫硫磷在大鼠或马铃薯植株中，经氧化 P—S 键断裂或经氧化水解而产生苯硫酚，很快甲基化，随后氧化成亚砜及砜[131-133]。此外，代谢产物中还检测到微量的中性酯 (*O*-乙基-*S*-甲基乙基膦酸酯、*O*-乙基-*O*-甲基乙基膦酸酯)，其结构是硫代膦酸及其膦酸的甲基化产物。

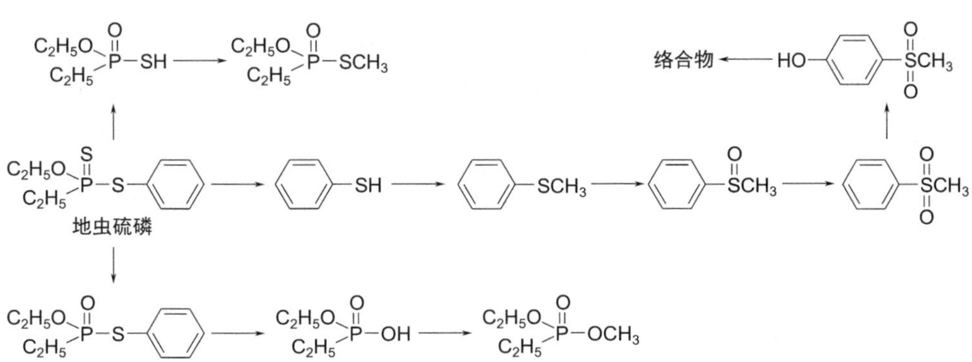

在甲基化过程中，其甲基来自活性蛋氨酸，即由蛋氨酸和ATP经生化合成的*S*-腺蛋氨酸。甲基从活性蛋氨酸转移到底物上需要在甲基转移酶的催化下才能完成。

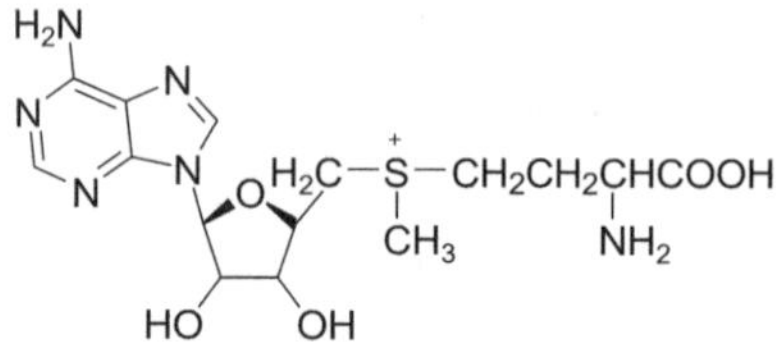

S-腺蛋氨酸

(5) 谷胱甘肽结合作用　谷胱甘肽结合作用是不经初级代谢反应就能发生的结合作用，在含磷杀虫剂中，它可以发生谷胱甘肽*S*-芳基转移反应以及*S*-烷基转移反应。

参考文献

[1] 唐除痴，李煜昶，陈彬，等．农药化学 [M]．天津：南开大学出版社，1998．

[2] 陈茹玉，杨华铮，徐本立．农药化学 [M]．北京 / 广州：清华大学出版社 / 暨南大学出版社，2009.

[3] 江藤守総．有机磷农药的有机化学与生物化学 [M]．杨石先，等译．北京：化学工业出版社，1981: 197-256.

[4] Lange W, Krueger B. Über Ester der Monofluorphosphorsäure [J]. Chem. Ber., 1932, 65: 1598.

[5] Saunders B C. Some Aspects of the Chemistry and Toxic Action of Organic Compounds Containing Phosphorus and Fluorine [M]. London: Cambridge University Press, 1957.

[6] Schrader G. Die Entwicklung neuer Insektizide auf Grundlage Organischer Fluor- and Phosphor-Verbindungen, Verlag Chemie [M]. Weiheim, 1952.

[7] (a) 贺红武，刘钊杰．有机磷农药的发展趋势与低毒有机磷杀虫剂的开发和利用 (上) [J]. 世界农药，2001, 23 (1): 1.

(b) 贺红武，刘钊杰．有机磷农药的发展趋势与低毒有机磷杀虫剂的开发和利用(下)[J]．世界农药，2001, 23 (4): 26.

[8] 程暄生，高中兴，叶亚辉，等．有机磷杀虫剂品种手册 [M]．江苏省农药研究所，1996.

[9] 贺红武．华中师范大学有机磷农药的研制与开发历史 [J]．农药学学报增刊，2009, 11: 56.

[10] 贺红武．有机磷农药产业的现状与发展趋势 [J]．世界农药，2008, 30 (6): 29.

[11] 冯坚．我国新农药创制与产业化开发 [J]．现代农药，2005, 4 (3): 1.

[12] 薛振祥，秦友山．中国农药工业 50 年 [J]．江苏农药，2000, (1): 2.

[13] 化学工业部农药情报中心站．国外农药品种手册(三)[M]．1981: 65-370.

[14] 化学工业部农药情报中心站．国外农药品种手册(四)[M]．1985: 3-39.

[15] 化学工业部农药情报中心站．国外农药品种手册(五)[M]．1989: 70-80.

[16] MacBean, C. The Pesticide Manual, A World Compendium [M]. 胡笑形，译．北京：化学工业出版社，2015.

[17] 夏世钧．农药毒理学 [M]．北京：化学工业出版社，2008.

[18] Adrian E D, Feldberg W, Kilby B A. The Cholinesterase Inhibiting Action of Fluorophosphonates [J]. Br. J. Pharmacol, 1947, 2: 56.

[19] Balls A K, Jansen E F. Stoichiometric Inhibition of Chymotrypsin [J]. Adv. Enzymol., 1952, 13: 321.

[20] Gage J C. A Cholinesterase Inhibitor Derived from *O,O*-diethyl-*O-p*- nitrophenyl Thiophosphate in Vivo [J]. Biochem. J., 1953, 54: 426-430.

[21] Fest C, Schmidt K-J. The Chemistry of Organophosphorus Pesticides [M]. Berlin: Springer-Verlag, 1973: 164-187.

[22] Hassall K A. The Chemistry of Pesticides [M]. London: The Macmillan Press Ltd. 1982: 67-96.

[23] Keijer J H, Wolring G Z. Stereospecific Aging of Phosphonylated Cholinesterases [J]. Biochem. Biophys. Acta., 1969, 185: 465.

[24] Davies D A, Green A L. The Kinetics of Reactivation, by Oximes, of Cholinesterase Inhibited by Organophosphorus Compounds [J]. Biochem. J., 1956, 63: 529.

[25] Berends F, Posthumus C H, Sluys I V D, et al. The Chemical Bassis of the "Ageing Process" of DFP-Inhibited Pseudocholinesterase [J]. Biochem. Biophys. Acta., 1959, 34: 576.

[26] Benschop H P, Keijer J H. On the Mechanism of Aging of Phosphonylated Cholinesterases [J]. Biochem. Biophys. Acta., 1966, 128: 586.

[27] Cohen J A, Oosterbaan R A, Jansz H S, et al. The Active Site of Esterases [J]. J. Cell Comp. Physiol., 1959, 54(Suppl.1): 231.

[28] Aldridge W N, Davison A N. The Inhibition of Erythrocyte Cholinesterase by Tri-Esters of Phosphoric Acid. Ⅱ. Diethyl *p*-Nitrophenyl Thionphosphate (E605) and Analogues [J]. Biochem. J., 1952, 51: 62.

[29] Fukuto T R, Metcalf R L. Pesticidal Activity and Structure, Structure and Insecticidal Activity of Some Diethyl Substituted Phenyl Phosphates [J]. J. Agric. Food Chem., 1956, 4: 930.

[30] Metcalf R L. Advances in Pest Control Research: Vol.1 [M]. New York: Interscience, 1957: 147.

[31] Newman M S. Steric Effects in Organic Chemistry [M]. New York: John Wiley, 1956: 556.

[32] Hansch C, Fujita T. p-σ-π Analysis. A method for the Correlation of Biological Activity and Chemical Structure [J]. J. Am. Chem. Soc, 1964, 86: 1616.

[33] Hansch C, Deutsch E W. The Use of Substituent Constants in the Study of Structure-Activity Relationships in Cholinesterase Inhibitors [J]. Biochem. Biophys. Acta., 1966, 126: 117.

[34] Kutter E, Hansch C. Steric Parameters in Drug Design. Monoamine Oxidase Inhibitors and Antihistamines [J]. J. Med. Chem., 1969, 12(4): 647.

[35] O'Brien R D, Yamamoto I. Biochemical Toxicology of Insecticides [M]. New York: Academic Press, 1970: 33.

[36] Bracha P, O'Brien R D. Trialkyl Phosphate and Phosphorothiolate Anticholinesterases. Ⅱ. Effects of Chain Length on Potency [J]. Biochemistry, 1968, 7(4): 1555.

[37] Hammett L. Physical Organic Chemistry [M]. New York: McGraw-Hill, 1950.

[38] Hollingworth R M, Fukuto T R, Metcalf R L. Selectivity of Sumithion Compared with Methyl Parathion. Influence of Structure on Anticholinesterase Activity [J]. J. Agric. Food Chem., 1967, 15: 235.

[39] 大川秀郎．有机磷光学异构体的合成及生理活性 [J]．刘纶祖，唐除痴，译．农药工业译丛，1979, 4: 1.

[40] Aaron H S, Michel H O, Witten B, et al. The Stereochemistry of Asymmetric Phosphorus Compounds. Ⅱ. Stereospecificity in the Irreversible Inactivation of Cholinesterases by the Enantiomorphs of an Organophosphorus Inhibitor [J]. J. Am. Chem. Soc., 1958, 80: 456.

[41] Hassan A, Dauterman W C. Studies on the Optically Active Isomers of *O*,*O*-Diethyl Malathion and *O*,*O*-Diethyl Malaoxon [J]. Biochem. Pharmacol., 1968, 17: 1431.

[42] Kurihara N., Miyamoto J., Paulson G. D., et al. Chirality in synthetic agrochemicals: Bioactivity and safety consideration [J]. Pure & Appl. Chem., 1987, 69(6), 1335-1348.

[43] Ooms A J J, Boter H L. Stereospecificity of Hydrolytic Enzymes in Their Reaction with Optically Active Organophosphorus Compounds. Ⅱ. The Inhibition of Aliesterase, Acetylesterase, Chymotrypsin and Trypsin by *S*-Alkyl Para-Nitrophenyl Methylphosphonothiolates [J]. Biochem. Phermacol., 1965, 14: 1839.

[44] Fukuto T R, Metcalf R L. Insecticidal Activity of the Enantiomorphs of *O*-Ethyl-*S*-2-(Ethylthio)- ethyl Ethylphosphonothiolate [J]. J. Econ. Entomol., 1959, 52: 739.

[45] Boter H L, van Dijk C. Stereospecificity of Hydrolytic Enzymes on Reaction with Asymmetric Organophosphorus Compounds: Ⅲ [J]. Biochem. Pharmacol., 1969, 18: 2403.

[46] 尚稚珍，张壬午，邹永华，等．*O*-乙基-*O*-苯基-*S*-(*β*-乙氧基)乙基硫代磷酸酯的旋光异构体生物活性的立体特异性 [J]．昆虫学报，1983, 26: 10.

[47] 南开大学元素有机化学研究所编译．国外农药进展 [M]．北京：石油化学工业出版社，1976: 22-37.

[48] Schrader G, Pflanzenschutz Ber. (wien), 1967, 36, 14 (Sonderheft).
[49] Schrader G, World Rev. Pest Contro., 1965, 4, 140.
[50] 李小东，宗菲菲，巨婷婷．敌敌畏的合成方法研究进展 [J]．山东化工，2019, 16: 101-104.
[51] 罗方明，苏红枚，罗朝林．两种工艺路线合成的敌敌畏对比 [J]．农药，1992, 31(1): 11-12.
[52] 肖尚发，孙永茂，刘晓光，等．一种敌敌畏工业生产工艺 [P]: 中国 , CN: 104892665B. 2017-06-09.
[53] 吉志扬，王建荣．杀虫畏的制备工艺 [P]：中国，CN101195636A. 2008-06-11.
[54] (a) 南通江山农药化工股份有限公司．Q/JS J03-01 久效磷生产工艺操作规程 [S]．1999. (b) 化学系农药组．高效内吸杀虫剂久效磷的合成 [J]．开封师院学报 (自然科学版)，1975: 27-31.
[55] 蒋兴材，戎玉芬，林维铭．农药杀螟松简易合成法 [J]．天津化工，1991 (04): 9-11.
[56] 高中兴，柳庆先，张南燕．浅谈二嗪农合成工艺等问题 [J]．江苏农药，1994 (01): 14-15.
[57] 陈晓荣，刘庆德，齐运峰，等．一种辛硫磷原药的合成工艺 [P]：中国，CN105732704A. 2016-07-06.
[58] 黄锦霞．蔬果磷的合成及药效研究 [J]．湖北化工，1986 (03): 41-47.
[59] 张劲松，张平．氧乐果生产工艺述评 [J]．农药，1985 (03): 28-30.
[60] 浙江省宁波农药厂，浙江省化工研究所．60 吨 / 年 50% 乙硫磷乳剂(二氯甲烷法)中间试验报告 [R]. 农药，1972 (04): 4-17.
[61] 陈雄飞．有机磷杀虫剂三硫磷的制备 [J]．化学世界，1965 (07): 15-17.
[62] 范建国，印常智，张行．亚胺硫磷的制备方法 [P]：中国，CN101538282A. 2009-09-23.
[63] 肖建中．一种马拉硫磷原药及其制备方法 [P]：中国，CN111100163A. 2020-05-05.
[64] 姚文刚．乐果的合成方法 [P]：中国，CN1702074A. 2005-11-30.
[65] 田冰．丙硫磷新合成路线的研究 [J]．河南广播电视大学学报，1997 (01): 32-34.
[66] 王家宣．治螟磷合成工艺条件改进 [J]．农药工业，1980 (03): 16.
[67] 四川省化工研究所．乙酰甲胺磷的合成 [J]．农药工业，1975 (04): 3-5.
[68] 罗守宏．新农药乙基硫环磷(棉安磷)[J]．中外技术情报，1996 (2): 13-14.
[69] 印常智，郑良斌，胡振华，等．水胺硫磷合成工艺研究 [J]．湖北化工，1998 (S1): 96-97.
[70] 胡仲富．土壤杀虫剂地虫硫磷 [J]．浙江化工 , 1994 (01): 9-11.
[71] Knaak J B, Stahmann M A, Caside J E. Peroxidase and Ethylenediamine-Tetracetic Acid-Ferrous Iron-Catalyzed Oxidation and Hydrolysis of Parathion [J]. J. Agric. Food Chem., 1962, 10: 154.
[72] Leesch J G, Fukuto T R. The Metabolism of Abate in Mosquito Larvae and Houseflies [J]. Pest. Biochem. Physiol., 1972, 2: 223.
[73] Bowman J S, Casida J E. Plant Metabolism of Insecticides, Metabolism of the Systemic Insecticide *O,O*-Diethyl *S*-Ethylthiomethyl Phosphorodithioate (Thimet) in Plants [J]. J. Agric. Food Chem., 1957, 5: 192.
[74] Lee Y C, Hayes M G J, McCormick D B. Microsomal Oxidation of α-Thiocarboxylic Acids to Sulfoxides [J]. Biochem. Pharmacol., 1970, 19: 2825.
[75] Tsuyuki H, Stahmann M A, Casida J E. Mechanism of Insecticide Action, Preparation, Purfication, Isomerization, and Biological Properties of Octamethylpyrophosphoramide *N*-Oxide [J]. J. Agric. Food Chem., 1955, 3: 922.
[76] Casida J E, Allen T C, Stahmann M A. Mammalian Conversion of Octamethylpyrophosphoramide to a Toxic Phosphoramide *N*-Oxide [J]. J. Biol. Chem., 1954, 210: 607.
[77] Spencer E Y, O' Brien R D, White R W. Metabolism of Insecticides, Permanganate Oxidation Products of Schradan [J]. J. Agric. Food Chem., 1957, 5: 123.
[78] Menzer R E, Casida J E. Insecticide Metabolism, Nature of Toxic Metabolites Formed in Mammals, Insects, and Plants from 3-(Dimethoxyphosphinyloxy)-*N*-*N*-dimethyl-cis-croton-amide and Its *N*-Methyl Analog [J]. J. Agric. Food Chem., 1965, 13: 102.
[79] Lucier G W, Menzer R E. Nature of Oxidative Metabolites of Dimethoate Formed in Rats, Liver Microsomes, and Bean Plants [J]. J. Agric. Food Chem., 1970, 18: 698.
[80] Menzer R E, Dauterman W C. Metabolism of Some Organophosphorus Insecticides [J]. J. Agric. Food Chem., 1970, 18: 1031.
[81] Eto M, Casida J E, Eto T. Hydroxylation and Cyclization Reactions Involved in the Metabolism of Tri-*O*-Cresyl

Phosphate [J]. Biochem. Pharmacol., 1962 11: 337.

[82] Casida J E, Eto M, Baron R L. Biological Activity of a Tri-o-Cresyl Phosphate Metabolite [J]. Nature, 1961, 191: 1396.

[83] Eto M, Matsuo S, Ohima Y. Metabolic Formation of Saligenin Cyclic Phosphates from *o*-Tolyl Phosphates in House Flies, Musca Domestica [J]. Agric. Biol. Chem., 1963, 27: 870.

[84] Eto M. Pesticide Chemistry, Proceedings 2nd International IUPAC Congress Vol. 1. [C]. Tahri A S. London: Gordon & Breach, 1972: 311.

[85] Eto M, Abe M. Metabolic Activation of Alkylphenyl Phosphates [J]. Biochem. Phermacol., 1971, 20: 967.

[86] Eto M, Abe M, Takahara H. Metabolism of Tri-*p*-Ethylphenyl Phosphate and Neurotoxicity of the Metabolites [J]. Agric. Biol. Chem., 1971, 35: 929.

[87] Shishido T, Usui K, Fukami J. Oxidative Metabolism of Diazinon by Microsomes from Rat Liver and Cockroach Fat Body [J]. Pest. Biochem. Physiol., 1972, 2: 27.

[88] Machin A F, Anick M P, Rogers H, et al. The Conversion of Diazinon to Hydroxydiazinon in the Guinea-Pig and Sheep [J]. Bull. Environ. Contam. Toxicol., 1971, 6: 26.

[89] Miyazaki H, Tojinbara I, Watanabe Y, et al. Proc. Symp. Drug Metab. Action. Ist [R]. 1969, 135.

[90] Janes N F, Machin A F, Quick M P, et al. Toxic Metabolites of Diazinon in Sheep [J]. J. Agric. Food Chem., 1973, 21: 121.

[91] Miyamoto J. Metabolic Fate of DDT in Drosophila Melanogaster. Ⅱ . DDT Resistance and Keltane Production [J]. Botyu-Kagaku, 1959, 24: 130.

[92] Casida J E. Pesticide Chemistry, Proceedings 2nd International IUPAC Congress [C]. Tahori A S. London: Gordon Breach, 1972: 295.

[93] Benjiamini E, Metcalf R L, Fukuto T R. Contact and Systemic Insecticidal Properties of *O*,*O*-Diethyl *O*-*p*-Methylsulfinylphenyl Phosphorothionate and Its Analogues 1 [J]. J. Econ. Entomol., 1959, 52: 94.

[94] Lucier G W, Menzer R E. Nature of Neutral Phosphorus Ester Metabolites of Phosphamidon Formed in Rats and Liver Microsomes [J]. J. Agric. Food Chem., 1971, 19: 1249.

[95] Neal R A. Studies on the Metabolism of Deithyl 4-Nitrophenyl Phos- Phorothionate (Parathion) in Vitro [J]. Biochem. J., 1967, 103: 183.

[96] Nakatsugawa T, Tolman N M, Dahm P A. Degradation and Activation of Parathion Analogs by Microsomal Enzymes [J]. Biochem. Pharmacol., 1968, 17: 1517.

[97] Yang R S H, Hodgson E, Dauterman W C. Metabolism in Vitro of Diazinon and Diazoxon in Rat Liver [J]. J. Agric. Food Chem., 1971, 19: 10, 14.

[98] Nakatsugawa T, Tolman N M, Dahm P A. Oxidative Degradation of Diazinon by Rat Liver Microsomes [J]. Biochem. Pharmacol., 1969, 18: 685.

[99] McBain J B, Yamamoto I, Casida J E. Echanism of Activation and Deactivation of Dyfonate (*O*-ethyl *S*-phenyl Ethylphosphonodithioate) by Rat Liver Microsomes [J]. Life Sci. Ⅱ ., 1971, 10: 947.

[100] Aldrige W N, Reiner E. Enzyme Inhibitors as Substrates: Interactions of Esterases with Esters of Organophosphorus and Carbamic Acid [M]. North-Holland: Verlag, 1972.

[101] Main A R. The Differentiation of the A-Type Esterases in Sheep Serum [J]. Biochem. J., 1960, 75: 188.

[102] Shishido T, Usui K, Sato M, et al. Enzymatic Conjugation of Diazinon with Glutathione in Rat and American Cockroach [J]. Pest. Biochem, Physiol., 1972, 2: 51.

[103] Donninger C. Species Specificity of Phosphate Triester Anticholinesterases [J]. Bull. WHO, 1971, 44: 265.

[104] Oppenoorth F J. Toxicology, Biodegradation and Efficacy of Livestock Pesticide [M]. Khan M A, Hanfe W O. Amsterdam: Swets & Zeitlinger, 1972: 73.

[105] Lewis J B, Sawicki R M. Characterization of the Resistance Mechanisms to Diazinon, Parathion and Diazoxon in the Organophosphorus-Resistant SKA Strain of House Flies (*Musca domestica L.*) [J]. Pest. Biochem. Physiol., 1971, 1: 275.

[106] Fukami J, Shishido T. Nature of a Soluble, Glutathione-Dependent Enzyme System Active in Cleavage of Methyl Parathion to Desmethyl Parathion [J]. J. Econ. Entomol., 1966, 59: 1338.

[107] Fukunaga K, Fukami J, Shishido T. The in Vitro Metabolism of Organophosphorus Insecticides by Tissue

Homogenates from Mammal and Insect [J]. Residue Rev., 1969, 25: 233.

[108] Stenersen J. Demethylation of the Insecticide Bromophos by a Glutathione-Dependent Liver Enzyme and by Alkaline Buffers [J]. J. Econ. Entomol., 1969, 62: 1043.

[109] Hollingworth R M. Biochemical Toxicology of Insecticides [M]. O′ Brien R D, Yamamoto I. New York: Academic Press, 1970: 75.

[110] Boyland E, Chasseaud L F. The Role of Glutathione and Glutathione *S*-Transferase in Mercapturic Acid Biosynthesis [J]. Adv. Enzymol., 1969, 32: 173.

[111] Lewis J B, Sawicki R M. Characterization of the Resistance Mechanisms to Diazinon, Parathion and Diazoxon in the Organophosphorus-Resistant SKA Strain of House Flies (*Musca domestica* L.) [J]. Pest. Biochem. Physiol., 1971, 1: 275.

[112] Oppenoorth F J, Rupes V, Elbashir S, et al. Glutathione-Dependent Degradation of Parathion and Its Significance for Resistance in the Housefly [J]. Pest. Biochem. Physiol., 1972, 2: 262.

[113] Main A R, Braid P E. Hydrolysis of Malathion by Ali-Esterases in Vitro and in Vivo [J]. Biochem. J., 1962, 84: 255.

[114] Chen P R, Tucker W P, Dauterman W C. Structure of Biologically Produced Malathion Monoacid [J]. J. Agric. Food Chem., 1969, 17: 86.

[115] Matsumura F, Brown A W A. Biochemistry of Malathion Resistance in Culex Tarsalis1 [J]. J. Econ. Entomol., 1961, 54: 1176.

[116] Matsumura F, Hogendijk C J. The Enzymatic Degradation of Malathion in Organophosphate Resistant and Susceptible Strains of *Musca domestica* [J]. Entomol. Exp. Appl., 1964, 7: 179.

[117] Kojima K, Ishizuka T, Kitakata S. Mechanisms of Resistance to Malathion in the Green Rice Leafhopper, *Nephotettix cincticeps* Uhler [J]. Botyu-Kagaku, 1963, 28: 17.

[118] Takahashi Y, Saito T, Iyatomi K, et al. Joint Toxic Action of Organophosphorus Compounds and Various Compounds in Resistant Citrus Red Mites. Ⅱ [J]. Botyu-Kagaku, 1973, 38: 13.

[119] Ozaki K. Interrelationship between the Occurrence of Rice Blast Disease and the Meteorological Conditions [J]. Rev. Plant Protec. Res., 1969, 2: 1.

[120] Uchida T, O′Brien R D. Dimethoate Degradation by Human Liver and Its Significance for Acute Toxicity [J]. Toxicol. Appl. Pharmacol., 1967, 10: 89.

[121] Ahmed M K, Casida J E, Nichols R, E. Animal Metabolism of Insecticides, Bovine Metabolism of Organophosphorus Insecticides: Significance of Rumen Fluid with Particular Reference to Parathion [J]. J. Agric. Food Chem., 1958, 6: 740.

[122] Hitchcock M, Murphy S D. Enzymatic Reduction of *O*,*O*-(4-Nitrophenyl) Phosphorothioate, *O*,*O*-Diethyl *O*-(4-Nitrophenyl) Phosphate, and *O*-Ethyl *O*-(4-Nitrophenyl) Benzene Thiophosphonate by Tissues from Mammals, Birds and Fishes [J]. Biochem. Pharmacol., 1967, 16: 1801.

[123] Lichtenstein E P, Fuhreman T W. Activity of an NADPH-Dependent Nitroreductase in Houseffies [J]. Science, 1971, 172: 589.

[124] Casida J E, MacBride L, Niedermier R P. Insecticide Metabolism, Metabolism of 2,2-Dichlorovinyl Dimethyl Phosphate in Relation to Residues in Milk and Mammalian Tissues [J]. J. Agric. Food Chem., 1962, 10: 370.

[125] Huston D H, Ahkintonwa D A A, Hathway D E. The Metabolism of 2-Chloro-1-(2′,4′-Dichlorophenyl)Vinyl Diethyl Phosphate (Chlorfenvinphos) in the Dog and Rat [J]. Biochem. J., 1967, 102: 133.

[126] Gatterdam P E, Wozniak L A, Bullock M W, et al. Absorption, Metabolism, and Excretion of Tritium-Labeled Famphur in the Sheep and Calf [J]. J. Agric. Food Chem., 1967, 15: 845.

[127] Pankaskie J E, Fountaine F C, Dahm P A. The Degradation and Detoxication of Parathion in Dairy Cows [J]. J. Econ. Entomol., 1952, 45: 51.

[128] Wendel L E, Bull D L. Systemic Activity and Metabolism of Dimethyl *p*-(Methylthio)Phenyl Phosphate in Cotton [J]. J. Agric. Food Chem., 1970, 18: 420.

[129] Bull D L, Stokes R A. Metabolism of Dimethyl-*p*-(Methylthio)Phenyl Phosphate in Animals and Plants [J]. J. Agric. Food Chem., 1970, 18: 1134.

[130] Esser H O, Mucke W, Alt K O. Der Abbau des Insektizides GS 13005 in der Ratte. Strukturaufklärung der Wichtigsten Metabolite [J]. Helv. Chim. Acta, 1968, 51: 513.
[131] McBain J B, Hoffman L J, Menn J J. Dyfonate Metabolism Studies. Ⅱ. Metabolic Pathway of *O*-Ethyl *S*-Phenyl Ethylphosphonodithioate in Rats [J]. Pest. Biochem. Physiol., 1971, 1: 356.
[132] McBain J B, Hoffman L J, Menn J J. Metabolic Degradation of *O*-Ethyl *S*-Phenyl Ethylphosphonodithioate (Dyfonate) in Potato Plants [J]. J. Agric. Food Chem., 1970, 18: 1139.
[133] McBain J B, Menn J J. *S*-Methylation, Oxidation, Hydroxylation and Conjugation of Thiophenol in the Rat [J]. Biochem. Pharmacol., 1969, 18: 2282.

PHOSPHORUS 磷科学前沿与技术丛书

含磷农药

5

含磷除草剂

随着全球农业现代化的发展，以及农业人口向城市的转移，除草剂得到越来越广泛的应用。在世界范围内除草剂在农业上应用的增长速度非常迅猛。十多个四配位有机磷化合物被开发作为除草剂广泛应用于农业。在世界农药市场中，非选择性除草剂又占了除草剂市场的40%以上。在占据除草剂市场40%以上的前六个非选择性除草剂(百草枯、敌草快、溴苯腈、草甘膦、草铵膦、草甘膦三甲基锍基)中，有机磷除草剂就有三个，占据了50%。特别是自20世纪80年代中期以来，转基因抗除草剂技术在植物保护领域得到迅速发展，转基因抗除草剂技术的发展大力推动了以草甘膦和草铵膦为代表的含磷非选择性除草剂在全球的大面积应用。在世界除草剂品种平均年销售量中，以草甘膦为主的有机磷除草剂遥遥领先，在世界农药市场中具有举足轻重的地位。

本章主要介绍含磷除草剂的发展、结构分类、主要品种、作用原理，以及代表性品种的合成方法。

5.1 含磷除草剂的研发历史

在20世纪50年代中期，有机磷化合物开始作为除草剂使用。1954年美国报道了一类二硫代磷酸酯除草剂，其中包括有机磷杀虫剂乐果的类似物[1]。从中研究出两种脱叶剂，即脱叶磷与脱叶亚磷，它们可作为除草剂或植物生长调节剂。之后发现某些烷基芳基-*N*-烷基硫逐磷酰胺衍生物显示了较高的除草活性。具有此类结构的*O*-甲基-*O*-(2,4-二氯苯基)-*N*-异丙基硫逐磷酰胺酯成为第一个有机磷除草剂，即草特磷(DMPA)。

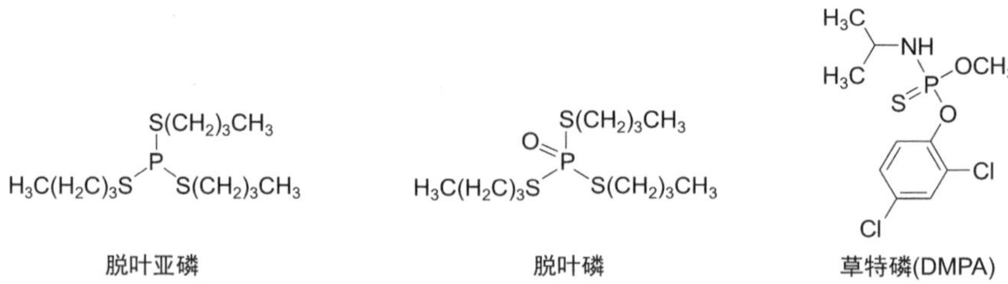

脱叶亚磷　　脱叶磷　　草特磷(DMPA)

5.1.1 有机磷除草剂的发展进程

自从第一个有机磷除草剂草特磷被开发出来后，又有多种*N*-烷基硫逐磷酰胺衍生物被开发作为试验性除草剂。研究表明在磷酰胺衍生物骨架中，当在氨基氮原子上连有分子量较大的烷基(如异丙基、仲丁基及环己基)时，化合物显示了较高的除草活性；而在氨基氮原子上连有分子量较小的烷基(如甲基、乙基)或无取代基时，化合物无除草活性，但有杀虫活性[2]。

1962 年，D. D. Hemphill 报道了 *O*,*O*-二异丙基-*S*-(2-*N*-苯磺酰氨基乙基)二硫代磷酸酯的除草活性，此化合物由美国斯托弗化学公司(Stauffer Chemical Company)引进，并于 1964 年将具有二硫代磷酸酯结构骨架的该化合物作为选择性芽前有机磷除草剂地散磷(bensulide)推出[2]，应用在草坪以及葫芦和生菜等作物田除草。

在 20 世纪 60～70 年代，数个具有磷酰胺酯结构骨架的有机磷化合物先后被开发成为除草剂。1968 年日本合成了 *O*-乙基-*O*-(2-硝基-4-甲基苯基)-*N*-异丙基硫逐磷酰胺酯[3]，并将其开发成为旱田作物和稻田用芽前土壤处理选择性除草剂胺草磷。随后，日本又进一步将胺草磷的甲基类似物，*O*-甲基-*O*-(2-硝基-4-甲基苯基)-*N*-异丙基硫逐磷酰胺酯开发成为水稻及旱田作物用芽前土壤处理选择性除草剂，称之为甲基胺草磷(amiprofos-methyl)[3]。

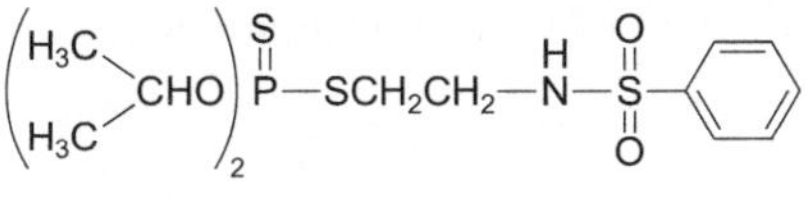
地散磷

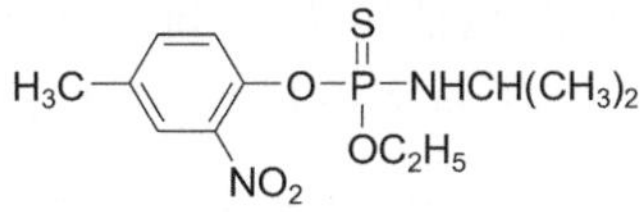
胺草磷

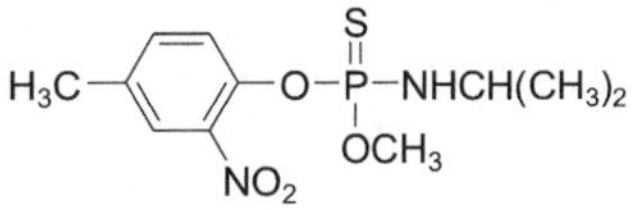
甲基胺草磷

进入 20 世纪 80 年代，日本住友化学公司从一系列硫代磷酰胺酯类化合物中发现了 *O*-乙基-*O*-(5-甲基-2-硝基苯基)-*N*-仲丁基硫逐磷酰胺酯具有良好的除草活性，可以防除多种一年生禾本科和阔叶杂草，因此日本住友化学公司于 1980 年将其开发成为选择性除草剂，其通用名为抑草磷(butamifos)[4,5]，可用于旱田、水田、草皮等地除草。通过研究一系列磷酰胺酯结构的化合物，发现只有在抑草磷的骨架中具有 P═S 键时，才具有除草活性；如换成 P═O 键，或将烷酯键换成烷基酰胺键，此类化合物则会完全失去除草活性。如将抑草磷骨架中苯环上的邻位硝基改变为对位硝基时，其也会完全失去除草活性。

1981 年 P. Langeluddeke 等报道了 *O*,*O*-二甲基-*S*-(4-氯-*N*-异丙基苯氨基甲酰基甲基)硫逐硫赶磷酸酯的除草活性。这一具有二硫代磷酸酯结构的化合物之后被成功开发为选择性内吸传导性除草剂莎稗磷(anilofos)[6]。莎稗磷可在水稻移栽田使用，用于防除一年生禾本科杂草(如稗草、莎草、牛毛草等)。此外，D. H. Green 和 L. Ebner 报道了另一二硫代磷酸酯结构的化合物——*O*, *O*-二丙基-*S*-[2-(2-甲基-1-哌啶基)-2-氧代乙基]二硫代磷酸酯的除草活性，并进一步被成功开发成为选择性内吸传导性除草剂哌草磷(piperophos)[7]，用于水稻、玉米、棉花、大豆等作物田防治一年生禾本科杂草和莎草科杂草。

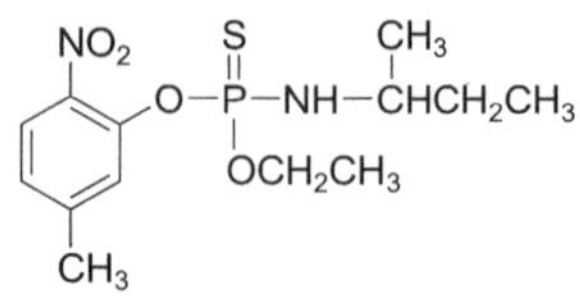

抑草磷

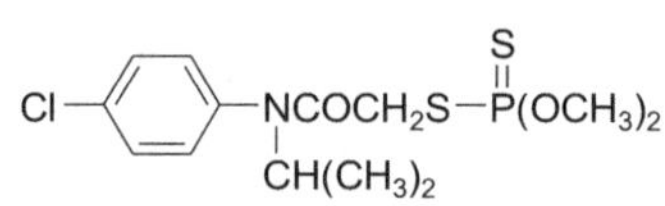

莎稗磷

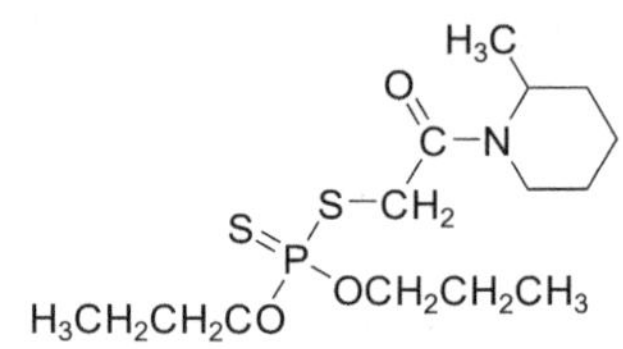

哌草磷

有机膦酸是一种独特的天然产物。其 C—P 键可抵抗水解裂解，而膦酰基则是过渡态，为中间体和主要代谢物的通用类似物。这种多功能性可以解释为什么许多生物广泛使用有机膦酸作为具有生物活性的次级代谢产物，例如磷霉素和双丙氨膦，在人类健康和农业中占有重要地位[8]。多种具有膦酸酯结构骨架的除草剂被成功开发投入市场。其中选择性的除草剂包括特克草(buminafos)、杀木膦(fosamine ammonium)、磺草膦(LS 830556)，非选择性的灭生性除草剂包括草甘膦(glyphosate)、双丙氨膦(bialaphos)、草铵膦(glufosinate-ammonium)和草甘膦三甲基锍盐(glyphosate-trimesium)。

20 世纪 70 年代由美国韦伯化学公司开发了 *O*, *O*-二丁酯-1-丁基氨基环己基膦酸酯作为选择性除草剂，通用名称为特克草[9]，应用在黄瓜、洋葱田除草。另一个具有膦酸酯结构骨架的氨基甲酰基膦酸乙酯铵盐由美国杜邦公司开发为非作物地区和牧场草地上用的触杀型除草剂杀木膦[4,10]。在 20 世纪 80 年代进入市场的另一个具有膦酸酯结构骨架的选择性除草剂为磺草膦，该品种可有效地防除禾谷类作物田一年生禾本科杂草和阔叶杂草[11]。

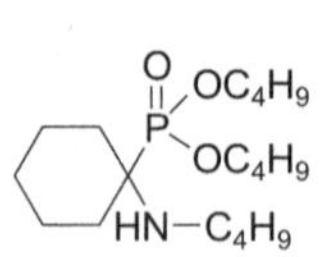

特克草

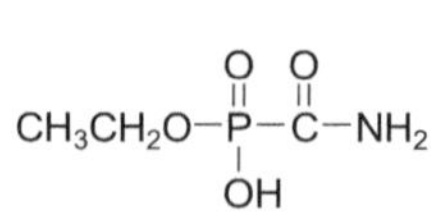

杀木膦

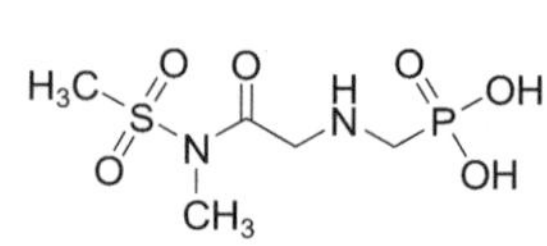

磺草膦

在此阶段投入市场的非选择性除草剂中，特别引人注目的是美国孟山都公司在 20 世纪 70 年代成功开发的灭生性内吸传导性膦酸类除草剂草甘膦[4]。草甘膦分子首先是由瑞士一家制药公司合成的，但是他们并没有申请专利保护该化合物除草用途，之后孟山都公司的研究人员 John E. Franz 在 1970 年合成了草甘膦[*N*-(膦酸甲基)甘氨酸]，并发现了其除草活性，很快申请了除草剂用途的专利。1974 年草甘膦作为除草剂在美国获得登记 [12]。草甘膦异丙胺盐为草甘膦的第一个商品化品种，在多种草甘膦盐中，以异丙胺盐和三甲基锍盐销售市场最大。为了便于包装、运输、贮藏、使用，草甘膦的可溶性干制剂(如片剂、颗粒剂)也随后推向市场。

20 世纪 80 年代研发的另一个具有膦酸酯结构骨架的非选择性茎叶处理除草剂是草甘膦三甲基锍盐，由英国 ICI 公司所属研究所(当时属 Stauffer 公司)首先合成和开发 [13,14]，该化合物对一年生及多年生杂草等有显著的防除效果，并能长时间抑制杂草的生长。当时，Stauffer 公司并未从事非选择性茎叶处理除草剂的开发研究，但由于当时美国推广免耕法并逐渐普及，迫切需要非选择性茎叶处理除草剂，因此，该公司于 20 世纪 60 年代底至 70 年代开始从事此类化合物的研发和田间筛选。之后发现了试验代号为 SC-224 的化合物主要通过抑制蛋白质的合成系统，阻碍芳香基氨基酸的合成。该化合物于 1982 年在全球进行田间除草试验。1984 年，SC-224 在日本果园、非农耕地、水田、林场、牧场等地进行推广试验，确认了该化合物的卓越除草效果和安全性，并在日本被批准农药注册登记。其通用名为草甘膦三甲基锍盐(glyphosate-trimesium)。

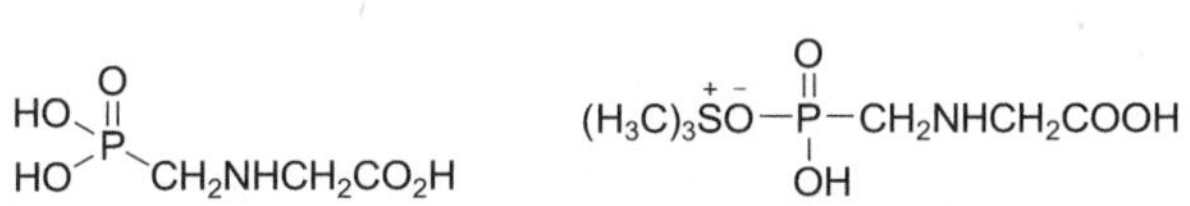

草甘膦　　草甘膦三甲基锍盐

随后在 1984 年，具有次膦酸结构的双丙氨膦由日本明治制果株式会社研发成为灭生性除草剂，用于果园除草 [4]。双丙氨膦是一天然产物，为高效低毒的生物除草剂，由 *Streptomyces hygroscopicus* 发酵而得。

双丙氨膦在植物体内最终代谢为 L-草铵膦酸(L-glufosinate acid)(图 5-1)，其代谢物 L-草铵膦酸可强效抑制植物体内谷氨酰胺合成酶，导致植物体内游离氨的快速积累，从而抑制光合作用中的光合磷酸化，使植物快速死亡，达到除草效果 [15]。因此，赫斯特公司基于这一机制，选择直接开发了草铵膦。

1987 年，德国赫斯特(Hoechst)公司(后归属于拜耳公司)以双丙氨膦为模板，率先人工合成了草铵膦的外消旋体，作为灭生性苗后除草剂进行研究开发，并于 1991 年在欧洲多个国家、1993 年在美国注册登记。草铵膦是一种高效、广谱、低毒的快速作用的触杀型除草剂，被描述为“一种具有意想不到的除草性能的天然氨基酸”[16]。

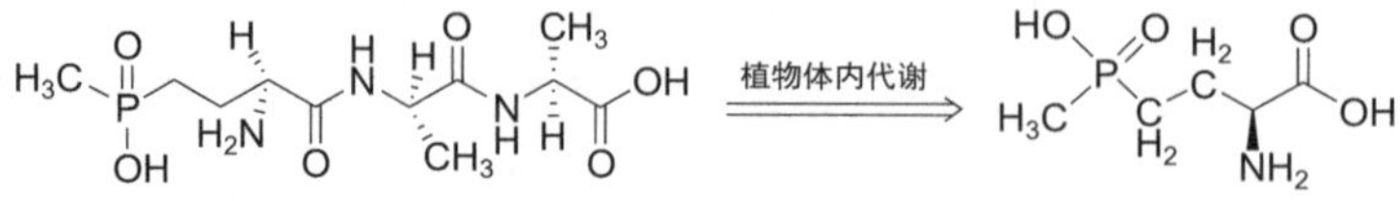

图 5-1 双丙氨膦在植物体内代谢为 L-草铵膦酸

草铵膦通常以铵盐的形式用于果园及其他种植园的除草。这是由于铵盐形式提高了水溶性和制剂稳定性，便于田间施用，所以称之为草铵膦。作为除草剂应用的草铵膦中的铵离子(NH_4^+)仅作为制剂辅助成分，真正起除草作用的是其解离或代谢后产生的L-草铵膦酸。草铵膦是治理抗草甘膦杂草的关键除草剂，尽管过去十年来草铵膦的使用呈指数级增长，但这种除草剂的处理面积远小于草甘膦。这是因为草铵膦通常在田间表现不一致，这归因于多种因素，包括环境条件、应用技术和杂草种类。环境条件会强烈影响草铵膦在田间的表现，世界上只有少数杂草品种进化出了对草铵膦的抗性[16]。

5.1.2 生物工程技术对非选择性含磷除草剂应用的推动

20 世纪 90 年代，没有新的有机磷除草剂进入市场。在市场应用的众多除草剂品种中，草甘膦独树一帜，成为世界上生产量与销售量最大、使用范围最广的除草剂。

草甘膦于 1974 年开始商业化，是唯一针对 5-烯醇式丙酮酰莽草酸-3-磷酸合酶(EPSPS)的除草剂。在引入抗草甘膦作物之前，联吡啶类除草剂百草枯(paraquat)和草甘膦是广泛使用的非选择性除草剂，它们在土壤中基本没有活性。草甘膦不同于百草枯，后者是一种快速作用的接触除草剂，而草甘膦出色的内吸传导特性使其很容易转移到远离处理过的叶子的分生组织中，仅通过应用于杂草叶子的一小部分药剂而杀死杂草。因而草甘膦在防止分生组织再生方面比百草枯更有效，在杀死多年生杂草方面具有巨大的优势。另一重要的差异是联吡啶类除草剂对脊椎动物是剧毒的，而草甘膦是低毒的。广泛的调查表明，草甘膦及其降解产物氨甲基膦酸(AMPA)的急性和慢性毒性非常低，说明草甘膦是一种优良的除草剂[17]。

草甘膦之所以能在世界各地广泛使用，是由于该品种在应用方面具有突出的优势：①杀草谱广，能有效防除 300 种以上的一年生或多年生禾本科杂草、莎草科杂草、阔叶杂草以及灌木或树木；②在植物体内传导性强，有利于防除多年生杂草或大龄杂草，特别是对多年生杂草的防除效果优于其他除草剂品种；③无土壤残留活性，对后茬作物安全；④在土壤与环境中极易分解，不污染地表水和地下水，对生态环境安全[18]；⑤单位面积使用成本低，可混性强，能与各种除草剂品种混用；⑥抗性发展缓慢[19]。由于草甘膦作用机制独特，杂草对其抗性发展得十分缓慢，据报道，从 1974 年广泛应用以来至 1995 年，历经 22 年在田间尚未发现杂草对其产生抗性。对草甘膦产生抗性的第一种杂草出现在 1996 年，从 1996～2019 年 24 年间对草甘膦产生抗性的杂草达到了 48 种。乙酰羟酸合成酶抑制剂（AHAS inhibitor）类除草剂由 1982 年开始使用，从 1987 年出现第一种抗性杂草开始至 2019 年，对乙酰羟酸合成酶抑制剂类除草剂产生抗性的杂草达到了 165 种。相比之下，杂草对草甘膦产生抗性的速度比对乙酰羟酸合成酶抑制剂（如磺酰脲类除草剂）产生抗性的速度要缓慢得多。草甘膦不易产生抗性的机制与草甘膦靶酶的多作用位点，在植物体内不代谢，以及使用方法及无残留活性的特点有关[20]。

在全球除草剂的发展中，生物工程技术的开发对除草剂或有机磷除草剂的推广应用和市场产生了深远的影响。草甘膦是非选择性或灭生性的茎叶处理除草剂，只要有少量的草甘膦喷溅在作物上，就能伤害或杀死作物植株。本来这种对作物的高度植物毒性限制了它的使用，然而科学家最终通过生物技术使作物带有抗草甘膦特性，从而解决了这个问题。自 20 世纪 80 年代中期，转基因抗除草剂技术在植物保护领域得到迅速发展，非选择性草甘膦在农作物田间的应用成为可能。由于免耕法可使土壤侵蚀减少 90%，有利于保持土壤中有机物的含量，大量减少二氧化碳的排放量，有利于防止地球变暖。在此背景之下，美国正在逐渐推广和普及免耕法。而应用灭生性茎叶处理除草剂，正好有利于免耕法的引入和推广。1996 年，第一个抗草甘膦作物——抗草甘膦大豆的引入，启动了一场杂草管理“革命”。从 1996 年开始大面积推广种植抗草甘膦大豆，1997 年种植抗草甘膦棉花，以及 1998 年种植抗草甘膦玉米以来，在 10 年内，美国对 GR（抗草甘膦）大豆的采用率为＞ 90%，随后是对 GR 棉花和玉米的采用率＞ 90%，到 2014 年三者的采用率均达到＞ 90%[17]。

由此，明显改进了作物生产中的杂草防除技术，为农民提供了一种简而易行的除草方法，产生了更好的杂草防除效果。

在种植抗草甘膦作物的前提下，应用草甘膦既可防除大多数阔叶杂草与禾本科杂草，又不伤害作物和后茬作物，大大节省了杂草防除所需时间和劳动力支出，降低了除草剂使用成本，从而使农民迅速接受了草甘膦。抗草甘膦作物种植面积持续扩大，在巴西、阿根廷、加拿大以及澳大利亚等国家迅速推广，成为一种势不可挡的潮流。最先大面积种植的抗草甘膦作物有大豆、玉米、棉花、油菜和甜菜等，它们成为抗草甘膦作物的主流，随后又迅速推广到水稻、花生、烟草、马铃薯、春小麦、向日葵、番茄、胡萝卜、洋葱、菠菜、南瓜、番木瓜、苜蓿、百脉根、黑麦草、匍匐剪股颖、蚕豆、猕猴桃、梨树以及橡树等 20 多种抗草甘膦植物。

一项研究表明，草甘膦通过降低微生物丰富度和增加植物病原真菌的数量来改变土壤质地和微生物多样性。因此，草甘膦被认为比其他除草剂更安全，但随着草甘膦大量长期使用，抗草甘膦的杂草日益增多。草甘膦过度使用仍会对人类和环境造成不良影响，而且其广泛的除草活性和转基因抗草甘膦作物(如棉花、油菜、玉米和大豆)的发展正是导致过度使用这种除草剂的主要原因 [18]。欧洲有些国家(如法国和德国)，在 2022～2023 年开始提出禁止使用草甘膦。但由于未发现草甘膦存在关键安全缺陷，欧盟委员会于 2023 年 10 月又授权了草甘膦 10 年期的续展登记。

生物工程技术的应用和推广对整个除草剂的研发和市场产生了深远的影响。在美国，在引入抗草甘膦作物后，草甘膦的使用迅速攀升。与此同时，用于这些作物的其他除草剂的使用急剧下降。抗草甘膦作物技术的巨大成功显著地降低了其他除草剂的市场价值，导致在除草剂研发上的投资减少 [17]。

同样，草铵膦虽为非选择性除草剂，但生物工程技术也使草铵膦成为能在作物田应用的苗后除草剂。在转基因抗除草剂作物的研究和推广中，虽然抗草铵膦作物的种植不如抗草甘膦作物那样广泛，但抗草铵膦的作物也仅次于抗草甘膦作物，位于第二位。已推广的抗草铵膦的作物有油菜、玉米、大豆、棉花、甜菜、水稻、大麦、小麦、黑麦、马铃薯等 [12]。早期草铵膦在世界范围用量不大，随着转基因抗草铵膦作物的大面积种植，人们对草铵膦的需求不断增加，这使得草铵膦在国际农药市场上成为一种畅销的除草剂。我国许多单位早已开始研究草铵膦的合成，如果能成功开发草铵膦的高效工业制备工艺，草铵膦的出口将会有广阔的国际市场。草甘膦和草铵膦在全球的广泛推广和应用进一步显示了有机磷除草剂在全球农药市场的重要地位。

5.1.3 有机磷除草剂的发展现状及创新研究

为了保护人类生态环境，适应农业可持续发展的要求，自 2007 年 1 月 1 日以来，中国全面禁止在国内销售和使用多种高毒有机磷杀虫剂，致使有机磷杀虫剂产量大幅下降。由此，给我国农药产业带来了一场巨大的变革。与高毒有机磷杀虫剂被限制和使用量萎缩的情况相反，有机磷除草剂由于价格低廉、杀草谱广、低毒、在环境中易降解等特性被大面积推广使用。例如，在 1996～1997 年世界除草剂品种平均年销售额中，以草甘膦为主的有机磷除草剂遥遥领先。随着 2000 年草甘膦专利的到期，草甘膦制剂的价格更低，减少了农户杂草防除及生产成本，增加了收入，更有利于其推广使用。目前，较大规模应用的有机磷除草剂品种主要为草甘膦、草铵膦、胺草膦等。

2018 年 8 月科迪华农业科技(原陶氏杜邦农业事业部)公布了在 2002 年至 2018 年 7 月期间，进入开发和应用的除草剂总共有 37 种，其中包括两种有机磷除草剂。一种是草铵膦，另一种是氯酰草膦(clacyfos)。总体而言，目前在世界农药市场中，低毒传统的有机磷除草剂仍然久用不衰。在全球，有机磷除草剂的应用持续增长，成为了全球应用量最大、应用最广的一类农药。并且，中国也成为全球最大的草甘膦生产和出口国。由于抗除草剂转基因作物的崛起，草甘膦长期扮演着市场主力军的角色，曾预计到 2025 年全球草甘膦总体市场仍维持稳定态势[21]。正如所料，2025 年草甘膦仍是全球最大的除草剂品种，占据全球除草剂市场约 30% 的份额。

长期以来，中国一直仿制国外农药品种，中国农药品种 97% 以上为仿制品，其中约一半集中于国外已禁用或限制使用的高毒、高污染品种。面临这种局面，2006 年新农药创制被列入国家中长期科学和技术发展规划纲要，成为国家发展的重大需求。在国家的大力支持下，经过广大科技人员的不懈努力，我国新农药创制取得了显著的进展。到 2018 年 7 月底，我国自主创制除草剂新品种 10 个[22]；到 2020 年底，我国创制的除草剂品种达到 13 个。在涵盖全世界重要农药品种最权威的“*the Pesticide Manual*”(17 版)收录的 862 个农药品种中，中国创制的除草剂品种 1 个，为华中师范大学农药化学研究所创制的 clacyfos(HW02，氯酰草膦)[23]，表明我国的农药创制研究已进入世界新农药创制研究的行列。

在我国开发的 13 种创制除草剂中，其中包括两种有机磷除草剂，一种是由南开大学元素有机化学研究所创制的硫代磷酰胺酯类除草剂双甲胺草磷，另一种是由华中师范大学创制的膦酸酯类除草剂氯酰草膦。

双甲胺草磷（试验代号为 H-9201）是硫代磷酰胺酯类水旱两用除草剂（图 5-2）。

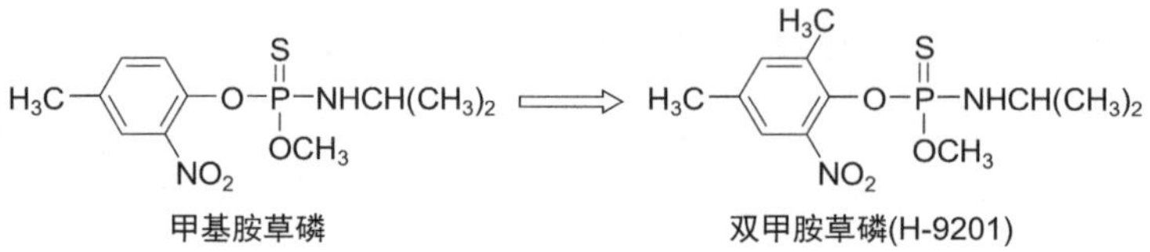

图 5-2　双甲胺草磷的创制

在 20 世纪 60～70 年代，具有硫代磷酰胺酯结构骨架的一类有机磷化合物被发现具有除草活性。例如，*O*-芳基-*O*-烷基-*N*-烷基硫代磷酰胺酯类化合物具有除草活性，它们作用于敏感植物的生长点，引起受影响组织的肿胀，从而使植物死亡。其中几个具有硫代磷酰胺酯结构骨架的有机磷化合物先后被开发成为除草剂。例如，胺草磷与甲基胺草磷，它们具有广谱的除草活性，可防除多种一年生禾本科杂草和阔叶杂草，但这类化合物的缺点是毒性稍高。为了获得活性更高、毒性较低的化合物，杨华铮课题组在对一系列硫代磷酰胺酯类化合物进行较系统的结构与活性定量构效关系研究及人工神经网络分析的基础上，通过定量地预测同源物的生物活性来设计合成高活性的化合物。由此，他们发现当分子中芳环邻位由硝基取代时，此类化合物的活性可较其芳基母体提高约 10 倍，但硝基若处于对位时，则活性大大降低。根据 X-衍射晶体结构数据，借助于量子化学计算和人工神经网络分析，预测 *O*-甲基-*O*-（2-硝基-4, 6-二甲基苯基）-*N*-异丙基硫代磷酰胺酯（H-9201）应具有较高的除草活性[24]。并通过合成 H-9201 及除草活性初筛，进一步证明了其活性与预测值相符。

在此基础上，通过十多年的研究开发，完成了对 H-9201 的合成方法、除草活性、对作物的安全性、田间应用范围、毒性及环境评价以及合成工艺、分析方法、“三废”处理等的研究。H-9201 进行了移栽稻、大豆、胡萝卜、茴香、芫荽、芸豆、辣椒等 7 种作物的田间小区试验，田间试验表明该药剂对禾本科杂草的活性高于阔叶杂草。该药主要通过抑制植物分生组织的生长而发挥药效。

氯酰草膦（clacyfos）为华中师范大学贺红武课题组创制的一种新型的丙酮酸脱氢酶复合物（PDHc）抑制剂类除草剂。丙酮酸脱氢酶复合物是一个具有重要生物学意义、值得探索的除草剂作用靶标[25]（详见 5.3.5 节）。国外虽有少数关于 PDHc 抑制剂的基础研究报道，但所报道的 PDHc 抑制剂由于存在毒性高、除草活性低、用量大、选择性差以及具有药害等多种问题，不适合作为除草剂，均未能进入商品化开发阶段。其中活性最高的 PDHc 抑制剂是由 Kluger 等（1977 年）[26] 和 Baillie 等（1988 年）[27] 研究报道的丙酮酸含磷类似物，PDHc 抑制剂烷基酰基膦酸酯（盐）或次膦酸酯（盐）衍生物 **1**（图 5-3）可作为 PDHc 专一有效的强抑制剂。在此类含磷 PDHc 抑制剂中，除草活性最高的化合物为 **1-3**，实际上 **1-3** 是在植物体内代谢为 **1-2** 而发挥除草作用的（图 5-3）。田间试验表明 **1-3** 在使用量高达 2.8kg/hm^2 的剂量下才能有效除草，但对作物又有药害，因而未能进入商品化开发。

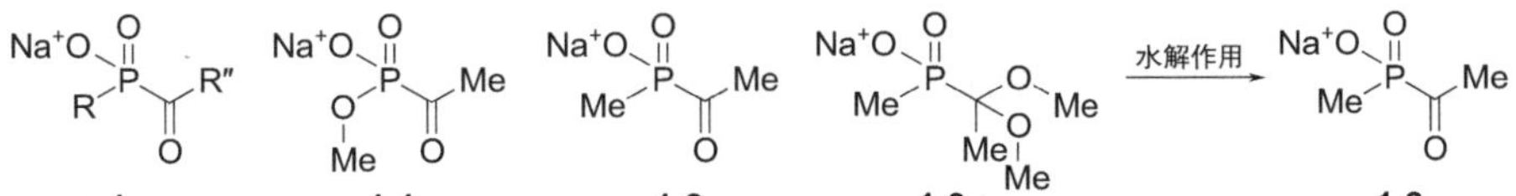

1　　1-1　　1-2　　1-3　　1-2

图 5-3　烷基酰基膦酸酯钠盐 **1-1** 以及次膦酸酯钠盐 **1-2** 和 **1-3**

针对国外文献报道的 PDHc 抑制剂作为除草剂具有毒性高或除草活性低、实用性差的问题，贺红武课题组从靶标生物特异性及新先导结构发现的关键科学问题切入，提出了新型 PDHc 抑制剂分子生物合理设计的新思路。以烷基酰基膦酸酯钠盐或次膦酸酯钠盐 **1** 作为苗头化合物进行结构改造，保持母体骨架中膦酸结构单元 A 不变，引入可有多种不同结构类型的 B，从中发现了以 PDHc 为靶标并具有更高除草活性的先导母体结构，即取代苯氧乙酰氧基烃基膦酸酯 I（图 5-4）。

当先导骨架 I 上取代基结构匹配时，从中筛选获得了高活性化合物 HW02（图 5-4）。贺红武课题组采用盆栽法确认了 HW02 具有较高的除草活性 [28]，而且进一步证实了 HW02 为植物 PDHc 的竞争性抑制剂 [29]。在此基础上，通过 17 个省市田间除草活性试验证实了 HW02 可作为内吸速效性选择性茎叶处理除草剂，属于易水解、易降解、不移动和难挥发农药，对环境影响极小，为高效、低毒、低残留和环境友好型的绿色农药新品种 [30]。英国作物生产委员会（British Crop Production Council，BCPC）于 2009 年 11 月在英国格拉斯哥联合举办了英国作物生产大会和展览（BCPC Congress & Exhibition）的国际性大会，涉及农作物的生产和保护领域。贺红武受邀在该会举办的“新产品、化合物、用途和方法”的专题会上报告了氯酰草膦（HW02）作为除草剂的应用。具体研发过程见第 8 章。

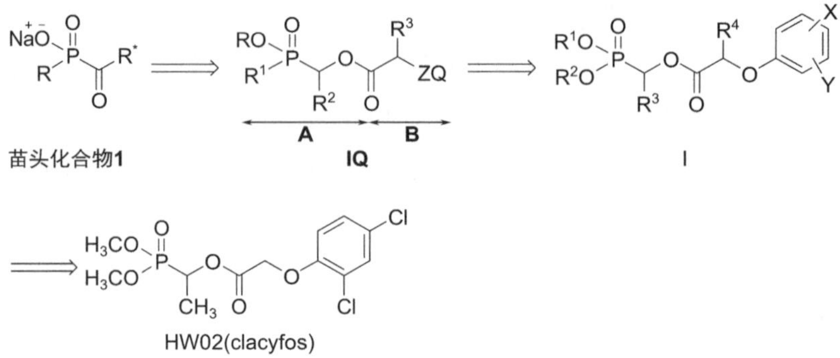

图 5-4　丙酮酸含磷类似物的衍生与氯酰草膦的发现

华中师范大学贺红武课题组在对氯酰草膦系统衍生化研究的基础上，进一步发现在氯酰草膦分子的 α-C 上以呋喃基取代其甲基所设计合成的化合物 HWS（农药通用名为氯酰呋草膦）（图 5-5）显示了引人注目的选择性和除草活性。

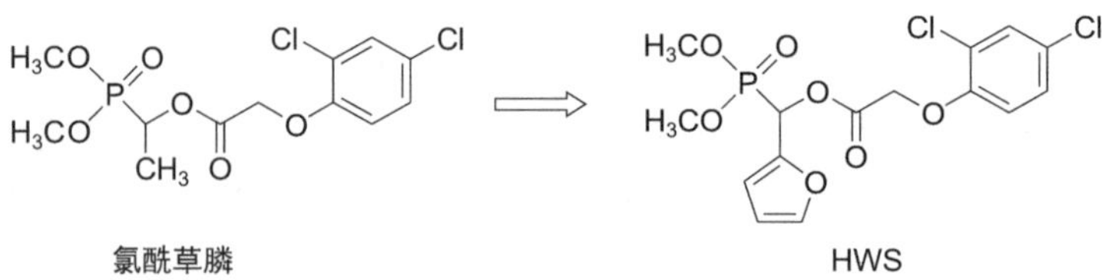

图 5-5　由氯酰草膦修饰为 HWS

HWS 不仅被证明为双子叶植物 PDHc 的强抑制剂，对阔叶杂草防效优异 [31]。而且发现该化合物对玉米等禾本科作物具有较高的安全性。HWS 是继氯酰草膦之后创制研发的第二个丙酮酸脱氢酶抑制剂类除草剂（其具体研发过程见第 8 章）。

HWS 作为丙酮酸脱氢酶抑制剂类除草剂于 2021 年由先正达公司 Peter Maienfisch 和 Sven Mangelinckx 编写的有关全球作物保护产品的发现与优化的最新亮点 *Recent Highlights in the Discovery and Optimization of Crop Protection Product* 一书中收录和介绍 [32]。

继 HWS 研发之后，贺红武课题组进一步设计合成了多系列的新型含磷杂环的膦酸酯类衍生物，王威等人经结构修饰合成了含 1,3,2-二氧磷杂环己烷的烃基膦酸酯系列化合物 [103] 并发现这类化合物具有很好的除草活性。经系统的除草活性评价和筛选获得了高除草活性化合物 HW-3（HWZ）进入应用开发，2022 年获得农药暂定通用名为环酰草膦。南京农业大学董立尧课题组对 HW-3 的除草活性、安全性和作用机制进行了进一步的研究和评价，并于 2024 年报道了该化合物作为新型丙酮酸脱氢酶抑制剂类除草剂的特点和应用开发潜力[104]。

上述研究表明通过对早期报道[26,27]的丙酮酸脱氢酶抑制剂类苗头化合物的结构改造和优化，不仅使除草活性和成药性得到显著的优化，而且其选择性也得到很大的提高，对温血动物和作物均具有安全性，从而克服了国外报道的酰基膦酸酯单钠盐对植物、微生物和动物中的 PDHc 靶酶均具有强抑制作用，存在选择性差、对作物安全性差和除草活性差的问题。

5.2 含磷除草剂的结构分类与品种简介

根据含磷除草剂的结构特点，可将其分为亚磷酸酯、二硫代(硫逐硫赶)磷酸酯、硫逐磷酰胺酯、膦酸酯、次膦酸酯五大类。五大类有机磷除草剂主要品种的结构分类、化学名称、毒性、用途分别简介如下。

5.2.1 亚磷酸酯类除草剂

亚磷酸酯类除草剂品种较少，伐垅磷(2, 4-DEP)为代表性品种。

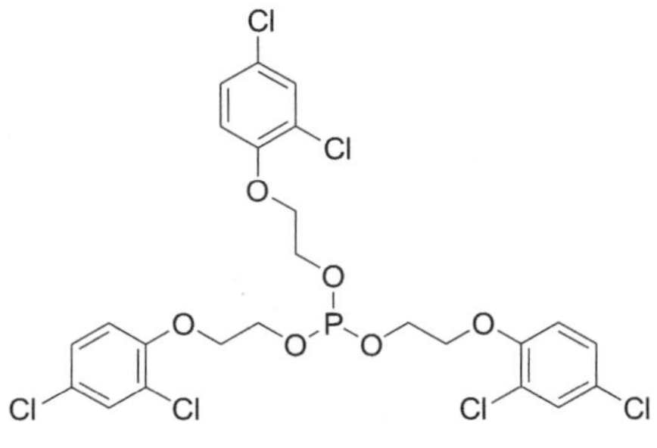

化学名称 三(2, 4-二氯苯氧乙基)亚磷酸酯

毒性 大鼠急性经口 LD_{50}: 850mg/kg；90d 饲喂无作用量为 85mg/kg[31]。具有迟发性神经毒性[2]。

用途 芽前除草剂。用于玉米、花生、草莓、马铃薯等作物田防除一年生禾本科杂草或阔叶杂草。但甘蓝、莴苣、大豆、西瓜、棉花、烟草、葡萄等，对该药敏感，使用时易产生药害[33]。该品种也可以作为植物生长调节剂使用(见第7章，含磷植物生长调节剂)。

5.2.2　二硫代磷酸酯类除草剂

二硫代磷酸酯类除草剂主要有莎稗磷、哌草磷和地散磷，它们均为具有硫逐硫赶结构特点的二硫代磷酸酯类除草剂。

5.2.2.1　地散磷(bensulide)

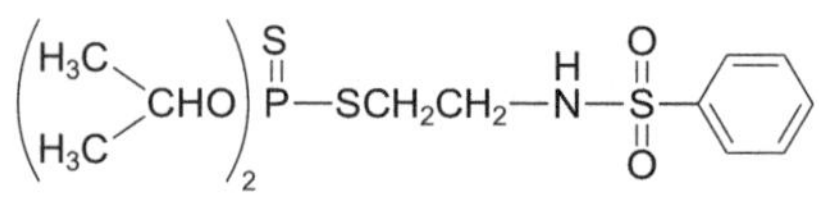

化学名称　*O,O*-二异丙基-*S*-(2-*N*-苯磺酰氨基乙基)硫逐硫赶磷酸酯

毒性　雄大鼠急性经口 LD_{50}: 360mg/kg；雌大鼠急性经口 LD_{50}: 270mg/kg；山齿鹑急性经口 LD_{50}: 1386mg/kg；大鼠急性经皮 LD_{50} > 2000mg/kg；皮肤刺激：对兔轻度刺激；皮肤致敏：对豚鼠非致敏；眼刺激：对兔眼轻度刺激；大鼠吸入 LC_{50} > 1.75mg/L(4h)；蜜蜂 LD_{50}: 0.0016mg/只；鹌鹑 LD_{50}: > 1000mg/kg；蓝鳃翻车鱼 LD_{50}: 1.4mg/L。无致癌性或致畸性[4]。

用途　作为芽前除草剂，用于芸薹、葫芦和生菜等作物田除草。适用于在种植前使用，用于防治牛筋草和马唐草等。也可用于草坪[33]。

5.2.2.2　哌草磷(piperophos)

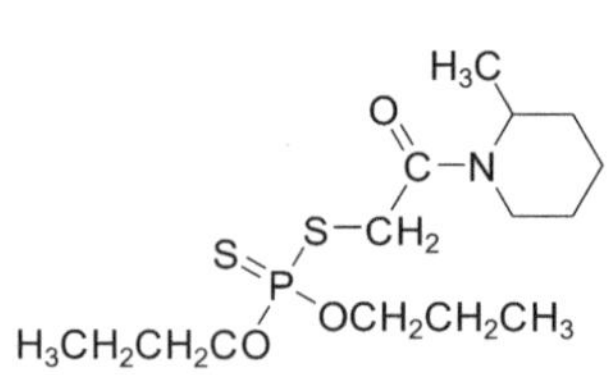

化学名称　*O,O*-二丙基-*S*-2-甲基哌啶基甲酰甲基硫逐硫赶磷酸酯

毒性　大鼠急性经口 LD_{50}: 324mg/kg。大鼠急性经皮 LD_{50}: > 2150mg/kg。对兔皮肤无刺激性，对眼睛稍微刺激。大鼠吸入 LC_{50}(1h): > 1.96mg/L；NOEL

(90d)：10mg/kg（以饮食计，每日 0.8mg/kg）。日本鹌鹑饲养 LC_{50}（8d）11629mg/L。鱼 LC_{50}（96h）：虹鳟鱼 6mg/L，鲫鱼 5mg/L。水蚤 LC_{50}（48h）0.0033mg/L。藻类：淡水藻 EC_{50}（5d）0.059mg/L。蜜蜂 LD_{50}：30mg/ 只（接触）；＞ 22mg/ 只（经口）。蠕虫：蚯蚓 LC_{50}（14d）180mg/kg 土壤 [4]。

用途 适用于水稻、玉米、棉花、大豆等作物田防治一年生禾本科杂草和莎草科杂草，如稗草、牛毛毡、眼子菜、日照飘拂草、萤蔺、莎草、鸭舌草、节节草、矮慈姑、水苋菜和水马齿等。对双子叶杂草防效差 [34]。

5.2.2.3 莎稗磷（anilofos）

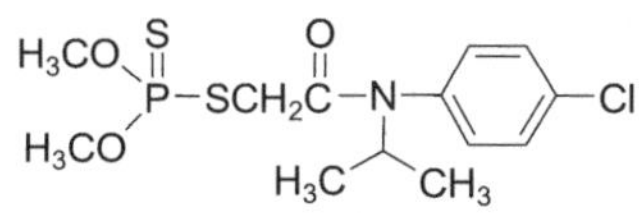

化学名称 *O*,*O*-二甲基-*S*-（4-氯-*N*-异丙基苯氨基甲酰基甲基）硫逐硫赶磷酸酯

毒性 大鼠急性经口 LD_{50}：830mg/kg（雄）；472mg/kg（雌）。大鼠急性经皮 LD_{50}：＞ 2000mg/kg。对皮肤轻微刺激。大鼠急性吸入 LC_{50}（空气，4h）：26mg/L。毒性等级：WHO（a.i.）Ⅱ，EPA（formulation）Ⅲ。鸟毒 LD_{50}：日本雄鹑 3360mg/kg，日本雌鹑 2339mg/kg，雄鸡 1480mg/kg，雌鸡 1640mg/kg。鱼毒 LC_{50}（96h）：金鱼 4.6mg/L，鳟鱼 2.8mg/L[4,35,36]。

用途 莎稗磷可在水稻移栽田使用，防除一年生禾本科杂草，如稗草、莎草和牛毛草等 [4]。

5.2.3 硫逐磷酰胺酯类除草剂

硫逐磷酰胺酯类是含磷除草剂的主要结构类型，此类结构的代表性品种主要包括草特磷、胺草磷、甲基胺草磷、抑草磷和双甲胺草磷。

5.2.3.1 草特磷（DMPA）

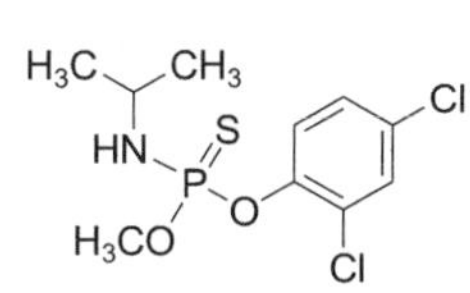

化学名称 *O*-甲基-*O*-(2,4-二氯苯基)-*N*-异丙基硫逐磷酰胺酯

毒性 大鼠急性经口 LD_{50} 为 270mg/kg，豚鼠急性经口 LD_{50} 为 210mg/kg，小鸡经口 LD_{50} 为 2000mg/kg，鸟 LD_{50} 为 100mg/kg，狗和猪 LD_{50} 高于 1000mg/kg，兔急性经皮 LD_{50} 为 1680mg/kg[37]，此品种虽然毒性不是很高，但发现有引起迟发性神经毒性的迹象[2]。

用途 用于草坪、玉米、棉花、水稻、菜豆等地防除马唐、看麦娘、龙爪茅属杂草、狗尾草、繁缕、大画眉草、荠、蓼、蟋蟀草、大戟、马齿苋等。对狗尾草和一些一年生杂草在 8～32mg/L 时有 98%～100% 的药效[38]。

5.2.3.2 胺草磷（amiprophos）

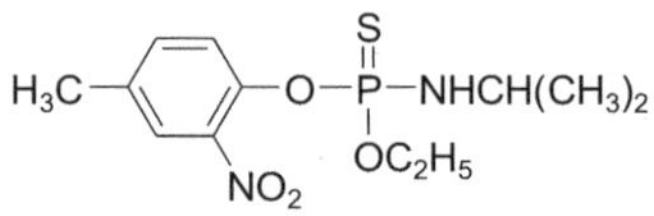

化学名称 *O*-乙基-*O*-(2-硝基-4-甲基苯基)-*N*-异丙基硫逐磷酰胺酯

毒性 大鼠急性经口 LD_{50}: 720mg/kg；小鼠急性经口 LD_{50}: 530mg/kg；小鼠急性经皮 LD_{50} > 4000mg/kg；鲤鱼 LC_{50}(48h) 为 1.8mg/L；鸡迟发性神经毒性低于 300mg/kg 时安全，致突变测定结果呈阴性[39]。在作物中的残留量很低，在稻谷中的残留水平低于 0.02mg/kg。

用途 胺草磷对水稻、绿豆、大豆、玉米、棉花、花生等作物以及蔬菜、林木幼苗安全，用于防除水旱田及混作、套种田的一年生杂草，如稗草、马唐、狗尾草、牛筋草、蟋蟀草、三棱草、藜、野苋菜、马齿苋、铁苋菜等，对单子叶杂草防效良好，高于对阔叶杂草的防除效果，但对多年生杂草无效[38]。

5.2.3.3 甲基胺草磷（amiprofos-methyl）

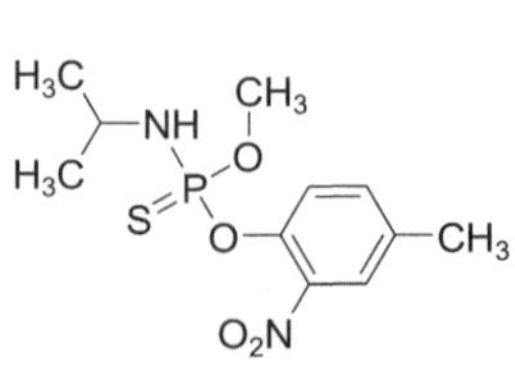

化学名称 *O*-甲基-*O*-(2-硝基-4-甲基苯基)-*N*-异丙基硫逐磷酰胺酯

毒性 急性经口 LD_{50}：大鼠 1200mg/kg；小鼠 570mg/kg；鲤鱼 1.8mg/kg[38]。

用途 适用于水稻、番茄、莴苣、甘蓝、洋葱、胡萝卜、黄瓜、草莓、花生等水旱田作物，防除稗草、马唐、看麦娘、早熟禾、马齿苋、牛毛毡、鸭舌草、节节草和陌上菜等一年生禾本科杂草和阔叶杂草[3]。每公顷有效成分 2～3kg，于作物播后苗前或中耕松土后杂草萌发盛期施用，喷雾或毒土处理。对作物安全，持效期约 45d。施药后降雨或灌溉可提高防效。用于蔬菜地除草安全性好。

5.2.3.4 抑草磷（butamifos）

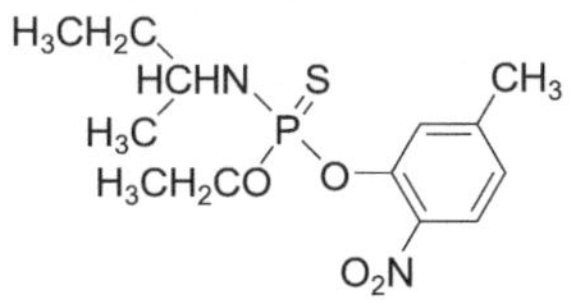

化学名称 *O*-乙基-*O*-(5-甲基-2-硝基苯基)-*N*-仲丁基硫逐磷酰胺酯

毒性 大鼠急性经口 LD_{50}：1070mg/kg（雄）；845mg/kg（雌）。大鼠急性经皮 LD_{50} > 5000mg/kg。对兔眼睛和皮肤无刺激作用。大鼠急性吸入 LD_{50} > 1.2mg/L。鲤鱼 LC_{50}(48h) 为 2.4mg/L[4]。

用途 适用作物为水稻、小麦、大豆、棉花、豌豆、菜豆、马铃薯、玉米、胡萝卜、移栽莴苣、甘蓝和洋葱等。用于防治看麦娘、稗、马唐、蟋蟀草、早熟禾、狗尾草、雀舌草、藜、酸模、猪殃殃、一年蓬、苋、繁缕、马齿苋、小苋菜、车前、莎草和菟丝子等一年生禾本科杂草和某些阔叶杂草。

一般旱田作物(如胡萝卜和棉花等)可用 1～2.4kg/hm^2 做播后苗前土壤处理。莴苣、甘蓝和洋葱等芽前处理有药害，需在移栽前后处理。水稻田可用 1～1.5kg/hm^2 于生长初期和中期处理，而芽期处理则有药害。杂草 4 叶前可用 0.5～1kg/hm^2 处理。

5.2.3.5 双甲胺草磷（H-9201）

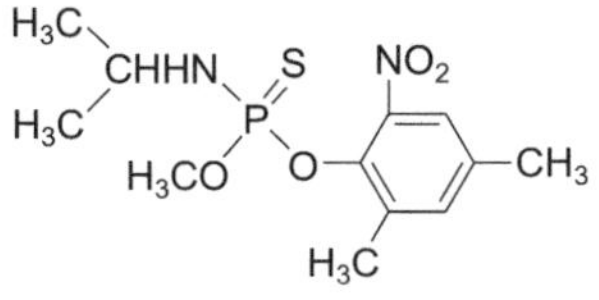

化学名称 *O*-甲基-*O*-(2-硝基-4,6-二甲基苯基)-*N*-异丙基硫代磷酰胺酯

毒性 属低毒除草剂。原药大鼠急性经口 LD_{50} > 2150mg/kg，急性经皮 LD_{50} > 2000mg/kg。对家兔皮肤无刺激性，对眼睛轻度刺激；对豚鼠致敏率为 0。大鼠 90d 亚慢性灌胃染毒试验：最大无作用剂量为 25mg/(kg·d)。三项致突变试验：Ames 试验、小鼠骨髓细胞微核试验和小鼠睾丸细胞染色体畸变试验均为阴性。

20%双甲胺草磷乳油雌、雄大鼠急性经口 LD_{50} 均> 5000mg/kg，急性经皮 LD_{50} > 2000mg/kg；对家兔皮肤无刺激性，对眼睛属轻度刺激；对豚鼠致敏率为 0。20% 双甲胺草磷乳油斑马鱼 LC_{50}(96h) 为 5.67mg/L；鹌鹑经口染毒 LD_{50}(14d) > 2000mg/kg；蜜蜂接触染毒 LC_{50} > 100μg/μL，LD_{50} > 200μg/ 只；桑蚕(食下毒叶法，24h) LC_{50} > 5000mg/L。20% 双甲胺草磷乳油对鱼为中毒级，对鸟、蜜蜂、家蚕属低毒级[40]。

用途 属内吸传导性水旱两用土壤处理除草剂，以芽前用药防效最好，可用于伞形花科类蔬菜(胡萝卜、茴香、芫荽)、大豆、水稻、小麦等作物芽前土壤处理，它对正在萌发的杂草幼芽防治效果好，田间药效试验结果表明对胡萝卜田的一年生禾本科杂草及部分阔叶杂草有较好的防治效果。用于胡萝卜田播后苗前土壤喷雾处理，用药量为有效成分 750～1125g/hm^2，能有效防除马唐、牛筋草、铁苋菜、马齿苋等杂草，在推荐剂量下对胡萝卜安全，有明显增产效果。对后茬作物的安全性试验表明，有效成分 60g/ 亩(1 亩 =667m^2)时，对后茬作物小麦、油菜、葱、萝卜等安全[40-42]。

5.2.4 膦酸酯类除草剂

膦酸酯类除草剂是目前应用或正在开发的含磷除草剂中最主要的结构类型，草甘膦、草甘膦三甲基锍盐、杀木膦、特克草、磺草膦和氯酰草膦均属于此类，其中草甘膦和草甘膦三甲基锍盐为含膦酰基的氨基酸(盐)类化合物。

5.2.4.1 特克草（buminafos）

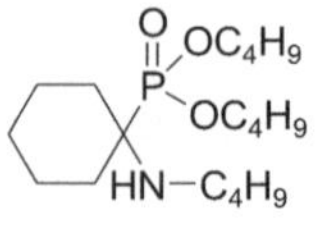

化学名称 *O*,*O*-二丁基-1-丁基氨基环己基膦酸酯

毒性 大鼠急性经口 LD_{50}：6000～9000mg/kg；小鼠急性经口 LD_{50}：3500mg/kg；

大鼠经皮 LD_{50}：12000～15000mg/kg[38]。

用途 用于黄瓜、洋葱田，防除一年生禾本科杂草和阔叶杂草[9]。可用于芽前土壤处理，以及苗后早期茎叶处理。也可作为落叶剂使用。

5.2.4.2 草甘膦（glyphosate）

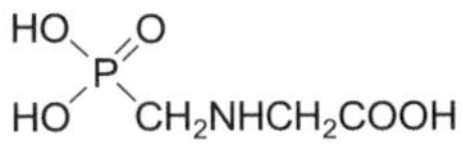

化学名称 *N*-(膦酸甲基)甘氨酸

毒性 急性经口 LD_{50}(mg/kg)：大鼠＞5000；小鼠＞10000；山羊 3530。兔急性经皮 LD_{50}＞5000mg/kg。对兔眼睛和皮肤无刺激作用，对豚鼠皮肤无致敏作用。在试验条件下对动物未见致畸、致突变和致癌作用。对鱼和水生生物毒性较低；对蜜蜂和鸟类无毒害；对天敌及有益生物较安全。在土壤中的 DT_{50} 值依土壤和气候条件而定，为 1～130d。在水中的 DT_{50} 值为几天至 91d。在水中发生光降解时，DT_{50} 为 33～37d。在实验室有氧条件下 DT_{50} 为 27～147d，厌氧条件下 DT_{50} 为 14～22d[4,43]。

用途 草甘膦是通过茎叶吸收后传导到植物各部位的，能有效防除一年生、二年生和多年生禾本科杂草、莎草科杂草、阔叶杂草及灌木与树木等 40 多科的植物。并可有效防除大龄杂草。草甘膦是一种灭生性除草剂，对多年生杂草非常有效，广泛用于茶园、甘蔗田、橡胶园、桑园、果园、防火隔离带、森林防火道、公路、铁路防除一年生杂草、多年生杂草和恶性杂草。草甘膦为杂草叶面接触处理剂，必须用喷雾器将稀释液均匀地喷洒在杂草叶面上才能充分生效，由于是灭生性除草剂，故使用时不能将药液喷溅在树木的主干、叶面上，以防药害[4]。

草甘膦是非选择性的灭生性茎叶处理除草剂，通常不能用于作物田除草，否则会造成作物的药害。自转基因抗除草剂技术在植物保护领域得到迅速发展以来，通过对作物基因的修饰使作物对除草剂草甘膦产生抗性，如大豆、玉米、棉花、油菜和甜菜已发展成为抗草甘膦作物的主流，随后又迅速推广到水稻、花生、烟草、马铃薯、春小麦、向日葵、番茄、胡萝卜、洋葱、菠菜、南瓜、番木瓜、苜蓿、百脉根、黑麦草、匍匐剪股颖、蚕豆、猕猴桃、梨以及橡树等 20 多种抗草甘膦作物，从而使非选择性草甘膦在农作物田间的应用成为可能。

由于草甘膦具有强酸性，难溶于常见的有机溶剂，在水中溶解度小，但可与无机碱或有机碱生成易溶于水的盐，因此通常加工为水溶性的盐(如钠盐、异丙胺盐等)进行销售和应用。

5.2.4.3 杀木膦(fosamine ammonium)

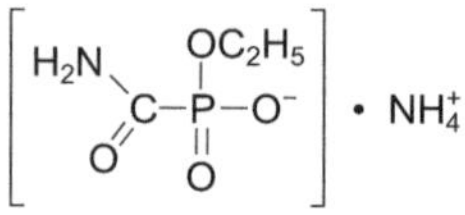

化学名称 氨基甲酰基膦酸乙酯铵盐

毒性 大鼠急性经口 LD_{50} ＞ 5000mg/kg。兔急性经皮 LD_{50} ＞ 1683mg/kg。对兔眼睛和皮肤无刺激。大鼠急性吸入 LC_{50}(1h) ＞ 56mg/L。对皮肤无致敏作用。NOEL：在 90d 的喂食试验中，接受 1000mg/kg 喂食的大鼠没有显示不良影响。野鸭和山齿鹑急性经口 LD_{50} ＞ 10000mg/kg；野鸭和山齿鹑饲喂 LC_{50} 为 5620mg/kg。鱼 LC_{50}(96h，mg/L)：蓝鳃太阳鱼 590，虹鳟鱼 300，呆鲦鱼＞ 1000。水蚤 LC_{50}(48h) 1524mg/kg。蜜蜂 LD_{50}(mg/ 只)：接触＞ 0.2[4]。

用途 在 4.8～7.2kg/hm^2(有效成分)剂量时，用于森林、苗圃防除杂灌木及某些杂草，如用在非作物地区和牧场草地上控制不需要的木本植物(包括落叶树和灌木)。也用于控制田旋花和羊齿，还可用于选择性地控制针叶树种植园中的落叶物种。在森林防火线，杀木膦与草甘膦混用，可以基本消灭灌木丛与杂草。使用既安全，又不污染环境[4]。其防控的杂灌木如胡枝子、黑桦、山杨、柞树、山丁子和榛子等，有效控制时间为 2～3 年。春天使用杀木膦，胡枝子等最为敏感，用药后 14d 叶片变黄脱落或停止生长。秋天使用杀木膦，第二年灌木萌发比正常植株推迟 14～21d，并出现叶和芽生长畸形。对于耐药性差的物种，可能导致分生组织不可逆损伤，直到 7 月底至 8 月上旬仍保持冬态状，表现为长期休眠甚至死亡。杀木膦也可作为植物生长调节剂使用[44]，具体见 7.1.2.3。

5.2.4.4 草甘膦三甲基锍盐(glyphosate-trimesium)

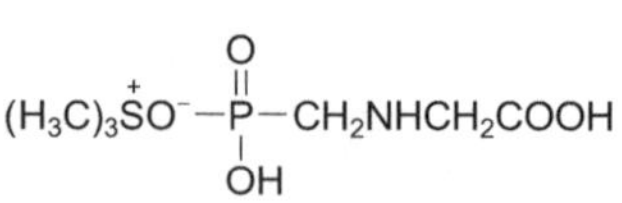

化学名称 *N*-(膦酰基甲基)甘氨酸三甲基锍盐

毒性 急性经口 LD_{50}：雄大鼠 748mg/kg；雌大鼠 755mg/kg。急性经口毒性：

鹌鹑＞2050mg/kg（工业品），野鸭 950mg/kg（工业品）。兔急性经皮 LD_{50} ＞ 2g/kg。大鼠急性吸入 LC_{50}(4h) ＞ 0.81mg/L。饲喂试验无作用剂量为 100mg/(kg・d)，无致畸作用。鱼毒 LC_{50}(96h)：鳟鱼 1.8g/L；蓝鳃太阳鱼＞ 3.5g/L。蜜蜂 LD_{50}：接触 0.39mg/ 只；经口＞ 0.4mg/ 只。

38.0% 液剂大鼠急性经口 LD_{50}：雄鼠 1760mg/kg；雌鼠 1298mg/kg。兔子急性经皮 LD_{50}：雄兔、雌兔＞ 2000mg/kg[13,14]。

用途 非选择性除草剂，对多种一年生和多年生杂草防效显著。杂草虽然从茎叶将草硫膦吸入体内，但是其地上和地下部分都会枯死，因此即使是对多年生杂草亦能够长期有效。抑制杂草的时间可长达 50d。广泛用于果园、非耕地、水田、林场和牧场等防除多种一年生和多年生杂草。但草硫膦一接触土壤就立刻被吸附失效，由土壤生物分解放出二氧化碳，因此药剂不可能在土壤中被作物根部吸收[13]。

5.2.4.5 磺草膦（LS 830556）

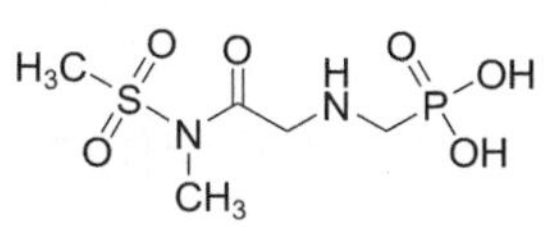

化学名称 甲磺酰基(甲基)氨基甲酰甲基氨基甲基膦酸

毒性 大鼠急性经口 LD_{50} ＞ 5g/kg；鹌鹑急性经口 LD_{50} ＞ 2g/kg；兔急性经皮 LD_{50} ＞ 4g/kg；虹鳟 LC_{50}(96h)：320mg/L[33]。

用途 可有效地防除禾谷类作物田以及葡萄园等果园的禾本科杂草和阔叶杂草[33]。以 1kg/hm^2 的剂量使用，可有效防除一年生杂草。药效期可达 30～40d。以 5.2kg/hm^2 的剂量在果园使用，可有效防除多年生杂草。

5.2.4.6 氯酰草膦（clacyfos）

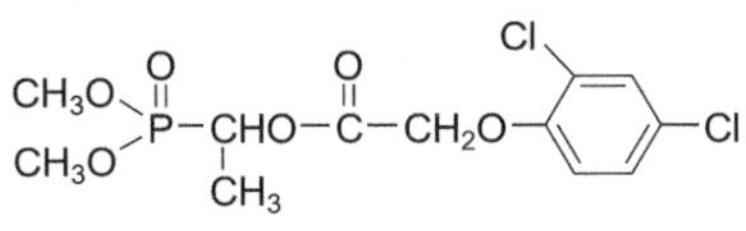

化学名称 *O*,*O*-二甲基-1-(2,4-二氯苯氧乙酰氧基)乙基膦酸酯

毒性 属低毒除草剂。原药大鼠急性经口 LD_{50}：1467.53mg/kg（雌）；1711.06mg/kg（雄）。大鼠急性经皮 LD_{50} ＞ 2000mg/kg（雌、雄）。30% 乳油：大鼠急性经口 LD_{50}

为 2000mg/kg（雌、雄），大鼠急性经皮 $LD_{50} > 2150mg/kg$（雌、雄）。原药和制剂均对兔眼睛和皮肤呈现轻度刺激性，对皮肤为弱致敏物。Ames 试验、小鼠细胞染色体畸变及细胞微核试验结果为阴性；无致癌性，无生殖毒性和胚胎致畸毒性。慢性毒性试验结果表明对大鼠生殖功能及子代的生长发育无影响。对生态环境中的鹌鹑、斑马鱼、蜜蜂、家蚕、大型溞、土壤微生物、爪蟾均为低毒，对赤眼蜂为低风险性。土壤吸附和生物富集试验均不能测出氯酰草膦，对环境中的非靶标生物影响极小[30]。

用途 用于禾本科草坪和小麦、玉米等禾本科作物田防除阔叶杂草及莎草科杂草，如反枝苋、马齿苋、苘麻、苍耳、鳢肠、铁苋菜、蓼、藜、龙葵、鸭跖草、刺儿菜、裂叶牵牛、猪殃殃、繁缕、碎米荠、播娘蒿、荠菜、大巢菜、稻槎菜、异型莎草、水莎草、碎米莎草、萤蔺等。对禾本科杂草防效较差，对小麦、玉米以及草坪草高羊茅、结缕草安全[30]。苗后茎叶喷雾处理。通常在杂草 2～3 叶期，用 30% 氯酰草膦乳油 500～1500g/hm^2（有效成分 150～450g）加水喷雾。温度、土质对其除草效果无明显影响。其残留量低于检出极限；在土壤中的半衰期为 0.2～0.4 天；在玉米鲜植株中的半衰期为 0.1～0.4 天；对后茬作物无影响[36]。

5.2.5 次膦酸酯类除草剂

双丙氨膦和草铵膦是最具代表性的次膦酸酯类除草剂品种。

5.2.5.1 双丙氨膦（bilanafos）

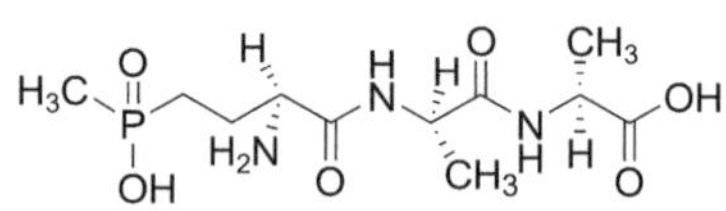

化学名称 *N*-{[(2*S*)-2-氨基-4-(甲基羟基氧膦基)丁酰基]-L-丙氨酰}-L-丙氨酸

毒性 双丙氨膦钠盐对雄大鼠急性经口 LD_{50} 为 268mg/kg；雌大鼠 LD_{50} 为 404mg/kg；大鼠急性经皮 $LD_{50} > 3000mg/kg$。对兔眼睛和皮肤无刺激作用。试验结果表明，对大鼠无致畸作用，无致突变作用，无致癌作用。小鸡急性经口 $LD_{50} > 5000mg/kg$。鲤鱼 LC_{50}(48h) 为 1000mg/L；水蚤 LC_{50}(48h) 为 1000mg/L。对蚯蚓无影响，对土壤微生物没有毒性[4]。

用途　对很多杂草包括单子叶、双子叶及多年生杂草防效好，尤其对双子叶杂草防效更好。可用于防除荠菜、猪殃殃、雀舌草、匍匐冰草、看麦娘、野燕麦、藜、莎草、钝叶酸模、稗、早熟禾、马齿苋、车前、水葫芦等，对日本扁柏无效。其除草作用比草甘膦快，比百草枯慢，而且对多年生植物有效。在土壤中半衰期较短(20～30d)。可用于耐草甘膦的转基因作物田中，但土施则无药效，一般用于播种前除草，或在桑园和果园中施用[45]。

5.2.5.2　草铵膦（glufosinate-ammonium）

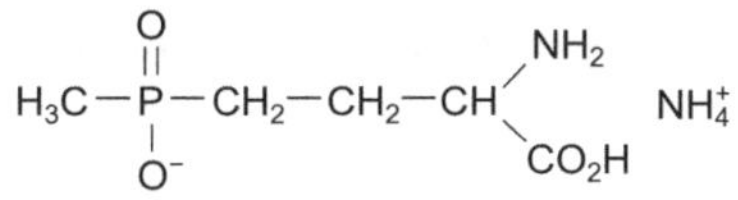

化学名称　(D,L)-2-氨基-4-[羟基(甲基)膦酰基]丁酸铵

毒性　急性经口LD_{50}：雄大鼠2000mg/kg；雌大鼠1620mg/kg；狗200～400mg/kg；雄小鼠431mg/kg；雌小鼠416mg/kg。大鼠急性经皮LD_{50}：雄鼠＞4000mg/kg；雌鼠4000mg/kg。对大鼠眼睛和皮肤无刺激和致敏作用[46]。

用途　草铵膦杀草迅速，适用于苗圃、森林、牧场、观赏灌木、马铃薯、果园、橡胶与棕榈种植园以及非耕地等，能防除或快速杀死100种以上的一年生或多年生的双子叶阔叶杂草或禾本科杂草。防治对象主要包括禾本科杂草看麦娘、野燕麦、马唐、稗草、狗尾草、早熟禾、匍匐冰草、狗牙根、剪股颖、芦苇、羊茅等，也可防除藜、苋、蓼、荠、龙葵、繁缕、马齿苋、猪殃殃、苦苣菜、田蓟、田旋花、蒲公英等阔叶杂草，对莎草和蕨类植物也有一定效果。使用量视作物、杂草而异，每公顷1～2kg或更多些[16]。

草铵膦在中国主要在柑橘、香蕉、木瓜及非耕地上使用。草铵膦的渗透能力强，能防除一些抗草甘膦的恶性杂草，如牛筋草、小飞蓬、泽兰等，对老茅草、芦苇的防效不佳。草铵膦喷药后需6h内不降雨，以使其最大限度地发挥药效。在田间条件下，草铵膦迅速被土壤微生物降解，故根系不能吸收或吸收很少，其药液只在子叶内传导，不转移到别处，对已出土的植物不会通过根部而起作用，而且经草铵膦处理过的土壤，随后播种各类植物，其生长也不会受影响。

由于茎叶处理后叶片快速产生药害，从而限制草铵膦在韧皮部与木质部的传导。高温、高湿、高光强增进草铵膦吸收而显著提高其活性。喷洒液中加入5%(质量浓度)的硫酸铵能促进草铵膦吸收，有效提高草铵膦在低温条件下的活性[47]。植物对草铵膦的敏感性与其对除草剂的吸收相关，因而硫酸铵对敏感性低的杂草增效作用更为显著[48]。

草铵膦还具有杀菌作用，能防止水稻纹枯病菌的侵染，减少其产生的菌落[48]，它对引起纹枯病、菌核病与腐霉枯萎病的真菌有很高的活性，可同时防治转基因抗草铵膦的杂草剪股颖与真菌病害[49]。用草铵膦处理转基因抗草铵膦水稻可减轻真菌引起的水稻稻瘟病。在转基因抗草铵膦大豆田喷洒正常用量的草铵膦，对大豆细菌性疫病假单胞菌(*Pseudomonas syringae* pv. *glycinea*)有一定抑制作用，可抑制或延缓细胞的生长[50,51]。

5.3 含磷除草剂的作用原理

从1942年发现2,4-D至今，化学除草剂的发展已80多年，开发应用的商品化除草剂也达数百种。随着对除草剂研究的不断深入，进一步深化到从作用模式与作用靶标对除草剂进行分类。

植物是一个复杂的有机体，具有合理有序的结构和组织形态。植物包括五大组织形态：保护组织、机械组织、营养组织、分生组织、输导组织。这些组织又构成了植物器官，植物体由根、茎、叶、花、果实和种子六大器官构成。而组织则由细胞组成，或者说植物由细胞构成。

植物细胞包含有细胞壁、膜系统(高尔基体、核膜、内质网等)、细胞器(线粒体、核、叶绿体等)及细胞质。除草剂的作用是在植物组织与细胞水平上以整体的方式影响(干扰或抑制)作物的生长发育。植物生长过程中重要的代谢过程包括光合作用(获取光能合成糖类)、氨基酸和蛋白质的合成、脂质的合成、色素的合成、核酸的合成、呼吸(氧化糖类以提供CO_2和能量)、能量传递和保持膜的完整性。其他一些重要的生命过程还包括发育与分化、分生组织的有丝分裂、成熟分裂、离子和分子的吸收与迁移以及蒸腾作用。一个或多个重要的代谢过程被阻断就会导致植物的死亡。

除草剂是通过干扰与抑制植物的代谢过程而造成其死亡的，这些代谢过程往往由不同的酶系统所诱导。除草剂的作用靶标多是不同的酶系统，即通过对靶标酶的抑制，最终干扰植物的代谢作用。同一代谢过程由一系列生物化学反应组成，各个反应阶段又由不同的酶诱导。因此，不同类型除草剂可能抑制同一代谢反应，但是它们的作用位点(靶标酶)存在着明显差异[52]。

人们通过更深入的研究探索了各类含磷除草剂的作用位点，研究了它们的抑制途径及作用的靶标酶，力图理解一些含磷除草剂控制植物生长或导致植物死亡的根本原因。

除草剂的使用方式有叶面施用或土壤处理两种方式。除草剂按其在植物体内的迁移方式又可分成向下迁移型除草剂、向上迁移型除草剂和不迁移型(接触型)除草剂三种类型。现有开发和应用的有机磷除草剂的使用方式同样包括叶面施用或土壤处理两种方式。根据已有的研究报道，有机磷除草剂的作用原理，以抑制途径或所抑制靶标酶为线索归类，有机磷除草剂可涉及五类靶标酶或抑制途径：①细胞分裂抑制剂；②芳香族氨基酸合成抑制剂；③谷氨酰胺合成酶抑制剂；④植物生长激素类；⑤丙酮酸脱氢酶复合物抑制剂。其中，草甘膦和草铵膦是目前作用机制研究得最深入的两种有机磷除草剂。具体可归纳如下。

5.3.1 细胞分裂抑制剂

此类抑制剂的作用机制主要是抑制细胞分裂，包括抑制微管组装，阻止微管蛋白并入微管，阻断有丝分裂等。此类细胞分裂抑制剂具有土壤处理的作用模式。此类土壤处理除草剂又可分为根抑制剂和幼芽抑制剂。

作为根抑制剂的作用机制是通过抑制微管组装，阻止微管蛋白并入微管，造成细胞有丝分裂紊乱，使伸长生长受到强烈抑制。其典型症状为植物生长发育迟缓，幼根、幼芽及幼茎等明显呈短粗状。这类除草剂在植物体内几乎不发生迁移。

作为幼芽抑制剂的作用机制是通过与乙酰辅酶 A 结合，抑制长链脂肪酸的合成，使植物生长发育迟缓，确切的作用位点尚未确定。典型症状为幼芽生长发育迟缓，很难破土出苗。

自 20 世纪 60 年代以来，所开发的多个有机磷除草剂均属于细胞抑制剂。此类细胞抑制剂主要包括三种结构类型。其一，硫逐磷酰胺酯类，包括胺草磷、甲基胺草磷、抑草磷、双甲胺草磷；其二，二硫代磷酸酯类，包括莎稗磷、哌草磷、地散磷；其三，膦酸酯类，如杀木膦。其作用原理分类归纳如下。

5.3.1.1 硫逐磷酰胺酯类细胞分裂抑制剂

此类细胞抑制剂包括了具有硫逐磷酰胺酯骨架的除草剂，如胺草磷、甲基胺草磷、抑草磷、双甲胺草磷。

(1) 胺草磷　据报道，胺草磷通过阻止微管蛋白并入微管，阻断有丝分裂等，抑制了由赤霉素诱导的 α-淀粉酶的活性，从而抑制了 RNA 和蛋白质的合成[38]。试验表明，药剂进入植物体后，其抑制作用随时间延长而提高。受害植株芽鞘和根变粗，分蘖节膨大，内部叶片变为深绿色，绝大多数叶片不能突破芽鞘而死亡，少数叶片虽能伸出芽鞘，但叶片短而厚，叶色深绿，畸形，最后杂草叶心变黑最终干枯死亡。胺草磷施用于土表后，在土壤中的移动性很小。杂草的地上部分对胺草磷吸收较少，因此胺草磷必须在杂草出土之前使用，对出苗以后的杂草效果不好。

胺草磷选择性除草作用是由药剂的吸收部位、淋溶特性、作物和杂草的生物学差异以及栽培方式所决定的。分蘖节越接近土表的作物，抗药性越低。例如因高粱、谷子的分蘖节接近土表，因此此药不能用于高粱、谷子地。在旱田播后苗前施药时，作物播深大于 1cm 可避免药害，如覆土过浅或处理时作物即将破土出苗易产生药害。苗后施药时应注意定向喷洒，避免把药剂直接喷在作物的叶片上[53]。

(2) 甲基胺草磷　甲基胺草磷具有内吸作用，主要通过杂草的幼芽、幼根等吸收。甲基胺草磷是通过减少微管蛋白 RNA 而直接干扰植物微管合成的特异性抑制剂。通过对甲基胺草磷的作用机制的研究发现，这种除草剂主要通过抑制植物细胞有丝分裂时纺锤丝的形成，或干扰植物细胞中纺锤丝行使正常功能，诱导中期分裂细胞染色体结构变异。据报道，甲基胺草磷可诱导蚕豆染色体结构与蛋白质组分变化。经甲基胺草磷处理后的蚕豆可抑制幼苗胚根生长，导致根尖分生组织细胞多极分裂。研究表明引起胚根生长受抑制和染色体结构变异的临界浓度为 3～4mg/L，可使正常的细胞分裂受到干扰。双向电泳分析结果表明，蚕豆经甲基胺草磷处理后，根尖分生组织细胞内出现新的蛋白质诱导产生和一些蛋白质组分表达量减少现象，可以诱导中期分裂细胞染色体结构变异。因此甲基胺草磷是一种专一性的微管组装抑制剂，能专一性地抑制植物微管蛋白的聚合，通过破坏正常细胞有丝分裂而起到杀灭杂草的作用[54]。

(3) 抑草磷　其作用机制主要也是抑制细胞分裂，破坏植物的分生组织，因此作物和杂草的分生组织的位置和结构、土壤结构、施药方法对该药的选择性有很大影响 [5]。

(4) 双甲胺草磷　双甲胺草磷(H-9201)是内吸传导性水旱两用土壤处理除草剂，以芽前用药防效最好，主要通过出土过程中幼芽、幼根和分蘖节等吸收。其作用机制是通过抑制植物(杂草)分生组织的生长，使伸长生长受到强烈抑制，达到除草目的。受害杂草的芽鞘和根变粗，分蘖节肿大，内部心叶变为深绿色，大多数叶片不能突破芽鞘而死，有的叶片虽伸出芽鞘但叶片短而厚，叶色深绿，畸形，慢慢干枯死亡，0～4mm 长的幼芽和幼根对药剂最敏感，芽与根比较，幼芽是吸收药剂的重要部位。小杯法比较，对稗草幼叶和幼根的抑制作用大于甲基胺草磷，而且在小杯法中幼根对药剂更敏感，其作用方式与甲基胺草磷基本一致 [42]。

5.3.1.2　二硫代磷酸酯类细胞分裂抑制剂

具有二硫代(硫逐硫赶)磷酸酯骨架的细胞抑制剂类除草剂包括莎稗磷 、地散磷和哌草磷。

(1) 莎稗磷　莎稗磷是内吸传导性选择性除草剂，其施药方式通常为拌毒土均匀撒施于稻田，主要通过植株根部吸收，部分通过新芽、嫩叶吸收，其作用机制是通过抑制杂草的细胞分裂和生长而致使杂草死亡 [4]。

莎稗磷常用作水稻田苗前和苗后选择性早期除草剂。试验结果表明，施用莎稗磷能够导致水稻叶绿素含量、根系活力降低，并且在一定剂量和时间范围内会诱导水稻体内谷胱甘肽(GSH)含量、谷胱甘肽转移酶(GST)活性的提高，这说明莎稗磷能够诱导 GST 活化，使 GSH 和莎稗磷结合，从而降解莎稗磷，说明 GSH 和 GST 在莎稗磷解毒中有一定的作用。此外，超氧化物歧化酶(SOD)活性随着莎稗磷浓度的增加而提高，苗前和深水层下施用莎稗磷对水稻的酶活性影响较大。这可能是莎稗磷的施用给水稻造成了一种逆境压力，激活了水稻自身的防御能力，诱导了 SOD 活性的提高；另外在水稻缓苗前秧苗素质较弱，正处于恢复生长的阶段，对莎稗磷的耐受能力较差，因而会受到较大的抑制 [55]。

(2) 哌草磷　哌草磷是芽前除草剂，主要通过幼小杂草的根、胚芽鞘和叶子从土壤中吸收，作用机制是通过抑制杂草的细胞分裂和生长致使杂草死亡 [56]。

(3) 地散磷　地散磷为内吸性芽前除草剂，主要由根部吸收，代谢产物会传导至叶片。其作用机制是通过抑制脂质合成、杂草的细胞分裂和生长而致使杂草死亡 [33]。

5.3.1.3 膦酸酯类细胞分裂抑制剂

具有膦酸酯骨架的细胞分裂抑制剂类除草剂主要有杀木膦。

杀木膦也可称之为调节膦，是由美国杜邦公司于1971年最先开发成功的除草剂和植物生长调节剂，为膦酸酯骨架的细胞分裂抑制剂。杀木膦具有轻微的内吸性，其主要被植物的茎、叶、芽等吸收，很少被根吸收。杀木膦在植物体内的生理作用比较复杂，从生物测定结果来观察，杀木膦既可杀死细胞，抑制分生组织的分化，又可以抑制细胞的生长，主要是抑制植物生长活跃部位细胞的生长与分化。高浓度下，受药植物首先是顶部死亡，然后由上向下干枯；较高浓度下，仅仅杀死或抑制顶部的生长点，对其他已长成的枝叶无不良影响；低浓度下则观察不到上述的异常反应[57]。

对杀木膦作用机制的研究表明杀木膦主要抑制细胞的分裂与伸长，抑制植物光合作用与蛋白质合成。如在高浓度下，它具有解偶联剂的作用，即抑制光合反应过程中的循环磷酸化，阻止生物能量的形成，导致植物死亡。在较高浓度(1000～5000μg/g)的范围内，它可以抑制植物的生长，因它可以提高过氧化物酶与吲哚乙酸氧化酶的活性，而这些酶均可以分解植物体内的生长素，从而使植物生长受到抑制。在低浓度(10～100μg/g)范围内，杀木膦对易于分解植物体内生长素的过氧化物酶与吲哚乙酸氧化酶略有抑制作用，因此它具有一定的促进植物生长的作用。此外，杀木膦还可以抑制植物体内乙烯的生物合成。为此在使用杀木膦时要慎重，使用浓度一定要恰如其分[57]。

5.3.2 芳香族氨基酸合成抑制剂

目前作为芳香族氨基酸合成抑制剂的除草剂主要是针对5-烯醇式丙酮酰莽草酸-3-磷酸合酶(EPSPS)的抑制剂。

5-烯醇式丙酮酰莽草酸-3-磷酸合酶是芳香族氨基酸合成途径中的一个关键酶，它催化莽草酸-3-磷酸酯(S3P)和磷酸烯醇式丙酮酸(PEP)缩合，生成5-烯醇式丙酮酰莽草酸-3-磷酸(EPSP)(图5-6)[12]。芳香族氨基酸参与植物体内一些生物碱、香豆素、类黄酮、木质素、吲哚衍生物和酚类物质等的次生代谢。EPSPS抑制剂主要抑制植物体内的5-烯醇式丙酮酰莽草酸-3-磷酸合酶(EPSPS)，从而抑制莽草素向苯丙氨酸、酪氨酸及色氨酸的转化，干扰和抑制氨基酸合成。由于阻断了芳香族氨基酸的合成，从而使杂草枯死。

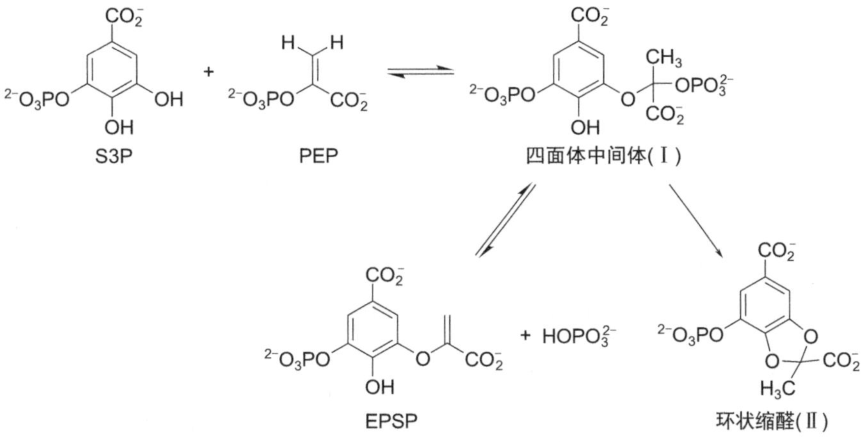

图 5-6 EPSPS 催化合成 EPSP

20 世纪 90 年代，Schaefer，Jakeman 以及 Lewis 等多位研究者先后采用固体核磁共振方法研究 EPSPS 的催化机制 [12]。EPSPS 具有分别与 S3P 和 PEP 相结合的两个结合位点。在反应过程中，EPSPS 首先和一分子的 S3P 结合，其次再和一分子的 PEP 结合进入酶的活性中心，在酶的催化作用下使 S3P 和 PEP 两个底物合成 EPSP，再进一步合成芳香族氨基酸。

目前作为 EPSPS 抑制剂的除草剂包括草甘膦和草甘膦三甲基锍盐(草硫膦)。

(1) 草甘膦　草甘膦具有叶面施用的作用模式，是向下迁移型除草剂(从叶到生长点)。这类除草剂具有在植物体内从叶面向代谢活性部位迁移的能力 [52]，主要通过杂草的茎、叶吸收，而后传导至全株和根部。草甘膦作用时间较长，一般喷药后杂草逐渐变黄，到 10～15d 后杂草才能彻底变黄，然后倒伏死亡。草甘膦在土壤中能迅速分解失效，故无残效作用。

草甘膦是磷酸烯醇丙酮酸(PEP)的结构类似物，草甘膦的结合专一性很高，可与 PEP 竞争，不可逆地与 EPSPS/S3P 双重复合物结合形成稳定的复合物。几乎所有高等植物的 EPSPS 的活性都会受到草甘膦的抑制，从而在莽草酸代谢途径上导致苯丙氨酸、酪氨酸和 L- 色氨酸的生物合成受阻（见图 5-7）。从研究报道来看，草甘膦的作用机制和作用部位有多种，据报道草甘膦对芳香族氨基酸合成抑制的主要作用机制有三种。一是抑制了含有这些氨基酸所组成的蛋白质的生物合成；二是抑制了植物生长过程中细胞壁多聚体木质素的形成；三是抑制了光合作用中的光合磷酸化[58]。

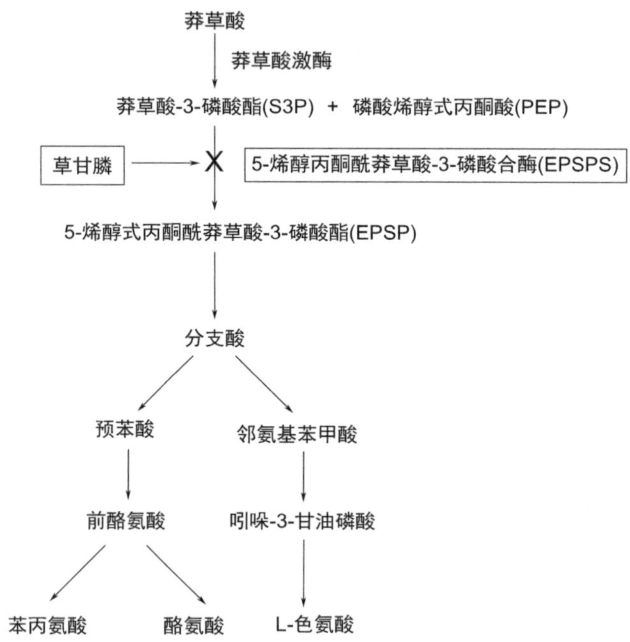

图 5-7　草甘膦对莽草酸代谢途径的抑制作用

1972 年 Jaworski 证明草甘膦是通过抑制芳香族氨基酸的生物合成而杀死杂草的。1976 年 Campbel 证明草甘膦对叶绿体亚微结构有影响，草甘膦对植物叶绿体核糖体、叶绿体 RNA 及色素的形成具有抑制作用。1980 年 Steinrucken 等进一步证明草甘膦是植物体内 EPSPS 的特效抑制剂。1983 年，Foley 证明草甘膦抑制核酸的生物合成，Boocock 等认为 S3P 首先与 EPSPS 结合，其后与草甘膦成为 EPSPS · S3P · glyphosate 三元配合物，即草甘膦竞争性地占住 PEP 与酶连接的活性位点，从而阻断了 S3P 与 PEP 的合成。之后多位研究者从实验上证实了草甘膦与 PEP 竞争的作用机制[12]。

1986 年我国首次发现草甘膦能抑制光合作用中的光合磷酸化，而且对循环及非循环磷酸化均有抑制作用，对希尔反应不仅没有抑制作用，反而随浓度增加有促进作用。草甘膦的作用方式主要是抑制 ATP 酶的活性，抑制光合磷酸化，造成光能不能生成 ATP 及 NADPH，也就使暗反应因得不到 ATP 及 NADPH 而受到抑制，从而抑制了植物的新陈代谢 [58]。

总结以上研究结果，草甘膦对植物的生长抑制有 3 种分子机制。①阻断植物体内芳香族氨基酸合成和某些由其参与合成的维生素、生物碱、香豆素、类黄酮、木质素、吲哚衍生物、酚类物质等次生代谢物的生物合成。②导致3-磷酸莽草酸积累，每分子 3-磷酸莽草酸的积累消耗一分子磷酸烯醇丙酮酸和一分子 ATP 而产生能量消耗。③造成普通途径中间代谢物（尤其是磷酸化合物，如 NADP 或莽草酸-3-磷酸）积累，对植物产生毒性 [12]。

特别值得一提的是，由于 EPSPS 广泛存在于细菌、真菌、藻类及高等植物中，但不存在于哺乳动物、鸟和鱼体内，这使得草甘膦杀草谱广的同时，而对哺乳动物、鸟、鱼显示低毒的特性。

(2) 草甘膦三甲基锍盐作为草甘膦的类似物，也是芳香族氨基酸合成抑制剂。其主要作用机制也是通过阻碍芳香族氨基酸的合成，显示出灭生性的除草效果。

草甘膦三甲基锍盐制剂一旦喷洒在植物体上，其有效成分即可通过茎叶马上被吸收并传导至整个植物体，抑制芳香族氨基酸合成。由于有效成分多集中在生长活性强的组织内，因此药剂的活性效果首先从茎的顶端和新生叶表现出来。虽然草甘膦三甲基锍盐从杂草的茎叶被吸收进入体内，但杂草的地上和地下部分都会枯死，最后全株枯死 [13]。

到目前为止，仅有草甘膦和草甘膦三甲基锍盐是 EPSPS 的高效抑制剂。

5.3.3 谷氨酰胺合成酶抑制剂

植物可以利用的氮源主要为 NO_3^- 和 NH_4^+，与固氮生物共生的植物还可直接利用分子态氮。无机氮素主要以氨的形态参与构成有机化合物。非氨态的氮被植物吸收后大都是先由植物将其转化为氨，植物在光呼吸及各种含氮化合物的分解及相互转化的代谢过程中也释放出大量的氨。植物必须将体内释放和体外吸收或转化的氨迅速同化，以免氨浓度积累过高，造成对组织的毒害。而植物的同化和再同化，解除氨的毒性要依赖于谷氨酰胺合成酶的作用 [12]。

谷氨酰胺合成酶(GS;EC 6.3.1.2)是其中对氮源亲和力最高的酶(K_m 3～5mmol/L)，是植物体内无机氮转化为有机氮过程中的关键酶系。GS 是核编码的酶，存在于细胞质和质体中。谷氨酰胺合成酶(GS)的作用是催化谷氨酸和氨生成谷氨酰胺来固定游离氨(消耗 ATP)。谷氨酸合酶(谷氨酰胺-α-酮戊二酸氨基转移酶，GOGAT)的作用是将谷氨酰胺的氮转移到 α-酮戊二酸，再生谷氨酸(提供氨基供体)。GS/GOGAT 循环能使植物高效率地同化和再循环氨(图 5-8)[12]。这两个酶催化反应的最终产物分别是彼此的底物，并且是合成氨基酸、嘌呤和嘧啶的氨基的给体。

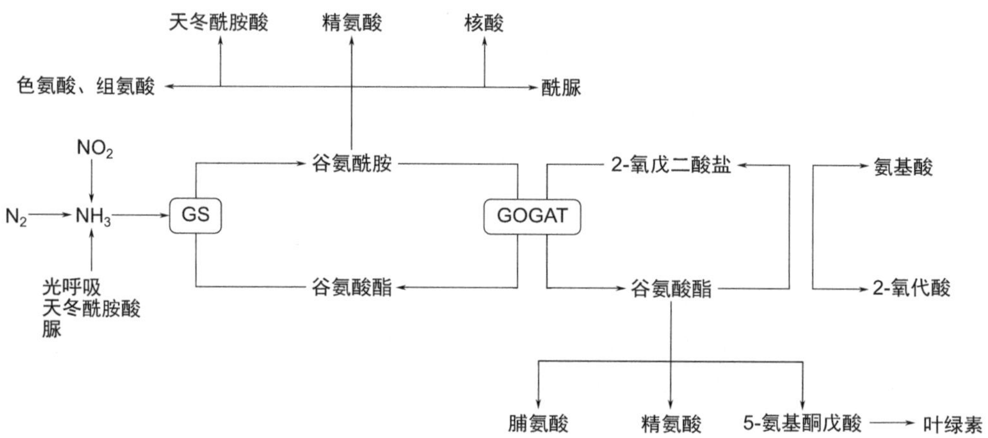

图 5-8　植物体内氮代谢 GS/GOGAT 循环的重要作用

谷氨酰胺合成酶(GS)活性被抑制后，造成植物体内氮代谢紊乱，植物组织中的氨过量累积，而这种高浓度的 NH_3 则会造成光合作用的中断，导致叶绿体结构的破坏以及基质的囊泡化；同时氨基酸合成受阻，导致细胞膜受损和细胞死亡[52]。通过上述抑制活性，最终导致杂草死亡，达到除草效果。

此类抑制剂为具有一定内吸作用的非选择性除草剂，其在植物体内的传导作用较差。主要有两种传导方式，一是通过木质部随蒸腾流向上传导；二是通过韧皮部向根部传导。使用时主要用作触杀剂。施药后有效成分通过叶片起作用，尚未出土的幼苗不会受到伤害。以谷氨酰胺合成酶为靶标酶的有机磷除草剂涉及草铵膦和双丙氨膦。

(1)双丙氨膦　双丙氨膦属非选择性接触型除草剂，具有内吸性，可从莎草被施药后新生块茎的大量减少和块茎中可测出双丙氨膦的代谢物而证实。从除草作用机制而言，双丙氨膦是一种潜在的谷氨酰胺合成酶抑制剂。其本质上，双丙氨膦在植物体内代谢为L-草铵膦酸(图5-1)，L-草铵膦酸可强效抑制植物体内谷氨酰胺合成酶活性，从而产生灭生性除草效果[62]。对杂草的地上部分和地下部分都有杀灭作用[45]。

(2) 草铵膦　草铵膦是源于对双丙氨膦的代谢研究而直接合成开发的谷氨酰胺合成酶抑制剂[63]。草铵膦以铵盐形式进入植物体内，先去铵化转化为L-草铵膦酸。在正常情况下，谷氨酰胺合成酶(GS)催化时，谷氨酸和ATP首先在活性中心形成非共价复合物(需Mg^{2+}参与)，随后ATP的γ-磷酸基团转移至谷氨酸的γ-羧基，生成高能的γ-谷氨酰磷酸共价中间体。该中间体被氨攻击后最终形成谷氨酰胺。L-草铵膦酸的结构与谷氨酸类似，可竞争性结合GS的谷氨酸位点，诱导酶构象变化并允许ATP结合。L-草铵膦酸(L-PPT)自身的膦酸基团直接模拟γ-谷氨酰磷酸的过渡态，与ADP形成非共价但稳定的复合物（PPT-ADP-Mg^{2+}），从而可逆地抑制谷氨酰胺合成酶所有已知的形式，导致植物体内氮代谢紊乱，氨过量积累，叶绿体解体，使光合作用受抑，最终导致植物死亡(图5-9)[59]。

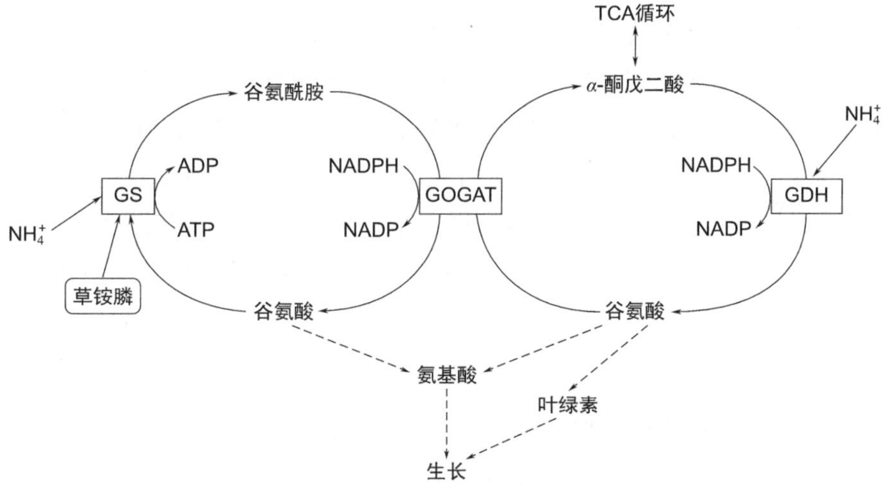

图5-9　植物代谢途径中氨积累及草铵膦对谷氨酰胺合成酶的抑制

GDH—谷氨酸脱氢酶；GS—谷氨酰胺合成酶；GOGAT—谷氨酸合成酶

目前在许多植物中发现了一系列谷氨酰胺合成酶同工酶，如GS Ⅰ存在于胞液中，而GS Ⅱ则固定于成熟的叶绿体中[60]。实际上，由于L-草铵膦酸对谷氨酰胺合成酶的抑制，使植物的代谢作用受到多方面的干扰，主要包括：①通过氨的积累造成膜的破坏；②由于缺乏转氨基作用与转酰氨基作用的有机氮供体而降低肽、蛋白质与核苷酸的生物合成；③促进蛋白质水解；④导致光呼吸受阻：光呼吸产生的氨无法被回收，加剧毒性，进而引发叶绿体结构解体和光合作用崩溃，这一过程是草铵膦触杀型除草作用的核心机制之一，也是其快速（2 ～ 5 天）导致叶片坏死的原因[61]。草铵膦的作用模式一直存在争议，其快速的植物毒性通常归因于氨的积累。最近的研究表明，草铵膦的接触活性是活性氧物质积累和随后的脂质过氧化的结果，草铵膦破坏光呼吸和光合作用的光反应，导致分子氧的光还原，从而产生活性氧[16]。

草铵膦是不迁移的触杀型除草剂，或称为具有部分内吸作用的非选择性触杀除草剂，具有叶面施用除草剂的作用模式，主要破坏细胞膜，又称细胞膜破坏剂。草铵膦能快速破坏细胞膜，使用后 3～5d 内植物变黄、枯萎，1～2 周内坏死[61]。某些植物酶的抑制剂往往对微生物酶也具有抑制作用。据报道草铵膦也可作为病原菌的抑制剂，在防除杂草的同时具有杀菌作用，可以防治病害。

虽然草铵膦抑制细菌、植物和哺乳动物的谷氨酰胺合成酶，但它不能进入哺乳动物的血液和脑组织。草铵膦在土壤表层、水中迅速降解，因为极性原因，草铵膦及其代谢产物不会进行生物蓄积。草铵膦在土壤和水中降解成 3-(甲基)膦酰基丙酸和 2-(甲基)膦酰基乙酸，最后形成二氧化碳和相关残留物[16]，具有很高的安全性[62]。

双丙氨膦及草铵膦是目前商品化的两种谷氨酰胺合成酶(GS)抑制剂类除草剂，但在本质上都是由于所产生的 L-草铵膦酸能强效抑制植物体内谷氨酰胺合成酶而产生除草活性。其差异在于双丙氨膦需依赖植物代谢转化为 L-草铵膦酸，存在效率低、成本和应用剂量较高等问题，在全球市场逐渐萎缩。而直接针对 GS 的草铵膦成为了市场主流。

5.3.4 植物生长激素类

激素型除草剂对植物的作用完全不同于其他向下移动型除草剂，使用后植物几乎立刻产生茎、叶弯曲或扭曲，随后的症状包括茎、叶、花畸形以及根系的异常。

伐垅磷(2,4-DEP)为亚磷酸酯类芽前除草剂。据报道伐垅磷在土壤和植物体内水解后，可经氧化生成有除草活性的 2,4-D，2,4-D 是代表性的植物生长激素类除草剂。伐垅磷因其在土壤中缓慢水解释放出 EP-a，随后转化为 EP-b，之后 EP-b 再转化成 2,4-D 而产生除草作用(图 5-10)[64]。

这类除草剂具有在植物体内从叶面向代谢活性部位迁移的能力，可用于防除禾本科作物区一年生和多年生阔叶杂草和非作物区杂草。

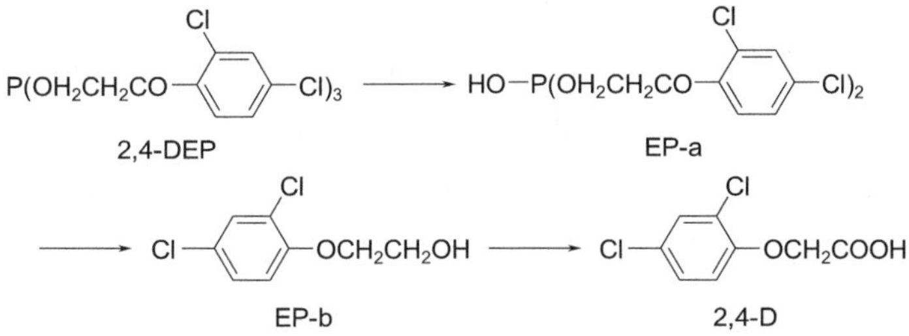

图 5-10　2,4-DEP（伐垅磷）在土壤和植物中水解、氧化生成 2,4-D

5.3.5　丙酮酸脱氢酶复合物抑制剂

丙酮酸脱氢酶复合物(PDHc)是生物体内重要的氧化还原酶，是一个复杂的多酶体系。丙酮酸氧化脱羧转化成乙酰辅酶 A 是生物体内的关键代谢过程，连接糖的有氧氧化、三羧酸循环和氧化磷酸化，均需在 PDHc 的催化下才能进行 [65][详见 8.1.1 丙酮酸脱氢酶系(PDHc)的生物功能]。

由丙酮酸脱羧酶(PDHc-E1)催化的第一步反应为 PHDc 催化反应中唯一一步不可逆反应 [66]。

在 PDHc-E1 的催化过程中，包括底物丙酮酸与辅助因子焦磷酸硫胺素(ThDP)的反应，在正常代谢情况下，由于辅助因子焦磷酸硫胺素中噻唑环上 N 和 S 间 C 上的 H 容易解离，而使该 C 易形成反应性很强的负碳离子，该负碳离子亲核进攻底物丙酮酸的羰基碳原子形成加成物 **A1**，然后进行脱羧反应，脱羧后形成 **A2**(图 5-11)[27]。

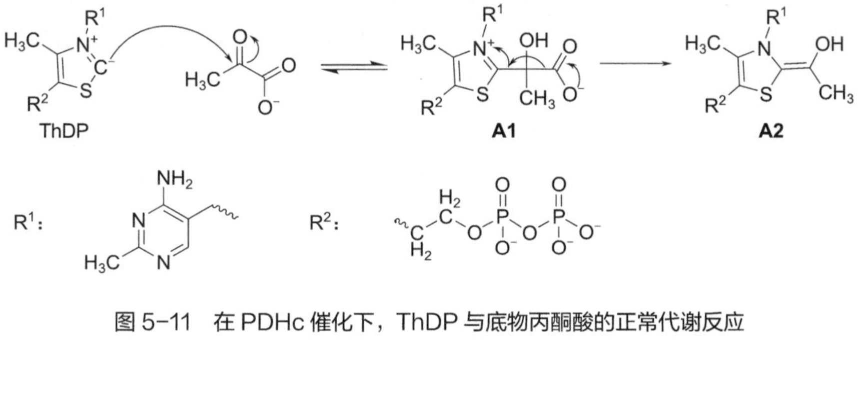

图 5-11　在 PDHc 催化下，ThDP 与底物丙酮酸的正常代谢反应

最初显示了除草活性的PDHc抑制剂是由Kluger等人报道的，1977年Kluger等人通过动力学研究确定了酰基膦酸酯单钠盐化合物(**1-1**，R=OCH_3)是一个较好的底物丙酮酸钠的竞争性抑制剂，其K_i=0.05μmol/L。1988年，Baillie等人又进一步证实烷基酰基次膦酸酯钠盐(**1-2**，R=CH_3)为豌豆PDHc的强抑制剂，显示了除草活性(详见8.1.2节)。相关的生化研究也证明了正是由于这类含磷化合物对PDHc的强抑制作用而能造成植物死亡，从而显示出引人注目的除草活性[27]。但由于田间试验表明这些丙酮酸含磷类似物的除草活性不能充分达到商品化除草剂的要求，因而未能作为商品化除草剂开发。但这种设计思路的学术价值和良好前景在农药界得到了高度的肯定和评价[67,68]。

随后在20世纪90年代，华中师范大学农药化学研究所筛选获得了新型植物丙酮酸脱氢酶系(PDHc)抑制剂类的高效除草剂氯酰草膦。生化研究表明氯酰草膦对双子叶植物绿豆和豌豆PDHc的抑制作用IC_{50}分别为12.75μmol/L和18.19μmol/L(体外)，并通过动力学研究确定了氯酰草膦为底物丙酮酸钠的竞争性抑制剂(详见8.6.1)。

当氯酰草膦分子进入植物体内后，可与丙酮酸竞争，首先占有丙酮酸的位置与焦磷酸硫胺素结合，形成与加成物**A1**(图5-10)类似的中间体，但这一中间体不能发生进一步的脱羧反应，从而阻止了丙酮酸与ThDP的正常加成作用。在PDHc催化反应中，PDHc-E1的催化是控制整个反应体系速率的第一步，为依赖ThDP催化的丙酮酸脱羧反应，因而可以认为氯酰草膦为PDHc-E1催化作用的抑制剂，由于抑制了PDHc-E1催化的第一步反应，从而使植物体中丙酮酸氧化脱羧形成乙酰CoA的代谢过程受阻，破坏了正常的有氧代谢过程。

氯酰草膦对阔叶植物中的PDHc表现出很好的选择性，该品种主要应用于禾本科作物田防除阔叶杂草。在应用上，氯酰草膦为选择性内吸传导性除草剂，用于苗后茎叶喷雾处理，有效成分可被杂草茎部和叶片吸收后转移到杂草各部分抑制植物体内丙酮酸脱氢酶复合物，从而导致杂草死亡。

继氯酰草膦之后，通过对氯酰草膦的结构修饰，华中师范大学农药化学研究所进一步创制研发了第二个PDHc抑制剂类除草活性化合物，*O*,*O'*-二甲基-*α*-(2,4-二氯苯氧乙酰氧基)-*α*-(呋喃-2-基)甲基膦酸酯(开发代号为HWS，图5-12)[31]，作为玉米田除草剂(申请农药通用名为氯酰呋草膦)进入了田间应用开发[32]。

贺红武课题组对HWS进行了作用机制的研究，其动力学研究结果表明HWS为底物丙酮酸的竞争性抑制剂。研究发现HWS为双子叶植物如豌豆(*Pisum sativum*）丙酮酸脱氢酶的强抑制剂（I_{50}=28.25μmol/L），HWS 的钠盐对 *Pisum sativum* 显示了更强的抑制活性（I_{50}=6.96μmol/L）。而对单子叶作物如水稻（*Oryza sativa*）丙酮酸脱氢酶具有弱抑制活性（I_{50}=703.88μmol/L）。HWS 在单子叶与双子叶植物丙酮酸脱氢酶间显示了很好的选择性。这种对单双子叶植物中靶酶 PDHc 的选择性很好地符合了 HWS 对阔叶杂草具有优异的除草活性，而对单子叶作物又有很好的安全性的特点。研究发现 HWS 对不同生物来源的丙酮酸脱氢酶也具有不同的抑制作用，如 HWS 为双子叶植物豌豆丙酮酸脱氢酶的强抑制剂，为微生物和温血动物丙酮酸脱氢酶的弱抑制剂。如在 100μmol/L 时，对大肠杆菌的 PDHc 的抑制率为 23%；对猪的 PDHc 具有更弱的抑制活性，抑制率仅为 5%。而且农药急性毒性的测试结果表明 HWS 对大鼠的急性毒性也是低毒级[30]。

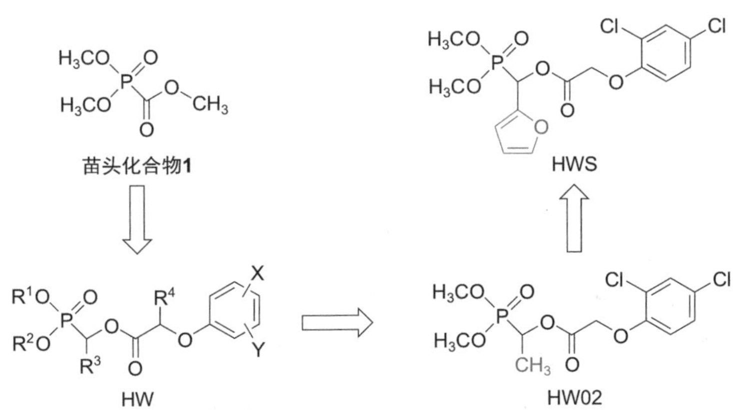

图 5-12 PDHc 抑制剂 HWS 的设计

结果表明，氯酰草膦和 HWS 及其盐对豌豆 PDHc 的抑制活性均高于 Baillie 等所报道的丙酮酸类似物酰基膦酸酯单钠盐 **1-1** 的抑制活性（IC_{50} 为 70μmol/L），特别是具有更高的除草活性。进一步的研究表明，氯酰草膦和 HWS 的除草活性来自化合物本身的贡献，而不是由于代谢产生了 2,4-D[31]（具体研究见第 8 章）。

5.4 主要含磷除草剂品种的合成

在有机磷农药的发展历史中，磷有机合成化学的发展为世界范围内有机磷农药制造工业的发展提供了坚实的科学技术基础。许多重要的磷化学反应被应用于各类有机磷除草剂的制备。若以各类有机磷除草剂中所涉及的含磷键为线索归类，主要涉及 P—O 键、P—S 键、P—N 键、P—C 键。因此，有机磷除草剂所涉及含磷部分的制备反应包括 P—O 键、P—S 键、P—N 键、P—C 键的构成。以下分别对各类有机磷除草剂的主要代表性品种的制备方法介绍如下。

5.4.1 亚磷酸酯类除草剂的合成

亚磷酸酯类除草剂为三配位三价磷化合物，具有三个 P—O 键。此类结构的含磷除草剂品种较少，以伐垅磷为代表，分子中三个 P—O 键可通过三氯化磷和相应的羟基化合物的磷酰化反应来构成。

伐垅磷的合成方法如下：

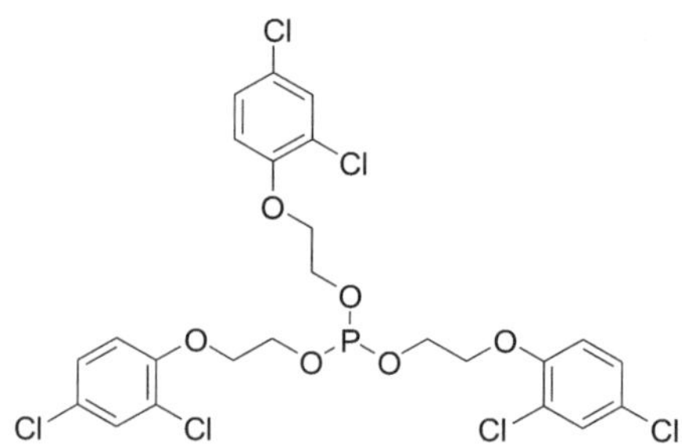

理化性质 纯品为白色蜡状固体，工业品为棕色黏稠油状液体。沸点：＞200℃（13.3Pa）；428.1℃（760mmHg）。闪点：212.7℃。微溶于水，在煤油中的溶解度为 10g/L，溶于芳烃石脑油。

合成方法

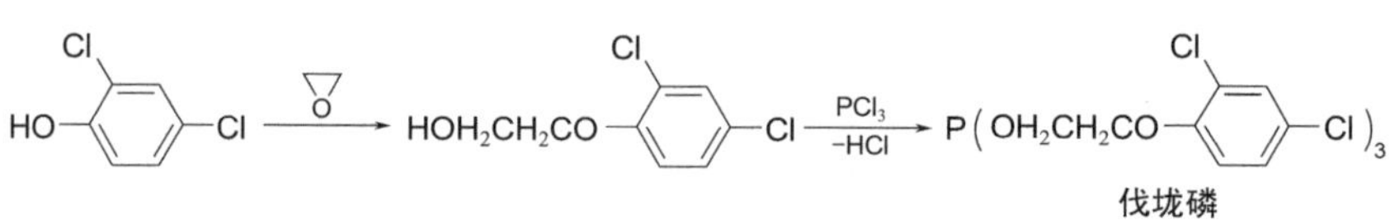

伐垅磷的制造以三氯化磷和苯酚为起始原料，由苯酚氯化制成 2,4-二氯苯酚，随后 2,4-二氯苯酚和环氧乙烷在胺类催化剂存在下缩合，可获得中间体 2,4-二氯苯氧乙醇。再进一步与三氯化磷反应获得伐垅磷。

在伐垅磷的制备反应中，其反应原理是利用三氯化磷与中间体 2,4-二氯苯氧乙醇中的羟基发生磷酰化反应来构建目标化合物的三个 P—O 键，以生成三(2,4-二氯苯氧乙基)亚磷酸酯(伐垅磷)[69]。通常在工业品中还含有 2,4-二氯苯氧乙醇。

5.4.2 二硫代磷酸酯类除草剂的合成

二硫代磷酸酯类除草剂为四配位五价磷化合物，具有硫逐硫赶键。通常采用硫代磷酸酯的烷基化反应来构成硫赶键。

现以莎稗磷和地散磷为例，介绍二硫代(硫逐硫赶)磷酸酯类除草剂的制备。

5.4.2.1 莎稗磷的合成

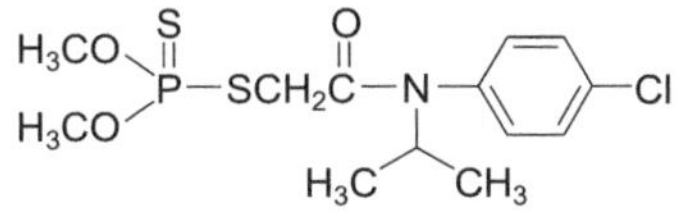

化学名称 *O*,*O*-二甲基-*S*-(4-氯-*N*-异丙基苯氨基甲酰基甲基)硫逐硫赶磷酸酯

理化性质 纯品为结晶固体，熔点 51～51.5℃，蒸气压 2.2mPa(60℃)，分配系数 lgK_{ow}3.81，相对密度 1.27(20～25℃)。在水中溶解度(mg/L，20～25℃)：13.6。在有机溶剂中溶解度(g/L)：丙酮＞1000，苯＞200，氯仿＞1000，二氯甲烷＞200，乙醇＞200，乙酸乙酯＞200，己烷 =12，甲苯＞1000。22℃时在 pH 值 5～9 时稳定，在 150℃分解，对光不敏感。

合成方法

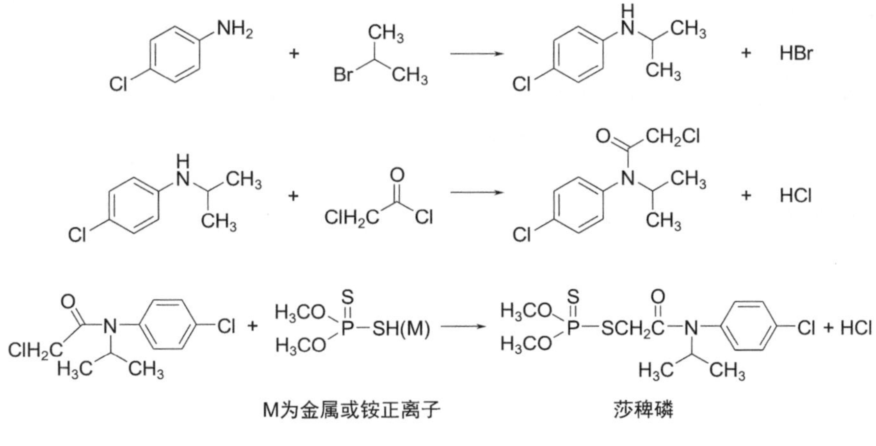

莎稗磷是一个具有硫赶结构(含P—S键)的品种，该分子中的P—S键可通过硫-烷基化反应来制得。

在其制备反应中，先由对氯苯胺与2-溴丙烷通过烷基化反应制得*N*-异丙基对氯苯胺，然后再由*N*-异丙基对氯苯胺与氯乙酰氯发生氯乙酰化反应制得*N*-氯乙酰基-*N*-异丙基对氯苯胺。最后以*N*-氯乙酰基-*N*-异丙基对氯苯胺与*O*,*O*-二甲基二硫代磷酸或其盐缩合，便可构建P—S键，获得莎稗磷。采用适当的温度和反应时间，收率可达88%～90%，纯度可达87%～90%[70]。

该合成方法必须考虑氢溴酸的回收利用。

5.4.2.2 地散磷的合成

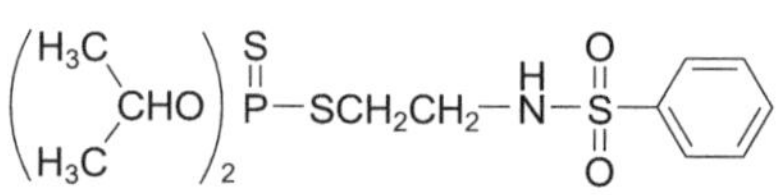

化学名称 *O*,*O*-二异丙基-*S*-(2-*N*-苯磺酰氨基乙基)硫逐硫赶磷酸酯

理化性质 纯品为白色固体，熔点34.4℃。原药为琥珀色固体或过冷液体，带有类似樟脑的气味，原药含量92%。闪点＞104℃，蒸气压＜0.133mPa(20℃)，分配系数lgK_{ow} 4.2。在水中溶解度(mg/L，20～25℃)：25.0。在有机溶剂中溶解性(g/L，20～25℃)：可溶于丙酮、乙醇、甲基异丁酮、二甲苯、煤油(0.30)。稳定性：在酸碱中较为稳定；DT_{50} ＞200d(pH 5～9，25℃)；光照下缓慢分解。原药产品在155℃下分解，加热至100℃ 18～40h，会造成自动催化分解。

合成方法

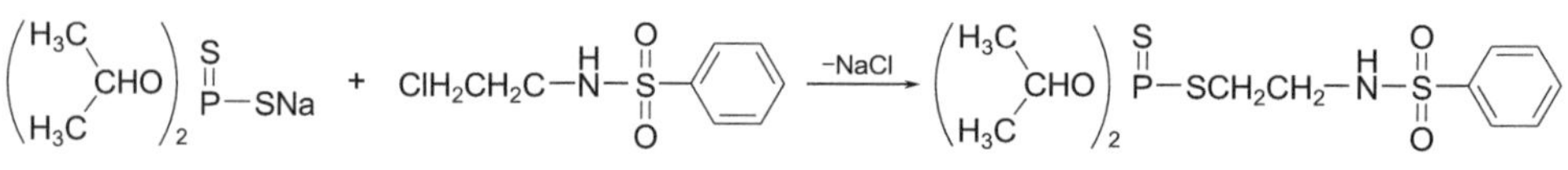

地散磷

地散磷的制备原理是由*O*,*O*-二异丙基硫逐硫赶磷酸钠盐与相应的氯化物通过缩合反应而制备[64]。

5.4.3 硫逐磷酰胺酯类除草剂的合成

硫逐磷酰胺酯类除草剂属四配位五价磷化合物，其结构特点是分子中含有硫逐键(P═S)、磷氮键(P—N)和磷氧键(P—O)。羟基或氨基化合物的磷酰化反应是在有机磷农药生产中用得最多的反应，是合成P—O键和P—N键的主要方法。通常可利用硫逐磷酰氯与羟基或氨基化合物的磷酰化反应引入P═S键、P—O键和P—N键来合成硫逐磷酰胺酯类除草剂。现以抑草磷、草特磷、胺草磷、甲基胺草磷为例，介绍硫逐磷酰胺酯类除草剂的制备。

5.4.3.1 抑草磷的合成

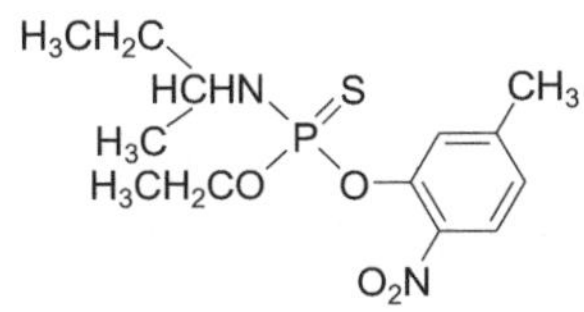

化学名称 *O*-乙基-*O*-(5-甲基-2-硝基苯基)-*N*-仲丁基硫逐磷酰胺酯

理化性质 黄棕色液体，熔点17.7℃，蒸气压84.0mPa(27℃)，密度1.188g/cm^3(20～25℃)，水中溶解度6.19mg/L(20～25℃)，易溶于丙酮、甲醇、二甲苯。

合成方法

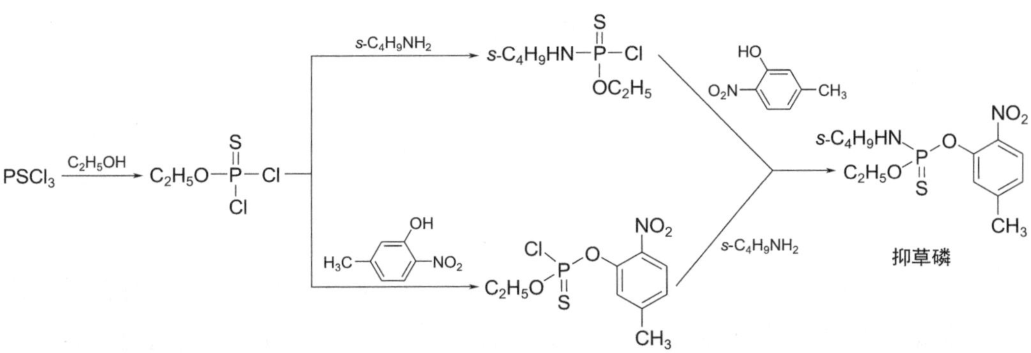

抑草磷是一个具有P—O键和P—N键的硫逐磷酰胺酯类化合物，可采用含有P═S键的三氯硫磷为起始原料，再分别利用羟基和氨基化合物的磷酰化反应在分子中引入P—O键和P—N键。

在抑草磷的制备反应中，先以三氯硫磷和乙醇为起始原料，通过磷酰化反应生成具有P—O键的乙氧基硫代磷酰二氯，然后磷酰二氯再与仲丁氨的氨基发生磷酰化反应生成含P—N键的硫代磷酰一氯，最后磷酰一氯再进一步与邻硝基间甲酚的羟基发生磷酰化反应形成另一个P—O键，这样通过连续三步的磷酰化反应便可制得抑草磷。在这三步反应中，硫代磷酰一氯与邻硝基间甲酚的磷酰化反应是合成的关键。此外，在其制备反应中，也可采用乙氧基硫代磷酰二氯先与邻硝基间甲酚发生磷酰化反应，然后再与仲丁氨发生磷酰化反应制备抑草磷[5]。

5.4.3.2 草特磷的合成

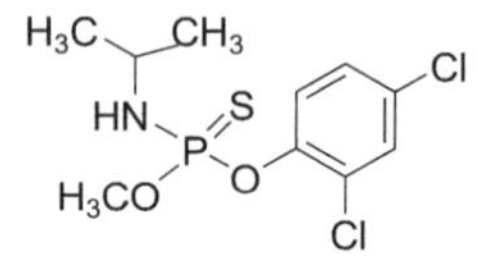

化学名称 *O*-甲基-*O*-(2,4-二氯苯基)-*N*-异丙基硫逐磷酰胺酯

理化性质 纯品为浅黄色结晶，熔点51.4℃，相对密度1.34(20℃)，蒸气压＜266.64Pa/150℃(分解)，折射率1.53968。微溶于水(5mg/L)，易溶于乙醇、苯、丙酮、氯仿、醚等有机溶剂。稳定性：对光稳定，在酸、碱下比较稳定。据报道此品种虽然毒性不是很高，但发现有引起迟发性神经毒性的迹象[2]。

合成方法

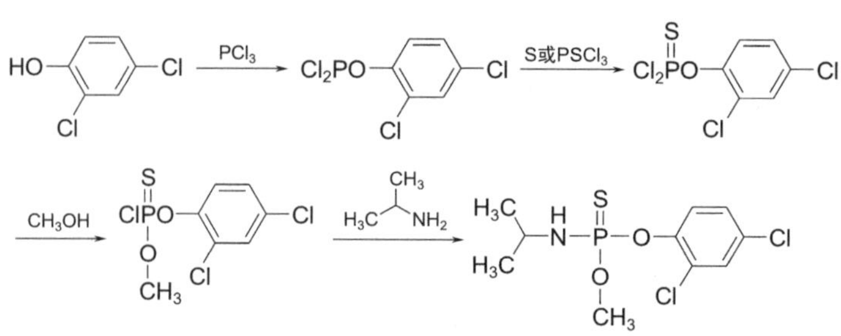

在草特磷的制备反应[2]中，以三氯化磷和二氯苯酚为起始原料，通过磷酰化反应生成具有P—O键的二氯苯氧基二氯化磷，二氯苯氧基二氯化磷通过硫化转化为二氯苯氧基硫逐磷酰二氯，然后通过与甲醇的磷酰化反应生成新的P—O键，再通过与异丙胺的磷酰化反应引入P—N键，这样通过三步反应便可制得草特磷。

5.4.3.3 胺草磷的合成

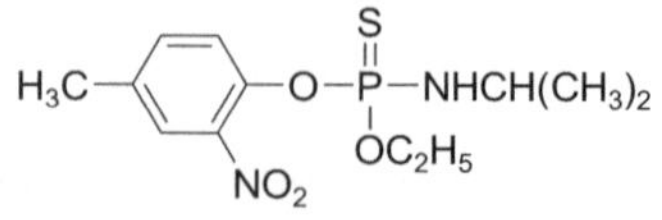

化学名称 *O*-乙基-*O*-(2-硝基-4-甲基苯基)-*N*-异丙基硫逐磷酰胺酯

理化性质 淡黄色或白色固体，有微臭气味。一般条件下稳定，熔点为 51～53℃。可溶于大多数有机溶剂，稍溶于乙烷、石油醚，难溶于水(20mg/L)。

合成方法

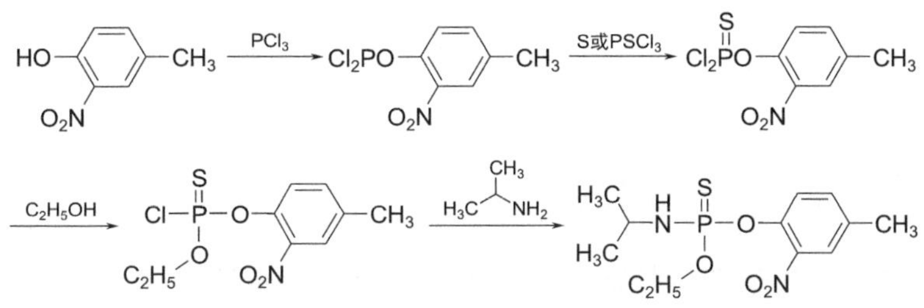

在胺草磷的制备反应[64]中，以三氯化磷和 2-硝基-4-甲基苯酚为起始原料，通过 P—Cl 键与酚羟基发生磷化反应生成具有 P—O 键的 2-硝基-4-甲基苯氧基二氯化磷，2-硝基-4-甲基苯氧基二氯化磷通过硫化转化为相应的硫逐磷酰二氯后，先与乙醇发生磷酰化反应生成新的 P—O 键，其产物硫逐磷酰一氯再进一步和异丙胺发生磷酰化反应引入 P—N 键，通过这样的三步反应便可制得胺草磷。

5.4.3.4 甲基胺草磷的合成

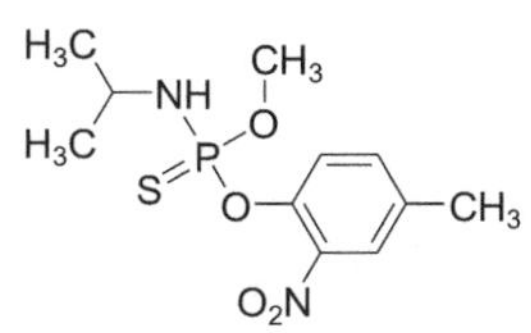

化学名称 *O*-甲基-*O*-(2-硝基-4-甲基苯基)-*N*-异丙基硫逐磷酰胺酯

理化性质 原药为淡黄色固体，有微臭。熔点 64～65℃。能溶于苯、醇、酯等有机溶剂，在水中溶解度为 10mg/L。在通常条件下稳定。

合成方法

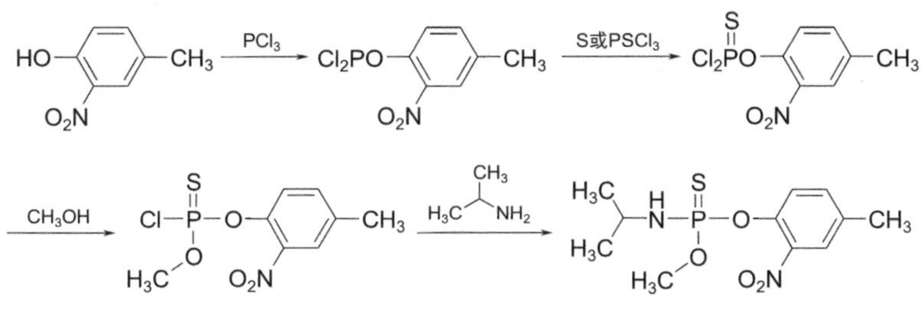

在甲基胺草磷的制备反应[64]中，以三氯化磷和2-硝基-4-甲基苯酚为起始原料，通过P—Cl键与酚羟基发生磷化反应生成具有P—O键的2-硝基-4-甲基苯氧基二氯化磷，2-硝基-4-甲基苯氧基二氯化磷通过硫化转化为相应的硫逐磷酰二氯后，先与甲醇发生磷酰化反应生成新的P—O键，其产物硫逐磷酰一氯再进一步和异丙胺发生磷酰化反应引入P—N键，通过这样的三步反应便可制得甲基胺草磷。

5.4.4 膦酸酯类除草剂的合成

膦酸酯类化合物的结构特征是在分子中具有一个磷碳键(P—C)。P—C键的合成通常可通过Michaelis-Arbuzov反应来实现。该反应是由至少含有一个烷氧基的三价亚磷酸酯进攻卤代烃的饱和碳所引起的亲核反应，常用于合成具有P—C键的有机磷化合物。

现以杀木膦、草甘膦为例，介绍膦酸酯类除草剂的制备。

5.4.4.1 杀木膦的合成

杀木膦的合成方法见7.1.4.3。

5.4.4.2 草甘膦的合成

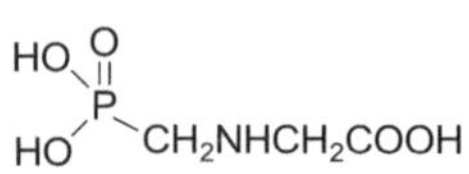

化学名称 *N*-(膦酸甲基)甘氨酸

理化性质 纯品为白色无味晶体，原药含量≥95%，熔点189.5℃，蒸气压131mPa (25 ℃)。分配系数lgK_{ow}<- 3.2(pH 5～9)，Henry常数<$2.1×10^{-7}$Pa・m^3/mol。在水中溶解度(mg/L，20～25℃)$1.05×10^{-7}$(pH 1.9)。在有机溶剂中溶解度(g/L，20～25℃)：二氯甲烷0.233，丙酮0.078，异丙醇0.02，甲苯0.036，乙酸乙酯0.012，甲醇0.231。稳定性：不易挥发，在空气和缓冲水中不会发生化学降解；pH为3、6和9时，不易水解。

草甘膦水溶性差，难以直接使用，为了增加其水溶性，通常将其制成膦甘酸铵盐或钠盐。

合成方法 草甘膦是全球应用最广泛的除草剂，许多研发机构对草甘膦的多种制备方法进行了系统的研究和开发。其制备方法非常多，根据草甘膦合成原料和合成反应路线的不同，以所用含磷原料为线索分类，草甘膦的合成方法主要包括：①氯甲基膦酸法；②甲酰基膦酸法；③氨甲基膦酸法；④氰甲胺甲基膦酸二甲酯法；⑤亚磷酸法；⑥亚磷酸酯法；⑦双甘膦氧化法；⑧膦酸吗啉衍生物法；⑨双甘膦四乙酯电解法；⑩二酮哌嗪膦酸法。这些方法的合成路线及制备原理具体归纳如下。

（1）氯甲基膦酸法

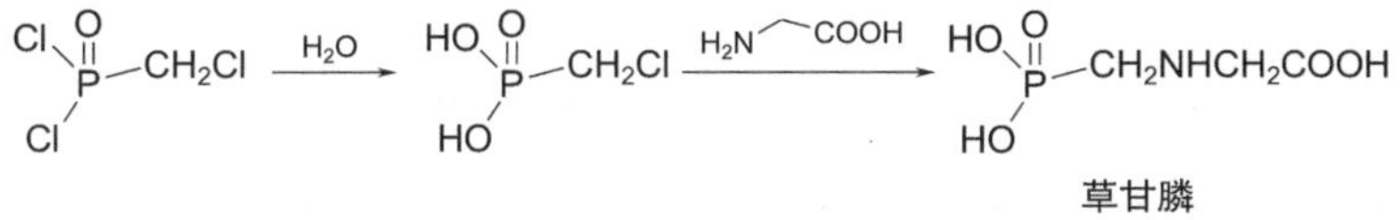

据报道[71-73]，采用等物质的量比的氯甲基膦酸与甘氨酸，在碱性溶液中（pH＞10），于 90～100℃加热搅拌 10～11h，便可获得 *N*-（膦酸甲基）甘氨酸（草甘膦），其收率可达 89.6%～95.6%。氯甲基膦酸可由氯甲基膦酰氯［$ClCH_2P(O)Cl_2$］经水解获得。

中间体氯甲基膦酰氯制备：以三氯化磷为起始原料，中间体氯甲基膦酰氯可通过以下 3 种方法来制备[73]。

① 无水氯化氢催化法或加压法。由三氯化磷与多聚甲醛在无水氯化氢的催化下制备，当三氯化磷：多聚甲醛：无水氯化氢的物质的量比为 1.5：0.95：（0.14～0.55）时，氯甲基膦酰氯收率可达 84.4%～88.8%。据报道，不采用无水氯化氢为催化剂，在 10L 高压釜的规模下，氯甲基膦酰氯收率可达 75.89%。

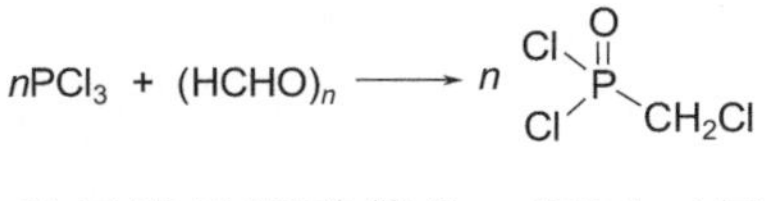

② 路易斯酸催化法。采用路易斯酸催化，通过三氯化磷与多聚甲醛的常压反应可制备氯甲基膦酰氯。此法反应条件温和，但副产物二氯甲醚为致癌物质。

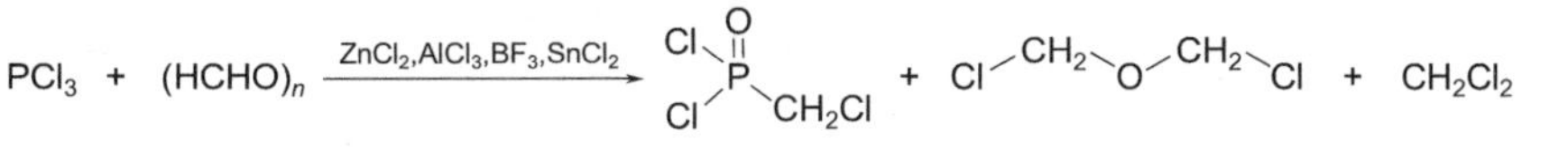

③ 二氯甲烷法。在水的存在下，三氯化磷与二氯甲烷和三氯化铝反应可制备氯甲基膦酰氯，但收率仅为 41%[73]。

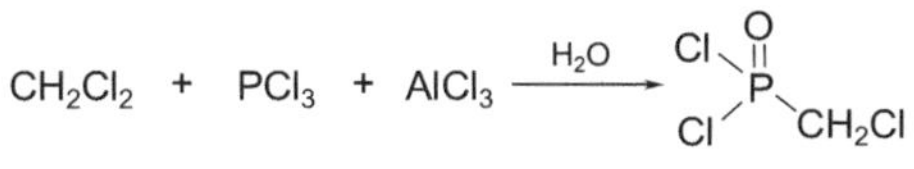

(2) 甲酰基膦酸法

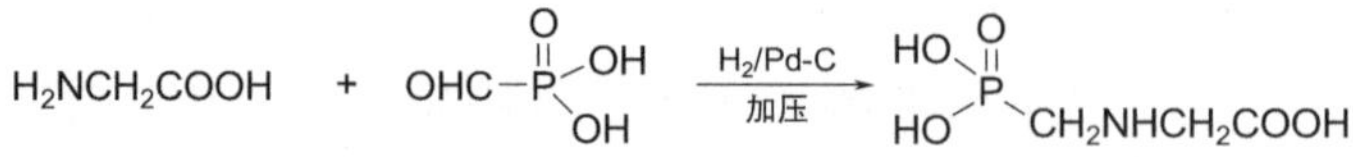

甲酰基膦酸法以甲酰基磷酸与氨基乙酸为原料，以钯作为催化剂，在氢气存在和加压条件下发生亲核加成反应，可制得 *N*-(膦酸甲基)甘氨酸(草甘膦)[74]。

(3) 氨甲基膦酸法

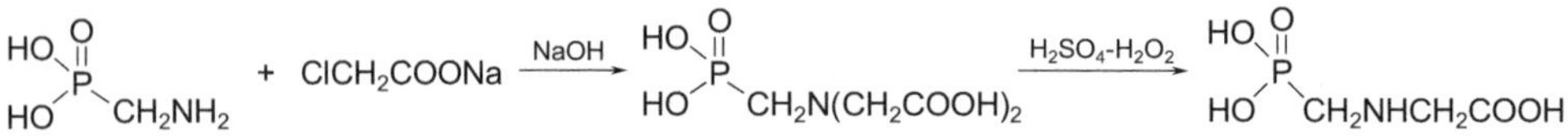

氨甲基膦酸与氯代乙酸钠在碱性环境下发生亲核取代反应，然后在硫酸和过氧化氢条件下，发生脱羧反应，可制得 *N*-(膦酸甲基)甘氨酸(草甘膦)[75]。

此外，以氨甲基膦酸为原料，与甲醛反应，其产物再与氰化钾反应，进一步水解，或在二氧化硫的存在下，与乙二醛反应，便可制得 *N*-(膦酸甲基)甘氨酸(草甘膦)[73]。

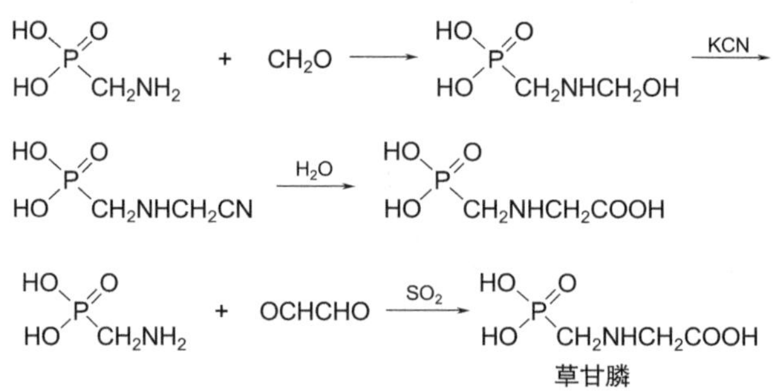

(4) 氰甲胺甲基膦酸二甲酯法

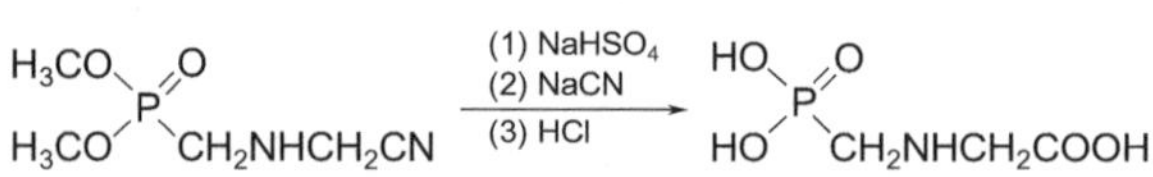

采用氰甲胺甲基膦酸二甲酯在酸性条件下水解，生成相应的酸，即可获得草甘膦[76]。

(5) 亚磷酸法　以亚磷酸和甲醛为原料，分别与不同的取代氨基羧酸或取代氨基羧酸酯反应可以制备草甘膦。

① 亚磷酸、甲醛与亚氨基二乙酸在 110～180℃条件下，发生 Mannich 反应，可制得草甘膦。据报道，美国孟山都公司采用此条路线生产草甘膦[75]。

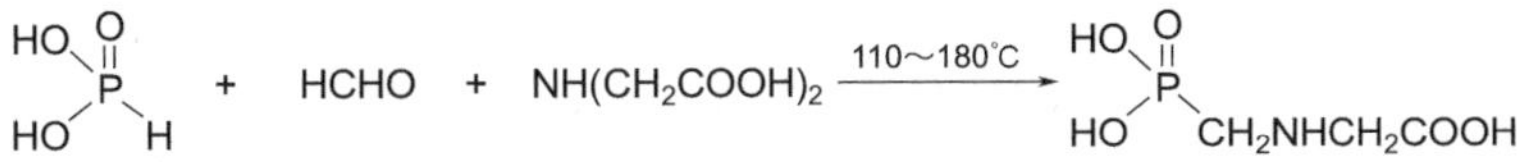

② 亚磷酸、甲醛与 *N*-苄基氨基乙酸乙酯在稀盐酸存在下加热，然后水解便可制得草甘膦[73]。

③ 亚磷酸、甲醛与叔丁基氨基乙酸酯反应生成相应的羧酸，然后在溴化氢存在下水解即可生成草甘膦。

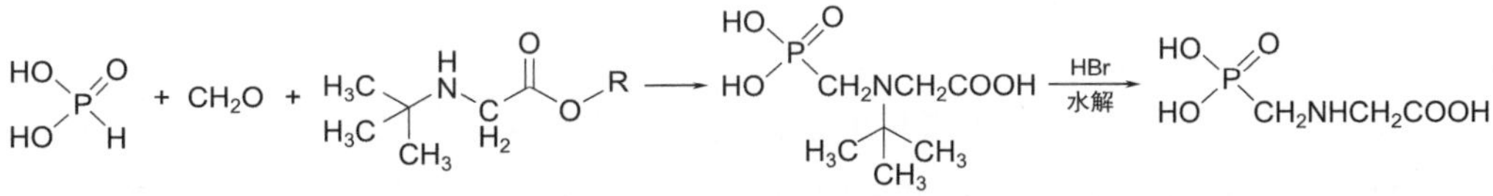

叔丁基氨基乙酸酯可由叔丁基氨与溴代乙酸酯反应制得，例如叔丁基氨与溴代乙酸乙酯反应[73]。

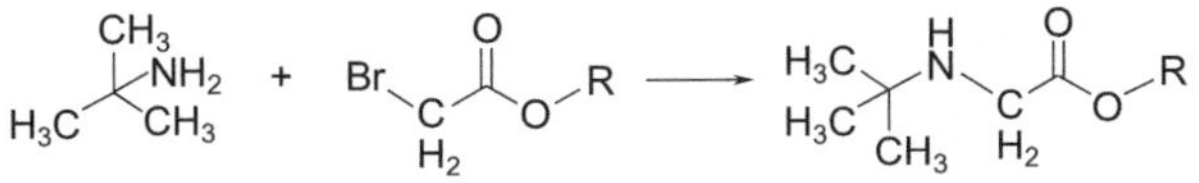

(6) 亚磷酸酯法　亚磷酸酯法可分别采用亚磷酸二甲酯、亚磷酸二乙酯或亚磷酸三苯酯为原料来制备草甘膦。

① 亚磷酸二甲酯法(甘氨酸法)。将亚磷酸二甲酯、甘氨酸及多聚甲醛进行缩合、水解可得到 *N*-(膦酸甲基)甘氨酸(草甘膦)。此法称为一步法，工艺简单，原料易得，反应条件温和。采用多聚甲醛代替甲醛水溶液可提高其收率达到 80% 左右[73]。目前国内主要采用该路线。

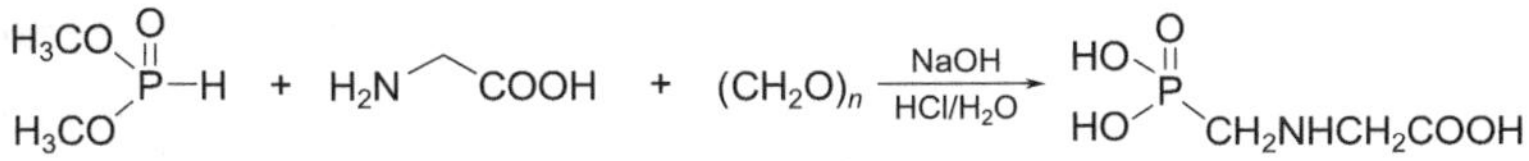

② 亚磷酸二乙酯法。亚磷酸二乙酯和六氢-1, 3, 5-三嗪-1, 3, 5-三乙腈在酸性条件下反应，其产物进一步水解便可制得草甘膦[73]。

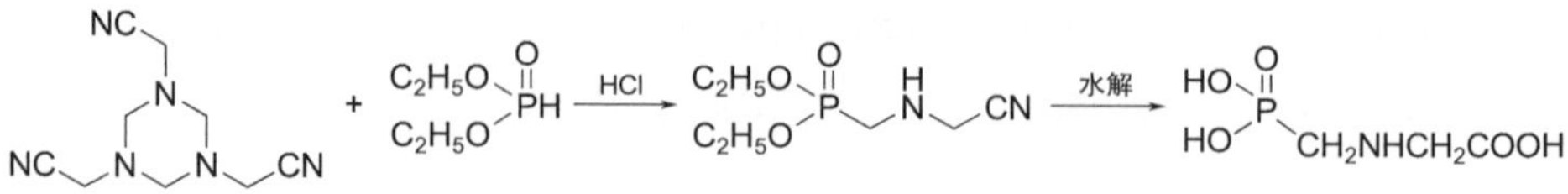

③ 亚磷酸三苯酯法。亚磷酸三苯酯、多聚甲醛与氨基乙酸乙酯在100℃下加热反应2h，生成相应的二苯氧基膦酸酯，其在稀盐酸中加热回流，可水解生成草甘膦[73]。

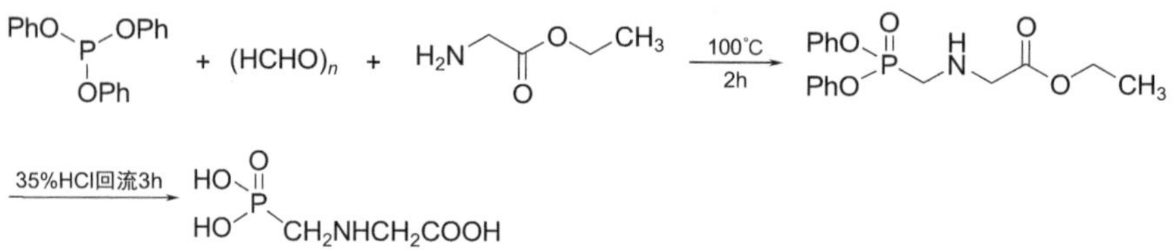

(7) 双甘膦氧化法（亚氨基二乙酸法，IDA法）　此法是先制备亚氨基二乙酸（IDA），再由IDA生产双甘膦，最后由双甘膦氧化获得草甘膦。该工艺具有流程短、收率高和污染较小等诸多优势。

以双甘膦作为原料，采用氧化的方法可以催化氧化双甘膦生成草甘膦。由于氧化剂的不同，双甘膦氧化法又可分为氧气氧化法、活性炭空气氧化法、胍盐氧化法、浓硫酸氧化法、过氧化氢氧化法。

① 双甘膦活性炭空气氧化法。采用活性炭空气氧化法可催化氧化双甘膦生成草甘膦。该工艺先将三氯化磷水解制成亚磷酸和盐酸的混合溶液，再与亚氨基二乙酸和甲醛加热反应制得双甘膦。

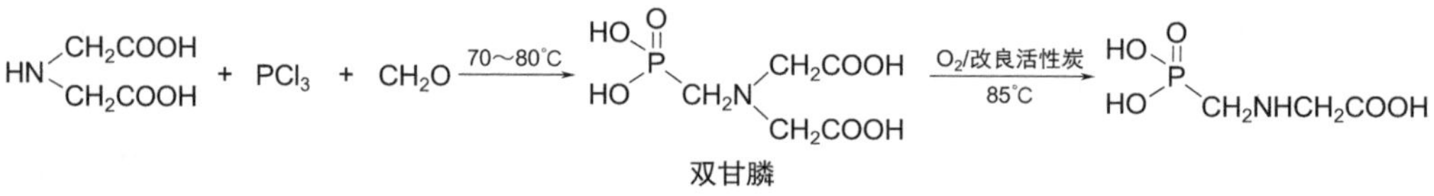

双甘膦在改良活性炭存在下，采用氧气或含氧气体加热反应，便可制得*N*-(膦酸甲基)甘氨酸（草甘膦）。该工艺具有操作稳定性，但三氯化磷在潮湿的空气中易吸水变质；当三氯化磷原料含有游离磷时，有自燃爆炸的危险[77]。

双甘膦氧化法所用的中间体亚氨基二乙酸（IDA）可采用两种方法制得。其一，将氯乙酸在氢氧化钙存在下，与氨水反应制得亚胺，经酸化，再用氢氧化钠中和制得亚氨基二乙酸（IDA），收率85%。其二，以氢氰酸为原料，与甲醛和六亚甲基四胺[$(CH_2)_6N_4$]反应制得亚氨基二乙酸（IDA）收率90%。国际上的主流路线是采用方法二的氢氰酸路线，该生产方法简单，对环境友好，操作方便，氢氰酸可来自丙烯腈副产物，成本低廉。

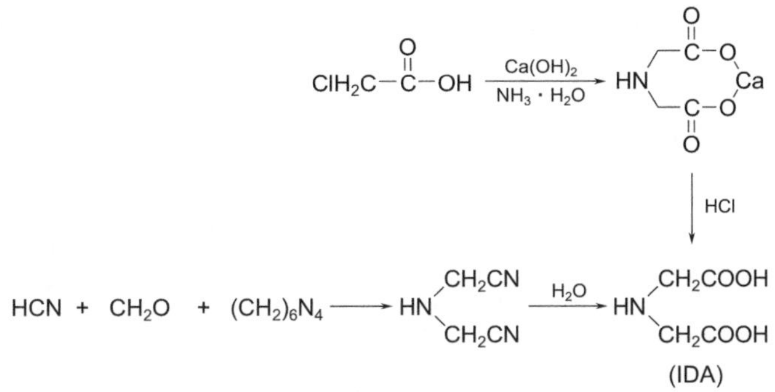

② 双甘膦胍盐氧化法。在酸性或碱性的条件下，双甘膦胍盐经过溶解、通电电解、氧化可得到草甘膦[75]。

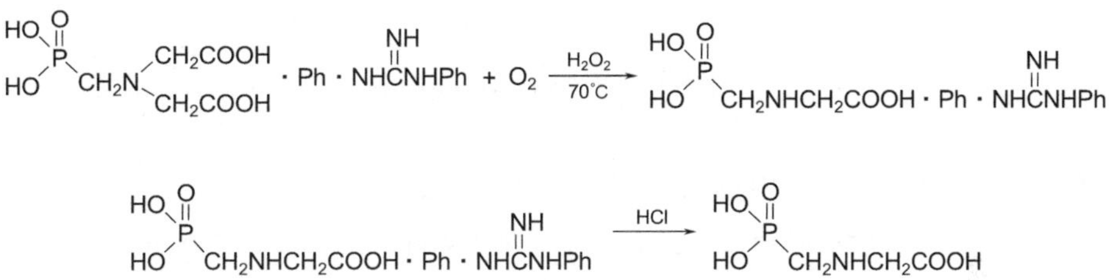

③ 双甘膦浓硫酸氧化法。硫酸铵为此制备反应的副产物，已有文献报道硫酸铵对草甘膦的除草活性具有增效作用，但硫酸铵的含量需要控制在一定的范围，才具有对草甘膦除草活性的增效作用。

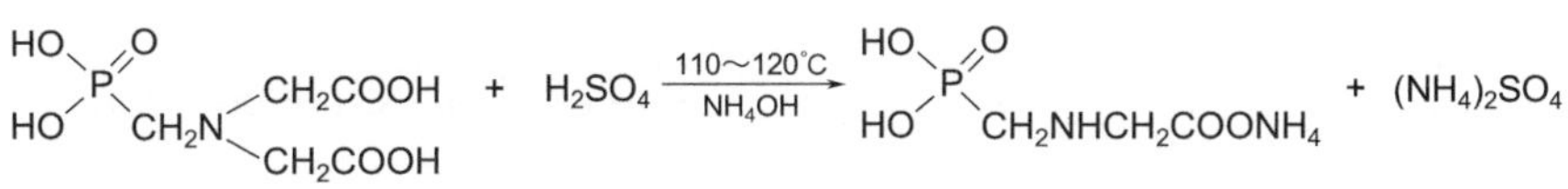

(8) 膦酸吗啉衍生物法

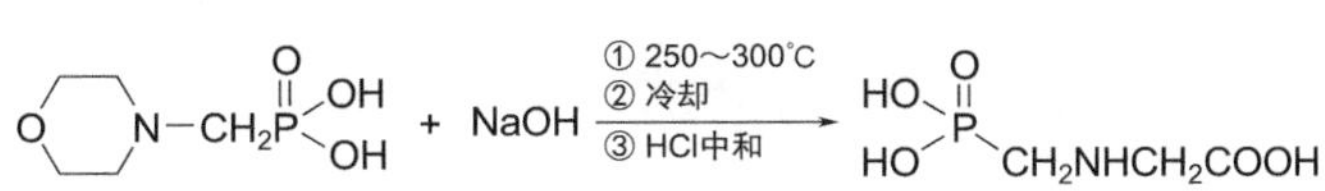

使膦酸吗啉衍生物在碱性、高温条件下发生氧化开环，最后采用盐酸中和，便可制得目标化合物草甘膦[78]。

(9)双甘膦四乙酯电解法

$$(CH_3CH_2O)_2P(O)CH_2N(CH_2COOCH_2CH_3)_2 \xrightarrow[\text{水解}]{\text{电解}} (HO)_2P(O)CH_2NHCH_2COOH$$

该法是先获得双甘膦四乙酯，再采用电解及水解的方法由双甘膦四乙酯制得草甘膦[73]。

(10)二酮哌嗪膦酸法

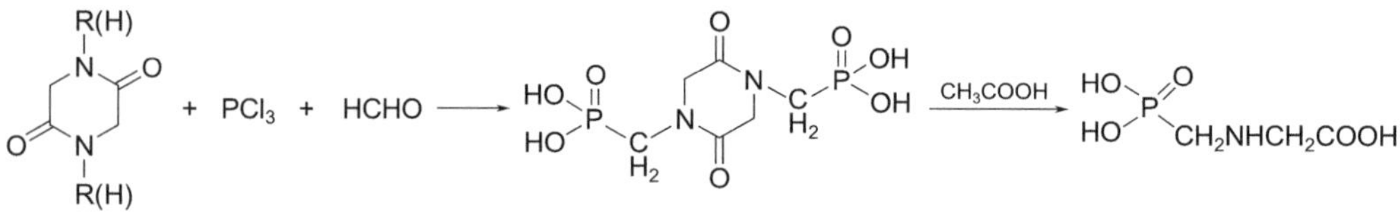

该法以哌嗪、三氯化磷、甲醛为原料制得中间体二酮哌嗪双膦酸，然后二酮哌嗪双膦酸在醋酸的存在下转化为草甘膦[73]。

5.4.4.3 草甘膦三甲基锍盐的合成

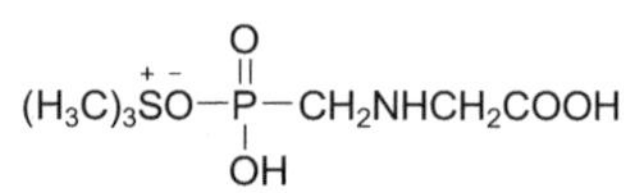

化学名称 *N*-(膦酰基甲基)甘氨酸三甲基锍盐

理化性质 淡黄色清澈液体，25℃蒸气压为0.04mPa，密度为1.23g/cm^3。溶解性：易溶于水，水中其溶解度4300g/L；有机溶剂，如丙酮、氯苯、乙醇、煤油、二甲苯中＜5g(工业品)/L。稳定性：三甲基锍盐阳离子DT_{50} 6.7d(100℃)；三甲基锍盐阳离子DT_{50}＞30d(pH 9，25℃)。草甘膦三甲基锍盐物化性质稳定，有效期可长达4年[79]。

合成方法

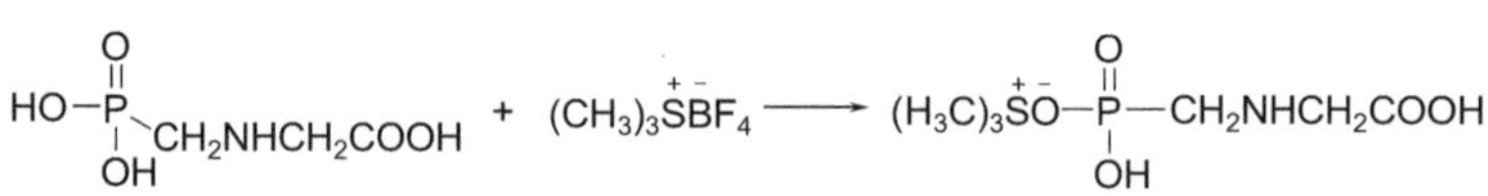

由草甘膦与相应的四氟化硼三甲基锍盐反应可生成草甘膦三甲基锍盐。

5.4.5 次膦酸酯类除草剂的合成

次膦酸酯类化合物的结构特征是具有两个P—C键，P—C键的合成通常可通过Michaelis-Arbuzov反应来实现。该反应是由至少含有一个烷氧基的三价磷的衍生物进攻卤代烃的饱和碳所引起的亲核反应。

5.4.5.1 双丙氨膦的合成

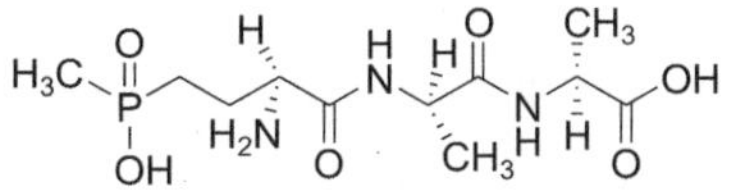

化学名称 *N*-{[(2*S*)-2-氨基-4-(甲基羟基氧膦基)丁酰基]-L-丙氨酰}-L-丙氨酸

理化性质 在pH 4.7和9的水溶液中稳定。双丙氨膦钠盐熔点160℃(分解)，蒸气压8.8×10^{-5}Pa(20℃)，易溶于水(6.87×10^{5}mg/L，20～25℃)、甲醇(＞620g/L，20～25℃)，不溶于丙酮、苯、正丁醇、氯仿、乙醚、己烷、二氯甲烷、乙酸乙酯等。在土壤中易失去活性。不易燃，无爆炸性，在强碱和强酸中不稳定，对光和热较稳定。易被土壤中的细菌分解，半衰期很短，仅2～3d，在土壤中经过30～45d其消失率为80%，残留毒性小。

合成方法 双丙氨膦的化学合成法较复杂，主要采用发酵法制备或生产。由从土壤中分离的链霉菌(*Streptomyces viridochromogenes*)[80]及吸水链霉菌(*Streptomyces hygroscopicus*)[81,82]经发酵均可产生双丙氨膦[83]。如以吸水链霉菌为菌种，采用含有淀粉、葡萄糖、酵母提取物、蛋白胨、豆粉、花生饼粉、玉米浆、$(NH_4)_2SO_4$、KH_2PO_4的培养基，在培养温度30℃，培养周期192h的条件下进行发酵培养可制得双丙氨膦[84]。

5.4.5.2 草铵膦的合成

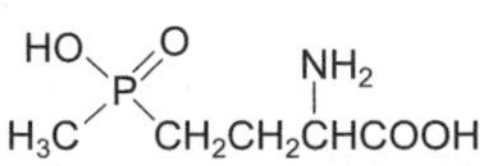

草铵膦酸

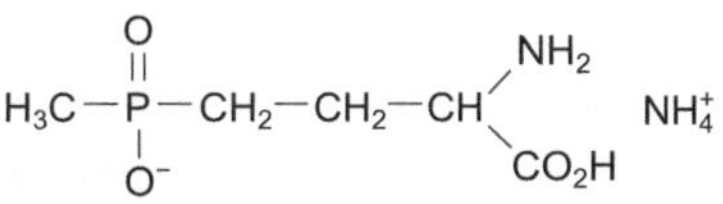

草铵膦

化学名称 (D, L)-2-氨基-4-[羟基(甲基)膦酰基]丁酸(草铵膦酸)

(D, L)-2-氨基-4-[羟基(甲基)膦酰基]丁酸铵(草铵膦)

理化性质 草铵膦：白色结晶，有轻微气味；熔点215℃；沸点519.1℃；闪点267.7℃；分配系数$\lg K_{ow}<0.1$(pH 7)；在水中溶解度(mg/L，20～25℃)5×10^{5}(pH 5～9)；有机溶剂中溶解度(g/L，20～25℃)：丙酮0.16，乙醇0.65，环己烷0.2，苯0.14，乙酸乙酯0.14。稳定性：对光稳定，在pH为5.7和9时不分解。

合成方法 草铵膦的成功研制与双丙氨膦密切相关。双丙氨膦是从土壤放线菌或链霉菌的发酵液中分离出的一种三肽类天然抗生物质，其本身没有除草活性，但可在植物体内代谢为具有除草活性的草铵膦。因而草铵膦可由双丙氨膦经微生物发酵生产来获得。

生物发酵法(通过双丙氨膦经微生物发酵生产)产量少，成本很高，现在大多采用化学合成法。拜尔公司是世界上草铵膦最大的生产者和市场占有者，其生产技术先进，但技术垄断。国内开发的多种工艺，还存在收率及纯度不高、成本过高等问题[85,86]。

草铵膦多以亚磷酸酯或亚膦酸酯为起始原料，可采用多种不同的合成路线来制备。其合成反应包括阿尔布佐夫反应、阿尔布佐夫–迈克尔法等，根据所用的含磷原料或中间体为线索，草铵膦的制备方法主要包括三烷基亚磷酸酯法、甲基亚膦酸二乙酯法、乙烯基甲基次膦酸甲酯法。这些化学合成法主要用于制备草铵膦的外消旋混合物。在许多草铵膦合成工艺中，草铵膦酸是必经的中间产物。草铵膦酸含有膦酸基团，是草铵膦发挥除草活性的核心结构。因此，许多草铵膦合成方法研究的重点是集中在关键中间体草铵膦酸的制备方法上。需说明的是，草铵膦酸需再经氨化、水解处理转化为铵盐形式[如下列方法(1)②和(2)③]，即转化为草铵膦后才能作为除草剂使用。通常只有含铵离子的草铵膦才是在农田应用的活性形式。L-草铵膦酸可通过立体化学合成法、生物合成法和拆分法等专门的合成方法制备(具体见5.4.5.3)。以下主要介绍外消旋体的草铵膦酸或草铵膦的制备方法。

(1)三烷基亚磷酸酯法

① 三甲基亚磷酸酯法(阿尔布佐夫-迈克尔法)。该方法以三甲基亚磷酸酯为起始原料，在制备反应的第一步，通过三甲基亚磷酸酯与 I_2 或 CH_3I 的阿尔布佐夫反应使三配位三价磷化合物三甲基亚磷酸酯发生重排转化为四配位五价磷化合物，其中的一个 P—O 键转化为 P—C 键，生成二甲氧基甲基膦酸酯。第二步，通过三氯化磷与二甲氧基甲基膦酸酯的亲核取代反应，生成甲氧基甲基膦酰一氯。第三步，利用格氏试剂乙烯基氯化镁与相应的膦酰一氯反应，生成乙烯基甲基次膦酸甲酯。由此在分子中构建了下一步迈克尔加成所需的 α,β-不饱和结构单元。此步反应体系需绝对无水，所用的格氏试剂乙烯基氯化镁($CH_2{=\!=}CHMgCl$)可由氯乙烯与金属镁反应制备。在第四步反应中，通过乙烯基甲基次膦酸甲酯与亲核试剂 *N*-乙酰甘氨酸乙酯发生迈克尔加成反应生成相应的饱和次膦酸酯，相应的饱和次膦酸酯通过进一步的酸及水的处理，发生水解反应生成草铵膦酸[85]。

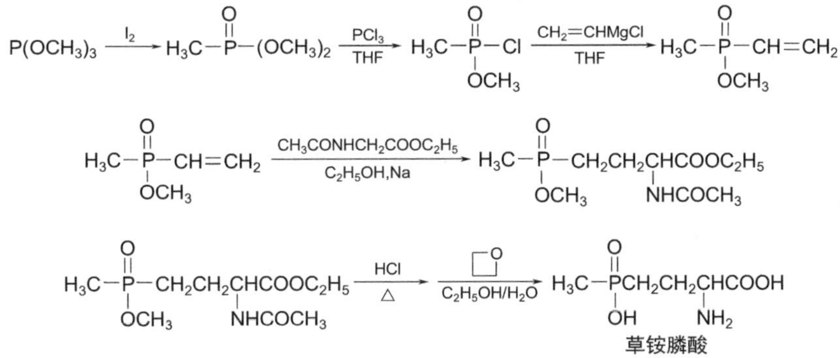

② 三乙基亚磷酸酯法。以三乙基亚磷酸酯和三氯化磷为起始原料，通过下列合成工艺路线可以获得草铵膦[86]。

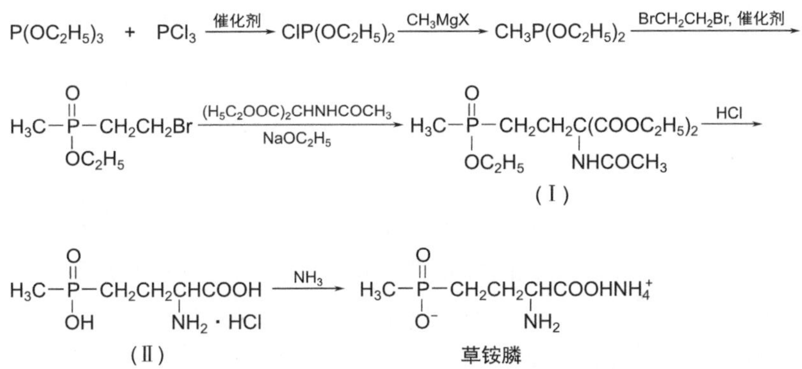

(2) 甲基亚膦酸二乙酯法　以甲基亚膦酸二乙酯为原料制备草铵膦酸的反应包括阿尔布佐夫合成法，斯特雷克-泽林斯基合成法和盖布瑞尔-丙二酸二乙酯合成法。

① 阿尔布佐夫合成法。该方法采用甲基亚膦酸二乙酯和相应的溴代烃为起始原料，通过阿尔布佐夫法来构建 P—C 键。即由甲基亚膦酸二乙酯进攻溴代烃饱和碳原子形成鏻盐，生成鏻盐的溴负离子亲核进攻 P—O—C 键中的碳原子结合成新的溴代烷，重排形成 P═O 键的亲核反应生成中间体 M。M 在酸性条件下脱去酯基和保护基便可获得草铵膦酸。该方法反应条件温和，但反应中需要采用较为昂贵的三氟乙酸对氨基进行保护[87]。

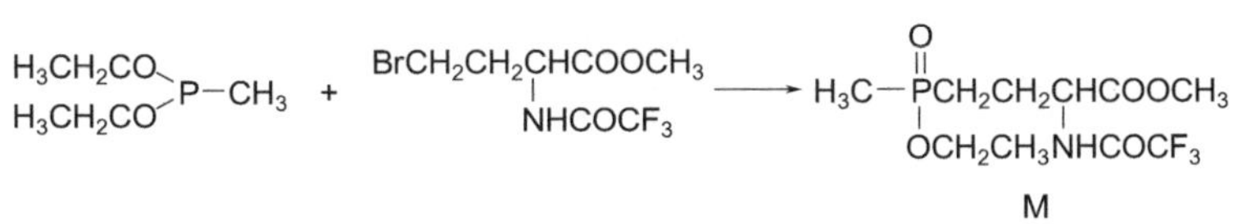

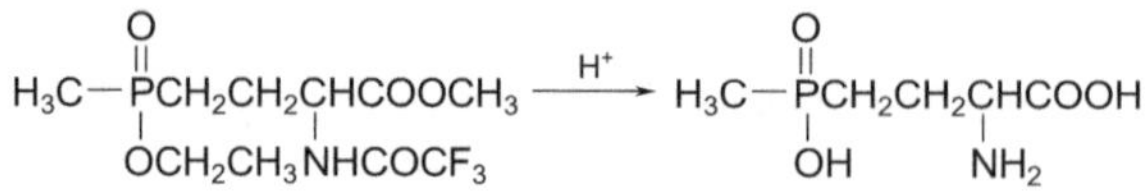

② 斯特雷克-泽林斯基合成法。斯特雷克(Strecker)反应是在氨的存在下，采用无水氰化物与醛的羰基加成生成 α-氨基腈，其再经水解生成 α-氨基酸。此法通常用于氨基酸的合成。因此也可将亚膦酸酯与烯醛反应后再利用 Strecker 反应，从甲基亚膦酸二乙酯出发，制备草铵膦酸。

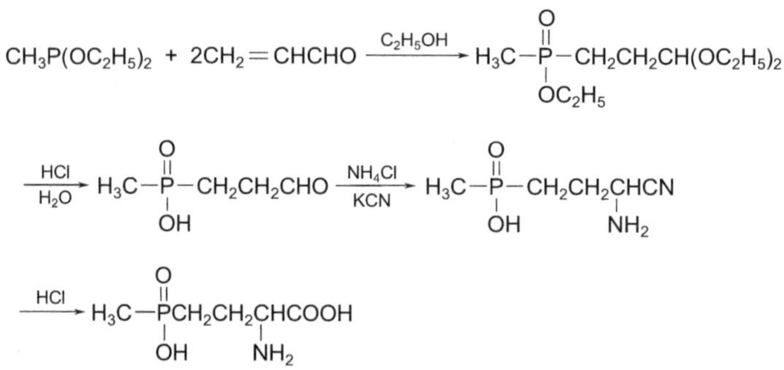

在此制备方法中，在乙醇的存在下，采用甲基亚膦酸二乙酯和丙烯醛反应生成中间体次膦酸酯，次膦酸酯再在酸性条件下水解生成丙醛基甲基次膦酸。再由丙醛基甲基次膦酸利用 Strecker 反应，即在氯化铵的存在下，采用氰化钾与丙醛基甲基次膦酸中的羰基加成生成相应的 α-氨基腈，再经水解便可生成草铵膦酸。该法反应条件要求不高，较易应用于生产。在工艺稳定的情况下，收率为 30% 左右，但反应中所用 KCN 为剧毒物质，对其安全措施要求较高[88]。

③ 盖布瑞尔-丙二酸二乙酯合成法。该法的主要原理是利用次膦酸酯与丙二酸二乙酯的衍生物反应，再利用 Gaburial 反应等合成草铵膦。首先以三氯化磷为起始原料制备甲基亚膦酸二乙酯，甲基亚膦酸二乙酯和二溴乙烷反应生成甲基溴乙基次膦酸乙酯，然后甲基溴乙基次膦酸乙酯再和丙二酸二乙酯钠进一步反应生成中间体含羧酸乙酯的次膦酸酯，之后通过两步转化为含有羧酸基的次膦酸，再进一步溴化生成相应的溴化物。最后溴化物再通过酸性水解以及氨基化水解生成相应草铵膦。该反应条件比较温和，不需要高温高压或过低的反应温度，但反应步骤较多，总收率较低，仅 10%～15%。该反应需用到较贵的金属钠、液溴及二溴乙烷，此外反应中过量的醇钠极易与膦化物发生副反应[89]。

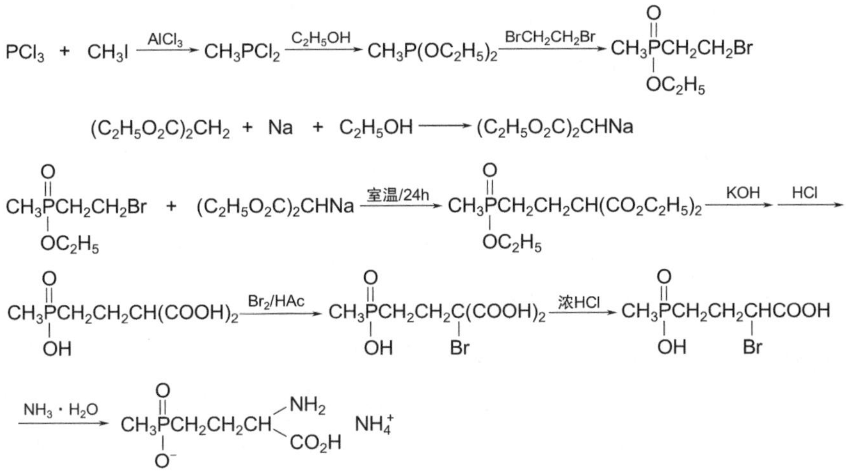

(3) 乙烯基甲基次膦酸甲酯法(高压催化合成法)　该法在 150～200kgf/cm^2 (1kgf/cm^2=98.0665kPa)压力下，以氢氧化钴作催化剂，二氧六环作溶剂，先由乙烯基甲基次膦酸甲酯与乙酰胺、一氧化碳和氢气进行反应，其反应生成物再经浓盐酸水解可得到 D,L-草铵膦酸，收率可达 80% 以上，但其催化过程需要 15～20MPa 的高压，对反应设备的强度要求较高 [90]。

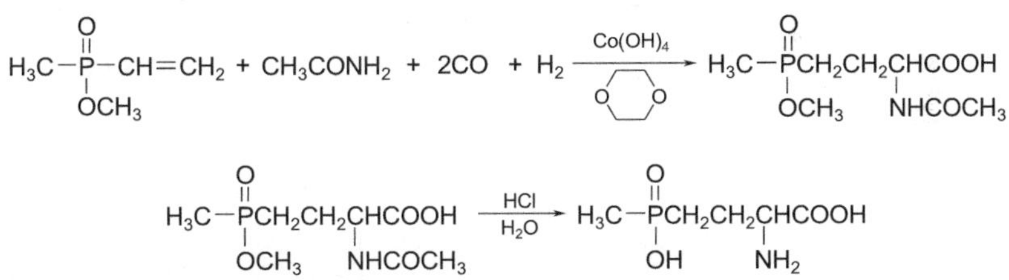

5.4.5.3 L-草铵膦酸的合成

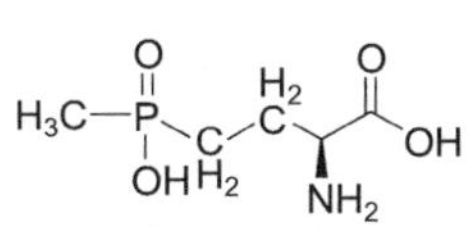

L-草铵膦酸是合成 L-草铵膦的关键中间体，通过改进 L-草铵膦酸的合成方法，可提升 L-草铵膦的整体产率。L-草铵膦酸的制备有多种方法，主要包括立体化学合成法、生物合成法和拆分法。生物合成法和拆分法选择性高、专一性强，但成本较

高，难以实现工业化生产；而立体化学合成法合成路线较长，某些立体选择剂的制备也较困难。各种方法的制备原理如下。

(1) 立体化学合成法

① 低温定向合成法(β-氯乙基甲基次膦酸甲酯法)。草铵膦有 D-型和 L-型两种光学异构体，L-型异构体的除草活性较高，而 D-型除草活性很低。若以 β-氯乙基甲基次膦酸甲酯与相应的吡嗪衍生物为原料，采用低温合成方法，可定向直接得到高纯度的 L-草铵膦酸。而 L-草铵膦酸是合成 L-草铵膦的关键中间体。

先合成中间体氢化吡嗪化合物，在 −80℃的低温下，利用丁基锂夺去吡嗪化合物的氢离子，使其阴离子化，阴离子化的吡嗪化合物与 β- 氯乙基甲基次膦酸甲酯反应定向合成中间体，再经水解即可得到高纯度的 L-草铵膦酸，光学纯度达 90% 以上，收率可达 85% 以上。但此制备方法中，吡嗪化合物的阴离子化过程需 −80℃的低温，若考虑放大后工业生产的实际传质过程，则不易实现工业生产。另外，此步骤中所用到的强锂试剂(*n*-BuLi)也比较昂贵[85,86]。取代吡嗪化合物可由氨基乙酸甲酯和异丙基氨基乙酸甲酯通过成环反应制备[91]。

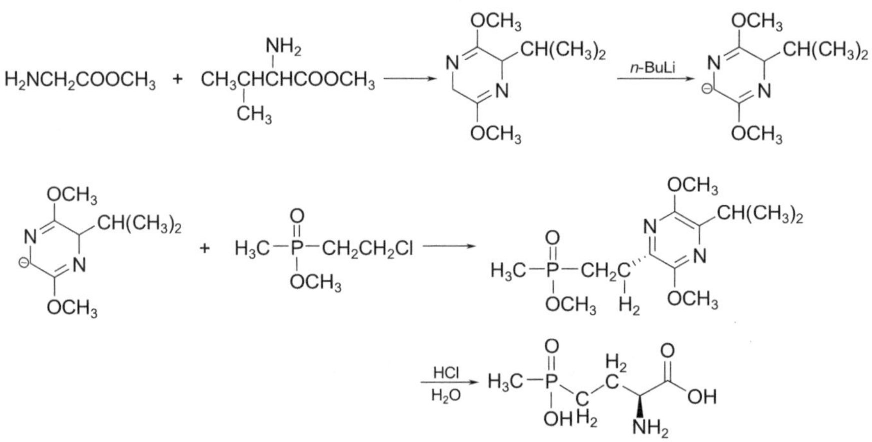

② 不对称催化氢化法。Minowa 等报道了采用不对称催化氢化法来合成 L-草铵膦的关键中间体 L-草铵膦酸，具有两条合成路线。在路线 1 中，以底物次膦酸酯 A 为原料，采用以铑-双磷催化剂[Rh-(*R*, *R*)-norphos]对底物 A 中的双键进行不对称催化氢化反应，进一步水解，得到 L-草铵膦酸，*ee* 值达到 90.8%。在路线 2 中，以底物次膦酸 B 为原料，采用手性催化剂(含磷配体的铑催化剂)为催化剂对底物 B 中的双键进行不对称催化制备 L-草铵膦酸，*ee* 值达 95.6%[85,86,92]。

路线1：

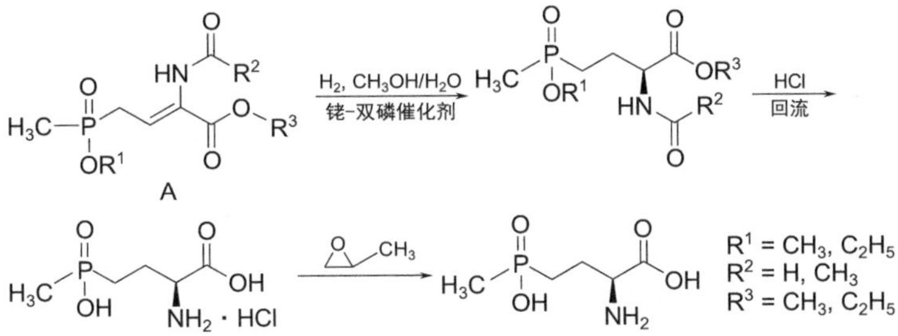

路线2：

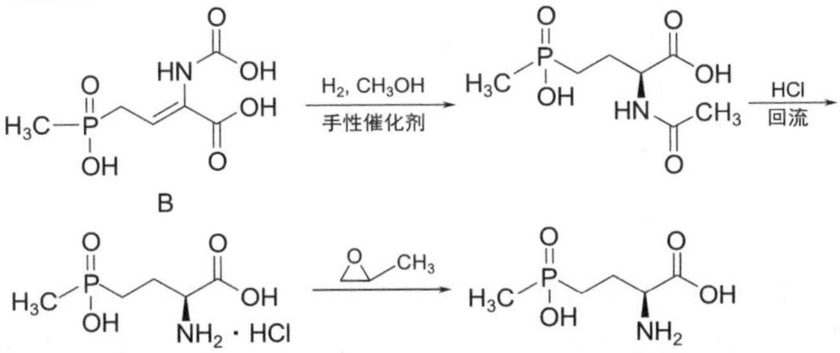

③ 不对称的氰基加成法。Minowa 等采用不对称的氰基加成法合成 L-草铵膦的关键中间体 L-草铵膦酸，在这一方法中，以*β*-次膦酸酯基醛为起始原料，与胺反应生成亚胺类化合物，在脲类手性催化剂作用下发生不对称的氰基加成反应，得到(*S*)-氨基腈类化合物，再经水解得到 L-草铵膦酸，*ee* 值可达 94%[85,86,93]。

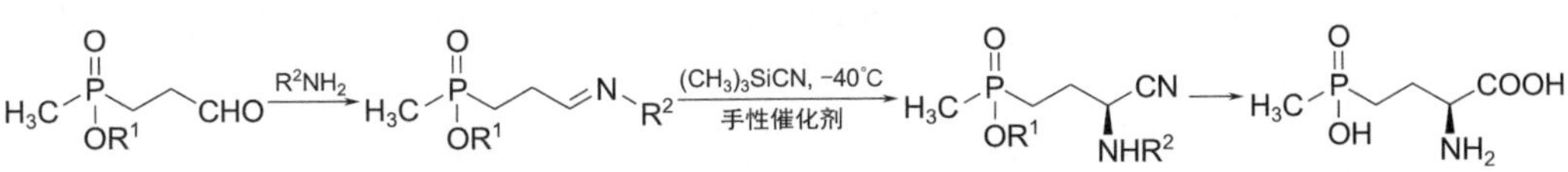

X = O, S；
R^1 = C_1～C_4烷基、烯丙基、苯基、苄基、$(CH_3)_3Si$；
R^2 = 苄基、取代苄基、芳基、取代芳基、烯丙基；
R^3 = C_1～C_4烷基、苯基、苄基；
R^4 = C_1～C_4烷基、苯基、苄基

手性催化剂：

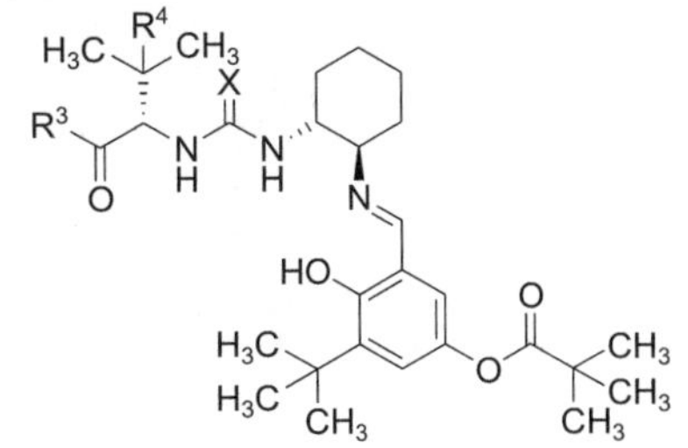

④ 迈克尔加成法。在这一方法中，以甲基乙烯基磷酸乙酯和(*S*)-2-羟基-3-蒎酮的甘氨酸乙酯衍生物为底物，在 −78℃低温条件下发生加成反应，构建了草铵

膦的手性中心，进一步水解得到合成 L-草铵膦的关键中间体 L-草铵膦酸，*ee* 值为 79%[85,86,94]。

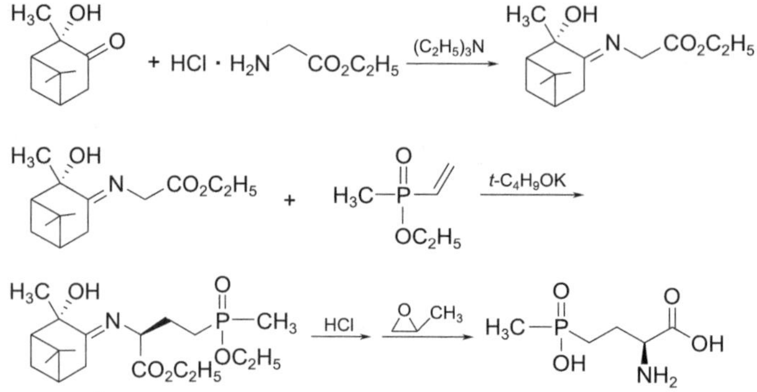

⑤ 区域选择性加成。区域选择性加成是获得 L-草铵膦的关键中间体 L-草铵膦酸另一方法，可以谷氨酸或蛋氨酸为原料，采用两条合成路线获得 L-草铵膦酸。在路线 1 中，以谷氨酸或蛋氨酸为原料，经酯化后热消除得到乙烯基甘氨酸的衍生物，在 2-乙基过己酸叔丁酯催化下，进一步与膦酸酯发生区域选择性加成，生成 L-草铵膦酸酯，再经水解得到 L-草铵膦酸，虽然 *ee* 值超过 99%，但热消除需要 500℃的高温，而且产率很低，因此不适合工业化生产[95,96]。

在路线 2 中，以谷氨酸或蛋氨酸为原料，先转化为内酯后，再经氯化氢处理后开环，生成中间体(*S*)-2-甲氧羰基氨基-4-氯丁酸甲酯，该中间体进一步与甲基亚膦酸二乙酯反应便可得到 L-草铵膦酸酯，再经处理后可得到 L-草铵膦酸，*ee* 值为 93.5%，总收率 42.3%[96]。

路线1：

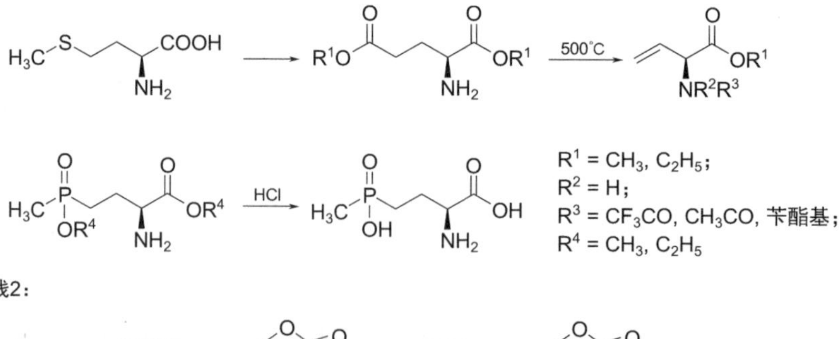

路线2：

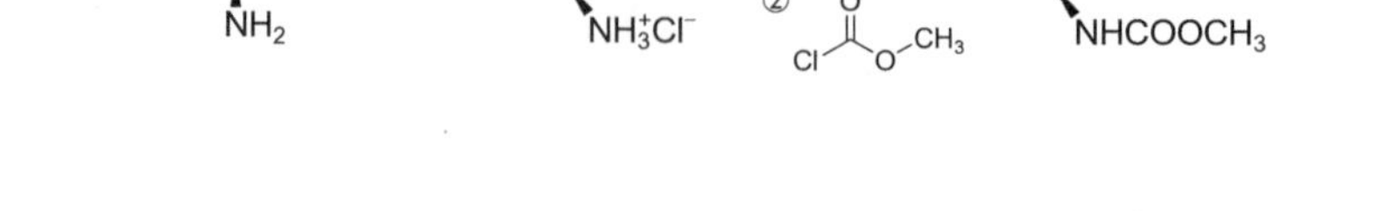

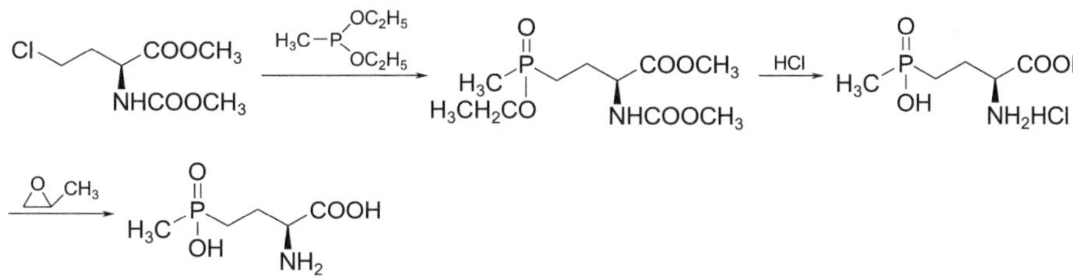

(2)酶催化的生物制备法

酶催化的生物制备法包括拆分法和生物合成法，这类方法具有选择性高和专一性强的优点。可以利用酶催化拆分外消旋的草铵膦来获得L-异构体，已有报道的酶催化拆分法有多种。拆分法虽然可以制备纯度较高的L-异构体，但是原料中的D-型异构体往往无法回收利用，造成了原料的浪费。例如，利用α-胰凝乳蛋白酶的拆分法，虽然可以制备纯度较高的L-异构体，但是原料中的D型草铵膦衍生后无法回收重复利用，造成了原料的浪费[85,86,97]。此外，还有利用脱乙酰基酶[98,99]和酰胺酶[100]的拆分法。

除了酶催化的拆分法外，酶催化的生物合成法也有多种，但并不是都适合于工业化制备。Natchev曾报道外消旋的草铵膦在磷酸二酯酶Ⅰ、酰化酶Ⅰ和谷氨酰胺酶的分步作用下，可得到L-异构体，但该工艺路线较长，在生产中难以应用[85,86,101]。又如，Fang等报道了谷氨酸脱氢酶催化还原法：2-羰基-4-(羟甲基膦酰基)丁酸在磷酸铵缓冲液中被谷氨酸脱氢酶催化还原形成L-草铵膦，但谷氨酸脱氢酶的利用效率非常低，反应需要辅酶NADH参与，同时需要葡萄糖氧化提供能量，反应收率仅为25%，*ee*值为89.2%，难以工业化应用[85,86,102]。现以蛋白酶直接水解法和酶催化不对称合成法为例来介绍L-草铵膦酸的酶催化生物合成反应。

① 蛋白酶催化水解双丙氨膦制备L-草铵膦酸。最简单的L-草铵膦酸生物法制备是利用大肠杆菌的蛋白酶直接水解前体双丙氨膦，脱去L-丙氨酸分子后，可得到L-草铵膦酸。

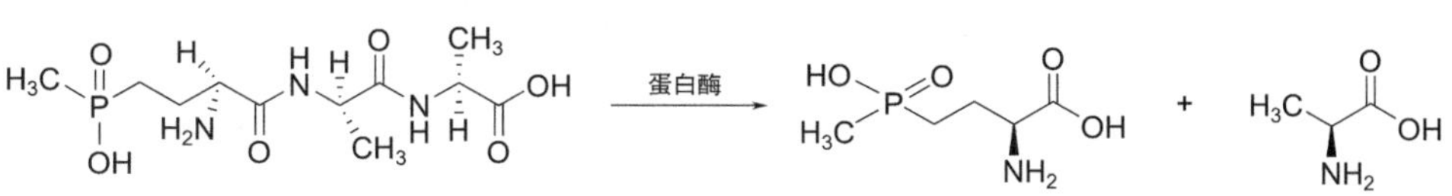

② 由D-氨基酸氧化酶催化不对称合成L-草铵膦酸。D-氨基酸氧化酶可以使D-

草铵膦酸氧化脱氢产生 2-亚氨基-4-(羟基甲基膦酰基)丁酸，但不能氧化 L-草铵膦酸。因此，可以利用D-氨基酸氧化酶选择性催化D, L-草铵膦酸得到2-亚氨基-4-(羟基甲基膦酰基)丁酸和 L-草铵膦酸，随后 2-亚氨基-4-(羟基甲基膦酰基)丁酸可以利用钯碳-甲酸铵化学催化氢转移，在体系原位还原为 DL-草铵膦酸，过程中产生的过氧化氢可利用过氧化氢酶原位分解去除，这样通过循环往复进行来制备 L-草铵膦酸，其 *ee* 值为 99.5%，收率为 99%。

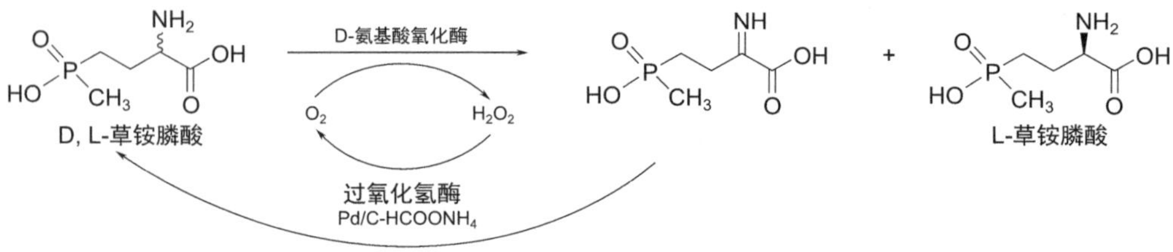

为了降低成本，提高工艺水平，近年来酶催化的生物合成技术更多地应用于光学活性异构体 L-草铵膦的合成。例如，2019 年中国利尔化学最先在全球成功开发了通过酶转化法制备 L-草铵膦(精草铵膦)的产业化技术，获得了突破性的进展。

参考文献

[1] Richter S B. Herbicidal phosphorodithioates [P]: US,3450520. 1969-6-17.

[2] 江藤守総．有机磷农药的有机化学和生物化学 [M]．杨石先，等译．北京：化学工业出版社，**1964**.

[3] 化学工业部农药情报中心站．国外农药品种手册 [M]．**1980**: 422-444.

[4] TURNER J A. The Pesticide Manual[M]. 7th ed. *Alton*: British Crop Production Council, **2015**.

[5] 大盐裕隆，岭昭彦，松尾昌季，等．新的有机磷除草剂 Cremart [J]．农药译丛(世界农药)，**1986**, 8(1): 52-58.

[6] 王焕民，张子明，卢建玲，等．农药手册 [M]．2 版．北京：中国农业出版社，**2015**: 490-491.

[7] 张敏恒．农药商品手册 [M]．沈阳：沈阳出版社，**1999**: 867.

[8] Horsman G P, Zechel D L.Phosphonate Biochemistry [J], Chem. Rev., 2017, 117: 5704-5783.

[9] 石得中．中国农药大辞典 [M]．北京：化学工业出版社．**2008**: 108.

[10] 王焕民，张子明，卢建玲，等．新编农药手册 [M]．北京：农业出版社，**1989**: 625-627.

[11] 沙家骏．国外新农药品种手册 [M]．北京：化学工业出版社，**1992**: 307-308.

[12] 杨华铮，邹小毛，朱有全．现代农药化学 [M]．北京：化学工业出版社，**2013**.

[13] 中村茂博，進藤裕明．新颖茎叶处理除草剂草硫膦 (Touchdown)[J]．施建明，译．世界农药，**1992**, 14(2): 59-62.

[14] 马克比恩．农药手册(原著第 16 版)[M]．胡笑形，等译．北京：化学工业出版社，**2015**: 512-513.

[15] 苏少泉．草铵膦述评 [J]．农药，**2015**, (12): 4-7.

[16] Takano H K, Dayan F E. Glufosinate-Ammonium: A Review of the Current State of Knowledge [J], Wiley Online Library, 2020, 76,(12): 3911-3925.

[17] Duke S O, The History and Current Status of Glyphosate [J]. Pest Manag Sci, 2018, 74: 1027-1034.

[18] Singh S, Kumar V, Gill J P K, et al. Herbicide Glyphosate: Toxicity and Microbial Degradation [J]. Int. J. Environ. Res. Public Health, 2020, 17: 7519.

[19] 苏少泉，滕春红．草甘膦应用现状与未来发展 [J]．世界农药，2014, 36(03): 8-11.
[20] 向文胜，王相晶，任天瑞．除草剂草甘膦不易产生抗性的机理 [J]．世界农药，2002, 24(05): 17-19.
[21] 杨益军，张波．2021 年全球氨基酸类除草剂发展概况和趋势综述 [J]．世界农药，2021(4), 19-34.
[22] 芦志成，张鹏飞，李慧超，等．中国农药创制概述与展望 [J]．农药学学报，2019, 21(Z1): 551-579.
[23] 杨帆，杨吉春，李新，新版 Pesticide Manual 收录的中国农药品种简介 [J]．农药，2017, 56(5): 367-371.
[24] 杨华铮，邹小毛，程慕如，等．新除草剂 H-9201 的研究与开发 [J]．天津科技，1999, (5): 43-43.
[25] 王涛，贺红武，袁均林．丙酮酸脱氢酶系：除草剂品种的新靶标 [J]．应用化学，2003, 20(7): 613-617.
[26] Kluger R, Pike D C. Active Site Generated Analogues of Reactive Intermediates in Enzymic reactions. Potent Inhibition of Pyruvate Dehydrogenase by a Phosphonate Analogue of Pyruvate [J]. J Am Chem Soc, 1977, 99(13): 4504-4506.
[27] Baillie A C, Wright K, Wright B J, et al. Inhibitors of Pyruvate Dehydrogenase as Herbicides [J]. Pestic Biochem Physiol, 1988, 30(2): 103-112.
[28] 陈杰，台文俊，徐小燕，等．新除草剂 HW02 室内除草生物活性评价 [J]．现代农药，2005, 4(5): 10-12.
[29] He H W, Yuan J L, Peng H, et al. Studies of *O,O*-dimethyl *α*-(2,4-dichlorophenoxyacetoxy)ethylphosphonate (HW02) as a New Herbicide. 1. Synthesis and Herbicidal Activity of HW02 and Analogues as Novel Inhibitors of Pyruvate Dehydrogenase Complex [J]. J Agric Food Chem, 2011, 59(9): 4801-4813.
[30] He H W, Peng H, Tan X S. Environmentally Friendly Alkylphosphonate Herbicides[M]. Berlin: Springer-Verlag and Beijing: Chemical Industry Press, 2014.
[31] He H W，Peng H，Wang T，et al. *α*-(Substituted Phenoxyacetoxy)-*α*-Heterocyclylmethylphosphonates: Synthesis, Herbicidal Activity, Inhibition on Pyruvate Dehydrogenase Complex (PDHc), and Application as Post-Emergent Herbicide Against Broadleaf Weeds [J]. J. Agric. Food Chem., 2013, 61: 2479-2488.
[32] Maienfisch P, Mangelinckx S. Recent Highlights in the Discovery and Optimization of Crop Protection Products [M]. London: Elsevier, 2021: 13-535.
[33] 中国农业百科全书总编辑，委员会农药卷编辑委员会，中国农业百科全书编辑部．中国农业百科全书・农药卷 [M]．北京：中国农业出版社，1993: 37.
[34] 李加才，王家银．新农药哌草磷 [J]．云南农业科技，2009(3): 10.
[35] 郭玉人．农药安全使用手册 [M]．上海：上海科学技术出版社，2009(9): 499.
[36] 王焕民，张子明，卢建玲，等．新编农药手册 [M]．2 版．北京：中国农业出版社，2015, 490-491.
[37] 黄伯俊．农药毒理 - 毒性手册 [M]．1993: 500.
[38] 张殿京，程慕如．化学除草应用指南 [M]．北京：农村读物出版社，1987: 394.
[39] 农业部种植业管理司，农业部农药检定所，海关总署政法司，海关总署关税司合编．中国农药进出口商品编码实用手册 [M]．北京：中国农业出版社，2006: 18.
[40] 刘永泉．农药新品种实用手册 [M]．北京：中国农业出版社，2012: 373.
[41] 朱桂梅．新编农药应用表解手册 [M]．南京：江苏科学技术出版社，2011: 197.
[42] 戴宝江．新型水旱两用除草剂双甲胺草磷的研发 [C]．中国第三届植物化感作用学术研讨会、第八届全国杂草科学大会、联合国粮农组织——中国“水稻化感作用论坛”论文摘要集．2007: 144.
[43] 刘长令，杨吉春．现代农药手册 [M]．北京：化学工业出版社，2018: 148.
[44] 佚名．调节膦(Krenite)简介 [J]．杂草科学 , 1984, (1): 55-51.
[45] Tachibana K．双丙氨膦的除草药效和机理 [J]．赵嘉，译．农药译丛，1983, (01): 63.
[46] 侯粉霞．新型除草剂草铵膦的毒理学研究进展 [J]．毒理学杂志，2013, (05): 391-393.
[47] Pline W A, Wu J, Hatzios K K. Effects of Temperature and Chemical Additives on the Response of Transgenic Herbicide-Resistant Soybeans to Glufosinate and Glyphosate Applications[J]. Pesticide Biochemistry and Physiology, 1999, 65(2): 119-131.
[48] Petersen J, Hurle K. Influence of Climatic Conditions and Plant Physiology on Glufosinate-ammonium Efficacy[J]. Weed research, 2010, 41(1): 31-39.
[49] Uchimiya H, Iwata M, Nojiri C, et al. Bialaphos Treatment of Transgenic Rice Plants Expressing a bar Gene Prevents Infection by the Sheath Blight Pathogen (Rhizoctonia solani) [J]. Bio/technology, 1993, 11(7): 835-836.

[50] Liu C A, Zhong H, Vargas J, et al. Prevention of Fungal Diseases in Transgenic, Bialaphos-and Glufosinate-resistant Creeping Bentgrass (*Agrostis palustris*) [J]. Weed Sci, 1998, 46(1): 139-146.

[51] Pline W A, Lacy G H, Stromberg V, et al. Antibacterial Activity of the Herbicide Glufosinate on Pseudomonas syringae Pathovar Glycinea[J]. Pesticide Biochemistry & Physiology, 2001, 71(1): 48-55.

[52] 谭效松，贺红武．除草剂的作用靶标与作用模式 [J]．农药，2005, 44(12): 533-537, 557.

[53] 程慕如．胺草磷及其应用 [J]．植物保护，1983, 9(5): 25-26.

[54] 黄海泉，江帆，尹风英，等．甲基胺草磷诱导蚕豆染色体结构与蛋白质组分变化 [J]．农业环境科学学报，2007, 26(5): 1806-1811.

[55] 赵长山，闫春秀，何付丽，等．莎稗磷对水稻生理生化特性的影响 [J]．植物保护，2019, (1): 50-54.

[56] 唐韵．除草剂使用技术 [M]．北京：化学工业出版社，2010: 238.

[57] 陈虎保，许恩光．调节膦简介 [J]．植物保护，1981, 7(3): 33.

[58] 陈虎保，朱惠香，陈国海．草甘膦的作用机理及部位 [J]．林业科技通讯，1997, (1): 23-25.

[59] Nolte S A ,Young B G , Mungur R, et al. The Glutamate Dehydrogenase Gene gdhA Increased the Resistance of Tobacco to Glufosinate [J]. Weed Research, 2004, 44(4): 335-339.

[60] Logusch E W, Walker D M, Franz M D E. Inhibition of Plant Glutamine Synthetases by Substituted hosphinothricins [J]. Plant physiology, 1991, 95(4): 1057-1062.

[61] Edwards R. Herbicide Classes in Development: Mode of Action, Targets, Genetic Engineering, Chemistry [J]. Phytochemistry, 2004.

[62] 杨逢玉，张宏军，倪汉文．灭生性除草剂草铵膦的作用机理及其应用 [J]．北京农学院学报，2002, 17(4): 100-105.

[63] 苏少泉．草铵膦述评 [J]．农药，2005, 44(12): 529.

[64] 颜士伟．国外有机磷除草剂和杀菌剂简介 [J]．农药工业译丛，1979, (6): 49-56.

[65] 吴永革，尹春艳．丙酮酸脱氢酶多酶复合体研究进展 [J]．生命的化学，2002, 22(1): 69-71.

[66] Stephens P E, Dairlson M G, Lewis H M, et al. The Pyruvate Dehydrogenase Complex of *Escherichia coli* K12 [J]. Eur J Biochem, 1983, 133: 155-162.

[67] Evans D A, Lawson K R. Crop Protection Ehemicals-research and Development Perspectives and Opportunities [J]. Pesticide Outlook, 1992, 3(2): 10-17.

[68] Morifusa Eto, Functions of phosphorus Moiety in Agrochemical Molecules [J]. Biosci. Biotech. Biochem., 1997, 61(1): 1-11.

[69] 张立言．有机磷农药 [M]．北京：燃料化学工业出版社，1973: 268.

[70] 邵志武．除草剂莎稗磷的研究 [J]．农药，1989, 28(3): 7-8.

[71] Franz J E. Herbicidal Compositions and Methods Employing Esters of *N*-phosphonomethylglycine [P]: US, 3977860. 1976-8-31.

[72] Franz J E. *N*-Phosphonomethyl-glycine Phytotoxicant Compositions [P]: US, 3799758. 1974-3-26.

[73] 吴佩琛，俞雪英．除草剂膦甘酸合成工艺概述 [J]．农药，1986(02): 27.

[74] Rogers T E. Process for Preparing Glyphosate and Glyphosate Derivatives [P]: US,4568432. 1986-2-4.

[75] 陈寿军．除草剂草甘膦合成新方法 [J]．农药译丛，1988, 10(6): 42-44.

[76] 佚名．草甘膦的合成路线研究进展 [J]．今日农药，2010, 8: 24-25.

[77] Felthouse T R. Oxidation with Encapsulated Co-catalyst [P]: US, 4582650. 1986-4-15.

[78] Sikorski J A. The Heterocyclic Chemistry Associated with the Herbicide Glyphosate [J]. Progress in Heterocyclic Chemistry, 1997, 9: 17-42.

[79] 中村茂博，進藤裕明．新颖茎叶处理除草剂草硫膦(Touchdown)[J]．农药译丛，1992, 14(2): 59-62.

[80] Byer E, Gugel K K, Kaegel K, et al. Stoffwechselprodukte von Mikrooorganismen. Phosphinothrin und Phosphinothricinyl-alanyl-alanin [J]. Helv Chim Acta, 1972, 55: 224-239.

[81] Ogawa Y, Tsuruoka T, Inouye S, et al. Studies on a New Antibiotic SF-1293 [J]. Science Reports of Meiji Seika, 1973, 13: 42-48.

[82] Tachibanna K, Bialaphos. A Natural Herbicide [J]. Meiji Seika Kenkyu Nenpo, 2003, 42: 44-47.

[83] 徐文平，陶黎明．以微生物代谢物进行除草剂开发的研究进展 [J]．现代农药，2011, 10(4): 1-8.
[84] 曲志西，狄小青，张勍，等．双丙氨膦发酵过程变温控制的研究 [J]．河北化工，2009, 32(10): 17-18.
[85] 宋宝安，吴剑．农药合成 [M]．北京：中国农业出版社，2017.
[86] 杜春华，余俐佳，任志超．草铵膦铵盐及其中间体的合成 [J]．农药，2012, 51(5): 331.
[87] 南开大学元素有机化学研究所编译．国外农药进展 [M]．北京：化学工业出版社，1990: 212.
[88] 严海昌，何红东．草铵膦的制备方法 [J]．农药，2002, 43(9): 47.
[89] 俞传明，刘宜淦．草铵膦的合成 [J]．农药，2001, 40 (4): 15.
[90] Takamatsu H, Hiroyuki M, Fumio S, et al. Process for Producing Phosphinylamino Acid Derivatives [D]: US, 4906764. 1990-03-06.
[91] Hans-Joachin Z. Process for the Preparation of L-Homoalanin-4-yl(methyl) Phosphinic Acid and Its Alkyl Esters [P]: US, 4779279. 1988-10-11.
[92] Minowa N, Nakanishi N, Mitomo M. Method for Producing L-2-Amino-4- (Hydroxymethylphosphinyl)-Butanoic Acid [P]: WO, 2006104120A. 2006-10-05.
[93] Moniwa N, Nakanishi N, Mitomo M. Method for Producing Phosphorus-Containing Amino Acid and Production Intermediate Thereof [P]: WO, 2008035687A1. 2008-03-27.
[94] Minowa N, Hirayama M, Fukatsu S. Asymmetric Synthesis of (+)-Phosphinothricin and Related Compounds by the Michael Addition of Glycine Schiff Bases to Vinyl Compounds[J]. Bull Chem Soc Japan, 1987, (60): 1761-1766.
[95] 宋宏涛，楚士晋．草铵膦制备合成方法简述 [J]．现代农药，2006, 5(3): 1-3.
[96] 毛明珍，何琦文，张晓光，等．草铵膦的合成研究进展 [J]．农药，2014, 53(6): 391-393.
[97] 楼亿圆，林志坚，郑仁朝，等．生物法合成 L-草铵膦的研究进展 [J]．现代农药，2009, 8(3): 1-4, 10.
[98] Rainer S, Harald K. Process for the Racemization of Optically Active D-2-*N*-Phenacetyl Amino-4-Methylphosphinobutyric Acid [P]: US, 4389488. 1983-06-21.
[99] Bartsch K. Method for the Production of L-amino Acids from Their Racemic *N*-acetyl-D, L-derivatives by Enzymatic Racemate Cleavage by Means of Isolated Recombinant Enzymes [P]: US，6686181. 2004-02-03.
[100] Lothar W, Bartsch K. Process for the Enzymatic Cleavage of 2-Amino-4-Methyl Phosphino-Butyramide Derivatives [P]: US, 5618728. 1997-04-08.
[101] Natchev I A. Organophosphhorus Analogues and Derivatives of the Natural L-Amino Carboxylic Acids and Peptides I. Enzymes Synthesis of D-, DL- and L-phosphinochricin and Their Cyclic Analogues [J]. Bull Chem Soc Japan, 1988(61): 3699-3704.
[102] Fang J M, Lin C H, Bradshaw C W. Enzymes in Organic Synthesis: Oxidoreductions [J]. J Chem Soc Perkin Trans 1, 1995, 61(8): 967-978.
[103] Wang W, He H W, Zuo N. Synthesis and Herbicidal Activity of 2-(Substituted phenoxyacetoxy)alkyl-5,5-dimethyl-1,3,2-dioxaphosphinan-2-one[J]. J. Agric. Food. Chem, 2012, 60:7581-7587.
[104] Gao H, Li X L, Yu J X, et al. Weed control, corn safety, and mechanism of the novel herbicide HW-3[J]. Crop & Pasture Science 75, CP24164.

PHOSPHORUS 磷科学前沿与技术丛书

含磷农药

6

含磷杀菌剂与杀线虫剂

杀菌剂是指能有效地控制或杀死水系统中的微生物(细菌、真菌和藻类)的药剂。在国际上，通常是作为防治各类病原微生物的药剂的总称。植物由于微生物或病毒的侵扰，往往会发生各种病害，真菌引起的病害尤为严重。据调查，全世界对植物有害的病原微生物可达8 万种以上。植物病害对农业造成巨大损失，全世界的农作物由此平均每年减少产量约 500 万吨。历史上曾多次发生因植物病害流行而造成的严重饥荒，甚至大量人口饿死的灾祸。实践表明使用化学杀菌剂是一种防治植物病害的经济有效的方法。

线虫对农作物特别是经济作物可以造成严重的危害，土壤自由生活线虫和植物寄生性线虫是土壤中种类最多的生物之一，其中植物寄生线虫可以对全球作物产量造成毁灭性损失。杀线虫剂是指能有效地控制线虫病害的药剂。

线虫属于低等动物，又叫蠕虫。如植物寄生线虫是一种呈乳白色的小蠕虫，体形很小，一般体长不超过 1mm，人的眼睛一般看不见，需要在显微镜或解剖镜下放大几十倍才能看清楚，线虫口腔内具有刺状的口针。但线虫并不归属于害虫，而是归属于病害，主要原因有两点：一是线虫的为害特点和一般害虫的为害特点不同；二是线虫除直接为害蔬菜引起损伤外，还可以造成一系列病变。它用口针刺伤蔬菜组织，吸取汁液，同时，还可分泌出各种毒素引起线虫病，常见的有：黄瓜根结线虫病、番茄根结线虫病、大白菜根结线虫病、芹菜根结线虫病、菜豆根结线虫病、茄子根结线虫病、胡萝卜根结线虫病，还有甘薯茎线虫病和大豆孢囊线虫病等。因此，线虫被列为病原体的一种，归属于病害之中。目前，使用化学杀线虫剂是防治植物病原线虫，对各类线虫病害进行有效防控的重要手段。

随着现代化农业的发展，人们对农药的要求越来越高，不仅要求用量低、效果显著，而且要求对人、畜、植物安全，与环境相容性高，这就要求杀菌剂和杀线虫剂向着广谱、高效、低毒以及无交互抗性的方向发展。有机磷化合物具有极性适宜，易被植物体吸收并传导，在植物体和土壤中很容易分解成无毒物，不易造成残留和污染，以及抗性发展缓慢的优点，作为杀菌剂和杀线虫剂研发具有广阔的应用前景。

本章主要介绍含磷杀菌剂和杀线虫剂的发展、结构分类、主要品种、作用原理，以及代表性品种的合成方法。

6.1 含磷杀菌剂

在20世纪50年代有资料证实有机磷化合物具有杀菌活性。特别是1960年以后，用于防治农业病害的有机汞制剂由于残留毒性高而被淘汰，有机磷化合物的杀菌活性逐渐引起研发人员广泛的关注，对有机磷杀菌剂的研究开始得到重视[1]。直到20世纪60年代，有机磷杀菌剂才开始专利申报和商品开发，因此有机磷杀菌剂研制和开发的起始时间比有机磷杀虫剂晚了十多年。在含磷杀菌剂发展的起始阶段，进入实际应用的主要为磷酰胺酯、硫赶磷酸酯和硫赶膦酸酯结构类型的有机磷化合物。

含磷杀菌剂发展的起始阶段、发展进程，以及我国含磷杀菌剂的创新研究介绍如下。

6.1.1 含磷杀菌剂的发展历程

1963年首先由荷兰公司生产了第一个在病害防治上得到实际应用的内吸性有机磷杀菌剂——威菌磷(triamiphos)。至此结束了有机磷化合物只作为杀虫剂应用的局面，并开创了有机磷酸酯杀菌剂的新领域[1]。威菌磷主要用来防治观赏植物和园艺作物的白粉病，但威菌磷对哺乳动物的毒性较高[2,3]。在具有磷酰胺结构的有机磷杀菌剂威菌磷被成功开发后，1967年道化学公司又成功开发了具有硫代磷酰胺骨架的灭菌磷[4]，这是一种内吸性杀菌剂，用来防治蔬菜和果树的白粉病，以及苹果黑星病、桃黑腐病。

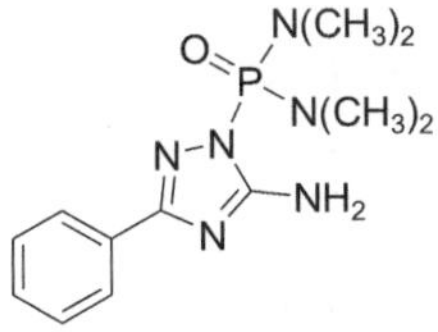

威菌磷

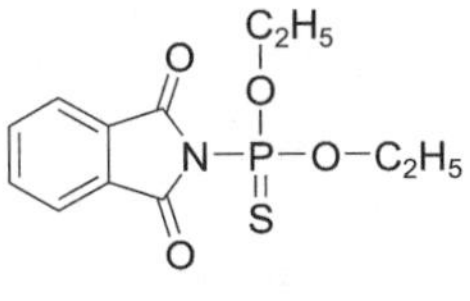

灭菌磷

在20世纪60年代，有机磷杀菌剂品种研发领域最重要的成果之一是发现了具有硫赶酯结构的有机磷化合物，它能显著防治水稻稻瘟病。1965年日本庵原农药(Ihara Chemicals Co.Ltd)公司成功开发了具有硫赶磷酸酯结构的杀菌剂稻瘟净(EBP)。稻瘟净在水稻上具有内吸渗透作用，可阻止菌丝产生孢子，对水稻各生育期的病害均有较好的预防和治疗作用。此外，稻瘟净对人畜急性毒性为中等毒性，显著低于首次开发的有机磷杀菌剂威菌磷的毒性，对鱼和贝类毒性较低，蓄积毒性也较低。1967 年该公司进一步开发了具有硫赶磷酸酯结构的异稻瘟净(iprobenfos)。异稻瘟净具有内吸传导作用，适用于水稻、玉米、棉花等作物防治稻瘟病、水稻纹枯病、玉米小斑病等病害，同时，异稻瘟净还能兼治稻叶蝉、稻飞虱等害虫。

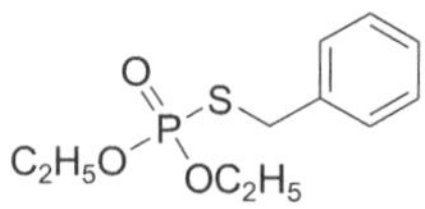

稻瘟净

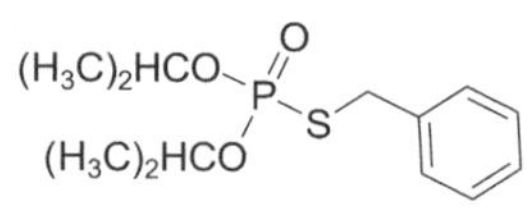

异稻瘟净

1967 年德国拜耳公司成功开发了具有二硫赶磷酸酯结构的敌瘟磷(edifenphos)。敌瘟磷最早由拜尔公司试验作为杀虫剂，但日本特殊农药制造公司发现它对稻瘟病有很高的防治活性。同时对水稻纹枯病、水稻胡麻叶斑病和水稻小粒菌核病等也具有一定的防治作用，并且对水稻上的鳞翅目害虫、稻飞虱和黑尾叶蝉等具有杀虫效果。随后 1967 年日本日产化学公司又开发出具有硫赶膦酸酯结构的乙苯稻瘟净，它主要用于防治水稻稻瘟病、水稻纹枯病和稻小粒菌核病等水稻病害，并兼具预防和治疗效果。此外用于防治水稻稻瘟病的有机磷杀菌剂还包括稻可宁、绿稻宁等，均具有硫赶磷酸酯的结构特点。在 20 世纪 60 年代开发的这些硫赶磷酸酯和膦酸酯杀菌剂成功取代了有机汞高毒制剂，有效控制了水稻稻瘟病和其他水稻病害，在保护粮食丰收上发挥了重要作用。

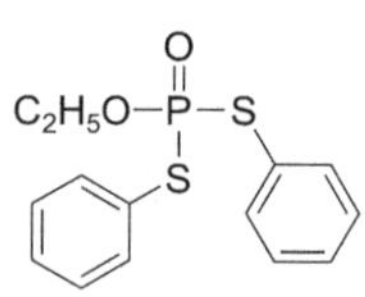

敌瘟磷

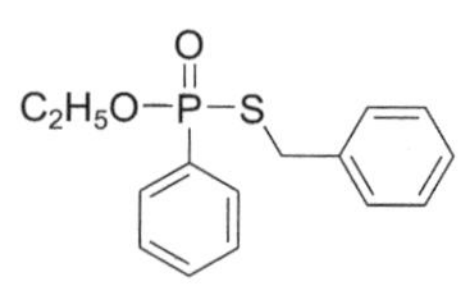

乙苯稻瘟净

随着威菌磷的问世，灭菌磷、稻瘟净、异稻瘟净、敌瘟磷、乙苯稻瘟净等一系列有机磷杀菌剂相继开发，有机磷杀菌剂在杀菌剂的研究上成为一个正在迅速扩展的领域。

在含磷杀菌剂发展的起始阶段，成功研发了磷酰胺酯、硫赶磷酸酯和硫赶膦酸酯等杀菌剂品种。进入 20 世纪 70 年代，又相继开发出了数个含有磷酸酯及硫逐磷酸酯结构骨架的有机磷化合物作为杀菌剂。

1970 年，云南省化工研究院有限公司合成了 *O*-乙基-*O*-苯基-*O*-(2,4,5-三氯苯基)磷酸酯，并将其开发成杀菌剂灭瘟灵，对稻瘟病具有优异的防治效果。1971 年德国赫斯特公司发现了具有杀菌活性的硫逐磷酸酯化合物——2-(*O*,*O*-二乙基硫逐磷酰基)-5-甲基-6-羰乙氧基吡唑并-(1,5-*a*)-嘧啶，并将其开发成为一种内吸性杀菌剂，称为定菌磷或吡菌磷 [5]。吡菌磷具有较强的向顶性内吸传导作用，可由叶和茎吸收并传导，但根部吸收较差，不宜拌种和土壤施用，残效期长达 3 周。在荷兰，吡菌磷广泛且频繁地被施于黄瓜上，尚未引起白粉病的抗药性，这是不同于苯并咪唑类杀菌剂的一个重要特点。

1973 年，日本住友公司首先发明了具有硫逐磷酸酯结构骨架的 *O*,*O*-二甲基-*O*-(2,6-二氯-4-甲苯基)硫逐磷酸酯，后由美国 FMC 公司研制开发出杀菌剂甲基立枯磷，并在多个国家获得登记 [6]。甲基立枯磷是一种内吸广谱性的有机磷杀菌剂，对鱼类和鸟类均属低毒。它用于防治土传病害，主要起保护作用。其吸附作用强，不易流失，持效期较长。

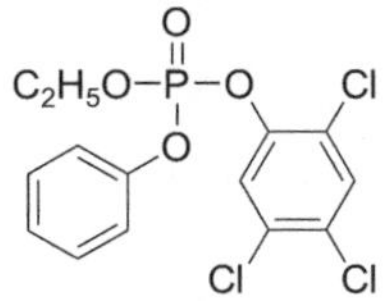

灭瘟灵

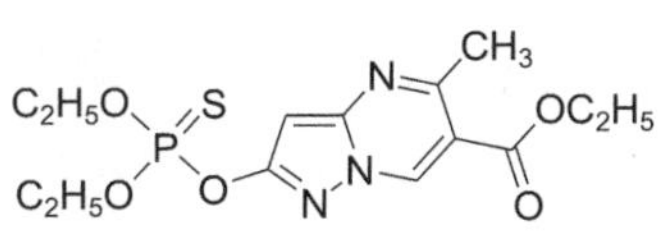

吡菌磷

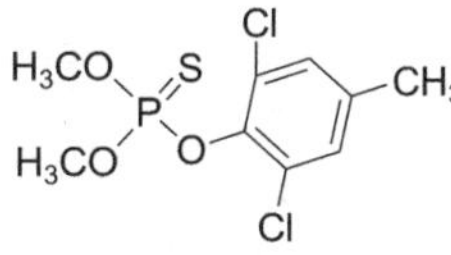

甲基立枯磷

自 20 世纪 70 年代末以来一些具有膦酸基的杀菌剂被广泛用作园艺作物保护剂，用以防控卵菌病害，之后又扩大到用于防控由细菌和真菌植物病原体引起的农作物病害，以及用于保护自然生态系统免受疫霉病原体引起的枯梢病。其代表性的品种为三乙膦酸铝，三乙膦酸铝是一种优良的广谱、内吸性杀菌剂，由法国罗纳普朗克公司研制，并于 1978 年试销于法国市场 [7]。三乙膦酸铝是第一个得到实际应用的有机磷的金属盐，在植物体内可同时向上部、下部输导(双流向)，植物可通过根部或叶片吸收三乙膦酸铝到体内，对于新生的叶片有预防病害作用，对已发病的植株有治疗作用，所以兼具保护和治疗作用。三乙膦酸铝残效期较长，一般为 21～30d，耐雨水冲刷，施药 12h 后下雨对药效无影响，田间使用效果比离体测定好。三乙膦酸铝适用的作物非常广泛，可以用于 30 多种作物的多种病害的防治。

三乙膦酸铝对藻菌纲病原菌引起的霜霉病和疫霉病有较好的防治效果，这是一般内吸性杀菌剂所不能比拟的，因此在 20 世纪 70 年代三乙膦酸铝是非常有发展前途的有机磷杀菌剂品种。

在 20 世纪 60 年代研发硫赶磷酸酯杀菌剂品种的基础上，80 年代又发现了双硫逐硫赶磷酸酯可作为杀菌剂的新结构类型。1980 年由我国南开大学元素有机化学研究所和天津农药厂首先筛选发现了稻枯磷 [8]，稻枯磷可作为防治水稻白叶枯病的保护性杀菌剂，防治效果甚至超过了叶枯净。另外，稻枯磷对生姜腐烂病的防治有显著的作用，适用于生姜发病前使用 [9]。稻枯磷还兼具杀虫、增效的作用，对柑橘、山楂、苹果以及棉花红蜘蛛也有良好的防治效果。

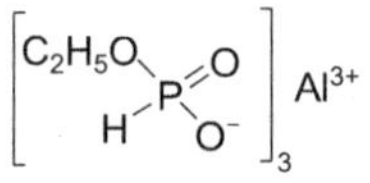

三乙膦酸铝

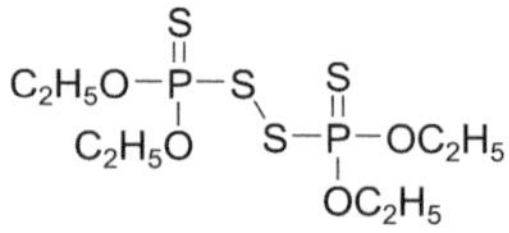

稻枯磷

在四配位有机磷化合物的骨架中，通过结构修饰可产生变化多端的结构。目前已开发的有机磷杀菌剂品种涉及了磷酰胺酯、硫赶磷酸酯、硫赶膦酸酯、磷酸酯、硫逐磷酸酯、双硫逐硫赶磷酸酯等多种结构类型。从最初开发的磷酰胺酯和硫赶磷酸酯类有机磷杀菌剂用于防治观赏植物和园艺作物的白粉病和水稻稻瘟病，到后来发展到采用膦酸酯和双硫逐硫赶磷酸酯类有机磷杀菌剂来控制水稻白叶枯病、其他作物白粉病及土传病害，之后又扩大到用于防控由细菌和真菌植物病原体引起的多种农业作物植物病害。结构的改变使含磷化合物产生了千变万化的生物性能，显示出了多种不同的杀菌活性，从而使有机磷杀菌剂在植物保护领域中发展成为一类重要的农用化学品。

在有机磷杀菌剂发展过程中也面临一些问题。一方面，虽然一些有机磷杀菌剂还在被广泛应用，但与其他杀菌剂相比，在保护性方面不如代森锰锌、百菌清等品种，在内吸性方面又不及三唑类、甲氧基丙烯酸酯类等其他新兴的内吸性杀菌剂。因此，在市场上一些传统的有机磷杀菌剂正逐步被新开发的甲氧基丙烯酸酯类杀菌剂所取代。另一方面，由于有机磷杀菌剂的多年广泛运用，植物体内的真菌对这类化合物产生了抗性，使其防治效果下降。其中有些品种因应用范围小等原因不再作为杀菌剂使用。因而近年来一些有机磷杀菌剂在很多国家逐渐淡出农药市场[8]。根据中国农药快讯信息网数据，有机磷类杀菌剂 2019 年销售降幅超过 20%[9]。

此外，人们关注到三乙膦酸铝存在安全性问题，有关报道指出三乙膦酸铝对人体具有伤害作用。铝的神经毒性机制主要包括影响神经递质传导、诱导神经细胞凋亡和氧化应激等[10,11]。一些国家正准备逐步限制三乙膦酸铝的使用。例如加拿大有害生物管理局建议禁止三乙膦酸铝在鲜切花和花坛植物浇灌中使用[12]。

虽然有机磷杀菌剂在发展中存在上述种种问题，但可以通过改变四配位有机磷化合物骨架中与磷连接的 4 个不同取代基，优化提升有机磷化合物作为杀菌剂在保护性和内吸性方面的潜力，可以进一步筛选获得高效、安全、环境相容性好且更有市场前景的新有机磷杀菌剂。

据 2020 年 Dann 等人的报道，近几年来发现膦酸酯用于生态系统和林业时，在有效防治叶面和土传卵菌疾病方面具有重大突破。由于膦酸酯在木质部和韧皮部中系统地运转，具有保护和治疗活性，其复杂作用模式涉及多种生化机制，它们在植物中持效期长，但在环境中残效期短，又不留下有毒残留物，因此膦酸酯具有理想杀菌剂所需的大多数特性。几十年以来，铜基杀菌剂或与锰锌合用的铜一直是抵抗细菌性疾病的主要产品。然而，在生态系统中，铜的使用越来越受到限制，这给控制细菌性疾病的防护剂留下了一定的空白。根据宿主-病原体相互作用的不同情况，膦酸基杀菌剂有时可以像铜一样有效。因此，在控制细菌疾病的保护剂方面，膦酸基杀菌剂有着很大的发展空间[13]。

目前，有机磷杀菌剂虽然不是全球应用量最大、应用范围最广的一类农药，但展望未来，由于优良的综合性能，有机磷杀菌剂仍将具有良好的发展前景。

6.1.2 我国含磷杀菌剂的发展

我国是人口大国及农业大国，农药历来在国民经济中占有重要地位。由于有机磷农药具有价格低廉，易于工业化的特点。长期以来，为了保证我国的粮食丰收，有机磷农药在我国农药工业占有重要地位。特别是在 20 世纪 50 年代，我国农药工业发展的早期，有机磷杀虫剂便成为我国农药工业的支柱产品。在 1990～

2002 年期间，含磷杀虫剂约占杀虫剂产量的 70%。有机磷杀菌剂的研发主要集中在 20 世纪 60～90 年代，比有机磷杀虫剂的研发晚十多年，加上杀菌剂的应用技术比较复杂，在我国有机磷杀菌剂发展速度不如有机磷杀虫剂快，开发的品种也较少。

我国早期是以发展保护性杀菌剂为主，随着中国农业的现代化发展，杀菌剂对农业的增产保护作用越来越被广大农民所认识和接受，杀菌剂的发展速度逐步加快。20 世纪 70 年代后，我国开始发展内吸性杀菌剂和农用抗生素，并停止使用高毒高残留的有机汞杀菌剂，这为有机磷杀菌剂的发展又提供了一个很好的机遇。有机磷杀菌剂的品种虽然不多，但与当时应用的高毒高残留的有机汞杀菌剂相比，有机磷杀菌剂显示了突出的优点，可归纳为：①有机磷化合物在植物体和土壤中易分解成无毒物，不易造成污染，具有绿色环保的优点；②有机磷化合物都具有适宜的极性，易被植物体吸收并传导；③植物病原菌是极易产生抗性的一类微生物，而研究开发的大多数杀菌剂均为单一作用位点的内吸性杀菌剂，但有机磷杀菌剂较不易产生抗性，例如敌瘟磷或异稻瘟净使用 10～14 年后在田间仍未能分离得到抗性菌株；④有机磷杀菌剂具有低廉的价格、相对简单的生产技术，利用我国有机磷农药的工业基础易于工业化生产。上述特点引起我国农药研究人员和农药企业对有机磷杀菌剂品种研发的重视[14]。在农药科研单位和企业的相互配合下，我国研究人员对有机磷杀菌剂的研发进行了大量的工作，筛选发现了一些具有较优杀菌活性的化合物，在杀菌剂品种的研发方面也取得了显著的成绩，实现了数个有机磷杀菌剂的工业化生产。

1970 年，云南省化工所合成开发了杀菌剂灭瘟灵，但灭瘟灵具有催畸作用以及慢性毒性，故对该化合物未做进一步研究[1]。

1979 年，我国上海农药厂试制了杀菌剂三乙膦酸铝，通过鉴定后在我国实现了成批量的工业化生产。

1980 年，我国南开大学元素有机化学研究所和天津农药厂首先筛选发现了稻枯磷。1986 年南开大学元素有机化学研究所制得了 *O,O*-二乙基二硫代磷酸铵，后经宁波化工二厂成功开发为有机磷杀菌剂——克菌壮。克菌壮属低毒杀菌剂，能有效防治水稻白叶枯病、细菌性条斑病，并兼治纹枯病，且对水稻秧苗和植株有较强的促进生长作用，可改善秧苗植株性能，增产效果明显[15]。

我国使用的有机磷杀菌剂主要包括灭瘟灵、稻枯磷、克菌壮、稻瘟净、异稻瘟净、甲基立枯磷、三乙膦酸铝。这些化合物很多具有内吸杀菌活性，有些还兼具杀虫杀螨作用，加上磷化合物在环境中易于分解和不存在残毒问题的固有优点，所以有机磷杀菌剂对我国农业生产的作用受到了农药研究人员的重视和得到了农民的认可 [14]。

随着环保观念的加强和可持续发展战略的实施，开发高效、低毒、高活性、低残留的化合物已成为农药发展的必然趋势。由于有机磷化合物的结构和生物活性的多样性，有可能从有机磷化合物中研究发现作用机制独特、选择性好、与现有杀菌剂无交互抗药性以及与环境生物具有良好相容性的新型杀菌剂品种。而且我国具有良好的磷化工基础，有机磷农药原料的工业制备体系较完备。因此，在我国研究开发有机磷杀菌剂具有很大的发展潜力。

6.2 含磷杀菌剂的分类与品种简介

目前现有的含磷杀菌剂按照其结构来分，包括：①磷酸酯类和硫代磷酸酯类杀菌剂；②磷酰胺(酯)类，属苯二甲酰亚胺和三唑的含磷衍生物；③膦酸酯类或盐。

6.2.1 磷酸酯类和硫代磷酸酯类含磷杀菌剂

磷酸酯类和硫代磷酸酯类是最大的一类含磷杀菌剂。其中，灭瘟灵为磷酸酯类杀菌剂；稻瘟净、异稻瘟净、敌瘟磷、稻可宁、绿稻宁和乙苯稻瘟净为硫赶磷(膦)酸酯类杀菌剂；吡菌磷和甲基立枯磷为硫逐磷酸酯类杀菌剂；稻枯磷为硫逐硫赶磷酸酯类杀菌剂。

6.2.1.1 稻瘟净（EBP）

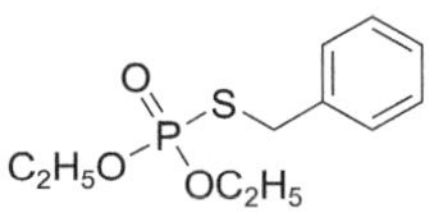

化学名称　*O*,*O*-二乙基-*S*-苄基硫赶磷酸酯

毒性 大鼠急性经口 LD_{50} 为 660mg/kg，急性经皮 LD_{50} 为 576mg/kg；小鼠急性经口 LD_{50} 为 230mg/kg。对兔眼睛有轻微刺激性，对兔皮肤无刺激性；对豚鼠皮肤无致敏性。

用途 主要用于防治稻瘟病，对水稻小粒菌核病、纹枯病、枯穗病、玉米大小斑病也有效，并可兼治稻飞虱、叶蝉[16]。稻瘟净不仅能杀菌，而且还能杀虫，与亚胺硫磷混配后治病杀虫效果尤为显著，应用范围十分宽广。

6.2.1.2 异稻瘟净（iprobenfos）

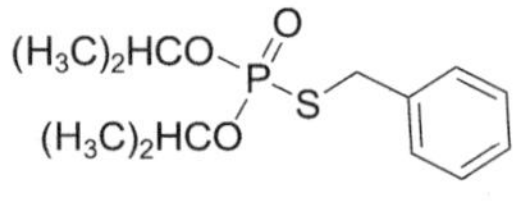

化学名称 *S*-苄基-*O*,*O*-二异丙基硫赶磷酸酯

毒性 大鼠急性经口 LD_{50} 为 550mg/kg，急性经皮 LD_{50} 为 3708mg/kg；小鼠急性经口 LD_{50} 为 435mg/kg，急性经皮 LD_{50} 为 4000mg/kg。对人和温血动物低毒，对鱼、贝类无毒[17]。

用途 异稻瘟净有内吸传导作用，可阻止菌丝生长和孢子形成，兼有预防和治疗作用。应用在水稻上，它由根部及水面下的叶鞘吸收传导到稻体各部。可用于防治稻瘟病、菌核病、水稻纹枯病、玉米小斑病等病害，同时能兼治稻叶蝉、稻飞虱等害虫[17]。

6.2.1.3 灭瘟灵

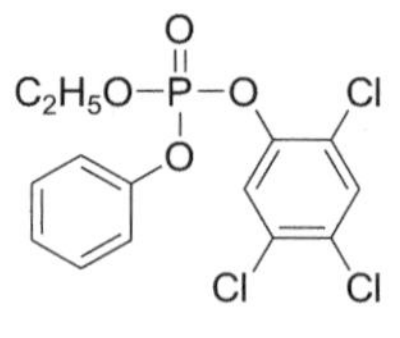

化学名称 *O*-乙基-*O*-苯基-*O*-(2,4,5-三氯苯基)磷酸酯

毒性 鼷鼠急性经口 LD_{50} 为 122mg/kg，TLm(48h)为 0.88mg/kg[18]。

用途 对稻瘟病有优异的防治效果[19]。药效实验表明，25% 的灭瘟灵乳剂稀释1000倍对水稻叶瘟病有66%～75%的预防效果，与40%敌瘟磷稀释1000倍相比，有同等的效力[19]。

6.2.1.4 敌瘟磷（edifenphos）

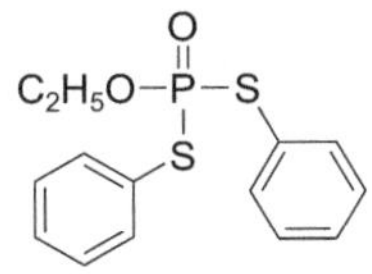

化学名称 *O*-乙基-*S*,*S*-二苯基二硫赶磷酸酯

毒性 大鼠急性经口 LD_{50} 为 212mg/kg[16]；小鼠急性经口 LD_{50} 为 220～670mg/kg；豚鼠、兔急性经口 LD_{50} 为 350～400mg/kg。大鼠急性经皮 LD_{50} 为 700～800mg/kg。大鼠吸入 LC_{50}(4h) 为 0.32～0.36mg/L（空气）（气溶胶）。山齿鹑急性经口 LD_{50} 为 290mg/kg；绿头野鸭急性经口 LD_{50} 为 2700mg/kg。虹鳟 LC_{50}(96h，以原药计) 为 0.43mg/L；蓝鳃翻车鱼 LC_{50}(96h，以原药计) 为 0.49mg/L; 鲤鱼 LC_{50}(96h，以原药计) 为 2.5mg/L。水蚤 LC_{50}(48h) 为 0.032μg/L[20]。

用途 用于防治稻瘟病，对叶瘟、穗颈瘟、节稻瘟均有良好防治效果。并能兼治水稻纹枯病、胡麻叶斑病、穗叶病、水稻小粒菌核病及茎腐病。也可用于防治玉米大、小斑病和麦类赤霉病。对稻飞虱、叶蝉及鳞翅目害虫兼有一定的防效[21]。

6.2.1.5 吡菌磷（pyrazophos）

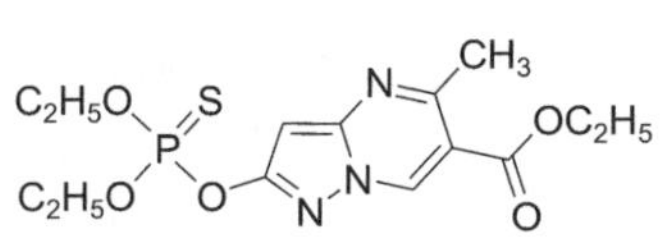

化学名称 2-(*O*,*O*-二乙基硫逐磷酰基)-5-甲基-6-羰乙氧基吡唑并-(1,5-*a*)-嘧啶

毒性 大鼠急性经口 LD_{50} 为 218mg/kg，急性经皮 LD_{50} > 2000mg/kg。家兔急性经口 LD_{50} 为 435mg/kg。以 5mg/kg 和 2mg/kg 剂量分别饲喂大鼠和狗 2 年，无不良影响。鲤鱼 LC_{50}(96h) 为 2.8～6.1mg/L，虹鳟 LC_{50}(96h) 为 0.48～1.14mg/L，蓝鳃翻车鱼 LC_{50}(96h) 为 0.28mg/L。水蚤 LC_{50}(48h) 为 0.36μg/L（软水），0.63μg/L（硬水）[20]。对蜜蜂有毒。

用途 可防治霜霉病，果树、蔬菜、花卉及其他经济作物的白粉病。例如，防治苹果、桃子白粉病，用 0.05% 含量，7d 喷 1 次；防治瓜类白粉病，用 0.03%～0.05% 含量，7～10d 喷 1 次；防治小麦、大麦白粉病，在发病初期，用 30% 乳油 15～20mL/100m^2 兑水喷雾；防治花椰菜、包心菜白粉病，用 30% 乳油 4～10mL/100m^2[4]。兼有杀虫、杀螨、杀线虫作用[16]。

6.2.1.6 甲基立枯磷（tolclofos-methyl）

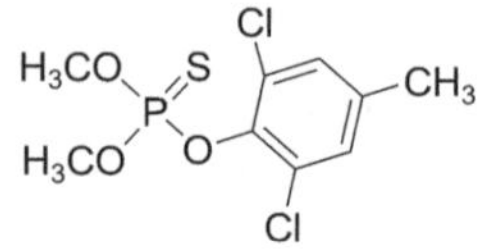

化学名称 *O,O*-二甲基-*O*-(2,6-二氯-4-甲基苯基)硫逐磷酸酯

毒性 大鼠急性经口 LD_{50} 约为 5000mg/kg，急性经皮 LD_{50} > 5000mg/kg；小鼠急性经口 LD_{50} 约为 3500mg/kg，急性经皮 LD_{50} > 5000mg/kg。对鱼类和鸟类均属低毒[23]。对眼睛和皮肤没有刺激性，无致畸、致突变作用。

用途 甲基立枯磷能防治难治的土壤病原菌，适用于防治丝核菌、菌核菌引起的各种土传病害，如马铃薯黑痣病和茎溃病，棉苗棉腐病，甜菜根腐病、冠腐病和立枯病，花生茎腐病，观赏植物的灰色菌核腐烂病，以及草地或草坪的褐芽病等，兼有预防和治疗效果[16]。此外，它也能防治蔬菜病害，如黄瓜、冬瓜、番茄、茄子、甜(辣)椒、白菜、甘蓝苗期的立枯病。

6.2.1.7 稻枯磷

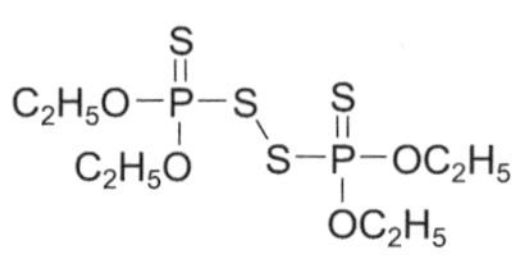

化学名称 双-(*O,O*-二乙基硫逐磷酰基)二硫醚

毒性 雌大白鼠急性经口 LD_{50} 为 1022mg/kg，孕大白鼠急性经口 LD_{50} 为 1500mg/kg[25]。

用途 主要用于防治水稻白叶枯病，并对柑橘、山楂、苹果及棉花红蜘蛛也有良好的防治效果，同时可防治生姜腐烂病[25,26]。稻枯磷是保护性杀菌剂，防治效果甚至超过了叶枯净，兼具杀虫、增效的作用，且更低毒[24]。

6.2.1.8 稻可宁（BEBP）

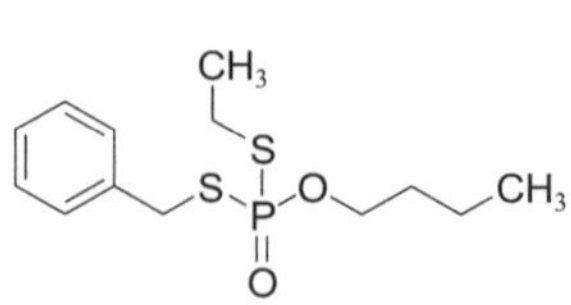

化学名称 *O*-正丁基-*S*-乙基-*S*-苄基二硫赶磷酸酯

毒性 大鼠急性经口 LD_{50} 为 870mg/kg；小鼠急性经口 LD_{50} 为 120mg/kg。

用途 用于防治稻瘟病[20]。

6.2.1.9 绿稻宁

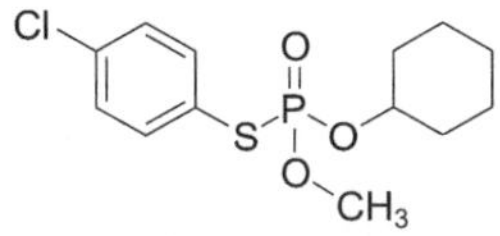

化学名称 *O*-甲基-*O*-环己基-*S*-对氯苯基硫赶磷酸酯

毒性 大鼠急性经口 LD_{50} 为 160mg/kg；小鼠急性经口 LD_{50} 为 60.2mg/kg。

用途 对稻瘟病有治疗作用，也有杀虫活性，能防治黑尾叶蝉、飞虱，这些害虫都是传染水稻病毒的媒介[20]。

6.2.2 磷酰胺类杀菌剂

磷酰胺类含磷杀菌剂主要包括(硫逐)磷酰胺类(如威菌磷和灭菌磷)，以及硫逐硫赶磷酰胺类(如抑菌丁基苯)。其中灭菌磷和抑菌丁基苯分子结构中同时含有P—N 键和 P—O 键，也可称之为磷酰胺酯类杀菌剂。

6.2.2.1 威菌磷(triamiphos)

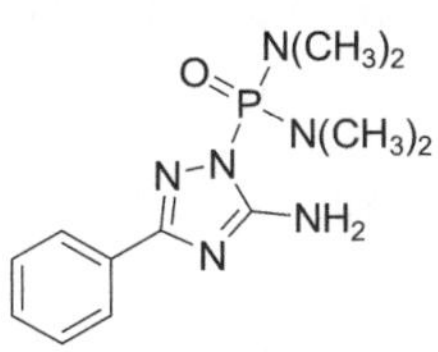

化学名称 *P*-(5-氨基-3-苯基-1*H*-1,2,4-三唑-1-基)-*N*,*N*,*N*′,*N*′-四甲基磷酰二胺

毒性 大鼠急性经口 LD_{50} 为 20mg/kg，急性经皮 LD_{50} 为 48mg/kg；小鼠急性经口 LD_{50} 为 10mg/kg[16]。

用途 用于防治苹果及玫瑰上的白粉病，并能兼治某些蚜、螨。威菌磷不仅是杀菌剂，也是杀螨剂，并有内吸性[3,28]。

6.2.2.2 灭菌磷（ditalimofos）

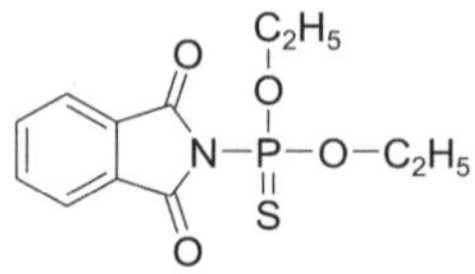

化学名称 *O*,*O*-二乙基邻苯二甲酰亚胺硫逐磷酸酯

毒性 大鼠急性经口 LD_{50} 为 4930mg/kg，大鼠腹腔注射 LD_{50} 为 198mg/kg；小鼠腹腔注射 LD_{50} 为 335mg/kg；兔子急性经口 LD_{50} 为 1g/kg，急性经皮 LD_{50} 为 1g/kg；豚鼠急性经口 LD_{50} 为 5660mg/kg。

用途 主要用于防治蔬菜和果树的白粉病，且对苹果黑星病、桃黑腐病等有效[16]。

6.2.2.3 抑菌丁基苯（phosbutyl）

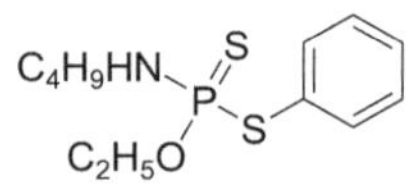

化学名称 *O*-乙基-*S*-苯基-*N*-丁基硫逐硫赶磷酰胺酯

毒性 大鼠急性经口 LD_{50} 为 300mg/kg。原粉大鼠急性经口 LD_{50} 为 5800mg/kg，小鼠急性经口 LD_{50} 为 3700～4000mg/kg，大鼠急性经皮 LD_{50} > 3200mg/kg，小鼠急性经皮 LD_{50} 为 4000mg/kg[20]。家兔急性经口 LD_{50} 为 150mg/kg。

用途 抑菌丁基苯对孢子萌发无抑制效用，但对菌丝细胞有很高的活性，可被植物很快吸收，因此对许多被病原菌感染的植物有很好的治疗效果[20]。

6.2.3 含磷金属盐类杀菌剂

含磷金属盐类杀菌剂包括三乙膦酸铝和克菌壮。

6.2.3.1 三乙膦酸铝（fosetyl-aluminium）

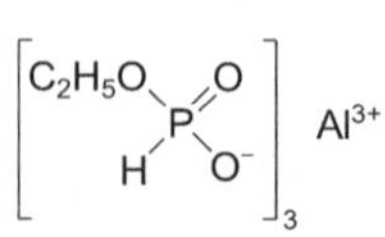

化学名称 三-(*O*-乙基膦酸)铝

毒性 大鼠急性经口 LD_{50} 为 5800mg/kg，急性经皮 LD_{50} ＞ 3200mg/kg；小鼠急性经口 LD_{50} 为 3700mg/kg，急性经皮 LD_{50} ＞ 3200mg/kg。对人畜基本无害，对眼睛、皮肤无刺激作用[23]。

用途 三乙膦酸铝可广泛用于黄瓜、甜瓜、西瓜、西葫芦、苦瓜、冬瓜、番茄、辣椒、茄子、芹菜、芦笋、芸豆、菜豆、豇豆、豌豆、绿豆、马铃薯、烟草、棉花、苹果、葡萄、梨、草莓、柑橘、荔枝、水稻、胡椒、橡胶及花卉植物等。可防治藻菌纲各属真菌引起的病害，如可以防治霜霉属、疫霉属、单轴霉属等引起的大白菜、球茎甘蓝、黄瓜霜霉病、疫病；亦可以防治菠萝心腐病，柑橘根腐病、茎溃病和流胶病，鳄梨根腐病和茎腐病，葡萄霜霉病，杨梅根茎腐病、红髓病，以及观赏植物、草坪、苹果、洋葱等由霜霉菌或疫霉菌引起的病害；对水稻纹枯病、穗颈瘟等也有一定的防效[7,29]。

6.2.3.2 克菌壮

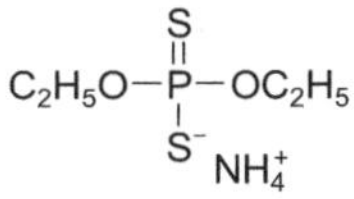

化学名称 *O*,*O*-二乙基二硫代磷酸铵

毒性 小白鼠急性经口 LD_{50} 为 5602.7～6423.9mg/kg，急性经皮 LD_{50} ＞ 10000mg/kg；大白鼠急性经口 LD_{50} 为 7636mg/kg。几项致突变试验结果为阴性，该药属于微毒或无毒农药[15]。

用途 主要用于防治水稻白叶枯病、细菌性条斑病、水稻纹枯病，可有效防治柑橘溃疡病及豆类条斑病等病害，并对水稻等多种作物有明显的促进生长作用。

6.2.4 硫赶膦酸酯类杀菌剂

此类硫赶膦酸酯类杀菌剂主要是乙苯稻瘟净。

乙苯稻瘟净（ESBP）

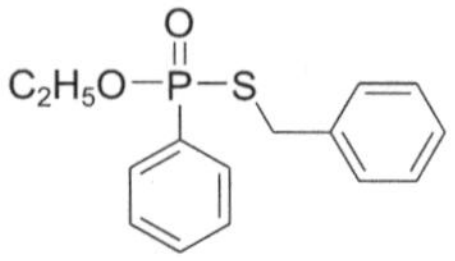

化学名称 *S*-苄基-*O*-乙基苯基硫赶膦酸酯

毒性 大鼠急性经口 LD_{50} 为 750mg/kg，急性经皮 LD_{50} 为 3900mg/kg；小鼠急性经口 LD_{50} 为 720mg/kg，急性经皮 LD_{50} $>$ 3920mg/kg。

用途 用于防治稻瘟病、水稻纹枯病和水稻小粒菌核病等病害，兼具预防和治疗效果 [22]，对作物几乎无药害，但发病严重时效果较差。

6.3 含磷杀菌剂的作用原理

正确理解杀菌剂的作用原理，对于正确使用杀菌剂具有重要的意义。了解杀菌剂的特点、作用方式和作用机制有助于充分理解杀菌剂的作用原理。杀菌剂是否具有选择性和内吸性是与杀菌剂的作用原理密切相关的重要特点。根据杀菌剂是否具有选择性可以将其分为选择性杀菌剂和非选择性杀菌剂。选择性杀菌剂一般是指在不同生物种类之间具有活性差异的生物学特性。例如，作用靶标位点在不同的生物之间存在选择性的差异。有机磷杀菌剂便是一类具有选择性的杀菌剂。

根据杀菌剂是否具有内吸性的特点，又可将其分为内吸性和非内吸性两类。内吸性杀菌剂(systemic fungicide)是指能通过植物叶、茎、根吸收进入植物体，并能在植物体内输导至作用部位的杀菌剂。内吸性杀菌剂又可分为两种传导方式：向顶性内吸传导作用(acropetal translocation)和向基性内吸传导作用(basipetal translocation)。向顶性内吸传导作用，即药剂被吸收到植物体内以后随蒸腾流向植物顶部传导至顶叶、顶芽及叶尖、叶缘，内吸性杀菌剂一般直接从根传导到蒸腾部位，特别是叶片，目前的内吸性杀菌剂多属此类。向基性内吸传导作用，即药剂被植物体吸收后于韧皮部内沿光合作用产物的运输向下传导，内吸性杀菌剂中属于此类的较少。例如，有机磷杀菌剂稻瘟净、异稻瘟净、三乙膦酸铝为内吸性杀菌剂，其中三乙膦酸铝属于可向上下两个方向传导的内吸性杀菌剂。虽然有些药剂能被植物吸入体内，但其不能在植物体内输导，这种现象称为渗透作用或内渗作用，而不是内吸作用。

非内吸性杀菌剂一般为广谱性的，即一种药剂能够防治的病害种类较多。药剂多在植物体表形成药膜，以保护植物不受病菌侵染，一般多作为预防性施药，即在病原菌尚未侵入植物体前用药。

从杀菌剂的作用方式而言，可以将杀菌剂分为保护性和治疗性两类。

保护性杀菌剂是指能够保护作物免受病原菌侵染的药剂，对气传病原菌尤为有效。保护性杀菌剂一般不能向植株体内渗透，主要是在植物表面形成毒性屏障，在植物体外或体表直接与病原菌接触，杀死或抑制病原菌，使之无法进入植物，从而保护植物免受病原菌的危害。保护性杀菌剂的杀菌作用有两种：一种是药剂喷洒后与病原菌接触直接杀死病原菌，即“接触性杀菌作用”；另一种是药剂喷洒在植物体表面上，当病原菌落在植物体上时因接触到药剂而被毒杀，称为“残效性杀菌作用”。例如，南开大学元素有机化学研究所研制的克菌壮就是一种非直接杀菌的激素型保护性杀菌剂，能有效地防治水稻白叶枯病、细菌性条斑病、柑橘溃疡病，并能兼治水稻纹枯病等多种病害[15]。

治疗性杀菌剂是指在作物已被病原菌侵染后用于治疗作用的杀菌剂，杀菌剂本身或其代谢物可抑制已侵染的病原菌生长发育，并保护植物免受病原菌重复侵染，因此在植物发病后施药有治疗作用。此类杀菌剂多具有内吸性，通过在植物体内的传导或局部移动到达病灶，从而杀死或抑制病原菌。在使用时根据病害发生的特点，通常可采用直接喷施、拌种或土壤处理等施药方式。保护性杀菌剂一般没有治疗作用，但用作保护性用途的内吸性杀菌剂则具有治疗作用。例如有机磷杀菌剂敌瘟磷、异稻瘟净、乙苯稻瘟净均兼具显著的保护作用和优良的治疗效果。

杀菌剂在寄主植物体内移动的程度与其可能的杀菌作用具有直接的相关性。当杀菌剂不被吸收时，可作为保护性杀菌剂，为表面病原菌治疗剂。当杀菌剂吸收但不传导时，可作为局部化学治疗剂或铲除剂，即治疗在施药处已形成的侵染。当杀菌剂吸收并传导时，为内吸性杀菌剂。内吸性杀菌剂的移动包括植物的吸收、传导和在植物体内再分布到病原菌所在部位。多数内吸性杀菌剂都具有保护和治疗作用，有的还具有铲除作用[16]。

内吸性杀菌剂一般杀菌力较强，一些品种对某种病原菌有专一的选择毒性，但由于在菌体内的作用点比较单一，病菌容易借助遗传基因的突变而产生抗药性。为了避免或延缓抗药性的产生，通常可选择与其他多作用点的非内吸性杀菌剂混合施用或轮换使用，这样可取长补短，从而得到较好的防治效果，以延缓抗药性的产生。

农作物发生病害时，要想使杀菌剂充分发挥药效，首先必须将药剂附着和覆盖在植株上，并使其向植株体内渗透。杀菌剂在寄主植物体内的移动过程中可能被活化，也可能有部分被代谢或降解，只有为数极少的药剂到达病原体的作用位点，对病原菌产生一系列的物理化学或生物学反应，从而产生活性，最终达到保护植物消灭病菌的作用。

杀菌剂的作用机制是作用原理的一部分，它涉及以何种方式作用于病菌的代谢过程和特定部位，从而产生杀菌或抑菌效果。根据国际杀菌剂抗性行动委员会(FRAC)确定的杀菌剂作用机制的分类，目前杀菌剂的作用机制分为12大类。包括A类：核酸(DNA，RNA)生物合成抑制剂；B类：作用于细胞骨架和马达蛋白；C类：氧化磷酸化过程抑制剂；D类：作用于氨基酸和蛋白质合成；E类：作用于信号传导；F类：作用于脂质合成或转运/膜完整性或功能；G类：作用于膜上固醇的生物合成；H类：作用于细胞壁的生物合成；I类：作用于黑色素的生物合成；M类：多作用位点杀菌剂；P类：寄主植物防御诱导类；U类：未知作用机制的杀菌剂。

通过研究明确了一些有机磷杀菌剂的作用机制。目前已有研究报道的有机磷杀菌剂中，有多个作用于脂质合成或转运/膜完整性或功能(F类)；有一些分别属于核酸(DNA，RNA)生物合成抑制剂(A类)、氨基酸和蛋白质合成抑制剂(D类)；还有一些作用于细胞壁的生物合成(H类)或属于寄主植物防御诱导类(P类)。其作用机制分别归纳如下：

6.3.1 作用于脂质合成或转运/膜完整性或功能

研究表明一些硫赶或硫逐类的硫代磷酸酯主要通过作用于脂质合成或转运/膜

完整性或功能产生杀菌作用。此类杀菌剂主要干扰脂质和膜的合成以及细胞壁的沉积，涉及一系列不同的靶标位点。属于该类作用机制的有机磷杀菌剂主要有异稻瘟净、敌瘟磷、吡菌磷、稻瘟净和甲基立枯磷。

生物膜(biological membrane)是分隔细胞、细胞器的所有膜结构的总称，主要包括细胞膜(也称为质膜)和分隔细胞器的内膜系统，如核膜、线粒体膜、内质网膜等。菌体细胞膜的主要化学成分为脂质、蛋白质、糖类、水、无机盐和金属离子等。生物膜的化学组成基本相同，是镶嵌有蛋白质和糖类(统称糖蛋白)的磷脂双分子层，膜脂是生物膜的基本组成成分，约占生物膜的50%，主要包括磷脂(phospholipids，PL)、鞘脂(sphingolipids)和胆固醇(cholesterol)三种类型。磷脂分子主要由与磷酸相连的取代基团构成的亲水端和脂肪酸链构成的疏水端组成，其亲水端位于膜表面，而疏水端位于膜内侧。根据与磷酸相连基团的不同，磷脂可分为甘油磷脂(glycerophospholipid)和鞘磷脂(sphingomyelin)。存在于植物中的磷脂主要为甘油磷脂。甘油磷脂的生物合成过程需要三磷酸胞苷(cytidine triphosphate，CTP)参与活化，根据CTP活化中间体的不同，可分为两种不同的生物合成途径。一种途径中被CTP活化的是胆碱或乙醇胺，称为CDP胆碱/乙醇胺途径。另一种途径中被CTP活化的是甘油二酯，其中CDP甘油二酯为重要中间产物。该途径需要在磷脂*N*-甲基转移酶的作用下经过三次甲基化后才能得到最后的磷脂，因此该途径也被称为甲基化途径。

杀菌剂对菌体细胞膜的破坏以及对膜功能的抑制有两种情况，即物理性破坏和化学性抑制。化学性抑制是指与膜性能或细胞膜性能有关的酶的活性及膜脂中的磷脂、糖脂和胆固醇的生物合成被抑制[27]。

根据FRAC确定的杀菌剂作用机制的分类，一些硫代磷酸酯类型的有机磷杀菌剂的靶标位点为磷脂生物合成中的甲基转移酶。例如，异稻瘟净、敌瘟磷、吡菌磷等，主要是通过抑制磷脂*N*-甲基转移酶的活性来阻断病原体磷脂的生物合成的。在病原菌中，*S*-腺苷蛋氨酸充当甲基供体，磷脂*N*-甲基转移酶催化磷脂酰乙醇胺连续三次的甲基转移，最终合成得到磷脂酰胆碱。由于具有硫赶磷酸酯结构类型的异稻瘟净的分子结构与磷脂酰乙醇胺具有相似性，可以替代磷脂酰乙醇胺充当甲基受体，从而阻断磷脂酰乙醇胺转化为磷脂酰胆碱，破坏菌体生物膜的形成，抑制菌体的生长。

异稻瘟净和敌瘟磷的杀菌作用也可以从硫赶磷酸酯对细胞壁组分几丁质的合成或对几丁质合成酶的抑制作用的角度来理解。

几丁质是某些藻类、真菌细胞壁和无脊椎动物表皮中存在的一种重要物质，是由数百个*N*-乙酰葡萄糖胺分子以β-1,4-葡萄糖苷键连接而成的生物多聚糖类。真菌细胞壁中的几丁质(含量约为80%～90%)则以多糖的形式存在。任何干扰几丁质生物合成及沉淀的物质都会对其生长造成危害。几丁质的合成由3个几丁质合成酶(Ghs)来调节，几丁质合成酶1的作用是修复细胞分裂造成的芽痕及初生隔膜的损伤，几丁质合成酶2的作用是用于初生隔膜中几丁质的合成，几丁质合成酶3的作用是用于合成孢子壁中的脱乙酰几丁质及芽痕和两侧细胞壁中90%的几丁质。在三者的作用下，将*N*-乙酰葡萄糖胺合成为几丁质。不同的多糖链相互缠绕组成粗壮的链，这些链构成的网络系统嵌入在蛋白质、脂质和一些小分子多糖的基质中，这一结构使真菌细胞壁具有良好的机械强度和硬度。

据报道，硫赶磷酸酯敌瘟磷能抑制卵磷脂合成，从而影响细胞膜的合成[30]。同样硫赶磷酸酯异稻瘟净也可以抑制卵磷脂合成，显著抑制菌丝的生长和孢子的形成，干扰细胞膜透性[31]，阻止某些亲脂几丁质前体通过细胞质膜，使几丁质的合成受阻碍，细胞壁不能生长，使菌体的正常发育受抑制。当菌体经此类杀菌剂作用后，可以观察到非常明显的细胞壁异型。细胞壁受影响后的中毒现象通常为芽管末端膨大或扭曲，以及分枝增多等，造成这一类异型的原因是细胞壁上纤维蛋白原的结构变形，细胞壁内几丁质含量显著降低。实际应用表明异稻瘟净等有机磷杀菌剂对于防治稻瘟病具有很好的效果，开发后成功取代了当时应用的有机汞高毒制剂，有效控制了水稻稻瘟病和其他水稻病害。

研究表明敌瘟磷与异稻瘟净同样能抑制几丁质合成酶，从而抑制几丁质合成和脂质代谢。在抑制稻梨孢生长浓度下，可引起^{32}P-磷脂从菌丝体中外泄[3]。

在研究稻瘟净作用机制时发现，在55mg/L抑制稻瘟病菌的浓度下，该药剂不影响菌丝的呼吸作用，不干扰蛋白质和核酸的合成，而主要是抑制^{14}C-氨基葡萄糖对几丁质的结合，使UDP-*N*-乙酰氨基葡萄糖在菌丝中累积。从而表明，稻瘟净在细胞壁生物合成途径中，影响UDP-*N*-乙酰氨基葡萄糖形成后的生物合成过程。因此稻瘟净对几丁质合成酶可能有抑制作用[3]。

进一步研究发现，稻瘟净不仅影响几丁质的合成，而且在其处理过的菌丝中，

^{14}C-氨基葡萄糖对细胞壁葡聚糖的结合也明显降低，在细胞壁生物合成中没有发现其所需的脂质，而这种脂质中间物又需经渗透作用通过细胞膜。因而可以认为，稻瘟净能影响几丁质合成酶本身及多糖的聚合作用，实际上是限制了底物通过细胞膜的渗透作用，而该底物又是几丁质合成酶和葡聚糖合成酶所需要的，因此，这可能是损害几丁质合成和抑制菌丝生长的首要原因[3]。

作用机制的研究表明，吡菌磷[14]对真菌的作用与其非磷的代谢物6-乙氧羰基-2-羟基-5-甲基吡唑-(1,5-a)-嘧啶有直接关系。该代谢物在pH值为4时有高的杀菌活性。pH值为4的酸盐缓冲的葡萄糖悬浮液，能强烈抑制菌丝的呼吸作用，使线粒体对氧的吸收作用受到损害，同时对蛋白质、脱氧核糖核酸和核糖核酸合成也具有影响。而当pH值较高时，对真菌渗透性变慢，限制了吡菌磷杀菌活性的充分发挥。

威菌磷的作用机制是通过抑制菌体中的几丁质合成而产生杀菌活性[14]。这类化合物是几丁质合成酶的抑制剂，它们通过干扰细胞壁中的几丁质合成，从而抑制真菌细胞的形成。

由于这些硫代磷酸酯类有机磷杀菌剂的抑制作用涉及磷脂的生物合成，如抑制磷脂生物合成中的甲基转移酶、磷脂酰胆碱和几丁质等的生物合成，故也称为磷脂生物合成抑制剂。

甲基立枯磷是一种高效、低毒、广谱的土壤杀菌剂。根据FRAC确定的杀菌剂作用机制，甲基立枯磷也属于干扰脂质和膜合成以及细胞壁沉积的杀菌剂，但推定甲基立枯磷的作用模式为脂质过氧化。线粒体是细胞中储存能量的细胞器，包含许多生物氧化反应所需的酶类。杀菌剂对线粒体的作用主要是影响细胞内各种生物氧化反应。氧自由基反应和脂质过氧化反应在机体的新陈代谢过程中起着重要的作用，正常情况下二者处于协调与动态平衡状态，维持着体内许多生理生化反应。甲基立枯磷的靶标位点为脂质过氧化，可使上述协调与动态平衡产生紊乱与失调，引起新陈代谢失常，形成氧自由基连锁反应，直接干扰和破坏膜的生物功能，造成细胞损伤。目前也有文献报道甲基立枯磷的作用机制是抑制核酸(DNA，RNA)的生物合成。

酶是一切生物的催化剂，控制着微生物的生化反应，酶一旦失活，将导致催化效率降低或性能丧失，从而使其所催化的生化反应无法正常进行，并影响相关的生化反应，导致微生物的能量代谢和物质代谢受阻。目前研究较多的菌体内酶包括：黑色素合成还原酶、多功能氧化酶、几丁质合成酶、琥珀酸脱氢酶等。由道化学公司开发的灭菌磷的作用机制就是促使菌中主要辅酶的酰化。

6.3.2 作为核酸生物合成抑制剂

DNA是生物遗传信息的携带者，生命体的遗传信息以三联体密码的形式编码在DNA分子上，表现为特定的核苷酸排列顺序，并通过DNA复制由亲代传递给子代。DNA的生物合成是一个以原DNA分子为模板自我复制的过程，即遗传信息从DNA传递给RNA(转录)，再从RNA传递给蛋白质(翻译)，也可以从DNA传递给DNA(复制)。这是所有具有细胞结构的生物普遍遵循的法则，这一过程有一系列酶的参与，理论上它们都有可能成为药物作用的靶标。

核酸在菌体中有很重要的作用，一旦核酸的生物合成受到抑制，菌体的生命将会受到严重影响[32]，其抑制作用可以有多种方式。核酸是由单核酸聚合而成的，这种聚合是由聚合酶催化完成的，有些杀菌剂能抑制聚合酶的活性，从而导致核酸聚合被抑制。有些杀菌剂能与核酸蛋白体结合，使得携带氨基酸的tRNA不能再与核糖核蛋白体结合。有些杀菌剂可与多聚尿苷酸结合，或者阻碍苯丙氨酸-tRNA与核糖体的结合，从而抑制肽链合成。

甲基立枯磷为非内吸性接触性杀菌剂，主要用于棉花、花生、蔬菜等由丝核菌、伏革菌、菌核菌和核线菌引起的土传病害。有文献报道甲基立枯磷的作用机制是干扰菌中DNA的复制，导致孢子不正常分裂，并影响菌中蛋白质和核酸的生物合成，从而产生杀菌效果[6]。

6.3.3 作为氨基酸和蛋白质合成抑制剂

蛋白质的合成在细胞代谢中占有十分重要的地位。蛋白质是以氨基酸为原料，ATP和GTP提供能量，在核糖体上进行合成的。杀菌剂抑制蛋白质合成的作用机制主要分为以下三种类型：

① 杀菌剂与核糖核蛋白体结合，从而干扰tRNA与mRNA的正常结合。在氨基酸组成蛋白质的过程中，有多种因子参与并分别在各种核糖体的特定部位起作

用，如果杀菌剂干扰了这一过程的某种作用，必然会影响蛋白质的合成。

② 蛋白质合成酶的活性受到抑制。蛋白质合成酶的活性受到杀菌剂的抑制，将直接导致蛋白质的合成受阻。

③ 间接影响蛋白质合成。杀菌剂与 DNA 作用，阻碍 DNA 双链分开，抑制了菌体细胞内的生物氧化而引起 ATP 的减少，破坏了蛋白质合成能量供给的必要条件之一，从而也就间接阻碍了蛋白质的合成。

据报道，绿稻宁的作用机制就是通过抑制菌体中 DNA、RNA、蛋白质和磷脂酰胆碱的生物合成而产生杀菌作用 [14]。

6.3.4 抑制细胞壁的生物合成

菌体的细胞由细胞壁和原生质体组成，包围原生质体的是细胞膜，原生质体中还有细胞核、线粒体、核糖体等细胞器，这些组分都对微生物的生命活动有重要作用。因此，只要其中任何一个受到破坏，整个细胞就要受害。

细胞壁受杀菌剂的影响一般有 3 种情况：细胞壁上的物质被溶解破坏；紧接于壁附近的一些酶类(如糖酶)受抑制；细胞壁的生物合成过程受到影响。细胞壁是细胞的外围层，它的破坏可使原生质渗出，发生溶菌作用。

作用机制研究表明稻瘟净 [14] 抑制乙酰氨基葡萄糖的聚合，使几丁质无法形成，导致细胞壁不能正常生物合成，继而造成原生质中毒，从而可防治稻瘟病。

6.3.5 寄主植物防御诱导类

由20世纪80年代至今，许多研究者对系统获得抗性(system acquired resistance，SAR)的诱导研究发表了许多论文，但只有在田间条件下通过诱导针对疾病的防御机制实现对疾病有限的控制才具有实用价值。例如，具有这类作用机制的活化酯-*S*-甲基用于多种作物，不仅具有抗真菌活性，还具有抗细菌和病毒的活性。

在有机磷杀菌剂中，三乙膦酸铝为植物防御反应的诱导剂。三乙膦酸铝可刺激植物的过敏反应，单独的三乙膦酸铝可以在一系列宿主-病原体系统中诱导植物抗毒素，例如三乙膦酸铝可以在被致病疫霉侵染的番茄中或在被 *Plasmopara viticola* 侵染的葡萄中产生植物抗毒素。此外，用三乙膦酸铝控制野生型拟南芥中的霜霉病病原体的同时 PR1 基因表达会被诱导。研究表明三乙膦酸铝确实是植物防御反应的诱导剂。

了解杀菌剂的作用机制不仅可以充分理解杀菌剂的作用原理，而且对设计新型杀菌剂也具有很好的启示，并有利于制订解决抗性问题的方案[33]。

杀菌剂的生理活性与该药剂的化学结构有着密切的关系。杀菌剂化学结构上的差异可能导致其物理-化学性质(如脂溶性、水溶性、摩尔体积、立体参数、电离作用、电荷密度分布等)的不同，这些性质影响杀菌剂在植物体内的吸收和传导。药剂只要能阻碍病原菌对植物侵染过程的任何阶段，理论上都能用来防止发病，甚至药剂只要能帮助寄主植物对这种侵染过程产生抗性也能起到防治的作用。一般来说，某化合物虽没有杀菌作用，但通过扰乱植物与寄生菌的正常关系，也能达到“杀菌”的效果。例如许多植物病原菌可产生纤维素酶、果胶分解酶等多糖类分解酶，病原菌穿透寄主表面后，为了在细胞间隙间蔓延，这些酶起着重要的作用。但这种酶往往对不同的植物寄主具有专一性，能有效阻碍这些酶的化合物也应该是有效的杀菌剂。此外，植物病原菌或者是寄主 - 寄生菌相互作用可以产生一种对植物有害的物质(即毒素)，这是植物发病的原因之一。因此，若能抑制毒素的产生或使其作用钝化，则也能起到防治病菌的作用[32]。

6.4 主要含磷杀菌剂品种的合成

在全球范围已开发应用的含磷杀菌剂的基本化学结构类型为磷酸酯、硫赶磷酸酯、硫逐磷酸酯、硫逐硫赶磷酸酯、磷酰胺酯、硫赶膦酸酯和金属盐类等。若以各类有机磷杀菌剂中所涉及的含磷键为线索归类，则主要涉及 P—O 键、P—S 键、P—N 键、P—C 键。因此，有机磷杀菌剂所涉及含磷部分的合成反应包括 P—O 键、P—S 键、P—N 键、P—C 键的构成。以下分别以各类有机磷杀菌剂的代表性品种为例介绍其合成方法。

6.4.1 磷酸酯类杀菌剂的合成

磷酸酯类杀菌剂主要为灭瘟灵，磷酰化反应是合成含 P—O 键磷酸酯的最主要方法，灭瘟灵可以通过磷酰化反应来合成。

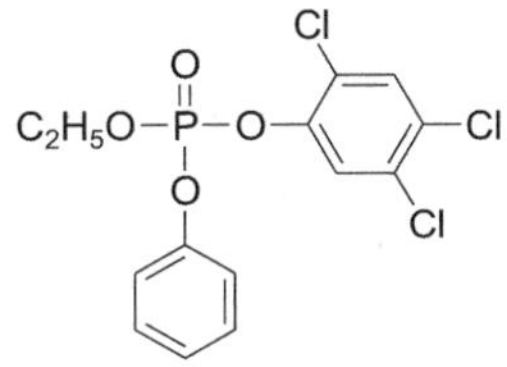

化学名称　*O*-乙基-*O*-苯基-*O*-(2,4,5-三氯苯基)磷酸酯

理化性质　纯品为无色透明液体，一般产品为赤褐色油状液体。

合成方法　以三氯氧磷为原料，先后与苯酚、无水乙醇、2,4,5-三氯酚分别通过三步磷酰化反应制得灭瘟灵。

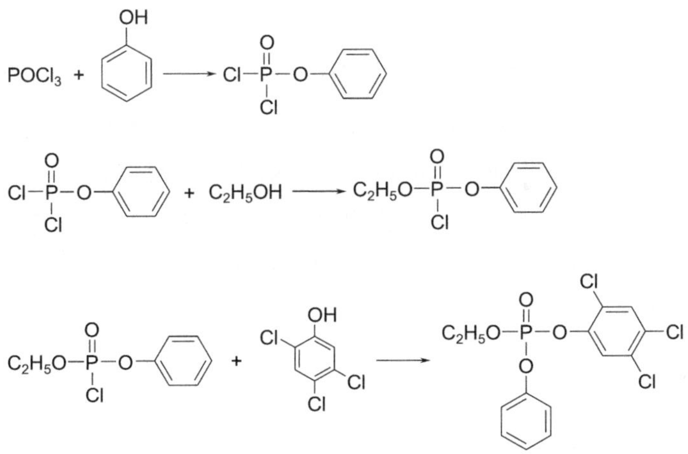

合成实例 [19]

(1) 中间体苯基磷酰二氯的制备　酚类与理论量或过量的三氯氧磷加热至适当的温度，回流10h左右，以惰性气体排出反应中生成的氯化氢，反应混合物减压蒸馏后得到产品苯基磷酰二氯。或在催化剂(如铁粉及金属卤化物)存在下，酚类与过量的三氯氧磷反应，反应中放出的HCl用碱液吸收，反应混合物减压蒸馏，苯基磷酰二氯收率可达95%；另一种方法是酚与过量的三氯氧磷反应，以有机碱为脱酸剂，滤去反应中生成的盐酸盐，滤液减压蒸馏得苯基磷酰二氯。

(2) 中间体乙基苯基磷酰氯的制备　将制得的苯基磷酰二氯投入装有回流冷凝器、温度计、搅拌器及分液漏斗的1000mL三口瓶中。保持温度低于25℃，由分液漏斗向三口瓶中逐渐滴入与苯基磷酰二氯等质量的无水乙醇。滴加完毕，升温至25℃，继续搅拌30min，关闭搅拌器换上鼓泡器。保持反应物于30℃左右，不断鼓入干燥空气，以排出反应中生成的副产物HCl。尾气用稀碱溶液吸收。最后，将反应瓶内抽至残压为15～20mmHg，反应物中无气泡放出时为止。收率99%左右。

(3)灭瘟灵的合成　将三氯酚置于反应器中，加入氢氧化钠溶液，加热至50～60℃，搅拌至三氯酚完全溶解。将三氯酚钠水溶液的温度调至40℃以下，在不断搅拌下向反应器中滴入乙基苯基磷酰氯，保持反应温度不超过50℃，滴加完毕后继续反应0.5h。然后升温至60～65℃，搅拌1h。反应结束后，冷却至室温，经水洗，碱(1% NaOH)洗涤后，再用清水洗至中性。减压蒸馏脱水，得到产品。收率为78%左右。

6.4.2 硫代磷酸酯类杀菌剂的合成

硫代磷酸酯类杀菌剂主要有硫逐磷酸酯、硫赶磷酸酯和硫逐硫赶磷酸酯三种结构类型。硫赶磷酸酯类杀菌剂包括稻瘟净、异稻瘟净、敌瘟磷；硫逐磷酸酯类杀菌剂包括吡菌磷、甲基立枯磷；硫逐硫赶磷酸酯有稻枯磷。在这些硫代磷酸酯类杀菌剂中最典型的结构特点是具有硫赶(P—S)键，一般在分子中引入P—S键可以通过硫-烷基化反应实现。

6.4.2.1 稻瘟净的合成

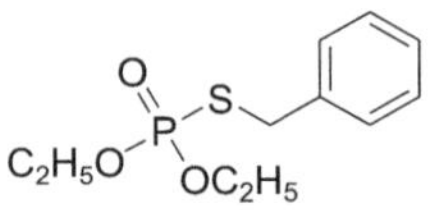

化学名称　*O*,*O*-二乙基-*S*-苄基硫赶磷酸酯

理化性质　纯品为无色透明液体，稍具特殊臭味。沸点120～130℃。密度1.1569g/mL(20℃)。难溶于水，易溶于乙醇、乙醚、二甲苯等大多数有机溶剂。对光照和酸稳定，遇碱易分解。

合成方法

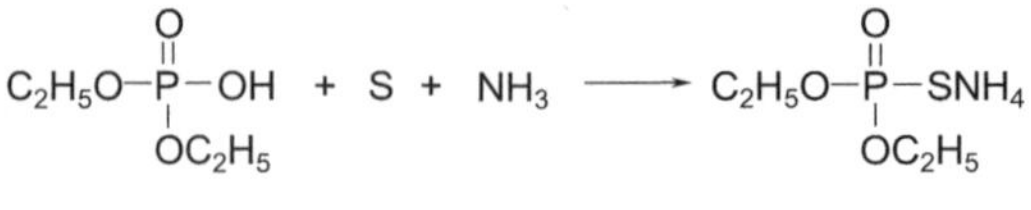

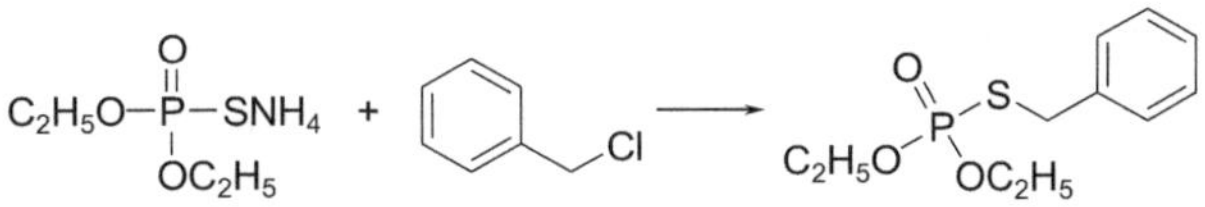

国内合成稻瘟净的路线大部分都是相同的，主要采用 *O*, *O*-二烷基硫代磷酸盐与氯化苄反应，只是采用的磷酸盐或为铵盐，或为钠盐。

合成实例 [34]

（1）反应条件　摩尔比为二乙基亚磷酸：硫黄粉：氨：氯化苄=1∶1∶1.1∶1.125（质量比为二乙基亚磷酸：硫黄粉：氨：氯化苄 =1 ：0.23 ：0.14 ：1.71；NH_3 对亚磷酸粗产物而言）。通 NH_3 温度不超过 85℃，通 NH_3 速度为 0.6～1kg/min，总通 NH_3 时间 1.5h 左右。在 95～100℃氨基化反应 0.5h ；在 95～100℃合成反应 3.5h。

（2）操作步骤

① 检查各阀门的正确开启与关闭情况。

② 将硫黄粉、甲苯和亚磷酸投入反应锅，开动搅拌，同时进行夹套冷却。

③ 开启氨气预热器的蒸汽，然后打开液氨钢瓶阀，开始通 NH_3，通 NH_3 量按配比及根据反应锅内烟雾消失情况决定终点。

④ 氨基化反应结束后，一次投入所需氯化苄。

⑤ 在加完氯化苄后 0.5h，为中和反应锅内的酸，须再通氨 5kg 左右，控制废水 pH 值在 3～5。

⑥ 合成反应完毕，用 600kg 水（对 1500L 反应锅而言）进行水洗，同时进行夹套冷却，当温度降至 40℃时，停止搅拌，静置分层 10min，分去下层氯化铵溶液，油层抽至计量槽进行脱苯，脱苯后可获得稻瘟净原油。

6.4.2.2　异稻瘟净的合成

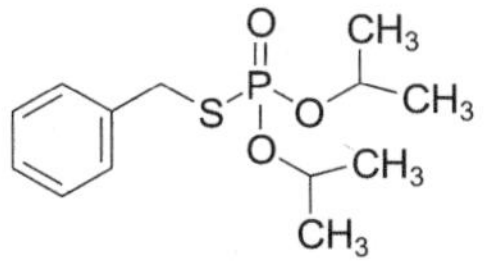

化学名称　*S*-苄基-*O*, *O*-二异丙基硫赶磷酸酯

理化性质　纯品为无色透明油状液体，工业品常温下为淡黄色液体。熔点 22.5～23.8℃。沸点 187℃（1862Pa）。蒸气压 12.2mPa。相对密度 1.100（20℃）。水中溶

解度 0.54g/L(20℃)；正己烷、甲苯、二氯甲烷、丙酮、甲醇、乙酸乙酯＞500g/L (20℃)。150℃时稳定；对光照和酸较为稳定；遇碱性物质易分解；遇高温或长期处于高温下也会引起分解。

合成方法 以三氯化磷与异丙醇等为起始原料，先制备中间体亚磷酸二异丙酯[由于亚磷酸二异丙酯(磷为三价)分子中 P—O 易于异构化为更稳定的含 P═O 的二异丙酯磷酰化物(磷为五价)，在以下反应式中亚磷酸二异丙酯表示为其更稳定的异构体二异丙酯磷酰化物的形式。之后文中关于亚磷酸二烷基酯的结构式以同样方式表示]，然后由亚磷酸二异丙酯加硫成盐的方法制备 *O,O*-二烷基硫赶磷酸钠盐，再与氯化苄通过硫-烷基化反应即可制得异稻瘟净。

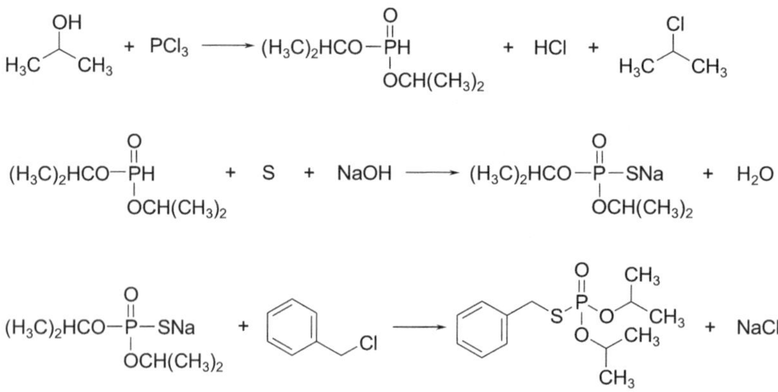

合成实例[31] 采用下列反应条件和步骤可以合成制得异稻瘟净。

① 将三氯化磷 139g 和异丙醇 182g 同时投入连续化反应器(三氯化磷与异丙醇的摩尔比为 1∶3)，经真空脱盐酸后冷却制得 *O,O*-二异丙基亚磷酸酯 175.2g，含量 91.3%；氯代异丙烷含量 1.75%。

② 将上步所得 *O,O*-二异丙基亚磷酸酯抽真空鼓泡 2h 以脱去残余的氯代异丙烷，真空度控制在 0.02MPa，温度控制在 30～40℃。抽真空结束后，氯代异丙烷含量降到 0.65%。

③ 在上步所得 *O,O*-二异丙基亚磷酸酯中加入硫黄 28.8g，加入溶剂苯 300g，搅拌下滴加浓度为 32%(质量分数)的氢氧化钠水溶液 129.5g，滴加温度控制在 5～10℃，反应 4h。

④ 抽真空 2h，真空度在 0.09MPa，温度在 40℃；然后用砂芯漏斗过滤，得到

O,*O*-二异丙基硫代磷酸钠溶液 325.7g。

⑤ 在 *O*,*O*-二异丙基硫代磷酸钠内滴加氯化苄 103.1g，反应时间 4h，温度控制在 80～90℃，用分液漏斗分液，得异稻瘟净粗原油 264.4g。

⑥ 将上步所得异稻瘟净粗原油置入瓶中，加入 50g 的 50℃热水进行搅拌水洗，搅拌时间 10min，用分液漏斗进行分液，得到水洗粗原油。此水洗过程重复进行，共 3 遍。

⑦ 将上步所得水洗粗原油进行脱溶，温度为 100℃，真空度为 0.09MPa，可得到异稻瘟净原药 242.1g，含量 95.2%，颜色呈淡黄色，硫代磷酸二异丙酯 0.12%，按三氯化磷计算，总收率为 80.06%。

6.4.2.3 吡菌磷的合成

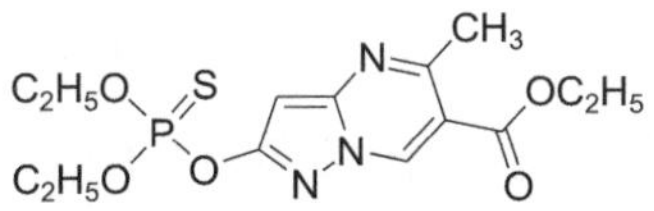

化学名称 2-(*O*,*O*-二乙基硫逐磷酰基)-5-甲基-6-羧乙氧基吡唑并-(1,5-*a*)-嘧啶

理化性质 无色无臭结晶状固体，熔点 51～52℃，蒸气压 0.166×10^{-5}Pa(50℃)，不溶于水，易溶于苯、甲苯、四氯化碳、三氯甲烷等有机溶剂。稳定性：一般条件下贮存稳定，在酸碱中易分解[35]。

合成方法 吡菌磷为硫逐芳基磷酸酯类杀菌剂，由 *O*,*O*- 二乙基硫逐磷酰氯与含羟基的 5-甲基-6-羧乙氧基吡唑并-(1,5-*a*)-嘧啶通过磷酰化反应制备。

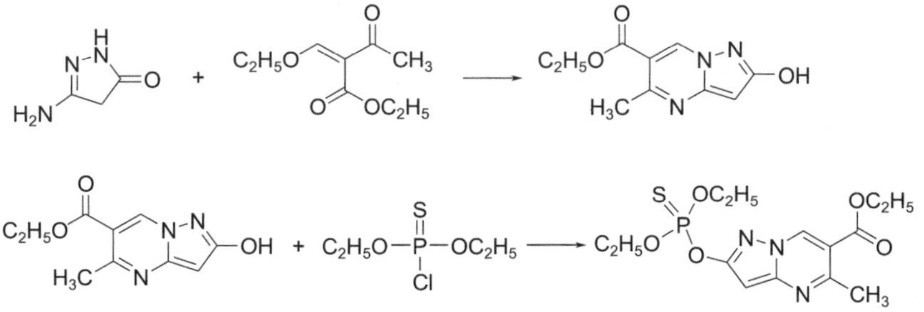

由 $C_2H_5O—CH═C(COCH_3)—COOC_2H_5$ 与氨基吡唑酮反应生成含羟基的中间体，再与 *O*,*O*-二乙基硫逐磷酰氯反应得到吡菌磷[35,36]。

6.4.2.4 稻枯磷的合成

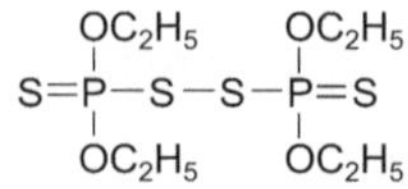

化学名称 双-(*O*,*O*-二乙基硫逐磷酰基)二硫醚

理化性质 纯品接近无色透明状液体，稍呈黏稠状，无气味。相对分子质量370.4，沸点(170±2)℃(2mmHg)，熔点(22±3)℃，温度较低时为固体，不溶于水，溶于乙醇、乙醚、甲醇，易溶于丙酮、苯、甲苯、氯仿、四氯化碳等。在碱性介质中易水解，室温和光照下均稳定，于180℃急剧放热分解。

合成方法 稻枯磷为双硫逐硫赶磷酸酯类型，其合成路线有很多种[25]。其中一种是通过乙醇和五硫化二磷反应得到*O*,*O*-二乙基二硫代磷酸，然后在过氧化氢的氧化下得到产物。该路线原料易得，工艺简单，成本低，得到的产品质量高。中间体*O*,*O*-二乙基二硫代磷酸为黄色(或浅棕色)透明液体，有特殊气味，溶于水，沸点(97±8)℃(20mmHg)，热稳定性较差。

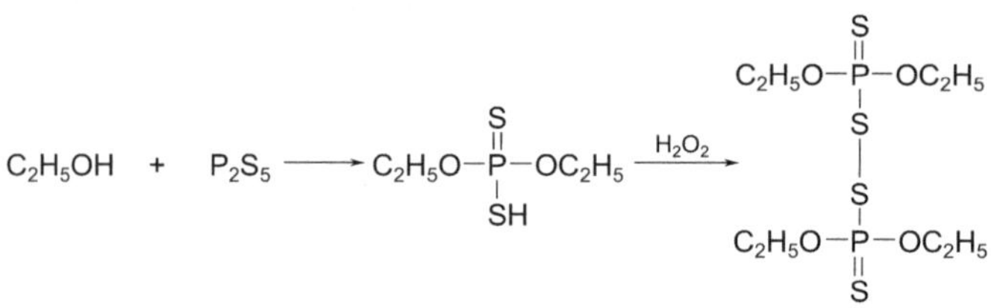

合成实例

(1)中间体*O*,*O*-二乙基二硫代磷酸的制备　通过对不同投料比、反应时间、反应温度的正交实验，得出乙醇和五硫化二磷反应的最佳条件为：反应温度45～55℃，投料比1∶4.5，反应时间30min。此条件下的反应收率为96%。

(2)稻枯磷的合成　将含有0.2mol *O*,*O*-二乙基二硫代磷酸的154g水溶液加入250mL四口瓶中，冷至20℃，滴加0.12mol过氧化氢，*O*,*O*-二乙基二硫代磷酸与过氧化氢摩尔投料比为1∶0.6，酯水比为1∶4，10min内加完，30～40℃水浴反应30min，撤去水浴装置再搅拌10min，移至分液漏斗静置约4h，分去水层得到有机相，真空脱水得到产品。根据两步反应最佳实验条件得到，氧化收率稳定在90%，总收率高达85%，含量稳定在98%。

6.4.2.5 甲基立枯磷的合成

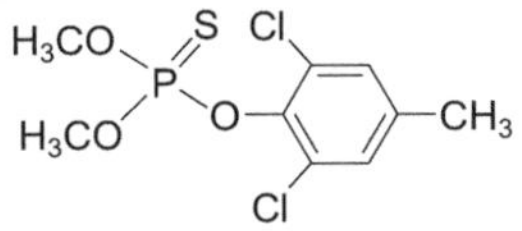

化学名称 *O*,*O*-二甲基-*O*-(2,6-二氯-4-甲基苯基)硫逐磷酸酯

理化性质 纯品为无色结晶，原药为无色至浅棕色固体。熔点 78～80℃。在有机溶剂中溶解度为：丙酮 502g/L，环己酮 537g/L，环己烷 498g/L，二甲苯 360g/L；水中溶解度为 0.3～0.4mg/L(23℃)。蒸气压为 1.84×10^{-3} Pa(25℃)。相对密度 1.515。对光、热、潮湿均较稳定。

合成方法 甲基立枯磷为芳基硫逐磷酸酯。硫逐磷酰氯与酚的磷酰化反应是制备芳基硫逐磷酸酯农药最重要的方法。甲基立枯磷由 *O*,*O*-二甲基硫逐磷酰氯与 2,6-二氯-4-甲基苯酚钠通过磷酰化反应进行制备[37]。

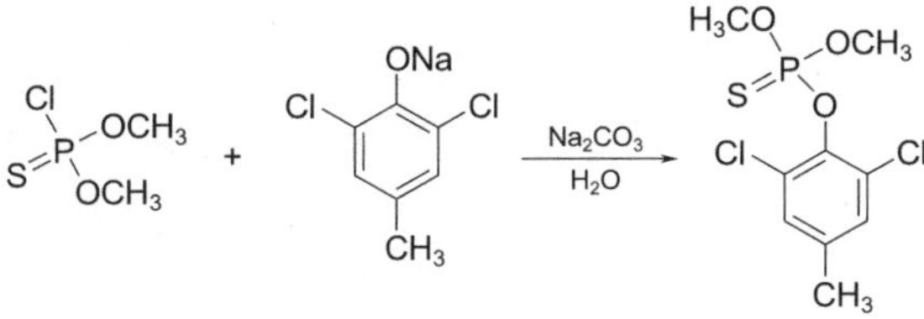

合成实例[38]

(1) 水溶剂法　此法以水作溶剂，以 *O*,*O*-二甲基硫逐磷酰氯与 2,6-二氯-4-甲基苯酚钠为原料，在铜粉、Cu_2Cl_2 或叔胺等催化剂的作用下反应得到产物。催化剂种类及用量对水溶剂法合成收率的影响如表 6-1 所列。

将 20.8g 酚钠及 25mL 的水加入 250mL 的三口瓶中，加热升温至 60～70℃，加入 2g 铜粉，滴加 *O*,*O*-二甲基硫逐磷酰氯，40min 加完后，用碳酸钠调节 pH 值到 8.5～9，保温 1h，产物用 80℃热水洗涤四次，趁热过滤，滤液室温静置 0.5h 后，析出固体，再加入 46mL 95% 乙醇重结晶，干燥后得到黄色晶体。

表6-1　催化剂种类及用量对水溶剂法合成收率的影响

催化剂种类	用量 /mol	收率 /%	纯度 /%
不加催化剂	—	41.23	68.71
铜粉	0.02	72.13	87.70

续表

催化剂种类	用量 /mol	收率 /%	纯度 /%
氯化亚铜	0.02	70.80	88.5
三甲胺	0.01	89.41	90.19
三乙胺	0.01	90.62	90.2

从表 6-1 中可以看出当催化剂改变为三甲胺、三乙胺时，产物的纯度和收率都有明显的提高，表明三甲胺与三乙胺是较为理想的催化剂。

(2) 有机溶剂法　在有机溶剂法中，用酚代替钠盐，在催化剂作用下与 *O*,*O*-二甲基硫逐磷酰氯缩合。可选用的溶剂有乙醇、丙酮、苯、甲苯、二甲苯或乙酸乙酯。催化剂有三乙胺、三甲胺、吡啶、铜或氯化亚铜。缚酸剂有碳酸钠、碳酸氢钠或碳酸钾。在反应中，按照原料质量比（*O*,*O*-二甲基硫逐磷酰氯：酚：铜粉：碳酸钠：苯 =1.00：1.05：0.015：0.9：3.5）将原料依次投入 250mL 三口烧瓶中，加热升温至回流，20min 内滴完甲基氯化物，保持 2h，冷却至室温，过滤，蒸馏回收苯，用乙醇或正己烷重结晶，得到 27.6g 无色晶体，收率 90%，含量 98%。

(3) 相转移催化合成法　将 18.6g 二氯对甲酚、2.9g 三乙基溴化铵、100mL 甲苯以及碳酸钾的水溶液加入到反应的三口烧瓶中，然后滴加 *O*,*O*-二甲基硫逐磷酰氯，保温 2h 后，依次用 2% 氢氧化钠和水洗涤两次，分出有机层，水层用甲苯萃取，合并有机层，减压回收溶剂，得到淡黄色固体。表 6-2 所列为催化剂种类及用量对相转移催化法反应收率的影响。

表6-2　催化剂种类及用量对相转移催化法反应收率的影响

催化剂种类	用量 /mol	收率 /%	纯度 /%
TEBA	0.005	93.3	94.5
TEBA	0.01	92.8	94.1
十六烷基三乙基溴化铵	0.005	91.8	93.7
十二烷基溴代吡啶	0.005	91.6	93.5
四丁基溴化铵	0.005	91.5	93.9
四丁基碘化铵	0.005	91.2	93.0
四乙基溴化铵	0.005	90.2	93.7
四甲基溴化铵	0.005	90.0	91.7
四甲基氯化铵	0.005	89.7	91.9

续表

催化剂种类	用量 /mol	收率 /%	纯度 /%
苄基三甲基溴化铵	0.005	92.0	93.8
四丁基氯化铵	0.005	91.0	93.7
不加催化剂	—	71.8	79.2

上述的 3 种方法中相转移催化合成法，具有反应周期短、操作简便、后处理分离容易等优点。

6.4.2.6 敌瘟磷的合成

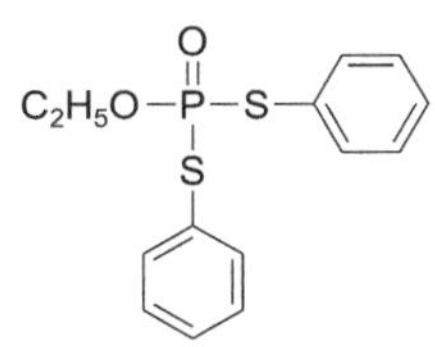

化学名称 *O*-乙基-*S*,*S*-二苯基二硫赶磷酸酯

理化性质 原药为淡黄色油状液体，带硫醇臭味，沸点 154℃，相对密度 1.23 (20℃)。能溶于甲醇、乙醚、氯仿、丙酮、苯或二甲苯等有机溶剂；难溶于水，在水中溶解度只有 5mg/L。在水中很不稳定(pH 值为 7，27℃时半衰期为 60h)，但它在稻株上，在干药膜中抗紫外线能力比稻瘟净强[41]。在水中易溶于丙酮、甲醇、乙醚、二甲苯或氯仿等有机溶剂。酸性条件下较稳定；在碱性条件下，尤其是温度较高时，易发生水解或酯交换反应[39]。

合成方法 敌瘟磷为二硫赶磷酸酯，通常烷基化反应是制备具有硫赶结构含磷农药品种的重要方法。磷酰氯与巯基化合物的磷酰化反应也可用于制备硫赶磷酸酯，但由于容易引起产物磷上烷氧基的脱烷基化副反应，因而较少被使用。但敌瘟磷是采用磷酰化反应合成的。

在此法中，敌瘟磷的合成包括三个步骤，分别为硫酚钠的制备、*O*-乙基磷酰二氯的制备以及敌瘟磷的合成。

(1) 中间体硫酚钠的制备

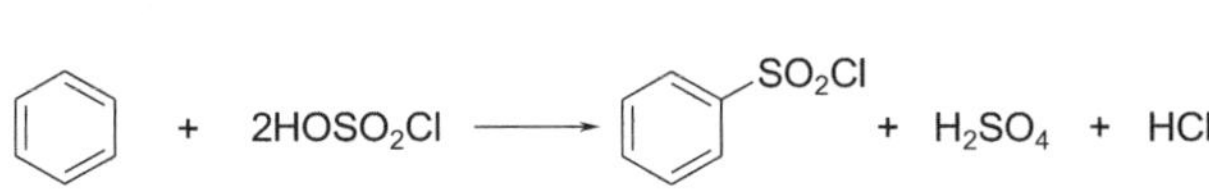

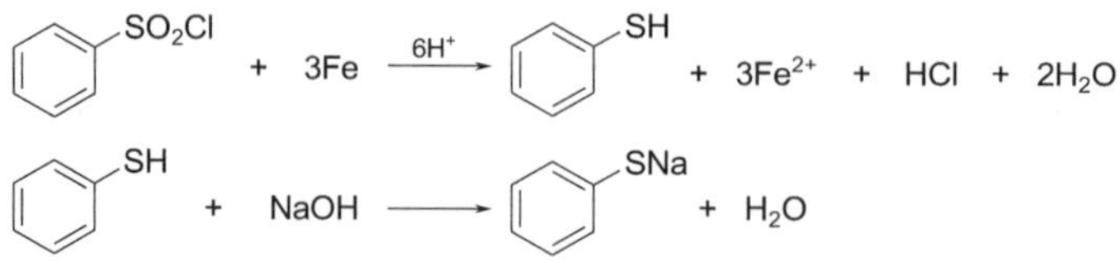

实验表明，应用本法制备硫酚钠，如物料与空气接触的机会较少，硫酚钠的氧化损失可显著降低。在生产中应用此法时，脱水完毕后的硫酚钠悬浮液直接用于敌瘟磷的合成，不过滤，可以减少与空气接触的机会[40]。

(2)中间体 *O*-乙基磷酰二氯的制备

$$POCl_3 + C_2H_5OH \longrightarrow C_2H_5OP(=O)Cl_2 + HCl$$

通过三氯氧磷与乙醇的磷酰化反应可制备中间体 *O*-乙基磷酰二氯，实验表明，该反应在低温和无水的条件下进行可提高 *O*-乙基磷酰二氯的收率。

(3)敌瘟磷的合成

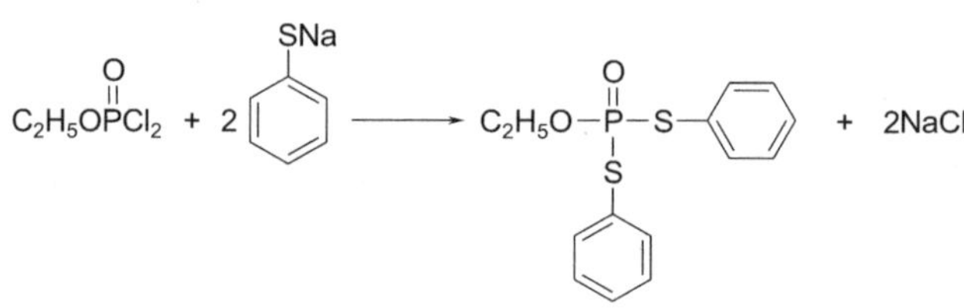

在 500mL 三口烧瓶中，加入 0.45g 硫酚钠、300mL 甲苯，在搅拌和水冷却下，滴加 *O*-乙基磷酰二氯 0.23g，滴加温度控制在 50℃以下，在几分钟内滴完，搅拌反应约 3h，取出固体物分析硫酚钠含量在 1% 以下时，即认为反应完毕，如硫酚钠含量过高，可补加适量的 *O*-乙基磷酰二氯，继续反应。反应完毕后，将产物水洗后置于 1000mL 分液漏斗中，加 2% 碳酸钠水溶液 200mL 洗涤，分离后再用盐水洗涤，最后用清水洗涤，直至 pH 值达 3～4。减压蒸出甲苯，即得敌瘟磷原油，含量在 70%～80%，收率达 60%～70%。

实验数据表明，反应中的少量水分和反应液的酸碱性对反应的产率有着显著影响。因此，反应中控制 pH 值在 9 左右可得到较高的收率[41]。

6.4.3 磷酰胺类杀菌剂的合成

利用氨基化合物的磷酰化反应是构成 P—N 键的重要方法，这一反应是合成磷酰胺类有机磷农药的主要生产方法。现以磷酰胺类杀菌剂威菌磷和磷酰胺酯类杀菌剂灭菌磷为例介绍此类杀菌剂的合成方法。

6.4.3.1 威菌磷的合成

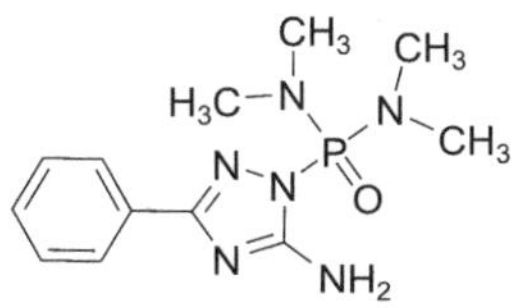

化学名称 *P*-(5-氨基-3-苯基-1*H*-1, 2, 4-三唑-1-基)-*N*, *N*, *N'*, *N'*-四甲基磷酰二胺

理化性质 无色至黄色黏性液体或白色至黄色低熔点固体，在中性和弱酸性条件下不稳定，对光和湿敏感。混溶于水，溶于丙酮和氯仿，微溶于甲醇。熔点 21～25℃。沸点 203～208℃(760mmHg)。密度 1.192g/mL(20℃)。折射率 n_D^{20}1.498。遇明火可燃；受热放出有毒氧化氮、氧化磷气体。

合成方法 威菌磷的合成有以下两种路线 [4]：

合成路线 1：先由苯甲酰氯与氰基胍反应，其生成物再与肼盐酸盐反应，所得产物与二甲氨基磷酰二氯反应生成二甲氨基磷酰一氯后，再进一步与二甲胺反应，便可获得威菌磷。

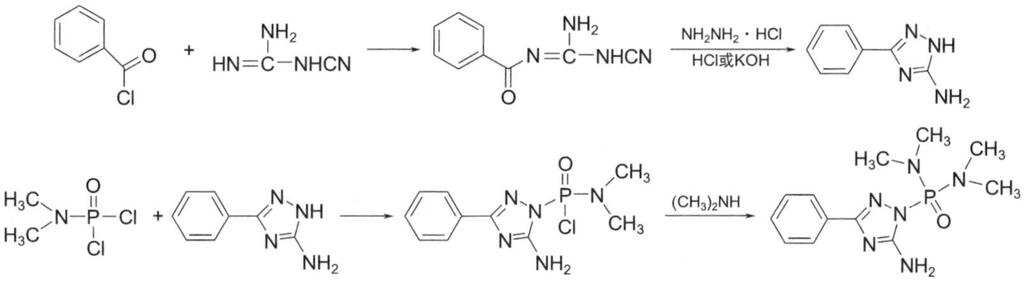

合成路线 2：合成路线 2 与合成路线 1 一样，需制得中间体 3-氨基-5-苯基-1, 2, 4-三氮唑，不同的是，合成路线 2 先制备双(二甲氨基)磷酰一氯，再由双(二甲氨基)磷酰一氯进一步与中间体 3- 氨基-5-苯基-1, 2, 4-三氮唑反应，便可获得威菌磷。

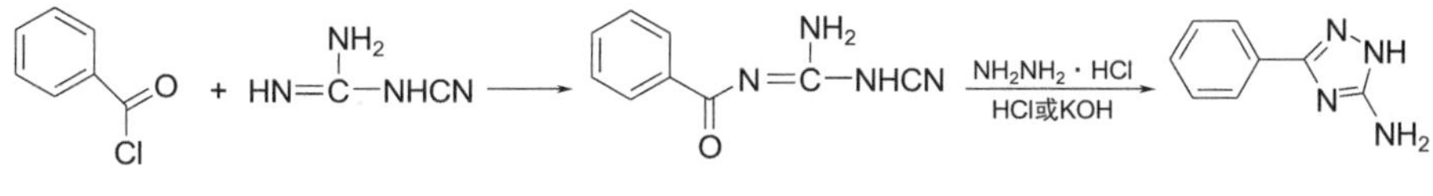

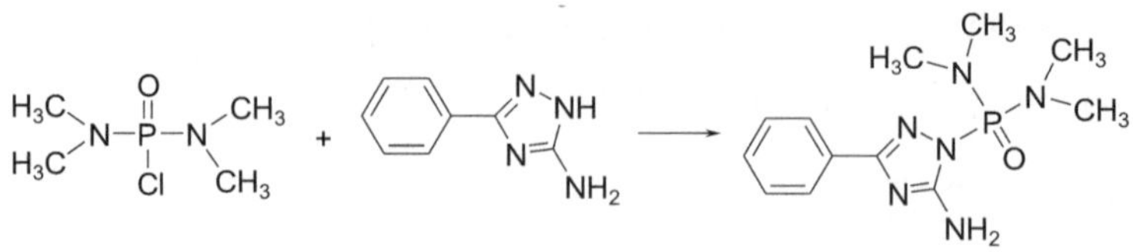

6.4.3.2 灭菌磷的合成

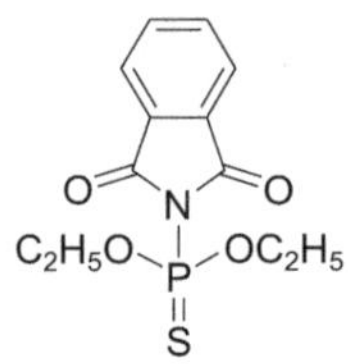

化学名称 *O*,*O*-二乙基邻苯二甲酰亚胺硫逐磷酸酯

理化性质 无色扁平晶体，溶于正己烷、环己烷、乙醇，易溶于苯、四氯化碳、乙酸乙酯、二甲苯，在脂肪烃中溶解度很小。常温常压下稳定，对紫外线稳定。熔点 83～84℃ [20]。

合成方法 [42]

合成路线 1：通过邻苯二甲酰亚胺钾与 *O*,*O*-二乙基氨基硫逐磷酰胺酯反应合成灭菌磷，收率约 85%。

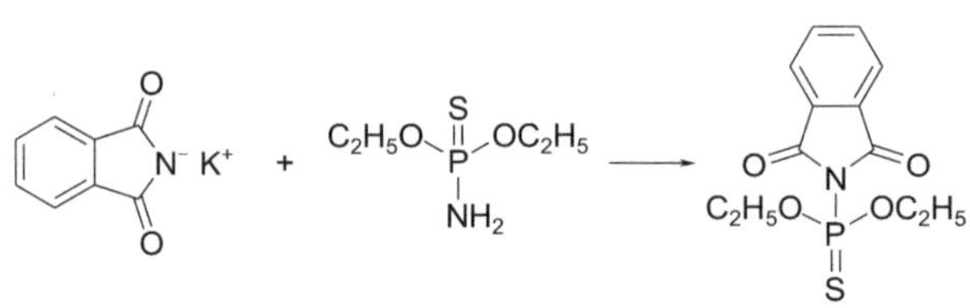

合成路线 2：通过苯酐与 *O*,*O*-二乙基氨基硫逐磷酰胺酯反应合成灭菌磷，收率约 20%。

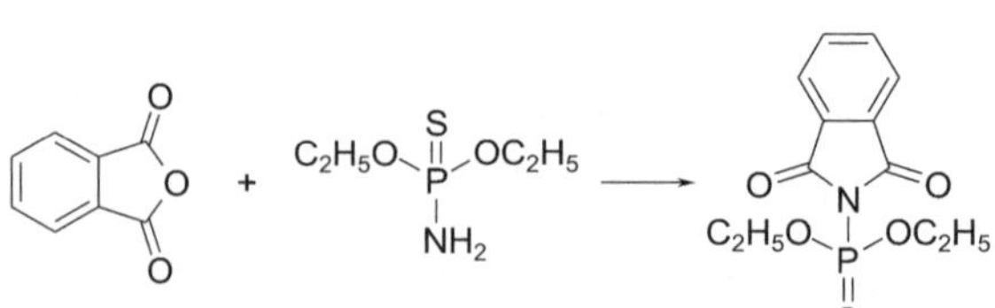

6.4.4 硫赶膦酸酯类杀菌剂的合成

硫赶膦酸酯类杀菌剂的代表性品种为乙苯稻瘟净，其结构特征是含有 P—C 键

和 P—S 键。

乙苯稻瘟净的合成

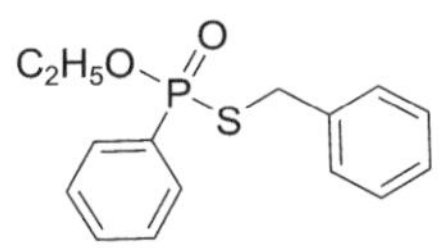

化学名称 *S*-苄基-*O*-乙基苯基硫赶膦酸酯

理化性质 原药为黄色油状液体，相对密度 1.17～1.18(20℃)，沸点 152℃(3.6Pa)。溶于有机溶剂而不溶于水。

合成方法 此法先制备 *O*-乙基苯基硫逐膦酸，然后在醇钠的存在下转变为相应的 *O*-乙基苯基硫逐膦酸钠盐，再与氯化苄通过硫-烷基化反应制得乙苯稻瘟净。在这一反应过程中，卤代烷氯化苄有一软酸中心，这一软酸中心更易与硫代磷酸中软的亲核中心 S 反应，而不与较硬的 O 反应，所以反应可有选择地发生在硫原子上，最终形成乙苯稻瘟净。

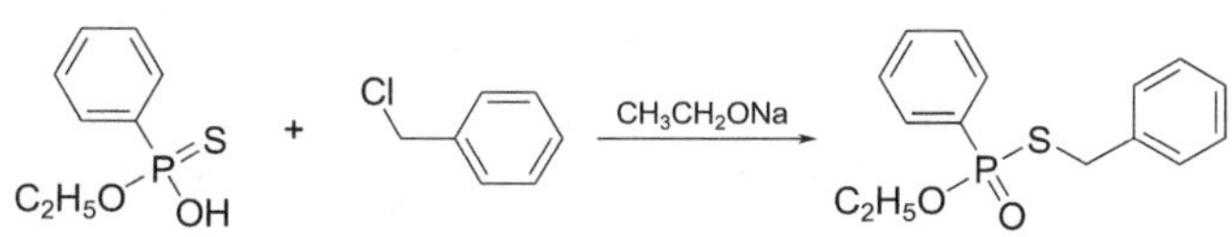

由于乙苯稻瘟净结构中的磷原子与四个不同的基团相连，故乙苯稻瘟净是手性化合物。可通过拆分乙苯稻瘟净的前体 *O*-乙基苯基硫逐膦酸，再使其与氯化苄作用，从而得到光学活性的乙苯稻瘟净。

合成实例 [22]

(1) 中间体(±)-*O*-乙基苯基硫代膦酸的制备　在碱性条件下，由 *O*-乙基苯基硫代磷酰氯水解得到此酸，产率可达到 84.8%。

(2) 中间体(±)-*O*-乙基苯基硫逐膦酸的拆分　以番木鳖碱为拆分试剂，采用甲醇和丙酮通过分级结晶，可分别获得两种手性的 *O*-乙基苯基硫逐膦酸。

(3) 乙苯稻瘟净的合成　0.57g(0.025mol) 的金属钠与 35mL 乙醇反应完毕后加入 5.0g 的(±)-*O*-乙基苯基硫逐膦酸，搅拌几分钟后，滴加入 3.1g 氯化苄。逐步升温至 55℃左右反应 2h。减压下蒸去乙醇，残余物倒入冷水中，用苯萃取三次，提取液用无水硫酸镁干燥。脱去苯得粗产物，然后用硅胶柱色谱提纯，用石油醚-乙酸乙酯(2∶1)淋洗，得产物 4.4g，产率 60.3%。

6.4.5 金属盐类杀菌剂的合成

三乙膦酸铝和克菌壮属于金属盐类杀菌剂。

6.4.5.1 三乙膦酸铝的合成

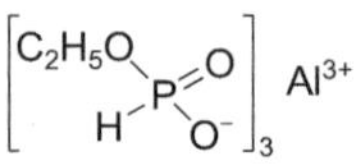

化学名称 三(乙基磷酸)铝

理化性质 纯品为白色晶体，室温下在水中的溶解度为120g/L，挥发性较小，在酸性和碱性条件下分解。

合成方法 相比其他的有机磷杀菌剂，三乙膦酸铝的制造原料和中间体易得，工艺较简单。三乙膦酸铝有多种合成途径，其中铵盐二步法工艺的“三废”处理较简便，是较实用的合成路线。铵盐二步法通过二乙基亚磷酸酯和氢氧化铵反应生成乙酯亚磷酸铵盐，再与硫酸铝进行复分解反应得到三乙膦酸铝[43,44]。

(1)铵盐的制备

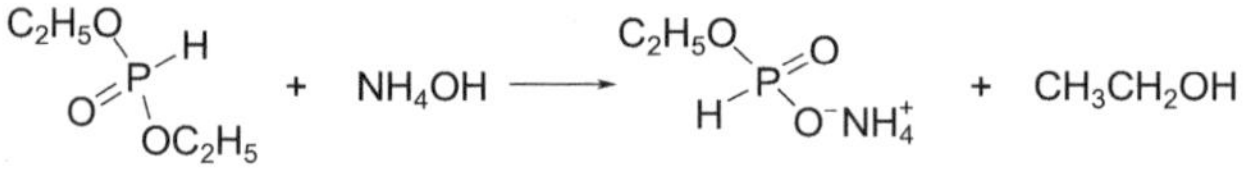

(2)三乙膦酸铝的合成

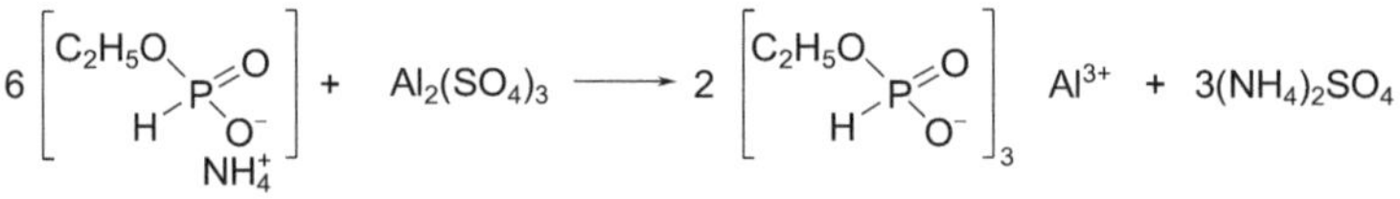

在第一步铵化反应结束后，有两种方法进行复分解反应合成三乙膦酸铝，第一种方法是在过量的氢氧化铵的存在下，调节溶液的pH值为9～11，加入硫酸铝进行复分解反应，其反应收率约80%。第二种方法是铵化反应结束后，通过减压蒸馏除去乙醇的同时也将过量的氢氧化铵蒸出，然后加入硫酸铝(此时pH值约为2～3)进行复分解反应制备三乙膦酸铝，收率约为90%[45-47]。

6.4.5.2 克菌壮的合成

二硫代磷酸铵盐类杀菌剂主要有克菌壮，其合成方法介绍如下。

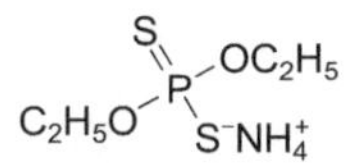

化学名称 O,O-二乙基二硫代磷酸铵

理化性质 工业品为白色或灰白色粉末，易溶于水、丙酮、乙醇等极性溶剂。纯品为白色针状结晶，熔点 180～182℃，对光热稳定[48]。

合成方法 由无水乙醇与五硫化二磷进行酯化反应，生成 O,O-二乙基二硫代磷酸，再通氨进行反应，便可生成克菌壮。

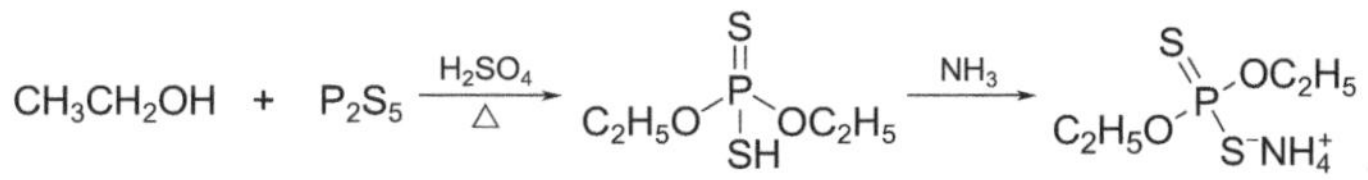

6.5 含磷杀线虫剂

植物寄生线虫可以对全球作物产量造成毁灭性损失。植物寄生线虫种类繁多(约 4100 种)，最主要的种类是根结线虫，其次是孢囊线虫、根腐线虫、穿孔线虫、茎线虫和松材线虫等。

人们使用杀虫剂专门控制作物线虫的侵害至少可以追溯到 19 世纪 50 年代，当时二硫化碳在法国被用来熏蒸葡萄园的土壤。进入化学农药迅速发展时期之后，不同化学结构类型的杀虫剂得到快速发展，从 1946 年开始，一些大的农药公司开始考虑杀线虫剂的商业化开发。20 世纪 50 年代，1,2-二溴-3-氯丙烷(DBCP)作为杀线虫剂被首次报道，几乎在同一时期，有机磷化合物除线磷作为第一个有机磷土壤杀线虫剂被应用。随着高毒杀线虫剂品种的限用和禁用，如 DBCP 在美国被禁用，生物杀线虫剂的发展呈现快速发展趋势。1981 年，美国 Merck 公司发现阿维菌素 B_{2a}(avermectin B_{2a})对南方根结线虫的防治效果最佳，阿维菌素 B_{2a} 是第一个可以用于防治植物线虫的天然杀线虫剂。

杀线虫剂按结构可分为卤代烃类、有机磷类、氨基甲酸酯类、三氟丁烯类和噁二唑硫醚类等。按照作用方式不同，杀线虫剂可分为熏蒸杀线虫剂(fumigant nematicide)和非熏蒸杀线虫剂(nonfumigant nematicide)。

熏蒸杀线虫剂是最早开发和应用的杀线虫剂类型，也可称为土壤消毒剂，对土壤线虫具有广谱、高效、低残留和低使用成本等优点。1943～1968 年为熏蒸杀线虫剂时期，例如，卤代烃类和有机硫类杀线虫剂均作为熏蒸剂使用。1968 年以后为具有内吸性的非熏蒸杀线虫剂发展时期，例如有机磷类、氨基甲酸酯类、季酮酸类、芳基甲酰胺类和噁二唑硫醚类等均作为非熏蒸剂使用。非熏蒸杀线虫剂以非气态分子被线虫接触、摄入或吸入后发挥作用。与熏蒸杀线虫剂相比较，非熏蒸杀线虫剂的可施用期更宽泛，用法相对简单且用量更低，对非靶标生物和作物的安全性也相对较高。有机磷杀线虫剂大部分为内吸性的非熏蒸剂且具有触杀作用，少部分无内吸性，只具有触杀作用。

6.5.1 含磷杀线虫剂的发展历程

从 20 世纪 50 年代开始，一些有机磷杀虫剂被逐渐开发为杀线虫剂(具体见附录 3)。

1955 年由美国弗吉尼亚-卡罗来纳化学公司发展的除线磷，是在国际上应用的第一个有机磷土壤杀线虫剂。除线磷是一种长持效的非内吸性杀线虫剂，由于它没有内吸输导作用，不能杀死已侵入植物根内的线虫。随后，德国拜耳公司又开发了有机磷杀线虫剂丰索磷和伊比磷。

进入 20 世纪 60 年代，又进一步开发了除线特、治线磷、灭线磷和苯线磷四种有机磷杀线虫剂。其中，灭线磷是美国莫比尔公司 1967 年开发的有机磷类触杀性杀线虫剂兼杀虫剂，对地下害虫、土传线虫高效，且以触杀致效。可用于大豆、花生、菠萝、香蕉、烟草、蔬菜、甘蔗及观赏植物防治短体线虫等多种根结线虫，并对地下害虫中鳞翅目、鞘翅目的幼虫和直翅目、膜翅目的一些种类有效。灭线磷因其良好的防治效果和较短的残留期，已在世界许多国家的几十种农作物上获得登记。但其因安全系数低，施用时药剂必须与种子隔开，还不能与新生根芽接触，否则极易产生药害，故应用有一定难度。我国曾有厂家采用中国农业大学的合成技术投产灭线磷，用于解决因缺少药剂防治花生根结线虫、大豆孢囊线虫等造成灾害性损失的问题，在胶东一带用于花生、药材根结线虫的防治，具有快速的防治效果。专家指出如按规范要求科学使用国产灭线磷，可以避免出现药害和环境污染问题。

1969 年由德国拜耳公司合成开发的苯线磷，它是具有触杀和内吸作用的杀线虫剂，它通过抑制靶标生物中乙酰胆碱酯酶的活性而产生杀虫效果。由于该制剂水溶性好，可借助雨水和灌溉水进入作物根层，是较理想的防治植物根结线虫的杀线虫剂。在我国南北方各地曾采用进口产品苯线磷防治花生上的根结线虫及一些作物的叶芽线虫，前者施于条行沟的底部中心，后者还可喷施于苗芽心叶上。苯线磷无药害，并对作物生长有促进作用，防病及增产效果均明显。

1971 年联邦德国赫斯特公司开发的三唑磷，1972 年美国氰胺公司开发的丁硫环磷，1973 年瑞士汽巴嘉基公司开发的氯唑磷，1974 年德国拜耳公司开发的异柳磷均在控制线虫方面具有很好的应用。其中，氯唑磷用于玉米、棉花、水稻、草皮和蔬菜上的害虫防治。氯唑磷具有触杀、胃毒及内吸杀虫作用，既能用于叶面喷洒又可用于土壤处理或种子处理。防治茎叶害虫及根部线虫，使用剂量为 0.5～2kg/hm^2，但不宜在烟草及马铃薯上使用，以防产生药害 [49]。

我国华中师范大学于 1975 年自主研发合成开发了甲基异柳磷，在 1982 年投入工业化生产。在作为杀虫剂应用时发现甲基异柳磷对一些线虫也能有效控制，进而发展成为防治地下害虫的特效品种。1984～1985 年曾在胶州市某村大田施用防治大豆孢囊线虫，虽根系显露的孢囊量减少不太明显，但防治区所用各剂量均无药害，作物长势良好，增产幅度大，与常规应用的杀线虫剂品种相比表现出更突出的防治效果。甲基异柳磷颗粒剂作为防治大豆孢囊线虫、花生根结线虫、甘薯与当归茎线虫、甘蔗根结线虫的药剂在全国迅速推广应用，在国内杀线虫剂市场中占据了一定的份额，并有外销。

1982 年，日本开发了倍硫磷亚砜和噻唑磷，1987 年美国开发了硫线磷，2013 年日本开发了氰咪唑硫磷，这些有机磷杀虫剂对于线虫防治也表现出很好的效果。例如，噻唑磷具有优异的触杀和内吸传导性，对蔬菜根结线虫有很好的防治作用。目前噻唑磷在世界数十个国家广泛应用，我国于 2002 年首先在黄瓜、番茄上登记。

从 20 世纪 50 年代开始，一些有机磷杀虫剂被应用开发作为杀线虫剂，逐渐取代了早期的杀线虫剂，在某些方面有机磷杀线虫剂优于熏蒸类杀线虫剂。实际应用证明有机磷杀线虫剂具有许多突出的优点，如具有较高的植物耐药性，可用于已移栽的作物；在土壤中有较长的残效期，施用后不需要等待期；具有内吸性，能用来防治已进入根部的线虫，可用于秧苗裸根浸渍处理；用量低，处置和使用简便；等等 [50]。

近年来，线虫危害的现象越来越受到植物保护行业和农药生产企业的重视，但是可供选择的产品有限，在我国使用的有机磷杀线虫剂主要有苯线磷、甲基异柳磷和灭线磷等[51]。

近年国内杀线虫剂登记发展迅速，但是登记的产品多为老产品，而且重复登记和同质化严重。因而目前亟需高效、低毒、低风险的新型植物寄生线虫防治药剂。鉴于新化合物的开发周期长和投资高，国内开发化学杀线虫剂的科研机构不多，短期内难以得到更多的新产品。从植物保护的综合管理理念考虑，除了依靠各种杀线虫剂防治植物线虫病以外，还可大力开发生物源物质以及微生物杀线虫剂用于线虫防治。化学杀线虫剂的新产品开发进展缓慢，加之人类对环境保护的要求越来越高，因此，越来越多的研究机构和企业将目标转向生物杀线虫剂的开发，尤其是微生物杀线虫剂开发已经取得一定的成绩。印度在微生物和植物源杀线虫剂研究开发方面所做工作最多，并有很多产品在印度国内获得应用。中国在该领域也进行了很多研究，但是实用产品的开发还不尽如人意，杀线虫剂尤其是生物源杀线虫剂的开发仍需要继续进行。此外，利用农业耕作、检疫(预防)、轮作、抗性育种以及光热等各种物理防治技术等综合手段来防治植物线虫病[52]，更加符合环保要求和生态安全。

作为目前较为理想的有机磷杀线虫剂，尤其是专用于防治线虫的杀线虫剂，如苯线磷、硫线磷、灭线磷、除线磷仅巴西有生产，丰索磷已禁止在作物上使用，胺线磷和硫线磷已停止生产[53]。

6.5.2 含磷杀线虫剂品种简介

由于许多有机磷杀虫剂同时兼具杀线虫的作用，在杀线虫剂的发展过程中，有机磷化合物逐渐成为了杀线虫剂的主要结构类型。至今开发的有机磷杀线虫剂的结构类型主要包括硫逐磷酸酯类，硫赶磷酸酯类，硫逐硫赶磷酸酯类，亚氨基磷酸酯类，磷酰胺酯类，硫逐磷酰胺酯类，膦酸酯类[54]。其具体结构和信息可查见附录 3。

可以作为杀线虫剂应用的有机磷杀虫剂，如特丁硫磷(terbufos)、异柳磷(isofenphos)和甲基异柳磷(isofenphos-methyl)已在第 4 章的杀虫剂品种中介绍。部分代表性有机磷杀线虫剂品种介绍如下:

6.5.2.1 除线磷（dichlofenthion）

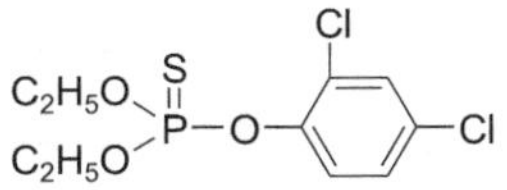

化学名称 *O*,*O*-二乙基-*O*-(2,4-二氯苯基)硫逐磷酸酯

毒性 大鼠急性经口 LD_{50} 为 172mg/kg，急性经皮 LD_{50} 为 355mg/kg；兔子急性经皮 LD_{50} 为 6000mg/kg，对兔眼睛和皮肤轻微刺激；对豚鼠皮肤轻微致敏；以每天 0.75mg/kg(饲料)饲喂狗 90d，对乙酰胆碱酯酶的活性无影响，也不产生其他病变[55]。

用途 是一种作用于神经系统的神经毒剂，抑制乙酰胆碱酯酶的活性。无内吸性，具有触杀作用。适宜作物有黄瓜、葱、洋葱、柑橘、豌豆、大豆、小豆、芸豆、萝卜等。用于防治大豆、芸豆、豌豆、小豆、黄瓜的瓜种蝇，萝卜的黄条跳甲，葱、洋葱的洋葱蝇，以及柑橘线虫等。

6.5.2.2 灭线磷（ethoprophos）

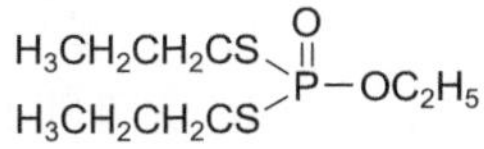

化学名称 *O*-乙基-*S*,*S*-二丙基二硫赶磷酸酯

毒性 大鼠急性经口 LD_{50} 为 61mg/kg；兔急性经皮 LD_{50} 为 26mg/kg。鱼毒性：对虹鳟为中毒至高毒，对蓝鳃太阳鱼为高毒。对鸟类高毒。按规定施药，对蜜蜂无毒。

用途 灭线磷是具有触杀作用但无内吸和熏蒸作用的有机磷酸酯类杀线虫剂，对害虫具有触杀作用，可用于防治根结线虫、短体线虫、刺线虫、基线虫、剑线虫、毛刺线虫等多种线虫。对花生、菠萝、香蕉、烟草和观赏植物线虫及地下害虫有效。近年来，我国已有厂家采用中国农业大学的合成技术投产灭线磷，解决缺少药剂防治的花生根结、大豆孢囊等线虫造成灾害性损失的问题、已在胶东一带用于花生、药材的根结线虫为害地块。

6.5.2.3 氰咪唑硫磷（imicyafos）

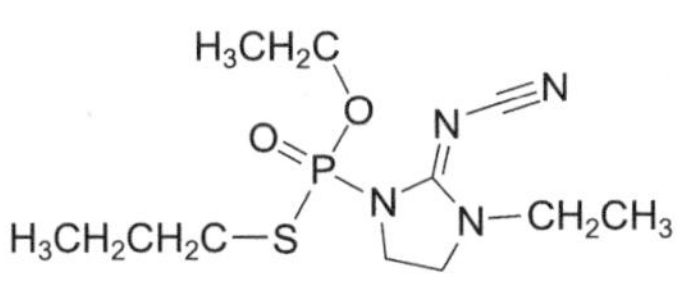

化学名称 *O*-乙基-*S*-正丙基-(3-乙基-2-氰基亚胺-1-咪唑)硫赶磷酯酰胺

毒性 大鼠急性经口 LD_{50} 为 81.3mg/kg，小鼠急性经口 LD_{50} 为 92.3mg/kg。急性经皮毒性：雄、雌大鼠 LD_{50} > 2000mg/kg。大鼠吸入 LC_{50}：雄 1.83mg/L，雌 2.16mg/L。

用途 10mg/L 的氰咪唑硫磷在室外可抑制 95.64% 的根结线虫的产生[51]。氰咪唑硫磷主要用于防治萝卜、胡萝卜、草莓、茄子、番茄、黄瓜、甜瓜、西瓜、番薯以及马铃薯等作物上的害虫与线虫。氰咪唑硫磷具有在中国登记并应用于南方根结线虫的防治的潜力[55,56]。

6.5.2.4 苯线磷（fenamiphos）

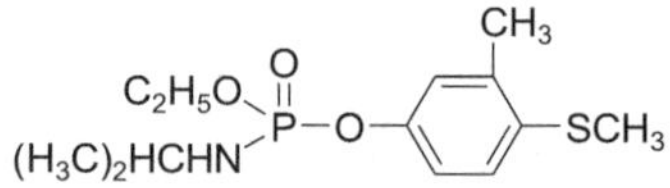

化学名称 *O*-乙基-*O*-(3-甲基-4-甲硫基)苯基-*N*-异丙基磷酰胺酯

毒性 原药雄性大鼠急性经口 LD_{50} 为 15.3mg/kg，急性经皮 LD_{50} 约为 500mg/kg，急性吸入 LC_{50} 为 175mg/m^3 空气(1h)。在试验剂量下，对兔皮肤和眼睛无刺激作用。鱼类 LC_{50}(96h)：金鱼 3.8mg/L；蓝鳃太阳鱼 9.6mg/L。对蜜蜂有毒，对家禽剧毒。

用途 苯线磷是具有触杀和内吸作用的杀线虫剂，主要用作防治花生、大豆、咖啡、棉花、菜籽、烟草的杀虫剂和防治植物根结线虫的杀线虫剂[57]。

6.5.2.5 除线特（nellite）

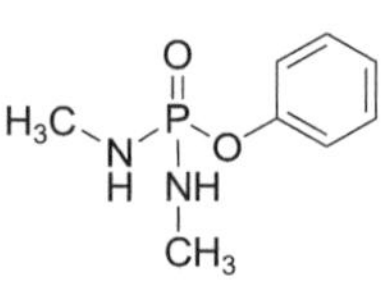

化学名称 *O*-苯基-*N*,*N*-二甲基磷酰胺酯

毒性 大鼠急性经口 LD_{50} 为 140mg/kg，兔子急性经口 LD_{50} 为 63mg/kg，兔子急性经皮 LD_{50} 约 100～200mg/kg，对眼、上呼吸道和皮肤有刺激作用，对皮肤有致敏作用[58]。

用途 除线特是选择性杀线虫剂，有内吸作用。曾用于防治观赏植物上的根结线虫幼虫，药效可维持 1～2 年之久，因用药量大，现已很少使用。棉田用浓度

0.31～5.0mg/L 的水溶液灌溉可防治根瘤线虫幼虫。

除了上述杀线虫剂品种外，丁硫环磷是一种广谱、内吸、触杀性土壤杀线虫剂，应用于杀根结线虫效果尤为显著。用于烟草田防治线虫，优于硫磷嗪和涕灭威，同一剂量其活性高 3～5 倍，并对烟草和甜菜的生长有一定的刺激作用，其增产效果优于苯线磷和灭线磷[59]。

此外，表 6-3 所列品种也具有杀线虫的功能。

表6-3　部分有机磷杀线虫剂

通用名及结构式	通用名及结构式	通用名及结构式
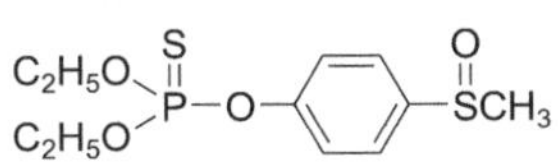 丰索磷	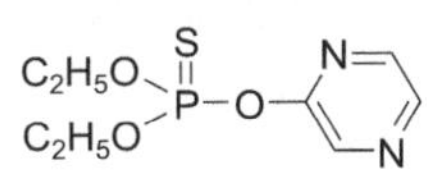 治线磷	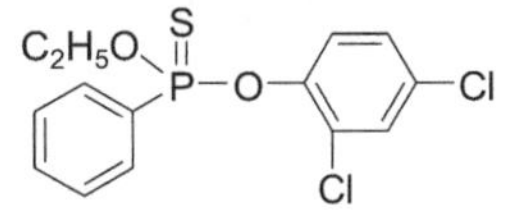 伊比磷
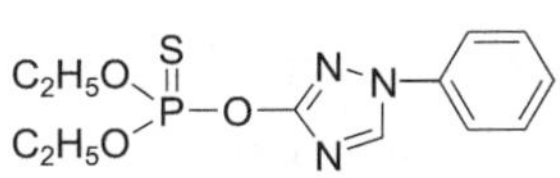 三唑磷	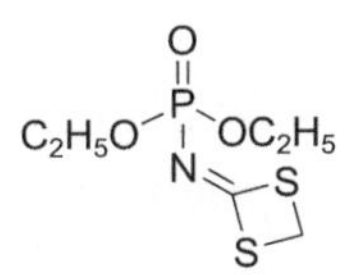 丁硫环磷	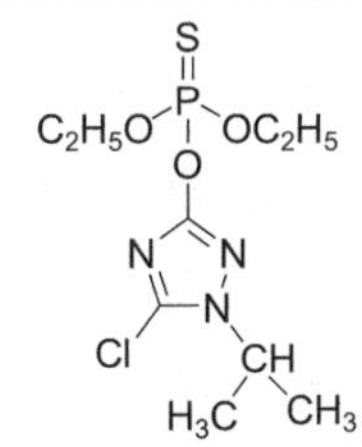 氯唑磷
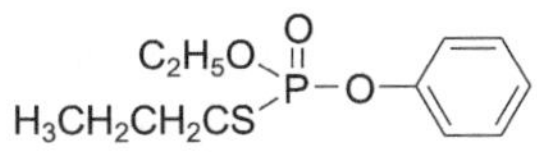 速杀硫磷	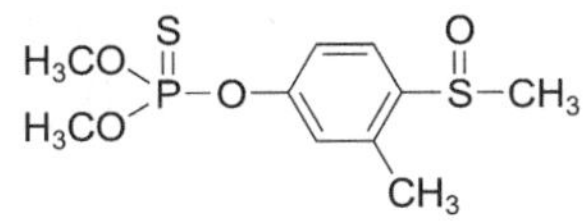 倍硫磷亚砜	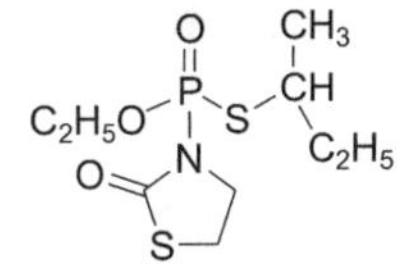 噻唑磷
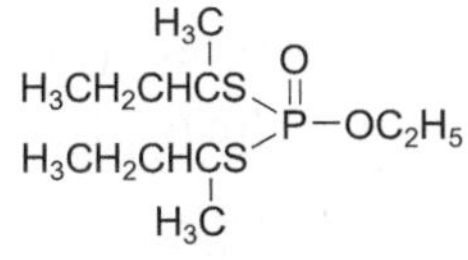 硫线磷		

6.5.3　含磷杀线虫剂的作用原理

含磷杀线虫剂的杀虫机制与有机磷类杀虫剂类似（详见 4.4 含磷杀虫剂的作用机制），主要是通过抑制乙酰胆碱酯酶而产生杀虫效果。多种线虫的神经系统中亦发现有乙酰胆碱酯酶存在。对线虫生理学的研究已经了解到乙酰胆碱酯酶存在于神经传导的轴突部位，在药剂钝化神经传导介质中起着重要的作用。一些代表性的杀线虫剂的作用机制和特点归纳如下：

有机磷土壤杀线虫剂除线磷是一种长持效的非内吸性杀线虫剂和土壤杀虫剂，其本身的杀虫活性不高，但进入虫体内后，通过P═S键转变为P═O键成为强烈的乙酰胆碱酯酶抑制剂，施入土壤后，即成为有效的杀线虫剂。

灭线磷是具有触杀作用但无内吸和熏蒸作用的有机磷酸酯类杀线虫剂，属于乙酰胆碱酯酶抑制剂，通过抑制线虫神经系统传导中乙酰胆碱酯酶的活性，使神经元间传导物质乙酰胆碱无法分解成胆碱和乙酸，从而阻断神经传导而使线虫死亡。

氯唑磷是有机磷杀虫剂和杀线虫剂，具有触杀、胃毒和内吸作用，属于乙酰胆碱酯酶抑制剂。氯唑磷进入线虫体内后，通过抑制乙酰胆碱酯酶的活性干扰线虫神经系统的协调作用而使线虫死亡。

噻唑磷为非熏蒸型、触杀性和内吸性的高效、低毒和低残留的有机磷类杀线虫剂，对根结线虫、根腐线虫、茎线虫和孢囊线虫等各种线虫都有很好的防效，具有很好的植物体传导作用，能防止线虫侵入并对已侵入的线虫等有杀灭效果，主要作用方式为抑制线虫乙酰胆碱酯酶，属于乙酰胆碱酯酶抑制剂。

苯线磷是一种具有触杀和胃毒作用的高效、内吸性有机磷类杀线虫剂。苯线磷能很好地分布在土壤中，借助雨水和灌溉水进入作物根层，药剂从根部进入植物体后，在植物体内能上下传导，能防止线虫侵入并对已侵入的线虫等有杀灭效果。属于乙酰胆碱酯酶的直接抑制剂，通过抑制乙酰胆碱酯酶而产生杀虫效果。

除线特是选择性杀线虫剂，具有内吸作用，主要通过抑制乙酰胆碱酯酶活性（使酶活性中心丝氨酸的羟基被氨基甲酰化，从而抑制其乙酰胆碱酯酶的活性），使其失去对乙酰胆碱的水解能力，从而干扰线虫神经系统的协调作用而使其死亡。

虽然在线虫中神经传导所涉及乙酰胆碱酯酶的复杂情况尚未完全弄清，但一般认为有机磷类和氨基甲酸酯类杀线虫剂作用的机制与它们的杀虫机制是类似的。这两类化合物对线虫作用的共同特性是麻痹线虫（或称麻醉线虫）而并非杀死线虫，作用是可逆的。当将中毒麻痹的线虫从药液中移出置于净水中后，线虫可复苏。例如燕麦真滑刃线虫（*Aphelenchus avenae*）和 *Panagrellus redivivus*（一种自由生活的线虫）

用甲拌磷处理之后，线虫体紧紧卷着几乎不再动，彼时其乙酰胆碱酯酶分别受抑96%和93%，而将这两种麻痹的线虫从药液中取出放入水中48～72h之后其可以完全恢复正常。所以这两类药剂对植物的保护作用并不在于杀死线虫，主要在于损伤线虫的神经纤维作用的活性，从而减少线虫的活动，抑制线虫侵入植物及摄取食物的能力，破坏雌虫引诱雄虫的能力，因而可导致线虫的发育、繁殖滞后[60]。

6.5.4 含磷杀线虫剂品种的合成

本节以硫逐磷酸酯除线磷、硫赶磷酸酯灭线磷、磷酰胺酯氰咪唑硫磷、苯线磷和除线特为例介绍含磷杀线虫剂品种的合成。

6.5.4.1 除线磷的合成

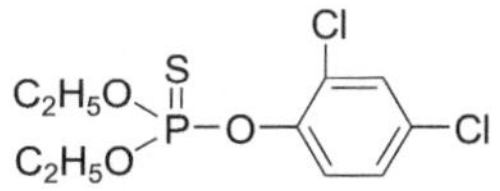

化学名称 *O*,*O*-二乙基-*O*-(2,4-二氯苯基)硫逐磷酸酯

理化性质 无色液体，密度为1.320g/mL(25℃)，沸点为164～169℃，在水中的溶解度为0.245mg/L，易溶于多数有机溶剂和煤油中。

合成方法 由2,4-二氯苯酚与*O*,*O*-二乙基硫逐磷酰氯在碱溶液中加热反应制得，收率可达59%[61]。

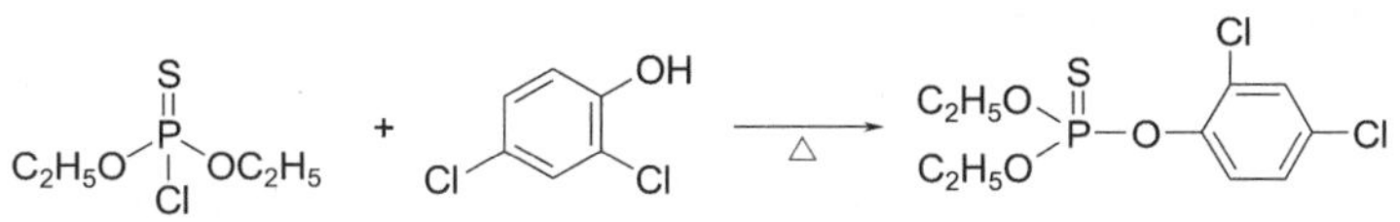

6.5.4.2 灭线磷的合成

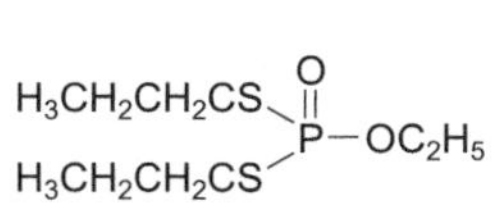

化学名称 *O*-乙基-*S*,*S*-二丙基二硫赶磷酸酯

理化性质 淡黄色透明液体，密度为1.094g/mL(25℃)，沸点为86～91℃，蒸气压为0.0466Pa(26℃)，溶于水及多数有机溶剂。

合成方法 以 *O,O*-二乙基硫逐硫赶磷酸为起始原料经三步反应可合成灭线磷[62,63]。合成实例如下[62]。

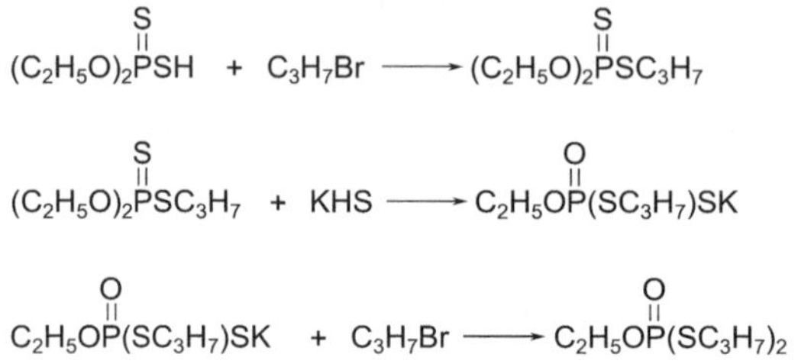

(1) 中间体 *O,O*-二乙基-*S*-丙基硫逐硫赶磷酸酯的制备 无水碳酸钾 15g，100mL 丙酮，搅拌下滴加 18.6g *O,O*-二乙基硫逐硫赶磷酸。滴加完后，再搅拌 10min，加入 12.3g 正溴丙烷。冷却，过滤，减压蒸除丙酮，残余物用乙醚提取，无水硫酸钠干燥，减压蒸馏得无色透明液体 20.1g，收率 88%。

(2) 中间体 *O*-乙基-*S*-丙基硫赶磷酸钾盐的制备 50mL 无水乙醇，6g 氢氧化钾，搅拌下通入 H_2S 气体至饱和得硫氢化钾乙醇溶液，在此溶液中加入 22.8g *O,O*-二乙基-*S*-丙基硫逐硫赶磷酸酯，5h 反应完全，最后得到 *O*-乙基-*S*-丙基硫赶磷酸钾盐的乙醇溶液。

(3) 灭线磷的合成 在 *O*-乙基-*S*-丙基硫赶磷酸钾盐的乙醇溶液中加入 12.9g 正溴丙烷，5.5h 反应完全。冷却，过滤，脱溶得 25.2g 浑浊液体。减压蒸馏得 20.2g 灭线磷，纯度 96.05%，收率 80%。总收率约 70%。

6.5.4.3 氰咪唑硫磷的合成

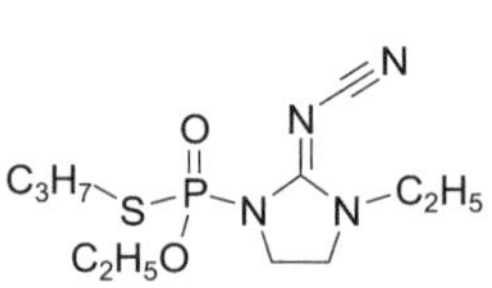

化学名称 *O*-乙基-*S*-正丙基-(3-乙基-2-氰基亚胺-1-咪唑)硫赶磷酸酯

理化性质 沸点为(391.7±25.0)℃，密度为(1.26±0.1)g/cm^3。

合成方法 在碳酸钾的催化下，通过中间体 *O*- 乙基 -*S*- 正丙基硫赶磷酰氯(Ⅰ)与中间体 1-乙基-2-(*N*-氰基亚胺)咪唑(Ⅱ)反应可以得到目的产物氰咪唑硫磷[64,65]。

该合成工艺中，先分别制备中间体Ⅰ与Ⅱ，然后进一步由Ⅰ与Ⅱ合成目标产物。

(1) 中间体 *O*-乙基-*S*-正丙基硫赶磷酰氯（Ⅰ）的制备

路线 1：由三乙基亚磷酸酯为起始原料与五硫化二磷反应制备 *O*,*O*-二乙基硫逐磷酰氯，在碱的作用下，与溴代正丙烷反应得到 *O*,*O*-二乙基-*S*-正丙基硫赶磷酸酯，再经五氯化磷或三氯氧磷氯化得到中间体 *O*-乙基-*S*-正丙基硫赶磷酰氯（Ⅰ）。该路线使用五硫化二磷，含磷含硫废水多，污染较大，不宜工业化。

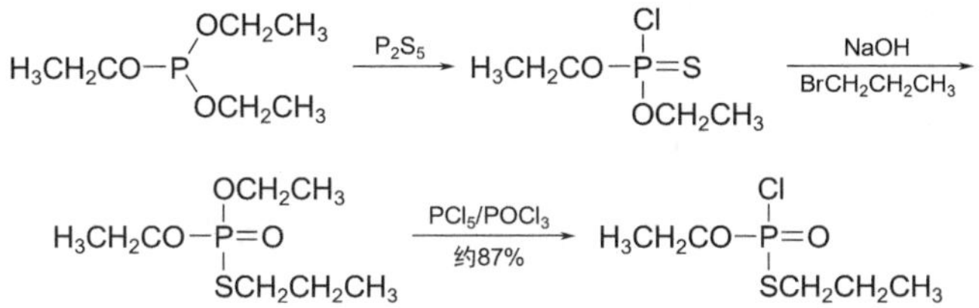

路线 2：以亚磷酸二乙酯为起始原料，与硫粉反应生成 *O*,*O*-二乙基硫赶磷酸酯，然后在碱的作用下，与正丙醇或溴代正丙烷反应得到 *O*,*O*-二乙基-*S*-正丙基硫赶磷酸酯，再经五氯化磷或三氯氧磷氯化得到中间体 *O*-乙基-*S*- 正丙基硫赶磷酰氯（Ⅰ）。该路线使用硫粉为原料，无含磷废水，污染小，收率高，宜工业化。

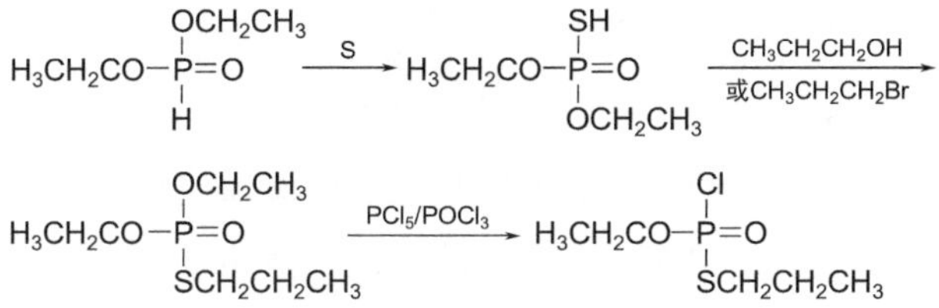

(2) 中间体 1-乙基-2-(*N*-氰基亚胺) 咪唑（Ⅱ）的制备

路线 1：单氰胺与二硫化碳反应，经硫酸二甲酯甲基化生成 *N*-氰基亚胺硫代碳酸二甲酯，然后与 *N*-乙基乙二胺环化生成中间体（Ⅱ）。该路线使用易燃的二硫化碳和毒性较大的硫酸二甲酯，且环化时放出甲硫醇，对空气污染较大。

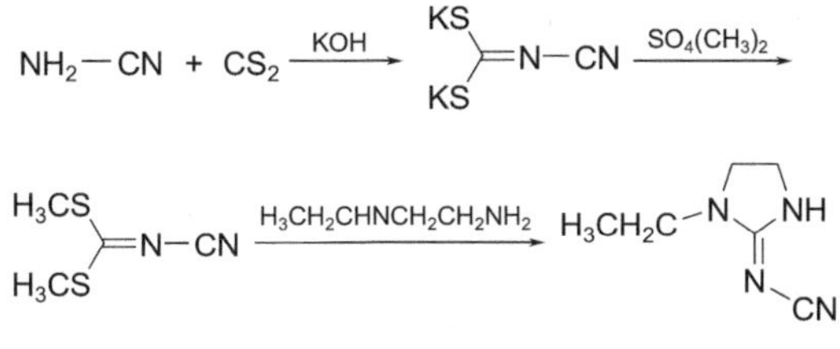

路线 2：单氰胺与碳酸四甲酯反应生成 *N*-氰基亚胺碳酸二甲酯，然后与 *N*-乙

基乙二胺环化生成中间体(Ⅱ)。该路线反应条件温和，是一条清洁的合成路线，适于工业化生产，但是所用的原料碳酸四甲酯价格较昂贵。

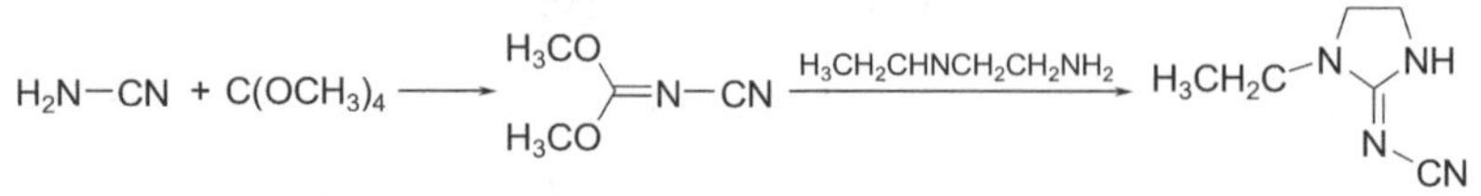

(3)目标产物氰咪唑硫磷的合成

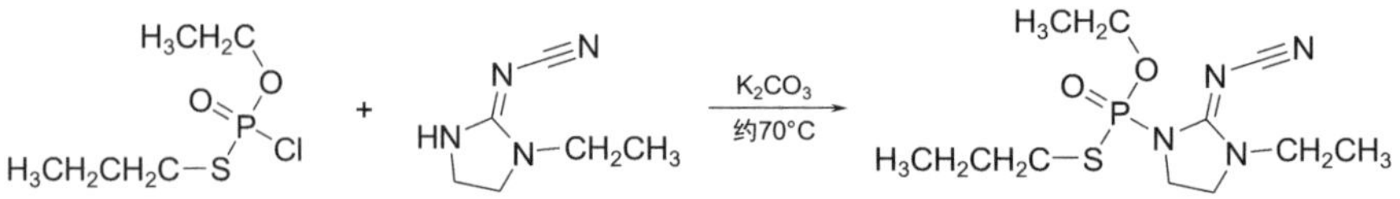

中间体 *O*-乙基-*S*-正丙基硫赶磷酰氯(Ⅰ)在碳酸钾的催化下与中间体中间体 1-乙基-2-(*N*-氰基亚胺)咪唑(Ⅱ)反应得到目的产物氰咪唑硫磷。

6.5.4.4　苯线磷的合成

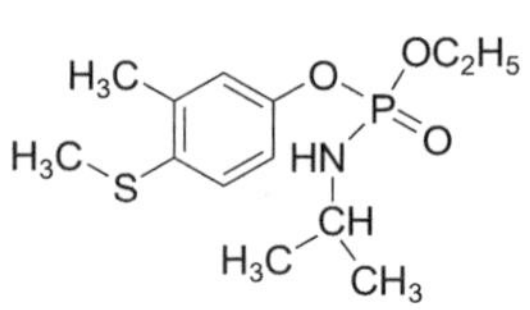

化学名称　*O*-乙基-*O*-(3-甲基-4-甲硫基)苯基-*N*-异丙基磷酰胺酯

理化性质　无色结晶固体，熔点 49.2℃，密度 1.191g/mL(23℃)，蒸气压 1.2×10^{-4}Pa(20℃)。水中溶解度 0.4g/L(20℃)；其他溶剂中溶解度(20℃，g/L)：二氯甲烷、异丙醇、甲苯＞200，正己烷 10～20。

合成方法　由 *O*-乙基-*N*-异丙氨基磷酰氯与 3-甲基-4-甲硫基苯酚通过磷酰化反应制得。

(1)中间体 *O*-乙基-*N*-异丙氨基磷酰氯的制备　三氯氧磷与乙醇作用生成 *O*-乙基磷酰二氯，*O*-乙基磷酰二氯再与异丙胺反应生成 *O*-乙基-*N*-异丙氨基磷酰氯。

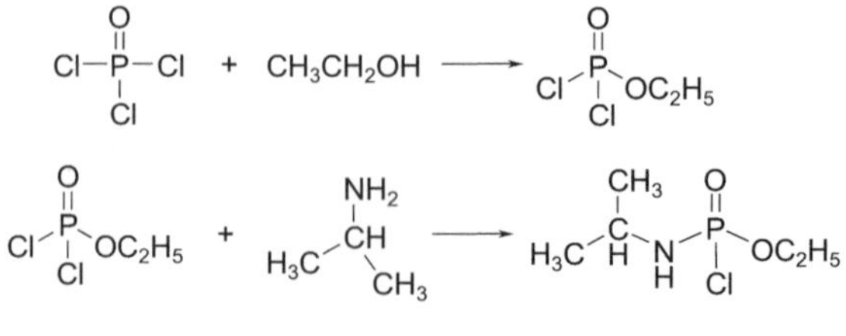

(2) 中间体3-甲基-4-甲硫基苯酚的制备　间甲酚先与二甲基二硫在酸性环境下反应，然后在加入碳酸钠的条件下反应制得3-甲基-4-甲硫基苯酚。

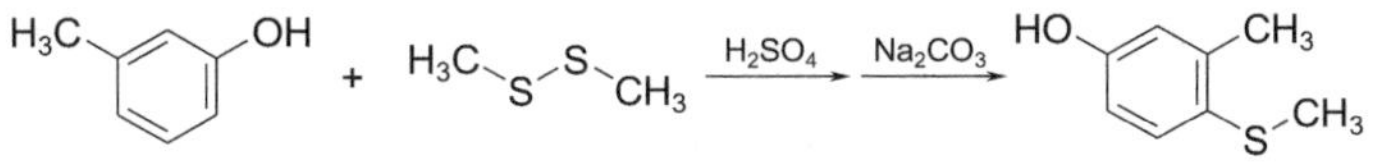

(3) 目标产物苯线磷的合成　*O*-乙基-*N*-异丙氨基磷酰氯与3-甲基-4-甲硫基苯酚在缚酸剂存在的条件下，通过磷酰化反应可合成制得苯线磷[66]。

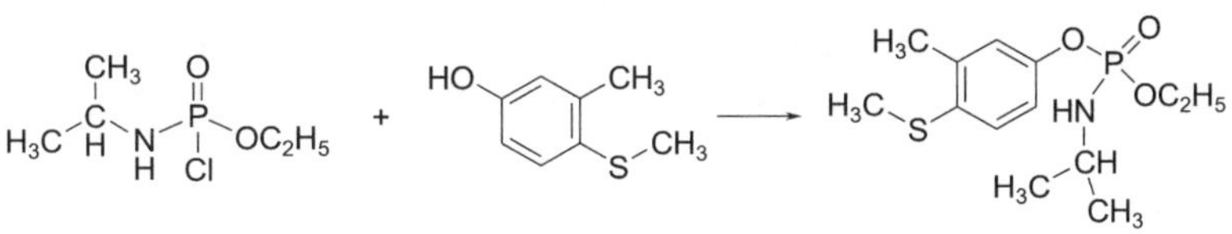

6.5.4.5　除线特的合成

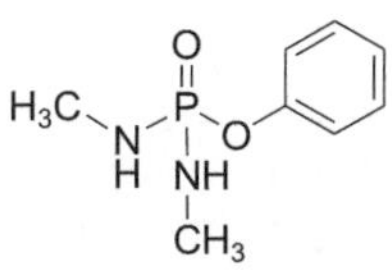

化学名称　*O*-苯基-*N*,*N*-二甲基磷酰胺酯

理化性质　白色结晶固体，无味，无挥发性，熔点105.5～106℃，沸点108℃(1.3Pa)。水中溶解度为116g/L(25℃)，可溶于有机溶剂。

合成方法　以三氯氧磷为原料，先与苯酚钠发生磷酰化反应制得苯氧基磷酰二氯，再进一步与甲胺发生磷酰化反应制得除线特，收率可达93%。

(1) 中间体苯氧基磷酰二氯的制备

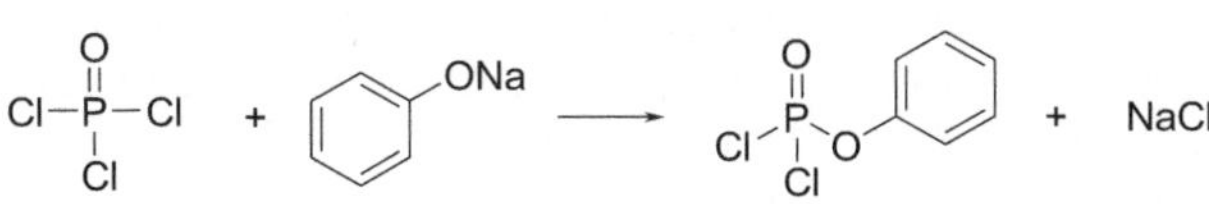

(2) 目标产物除线特的合成

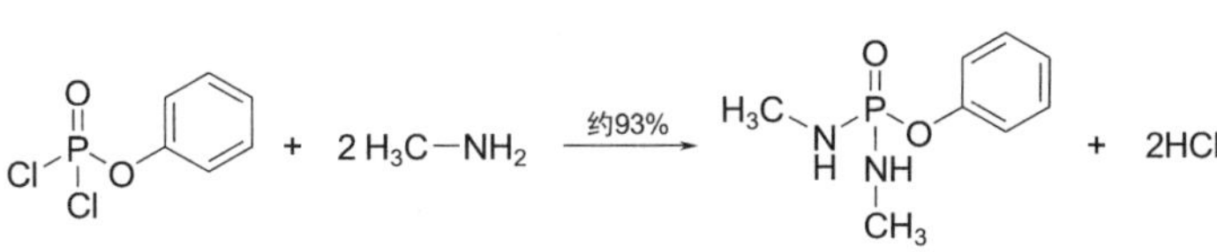

参考文献

[1] 李榆．有机磷杀菌剂研究的进展 [J]．云南化工技术，1978(02): 38-51.

[2] Van den Bos B G, Koopmans M J, Huisman H O. Investigations on Pesticidal Phosphorus Compounds I. Fungicides, Insecticides and Acaricides Derived from 3-Amino-1,2,4-Triazole [J]. Recueil des Travaux Chimiques des Pays-Bas, 1960, 79(8): 807-822.

[3] 林柄栋．有机磷杀菌剂 [J]．农药工业，1980, 03: 31-37, 40.

[4] 陈茹玉，等．有机磷农药化学 [M]．3 版．上海：科学技术出版社，1995.

[5] 颜士伟．国外有机磷除草剂和杀菌剂简介 [J]．农药工业译从，1979, 06: 19-56.

[6] 万迪秀．新的有机磷杀菌剂——甲基立枯磷 [J]．浙江化工，1988, 01: 12-14.

[7] 刘达雯，郭文松，周训清，等．杀菌剂“乙磷铝”的推广应用 [J]．贵州化工，1992, 03: 54-55.

[8] 杨益军．中国以及全球杀菌剂主流产品发展现状及趋势分析 [J]．农药市场信息，2014(14): 20-22.

[9] 束放，李永平，魏启文．2018 年种植业农药使用情况及 2019 年需求分析 [J]．中国植保导刊，2019, 39(4): 73-76.

[10] 李桂芹，吴晓锋，彭磊，等．二乙膦酸铜的合成方法研究 [J]．齐齐哈尔大学学报(自然科学版)，2015, 31(03): 20-22.

[11] 范洁琳，徐丽伟，王慧，等．金属污染物对神经系统损害及毒性机制研究进展 [J]．生态毒理学报，2012, 3(7): 234-240.

[12] 黄伟．加拿大计划限制三乙膦酸铝的使用 [J]．农药科学与管理，2018, 39(01): 62.

[13] Dann E, Mcleod A. Phosphonic acid: a long-standing and versatile crop protectant[J]. Pest Management Science, 2021: 2197-2208.

[14] 唐除痴，王有名．有机磷杀菌剂的研究进展 [J]．农药译丛，1995(05): 13-17.

[15] 程慕如．新农药-克菌壮 [J]．植物保护，1990(01): 45.

[16] 颜士伟．有机磷农药(下)[J]．农药，1990(02): 42-44+55.

[17] 沈岳清，盛敏智．水稻抗倒农药——异稻瘟净 [J]．上海农业科技，1980(04): 31.

[18] 李榆，彭明楷，李惠媛，等．有机磷杀菌剂研究报告 [J]．农药工业，1974, 21: 102.

[19] 佚名．云南省化工所合成有机磷杀菌剂——灭瘟灵 [J]．农药工业，1974, Z1: 102.

[20] 江藤守総．有机磷农药的有机化学和生物化学 [M]．杨石先，等译．北京：化学工业出版社，1964.

[21] 李钧．克瘟散 [J]．新农业，1983(16): 14.

[22] 唐除痴，张淑华，吴桂萍，等．乙苯稻瘟净光学异构体的合成及对稻瘟病菌的活性 [J]．农药，1986(03): 11-12.

[23] 吕佩珂，王树林．新有机磷杀菌剂——乙磷铝 [J]．农业科技通讯，1980(07): 29.

[24] 孙致远，成俊然，石素娥，等．稻枯磷的合成研究 [J]．农药，1982(05): 7-9.

[25] 姜雅君．新杀菌剂稻枯磷 [J]．农药工业，1980, 03: 56.

[26] 唐吉燕．稻枯磷防治生姜腐烂病 [J]．农药，1983, 03: 60.

[27] 饶仕森．有机磷除草剂和杀菌剂(续)[J]．广州化工，1979(03): 74-77+65.

[28] 林柄栋．1, 2, 4-三唑类杀菌剂 [J]．农药工业，1979, 05: 30-32.

[29] 李林虎，李昭．三乙膦酸铝分析方法研究进展 [J]．安徽化工，2022, 48(03): 38-39, 53.

[30] 黄汝增，邬芷华．水稻专用杀菌剂——克瘟散 [J]．农药译丛，1983(02): 54-58.

[31] 胡敏达，纪宝琳，吴忠．制备异稻瘟净的方法 [P]：中国，CN104356162A. 2015-02-18.

[32] 苏焕臣．有机磷类除草剂和杀菌剂 [J]．农药工业，1979(01): 47-51.

[33] 李宗成．有机磷杀菌剂(二)[J]．农药 ,1981(01): 42-46.

[34] 上海农药厂．稻瘟净工艺改革 [J]．上海化工 ,1973(05): 26-28.

[35] de Waard M A. Mechanisms of action of the organophosphorus fungicide pyrazophos [M]. Wageningen University and Research, 1974.

[36] 佚名．内吸性杀菌剂吡嘧磷 [J]．农药工业，1978, 01: 41-43.

[37] 叶友顺．甲基立枯磷 [J]．今日科技，1991, 3: 17.

[38] 宋宝安，胡德禹．甲基立枯磷合成方法的研究 [J]．农药，1989, 5: 7-9.

[39] 土保所农药组．高效低毒新农药简介 [J]．农业科技简报，1972 (15): 3-7.

[40] 宁波地区工业科学研究所，鄞县农药厂．无催化剂存在下苯硫酚合成研究 [J]．农药工业，1974(01): 31-35.

[41] 沈阳市农药厂试验组．克瘟散合成研究 [J]．农药，1972, 02: 20-31.
[42] Osborne D W, Senkbeil H O, Wasco J L. Synthesis of Dicarboximidophosphonothioates[J]. The Journal of Organic Chemistry, 1966, 31(1): 192-197.
[43] 孙丽梅，李林虎，徐宁．连续流微反应技术合成三乙膦酸铝 [J]．现代农药，2021, 20(05): 16-18.
[44] 范素珍．三乙膦酸铝原药的工艺条件改进与优化 [J]．中国石油和化工标准与质量，2012, 33(12): 51-52.
[45] 佚名．新型杀菌剂乙磷铝通过中试鉴定 [J]．精细化工信息，1986, 10: 4.
[46] 佚名．国外化工技术 [J]．陕西化工，1990, 01: 63-64.
[47] 佚名．100 吨 / 年乙磷铝(791)杀菌剂通过中试鉴定 [J]．广东化工，1986, 02: 75.
[48] 佚名．克菌壮 [J]．宁波化工，1995, 02: 17.
[49] 柳庆先，刘智忠，韩顺宁，等．氯唑磷简介及实验室合成 [J]．农药，1986(04): 16-17.
[50] 李榆．有机磷杀线虫剂的研究进展 [J]．云南化工，1990, 04: 4-8.
[51] 陈品三．主要杀线虫剂在我国的应用研究进展 [J]．农药市场信息，2002, 02: 8-9, 21, 2.
[52] 申继忠．杀线虫剂概述 [J]．世界农药，2020 ,42(10): 13-23.
[53] 李慧，叶子雨，吴迪，等．杀线虫剂发展趋势分析 [J]．世界农药，2022, 44 (05): 1-5.
[54] Gupta R L, 进贤．有机磷杀线虫剂的近展 [J]．农药，1988(04): 34-35, 54.
[55] 广东真格生物科技有限公司，广州市真格农业科技有限公司．一种含氰咪唑硫磷的组合物、纳米乳制剂及其应用: CN202410777894.9 [P]. 2024-10-18.
[56] 岳向国，孙晓丽，张姗姗，等．Imicyafos 对南方根结线虫防治作用 [J]．农药，2019, 58(05): 373-376.
[57] 马文宏，张燕，薛刚，等．气相色谱法测定植物油中的苯线磷 [J]. 食品研究与开发，2007(06):139-140.
[58] Meikle R W, Christie P H. The Fate of Phenyl *N*, *N'*-Dimethylphosphor-Diamidate in Soil [J]. Bulletin of Environmental Contamination and Toxicology, 1969, 4(2): 88-103.
[59] 王秀臻，邵立德．新杀线虫剂丁硫环磷 [J]．农药，1986, 22 (06): 37-38.
[60] 陈品三．杀线虫剂主要类型、特性及其作用机制 [J]．农药科学与管理，2001, 02: 33-35.
[61] Fudala, Louise; Lewin, Anita H. Preparation of carbon-14 labeled organophosphate pesticides: Dichlofenthion [J]. Journal of Labelled Compounds and Radiopharmaceuticals, 1998, 41(1): 81-84.
[62] 王敏，陈万义，钱传范．灭线磷新合成路线的研究 [J]．农药，1995(10): 13-14.
[63] 李立新．灭线磷合成试验 [J]．安徽化工，2000, 5: 29-30.
[64] 田志高，刘安昌，杜长峰，等．新型烟碱类杀虫剂 Imicyafos 的合成 [J]．农药，2013, 52(10): 726-727, 733.
[65] Matsui K, Hizuka J. Thiophosphoric Acid Ester Chlorides [P]: JP, 57212192A. 1982-12-27.
[66] Terreni M, Pregnolato M, Resnati G, et al. Selective Sulfur Oxygenation in Phosphoroamidate, Thionophosphate, and Thiophosphate Agrochemicals by Perfluoro-cis-2, 3-dialkyloxaziridine[J]. Tetrahedron, 1995, 51(29): 7981-7992.

7

其他含磷农药品种

Pesticide Containing Phosphorus

随着含磷农药的推广和应用，含磷化合物的应用几乎遍及了农药的各个领域，除了作为杀虫剂、杀菌剂和除草剂等常规农药品种外，还可以作为植物生长调节剂、抗病毒剂、杀鼠剂和增效剂使用，这些含磷化合物的开发应用扩大了含磷农药品种的应用范围，很好地满足了当前复杂的农业环境和高质量的植保需求。

20 世纪 70 年代，研究人员发现有机磷化合物可作为植物生长调节剂使用，具有促进植物生长、催熟和增产等作用。

目前的研究表明，面对复杂多变的农业环境，提高植物本身的抗病性，比通过外部施用杀虫剂、除草剂、杀菌剂等农药具有更明显的功效。对于增加作物抗病毒性和抗感染性等的植物抗病毒剂，可称为“植物免疫诱抗剂”或“植物疫苗”，是一类具有提高农作物抗性和有效防控农作物病害能力的新型农药。植物抗病毒剂的研究始于 20 世纪 30 年代。早年使用植物提取物作为抗病毒剂，之后又开发了多种化学植物抗病毒剂，也发现了含磷植物抗病毒剂。

在 20 世纪 60 年代，研究人员发现含磷化合物在杀鼠方面具有应用价值，为杀鼠剂领域增加了新的结构类型。

在 20 世纪 60 年代，增效剂的研究引起了广泛的重视，其中，增效磷作为有机磷增效剂，虽然其本身对昆虫无活性，但因能显著增加杀虫剂的药效被广泛应用于植物保护领域。

综上所述，作为植物生长调节剂、抗病毒剂、杀鼠剂、增效剂应用的有机磷农药，与含磷杀虫剂、含磷杀菌剂和含磷除草剂一样在现代化农业生产及人类的生活中发挥了重要的作用，成为植物保护领域中不可缺少的农药类型。

本章内容主要介绍含磷植物生长调节剂、抗病毒剂、杀鼠剂、增效剂的发展历程、分类及品种简介、作用原理和合成方法。

7.1 含磷植物生长调节剂

本节将简要介绍含磷植物生长调节剂的发展、主要品种、作用原理及合成方法。

7.1.1 含磷植物生长调节剂的发展简介

植物生长调节剂是一类在极少剂量下就能对植物生长发育产生明显促进或抑制作用的物质，可经由植物自身产生，也可以通过人工合成。从 1928 年文特(F. W. Went)发现植物体内自身存在着植物天然激素或植物内源激素等生长活性物质，到人工合成吲哚乙酸(IAA)和萘乙酸(NAA)的实现，再到后来发现赤霉素、细胞分裂素、脱落酸和乙烯利等植物生长调节剂，这个过程伴随着植物生长调节剂的发展和应用。在这一发展进程中，植物生长调节剂在农业生产、林业和园艺中发挥了重大的作用。

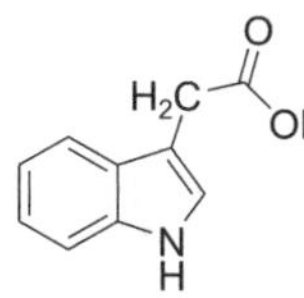

吲哚乙酸(IAA)

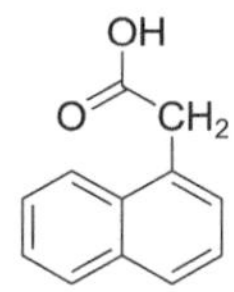

萘乙酸(NAA)

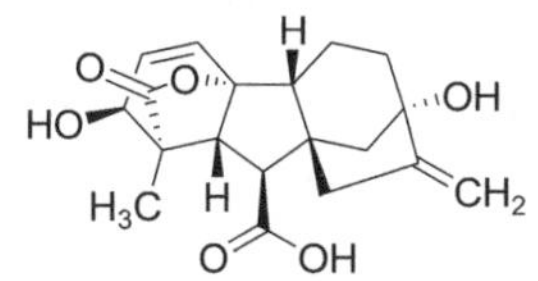

赤霉素

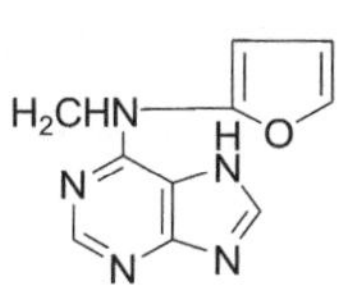

激动素

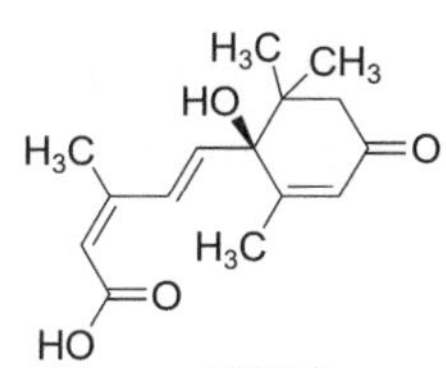

脱落酸

当前应用较多的有机磷植物生长调节剂有乙烯利、杀木膦、增甘膦、脱叶磷和乙二膦酸等(具体结构见附录 4)。美国是开发和应用植物生长调节剂品种较多的国家。由美国斯托夫化学公司 1956 年开发的脱叶磷能促进棉花脱叶，方便收获。1968 年美国陶氏化学公司开发的乙烯利是一种优质、高效的植物生长调节剂，具有促进果实成熟、诱导开花、调节部分植物性别转化等效果，还具有增加小麦分蘖和抗倒伏等作用。1969 年美国孟山都公司首先推广使用了一种甘蔗催熟剂——增甘膦，其催熟效果明显，毒性低，残留低，是一种较为理想的催熟剂，也是迄今为止唯一商品化的催熟剂。1974 年沈阳化工研究院在国内首先对增甘膦进行了合成和开发。

于 1974 年由美国杜邦公司首先开发应用的杀木膦是一种低毒、无公害、无残留、多用途的农药。它可以防除和控制多种杂灌木的生长优势，以促进目的树种的生长和发育，同时还可作为除草剂应用。1978 年沈阳化工研究院在国内对杀木膦进行了合成和开发。

此外，草甘膦除了作为除草剂，它也可以作为植物生长调节剂来抑制细胞生成，促进乙烯的形成和释放，来加速作物的成熟。

7.1.2 含磷植物生长调节剂分类与品种简介

植物生长调节剂品种繁多，结构差异性大，生理作用效应也不同，因此其分类较为复杂。按照生理效应和用途进行分类，主要可分为矮化剂、催熟剂、生根剂、打顶剂、脱叶剂和疏花疏果剂等类型；按照植物激素类型进行分类，主要可分为生长素类、赤霉素类、细胞分裂素类、乙烯类、脱落酸类和油菜素内酯类等类型；同时还可按照各类生长调节剂的化学结构进行分类，如吲哚类、有机磷类和嘌呤衍生物类等类型。

含磷植物生长调节剂按用途进行分类，主要可分为催熟剂(如乙烯利、增甘膦和乙二膦酸等)和脱叶剂(如脱叶磷)；按照生理效应进行分类，可分为植物生长促进剂类(如乙烯利和增甘膦等)和生长抑制剂类(如杀木膦、三丁氯苄膦和草甘膦等)。

7.1.2.1 乙烯利(ethephon)

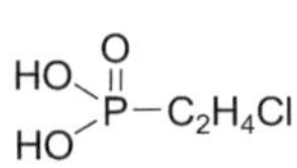

化学名称 2-氯乙基膦酸

毒性 大鼠急性经口 LD_{50} 为 3400mg/kg，大鼠急性吸入 LC_{50} 为 90mg/m^3(4h)；小鼠急性经口 LD_{50} 为 2850mg/kg；兔子急性经口 LD_{50} 为 5000mg/kg，急性经皮 LD_{50} 为 5730mg/kg。鲤鱼 LC_{50} 为 290mg/L(72h)。对皮肤、眼睛、黏膜有刺激性，无致畸、致癌、致突变作用。对人畜低毒，对蜜蜂低毒。

用途 乙烯利可促进雌花分化；促进果实成熟，如用于番茄催熟，可采用涂花梗、浸果和涂果的方法；促进植株矮化；打破植物休眠[1]。

7.1.2.2 增甘膦(glyphosine)

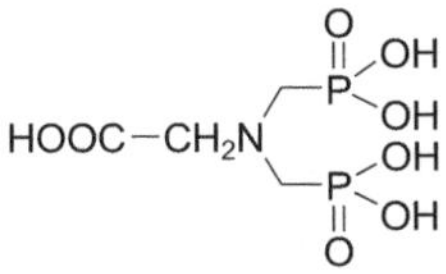

化学名称 *N*,*N*-双(膦酸甲基)甘氨酸

毒性 大鼠急性经口 LD_{50} 为 3925mg/kg；小鼠急性经口 LD_{50} 为 2825mg/kg；家兔经皮吸收最大致死量＞5010mg/kg；对兔眼有强烈刺激作用，对皮肤有中等刺激作用。对动物无致畸、致突变、致癌作用[1]。

用途 增甘膦是一种叶面施用的植物生长调节剂。主要用于甘蔗和甜菜催熟并增加糖分，叶面喷施能增加甘蔗糖含量。增甘膦也可用作收获前的脱叶剂，如用于棉花脱叶，在吐絮期喷洒，用药 5.7g/100m^2，1 周内有 75%～99% 棉叶脱落。增甘膦是抑制营养体旺长的植物生长调节剂，所处理的作物应水肥充足并呈旺盛生长势，其效果才好。

7.1.2.3 杀木膦(fosamine-ammonium)

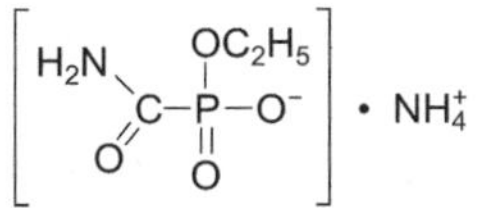

化学名称 氨基甲酰基膦酸乙酯铵盐

毒性 具体见 5.2.4.3 节。

用途 不同剂量的杀木膦所产生的作用不同。有效浓度 10～100mg/L 可促进植物生长；1～5g/L 可抑制植物生长；6～15g/L 可杀死某些植物。因此，低浓度时，杀木膦可作为植物生长调节剂应用；可用于控制柑橘、苹果、葡萄等新梢生长；作为橡胶树的矮化剂；抑制花生后期无效花的生长以及防止枝叶早衰；以及切花保鲜，桑蚕增丝，甜菜、番茄增糖等[9,10]。高浓度时，杀木膦又可作为除草剂应用，具体见 5.2.4.3 节。

7.1.2.4 脱叶磷（tribufos）

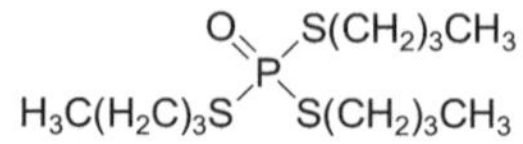

化学名称 *S*,*S*,*S*-三丁基三硫赶磷酸酯

毒性 雄性大鼠急性经口 LD_{50} 为 435mg/kg，雌性大鼠急性经口 LD_{50} 为 234mg/kg；大鼠急性经皮 LD_{50} 为 850mg/kg；兔急性经皮 LD_{50} 为 1000mg/kg，对兔皮肤有中度原发性刺激性。对皮肤无致敏性。对鱼类高毒，对蜜蜂相对无毒。

用途 脱叶磷主要用于棉花、胶树、苹果树的脱叶。当棉花在 50%～65% 棉铃开裂时，以每公顷 2.5～3.0kg（有效成分），兑水 750L，进行叶面喷洒 1 次，5～7d 后脱叶率可达 90% 以上，还可促进早吐絮。也可以用作大豆、土豆和某些花卉的脱叶剂。

7.1.2.5 草甘膦（glyphosate）

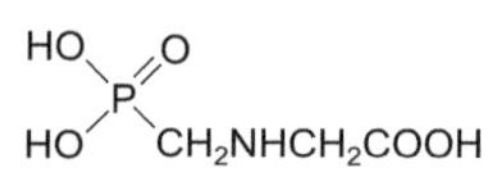

化学名称 *N*-（膦酸甲基）甘氨酸

毒性 见第 5 章 5.2.4.2 节。

用途 草甘膦是一种内吸传导型广谱灭生性除草剂，具体见 5.2.4.2 节。此外，草甘膦也可以作为植物生长调节剂使用，用于甘蔗增糖、作物干燥与催熟，也可以用于抑制牧草生长和改进饲料品质。

7.1.2.6 乙二膦酸（ethyldi phosphonic acid）

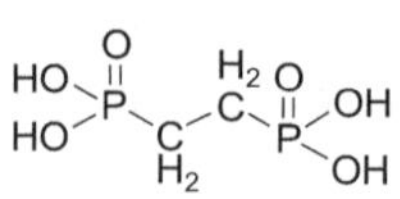

化学名称 1,2-乙二膦酸

毒性 老鼠致死剂量：LD_{50} ＞ 1500mg/kg（除致死剂量值外，未见文献报告毒性作用细节）[2]。

用途 乙二膦酸可用于棉花、苹果、梨和桃。在棉铃张开时用药，棉铃张开更早，可避免霜冻后开花。在苹果、梨和桃收获前用药，可增甜、增色，促进早熟。

7.1.2.7 三丁氯苄膦（chlorphonium）

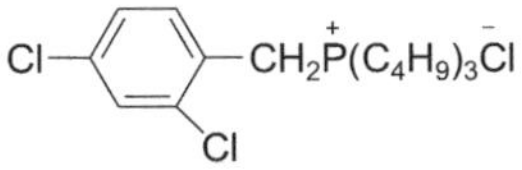

化学名称 三丁基(2,4-二氯苄基)氯化鏻

毒性 大鼠急性经口 LD_{50} 为 178～210mg/kg；小鼠急性经口 LD_{50} 为 470mg/kg；兔子急性经皮 LD_{50} 为 750mg/kg。虹鳟鱼 LC_{50} 为 115mg/L(96h)。原药和制剂均对皮肤和眼睛有刺激性。

用途 三丁氯苄膦是温室盆栽菊花和室外栽培的耐寒菊花的株高抑制剂，它还能抑制牵牛花、鼠尾草、薄荷科植物、杜鹃花、石楠属植物、冬青属乔木或灌木和一些其他观赏植物的生长，限制其株高。还可抑制冬季油菜种子的发芽和葡萄藤的生长，抑制苹果树梢生长及花的形成。也可用三丁氯苄膦处理母株，以提高扦插的均匀性。

7.1.3 含磷植物生长调节剂的作用原理

植物生长调节剂的作用主要包括：①促进植物生长，主要作用是增强细胞中核糖核酸合成，例如乙烯利、增甘膦等，这类化合物能促进乙烯的生成，以及细胞中核糖核酸的合成；②抑制植物生长，例如杀木膦能抑制植物细胞分裂和伸长，抑制植物光合作用和蛋白质的合成。因此，有机磷植物生长调节剂既能刺激植物生长，又能抑制植物生长甚至杀死植物，个别有机磷植物生长调节剂在低浓度时有调节植物生长的作用，但在高浓度时具有除草作用。

(1) 乙烯利　乙烯利是具有内吸性的植物生长调节剂，能够穿透植物组织分解产生乙烯，从而影响植物的生长过程。乙烯具有加速成熟、促进脱落、促进衰老以及促进开花的生理效应。在一定条件下，乙烯利不仅自身能释放出乙烯，而且还能诱导植株产生乙烯。

乙烯利主要具有增强细胞中核糖核酸合成的能力，促进蛋白质的合成。在植物离层区如叶柄、果柄、花瓣基部，由于蛋白质的合成增加，促使在离层区纤维素酶重新合成，因而加速了离层形成，从而导致器官脱落。乙烯在果实成熟时能活化磷酸酯酶及其他与果实成熟有关的酶，促进果实成熟。在衰老或感病植物中，乙烯利可促进蛋白质合成而引起过氧化物酶的变化，能抑制内源生长素的合成，延缓植物生长[3]。

(2) 增甘膦　增甘膦可由植物的茎、叶吸收，然后传导到生长活跃的部位，在叶、茎内可抑制酸性转化酶的活性，从而阻止酸性转化酶对蔗糖的转化作用，抑制蔗糖水解，从而增加蔗糖的积累，提高蔗糖含量。同时可促进 α-淀粉酶的活性，促进甘蔗成熟，提高产量。因此，增甘膦对甘蔗和甜菜的成熟和含糖量的提高有显著作用。但在高浓度情况下，增甘膦能抑制植物生长，具有除草剂和除莠剂的作用，可用作棉花脱叶剂。如在甘蔗收获前 4～8 周喷施可使甘蔗植株生长延缓、变矮，改善田间通风透光条件，促进成熟。

(3) 杀木膦　杀木膦作为植物生长抑制剂，作用于植物的分生组织，抑制植物细胞分裂和伸长。主要由茎、叶吸收，进入叶片后抑制光合作用和蛋白质的合成。

低浓度的杀木膦是植物生长调节剂，被植物吸收后进入幼嫩部位，通过抑制细胞分裂和伸长，使植株矮化，抑制新梢生长。通常可控制柑橘夏梢生长；控制苹果、葡萄新梢生长。杀木膦还能增强植物体内过氧化物酶和吲哚乙酸氧化酶的活性，加快内源生长素的分解，抑制营养生长，保证生殖生长的营养需要，从而提高坐果率和增加产量，并具有整枝、矮化、增糖、保鲜等多种生理功能。如在顶端叶面喷雾，可使橡胶树矮化。杀木膦抑制植物内源乙烯的生物合成，可防止枝叶早衰，常用于切花保鲜及观赏植物的化学修剪。由于杀木膦的作用是针对芽的生长和分化的，在生长活跃期和针叶树顶芽停止生长前使用，可能会引起药害。但高浓度的杀木膦通过抑制植物光合反应过程中的光合磷酸化，使植物缺少能量而死亡。因此，高浓度的杀木膦可作为灭灌剂或用于防除部分杂草，如用于柏树、油松、云杉、红松、樟子松等针叶树种的灭灌除草。

(4) 脱叶磷　脱叶磷作为植物生长调节剂，主要由植株的叶、嫩枝、芽吸收。脱叶磷通过叶片吸收后迅速进入植株体内细胞，刺激乙烯的生成，其作用机制是促进合成乙烯中间体产物氨基环丙烷羧酸(ACC)，并使之尽快生成乙烯，从而促进叶柄部纤维素酶合成和活性提高，诱导离层形成，使叶片快速脱落。

(5) 草甘膦　草甘膦作为植物生长调节剂，通过植物的茎叶吸收后，迅速传导至植物的分生组织，抑制细胞生长，促进乙烯形成和释放，加速作物成熟，因而可用于增加甜菜和甘蔗中的含糖量，可作为催熟剂、脱叶剂等。

(6) 乙二膦酸　乙二膦酸是一种有发展前途的植物生长调节剂，它具有催熟、增产、抗病等性能。它能促进果实的成熟、种子的发芽、开花，还能打破顶芽优势。其作用机理是乙二膦酸可作为一种乙烯释放剂，其主要作用来源于乙烯的释放[1]。其水溶液为酸性，被植物吸收后，由于酸度下降而逐渐分解成乙烯和磷酸，通过乙烯对植物生育起多方面的调节作用，如促进果实成熟、种子萌发、开花和打破顶芽，加速成熟和叶片脱落等。磷酸又是植物所需的营养成分，同样被植物吸收。

(7) 三丁氯苄膦　三丁氯苄膦作为植物生长抑制剂，是一种株高抑制剂。同其他矮化剂一样，其主要作用机制是抑制植物体内赤霉素的合成。赤霉素最突出的作用是加速细胞的伸长(赤霉素可以提高植物体内生长素的含量，而生长素直接调节细胞的伸长)，对细胞的分裂也有促进作用，因此它可以促进细胞的扩大(但不引起细胞壁的酸化)。除此之外，赤霉素还有着抑制成熟、抑制侧芽休眠、抑制衰老和块茎形成的生理作用。因此，三丁氯苄膦作为赤霉素的抑制剂，通过抑制细胞生长和伸长等来抑制植物生长，从而能对植株进行矮化。

7.1.4　含磷植物生长调节剂品种的合成

含磷植物生长调节剂主要为膦酸类衍生物，此外，还包括膦酸盐、鏻、硫赶磷酸酯类化合物。这些结构类型的植物生长调节剂的合成方法如下。

7.1.4.1　乙烯利的合成

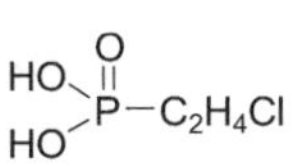

化学名称　2-氯乙基膦酸

理化性质　纯品为白色针状结晶。工业品为淡黄色黏稠液体或蜡状固体。熔点 74～75℃。易溶于水、醇、丙酮，难溶于苯，不溶于石油醚。在空气中极易潮解，水溶液呈强酸性。在pH＜3酸性条件下稳定，在pH＞3及碱性条件下放出乙烯。

合成方法 乙烯利的合成方法主要包括氯乙烯合成法、乙烯合成法、环氧乙烷合成法以及二氯乙烷合成法。其中环氧乙烷合成法所得产品纯度低，但由于对生产设备要求不高，适宜于大量生产，因此是目前国内主要的生产方法。氯乙烯合成法和乙烯合成法原料易得，设备简单，投资少，“三废”少，操作简便，未反应原料易回收，生产过程简单，产品纯度高，但对设备要求高，操作过程严格，在工业上控制反应实施难度较大。二氯乙烷合成法过程简单，成本低廉，产物乙烯利纯度高，缺点是收率较低，同时操作的控制过程较长。

合成实例

(1)氯乙烯合成法实例 将亚磷酸二乙酯加热至90℃，通氮30min。加入少许引发剂，通入氯乙烯，控制加成反应温度，得2-氯乙基膦酸二乙酯。然后将加成产物加入浓盐酸水解，于120～130℃回流24h，蒸出水分，即得目标产物乙烯利[4]，产率为64%～93%[5]。

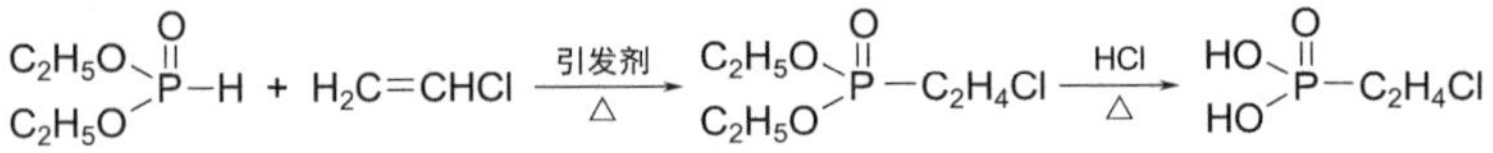

(2)乙烯合成法实例 由乙烯为起始原料与三氯化磷经充分搅拌后，于一定温度和压力下与氧气进行反应，生成2-氯乙基膦酰二氯，然后再进行水解获得乙烯利[6]。

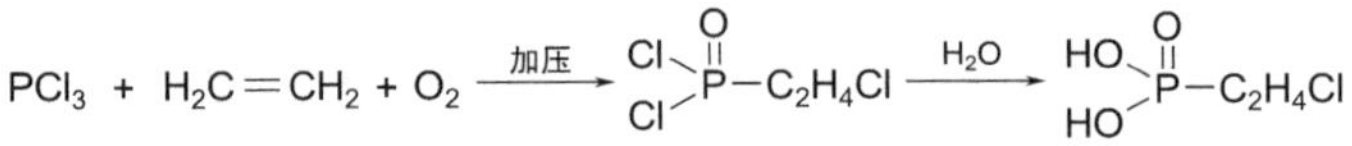

(3)环氧乙烷合成法实例 此方法由三氯化磷与环氧乙烷直接加成，经分子重排、酸解合成乙烯利。加成温度20～25℃，分子比1∶3(环氧乙烷过量)，重排反应温度220～240℃，酸解温度170～180℃[4]。在加成反应温度控制在30℃以下，待环氧乙烷通入完毕后即结束反应的条件下，得到亚磷酸三(2-氯乙基)酯的收率为89.1%；然后加入6%的1,2-二氯乙烷，在反应温度为220～240℃的条件下回流12h后可得到2-氯乙基膦酸二(2-氯乙基)酯，收率为90.8%；最后再将2-氯乙基膦

酸二(2-氯乙基)酯在压力为 0.6MPa、反应温度为 170～180℃的条件下通入 HCl 气体反应 20h，得到纯度为 82.4% 的乙烯利粗品，质量收率为 44.2%。产品提纯方法的研究结果表明萃取法具有明显优势。其过程是：将乙烯利粗品溶于其质量 3.5 倍的水中，然后加入乙酸乙酯萃取4次，每一次乙酸乙酯的用量与水的体积比为1∶7，萃取完毕采用减压蒸馏除去水及其他低沸物，可得到纯度为 91.1% 的乙烯利，收率为 93.7%[7]。

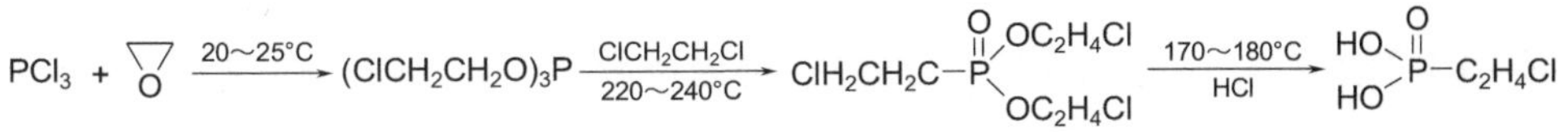

(4) 二氯乙烷合成法实例　二氯乙烷和三氯化磷在无水 $AlCl_3$ 催化下形成络合物，然后水解制得乙烯利[4]。该方法能将酸性二氯乙烷中的混合组分完全分离，可分别得到：浓度 99.5% 以上的二氯乙烷，回收率达到 93%～95%；浓度 95% 以上的二氯乙醚，回收率 92%～94%；浓度 95% 以上的 2-氯乙基膦酰二氯，回收率 95%～96%；浓度 30%～31% 的盐酸，回收率 93%～94%。因此，该方法可使有效资源得到充分利用，其中 30%～31% 的盐酸和 95% 以上的 2- 氯乙基膦酰二氯可以套用到乙烯利的酸解生产，具有较好的经济效益[8]。

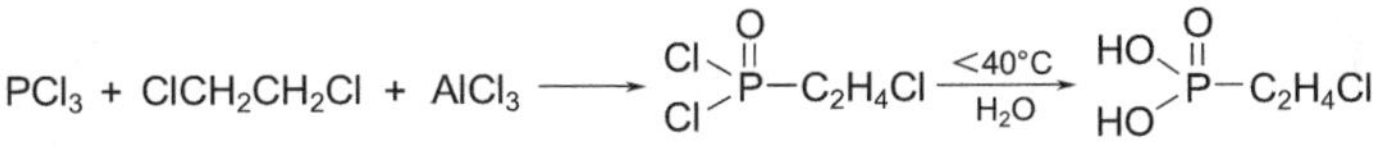

7.1.4.2　增甘膦的合成

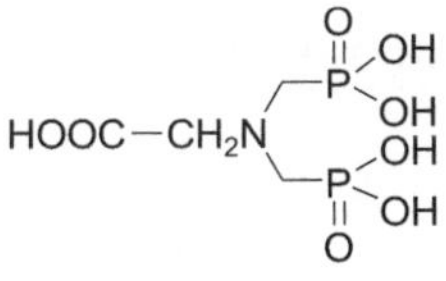

化学名称　*N*,*N*-双(膦酸甲基)甘氨酸

理化性质　纯品为白色固体，20℃水中溶解度 248g/L。

合成方法　增甘膦的制备方法主要包括亚磷酸法和三氯化磷法。这两种方法收率差不多，其中三氯化磷法操作较简单。

合成实例

(1) 亚磷酸法合成实例　在装有搅拌器、回流冷凝器、滴液漏斗、温度计的500mL四口瓶中，投入0.2mol的甘氨酸和0.48mol 50%的亚磷酸以及49.2mL的浓盐酸，油浴加热，使其全部溶解。待温度升至100～105℃开始回流，在回流情况下缓慢滴加0.8mol 3.8%的甲醛溶液，约40min滴加完毕。回流结束后，改用蒸发浓缩装置，进行常压蒸发浓缩，浓缩至溶液呈黏稠状后，换成减压浓蒸装置，直至溶液刚好出现淡黄色晶体。再往四口瓶中加入80℃热水50mL，结晶溶解后倒出溶液。将取出的溶液放置过夜，析出白色晶体，再进行真空抽滤，得白色固体产品41g左右，含量约90%，产品收率69%～72%[4]。

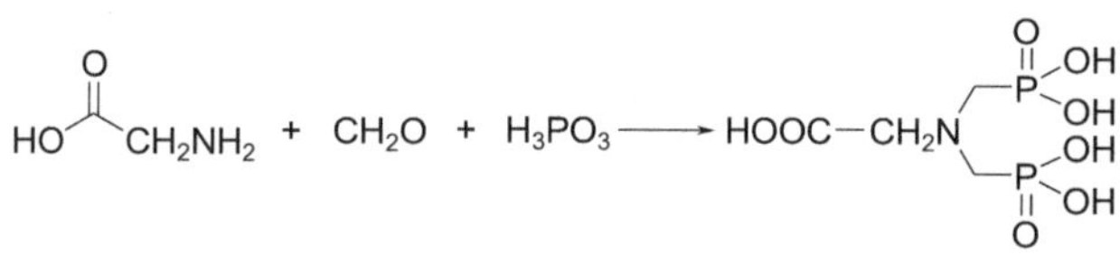

(2) 三氯化磷法合成实例　在装有搅拌器、回流冷凝器、滴液漏斗、温度计的2000mL四口烧瓶中，投入1.5mol甘氨酸、4.2mol 37%～38%甲醛水溶液和116g水，搅拌至甘氨酸完全溶解成透明溶液。然后将混合液冰浴降温至30℃以下，维持温度在30～40℃下缓慢滴加3.6mol三氯化磷，将冰浴改为油浴，将反应温度升至100～110℃，保持在此温度下沸腾回流反应1h。倒出反应液，冷却放置过夜，析出白色晶体，进行真空抽滤，最终得到白色固体产品约298g，含量约为90%，产品收率约为67%～70%[4]。

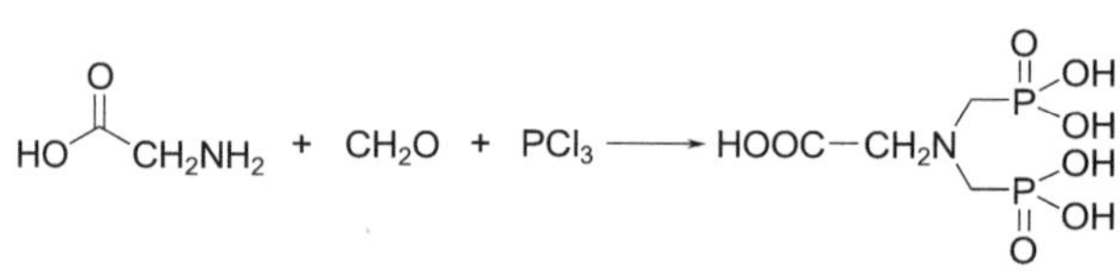

7.1.4.3　杀木膦的合成

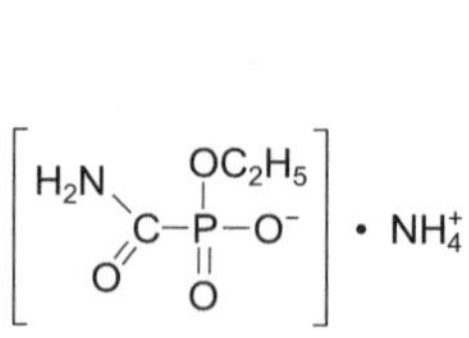

化学名称　氨基甲酰基膦酸乙酯铵盐

理化性质 纯品为白色有薄荷香味的结晶，密度 133g/cm^3，熔点 173～175℃，蒸气压 5.33×10^{-4} Pa(25℃)。分配系数 $\lg K_{ow}$ − 2.9，解离常数 pK_a(20～25℃)9.25，Henry 常数 3.61×10^{-8}Pa•m^3/mol(测量)，相对密度 1.24(20～25℃)。在水中溶解度＞2.5×10^6mg/L(20～25℃)；在有机溶剂中溶解度(g/L，20～20℃)：甲醇 125，乙醇 9.5，DMF 1.3，氯仿 0.06，丙酮 0.0008，己烷＜0.0007。在中性和碱性介质中较稳定。不具有可燃性、可爆性，对各种材质的容器均不腐蚀，但不宜长期盛在铜质容器中。自身稳定性好，但能被酸、碱及各种钙、镁盐类分解；室温贮藏稳定，80℃以上开始缓慢分解放出氨气，100℃以上分解速率较快。

合成方法 目前杀木膦的工业合成途径分三步进行，分别为甲氧甲酰基膦酸二乙酯的制备、氨基甲酰基膦酸二乙酯的制备以及杀木膦的合成[9]，年产 150t 40% 杀木膦水剂合成工艺研究项目是沙隆达蕲春有限公司自行研制开发的。该合成工艺采用氯甲酸甲酯与亚磷酸三乙酯为主要原料合成制备甲氧甲酰基膦酸二乙酯，进而氨基化、水解合成杀木膦。以氯甲酸甲酯计三步反应总收率为 87.61%[10]。

(1) 中间体甲氧甲酰基膦酸二乙酯的制备 利用亚磷酸三乙酯与氯甲酸甲酯进行 Michalis-Arbuzov 反应(简称阿氏反应)生成甲氧甲酰基膦酸二乙酯并副产氯乙烷。

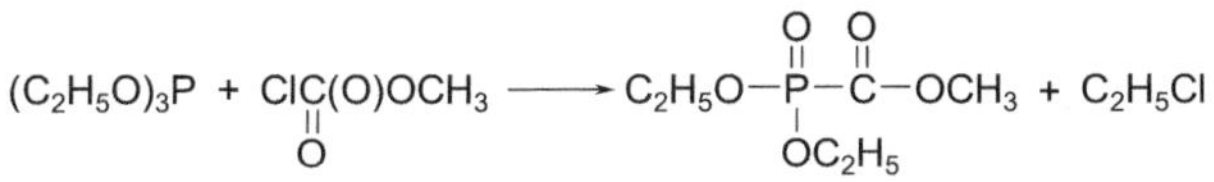

(2) 中间体氨基甲酰基膦酸二乙酯的制备 将氨气通入甲氧甲酰基膦酸二乙酯中，反应生成氨甲酰基膦酸二乙酯。

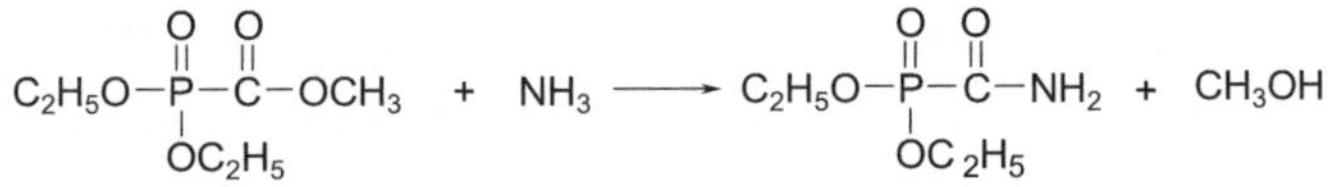

(3) 杀木膦的合成 往反应液中滴加氨水，进行水解反应生成杀木膦。

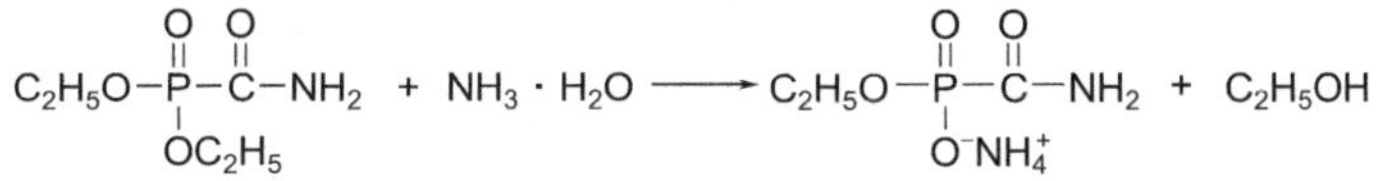

7.1.4.4 脱叶磷的合成

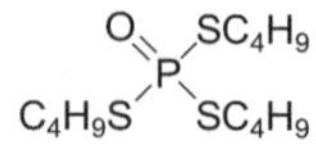

化学名称 *S,S,S*-三丁基三硫赶磷酸酯

理化性质 浅黄色透明液体，有硫醇臭味。沸点 150℃(400Pa)。凝固点 -25℃以下。相对密度 1.057。折射率 1.532。闪点＞200℃(闭环)。难溶于水；溶于丙酮、乙醇、苯、二甲苯、己烷、煤油、柴油、石脑油和甲基萘。对热和酸性介质稳定，在碱性介质中能缓慢分解。

合成方法 脱叶磷有以下两种合成路线。

(1) 合成路线 1 三氯氧磷与正丁硫醇在碱溶液或是在碱金属存在下进行取代反应合成脱叶磷 [11]，收率仅有 50%，生产成本较高。

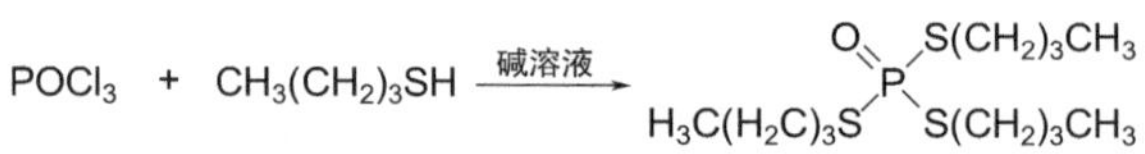

(2) 合成路线 2 三氯化磷与正丁硫醇反应生成混合物，再经氧化反应制备脱叶膦，由于有混合物的存在，该反应过程相对复杂。在不同温度下将正丁硫醇分三次加入反应液，后期在氮气中蒸出未反应的正丁硫醇，通入氧气并滴入过氧化氢进行氧化，最终制得产品脱叶磷 [12]。

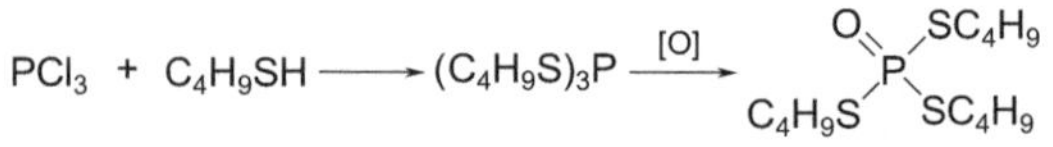

合成实例 在 500mL 四口瓶中加入 141.7g(1.0mol) 三氯化磷，加热至 60～68℃，在该温度下滴加 91.8g(1.0mol) 正丁硫醇，滴加时间约 20min。滴加完后在该温度下保温 1h，再升温至 85℃，在该温度下再滴加 91.8g(1.0mol) 正丁硫醇，滴加完后保温 1h，再在该温度下滴加 91.8g(1.0mol) 正丁硫醇，滴加完后保温 1h，然后加热使反应混合物升温至 130℃，通入氮气 2h，在 133Pa 真空下蒸出未反应的正丁硫醇，至正丁硫醇的浓度小于 0.1%。降温至 95℃，向反应混合物中通入氧气 2h，约氧化 85%，升温至 130℃，在 133Pa 真空下闪蒸出生成的二丁基二硫醚杂质，降温至 50℃。再滴加 20g 过氧化氢(含量 30%)，升温至 130℃，在 133Pa 真空下闪蒸

出生成的二丁基二硫醚和少量水，得到251.2g淡黄色油状液体，纯度为97.8%，收率为80%[12]。

7.1.4.5 草甘膦的合成

草甘膦的具体制备方法见5.4.4.2。

7.1.4.6 乙二膦酸的合成

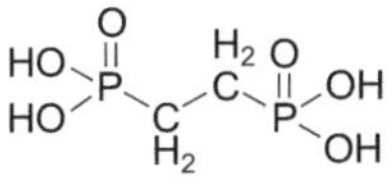

化学名称 1,2-乙二膦酸

理化性质 纯品为白色晶体，在空气中易吸收水分，极易溶于水，部分溶于乙醇，不溶于苯、二甲苯等，在酸性介质中稳定，在碱性介质中易分解。

合成方法 一分子二氯乙烷与两分子磷酸钠二乙酯进行缩合反应生成乙二膦酸四乙酯，在酸性条件下对乙二膦酸四乙酯进行水解，即可得到产品乙二膦酸[1]。对于乙二膦酸的合成，国外采用二卤代烷与亚磷酸三烃基酯反应，生成二磷酸酯，进一步在浓盐酸作用下水解生成乙二膦酸，但其收率仅为27%。长城化工厂提出采用三氯化磷和二氯乙烷为原料，生成复合物后在碱性条件下水解制得乙二膦酸的工艺路线，平均收率为83.3%[13]。

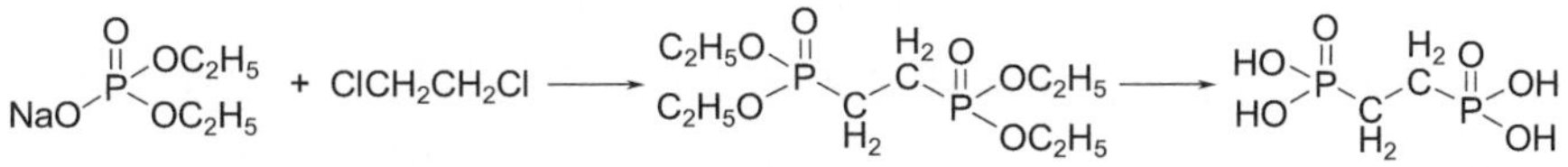

7.1.4.7 三丁氯苄膦的合成

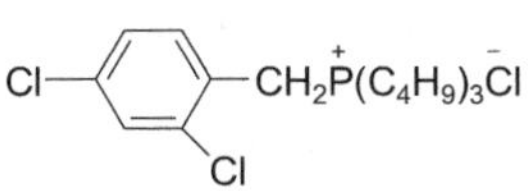

化学名称 三丁基-(2,4-二氯苄基)氯化鏻

理化性质 白色结晶，有芳香气味。熔点为114～120℃。溶于水、丙酮、乙醇、异丙醇等溶剂，不溶于己烷和乙醚。

合成方法 三丁氯苄膦主要的合成方法是将2,4-二氯苄基氯与三丁基膦反应成盐，制得目标产物。

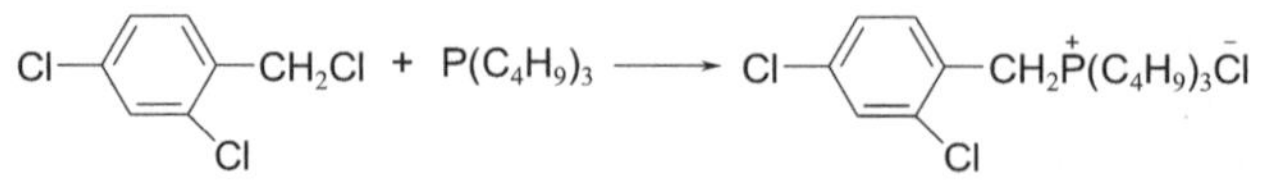

7.2 含磷抗病毒剂

7.2.1 含磷抗病毒剂的发展

植物病毒病是危害较大、防治较难的一类病害，也被称为“植物的癌症”。在19世纪末，人们首次揭示了烟草花叶病的病原体——烟草花叶病毒(TMV)的存在。此后，从野生和栽培植物中发现并鉴定了许多病毒。到20世纪中叶，被报道的病毒约有300种，如马铃薯纺锤形块茎类病毒、番茄病毒、水稻的黑条矮缩病病毒和白叶枯病病毒等。作为世界上最大的农业国家，中国每年已知的植物病毒对我国的农业、林业造成了巨大损失。因此防治病毒病害和类病毒病害对农业生产至关重要。

植物抗病毒剂，具有显著的抗病、防冻、增产、改善品质的效果，是继人用疫苗、动物疫苗后，疫苗工程技术出现的新领域，也是目前国际上生物农药创制较为热门的研究方向。其主要作用原理是通过调节植物的防卫和代谢系统产生免疫反应，提高植物的抗病性和抗逆性等，从而延迟或减轻植物病害的发生和发展，减少化学农药与化学肥料的使用量，降低农产品残留。虽然植物抗病毒剂不能直接杀灭病虫害，但由外源生物或分子通过诱导或激活植物所产生的抗性物质，可对某些病原物产生抗性或抑制病菌的生长。其施用在农作物上后，通过诱导农作物产生抵御或防控农作物病虫害的物质，从而可达到防治病虫害的目的。

植物抗病毒剂的研究早在20世纪30年代就开始了，早期主要采用植物的提取物，例如，日本采用某种食用菇的菌丝体提取物(Lentemin)作为植物抗病毒剂等。又如，在日本开发的由藻酸和酪蛋白组成的Monsanon和在1985年获得登记的Lentemin，这两种药剂都能防止烟草花叶病毒接触传染。Monsanon主要用于烟草，Lentemin 主要用于番茄和甜椒。迄今为止植物抗病毒剂的研发成果丰硕。目前常见的植物抗病毒剂的类别主要有：种子处理消毒剂、病毒钝化剂、免疫接种剂、诱导抗病剂和植物生长调节剂[14]。其主要成分包括盐酸吗啉胍、三氮唑核苷、激素类药物、香菇多糖和壳寡糖类药物等。有机磷类植物抗病毒剂的代表品种为毒氟磷，它由贵州大学教育部绿色农药与农业生物工程重点实验室、贵州大学精细化工研究开发中心以绵羊体内的一种化合物——α-氨基磷酸酯作为先导，通过结构修饰和优化创制的低毒有机磷植物抗病毒剂。贵州大学提出了植株免疫防病与切断媒介昆虫传毒相结合的控虫治病策略，以毒氟磷为核心，构建了药剂种子处理、药剂健身栽培和大田虫病药剂协调使用的全程免疫防控技术，并在全国进行了大面积推广应用。在番茄和水稻上成功应用并获得了农药登记。毒氟磷的成功开发为我国粮食和蔬菜等主要作物病毒病预防控制提供了一种高效、环保和经济的新药剂。

7.2.2 含磷抗病毒剂品种简介

目前农用含磷抗病毒剂还比较少，本节主要以毒氟磷为例来介绍其毒性、用途、作用原理及合成方法。

7.2.2.1 毒氟磷简介

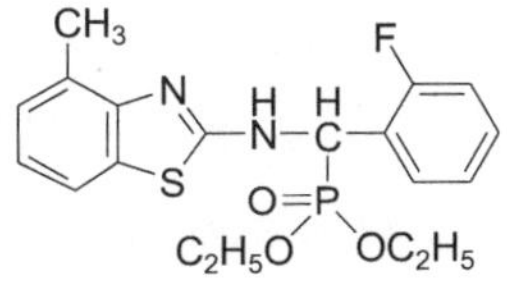

化学名称 *N*-[2-(4-甲基苯并噻唑基)]-2-氨基-2-氟代苯基-*O*,*O*-二乙基膦酸酯

毒性 小白鼠急性经口 LD_{50} 为 5602.7～6423.9mg/kg，急性经皮 LD_{50} > 10000mg/kg；大白鼠急性经口 LD_{50} 为 7636mg/kg[15]。毒氟磷原药(≥98%)急性经口和经皮毒性试验表明为微毒农药；家兔皮肤刺激和眼刺激试验表明无刺激性；豚鼠皮肤变态试验表明为弱致敏物；细菌回复突变试验、小鼠睾丸精母细胞染色体畸变试验和小鼠骨髓嗜多染红细胞微核试验皆为阴性。亚慢性经口毒性试验未见雌性

及雄性大鼠的各脏器存在明显病理改变。

30% 毒氟磷可湿性粉剂有效成分含量为 30%，另含硅藻土 60%、木质素磺酸钠 5%、LS 洗净剂 5%，水分含量≤0.5%，pH 值为 7.62 [16]。30% 毒氟磷可湿性粉剂急性经口和经皮毒性试验表明为低毒农药；对蜂、鸟、鱼、蚕等环境生物的毒性为低毒，对蜜蜂和家蚕风险低 [17]。

用途 采用秧田期用 1% 吡蚜酮缓释颗粒剂 600g/ 亩撒施，分蘖期采用 30% 毒氟磷可湿性粉剂 60g/ 亩 +80% 烯啶虫胺 · 吡蚜酮水分散粒剂 10g/ 亩均匀喷雾、分蘖盛期根据病虫情况再施用的集成防控技术，对南方水稻黑条矮缩病的防效显著 [7]。

采用以毒氟磷为技术核心的“抗病毒制剂 + 杀虫剂”超低容量喷雾技术能有效控制水稻黑条矮缩病的发生 [18]。30% 毒氟磷可湿性粉剂用量 1125g/hm^2，3 次用药后最高防效可达 71.93%，防治效果优于 2% 宁南霉素 AS，建议在烟草生产上推广使用 [19]。采用 30% 毒氟磷可湿性粉剂 400g/hm^2 或 500g/hm^2，第二次用药后 10d 防效分别为 81.30%、83.20%。30% 毒氟磷可湿性粉剂 400.5g/hm^2 或 499.5g/hm^2，第二次施药后 15d 防效分别为 66.8%、72.92%。分别采用 500 倍液和 1000 倍液的 30% 毒氟磷可湿性粉剂防治芋头病毒病，第一次用药后 10d 防效分别为 30.9% 和 24.9%；第二次用药后 15d 防效分别为 72.8% 和 59.4%。同时发现，毒氟磷对芋头生长具有明显的促进作用 [20]。

30% 毒氟磷可湿性粉剂按推荐有效成分剂量 300～500g/hm^2，设置两个有效成分施药浓度 500g/hm^2 和 1000g/hm^2 施药，在烟草上的残留试验表明：在烟叶中消解较快，半衰期为 4.1～5.4d；在土壤中半衰期为 10.0～10.8d；收获期 30% 毒氟磷可湿性粉剂在土壤中最终残留量小于 0.23mg/kg，在烟叶中残留量小于 0.46mg/kg[17]。

7.2.2.2 毒氟磷的作用原理

通过采用蛋白质组学和生物信息学等手段研究发现毒氟磷抗烟草花叶病毒(TMV)的作用机制是：毒氟磷作用于植物激素水杨酸(SA)信号通路上游蛋白——hairpin binding protein，激活下游病程相关蛋白(PR)，发挥抗病毒活性。超敏蛋白(HrBP1)是 SA 信号通路中的信号起始蛋白，它在植物系统获得抗病性(植物 SAR)

中起着重要作用。据报道，毒氟磷可通过激活烟草水杨酸信号传导通路，提高信号分子水杨酸的含量，从而促进下游病程相关蛋白的表达；通过提高烟草苯丙氨酸解氨酶(PAL)、过氧化物酶(POD)和抗氧化酶(SOD)等防御酶活性而获得抗病毒能力；通过聚集TMV粒子减少病毒对寄主的入侵。其抗病毒活性实际上是通过诱导和激活植物自身的免疫系统而获得的[19]。

相比于其他抗病毒剂(NS83增抗剂、香菇多糖、氨基寡糖素，以及豆浆汁液等)，毒氟磷具有如下五大特点[21]：

(1)具有主动防御的功能　毒氟磷通过激活水杨酸信号分子，进而激活下游PAL、POD和SOD等植物防御因子，提高植物总体系统抗病性，最终使病毒无法增殖。

(2)具有内吸治疗的作用　毒氟磷具有较强的内吸作用，通过作物叶片的吸收可迅速传导至植株的各个部位，破坏病毒外壳，使病毒固定而无法继续增殖，从而有效阻止病害的进一步蔓延。

(3)具有促进生长的功能　毒氟磷可通过调节植物内源生长因子，促进根部生长，恢复叶部功能，降低产量损失。

(4)无交互抗性　毒氟磷为首次人工合成的新化合物，作用机制独特，使用无交互抗性。

(5)安全环保　毒氟磷是以绵羊瘤胃中的氨基磷酸酯类化合物为先导仿生合成的化合物，对作物高度安全，对蜜蜂、家蚕、鱼和鸟等非靶标生物低毒、低风险。

7.2.2.3　毒氟磷的合成

理化性质　毒氟磷纯品为无色晶体，其熔点为143～145℃。易溶于丙酮、四氢呋喃、二甲基亚砜等有机溶剂，22℃在水、丙酮、环己烷、环己酮和二甲苯中的溶解度分别为0.04g/L、147.8g/L、17.28g/L、329.00g/L、73.30g/L。毒氟磷对光、热和潮湿均较稳定，遇酸和碱时逐渐分解。

合成方法[22]

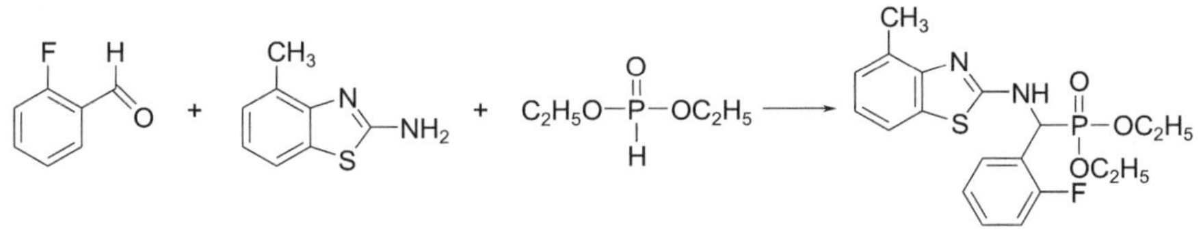

毒氟磷是一种α-氨基膦酸酯，可采用类Mannich型合成法，该法又分为Kabachnik-Fields一步合成法（醛、胺、亚磷酸酯一锅法反应）和两步一锅合成法（醛与胺先反应脱水生成亚胺，再与亚磷酸酯发生亲核加成反应）两种方法。由于一步合成法反应条件难于控制，多在实验室进行少量的合成，工业上多采用两步一锅法合成。在两步一锅合成法中，首先使邻氟苯甲醛和2-氨-4-甲基苯并噻唑发生催化加热反应，然后在同一反应容器中再加入亚磷酸二乙酯，继续加热得到毒氟磷。此法的优点是第一步未反应的原材料在第二步中仍可以继续反应，使用催化剂可使毒氟磷的合成收率大大提高。

具体反应条件：以邻氟苯甲醛、2-氨-4-甲基苯并噻唑和亚磷酸二乙酯为原料，可在溶剂或者无溶剂条件下催化加热制备。溶剂可采用甲苯、二甲苯、四氯化碳、氯仿或苯；无溶剂是指不加任何溶剂。催化剂可采用对甲苯磺酸、醋酸、氨基磺酸（NH_2SO_3H）或硫酸中的一种或者多种的混合物。采用两步一锅合成法，各物料质量比为: 2-氨-4-甲基苯并噻唑：邻氟苯甲醛：亚磷酸二乙酯 = 1：(0.4～1.5)：(0.7～2)。加热温度为50～180℃。

合成实例 在带分水装置的500L搪瓷反应釜中加入2-氨-4-甲基苯并噻唑40kg、邻氟苯甲醛30kg、催化剂对甲苯磺酸1kg、甲苯200kg，回流状态下反应约5h后加入亚磷酸二乙酯40kg，反应4h停止。蒸除溶剂，降温至70℃，加入一定量乙醇，加热至回流，保持回流状态1h，冷却降温至20℃，保持搅拌3h。离心过滤，将固体产物干燥，得80kg无色晶体状毒氟磷产物，熔点144～145℃，收率80%。

7.3 含磷杀鼠剂

农药除了广泛应用于农业生产以外，还可以应用于非农业领域。鼠害发生范围广、危害面大，不仅能够对农业、林业和畜牧业生产造成严重损失，更因鼠类能够携带传播多种病毒性和细菌性疾病而严重威胁人类健康，引发卫生灾难。对于鼠害，一般可采用物理方法、化学方法和生物方法进行防治。其中化学杀鼠剂是当前采用最多、应用最广和效果最佳的方法。用于预防、消灭、控制鼠类等有害啮齿类动物的农药统称为杀鼠剂（rodenticide）。

杀鼠剂与其他植物保护类农药(如杀虫剂、杀菌剂、除草剂等)不同，必须通过动物取食才能发挥作用。提高杀鼠剂的取食效率的关键途径是提高毒饵的效率。通常杀鼠剂指用于配制毒饵的肠道毒物，毒饵包括诱饵及杀鼠剂两部分，毒饵效率取决于诱饵与杀鼠剂合理搭配之后毒饵对鼠类的适口性。诱饵一般包括基饵及引诱剂，基饵泛指鼠类喜欢取食的各类食物；引诱剂泛指添加在基饵中提高诱饵对鼠类引诱性的各类物质。我国是鼠类危害严重的国家，由于成品毒饵价格昂贵，在大规模灭鼠项目中多采用直接以原粮为基饵调配适合毒饵的方法。尤其在适宜机械化颗粒喷施的草原地区(如内蒙古)，经常采用小麦直接作为基饵。据管理部门统计，全国每年仅用于农田灭鼠作为毒饵基饵消耗的粮食达 4.5 万吨。因此，可代替原粮基饵的研究具有重大的社会价值与经济价值。由于不同鼠类的食性不尽相同，在毒饵研发方面基饵的适口性是杀鼠剂应用的基础研究内容之一，在此基础上引诱剂的研发是较为活跃的领域之一，如针对褐家鼠、黄胸鼠、高原鼢鼠、社鼠、高原鼠兔等鼠类的引诱剂研发。这些研究，对于针对性地提高特定鼠类毒饵的效率具有重要的应用价值。

从广义而言，杀鼠剂还包括能熏杀鼠类的熏蒸剂、防止鼠类损坏物品的驱鼠剂、使鼠类失去繁殖能力的不育剂、能提高其他化学药剂灭鼠效率的增效剂等。

在杀鼠剂的发展过程中，有机磷杀鼠剂也发展成为一类重要的杀鼠剂。本节主要介绍含磷杀鼠剂的发展、结构分类、作用原理(作用机理与作用方式)、主要品种的开发、应用与制备。

7.3.1 含磷杀鼠剂的发展与品种简介

杀鼠剂种类很多，可按其作用速度、化学结构、作用方式和作用机制等进行分类：根据杀鼠剂的作用速度可分为慢性杀鼠剂和急性杀鼠剂；按作用方式可分为经口毒物杀鼠剂和熏蒸毒物杀鼠剂；按作用机制通常分为抗凝血杀鼠剂，以及神经毒性、抑制呼吸作用、不育和未知作用机制杀鼠剂等非抗凝血类杀鼠剂；按化学结构类型可分为无机杀鼠剂和有机杀鼠剂，无机杀鼠剂品种较少，大多是有机杀鼠剂，有机杀鼠剂按结构类型可分为香豆素类、茚满二酮类、有机磷类、取代脲类、二硝基苯胺类、糖苷类等。含磷杀鼠剂通常为急性杀鼠剂和非抗凝血类杀鼠剂，可作为经口毒物杀鼠剂或熏蒸毒物杀鼠剂。

含磷杀鼠剂包括无机磷杀鼠剂和有机磷杀鼠剂。从杀鼠剂的发展历史而言，无机磷杀鼠剂几乎是最早使用的杀鼠剂。磷化锌于1740年合成[23]，早在1911年，磷化锌(zinc phosphide)首次在意大利作为杀鼠剂使用，用于防治室内家鼠、室外田鼠。磷化锌是已应用了一百多年的金属磷化物杀鼠剂[24]，在20世纪40年代至50年代引入抗凝血化合物之前，硫化锌是世界上使用最广泛的杀鼠剂。磷化锌是一种有效的急性杀鼠剂，对鸡、鹅、鸭特别危险。如连续投药，鼠会产生拒食现象。截至2022年7月，美国和欧洲尚有磷化锌的登记产品，属于限制使用产品，我国于2011年撤销对磷化锌的登记，并禁止生产、销售和使用磷化锌。

磷化铝(aluminium phosphide)是另一金属磷化物杀鼠剂，主要用于熏杀仓储害虫、储粮害虫和室外啮齿动物，为广谱性熏蒸杀虫杀鼠剂。磷化铝在干燥条件下对人畜较安全，但通过吸潮后自行分解释放出磷化氢气体，大鼠急性经口 LD_{50} 10mg/kg，对人剧毒，具有潜在危险。截至2022年，我国仍有在有效期内登记注册的磷化铝产品。

有机磷杀鼠剂的发展速度比有机磷杀虫剂、杀菌剂和除草剂等要慢得多。直到20世纪60年代，拜耳公司尝试利用有机磷化合物作为杀鼠剂[25]，成功开发了第一个商品化有机磷杀鼠剂——毒鼠磷，并被大量使用。进入20世纪70年代，我国辽宁省化工研究所于1970年自主研发了毒鼠磷的衍生物——溴代毒鼠磷。

毒鼠磷和溴代毒鼠磷已成为目前广泛使用的有机磷杀鼠剂的代表性品种。它们对于常见鼠种，如家鼠、土鼠、黄鼠、高原鼠兔以及各类森林鼠，均具有高效的杀灭作用。杀鼠剂的施用技术是我国杀鼠剂应用研究的主要发展领域，结合引诱剂的研究，针对不同的鼠类，研发适宜于不同环境和条件下可代替原粮的新型基饵将具有巨大的应用价值和市场价值[26]。

7.3.1.1 毒鼠磷(phosacetim)

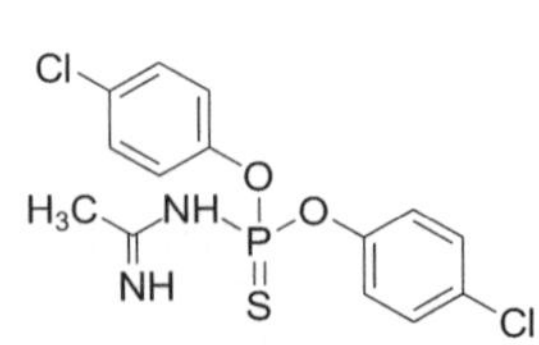

化学名称 *O*,*O*-双(4-氯苯基)-*N*-(1-亚氨基)乙基硫逐磷酰胺酯

毒性 大鼠急性经口 LD_{50} 为 3.5mg/kg；小鼠急性经口 LD_{50} 为 15mg/kg，小鼠急性经皮 LD_{50} 为 60mg/kg。对人畜剧毒，对家禽毒性较低。对鼠类有极强的胃毒作用；鼠无拒食性。吃毒饵后一般 4～6h 出现中毒症状，24h 内死亡。

用途 杀鼠谱广，主要用于防治野鼠、野兔等。一般使用 0.5%～1% 浓度的毒饵，防治小家鼠可使用 0.3% 的毒饵。毒饵的配法：将毒鼠磷原粉和麦粒、谷或米等加入适量的糖、香油混合均匀，制成毒饵。

7.3.1.2 溴代毒鼠磷（phosazetim-bromo）

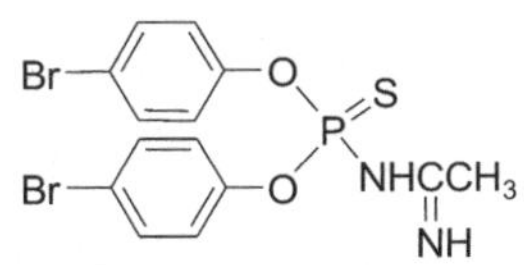

化学名称 *O*,*O*-双(4-溴苯基)-*N*-(1-亚氨基)乙基硫逐磷酰胺酯

毒性 大鼠急性经口 LD_{50}：雌性为 6.81mg/kg，雄性为 8.25mg/kg。

用途 溴代毒鼠磷适宜于居民住宅、工厂、仓库、食堂等室内灭鼠，特别适用于稻田、旱地、草原、森林等野外灭鼠。溴代毒鼠磷配成毒饵使用，浓度一般以 0.3% 为宜，每亩投 0.3% 毒饵约 50～100g。毒饵有混合毒饵和黏附毒饵。混合毒饵又称剂型毒饵，如溴代毒鼠磷蜡块毒饵，具有耐潮、不易霉变、防蛀、使用方便等特点。

7.3.2 含磷杀鼠剂的作用原理

各种杀鼠剂的毒杀作用机制不尽相同。慢性杀鼠剂多数为抗凝血剂，而速效性有机磷杀鼠剂则作用于鼠类神经系统。抗凝血杀鼠剂的中毒机制有两种：一是降低血液的凝固能力；二是损坏毛细血管，使血管壁渗透力增加，引起大出血[27,28]。抗凝血剂的作用机制是竞争性抑制维生素 K 的合成，使其相对应的抗凝血酶原不能合成。血液中维生素 K 所依赖的凝血因子减少，血凝活性下降，从而引起血管破裂或器官内部摩擦出血，因失血不能凝固，导致鼠死亡，达到杀鼠功效。其特点是杀鼠作用慢，鼠类需多次取食药剂，达到一定剂量才引起中毒死亡，对人畜相对安全，不易引起二次中毒。速效性有机磷杀鼠剂主要是抑制鼠类乙酰胆碱酯酶的活性，属于神经毒剂。毒鼠磷和溴代毒鼠磷均为乙酰胆碱酯酶抑制剂，其通过抑制老鼠体内乙酰胆碱酯酶，造成神经突触处乙酰胆碱过量积聚，致使神经突触处的冲动传递功能先兴奋继而麻痹，使其各类正常生理活动出现异常，出现流口水、血压上升等各种生理表现，从而使其死亡，达到杀鼠的目的。这类作用于鼠类神经系统的有机磷杀鼠剂，毒性高，杀鼠速度快，潜伏期短，适合于快速降低鼠类种群密度。

无机磷杀鼠剂磷化锌和磷化铝均属于线粒体复合物Ⅳ电子传递抑制剂。

在作用方式上，磷化锌、毒鼠磷和溴代毒鼠磷可作为经口毒物杀鼠剂，可以制成各种形式的毒饵，被鼠类取食进入消化系统发挥作用，为胃肠道毒物。鼠类一次吞食足量药剂后，即能在 1～2d 甚至几小时内死亡，称之为速效性杀鼠剂。

磷化铝可作为熏蒸毒物，属于通过呼吸系统吸入而毒杀鼠类的杀鼠剂，也称为熏蒸剂或呼吸道毒物。熏蒸剂的优点是不受鼠类取食行为的影响，作用快，无二次中毒风险；其缺点是用量大，毒性强，多为灭生性，施药时对防护条件及操作技术要求高，需要特定条件，难以大面积推广。

7.3.3 含磷杀鼠剂品种的合成

杀鼠剂毒鼠磷和溴代毒鼠磷均属于硫逐磷酰胺酯，其合成方法如下。

7.3.3.1 毒鼠磷的合成

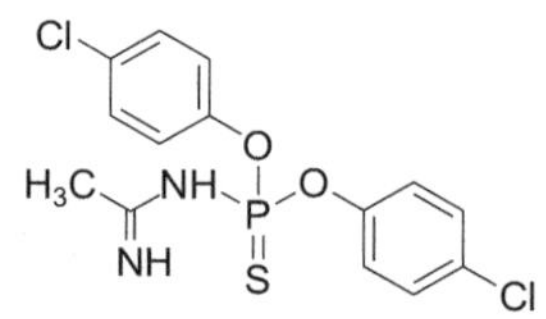

化学名称 *O*,*O*-双(对氯苯基)-*N*-亚氨基逐乙酰基硫逐磷酰胺酯

理化性质 纯品为白色粉末，工业品为浅粉色或黄色粉末。不溶于水；易溶于丙酮等。化学性质较稳定。

合成方法 在苯和三乙胺的存在下，三氯硫磷与对氯苯酚发生两步磷酰化反应可制得 *O*,*O*-双(对氯苯基)硫逐磷酰氯，然后再与盐酸乙脒在碱性条件下进一步发生磷酰化反应即可制得毒鼠磷。毒鼠磷的整个生产过程工艺简单，“三废”量少且易于处理，苯及三乙胺的回收率在 80% 以上。

合成实例

(1) 中间体 *O*, *O*-双(对氯苯基)硫逐磷酰氯的制备　将三氯硫磷溶于苯中，投入反应瓶，并搅拌。将对氯苯酚、苯、三乙胺，按一定比例配成混合液，在常温下，缓缓地滴入反应瓶中。料加完后，为使反应完成，再保温反应一段时间。反应结束加水洗涤几分钟，倒入分液漏斗静置 15min，分去下层三乙胺盐酸盐的水溶液，待回收三乙胺备用。上层所得的 *O*, *O*-双(对氯苯基)硫逐磷酰氯溶液，供下一步合成毒鼠磷使用[29]。

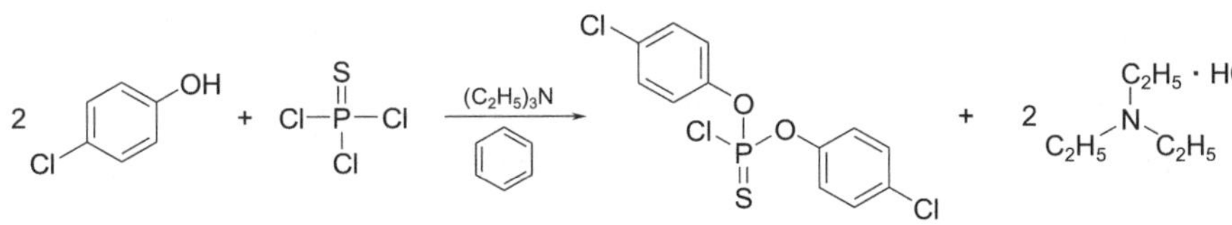

(2) 目标产物毒鼠磷的合成　用一定量的水溶解盐酸乙脒，随后同时滴加 *O*, *O*-双(对氯苯基)硫逐磷酰氯溶液和氢氧化钠，滴加时间约 10～15min，并继续反应 2h。反应结束后，将料液倒入漏斗边水洗边过滤，得到白色晶体，即为毒鼠磷。烘干后，可得含水量小于 0.5%、有效成分含量为 93%～98% 的毒鼠磷原药。若不用热水洗涤，则只能得到有效成分在 90% 以下的毒鼠磷原药。把滤液倒入分液漏斗，静置 15min 后，分去下层废水。上层苯液用真空蒸馏，所得苯可循环使用，残渣可再用苯萃取其中的毒鼠磷。实验所得毒鼠磷的平均含量为 95.67%，总收率为 62.82%(不包括残渣中萃取的那部分毒鼠磷)[29]。

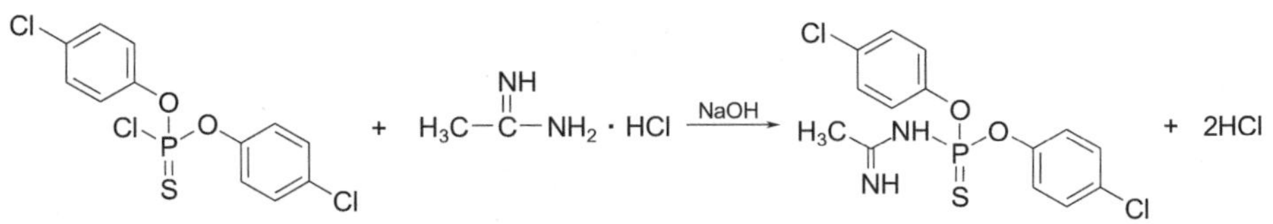

7.3.3.2　溴代毒鼠磷的合成

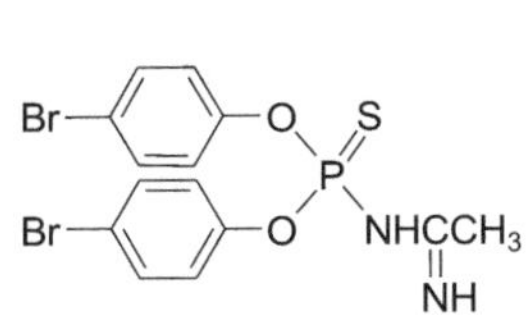

化学名称　*O*, *O*-双(对溴苯基)-*N*-亚氨基逐乙酰基硫逐磷酰胺酯

理化性质 纯品是一种白色粉末，原药为浅粉色或浅黄色粉末状固体。不溶于水，微溶于乙醇、氯仿、苯，易溶于二氯甲烷、丙酮。

合成方法 以苯酚为起始原料，采用溴素进行溴化，生成4-溴苯酚，然后4-溴苯酚与三氯硫磷发生磷酰化反应，生成*O*,*O*-双(对溴苯基)硫逐磷酰氯，再与盐酸乙脒进一步发生磷酰化反应即可得到*O*,*O*-双(对溴苯基)-*N*-亚氨基逐乙酰基硫逐磷酰胺酯(溴代毒鼠磷)[30]。

(1) 中间体对溴苯酚的制备 向装有搅拌器、温度计、滴液漏斗，接有蒸馏装置和尾气处理装置的500mL三口烧瓶内加入25g苯酚和200mL CCl_4，置于冰水中冷却。在真空且不断搅拌的条件下，将43g溴素从滴液漏斗缓慢滴入至烧瓶内，液温不超过15℃，约0.5h滴加完毕，继续搅拌15min，然后蒸去溶剂CCl_4，待残液冷却后，取样分析。加入100mL苯，在冰水中冷却后，加入28.5g三乙胺，并搅拌，此时温度上升，待冷却后备用。

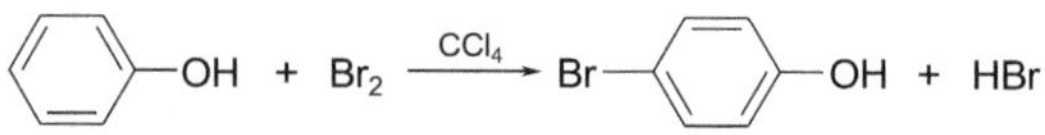

(2) 中间体*O*,*O*-双(对溴苯基)硫逐磷酰氯的制备 在装有搅拌器、温度计、滴液漏斗和回流冷凝器的500mL圆底烧瓶中，装入21.1g三氯硫磷和100mL苯，并将反应瓶置于冰水中，在不断搅拌下，将第一步所得的物料通过滴液漏斗滴加到瓶内，使物料温度不超过15～20℃。约0.5h滴加完毕，继续搅拌15min。然后加入水使三乙胺盐酸盐溶解在水中和苯层分层，用分液漏斗将其分开。水相待回收三乙胺，苯相为*O*,*O*-双(对溴苯基)硫逐磷酰氯，待用。

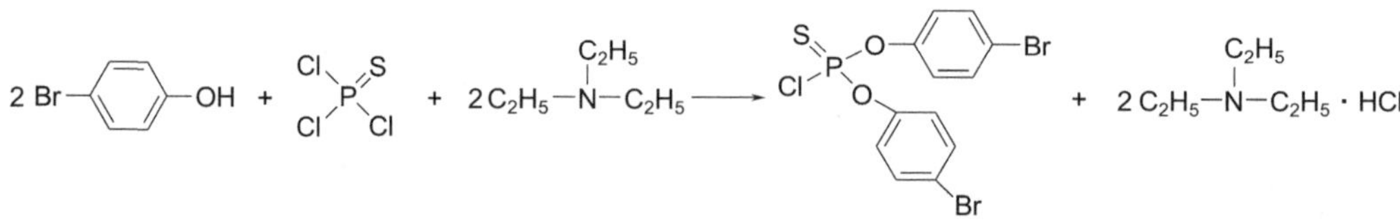

(3) 溴代毒鼠磷的合成 在与制备氯化物相同的反应瓶中，将第二步反应物料和盐酸乙脒水溶液[盐酸乙脒15g(0.16mol)溶解在40mL水中]加入反应釜中，将40mL氢氧化钠水溶液[内含氢氧化钠12g(0.30mol)]在不断搅拌和冰水冷却下滴加到釜内，此时温度会升高，反应液渐渐变为乳白色。待温度开始下降以后，继续搅拌2h，然后过滤、干燥、称重、测熔点[30]。

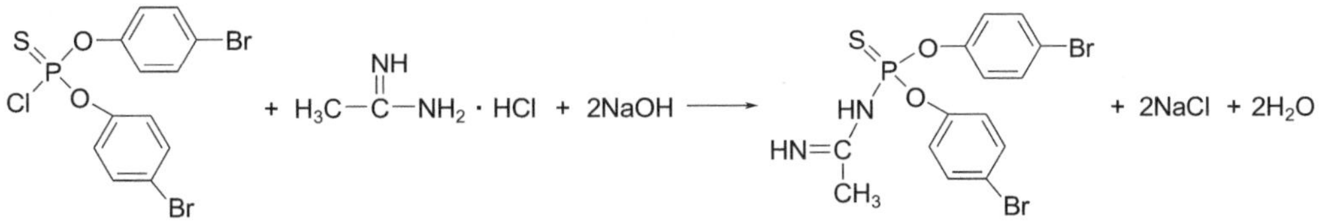

7.4 含磷增效剂

由于许多农药制剂以粒剂、粉剂、乳油、可湿性粉剂等传统剂型为主，其渗透力低，在大田喷洒后，大部分的农药不能针对有害靶标发挥药效，往往残留在土壤中，或渗透到地下水中，或散发到大气中，或被雨水冲入江河湖泊，这些都会对大气、土壤、水源，乃至整个生态环境造成污染。目前在农药中添加增效剂是提高药效、减少有效成分用量的对策之一。添加增效剂可以大幅度降低农药有效成分的用量，更能充分发挥药效，并能降低害虫产生抗药性的概率。增效剂还具有促进作物生长发育、增强作物抗性、增产增益的功能[31]。农药增效剂本身无生物活性，但与某种农药混用时，能明显改善其润湿和渗透性能，有利于药液在叶面铺展及黏附，从而可减少喷雾药液随风(气流)漂移，防止或减轻对邻近敏感作物等的损害，还可减少紫外线对农药制剂中有效成分的分解，达到延长药效有效期，提高其生物活性，减少用量，降低成本，保护生态环境的目的。

目前增效剂可以作为喷雾改良剂、叶面吸收助剂、活化剂等，广泛应用于杀虫剂、杀菌剂、除草剂、植物生长调节剂的喷雾混合液中，特别适合内吸性药剂。

7.4.1 含磷增效剂的发展

自 20 世纪 30 年代后期，人们发现具有邻亚甲基二氧苯基团的化合物(简称 MDP 化合物)，不仅对除虫菊酯类杀虫剂，而且对其他杀虫剂也具有增效作用之后，国外许多农药专业公司和研究所都热衷于对农药增效剂的开发研究，发表了不少文章，也申请了很多专利，并有许多新产品投放市场。

目前农药增效剂的来源广泛，并没有指定是通过化学合成或是生物提取等途径获得，只要能提高农药的有效性或是增加其渗透性的物质均可称为农药增效剂。

在 20 世纪 60～70 年代，有机磷类杀虫剂增效剂的研究引起了广泛的重视[31]。先后开发了含磷增效剂磷酸三苯酯、增效磷等，均可作为农药的增效剂。

7.4.2 含磷增效剂品种简介

含磷增效剂的代表性品种主要包括磷酸酯和膦酸酯类化合物，具体品种如下。

7.4.2.1 增效磷

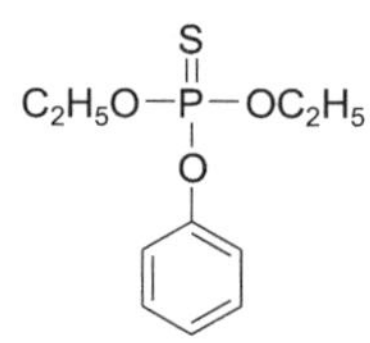

化学名称 *O*,*O*-二乙基-*O*-苯基硫逐磷酸酯

毒性 纯品：小鼠急性经口 LD_{50} 为 810mg/kg；兔子急性经皮 LD_{50} ＞ 10000mg/kg。50% 的乳剂小鼠皮下注射 LD_{50} 为 5000mg/kg[32,33]。

用途 增效磷与杀虫剂或杀菌剂混用，能够提高药效。增效磷对多种有机磷类、氨基甲酸酯类和拟除虫菊酯类杀虫剂等有增效作用。不仅对杀虫剂增效广谱，而且可提高对多种抗性昆虫(如棉花、卫生、果树、蔬菜害虫和储粮害虫等)的防治效果[32,33]。

7.4.2.2 磷酸三苯酯（triphenyl phosphate）

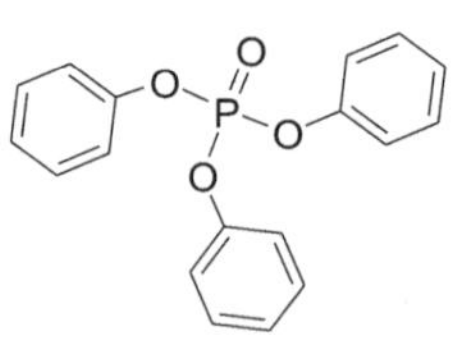

化学名称 磷酸三苯酯

毒性 大鼠急性经口 LD_{50} 为 3800mg/kg；小鼠急性经口 LD_{50} 为 1320mg/kg；兔子急性经口 LD_{50} 为 3000mg/kg，兔子急性经皮 LD_{50} ＞ 7900mg/kg。对大鼠皮肤无刺激性，进入体内后无蓄积性。

用途 1967 年发现磷酸三苯酯与马拉硫磷混用后，对大多有抗性品系和敏感品系的昆虫及蝇类有增效活性。研究表明磷酸三苯酯不具广谱的增效作用，除对少数有机磷杀虫剂如马拉硫磷和杀螟硫磷有增效作用外，对大多数杀虫剂均不增效。此外，磷酸三苯酯更多地用于工程塑料及酚醛树脂积层板的阻燃增塑剂和合成橡胶的柔软剂等[33,35]。

7.4.2.3 niagara 16388

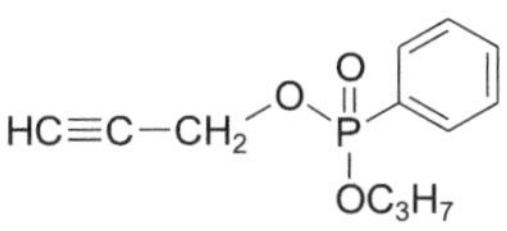

化学名称 *O*-丙基-*O*-(2-丙炔基)苯基膦酸酯

毒性 大鼠急性经口 LD_{50} 为 362mg/kg[1]。

用途 *O*-丙基-*O*-(2-丙炔基)苯基膦酸酯通常与拟除虫菊酯类农药复配，增强其杀虫效果，并具有保幼激素的作用，能有效地抑制多功能氧化酶，也是除虫菊素的增效剂[34]。

7.4.3 含磷增效剂的作用原理

含磷增效剂的作用原理主要是抑制或弱化靶标(害虫、杂草、病菌等)对农药活性的解毒作用，延缓药剂在防治对象内的代谢速率，从而增加生物防效。

7.4.3.1 增效磷的作用原理

增效磷作为杀虫剂增效剂，虽然其本身对于昆虫无活性，但进入虫体后，能抑制昆虫体内的多功能氧化酶，降低害虫对杀虫剂的代谢和解毒功能，从而减少杀虫剂有效成分在害虫体内分解。同时，增效磷在多功能氧化酶作用下生成相应的氧化物，可加强杀虫剂对害虫体内羧酸酯酶和乙酰胆碱酯酶的抑制作用，从而可增加药效。增效磷的应用可以解决或部分解决一些害虫的抗药性问题，同时并不增加对高等动物的毒性，是一种广谱性农药增效剂[31]。

7.4.3.2 磷酸三苯酯的作用原理

磷酸三苯酯常作为马拉硫磷的专用增效剂，其作用原理是对昆虫的羧酸酯酶和丽蝇科幼虫匀浆的环氧化物水解酶有抑制作用[35]。

7.4.4 含磷增效剂品种的合成

具有磷酸酯结构的增效磷和磷酸三苯酯，可采用五硫化二磷、三氯硫磷或三氯氧磷为起始原料，通过亲核取代或磷酰化反应合成，其合成方法介绍如下。

7.4.4.1 增效磷的合成

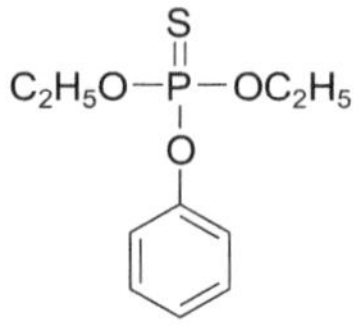

化学名称 *O*,*O*-二乙基-*O*-苯基硫逐磷酸酯

理化性质 无色透明液体，能溶于苯、酮、醚。沸点为120～122℃(399.96Pa)。

合成方法 *O*,*O*-二乙基硫逐磷酰氯(简称乙基氯化物)为合成增效磷的中间体，目前乙基氯化物的制备方法有两种，按起始原料的不同，可分为五硫化二磷法和三氯硫磷法，三氯硫磷法又可分为醇钠一步法和醇钠两步法。制得中间体乙基氯化物后，在碱性条件下与酚钠缩合即可生成产品增效磷[36]。

(1) 中间体乙基氯化物的制备

① 五硫化二磷法。先由P_2S_5与无水乙醇在催化剂存在下反应制得硫化物$(C_2H_5O)_2P(S)SH$，经分馏在低于20℃条件下，通入氯气制得乙基氯化物。在氯化反应中，控制投料比为$(C_2H_5O)_2P(S)SH$∶Cl_2=1∶1。该方法具有工艺简化、“三废”排放减少、产率高等优点。

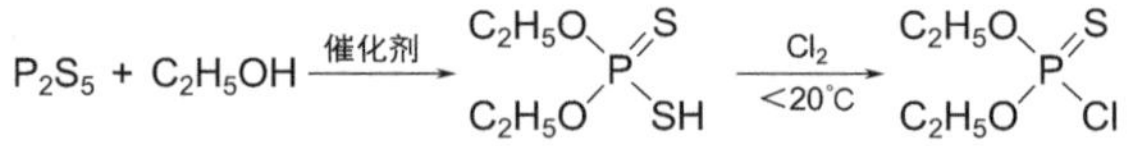

② 三氯硫磷法。此法采用三氯硫磷与乙醇钠反应制取氯化物，常称为醇钠法。醇钠法又可分为醇钠一步法和醇钠两步法。醇钠一步法中主要控制反应物三氯硫磷与乙醇钠的摩尔比为1∶2，主要缺点是乙醇消耗量大，但其收率可达90%。醇钠两步法，先将$PSCl_3$与无水乙醇反应生成二氯化物$C_2H_5OP(S)Cl_2$，再与乙醇钠反应生成一氯化物，收率在80%左右。醇钠两步法由于过程中产生氯化氢，需要用碱吸收且生产需要负压，与醇钠一步法相比，具有腐蚀性强、工艺流程长等缺点。在

实际生产中醇钠一步法和醇钠两步法均有采用。

醇钠一步法：

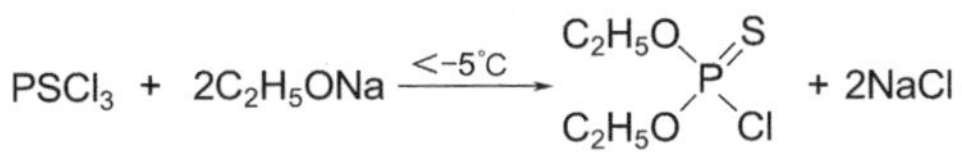

醇钠两步法：

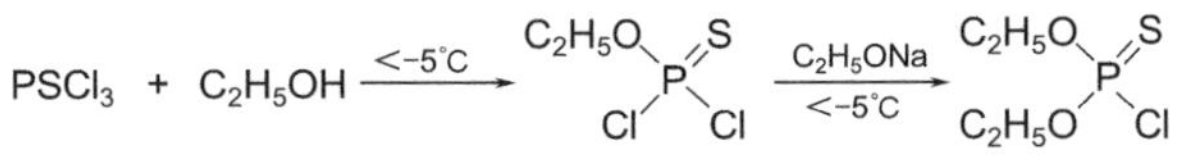

(2) 增效磷的合成　由中间体二乙氧基硫逐磷酰氯与苯酚钠盐反应可制得增效磷。由于二乙氧基硫逐磷酰氯具有亲油性，而苯酚钠盐具有亲水性，为了增加两分子的接触和碰撞，通常可加强搅拌或加入对两者均有溶解性的溶剂，如甲苯和水是目前使用较多的双溶剂。在制备过程中，先由苯酚与氢氧化钠反应制得苯酚钠盐，然后在三乙胺存在下，苯酚钠盐与中间体二乙氧基硫逐磷酰氯在甲苯和水双溶剂中通过磷酰化反应便可制得增效磷[36]。在此反应中，生成的磷酰氯季铵盐溶解在水相中，与苯酚钠盐进行阴离子交换，然后季铵盐阳离子和苯氧基负离子结合成离子对进入甲苯相中和磷酰氯发生反应生成增效磷。

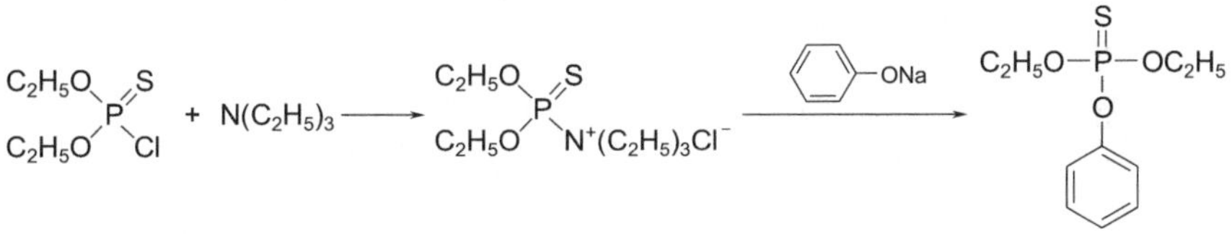

7.4.4.2　磷酸三苯酯的合成

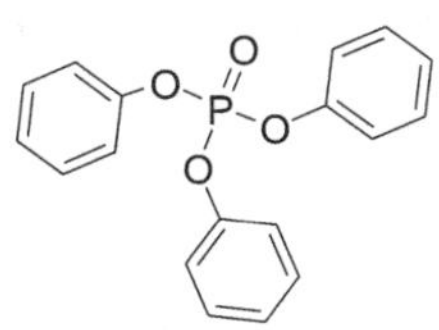

理化性质　外观为白色、无臭结晶粉末，略有潮解性；蒸气压 0.01kPa (20℃)；闪点 220℃；熔点 47～53℃；沸点 370℃；不溶于水，微溶于醇，溶于苯、氯仿、丙酮，易溶于乙醚。

合成方法　苯酚钠与三氯氧磷在β-萘酚和无水氯化镁存在下，在80～110℃回流，通过磷酰化反应可制得磷酸三苯酯。或者将三氯氧磷的甲苯溶液滴加到含有45%氢氧化钠和水的苯酚甲苯混合液中，在25～30℃经剧烈搅拌也可获得磷酸三苯酯，收率可达98%以上[37,38]。

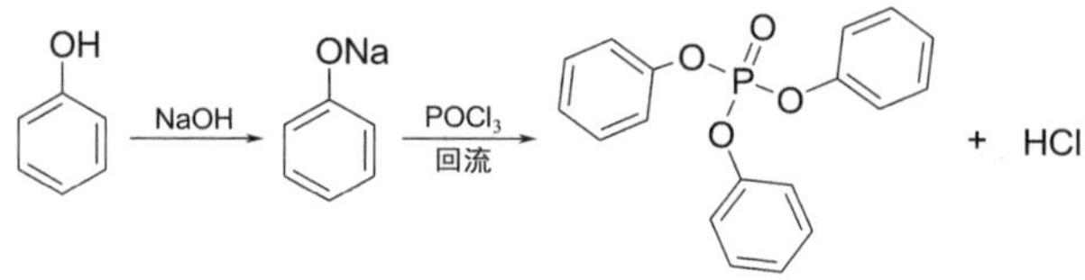

参考文献

[1] 孙家隆，等. 新编农药品种手册[M]. 北京：化学工业出版社，2015.

[2] Segall Y, Grendell R L, Toia R F, et al. Composition of Technical Ethephon [(2-chloroethyl) phosphonic acid] and Some Analogs Relative to Their Reactivity and Biological Activity [J]. Journal of Agricultural and Food Chemistry, 1991, 39(2): 380-385.

[3] 邵莉楣，孟小雄. 植物生长调节剂应用手册[M]. 北京：金盾出版社，2011.

[4] 孙家隆，等. 现代农药合成技术[M]. 北京：化学工业出版社，2011.

[5] 刘斌，等. 乙烯利合成技术进展[J]. 上海化工，2021, 35(12): 13-15.

[6] 李尚昕，等. 乙烯利生产过程中的副反应[J]. 山东化工，2011, 40(06): 60-61, 64.

[7] 赵林涛. 乙烯利合成工艺研究[D]. 上海：华东理工大学，2012, 07.

[8] 季国炎，等. 乙烯利生产排放液中副产高品质二氯乙烷[J]. 有机化工，2014, 05.

[9] 王新宏，张旭. 多用途植物生长调节剂——调节膦[J]. 湖北化工，2000(03): 37-38.

[10] 刘祎. 植物生长调节剂调节膦[J]. 农药. 2002(02): 41-42.

[11] 刘念. 高纯脱叶磷合成与杂质组成研究[J]. 当代化工，2003, 32(2): 79-80.

[12] 文琼，姚嘉鑫，唐诗思，等. 脱叶磷的合成研究[J]. 精细化工中间体，2018, 48(1): 17-18, 24.

[13] 杨崇翊. 1,2-次乙基二膦酸合成工艺的探讨[J]. 河北化工，1997(02): 30-31.

[14] Keiichi Tomarn. 21世纪农药的设想：植物用抗病毒剂[J]. 张素华，译. 农药译丛，1988, 10(2): 10-15.

[15] 钟石春，胡树林，蔡万青，等. 江华县南方水稻黑条矮缩病及稻飞虱防控示范总结[J]. 湖南农业科学，2013,(10): 20-22.

[16] 陈卓，杨松. 自主创制抗植物病毒新农药：毒氟磷[J]. 世界农药，2009, 31(2): 52-53.

[17] 范会涛，李向阳，陈卓，等. 30%毒氟磷可湿性粉剂对环境生物的毒性与安全性评价[J]. 农药，2011, 50(1): 48-52.

[18] 李爱国，马超，张海燕，等. 毒氟磷等新药剂防控水稻黑条矮缩病效果初探[J]. 中国稻米，2013, 19(3): 59-61.

[19] 李威，李光泉，粟俊. 30%毒氟磷可湿性粉剂防治烟草花叶病毒病田间药效试验[J]. 农技服务，2013, 30(2): 161, 163.

[20] 王彦芬，Syeda Amber Kazmi，曲休宁，等. 芋病毒病田间调查及毒氟磷对芋病毒病的防治效果[J]. 长江蔬菜，2012, (16): 108-110.

[21] 陈卓，范会涛，刘家驹，等. 抗植物病毒农药的化学生物学和作用机制研究新进展[C]. 公共植保与绿色防控——中国植物保护学会2010年学术年会，2010.

[22] Jin L, Song B, Zhang G, et al. Synthesis, X-ray Crystallographic Analysis, and Antitumor Activity of *N*-(benzothiazole-2-yl)-1-(fluorophenyl)-*O*,*O*-dialkyl-alpha-aminophosphonates [J]. Bioorganic & Medicinal

Chemistry Letters, 2006, 16(6): 1537-1543.
[23] 诸葛阳，王伟，蔡昌曜，等．低浓度(0.5%)磷化锌灭鼠效果的研究 [J]．科技通报，1987(01): 49-50.
[24] 郑卫青，等．美国灭鼠剂应用概述 [J]．中华卫生杀虫药械，2013(3): 255-257.
[25] 叶定岳．有机磷杀鼠剂研究进展 [J]．精细化工，1984, 01: 46-52, 37.
[26] 刘晓辉．我国杀鼠剂应用现状及发展趋势 [J]．植物保护，2018, 44(05): 85-90.
[27] 夏娇娇，等．农田鼠害的防治方法 [J]．上海蔬菜，2009, 01: 63-65.
[28] 袁学洪，沈芸芝，乐俊仪，等．溴代毒鼠磷的毒理学研究 [J]．中华劳动卫生职业病杂志，1994(06): 347.
[29] 陈英科．毒鼠磷的合成 [J]．广东化工，1989(02): 33-34.
[30] 叶定岳．有机磷杀鼠剂溴代毒鼠磷 [J]．农药，1982(05): 17-18.
[31] 张国生，等．浅谈农药增效剂现状及应用前景 [J]．浙江化工，2000, 04: 24-26.
[32] 冯国蕾，石俊岳，张桂林，等．增效磷对杀虫剂的增效作用及其防治棉蚜效果 [J]．昆虫知识，1985, 04: 167-172.
[33] 高锦亚．增效磷(SV_1)的毒性研究(一)[J]．医学动物防制，1987, 03: 13-15.
[34] 陈茹玉，等．有机磷农药化学 [M]．上海：科学技术出版社，1995: 08.
[35] 唐除痴，等．农药化学 [M]．天津：南开大学出版社，1998.
[36] 吴忠芳，汪改志．增效磷(SV_1)合成路线 [J]．农药，1990, 29(6): 41-42.
[37] 李秀平，贾晓川，李晶．磷酸三苯酯的应用及合成方法研究进展 [J]．精细石油化工，2013, 30(04): 83-86.
[38] 陆华，谢明超．磷酸三苯酯的合成研究 [J]．广东化工，2016, 43(18): 82.

PHOSPHORUS 磷科学前沿与技术丛书

含磷农药

8

具有除草活性膦酸衍生物的研发进展

从农药科学的发展规律而言，没有一劳永逸的农药品种，不断创新才是农药科学发展的永恒规律。从农药的发展趋势而言，农药新品种的发展已受到生态环境的制约，对环境友好已作为创制新农药的首选指标。因此，创制对人类和环境友好的有机磷农药新品种是我国有机磷农药工业可持续发展的必然选择。

大多数有机磷农药均属于四配位有机磷化合物，在全球七十多年的应用实践证明了四配位有机磷化合物作为农药在作物保护上具有显著的独特性和实用性。因而新型四配位有机磷化合物作为农药应用仍将是新农药创制研究的重要领域。

随着高毒有机磷杀虫剂在世界上逐渐被限用和淘汰，对有机磷杀虫剂的创新性研究已在1985～1990年前后逐渐进入低潮或终止。由于在全球研发应用的有机磷农药中，有机磷杀虫剂几乎占据了80%，因此，再开发一个结构全新的有机磷杀虫剂品种将具有较长的周期和较大的风险，商业价值较小。而其他有机磷农药品种占有较低的比例，如在有机磷农药中，有机磷除草剂仅约占6.9%。

相对于杀虫剂而言，有机磷除草剂的“绿色”品种将具有更大的发展空间。纵观全球有机磷农药的研发动向，目前多集中在有机磷除草剂的研发方向上。第一个有机磷除草剂草特磷(DMPA)[1]研发之后，许多有机磷除草剂品种陆续被开发应用，其中，膦酸衍生物成为了新型含磷除草剂的研发重点。多种具有膦酸酯结构骨架的除草剂被成功开发并投入市场。其中选择性除草剂有特克草、杀木膦、磺草膦，非选择性的灭生性除草剂包括草甘膦、双丙氨膦、草铵膦和草甘膦三甲基锍盐。其中最为著名的有机磷除草剂草甘膦，以其高效、低毒、杀草谱广、低残留、易分解以及对环境安全等优点，至今仍是应用最广的一个除草剂品种。2007年后随着高毒有机磷产品产量大幅度下降，低毒有机磷除草剂的产量在逐渐上涨，特别是在转基因技术的应用和推动下，以草甘膦为主的低毒有机膦酸酯除草剂得到更广泛的应用[2]。近几年，草甘膦和草铵膦几乎已占据世界除草剂总量的50%以上，显示了有机磷除草剂的重要地位。中国成为了全球最大的低毒有机磷除草剂草甘膦的生产和出口国。

草甘膦作为除草剂的成功开发一度引发了人们对草甘膦类似物及各种取代的膦酸酯衍生物的研究热情，成为了含磷除草剂研究开发的热点。自从草甘膦在世界上被广泛应用以来，草甘膦的作用靶标5-烯醇式丙酮酰莽草酸-3-磷酸合酶(EPSPS)受到许多研究者的关注，相继以EPSPS为靶酶，进行了新型抑制剂的分子设计研究。如在1998年第14届国际磷化学会议上，许多研究者报告了针对草甘膦的靶酶设计抑制剂的研究工作[3]。美国的研究者发现 4-(1-羟基)膦酰基甲基-1*H*-吡咯-2-羧酸酯基(**0-2**)对 EPSP 合成酶莽草酸-3-磷酸酯(**0-1**)的部位具有很强的亲和力，同时还报道了与(**0-2**)相关的系列化合物(**0-3**)与(**0-4**)。

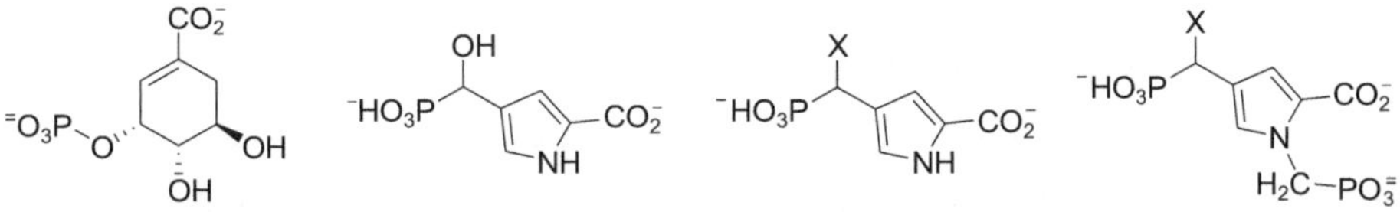

(0-1) **(0-2)** **(0-3)** **(0-4)**

同时，研究者们投入了极大的兴趣研究草甘膦的类似物和结构的变化对活性的影响。许多研究者试图设计合成新的草甘膦类似物以此来发现和开发除草剂新品种。瑞士的 Luowig Mair 报告了草甘膦类似物的研究工作，为了弄清活性对结构的要求，他们将草甘膦从结构上分为 5 个部分，并分别替换这一分子中 5 个不同结构部位的基团来系统合成多种类似物，以考察这些结构变化对其除草活性的影响。

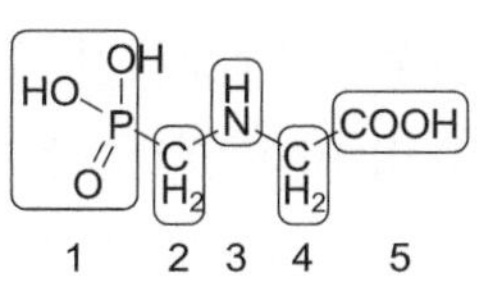

如在结构 1 中，与磷相连的—OH 分别由—CH_2OH、—R、—CH_2COOH、—$NHCH_3$ 取代；在结构 2 中，—CH_2 由环丙基取代；在结构 3 中，N 上的—H 分别由—CH_3、—$NHCH_3$、—CH_2COOH、—NH_2 取代；在结构 4 中，—CH_2 由环丙基取代；在结构 5 中，—COOH 分别由—CHO、四唑和—SO_3H 所取代；此外，在 2 位和 3 位，2 位和 4 位，3 位和 4 位之间可分别由脂环基取代。根据这一思路，他们研究了上述各类化合物的合成方法，合成了上述类似物，并系统考察了每个化合物的除草活性。

虽然许多研究者在草甘膦的类似物上开展了大量的研究工作，但至今为止，仍未见以 5-烯醇式丙酮酰莽草酸-3-磷酸合酶(EPSPS)为靶酶新的草甘膦类似物成功进入市场或应用。

在现代农业中，化学除草剂被广泛用于控制杂草，占世界上商用农药的 50% 以上。从 20 世纪 50～80 年代开始，科研人员每隔 2～3 年就会发现具有独特作用机制(MOA)的除草剂并商业化。然而，近些年这一趋势急剧下降，30 多年未见新作用机制的除草剂上市[4]。目前在世界上应用的除草剂(原药)品种已达300种以上，但其作用靶标约20种[4,5]。

在2007年第十一届国际纯粹与应用化学联合会(IUPAC)国际农药化学会议上曾报道，占全球除草剂市场75%的除草剂仅作用于6种靶标[6]。即使发展至今，占据全球农药市场主导地位的除草剂品种所具有的靶标仍仅限于5-烯醇式丙酮酰莽草酸-3-磷酸合酶(5-enolpyruvylshikimate-3-phosphate synthase，EPSPS)、乙酰羟酸合成酶(acetohydroxyacid synthase，AHAS)、光系统Ⅱ电子传递(photosynthesis Ⅱ electron transport，PS-Ⅱ)、合成激素(synthetic auxin)、乙酰辅酶A羧化酶(acetyl-CoA carboxylase，ACCase)、细胞分裂(cell division，VLCFA)和原卟啉原氧化酶(protoporphyrinogen oxidase，PPO)这7种靶标。

采用传统的类同合成方法，或选择已有的商品化除草剂靶标酶进行新型除草剂的设计合成，仍然可以不断地获得大量结构新颖并具有生物活性的化合物，但所获得的除草剂新品种的作用靶标往往仍局限于现有的商品化除草剂的作用靶标。采用靶标相同或近似的除草剂轮换使用，会使杂草抗性问题日益突出与严重。显然，只有轮换使用不同作用靶标的除草剂才能预防和解决杂草抗性问题[7]。因此，杂草对商用除草剂快速增长的耐药性重新点燃了农化行业对研发具有新作用机制和新结构的除草剂的兴趣。因而高效率地基于特定作用靶标的生物合理设计，探索发现具有新结构特别是具有新靶标酶的除草剂是目前国际上新农药创制的前沿课题。在人们正在努力探索的除草剂新靶标酶中，丙酮酸脱氢酶复合物(也称丙酮酸脱氢酶系，pyruvate dehydrogenase complex，以下简称为PDHc)是一个令人关注的作用靶标，其研究进展显著。

本章将重点介绍具有除草活性的膦酸酯衍生物以及相关植物丙酮酸脱氢酶复合物(PDHc)抑制剂类除草剂的研究进展。

8.1 丙酮酸含磷类似物作为植物PDHc抑制剂

丙酮酸脱氢酶复合物是生物体内重要的氧化还原酶系之一，早在20世纪50年代便有PDHc抑制剂的研究报道。随着研究的深入，更多的研究者投入了PDHc抑制剂的基础和应用研究领域。

8.1.1 丙酮酸脱氢酶复合物的生物功能

丙酮酸氧化脱羧生成乙酰辅酶 A 是生物体内糖有氧氧化过程中的关键步骤之一，需在丙酮酸脱氢酶复合物的催化下才能进行[8]。这一反应不仅为三羧酸循环提供了起始物质乙酰辅酶 A，还伴随着 NADH 的生成，为细胞提供了能量。

丙酮酸脱氢酶复合物是一个复杂的多酶体系。PDHc 由丙酮酸脱羧酶(pyruvate dehydrogenase complex E1 component，PDHc-E1，EC 1.2.4.1)、二氢硫辛酸转乙酰基酶(dihydrolipoyl transacetylase，PDHc-E2，EC 2.3.1.12)和二氢硫辛酸脱氢酶(dihydrolipoyl dehydrogenase，PDHc-E3，EC 1.8.1.4)3 部分组成[9]。这 3 种酶在 PDHc 催化的反应过程中以首尾相接的形式发挥作用，结构上的有序性使得 PDHc 催化丙酮酸脱羧形成乙酰辅酶 A 的复杂反应得以顺利进行。另外，在 PDHc 起催化作用的过程中，还有 6 种重要的辅助因子参与，分别是焦磷酸硫胺素(thiamine pyrophosphate，ThDP)、Mg^{2+}、硫辛酰胺(lipoamide)、黄素腺嘌呤二核苷酸(flavin adenine dinucleotide，FAD)、烟酰胺腺嘌呤二核苷酸(nicotinamide adenine dinucleotide，NAD^+)和乙酰辅酶 A(acetyl-CoA)。丙酮酸脱氢酶复合物在生物体内的催化反应如图 8-1 所示[10,11]。

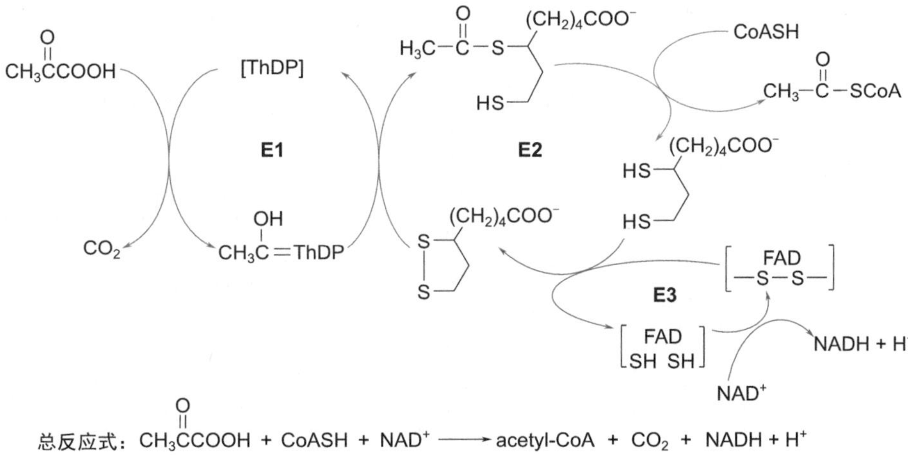

图 8-1 丙酮酸脱氢酶复合物催化反应的反应机制

PDHc 是一个具有重要生物学意义、值得探索的除草剂作用靶标[10,11]，因为它可催化植物体中由丙酮酸氧化脱羧转化为乙酰辅酶 A 的关键代谢过程。在 PDHc 催化反应中，PDHc-E1 催化控制整个反应体系的第一步，即依赖 ThDP 催化的丙酮酸脱羧反应，且该步反应为唯一一步不可逆反应[12]。对 PDHc-E1 活性的调节将直接影响整个复合体催化的反应速率[13]。

由于 PDHc-E1 对整个 PDHc 反应活性起着至关重要的作用，因此植物 PDHc-E1 作为除草剂的潜在靶标值得研究探索。目前已有文献报道的丙酮酸脱氢酶复合物抑制剂大多是以 PDHc-E1 为靶标所设计的。

8.1.2 烷基酰基（次）膦酸酯作为植物 PDHc 抑制剂

虽然早在 20 世纪 50 年代便开始有文献报道含砷、含铜的农药以及卤代丙酮酸或 2-羰基化合物等对 PDHc 具有抑制作用，但在 20 世纪 90 年代之前，由 R. Kluger 等（1977 年）[14] 和 A. C. Baillie 等（1988 年）[15] 所报道的丙酮酸含磷类似物才是最有效的植物丙酮酸脱氢酶复合物抑制剂。他们先后发现烷基酰基膦酸酯或烷基酰基次膦酸酯单钠盐 **1** 可作为植物丙酮酸脱氢酶复合物专一有效的强抑制剂（表 8-1）。

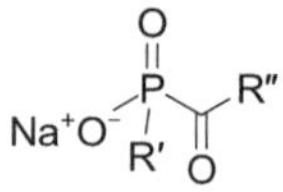

烷基酰基(次)膦酸酯单钠盐**1**

表8-1　烷基酰基膦酸酯或烷基酰基次膦酸酯单钠盐1对植物PDHc的抑制活性

化合物	R′	R″	抑制活性
1-1	OCH_3	CH_3	IC_{50}=70μmol/L①
1-2	CH_3	CH_3	$t_{1/2}$=12min（在 10μmol/L②）
1-3	H	CH_3	$t_{1/2}$=3min（在 0.3μmol/L②）
1-4	C_2H_5	CH_3	IC_{50}=165μmol/L①
1-5	CH_3	H	无活性
1-6	CH_3	C_2H_5	$t_{1/2}$=12min（在 1mmol/L②）

① 竞争性；

② 时间依赖性。

注：丙酮酸脱氢酶自豌豆中提取；$t_{1/2}$ 为半衰期。

1977 年，Kluger 和 Pike 等人从大肠杆菌中提取了粗的丙酮酸脱氢酶，对设计合成的 PDHc 底物丙酮酸钠类似物——乙酰基膦酸甲酯单钠盐 **1-1**（表 8-1）进行了动力学研究，确定了化合物 **1-1** 是一个底物丙酮酸钠的竞争性抑制剂（K_i=0.05μmol/L）。他们初步探明了丙酮酸含磷类似物对 PDHc 产生抑制作用的机制，为进一步进行丙酮酸脱氢酶复合物抑制剂的设计提供了初步的实验依据。

20 世纪 80 年代初期，Baillie 等人在 Kluger 等人研究的基础上进一步设计合成了烷基酰基（次）膦酸酯或盐[15]。1988 年，Baillie 等人又进一步证实烷基酰基次膦酸酯单钠盐 **1-2** 不仅为豌豆 PDHc 的强抑制剂，而且还显示了除草活性。他们基于对 PDHc 催化机制的理解，认为如果在酰基膦酸酯单钠盐的骨架上，在 R′处引入更小、电负性更弱的取代基代替甲氧基，其化合物的含磷部分将与底物丙酮酸的羧基更加相似。化合物 **1-2**～**1-6** 对豌豆 PDHc 的抑制活性与除草活性测试结果证明了其设计思想的合理性。

表 8-1 结果表明：相比烷基酰基膦酸酯盐，结构修饰后的烷基酰基（次）膦酸酯盐对 PDHc 的抑制活性显著提高，如烷基酰基膦酸酯单钠盐 **1-1** 的 IC_{50} 值为 70μmol/L。烷基酰基次膦酸酯单钠盐 **1-2** 的半衰期 $t_{1/2}$=12min（浓度为 10μmol/L），而且抑制类型也发生了变化。**1-1** 为竞争性抑制剂，而 **1-2** 为时间依赖性抑制剂。次膦酸单钠盐 **1-3** 与次膦酸酯单钠盐 **1-2** 相比是一个更好的时间依赖性抑制剂，其半衰期 $t_{1/2}$=3min（浓度为 0.3μmol/L）。与 Baillie 等人的设计思想相符，如与丙酮酸结构更类似的次膦酸酯单钠盐 **1-2** 同时表现出比膦酸酯单钠盐 **1-1** 更强的酶抑制活性和除草活性。Baillie 等人的研究结果证实了膦酸酯单钠盐 **1-1** 和次膦酸酯单钠盐 **1-2** 能使植物死亡，正是由于它们对植物 PDHc 具有强抑制作用所致[15]。

在正常代谢情况下［见图 8-2（a）］，丙酮酸与 PDHc-E1 上的焦磷酸硫胺素（ThDP）连接，由于 ThDP 中噻唑环上 N 和 S 间 C 上的 H 容易解离，而使该 C 易形成反应性很强的碳负离子，该碳负离子亲核进攻丙酮酸的羰基碳原子形成加成物 **A1**，然后进行脱羧反应，脱羧后形成 **A2**[15]。

Kluger 等（1977 年）[14] 和 Baillie 等（1988 年）[15] 先后相隔 10 年的研究都表明：某些烷基酰基膦酸酯或烷基酰基次膦酸酯 **1** 可作为 PDHc 专一有效的强抑制剂。化合物 **1** 进入植物体内，与丙酮酸竞争，首先占有丙酮酸的位置与焦磷酸硫胺素（ThDP）结合并反应，阻止丙酮酸与 ThDP 的正常加成作用。这是由于膦酰基中的羰基也极易与 ThDP 结合并发生加成反应，形成与加成物 **A1** 类似的中间体 **B1**［见

图 8-2(b)]，但这一中间体 **B1** 却不能发生进一步的脱羧反应，从而使植物体中丙酮酸氧化脱羧形成乙酰 CoA 的代谢过程受阻，破坏其正常的有氧代谢过程。

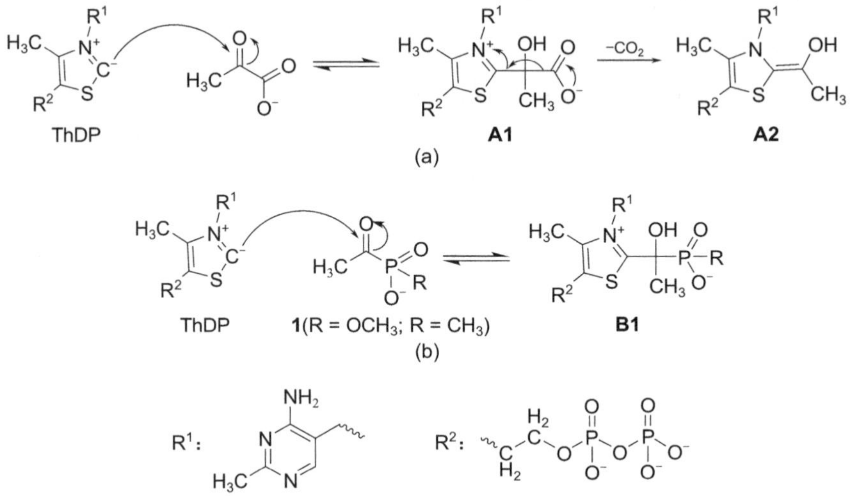

图 8-2　在 PDHc 催化下，ThDP 与丙酮酸(a)及烷基酰基膦酸酯或烷基酰基次膦酸酯 **1**(b)反应的比较

在具有丙酮酸类似物结构的 PDHc 抑制剂中，丙酮酸的含磷类似物是一类作用效果显著的植物 PDHc 抑制剂。Baillie 等人还发现这类抑制剂的类似物次膦酸盐 **2** 显示了很好的除草活性，研究表明是因为化合物 **2** 在植物体内可水解转化为次膦酸酯单钠盐 **1-2**[15]。

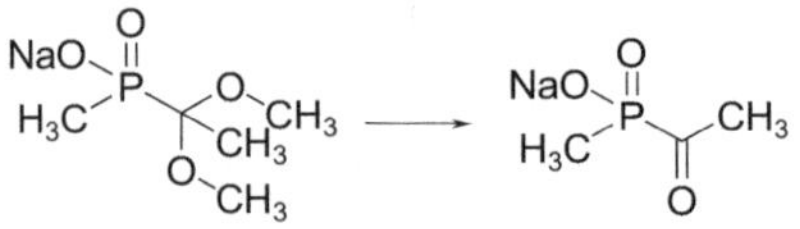

2　　**1-2**

田间药效评价表明在田间使用量高达 $2.8kg/hm^2$ 下，次膦酸盐 **2** 才能有效除草，但在此剂量下，对作物又有药害，因而未能进入商品化开发。1994 年，Baillie 等在第八届国际农药会议上报告了对 PDHc 抑制剂的研究[16]。随后先灵公司也有关于 PDHc 抑制剂的报道，发现丙酮酸含磷类似物甲基乙酰基次膦酸具有除草活性，但未进入商品化开发[17]。

8.2 具有除草活性的取代苯氧乙酰氧基烃基膦酸酯

烷基酰基膦酸酯(盐)或烷基酰基次膦酸酯(盐)通过抑制植物 PDHc 而使植物死亡的研究结果证明了植物丙酮酸脱氢酶复合物(PDHc)可作为除草剂的作用靶标。虽然由于此类 PDHc 抑制剂的除草活性和对作物的安全性不能达到作为除草剂开发的要求，但这种设计方法的学术价值和良好前景在农药界得到了高度的肯定和评价 [18,19]。由此有机磷化合物作为一类重要的植物 PDHc 抑制剂开始受到许多研究者的关注。考虑到农业现代化对环境友好型除草剂的重大需求，鉴于国内外未见有以 PDHc 为靶标的商品化除草剂的现状，PDHc 作为一个除草剂的潜在靶标值得进一步探索和研究 [11]。

8.2.1 先导结构的发现

自 20 世纪 90 年代以来，贺红武课题组选择以植物 PDHc 为除草剂的潜在靶标，从靶标生物特异性及新先导结构发现的关键科学问题切入，开展了系统的研究 [10]。在研究中采用理论计算的方法从理论上探讨了在蛋白质环境下丙酮酸脱羧酶的反应机制。南京大学黎书华等人 [20] 与华中师范大学熊英等人 [21] 的理论研究，进一步表明若能有效抑制脱羧反应，PDHc 抑制剂便能发挥高效作用。针对文献报道的 PDHc 抑制剂具有毒性高、除草活性低和选择性差等问题，贺红武等人提出了设计合成以 PDHc 为靶标的除草剂新骨架的思路。

据报道，与丙酮酸结构更类似的次膦酸酯单钠盐 **1-2** 比甲基酰基膦酸酯单钠盐 **1-1** 具有更强的酶抑制活性和除草活性。但发现甲基酰基次膦酸酯单钠盐 **1-2** 和酰基次膦酸单钠盐 **1-3** 对人的 PDHc-E1 的抑制作用均强于甲基酰基膦酸酯单钠盐 **1-1**。即使在摩尔浓度过量 500 倍时，**1-1** 对人的 PDHc-E1 的抑制作用也较微弱 [22]。

由于 **1-1** 对大肠杆菌和植物 PDHc-E1 具有良好的抑制作用，对人 PDHc-E1 几乎无抑制作用，具有较好的选择性，因此，贺红武等人首先选择烷基酰基膦酸酯(盐)**1-1** 作为苗头化合物进行结构改造。考虑到 Kluger 和 Baillie 报道的丙酮酸含磷类似物烷基酰基膦酸酯盐 **1-1** 或次膦酸酯盐 **1-2** 分子太小，结构空间变化有限，难以从中发现选择性好、活性高的化合物。因而，在保留膦酸结构单元 A 不变的基础上，又引入了多种不同的结构单元 B，由此产生了新的母体骨架 **IQ**。设想通过结构单元 A 和 B 的协同作用，可能从中发现一类全新并具有更高除草活性的先导母体结构。由此先后合成了 10 多个系列近千个膦酸酯衍生物 [23-41]，其中代表性的 10 个系列化合物的结构和除草活性列于表 8-2。

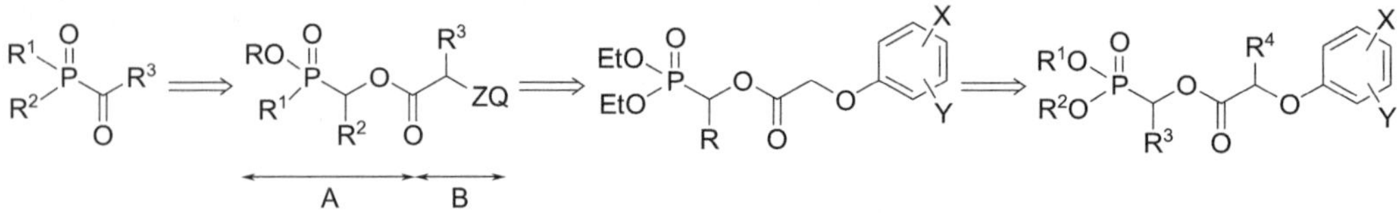

1　　**IQ**　　**IA-1**　　**I**

表8-2　10个系列膦酸酯类衍生物 IQ的结构和除草活性（抑制率）

化合物	结构	抑制率①,②
i	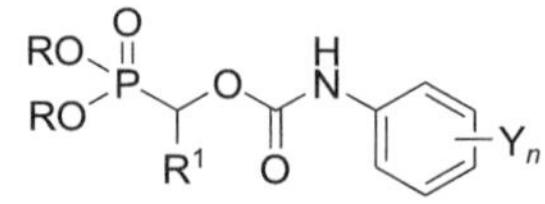	≤30% [23]
ii	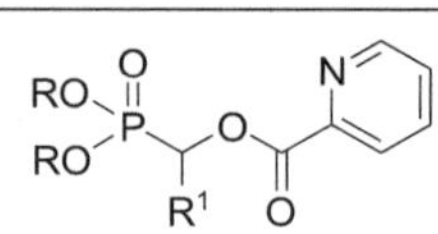	≤48% [24]
iii	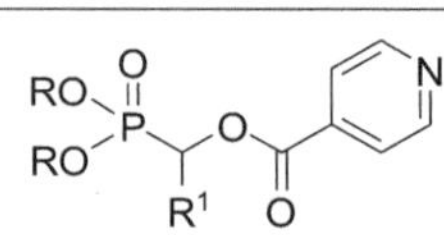	≤48% [25]
iv	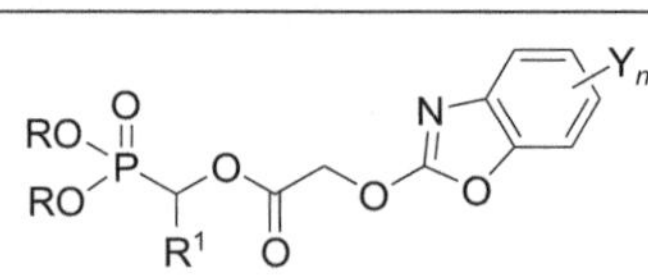	≤32% [26]
v	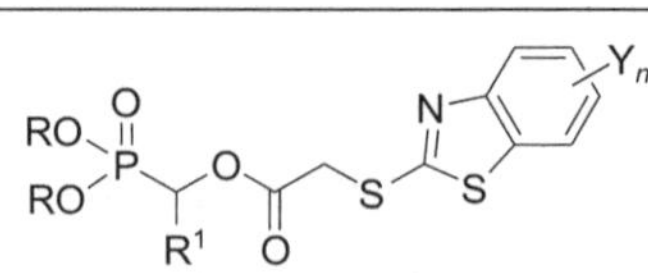	≤30% [27]
vi	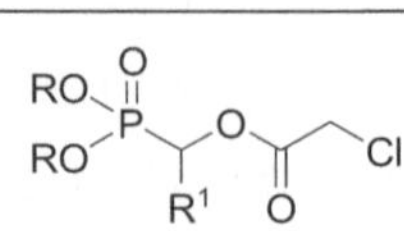	≤30% [28]

续表

化合物	结构	抑制率①,②
vii	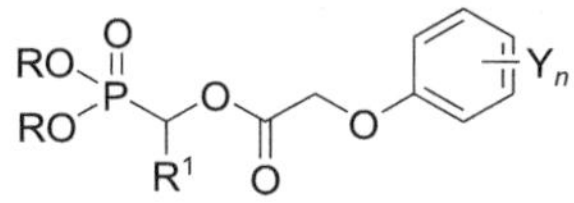	≤100%[29] R^1=H，Y_n=4-Cl
viii	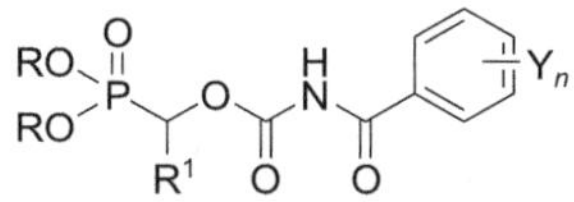	≤30%[30]
ix	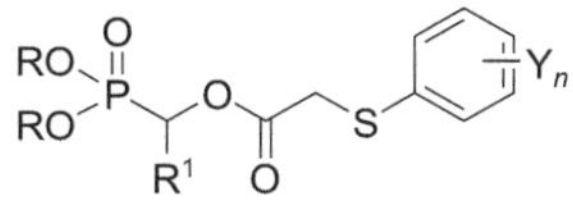	≤18%[31]
x	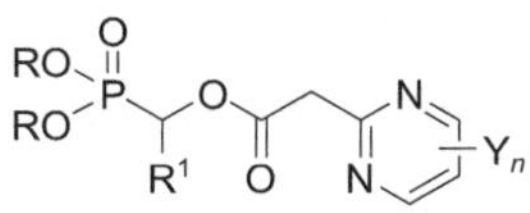	0[32]

① 测试浓度：2.25kg/hm^2；抑制率：0（无除草活性），100%（完全杀死）。

② 测试的靶标：油菜、野豌豆、大蓟、黄瓜、反枝苋、稗草、小麦、高粱。

采用盆栽法系统测定了所有化合物对植物的抑制活性，结果表明，当母体骨架中膦酸结构单元A保持不变时，结构B的改变对其生物活性有显著的影响。从中发现贺红武课题组的汪军等人合成的二乙基-α-(取代苯氧乙酰氧基)烃基膦酸酯(**vii**)，在剂量为2.5kg/hm^{2}的盆栽试验中，对双子叶植物的抑制率为100%，显著高于其他系列化合物的除草活性。用量低于Baillie等报道的除草活性最高的PDHc抑制剂**2**的使用剂量(2.8kg/hm^2)。通过对化合物**vii**结构进行扩展，由此提出了新的先导母体结构——取代苯氧乙酰氧基烃基膦酸酯 I [42]。

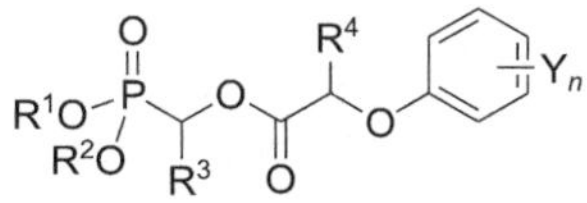

I

在新的先导结构取代苯氧乙酰氧基烃基膦酸酯 I 中既含有潜在的抑制PDHc的羰基膦酸酯结构单元A，同时又含有潜在的具有除草活性的芳氧羧酸结构单元B，而且A和B由易于降解的羧酸酯键连接，这样可以避免化合物产生高残留的问题。特别是在 I 的结构上具有 R^1、R^2、R^3、R^4、Y_n(Y_n=X、Y……)多个取代基，其结构修饰的空间大，有可能通过优化多个取代基的结构来使化合物达到最佳的选择性和活性。因此有可能发现一类潜在的丙酮酸脱氢酶复合物(PDHc)抑制剂类除草剂。

8.2.2 合成方法

贺红武课题组建立了取代苯氧乙酰氧基烃基膦酸酯 I 的合成方法。I 的合成可以选择以下两条路线：

(1)路线 1　先由 α-羟基烃基膦酸酯与氯乙酰氯反应生成 α-(氯乙酰氧基)烃基膦酸酯，后者在碘化钠存在下，进一步与取代苯酚钠反应可合成 I 。

(2)路线 2　先将反应活性较低的取代苯氧乙酸通过与氯化亚砜反应转化成反应活性较高的取代苯氧乙酰氯后，再由 α-羟基烃基膦酸酯和取代苯氧乙酰氯的缩合反应合成 I 。

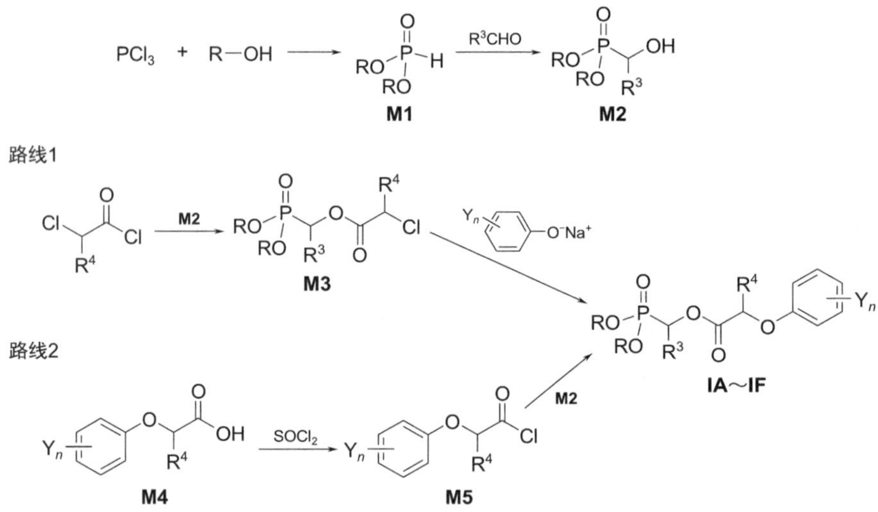

在上述两条路线中都需要用到 α-羟基烃基膦酸酯 **M2**。α-羟基烃基膦酸酯 **M2** 是合成烃基膦酸酯的重要中间体。当通式中的 R^3 为烷基时，通常可以利用 *O*,*O*-二烷基亚磷酸酯与羰基化合物的亲核加成反应来制备，*O*,*O*-二烷基亚磷酸酯可以三氯化磷为原料制备。根据反应条件的差异，α-羟基烃基膦酸酯有多种制备方法。主

要方法有碱催化加成法或无溶剂催化法[43]。碱催化加成法具有操作方便和后处理简单的特点，一般采用有机碱作为催化剂。无溶剂催化法采用的催化剂是氟化钾或氟化钙及三氧化二铝，此方法具有反应迅速、收率高的特点。

贺红武课题组利用上述合成路线，在温和的反应条件下，获得了多系列的取代苯氧乙酰氧基烃基膦酸酯 **IA**～**IF**[29,33,35,44-51]。

8.2.3 除草活性与构效关系

为了发现对植物 PDHc 具有强抑制作用而显示高效除草活性的化合物，通过逐步的结构优化，采用上述合成方法，汪军和王涛等人合成了一百多个 *O*,*O*-二烷基-1-(取代苯氧乙酰氧基)烷基膦酸酯 **IA**～**IF** 作为潜在的 PDHc 抑制剂，并采用温室盆栽法进行了系统的除草活性测试，发现大多化合物对双子叶植物的除草活性明显高于单子叶植物，而且它们对双子叶植物的苗后除草活性明显优于苗前除草活性。测定结果表明将含磷的结构单元和取代苯氧乙酸合理组合后产生的 *O*,*O*-二烷基-1-(取代苯氧乙酰氧基)烷基膦酸酯显示了良好的除草活性，而且通过优化母体上的取代基 R^1、R^2、R^3、R^4 和 Y_n 可显著提高其除草活性。特别是发现当取代基 Y_n=2,4-Cl_2 或 2-Cl,4-F 时，化合物具有突出的除草活性，表明苯环上的 2,4-Cl_2 或 2-Cl,4-F 作为 Y_n 时最有利于除草活性的提升。为了考察取代基 R^1、R^2、R^3、R^4 对除草活性的影响，在保持化合物取代基 Y_n=2,4-Cl_2 不变的情况下，改变取代基 R^1、R^2、R^3、R^4 的结构，万树青等人进一步系统测试了化合物对黄瓜(根或茎)生长有 50% 抑制作用的 IC_{50}(表 8-3)[43,49]。

表8-3 部分取代苯氧乙酰氧基烷基膦酸酯I对黄瓜（根或茎）生长抑制作用的IC_{50}

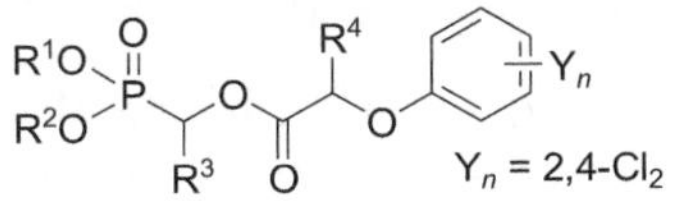

I

化合物	R^1，R^2	R^3	R^4	茎长 IC_{50}① /(μmol/L)	化合物	R^1，R^2	R^3	R^4	根长 IC_{50}① /(μmol/L)
IF-58	CH_3	3-NO_2Ph	H	5.02	**IC-22**	CH_3	CH_3	H	0.0025
IB-3	CH_3	CH_3	CH_3	6.74	**IF-58**	CH_3	3-NO_2Ph	H	0.0034

续表

化合物	R^1，R^2	R^3	R^4	茎长 IC_{50} ① /(μmol/L)	化合物	R^1，R^2	R^3	R^4	根长 IC_{50} ① /(μmol/L)
IC-22	CH_3	CH_3	H	7.56	**IC-32**	CH_3	*n*- C_3H_7	H	0.0075
IC-1	CH_3	H	H	7.79	**IE-22**	CH_3	Ph	H	0.0142
IE-22	CH_3	Ph	H	8.95	**IA-13**	C_2H_5	Ph	H	0.0488
IC-32	CH_3	*n*-C_3H_7	H	9.34	**IC-1**	CH_3	H	H	0.0577
2, 4-D				10.1	**2, 4-D**				0.228
IA-2	C_2H_5	H	H	13.4	**IA-4**	C_2H_5	CH_3	H	0.300
IB-4	CH_3	*n*- C_3H_7	CH_3	13.7	**IA-8**	C_2H_5	C_2H_5	H	0.310
IC-27	CH_3	C_2H_5	H	14.0	**IC-27**	CH_3	C_2H_5	H	0.327
IB-14	*n*-C_3H_7	CH_3	CH_3	18.0	**IB-12**	C_2H_5	CH_3	CH_3	1.08
IA-18	C_2H_5	2-ClPh	H	21.1	**IB-3**	CH_3	CH_3	CH_3	1.42
IA-8	C_2H_5	C_2H_5	H	25.7	**IA-18**	C_2H_5	2-ClPh	H	1.49
IB-7	CH_3	Ph	CH_3	30.1	**IB-14**	*n*- C_3H_7	CH_3	CH_3	2.44
IB-15	*n*-C_3H_7	Ph	CH_3	44.3	**IB-4**	CH_3	*n*- C_3H_7	CH_3	2.98
IA-13	C_2H_5	Ph	H	109	**IB-15**	*n*- C_3H_7	Ph	CH_3	4.51
IB-16	*n*-C_3H_7	2-ClPh	CH_3	164	**IB-16**	*n*-Pr	2-ClPh	CH_3	12.1

① IC_{50}（μmol/L）定义为 50% 抑制黄瓜（根或茎）所需的有效微摩尔浓度。

由表 8-3 可以看出，在保持 2,4-Cl_2 为 Y_n 不变的情况下，1-(取代苯氧乙酰氧基)烷基膦酸酯 **I** 中 R^1、R^2、R^3、R^4 的变化会对黄瓜的抑制作用具有较大的差异。抑制活性随 R^1、R^2、R^4 大小的增加而降低。当 *n*- C_3H_7 或 C_2H_5 被更小的取代基(CH_3)取代时，抑制活性大大提高。与除草剂 2,4-D 相比，以 CH_3 为 R^1 和 R^2，H 为 R^4 的化合物 **IC-1**、**IC-22**、**IC-32**、**IE-22** 和 **IF-58** 对黄瓜根和茎生长的抑制活性更高。而以 C_2H_5 或 *n*- C_3H_7 为 R^1 和 R^2 的化合物对黄瓜根和茎生长的抑制活性低于除草剂 2,4-D。这些结果表明，在含磷结构单元中与磷相连的取代基 R^1 和 R^2 对除草活性具有至关重要的作用。同时也说明了 1-(取代苯氧乙酰氧基)烷基膦酸酯 **I** 对黄瓜的抑制作用是基于膦酸酯 **I** 分子本身的作用，而不是可能的代谢产物 2,4-D 的作用。

8.3 氯酰草膦的发现与研究

除草活性和酶抑制活性的测试结果表明只有当取代苯氧乙酰氧基烃基膦酸酯中

的 6 个取代基 R^1、R^2、R^3、R^4、X 及 Y(X 和 Y=Y_n) 的结构达到合理匹配时，化合物才能显示最佳的酶抑制活性和除草活性。由此发现了一批具有显著除草活性的化合物，证实了通过结构 A 和 B 的协同作用，或当 6 个取代基的结构达到合理匹配时可获得高活性化合物的设计思路。

8.3.1 结构优化与筛选

通过先导结构的逐步优化获得了一批具有高除草活性的化合物，系统总结一百多个 1-(取代苯氧乙酰氧基)烷基膦酸酯 **IA**～**IF** 化合物的构效关系，可以发现：当在磷原子上连有 *O*-甲基，而不是 *O*-乙基或 *O*-正丙基(R^1 和 R^2)，苯环的 2 位和 4 位是两个氯原子或氯氟原子(Y_n=X 和 Y)，此外 R^3 为甲基，R^4 为 H 时，将最有利于除草活性和酶抑制作用的提升。由此贺红武课题组发现了高活性化合物，*O*,*O*-二甲基-1-(2,4-二氯苯氧乙酰氧基)乙基膦酸酯(**IC-22**)。

如图 8-3 所示，通过先导结构的逐步优化获得了高活性化合物 **IC-22**。

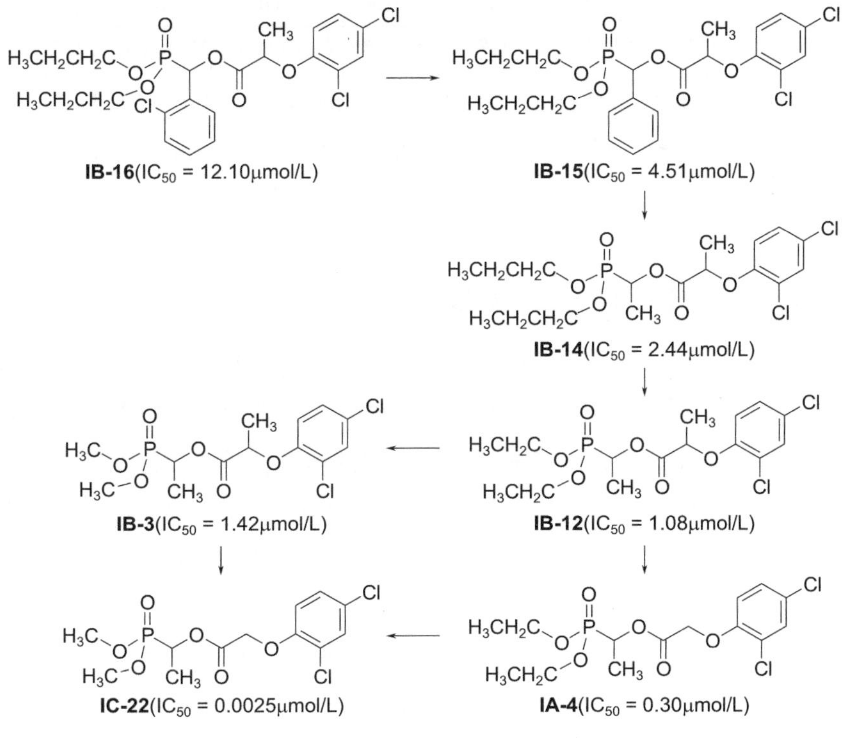

图 8-3 高活性化合物 **IC-22**（HW02）的筛选（IC_{50} 为对黄瓜根长的抑制作用）

为了进一步确认 **IC-22** 的除草活性，陈杰和徐小燕等人在 18.75～450g ai/hm^2 剂量下，选择鳢肠(*Eclipta prostrata*)、反枝苋(*Amaranthus retroflexus*)、苍耳(*Xanthium strumarium*)、碎米荠(*Cardamine hirsuta*)、马齿苋(*Portulaca oleracea*)、苜蓿(*Medicago sativa*)、稗草(*Echinochloa crusgalli*)和马唐(*Digitaria sanguinalis*)等杂草为靶标，评价了 **IC-22** 在温室的茎叶处理除草活性(表 8-4)。

表8-4 IC-22茎叶处理除草活性（抑制率）① 单位：%

剂量/(g ai/hm^2)	反枝苋	碎米荠	鳢肠	马齿苋	苜蓿	苍耳	马唐	稗草
18.75	65	75	56	50	60	50	0	0
37.5	83	84	72	65	72	60	0	0
75	90	88	83	75	84	72	0	0
150	96	90	90	85	90	90	15	0
225	96	95	96	90	95	95	23	10
300	100	100	100	95	97	100	32	20
450	100	100	100	100	100	100	38	35

① 抑制率（%）：对温室内植物生长的抑制效果（%），0% 表示无效果，100% 表示完全抑制。

如表 8-4 所示，在温室条件下，**IC-22** 在 18.75～450g ai/hm^2 剂量下对阔叶杂草具有显著的苗后除草活性，而对单子叶杂草稗草和马唐具有较弱的苗后除草活性[52]。采用盆栽法确认了 **IC-22** 在 150～450g ai/hm^2 剂量下对阔叶杂草具有较高的除草活性。

8.3.2 除草活性与作物安全性

在上述研究的基础上，**IC-22** 被选择作为候选除草剂(开发代号: HW02)开发。在“九五”和“十五”国家科技攻关项目的资助下，委托国家南方农药创制中心浙江基地，对 HW02(**IC-22**)进行了系统的生物测试和深入筛选。首先扩大杀草谱对其茎叶处理抑制活性和作物的选择性进行了考察。其结果分别列在表 8-5 和表 8-6 中。

在温室条件下，HW02(**IC-22**)对 21 种植物的茎叶处理抑制效果列在表 8-5 中，表 8-5 中的数据表明，HW02 对其中 15 种双子叶植物显示出高活性或中等活性，非常敏感的杂草为藜、裂叶牵牛、大蓟、反枝苋、鳢肠、野胡萝卜、白菜、油菜、牛筋草，其次为甜菜和白芥，再者为苜蓿、碎米莎草、苘麻和皱叶酸模；一般敏感的杂草为稗草、旱熟禾、马唐、狗尾草和猪殃殃，不敏感的耐药杂草为看麦娘。

表8-5 HW02（IC-22）对21种植物的茎叶处理抑制活性

植物	学名	抑制率①/%	活性水平
油菜	*Brassica campestris*	100	高活性
反枝苋	*Amaranthus retroflexus*	100	
白菜	*Brassica pekinensis*	100	
大蓟	*Cirsium japonicum*	100	
裂叶牵牛	*Ipomoea hederacea*	100	
鳢肠	*Eclipta prostrata*	100	
牛筋草	*Eleusine indica*	100	
藜	*Chenopodium album*	100	
野胡萝卜	*Daucus carota* L.	100	
甜菜	*Beta vulgaris*	95	
白芥	*Sinapis alba* L.	95	
苜蓿	*Medicago sativa*	90	
碎米莎草	*Cyperus iria* L.	90	
苘麻	*Abutilon theophrasti*	85	中等活性
皱叶酸模	*Rumex crispus*	80	
猪殃殃	*Galium spurium* L.	60	较弱活性
狗尾草	*Setaria viridis*	50	
早熟禾	*Poa annua*	50	
马唐	*Digitaria sanguinalis*	40	
稗草	*Echinochloa crusgalli*	30	
看麦娘	*Alopecurus aequalis*	0	无活性

① 抑制率（%）：对温室内植物生长的抑制效果（%），0% 表示无效果，100% 表示完全抑制。在 450g ai/hm^2 剂量下数值为 3 次重复的平均值。

表8-6 HW02（IC-22）对作物的选择性（茎叶处理，抑制率）① 单位：%

剂量 /（g ai/hm^2）	胡萝卜	油菜	小麦	水稻	玉米
37.5	85	90	NT②	NT	NT
75	90	93	NT	NT	NT
150	95	97	NT	NT	0
225	97	100	0	0	0
300	100	100	0	0	0
450	100	100	0	0	0
600	100	100	0	0	0

① 抑制率（%）：对温室内植物生长的抑制效果（%），0% 表示无效果，100% 表示完全抑制。数值为 3 次重复的平均值。

② NT：未测试。

HW02(**IC-22**)在37.5～600g ai/hm^{2}剂量下的作物选择性试验表明(表8-6)，在试验作物中，在低剂量37.5g ai/hm^{2}下，油菜和胡萝卜作为双子叶作物对HW02非常敏感，而小麦、玉米和水稻，即使在600g ai/hm^{2}剂量下对HW02也表现出高的耐受性。表明在较大的剂量范围内对禾本科作物比较安全，而双子叶作物则对其相对敏感。

表8-5和表8-6的数据表明，HW02(**IC-22**)具有良好的除草活性和选择性，显示了作为选择性除草剂用于单子叶作物田防治阔叶杂草的应用潜力。进一步研究结果也证明了**IC-22**为双子叶植物绿豆和豌豆PDHc的强抑制剂，为水稻PDHc的弱抑制剂，对植物PDHc的抑制类型为竞争性抑制(具体结果见8.6节)。

8.3.3 氯酰草膦的生物学性能

高活性化合物**IC-22**作为除草剂进入开发后，申请获得了农药通用名氯酰草膦(clacyfos)，并被《农药手册》第16版和第17版收录[58]。通过对氯酰草膦农药性能及安全性的系统评价，发现氯酰草膦具有下列特征:

(1)具有内吸传导性除草剂特征　采用活性炭隔离法和茎叶涂抹灌根法对氯酰草膦进行吸收和作用部位研究，表明氯酰草膦具有内吸传导性除草剂特征，能通过芽、根、茎、叶各个器官吸收，且能够将吸收的药剂传导到植株其他部位引起植株死亡。同时说明该药剂渗透展布性和吸收传导性能很好，为速效型茎叶处理除草剂，具有吸收快、传导性好、渗透展布性好、速效、持效性较长的特点，90d后，对主要杂草的防效仍可达90%～100%。

在处理方式上，防治双子叶杂草以茎叶处理为主，防治单子叶杂草则以萌发前土壤处理为宜。

(2)具有较强的抗雨水冲刷能力　不同时间段内的人工模拟降雨试验表明，30%氯酰草膦乳油药后降雨对药效影响不大，鲜重防效调查显示在0～2h内接受雨淋，防效降低约25%，4h以后的鲜重防效降低在10%以内。表明氯酰草膦吸收快、渗透性能好，具有较强的抗雨水冲刷能力。一般施药后2h内不降水药效即可得到充分发挥。

试验对照药剂二甲四氯表现为不耐雨淋现象，0～2h内接受雨淋，防效比不降雨处理差30%以上，在雨淋中失去了大部分药量；只有在12h以后接受降雨，防效才受影响较少。

(3)具有低残留特点，对下茬作物无影响　在土壤残效期的影响方面，无论以喷雾或毒土处理，活性检测显示，氯酰草膦的土壤残效期均较短。多处的小麦田间试验结果表明氯酰草膦对下茬作物均无影响。由农业部农药检定所指定吉林农业大学资源与环境学院开展的农药登记残留试验结果表明，氯酰草膦(HW02)在玉米和土壤中消解速度较快，易降解，在玉米鲜植株中半衰期为0.1～0.4d；在土壤中半衰期为0.2～0.4d。在土壤和作物鲜植株中均具有低残留的特点。如用30% HW02乳油200mL/亩(900g ai/hm^2，为使用量的2倍以上)在玉米生长期喷施一次，最终残留量测定结果表明，氯酰草膦在玉米籽粒中的最终残留量＜0.005mg/kg，在玉米收获期玉米籽粒和土壤中的残留量均低于检出极限，对后茬作物无影响。

(4)具有低毒和对环境生态友好的特点　先后在国家“十一五”科技支撑计划课题和国家重点研发计划的资助下，依据我国发布的《农药登记毒理学试验方法》，先后委托沈阳化工研究院有限公司化学工业农药安全评价质量监督检验中心和苏州西山中科药物研究开发有限公司等资质单位开展的氯酰草膦的第一阶段至第四阶段毒理学评价结果表明氯酰草膦急性毒性为低毒(具体结果见5.2.4.6节)，无致癌性，无明显胚胎及致畸毒性；致癌与慢性毒性联合试验未发现异常，对大鼠生殖功能及子代的生长发育无影响。鼠伤寒沙门氏菌/回复突变试验、细胞染色体畸变试验、哺乳动物骨髓细胞微核试验、体外哺乳动物细胞基因突变试验、急性吸入毒性试验、原药大鼠致畸试验、生殖毒性试验评价结果均为阴性，动物体内代谢试验表明代谢产物消除较快，不易蓄积。无迟发性神经毒性。而且对生态环境中的鱼、鸟、蜜蜂和家蚕均为低毒，在毒理学方面符合农药的安全性。环境行为评价结果表明，氯酰草膦的环境行为特征为易水解、易降解、不移动、难挥发，土壤吸附和生物富集试验均不能测出氯酰草膦，对环境影响极小。环境毒性评价试验结果表明氯酰草膦对环境中的多种非靶标生物均为低毒或低风险，对环境生态安全。

8.3.4　氯酰草膦作为除草剂的应用

为了确认作为除草剂的实用性，对氯酰草膦进行了系统研究和评价。氯酰草膦作为小麦田、玉米田、草坪、水稻田、果园、茶园和非耕地除草剂，先后在我国十七个省市的田间除草应用试验表明：氯酰草膦作为内吸速效型、选择性茎叶处理除草剂用于禾本科作物田和草坪中，对阔叶杂草防效优异，同时可兼治莎草科、蕨类杂草。在30g/亩剂量下，一次施药能控制作物全生育期阔叶杂草危害，持效性长，作物增产效应显著。无飘移问题，残留低，对后茬作物无影响。其防效与多种国外除草剂相当或更优。氯酰草膦还可作为其他禾本科作物田以及林业的除草剂进一步应用开发。通过近两年试验示范表明：30%氯酰草膦乳油对水稻田恶性阔叶杂草鸭舌草、水竹叶等效果优异，值得推广应用。氯酰草膦作为小麦田、玉米田、草坪、果园、茶园和非耕地除草剂的应用情况归纳如下。

8.3.4.1 作为草坪除草剂的应用

城市草坪除草剂市场容量大，全国草坪面积保守估计有3亿平方米，每年的草坪养护市场是一个几十亿元的“大蛋糕”。2008年北京奥运会和2010年上海世博会对中国城市绿化的推动是全方位的，除了举办场地的绿化，整个城市的交通绿化、景观绿化、小区绿化都进行了配套。城市化和城市绿化水平的提高给草坪业带来无限商机，草坪建植在城市园林绿化中的发展空间最大，如果中国城市人均绿地拥有量要达到世界平均水平30～40m^2，增加量是惊人的。随着城市草坪面积的扩大，对草坪除草剂的需求量也会进一步增大。在此背景下，氯酰草膦作为草坪除草剂进行了应用开发。

温室试验结果表明，氯酰草膦对禾本科冷暖型草坪草结缕草和高羊茅均具有较好的安全性。由农业部农药检定所指定，上海市农业科学院植物保护研究所、北京市农林科学院植物保护研究所、中国农业大学农学与生物技术学院杂草室、山东省农业科学院植物保护研究所、河南省农业科学院植物保护研究所、绍兴市农业科学研究院、浙江省农科院农产品质量标准研究所和马鞍山农业科学院植物保护研究所等在上海、北京、山东、河南、绍兴、杭州和马鞍山等地开展了草坪药效试验。

氯酰草膦作为选择性除草剂在上海、北京、杭州等不同地区，以及山东、河南、安徽和浙江等省部分地区的结缕草或高羊茅草坪上进行的药效试验表明：氯酰草膦在每亩18～40g剂量下对稻槎菜、毛茛、头花蓼、萹蓄、辣蓼、藜、苋、马齿苋、铁苋菜、地锦、苘麻、鳢肠、牛繁缕、凹头苋、反枝苋、鸭跖草、刺儿菜、裂叶牵牛等阔叶杂草有优异的防除效果，在较高剂量下对生长旺盛的鸭跖草、刺儿菜、裂叶牵牛以及高30cm以上的反枝苋均有较好的防除效果，对香薷和野塘蒿有一定的抑制作用，但对马唐和稗草等禾本科杂草防效较差。

高羊茅(*Festuca elata* Keng ex E. B. Alexeev)是温带地区一种重要的冷季多年生草皮。高羊茅在中国、非洲和南美洲广泛种植，作为草皮和放牧动物的饲料作物。随着中国城市的发展，高羊茅以其抗病性强、耐粗放经营的特点被广泛应用于各类草坪。近年来，在中国高羊茅的种植面积不断增加。

温室安全性试验表明，氯酰草膦在 1350g ai/hm^2 剂量内对 4～5 叶大龄草坪草高羊茅安全，因此氯酰草膦作为高羊茅草坪除草剂在上海、北京、山东、河南、绍兴、杭州和马鞍山等地进行了草坪药效试验，例如，在北京和上海进行的高羊茅草坪药效试验结果分别见表 8-7 和表 8-8。

表8-7　30%氯酰草膦（HW02）乳油在高羊茅草坪茎叶处理的除草活性（北京）①,②,③

剂量/（g ai/hm^2）	抑制率 /%（处理后 21d）				
	反枝苋	裂叶牵牛	马齿苋	其他杂草	总防效
270	94	100	62	79	92
405	97	100	72	100	96
540	100	100	69	100	98
810	100	100	83	100	99
72% 2,4- 滴丁酯乳油 540	90	100	66	100	90

① 抑制率（%）：以每株杂草鲜重与未处理对照相比的百分比变化来衡量；数值为 4 次重复的平均值。
② 试验于 2005 年 7 月在北京实施。
③ 施药方法：使用 Jacto PJ-16 喷雾器喷一次。

表8-8　30%氯酰草膦（HW02）乳油在高羊茅草坪茎叶处理的除草活性（上海）①,②,③

剂量/（g ai/hm^2）	抑制率 /%（处理后 45d）			
	藜	繁缕	苋	总防效
300	90	48	34	60
450	98	85	100	95
610	98	97	100	100
900	100	100	100	100
20% 氯氟吡氧乙酸④乳油 180	0	100	78	56
32.5% 啶嘧磺隆⑤乳油 730	72	81	8	57

① 抑制率（%）：以各杂草数量与未处理对照相比的百分比变化来衡量；数值为 4 次重复的平均值。
② 试验于 2005 年 9 月 11 日在上海实施。
③ 施药方法：使用雅都 HD400 背包喷雾器喷一次。
④ 氯氟吡氧乙酸：4-氨基-3,5-二氯-6-氟-2-吡啶氧乙酸。
⑤ 啶嘧磺隆：1-（4,6-二甲氧基嘧啶-2-基）-3-（3-三氟甲基-2-吡啶磺酰）脲。

表 8-7 和表 8-8 结果表明氯酰草膦在 405～450g ai/hm^2 均能有效控制杂草的生长，总防效的抑制率为 95%～96%。与对照药剂 20% 氯氟吡氧乙酸相比，氯酰草

膦药效更快。在 405g ai/hm^2 剂量下氯酰草膦与 540g ai/hm^2 剂量的 2,4-滴丁酯防效相当，同等剂量下防效优于 2,4-滴丁酯。在处理的各试验区，高羊茅长势良好，叶色正常，表明氯酰草膦对高羊茅生长无影响，给草坪生长提供了良好的空间，与对照区相比，草坪总体质量提高。经与山东侨昌化学有限公司合作，2007 年完成了作为高羊茅草坪除草剂新品种的农药临时登记，随后进入了农药正式登记试验评价。

结缕草为过渡型草坪草，分布于我国东北、华中、华东与华南的广大地区，在我国大部分地区是一种极佳的运动场草坪草种。运动场除草剂市场容量大，一个 18 球洞的球场需要 30 万～40 万平方米的草坪。一个高尔夫球场最基本的草坪设备在 1000 万元以上，足球场在 10 万元以上，可见其市场之大。

温室安全性试验表明，氯酰草膦在 900g ai/hm^2 剂量内对结缕草安全。因此，在江苏进行了两项应用于草坪草结缕草的田间药效试验，试验结果表明：氯酰草膦对禾本科结缕草安全，能有效防除多种双子叶杂草以及莎草科杂草。剂量为 30～40g/ 亩时，在杂草旺盛生长期喷雾，防效可达 90% 以上。

8.3.4.2 作为小麦田除草剂的应用

中国大量种植的小麦(*Triticum aestivum*)主要分布在黄河流域和淮河流域。冬小麦是中国主要的农业作物，杂草造成的产量损失非常严重。近年来，中国麦田杂草的防治高度依赖于除草剂。多年来，苯磺隆和 2,4-D 或 2,4-D 酸的衍生物是国内最常用的小麦阔叶杂草除草剂。而 2,4-D 类除草剂，如 2,4-滴丁酯，由于使用不当，往往会对小麦造成伤害，或因其挥发和飘移，会对邻近的阔叶作物尤其是棉花造成伤害 [53,54]。由于苯磺隆在中国反复使用，导致主要杂草播娘蒿(*Descurainia sophia*)对该除草剂产生了严重的抗药性 [55,56]。因此，这两种除草剂的使用面积正在减少。目前，中国部分小麦产区采用氟草烟和苯磺隆加碘磺隆除草。氟草烟对某些阔叶杂草非常有效，但对荠菜(*Capsella bursa-pastoris*)无效。苯磺隆加碘磺隆对大多数杂草也有效，但有时会对小麦造成伤害，因而亟需开发新型除草剂以满足防治小麦阔叶杂草的需求。

温室安全性试验表明，氯酰草膦在 1800g ai/hm^2(120g/ 亩)剂量下，对小麦等禾谷类作物比较安全。对小麦茎叶处理的安全剂量范围为 225～1350g ai/hm^2。

根据其选择性和除草谱，氯酰草膦可以作为一种潜在的小麦阔叶杂草除草剂开发。

中国农业大学的倪汉文教授等人评价了氯酰草膦对麦田主要阔叶杂草的防治效

果，并在温室和田间条件下比较了氯酰草膦与2,4-D对杂草的抑制活性[57]。通过比较两者对杂草抑制活性的ED_{50}值，发现氯酰草膦对小麦田主要杂草反枝苋、牛繁缕、荠菜和播娘蒿的防效均优于2,4-滴丁酯(表8-9)。

表8-9 氯酰草膦与2,4-滴丁酯对杂草抑制活性ED_{50}的比较

杂草种类	ED_{50}/(g ai/hm^2)①,②,③	
	氯酰草膦	2,4-滴丁酯
反枝苋	70.7	74.1
荠菜	19.2	23.9
牛繁缕	52.6	60.2
播娘蒿	52.2	75.4

① ED_{50}是减少杂草生物量50%的有效剂量。

② 试验在温室中进行。每组重复4次。处理14d后，将杂草从地面上割下来，并立即称好每盆的质量。

③ 采用中国农业大学农药机械集团生产的PWT-510型自动喷洒塔，在杂草4～5叶期以0.25MPa的压力喷洒除草剂。

如表8-9所列，氯酰草膦对4种杂草的ED_{50}值为19.2～70.7g ai/hm^2，2,4-滴丁酯对4种杂草的ED_{50}值为23.9～75.4g ai/hm^2。在这些杂草中，荠菜对氯酰草膦最敏感，ED_{50}值仅为19.2g ai/hm^2，2,4-滴丁酯的ED_{50}值为23.9g ai/hm^2。最近发现，由于反复使用苯磺隆，荠菜对苯磺隆产生了严重的抗药性[55,56]。氯酰草膦作为PDHc抑制剂，与AHAS或ALS(乙酰羟酸合成酶或乙酰乳酸合成酶)抑制剂苯磺隆有不同的作用模式。因此，氯酰草膦是防治小麦抗阔叶杂草的良好选择。

为了评价氯酰草膦在田间条件下的除草效果和对冬小麦的安全性，2010～2011年，在河北省石家庄市农林科学院冬小麦试验站和北京市海淀区某商品麦田进行了小麦田间试验，在这两个试验点，氯酰草膦的施用量分别为75g ai/hm^2、225g ai/hm^2、375g ai/hm^{2}和525g ai/hm^2。2,4-滴丁酯作为对照除草剂，推荐用量为525g ai/hm^2。试验结果如表8-10所列。

表8-10 氯酰草膦在冬小麦田间的茎叶处理除草活性①,②,③

除草剂	剂量/(g ai/hm^2)	株防效(45d)/%		鲜重防效(45d)/%	
		河北	北京	河北	北京
氯酰草膦	75	89	77	98	92
	225	100	92	100	98
	375	100	100	100	100
	525	100	100	100	100

续表

除草剂	剂量 /（g ai/hm^2）	株防效（45d）/%		鲜重防效（45d）/%	
		河北	北京	河北	北京
2,4-滴丁酯	525	100	100	100	100

① 株防效（%）：处理45d时计算从地面割下杂草植株数量；鲜重防效（%）：在45d时立即称量，与未处理对照相比的百分比变化来衡量，计算抑制率；数值为4次重复的平均值。

② 分别于2011年3月29日（河北）和2011年4月12日（北京）在杂草7～8叶期和8～9叶期喷洒除草剂。

③ 施药方法：使用背式喷雾器(型号为AGROLEX HD 400)，平面风扇喷嘴喷洒。

试验表明，在冬小麦春季分蘖期施用氯酰草膦时，各剂量下均未发现氯酰草膦对冬小麦有任何伤害。即使施用量达到900g ai/hm^2，也未见损伤，籽粒无减少。北京地区各处理冬小麦籽粒产量均高于未处理对照。但在河北省，各处理籽粒产量无差异，这可能是由于试验田杂草密度较低(河北杂草密度为14.4株/m^2，北京为30.7株/m^2)。

氯酰草膦在施用量(225g ai/hm^{2}和375g ai/hm^2)低于2,4-滴丁酯施用量(525g ai/hm^2)时的除草效果可与2,4-滴丁酯相当，显示了优于2,4-滴丁酯的除草效果。

一些田间试验表明，氯酰草膦在小麦田间以300～450g ai/hm^{2}的浓度对杂草进行茎叶处理时，小麦产量可比对照提高12%～19%。河南省是中国具有代表性的冬小麦产区之一，以河南大田试验为例，氯酰草膦对小麦产量的影响如表8-11所列。

表8-11　氯酰草膦对小麦产量的影响[①,②,③]

剂量 /（g ai/hm^2）	抑制率（总防效）/%	平均产量 /（kg/hm^2）	增产幅度 /%
300	86	6225	14.6
450	91	6495	19.6
600	91	6465	19.1
750	94	6510	19.9
1125	97	6465	19.1
13%二甲四氯[④]钠盐水剂488	89	5730	5.5
10%苯磺隆[⑤]可湿性粉剂15	89	6405	18
空白对照		5430	

① 抑制率（%）：50d后，以各剂量下小麦杂草鲜重与未处理对照相比的百分比变化来衡量；数值为4次重复的平均值。

② 试验于2003年3月中旬在河南省郑州市进行。

③ 施药方法：用小型压缩喷雾器喷一次。

④ 二甲四氯（MCPA）：2-甲基-4-氯苯氧乙酸。

⑤ 苯磺隆：2-[4-甲氧基-6-甲基-1,3,5-三嗪-2-基（甲基）氨基甲酰氨基磺酰基]苯甲酸甲酯。

如表 8-11 所列，50d 后在这片麦田中，450g ai/hm^2 的氯酰草膦对杂草的总控制率为 91%，小麦产量可提高到 6495kg/hm^2，比对照(5430kg/hm^2)增产 19.6%。而施用 13% 的二甲四氯钠盐水剂对小麦具有一定的植物毒性，增产幅度仅为 5.5%。

此外，通过先后委托西北农林科技大学农药研究所、河南省农科院植保所、河北省栾城区农林局、天津市农科院植保所、江苏省农科院植保所和湖北省农药检定所以及枣阳农业推广中心等单位，在陕西、河南、河北、江苏、湖北和天津六省市实施的十多项小麦田间试验，结果表明：在 20～40g/ 亩的剂量下，氯酰草膦可有效防除麦田一年生及越年生阔叶杂草以及多年生阔叶杂草，防效可达 85%～100%，具有杀草谱广、持效性长的优点。与对照商品化除草剂药效相比：氯酰草膦效果优于 2,4-滴丁酯、二甲四氯钠或与之相当，对麦田杂草的防效可优于苯磺隆或与之相当(陕西)，对部分杂草的防效优于苯磺隆与甲磺隆(湖北、江苏)。在速效性上优于苯磺隆(河南)，在持效性和杀草谱上都优于苯磺隆(湖北)。在使用剂量下，未观察到小麦产生药害的症状，对小麦安全。对小麦的安全性明显优于二甲四氯钠(河南)。没有 2,4-滴丁酯的飘移现象。小麦田苗后茎叶处理使用氯酰草膦小麦均有不同程度的增产效应。对试验田块后茬作物(如玉米)的出苗无影响。

8.3.4.3 作为玉米田除草剂的应用

温室试验结果表明，氯酰草膦对玉米具有较好的安全性(表 8-6)，并对玉米田主要阔叶杂草具有良好的防治效果。由此，委托黑龙江省农业科学院植保所、东北农业大学、河北省农林科学院粮油作物研究所、山东省除草剂新技术开发推广中心、扬州大学、吉林省农药检定所、吉林省农科院植保所和中国农业科学院植物保护研究所等单位分别在哈尔滨、河北、山东、吉林、扬州和北京等不同地区进行了十多项玉米田除草试验。在杂草生长 3～5 叶期和玉米生长 3～6 叶期施用 30% 氯酰草膦乳油，以江苏省扬州市玉米田为例，对主要阔叶杂草的防治效果见表 8-12。

表8-12　30%氯酰草膦乳油在玉米田的茎叶处理除草活性①,②,③

剂量 /(g ai/hm^2)	抑制率(45d)/%			
	苘麻	凹头苋	鳢肠	马齿苋
270	97	90	92	100
360	98	99	97	100
450	98	97	100	100

续表

剂量 /（g ai/hm²）	抑制率（45d）/%			
	苘麻	凹头苋	鳢肠	马齿苋
720	100	99	100	100
20% 二甲四氯钠盐水剂 750	91	89	100	100

① 抑制率（%）：45d后以每株杂草鲜重与未处理对照相比的百分比变化来衡量；数值为4次重复的平均值。
② 试验于 2005 年 6 月下旬在江苏省扬州实施。
③ 施药方法：使用 Jacto PJ-16 喷雾器喷洒一次。

在玉米生长 5 叶期的玉米田间，以氯酰草膦在杂草生长 3～5 叶期进行茎叶处理试验。20% 二甲四氯钠盐水剂以推荐用量 3750mL/hm^2（750g ai/hm^2）作为阳性对照。表 8-12 所列结果表明，30% 氯酰草膦在低浓度（270g ai/hm^2）时，对玉米田杂草具有 90%～100% 的抑制效果。在更低的剂量下效果优于二甲四氯钠盐。

30% 氯酰草膦乳油对江苏、山东、河北和黑龙江玉米田阔叶杂草的防除效果见表 8-13。

表8-13　30%氯酰草膦乳油在不同区域玉米田的茎叶处理除草活性[①,②]

剂量 /（g ai/hm²）	抑制率（45d）/%							
	江苏	山东		河北	黑龙江			
	鳢肠	铁苋菜	苘麻	藜	藜	萹蓄	苍耳	龙葵
270	91	76	98	89	NT[③]	NT	NT	NT
300	100	100	100	96	89	100	80	59
360	92	100	97	98	100	100	95	72
450	98	100	100	100	100	100	100	78
600	100	100	100	100	100	100	100	85
900	100	100	100	NT	100	100	100	100
1215	100	100	100	NT	100	100	100	100
4% 烟嘧磺隆悬浮剂 60	52	100	94	NT	91	83	90	80

① 抑制率（%）：以每株杂草鲜重与未处理对照相比的百分比变化来衡量；数值为 4 次重复的平均值。
② 测试于 2005 年 5 月底或 6 月底实施。
③ NT：没有测试。

在玉米 4～6 叶期，以氯酰草膦对 3～5 叶期杂草在进行茎叶处理，氯酰草膦的用量为 270～1215g ai/hm^2，4% 烟嘧磺隆的推荐用量为 60g ai/hm^2（作为阳性对照）。在不同地区的玉米田间试验结果表明（表 8-13），30% 氯酰草膦乳油在 360g ai/hm^2

施用剂量时，除了龙葵之外，对大多数所测杂草均具有 90%～100% 的抑制活性。在氯酰草膦用量高达 1.2kg ai/hm^2 时，仍对玉米安全(应用于玉米田间除草时，所处理的玉米品种包括农大 180、吉单 209 号、东农 250、冀育 9 号和农大 3138)，与未处理相比，玉米产量显著提高，增产效果明显。

在中国不同地区进行的田间试验表明，在小麦和玉米田中，氯酰草膦对广谱的阔叶杂草和莎草科杂草具有良好的防治效果，推荐剂量为 300～450g ai/hm^2。氯酰草膦对杂草具有持久的防治作用，在阔叶杂草和莎草科杂草的整个生育期均可采用出苗后施药一次性防治。

8.3.4.4　作为稻田、果园、茶园及非耕地除草剂的应用

为了扩大氯酰草膦的应用范围，对氯酰草膦作为稻田、果园、茶园及非耕地的除草剂进行了除草应用试验。

委托湖北省潜江市总口管理区农业局在水稻田防除杂草的试验中，7 月以茎叶喷雾施药方法在抛秧田进行施药，在使用 30g ai/ 亩的剂量下，施药 10d 后对鸭舌草、矮慈姑和节节菜等阔叶杂草总防效为 96.9%。委托浙江天丰生物科学有限公司两年的试验示范表明：30% 氯酰草膦乳油对水稻田恶性阔叶杂草鸭舌草、水竹叶等效果优异，在 7 月气温较高的情况下，30% 氯酰草膦乳油对水稻都比较安全，没有药害发生，值得推广应用。

湖北省潜江市总口管理区农业局在湖北开展的梨园除草试验表明：氯酰草膦在剂量为 30g/ 亩时，对大戟科、苋科、十字花科、马鞭草科、玄参科和蓼科等 6 个科的 22 种杂草抑制率为 96%～100%；对莎草科、藜科、桑科、葡萄科、蔷薇科和玄参科等 6 个科的 8 种杂草抑制率为 86%～95%；对木贼科、车前科和十字花科 3 个科的 5 种杂草抑制率为 76%～85%。试验发现氯酰草膦对阔叶杂草作用快，一般 3d 内杂草顶端组织开始扭曲变形，之后整株变枯死亡，施药后 25d 防效达 99% 以上。

委托湖北省农药检定管理所在湖北开展的茶园除草试验表明：在 80g/ 亩较高的剂量下，氯酰草膦显示了更广的杀草谱，能有效防除单子叶和双子叶(一年生和多年生)杂草，如对田间难防蟋蟀草、白茅草以及马唐、千金子、香附子、青蒿、荩草、萹蓄、问荆和异型莎草等 25 种单双子叶杂草都具有很好的防效，显示了广谱除草剂的特点。在有效用量为 80g/ 亩时，除对蟋蟀草、白茅草以及马唐防效为 86.5%～99% 外，对田间所有其他杂草的防效均达 100%(湖北)。

在湖北开展的非耕地除草试验表明：氯酰草膦对阔叶杂草防效显著优于草甘膦（农达），但对禾本科杂草的防效比草甘膦（农达）差，具体数据见表 8-14。

表8-14 18%氯酰草膦与41%草甘膦的除草效果对比

防治杂草种类		18% 氯酰草膦				41% 草甘膦			
		有效剂量/(g/亩)	（株）防效 /%			有效剂量/(g/亩)	（株）防效 %		
			5d	7d	15d		5d	7d	15d
葡萄科	乌蔹莓	32	100	100	100	62	57	43	43
		21	100	100	100		0	0	0
		18	77	77	62				
蔷薇科	蛇莓	32	100	100	100	62	40	40	40
菊科	野塘蒿	21	100	100	100	62	50	75	50
			100	100					
	野茼蒿	18	100	100	85	62	90	100	100
	小蓟	25	100	100	100	62	38	38	63
苋科	牛膝	25	100	100	100	62	71	71	86
		21	100	100	100		17	50	75
		18	20	20	20				
大戟科	铁苋菜	21	100	100	82	62	13	13	50
		18	91	96	95		22	22	22
	夏枝苋	18	100	100	77				
十字花科	荠菜	21	100	100	100	62	0	40	40
		25	80	90	100		73	73	73
莎草科	香附子	27	0	100	100	62	100	100	100
			50	100	100		100	100	100
蓼科	打板归	25	100	100	100				
玄参科	通泉草	32	83	100	100				
唇形科	野薄荷	32	57	93	100				
茄科	苦职	32	100	100	100				
桑科	葎草	25	83	100	100				
		18	43	71	71				
禾本科	狗尾草	32	0	13	13	62	100	100	100
		32	50	50	50		100	100	100
	狗芽根	32	0	0	0	62	43	57	71
酢浆草科	酢浆草	32	44	52	57	62	90	100	100

8.4 高活性化合物氯酰呋草膦的发现与研究

为了获得更多对植物靶酶 PDHc 具有抑制作用的化合物，贺红武课题组选择前期研发的氯酰草膦作为先导骨架进行了衍生化合成，在此基础上通过系统的除草活性评价和对靶酶抑制作用的研究，发现了一些具有除草剂开发潜力的高效 PDHc 抑制剂，具有进一步的研究开发前景，其研究进展介绍如下。

8.4.1 先导结构的衍生与合成

许多杂环化合物显示出很好的生物活性，为了考察 α-C 上取代基以及杂环基对 1-(取代苯氧乙酰氧基)烃基膦酸酯化合物的影响，在获得具有高活性化合物(如氯酰草膦或 **IC-22**)的 **IC** 系列后，贺红武和王涛等人在 **IC** 骨架中(在取代苯氧基乙酰氧基烃基膦酸酯结构通式 **I** 中保持 R^1、R^2 作为甲基不变)，将氯酰草膦中与 α-C 相连的甲基(作为 R^3)分别由呋喃基、吡啶基或噻吩基替代，设计了 1-(取代苯氧乙酰氧基)杂环基膦酸酯。王涛等人首先合成了 *O*,*O*-二甲基-1-(取代苯氧乙酰氧基)-1-(呋喃-2-基)甲基膦酸酯 **IG**，*O*,*O*-二甲基-1-(取代苯氧乙酰氧基)-1-(噻吩-2-基)甲基膦酸酯 **IH** 和 *O*,*O*-二甲基-1-(取代苯氧乙酰氧基)-1-(吡啶-2-基)甲基膦酸酯 **IJ**。

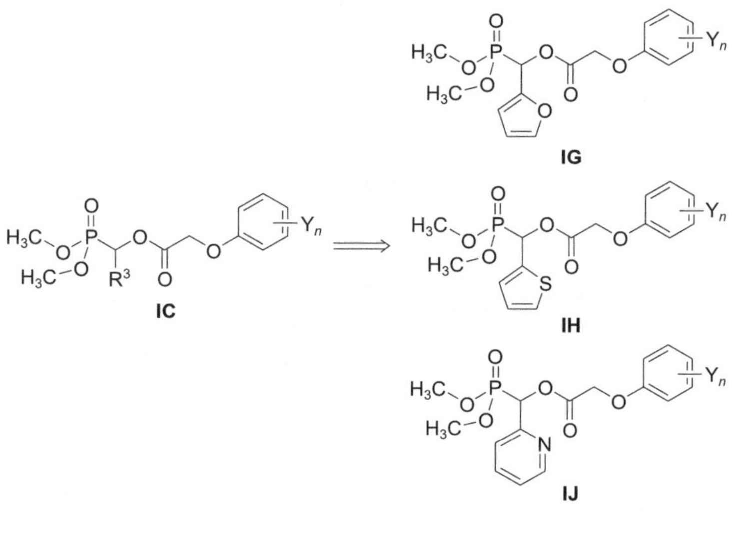

8.4.1.1 杂环基膦酸酯 IG～IJ 的合成

以 O,O-二甲基-1-羟基-1-杂环甲基膦酸酯 **M2**（**M2-37**，**M2-38** 和 **M2-39**）与取代苯氧乙酰氯 **M5** 为原料，通过缩合反应合成了杂环甲基膦酸酯 **IG**～**IJ**。

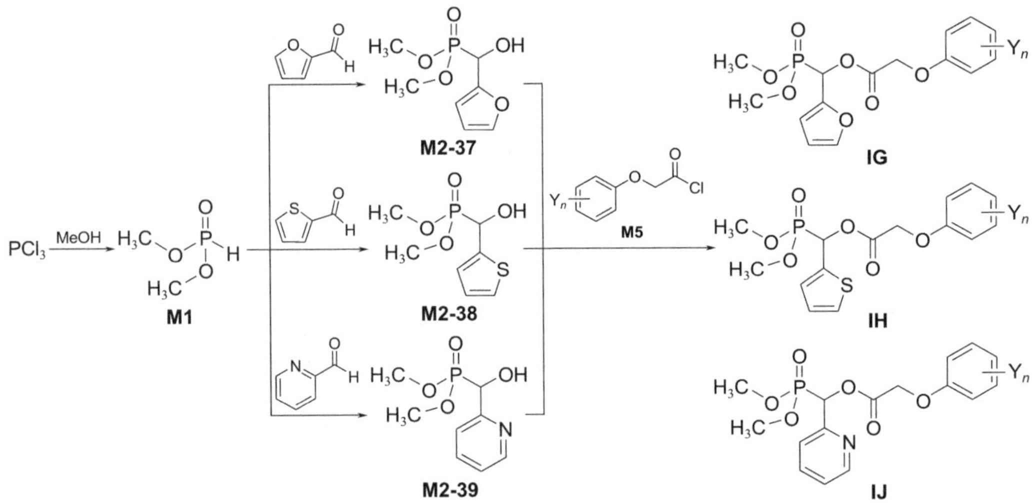

在此合成反应中，以有机碱为催化剂，通过亚磷酸二甲酯与相应的杂环醛发生碱催化亲核加成反应，先制备 O,O-二甲基-1-羟基-1-杂环甲基膦酸酯 **M2-37**、**M2-38** 和 **M2-39**，产率为 81%～90%。再由 O,O-二甲基-1-羟基-1-杂环甲基膦酸酯与取代的苯氧乙酰氯缩合即可得到 O,O-二甲基-1-(取代苯氧乙酰氧基)杂环甲基膦酸酯 **IG**～**IJ**。在 **IG**～**IJ** 的合成中，为了防止 **M2** 和 **M5** 的水解，反应需在无水溶剂中进行。

采用上述合成路线，先后合成了含呋喃基的膦酸酯 **IG 1**～**23** [59]、含噻吩基的膦酸酯 **IH 1**～**20** [41,59] 和含吡啶基的膦酸酯 **IJ 1**～**14** [41]。

8.4.1.2 杂环基膦酸酯 IG～IJ 的构效关系

以 O,O-二甲基-1-羟基-1-杂环甲基膦酸酯 **M2** 和取代苯氧乙酰氯 **M5** 为原料，在弱碱下缩合合成了 57 个化合物，即 O,O-二甲基-1-(取代苯氧乙酰氧基)杂环甲基膦酸酯 **IG**～**IJ**。

在系统测试 **IG**、**IH** 和 **IJ** 系列化合物除草活性的基础上，分析其构效关系，发

现结构 - 除草活性关系与化合物 **IA**～**IF** 的构效关系相似。在取代苯氧乙酰氧基烃基膦酸酯结构通式 **I** 中保持 R^1、R^2 作为甲基不变时，除草活性高度依赖于 R^3 取代基，以及 Y_n 的结构和位置。其构效关系具有下列趋势。

研究表明，在此骨架上，当各取代基达到最佳匹配时显示了很好的除草活性，特别是当在 *α*-C 上连有呋喃基时显示了引人注目的除草活性。含呋喃基膦酸酯 **IG** 的除草活性优于含噻吩基膦酸酯 **IH** 和含吡啶基膦酸酯 **IJ** 的除草活性。在 **IC** 骨架中，当 R^3 修饰为呋喃基，Y_n 为 2,4- Cl_2 时，最有利于提高化合物茎叶处理除草活性。当 Y_n 为 2,3- Cl_2 或 2,6- Cl_2 时，无论 R^3 为呋喃基、噻吩基还是吡啶基，化合物都完全丧失了茎叶处理除草活性。

在所合成的化合物 **IG**～**IJ** 中，当 R^3 修饰为呋喃基或噻吩基，Y_n 修饰为 2,4-Cl_2；以及当 R^3 修饰为吡啶基，Y_n 修饰为 4-F 时化合物都具有较高的茎叶处理除草活性。从中发现了 *O*,*O*-二甲基-1-(2,4-二氯苯氧乙酰氧基)-1-(呋喃-2-基)甲基膦酸酯 **IG-21** 为除草活性最佳的化合物。

在 300g ai/hm^2 剂量下，**IG-21** 表现出可与 **IC-22** 相当的茎叶处理除草活性，其除草活性优于含噻吩基的 **IH-13** 和含吡啶基的 **IJ-13**（表 8-15），对双子叶植物也表现出一定的芽前除草活性，但突出显示了作为双子叶杂草苗后除草剂的开发前景。

表8-15 IG-21、IH-13 和IJ-13的茎叶处理除草活性①

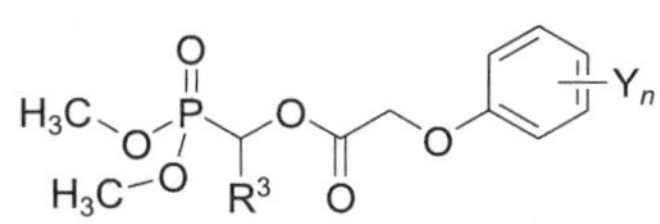

化合物	R^3	Y_n	抑制率 /%					
			双子叶植物			单子叶植物		
			荠菜	反枝苋	藜	稗草	马唐	狗尾草
IG-21	呋喃基	2,4-Cl_2	100	100	95	40	70	10
IH-13	噻吩基	2,4-Cl_2	100	100	80	50	50	0
IJ-13	吡啶基	2,4-Cl_2	100	100	85	20	30	0
IC-22（氯酰草膦）	CH_3	2,4-Cl_2	100	100	95	20	50	10

① 抑制率（%）：温室盆栽法 300g ai/hm^2 剂量下对植物生长的抑制作用（%），0% 表示无效果，100% 表示完全杀死。

8.4.2 氯酰呋草膦的除草活性

为了确定高活性化合物 **IG-21** 作为除草剂的实用价值，在“十一五”国家支撑计划的资助下，委托国家南方农药创制中心浙江基地，对其作为除草剂相关的生物学性能进行了全面的研究和系统评价。**IG-21** 开发代号为 HWS，暂定通用名为氯酰呋草膦，以下简称为 HWS。HWS 的除草活性、杀草谱和选择性等具体研究结果如下。

8.4.2.1 HWS 的除草活性和选择性

采用温室盆栽法，在 50～1200g ai/hm^2 剂量下对 HWS(**IG-21**) 的除草活性和选择性进行研究，结果如表 8-16 所列。

表8-16 HWS（IG-21）的茎叶处理除草活性及选择性①

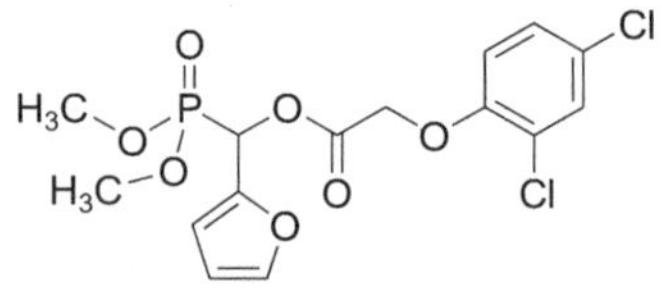

剂量/(g ai/hm^2)	抑制率/%									
	马齿苋	凹头苋	藜	刺苋	反枝苋	苘麻	甜菜	玉米	水稻	小麦
50	90	100	80	60	90	35	80	NT②	NT	NT
100	95	100	90	90	95	83	80	NT	NT	NT
200	98	100	100	98	98	85	98	0	NT	0
300	98	100	100	98	98	91	98	0	0	0
450	100	100	100	100	100	100	100	0	0	0
900	100	100	100	100	100	100	100	0	0	0
1200	100	100	100	100	100	100	100	10	20	8

① 抑制率（%）：温室盆栽法，对植物生长的抑制作用（%），0% 表示无效果，100% 表示完全杀死。

② NT：没有测试。

如表 8-16 所列，在 300g ai/hm^2 剂量下，HWS(**IG-21**) 表现出对双子叶杂草 91%～100% 的苗后抑制率；在 900g ai/hm^2 剂量下，对玉米、小麦和水稻具有较好的安全性。

表8-17　HWS（IG-21）和氯酰草膦（IC-22）的茎叶处理除草活性①

化合物	剂量 /（g ai/hm^2）	抑制率 /%			
		反枝苋	藜	荠菜	牵牛花
HWS（**IG-21**）	75	95	85	100	100
	37.5	95	80	100	90
	18.75	80	70	100	85
氯酰草膦（**IC-22**）	75	100	85	100	100
	37.5	100	80	100	100
	18.75	90	70	100	100
2,4-D	75	95	95	100	100
	37.5	90	80	100	100
	18.75	70	75	80	90
草甘膦	75	75	80	80	75
	37.5	60	70	75	60
	18.75	60	50	70	50

① 抑制率（%）：温室盆栽法，对植物生长的抑制作用（%），0% 表示无效果，100% 表示完全杀死。

从表 8-17 可以看出，HWS（**IG-21**）和氯酰草膦（**IC-22**）在 18.75～75g ai/hm^2 剂量下，对阔叶杂草均有较好的茎叶处理防治效果，均表现出与 2,4-D 和草甘膦相当的茎叶处理除草活性，且在 18.75g ai/hm^2 剂量下的除草效果优于草甘膦。

8.4.2.2　HWS 的杀草谱

采用温室盆栽法，HWS（IG-21）杂草防治谱测试表明在 300g ai/hm^2 剂量下，HWS 对多种阔叶草和莎草科杂草抑制活性较高。例如，对 23 种不同的植物进行除草活性测定，结果如下：

HWS（**IG-21**）对雀舌草、反枝苋、荠菜、决明、苘麻、凹头苋、藜、大叶碎米荠、青麻藜、土荆芥、萹蓄和卷耳等多种双子叶植物均有 90%～100% 的防治效果。

对常见杂草大巢菜、鳢肠、碎米莎草、千金子、皱叶酸模和辣蓼等均有 70%～89% 的防治效果。

但对升马唐、马唐、看麦娘、狗尾草、茼草、棒头草、早熟禾和日本看麦娘的防效在 60% 以下。

其中 HWS 对反枝苋的 LD_{50} 为 3.7835g/ 亩；LD_{90} 为 21.9898g/ 亩。活性显著高

于对照药剂二甲四氯钠盐（LD_{90}为42.3656g/亩）。对马齿苋，ED_{90}值<10g/亩，对苘麻ED_{90}值为13.3g/亩，对凹头苋和藜的IC_{90}值<10g/亩。杀草谱测试表明在300g ai/hm^2剂量下HWS（**IG-21**）对双子叶杂草和莎草科杂草具有较好的除草活性，对单子叶植物的抑制作用较弱，对双子叶作物油菜、甜菜的抑制率为98%～100%，对棉花和大豆的抑制率为29%～34%。在单子叶作物（玉米、小麦和水稻）和双子叶杂草之间表现出较高的选择性，可以考虑作为一种选择性的双子叶杂草除草剂应用。但发现其对高粱显示了较高的抑制活性，对高粱根长的IC_{50}为0.12μg/mL，对株高的IC_{50}为1.57μg/mL。

研究表明**IG-21**（HWS）在一些单子叶作物与阔叶杂草间显示了很好的选择性，即不仅对阔叶杂草防效优异，而且对玉米等禾本科作物的安全性很高，该化合物值得作为玉米田除草剂进一步开发。

8.4.3 氯酰呋草膦的生物学性能

为了明确氯酰呋草膦（HWS）作为除草剂的生物学性能，对其内吸传导性、受降雨的影响程度、对生态的影响进行了评价。

（1）内吸传导性　采用国家南方农药创制中心浙江基地制定的标准操作程序测试了HWS在植物中的吸收和转移。以反枝苋为靶标植物，在温室内培养至6片真叶期时做处理，采用涂叶、涂茎和灌根处理。研究表明（表8-18），HWS通过芽、根、茎、叶吸收具有良好的抑制作用。在温室内100～300g ai/hm^2的剂量下，对阔叶杂草表现出较好的抑制作用。由于其良好的抑制作用主要是通过叶面施用产生，因此，推荐HWS作为茎叶处理除草剂应用开发[43]。

表8-18　HWS（IG-21）对反枝苋的抑制活性

施药方法	抑制率(20d)/%①		
	根长	株防效	鲜重防效
叶面施用	100	100	100
茎部施用	60	85	90
根部施药	90	100	100

① 抑制率（%）：温室盆栽法，在400mg/L浓度下对反枝苋生长的抑制作用（%），0%表示无效果，100%表示完全杀死。数值为3次重复的平均值。

(2) 降雨对药效的影响　为了确定环境因素和降雨的影响，以反枝苋为试验植物，在模拟降雨条件下，测定了 30% HWS 乳油在不同时间冲刷处理时对反枝苋的鲜重抑制率。41% 二甲四氯乳油作为阳性对照。处理后置于温室中生长，定期观察处理后植株的反应症状。处理后观察到植株叶片卷缩、茎部扭曲，不同时间淋雨的各处理症状基本一致。在处理后的 24h 之内，用模拟降雨器对各处理模拟自然雨水冲刷。不同时间模拟雨水冲刷，HWS 对反枝苋的鲜重抑制率见表 8-19，由表 8-19 可知，HWS 不同时间冲刷处理对反枝苋的活性表现出一定差异，当雨水在 4h 内冲刷植物时，HWS 的药效降低约 20%，而在 8h 内冲刷植物时，HWS 的药效降低约 10%。在相同处理下，二甲四氯的药效在 8h 内下降超过 40%。HWS 对降雨的稳定性强于二甲四氯。这是由于 HWS 吸收快，渗透性好。数据表明，施药后 8h 之后模拟雨水冲刷与不模拟雨水冲刷之间的活性差异不显著。若在下雨前 8h 处理完毕，HWS 的除草效果将得到充分发挥。

因此，通过降雨试验明确了 HWS 耐雨水冲刷的特性，施药后 4h 之内降雨对 HWS 活性有一定影响，施药后 8h 降雨对 HWS 的除草活性影响不大。

表8-19　施药后不同时间模拟雨水冲刷30% HWS乳油和41%二甲四氯乳油对反枝苋抑制活性的影响①②③

除草剂	剂量 /(g ai/hm^2)	雨水冲刷对反枝苋的抑制活性 /%								无雨水冲刷
		0h	0.5h	1h	2h	4h	8h	12h	24h	
30% HWS 乳油	750	59	79	84	78	82	88	93	93	100
41% 二甲四氯乳油	900	14	31	28	28	59	55	80	84	98

① 实验采用不同时间 1000mL 水（对应 20mm 降雨量）的降雨模拟器。

② 以反枝苋处理后 0.5h 进行模拟雨水冲刷为例，HWS 和二甲四氯对反枝苋的抑制活性分别为 79% 和 31%。

③ 抑制率（%）：对反枝苋的抑制作用以处理后的鲜重与未处理对照相比的百分比变化来衡量，0% 表示无效，100% 表示完全杀死；数值为 3 次重复的平均值。

(3) 毒性和对生态的影响　HWS 大鼠急性经口 LD_{50} ＞ 2700mg/kg，大鼠急性经皮 LD_{50} ＞ 2000mg/kg；对家兔眼睛、皮肤呈轻度刺激，对豚鼠皮肤致敏率为 0%；Ames、小鼠睾丸精母细胞染色体畸变及小鼠骨髓嗜多染红细胞微核试验均为阴性。评价了田间试验应用的 30% HWS 乳油对代表性非靶标生物的影响，结果表明 30% HWS 乳油对斑马鱼、蜜蜂、鹌鹑和蚕的生态急性毒性均为低毒(表 8-20)[43]。

表8-20　30% HWS乳油对代表性非靶标生物的急性毒性

非靶标生物	急性毒性	毒性级别
蜜蜂	LD_{50} ＞ 100.00μg/ 只	低毒
鹌鹑	LC_{50} ＞ 1470mg/kg	低毒
斑马鱼	LC_{50}(96h)＞ 21.77mg/L	低毒
蚕	LC_{50}(96h)＞ 2000mg/L	低毒

8.4.4　作为玉米田除草剂的应用

HWS(**IG-21**)在 0.9kg ai/hm^2 的剂量下对玉米、小麦和水稻等单子叶作物具有良好的安全性。通过对 HWS(**IG-21**)在玉米与玉米田主要杂草活性之间的选择性进行评价，发现 HWS 在玉米和杂草间具有较高的选择性。

8.4.4.1　选择性系数

为了准确判断 HWS 对玉米的安全性，选择反枝苋、马齿苋、苘麻、玉米(北方重要栽培品种“农大 108”)为靶标进行试验。用 HWS 处理后置温室中生长，生长温度 25～35℃，定期从花盆底部补水以保持土壤湿度适宜，定时观察植株药后反应症状，选择在第 15 天调查各剂量防效。

表8-21　HWS（IG-21）各处理不同靶标防效目测数据①,②

靶标	剂量 /(g ai/hm^2)					
	150	300	450	600	750	900
	抑制率 /%					
反枝苋	98	95	100	100	100	100
马齿苋	98	95	100	100	100	100
苘麻	80	100	100	100	100	100
玉米	0	0	0	0	0	10

① 抑制率（%）：采用温室盆栽法，对各供试玉米、杂草同时进行不同剂量的芽后喷雾处理，0% 表示无效，100% 表示完全杀死；每处理三次重复，另设空白对照。

② 喷雾装置为 3WPSHZ-500 型生测喷雾塔，喷药面积 0.128m^2，药液量 20mL，工作压力 0.2MPa，着液率 37%。由国家南方农药创制中心浙江基地测试。

第 15 天观察结果表明(表 8-21)，HWS 在 150g ai/hm^2 低剂量下对阔叶杂草反枝苋和马齿苋具有 98% 的防效，杂草基本死亡，ED_{90} 值＜150g ai/hm^2；其次，在

150g ai/hm^2 剂量下对苘麻的抑制率为 80%，在 300g ai/hm^2 剂量下对苘麻的抑制率为 100%，ED_{90} 值为 200g ai/hm^2 左右。在 900g ai/hm^2 高剂量下 HWS 对玉米没有明显的药害症状，ED_{10} 值为 900g ai/hm^2。此外，还测得 HWS 对凹头苋和藜的抑制作用 IC_{90} 值在 100g ai/hm^2 以下。

根据表 8-21 中数据，按选择性系数 = 作物的最高安全剂量 ED_{10}/ 敏感杂草的最低有效剂量 ED_{90} 计算，可获得 HWS 在玉米与敏感杂草反枝苋和马齿苋之间的选择性系数＞ 6，在玉米与苘麻之间的选择性系数＞ 4，通常能用于除草剂开发的选择性系数必须⩾ 2，因此，HWS 能直接用于玉米田防除阔叶杂草。研究表明在玉米 2 叶 1 心期以后喷施 HWS，对玉米生长没有明显影响。

HWS 也被证实是一种有效的植物 PDHc 抑制剂(具体结果见 8.6 节)。体外(in vitro)试验表明，HWS 对豌豆 PDHc 的抑制作用明显高于对水稻 PDHc 的抑制作用。这些结果表明，HWS 对双子叶植物的 PDHc 具有选择性抑制作用，这与温室试验中 HWS 对阔叶杂草具有较高的防除活性相一致，表明 HWS 是一种防除阔叶杂草的选择性除草剂。

8.4.4.2　HWS 作为玉米田除草剂的田间应用

由于采用温室盆栽法试验表明 HWS 对反枝苋、马齿苋和苘麻等多种阔叶杂草具有很好的防除活性，300g ai/hm^2 剂量下达 95%～100% 的防除效果，且选择性系数为 4～6 以上，对玉米安全性很好，因此，HWS 有希望开发成为玉米田以防除阔叶杂草为主的茎叶处理除草剂。

为了验证 HWS 作为除草剂的田间实用价值，委托绍兴市农业科学研究院、嘉兴市农科院、山东农业大学植保学院、马鞍山市农科委植保站、泰安市农科院、天津农科院植保所和东北农业大学等单位分别在浙江、山东、黑龙江和天津等地完成了十多项玉米田田间小区筛选试验。田间试验表明: 30% HWS 乳油做茎叶处理一次施药可有效控制杂草危害，有很好的除草增产效果；在玉米 2～5 叶期施用，在各地田间小区试验的所有试验剂量下 HWS 均对玉米安全; 30% HWS 乳油对阔叶杂草的杀草谱较广，能有效控制玉米田主要危害性杂草，对反枝苋、马齿苋、刺苋、鳢肠、铁苋菜、蓼、小藜、辣蓼、空心莲子草、葎草、斑地锦、节节菜、陌上菜、萹蓄的防效均很好，对苍耳、苘麻和田旋花等多种阔叶杂草的防效较好。对一年生禾本科杂草防效较差。

在杂草生长初期用药时，有效剂量 20～30g/ 亩便可控制大多阔叶杂草；如施药时间偏晚，杂草叶龄较大时，需增加施用量来控制杂草。30% HWS 乳油用于玉米田防除杂草，在用量低于二甲四氯时药效显著高于二甲四氯，可与对照药剂 4%烟嘧磺隆和 20% 氯氟吡氧乙酸乳油药效相当，具有良好的应用前景。部分田间试验结果列在表 8-22～表 8-24 中。

表8-22　30% HWS乳油在玉米田中的茎叶处理除草活性（山东）

除草剂	剂量/(g ai/hm²)	抑制率(30d)①,②,③					
		株防效/%			鲜重防效/%		
		2005 年	2007 年	2008 年	2005 年	2007 年	2008 年
30% HWS 乳油	225	—	85	96	—	86	99
	300	87	92	96	92	95	99
	375	93	98	99	94	99	100
	450	96	100	100	94	100	100
	900	99	100	99	98	100	100
4% 烟嘧磺隆④悬浮剂	48	98	98	100	95	97	100

① 该试验在山东夏玉米田实施。除草剂在阔叶杂草 2～4 叶期喷雾施药。主要杂草包括马齿苋、反枝苋、铁苋菜、鳢肠、小藜等。

② 抑制率（%）：在 30d 时计数杂草数量，并从地面割下杂草植株，立即称量，与未处理的对照相比，计算株防效和鲜重防效，0% 表示无效，100% 表示完全杀死；每个处理有 4 个重复，数值为 4 个重复的平均值。

③ 施药方法：采用肩式喷雾器喷一次。

④ 烟嘧磺隆：2-(4,6-二甲氧基嘧啶-2-基氨基甲酰氨基磺酰基)-*N*,*N*-二甲基烟酰胺。

表8-23　30% HWS乳油在玉米田中的茎叶处理除草活性（绍兴）

除草剂	剂量/(g ai/hm²)	抑制率(30d)①,②,③					
		株防效/%			鲜重防效/%		
		2005 年	2007 年	2008 年	2005 年	2007 年	2008 年
30% HWS 乳油	300	92	89	78	91	95	80
	375	93	93	83	92	96	85
	450	95	94	87	95	97	87
	900	96	95	90	97	98	91
20% 氯氟吡氧乙酸	180	96	95	94	96	97	95

① 该田间试验在绍兴实施。除草剂在玉米 4～5 叶期、阔叶杂草 4 叶期施药。主要杂草包括节节菜、陌上菜、萹蓄、刺苋、小藜、马齿苋等（2005 年）；辣蓼、藜、空心莲子草等（2007 年）；辣蓼、鳢肠、反枝苋、斑地锦等（2008 年）。

② 抑制率（%）：在 30d 时计数杂草数量，并从地面割下杂草植株，立即称量，与未处理的对照相比，计算株防效和鲜重防效，0% 表示无效，100% 表示完全杀死；每个处理有 4 个重复，数值为 4 个重复的平均值。

③ 施药方法：采用肩式喷雾器喷一次。

表8-24　30% HWS乳油在玉米田中的茎叶处理除草活性（嘉兴）

除草剂	剂量/(g ai/hm^2)	抑制率(30d)①,②,③			
		株防效/%		鲜重防效/%	
		2007年	2008年	2007年	2008年
30% HWS乳油	300	66	70	68	77
	375	72	80	72	87
	450	83	88	84	93
	900	87	97	92	98
20%氯氟吡氧乙酸	180	78	92	82	95

① 该田间试验在嘉兴实施。除草剂在玉米4～5叶期、阔叶杂草4～5叶期施用。主要杂草包括反枝苋、蓼、小藜、空心莲子草等（2007年）；铁苋菜、反枝苋、藜、空心莲子草等（2008年）。

② 抑制率（%）：在30d时计数杂草数量，并从地面割下杂草植株，立即称量，与未处理的对照相比，计算株防效和鲜重防效，0%表示无效，100%表示完全杀死；每个处理有4个重复，数值为4个重复的平均值。

③ 施药方法：采用肩式喷雾器喷一次。

随后，采用HWS为茎叶处理除草剂进行了进一步的田间应用，部分田间应用结果列在表8-25、表8-26中[60]。

表8-25　30% HWS乳油对玉米田阔叶杂草的苗后除草活性（山东）

剂量/(g ai/hm^2)	抑制率(40d)①,②	
	株防效/%	鲜重防效/%
225	96	98
300	99	99
375	100	100
450	100	100
4%烟嘧磺隆悬浮剂48	90	95

① 该试验于2015年在山东田间实施。玉米品种：郑单958。除草剂在玉米3～5叶期、阔叶杂草3～4叶期施用。主要杂草包括鸭跖草、苘麻、醴肠、反枝苋、马齿苋及铁苋菜。

② 抑制率（%）：在40d时计数杂草数量，并从地面割下杂草植株，立即称量，与未处理的对照相比，计算株防效和鲜重防效，0%表示无效，100%表示完全杀死；每个处理有4个重复，数值为4个重复的平均值。

如表8-25所列，与烟嘧磺隆相比，30% HWS乳油各剂量的防效均与烟嘧磺隆的防效相当或更优，对6种杂草的总防治效果可达96%～100%。结果表明，与未处理对照相比，该药剂可提高玉米产量，并对玉米具有安全性。

在此基础上，进一步采用30% HWS粉剂进行了玉米田间试验(品种：美玉7号)，田间的主要杂草为辣蓼、鳢肠、凹头苋、通泉草等(表8-26)。

表8-26　30% HWS粉剂对玉米田阔叶杂草的苗后除草活性（绍兴）①,②

防效	剂量 /（g ai/hm²）	辣蓼	鳢肠	凹头苋	通泉草	总防效 %
鲜重防效（25d）/%	30% HWS 粉剂 450	92	95	93	97	95
	57% 2,4- 滴丁酯乳油 513	94	94	92	95	93
株防效（25d）/%	30% HWS 粉剂 450	93	94	92	96	94
	57% 2,4- 滴丁酯乳油 513	91	93	91	95	93

① 该试验于 2017 年在绍兴田间实施。玉米品种：美玉 7 号。除草剂在玉米 3 ～ 5 叶期、阔叶杂草 3 ～ 4 叶期施用。

② 防效（%）：以每株杂草数量和鲜重与未处理对照相比的百分比变化来计算株防效和鲜重防效，0% 表示无效，100% 表示完全杀死；数值为 4 次重复的平均值。

如表 8-26 所列，30% HWS 粉剂在 450g ai/hm^2 时能很好地控制双子叶杂草，其效果与 513g ai/hm^2 的 2,4-滴丁酯乳油相当，并且在测试剂量下对玉米安全。特别是与 2,4-滴丁酯乳油相比，没有飘移的现象。

HWS 是在氯酰草膦的基础上逐步修饰得到的，此后的研究证实了 HWS 作为一种强效的双子叶 PDHc 抑制剂（见 8.6 节），在 100～300g ai/hm^2 的剂量下对温室双子叶杂草具有良好的苗后活性；作为一种弱效的单子叶 PDHc 抑制剂，即使在 800～1200g ai/hm^2 的剂量下，对玉米、小麦和水稻等单子叶作物也没有明显的植物毒性。这些结果表明，酶抑制作用与除草活性之间存在良好的相关性。上述田间试验结果表明，HWS 作为一种针对广谱双子叶杂草的高效选择性茎叶处理除草剂显示了很好的安全性，同时具有对蜂、鸟、鱼、蚕非靶标生物低毒的特点，具有很好的开发前景。

8.5　取代苯氧乙酰氧基烃基膦酸酯盐

20 世纪 80 年代初期，Baillie 和 Kluger 等人设计合成的丙酮酸的类似物，烷基酰基（次）膦酸酯单钠盐 **1** 已被证实为丙酮酸脱氢酶复合物（PDHc）的强抑制剂[14,15]。

贺红武课题组对取代苯氧乙酰氧基烃基膦酸酯的研究中，重点研究了烃基为烷基的膦酸酯，在下文中均简称为烷基膦酸酯。如前所述贺红武课题组报道的一些 1-取代烷基膦酸酯 **IC** 和 **IG** 具有显著的除草活性和对植物 PDHc 抑制活性。研究表明在其母体骨架 1- 取代烷基膦酸酯 **I** 中的取代基 R^1、R^2、R^3、R^4 和 Y$_n$ 的结构与它们的除草活性直接相关。特别是取代基 R^1 和 R^2 对除草活性具有重要的影响，考虑如果将这些膦酸酯中的 R^1 或 R^2 修饰为相应的盐，可能会对除草活性产生重要的影响。一些研究表明引入盐的结构对化合物生物活性的改善的确具有重要的作用[61]。为了考察引入盐的结构后对化合物除草活性和酶抑制活性的影响，不同系列的烷基膦酸酯盐作为植物 PDHc 的潜在抑制剂被进一步设计合成和研究。

8.5.1 *O*-烷基-1-(取代苯氧乙酰氧基)烷基膦酸酯盐 IIA～IIE

为了获得具有潜在活性的烷基膦酸酯盐化合物，贺红武和王涛等人基于 **IA** 和 **IC** 系列除草活性构效关系的规律，在其母体骨架 1-取代烷基膦酸酯 **I** 中，其中保持 Y_n=2,4- Cl_2 不变，引入 Li、Na、K、CH_3 或 C_2H_5 作为 R^1 和 R^2，进一步设计了五个系列的 *O*-烷基-1-(取代苯氧乙酰氧基)烷基膦酸酯盐 **IIA**～**IIE** 作为潜在的植物 PDHc 抑制剂。

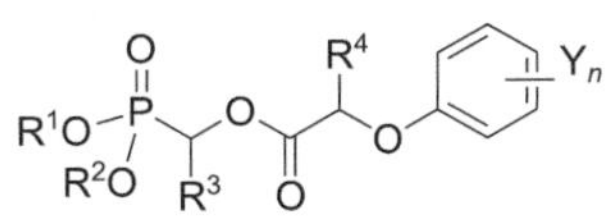

I

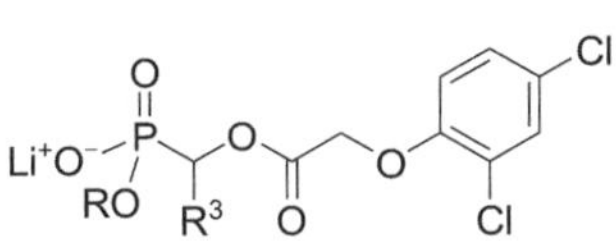

IIA

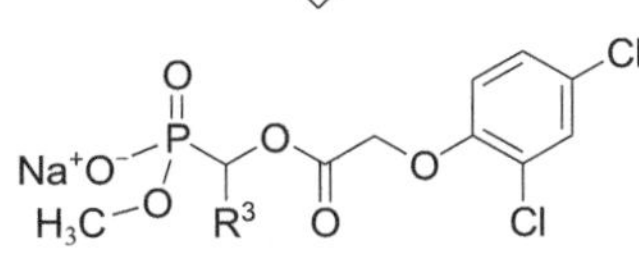

IIB

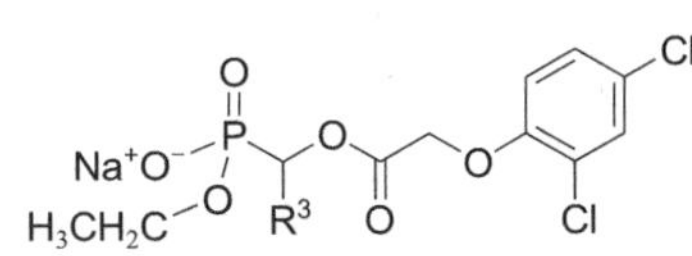

IIC

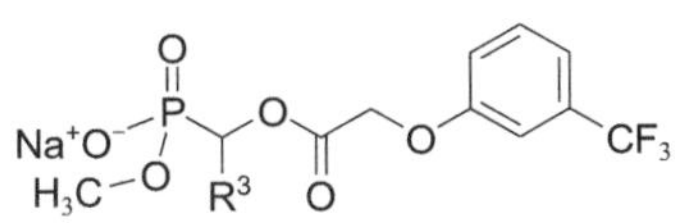

IID

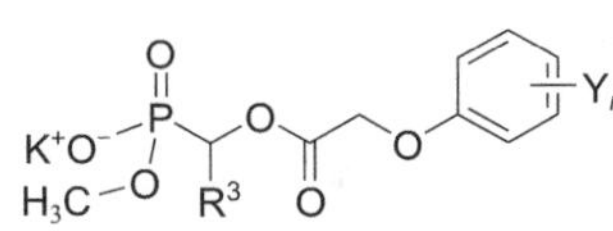

IIE

其中引入 Li 或 Na，CH_3 或 C_2H_5 作为 R^1、R^2 形成了 **IIA**～**IIC** 系列；引入 Na 和 CH_3 作为 R^1 和 R^2，CF_3 作为 Y_n 形成了 **IID** 系列。在这些系列中进一步修饰了取代基 R^3。如在 **I** 中引入 K 和 CH_3 作为 R^1 和 R^2，形成 **IIE** 系列，并进一步修饰了取代基 R^3 和 Y_n。随后的研究表明，与相应的烷基膦酸酯相比，烷基膦酸酯盐 **IIA**～**IIE** 对植物 PDHc-E1 具有更强的抑制作用和更好的除草活性。

8.5.1.1 烷基膦酸酯碱金属盐 IIA～IIE 的合成

根据文献，一般可将相应的膦酸酯或次膦酸酯与无机碱反应合成膦酸酯盐或次膦酸酯盐[15]。

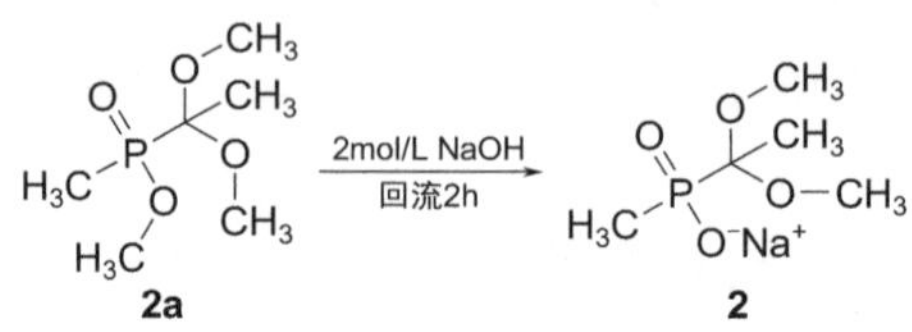

然而，研究表明在无机碱的存在下，并不能成功获得烷基膦酸酯的碱金属盐 **IIA～IIE**。例如，在约 60℃，在 NaOH（pH=9～10）的存在下，以膦酸酯 **IE-22**（$R^1=R^2=CH_3$，R^3= 苯基，R^4=H）为原料合成烷基膦酸酯的碱金属钠盐 **IIB-8**（R^3=Ph）的试验中，由于 **IE-22** 很容易水解生成 *O*,*O*-二甲基-1-羟基苄基膦酸和 2,4-二氯苯氧乙酸钠，而不能获得 **IIB-8**。尝试通过 *O*-甲基-1-羟基苄基膦酸钠与 2,4-二氯苯氧乙酰氯在吡啶存在下的缩合反应来制备也未能获得 **IIB-8**。

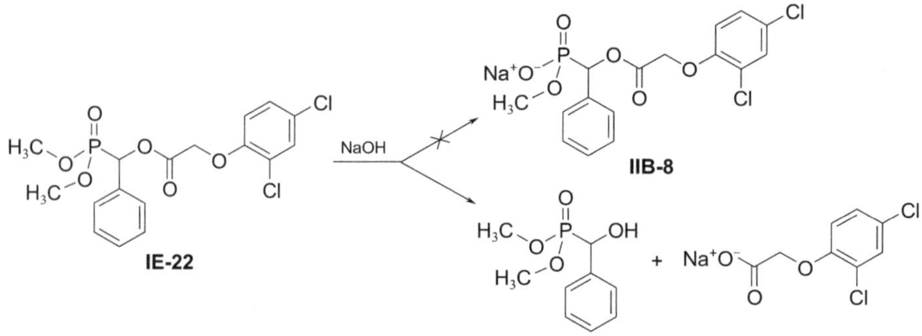

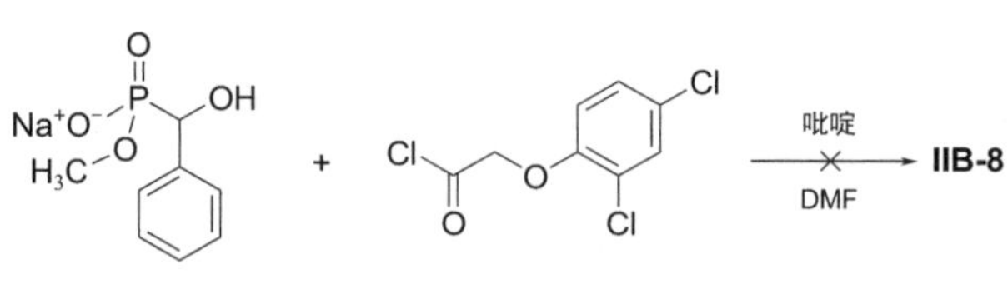

随后进一步尝试在溴化锂、碘化钠或碘化钾的存在下，采用烷基膦酸酯为原料来合成烷基膦酸酯碱金属盐 **IIA～IIE**，发现溶剂和温度对反应的影响是至关重要的。例如，在甲基异丁基酮或丁酮的回流条件下，使用溴化锂、碘化钠或碘化钾仍不能成功制备 **IIA-1**、**IIC-1** 和 **IIE-2**，只能获得副产物 2,4-二氯苯氧乙酸和相应的

1-羟基膦酸盐。这可能是由于在高温回流条件下，导致羧酸酯键发生了裂解。但发现将 *O*,*O*-二烷基-1-(取代苯氧乙酰氧基)烷基膦酸酯 **IA** 或 **IC** 与相应的溴化锂、碘化钠或碘化钾在丙酮中回流反应，可以很容易地合成 *O*-烷基-1-(取代苯氧乙酰氧基)烷基膦酸酯碱金属盐 **IIA**～**IIE**。其合成反应如下:

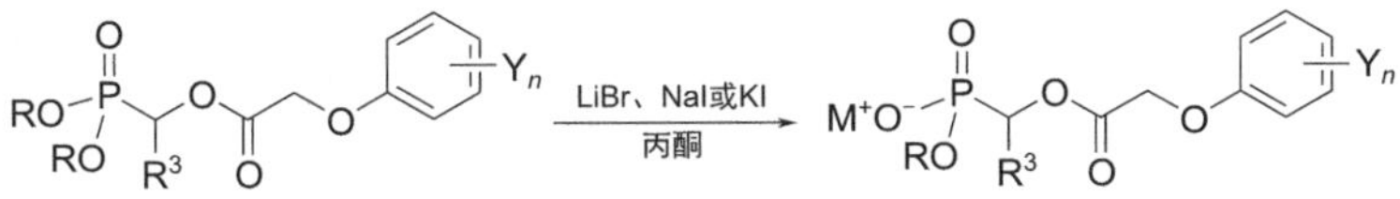

IA或**IC**　　　　**IIA**～**IIE**(M = Li、Na或K)

O,*O*-二烷基-1-(取代苯氧乙酰氧基)烷基膦酸酯 **IA** 或 **IC** 可作为合成 **IIA**～**IIE** 的原料，其制备方法已在本章 8.2.2 节中介绍。

为了考察不同盐类对除草活性的影响，王涛等人基于上述制备反应合成了 77 个膦酸酯盐类化合物，具体包括锂盐(**IIA-1**～**IIA-16**)[62,63]、钠盐(**IIB-1**～**IIB-25** [63-65]、**IIC-1**～**IIC-8** [63-65] 和 **IID-1**～**IID-9**[63])和钾盐(**IIE-1**～**IIE-19**)[64,66]。

8.5.1.2 烷基膦酸酯盐 IIA～IIE 的除草活性

除草活性测试发现，部分烷基膦酸酯盐 **IIA**～**IIE** 在 450g ai/ha 的剂量下不仅对双子叶植物具有优异的苗后除草活性，而且还对双子叶植物显示出引人注目的苗前除草活性(表 8-27)。构效关系研究表明，在 *O*,*O*-二甲基-1-(取代苯氧乙酰氧基)烷基膦酸酯中，用 Li、Na 或 K 作为 R^1 替换 CH_3 后对苗后除草活性影响不大，但可以增强化合物的苗前除草活性。在烷基膦酸酯盐的系列中苯氧苯环上的 Y_n=2,4-Cl_2 仍有利于除草活性，而当 Y_n=3-CF_3 则使烷基膦酸酯盐具有较弱的除草活性。

例如，在 450g ai/ha 的剂量下，当苯氧苯环上的 Y_n=2,4-Cl_2 时，钠盐 **IIB-1** (R^1=Na，R^3=H)、**IIB-2** (R^1=Na，R^3=CH_3)、**IIB-3** (R^1=Na，R^3=C_2H_5)、**IIB-4** (R^1=Na，R^3= 正丙基)和 **IIB-20** (R^1=Na，R^3= 呋喃基)对试验双子叶植物反枝苋、苘麻、藜均具有 90%～100% 的抑制率，与相应的 *O*,*O*-二甲基膦酸酯活性相当。并且 **IIB-1**、**IIB-2**、**IIB-3** 和 **IIB-20** 对反枝苋、苘麻或(和)小藜还具有 50%～75% 的芽前除草活性(表 8-27)，而它们相应的 *O*,*O*-二甲基膦酸酯在 450g ai/ha 时无苗前除草活性。表明烷基膦酸酯盐有与膦酸酯类化合物不同的除草活性特点。进一步的研究发现，一些烷基膦酸酯钠盐是更有效的丙酮酸脱氢酶(PDHc)抑制剂(见 8.6 节)。

表8-27 烷基膦酸酯钠盐IIB、IC和IG-21的苗前除草活性（抑制率）①

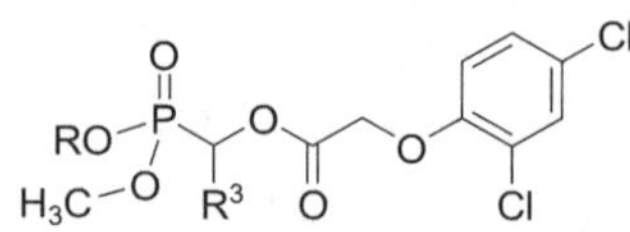

化合物	R	R^3	剂量 /(g ai/hm^2)	双子叶植物			单子叶植物	
				反枝苋	苘麻	小藜	稗草	水稻
IIB-1	Na	H	450	53	45	53	30	27
IC-1	CH_3	H	450	0	0	0	0	0
IIB-2	Na	CH_3	450	50	50	55	0	30
IC-22	CH_3	CH_3	450	0	0	10	45	35
IIB-3	Na	CH_2CH_3	450	70	70	75	0	30
IC-27	CH_3	CH_2CH_3	450	0	0	0	0	0
IIB-4	Na	正丙基	450	0	0	0	0	25
IIB-20	Na	呋喃基	450	55	50	50	0	35
IG-21	CH_3	呋喃基	450	0	0	10	NT②	NT
IIB-1	Na	H	150	0	0	0	0	10
IC-1	CH_3	H	150	0	0	0	0	0
IIB-2	Na	CH_3	150	0	0	0	0	25
IC-22	CH_3	CH_3	150	0	0	0	NT	NT
IIB-3	Na	CH_3CH_2	150	65	60	65	0	20
IIB-4	Na	正丙基	150	0	0	0	0	10
IIB-20	Na	呋喃基	150	0	0	0	0	10
IIB-3	Na	CH_3CH_2	75	50	50	50	0	10

① 抑制率（%）：温室盆栽法，对植物生长的抑制作用（%），0% 表示无效果，100% 表示完全杀死。数值为 3 次重复的平均值。

② NT：未测试。

8.5.2 烷基膦酸的碱金属盐 IIF、IIG 和 IIH

基于生物等排原理，由于 1-(取代苯氧乙酰氧基)烷基膦酸更类似于丙酮酸脱氢酶的底物丙酮酸，应具有更好的除草活性。然而，1-(取代苯氧乙酰氧基)烷基膦酸在长时间的储存中不稳定，它们通常在3d内分解出取代的苯氧乙酸，其原因可能是在膦酸提供的酸性环境中，会导致分子中的羧酸酯基分解。因此，考虑到1-烷基膦酸盐的结构较稳定，同时与酯相比，更类似于丙酮酸脱氢酶的底物丙酮酸，设想可能会具有较好的除草活性，由此，进一步设计合成了烷基膦酸的碱金属盐 **IIF**、**IIG** 和 **IIH**，作为1-(取代苯氧乙酰氧基)烷基膦酸的替代品。**IIF**、**IIG** 和 **IIH** 与1-(取代苯氧乙酰氧基)烷基膦酸不同，是具有良好稳定性的中性盐。

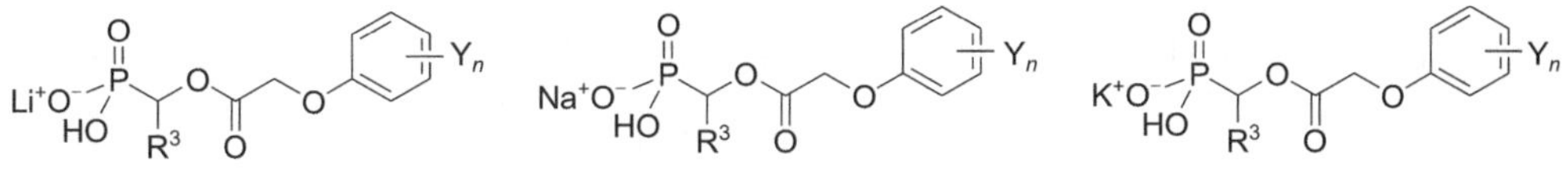

IIF **IIG** **IIH**

8.5.2.1 烷基膦酸碱金属盐 IIF、IIG 和 IIH 的合成

通常制备烷基膦酸的碱金属盐可采用等摩尔的无机碱如氢氧化锂、氢氧化钠和碳酸钾处理，可以很容易地从相应的膦酸中得到单碱金属盐。一般而言，采用浓盐酸在高温下处理膦酸盐便可制备相应的膦酸。然而，该方法并不适合用于分子中含有对酸或碱敏感基团的化合物，例如含有羧酸酯的化合物 **IA** 或 **IC**。具有强碱或强酸的反应条件都易导致分子中羧酸酯键的断裂。在这种情况下，采用先制备双(三甲基硅基)烷基膦酸酯，再转化为膦酸的方法可以避免分子中羧酸酯键的断裂。

据文献报道[67-71]，三甲基氯硅烷和碘化钠在乙腈溶液中处理，可以很容易地原位合成三甲基碘硅烷。利用三甲基碘硅烷的反应，可以将膦酸酯(如 **IA** 或 **IC**)转化为相应的双(三甲基硅基)烷基膦酸酯，然后，在醇的处理下，可进一步转化为相应的膦酸，从而可避免分子中羧酸酯键的断裂，其合成反应如下所示。

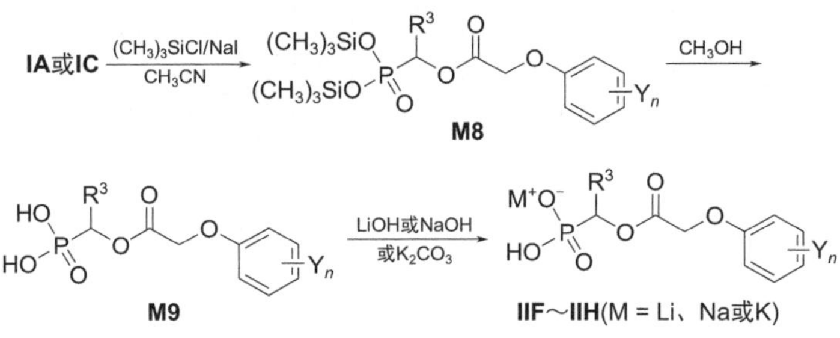

彭浩和龙庆武等人采用这一合成反应进一步制备了多系列的 1-(取代苯氧乙酰氧基)烷基膦酸单碱金属盐，包括单锂盐 **IIF-1～IIF-13**[72]、单钠盐 **IIG-1～IIG-13**[73] 和单钾盐 **IIH-1～IIH-13**[72]，共 39 个烷基膦酸单碱金属盐类化合物。这些化合物几乎都是中性盐，稳定性高于相应的膦酸。

8.5.2.2 烷基膦酸碱金属盐 IIF、IIG 和 IIH 的除草活性

与 *O*,*O*-二甲基烷基膦酸酯 **IC** 和 *O*-烷基烷基膦酸酯单盐 **IIA～IIE** 相比，部分膦酸单盐 **IIF～IIH** 对单子叶杂草表现出更高的茎叶处理抑制活性。**IIF-1**(R^1=Li, R^2=H, R^3=CH_3, Y_n=2,4- Cl_2)在 150g ai/hm^2 条件下对单子叶杂草的防治效果为 60%～80%(表 8-28)。而其对应的 *O*,*O*-二甲基乙基膦酸酯 **IC-22** 和 *O*-甲基乙基膦酸酯 **IIB-2** 单钠盐(R^3=CH_3, Y_n=2,4- Cl_2)在相同的测试条件下对单子叶杂草没有活性。结果表明，引入—OH 有利于提高化合物对单子叶杂草茎叶处理的除草活性。

表8-28 部分烷基膦酸酯单盐和烷基膦酸单盐茎叶处理除草活性(抑制率)的比较①

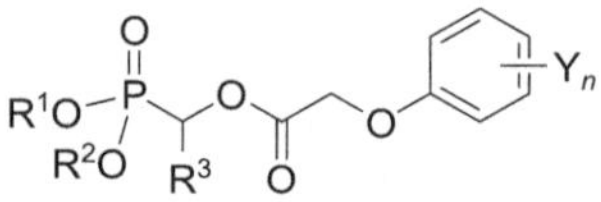

化合物	R^1	R^2	R^3	Y_n	单子叶杂草			双子叶杂草		
					稗草	马唐	狗尾草	荠菜	反枝苋	小藜
IIF-1	Li	H	CH_3	2,4-Cl_2	80	65	60	85	90	85
IIG-1	Na	H	CH_3	2,4-Cl_2	60	50	50	80	80	80
IIH-1	K	H	CH_3	2,4-Cl_2	60	60	50	70	85	80
IIB-2	Na	CH_3	CH_3	2,4-Cl_2	0	0	0	90	93	90
IC-22	CH_3	CH_3	CH_3	2,4-Cl_2	0	0	0	100	100	98
IIF-5	Li	H	正丁基	2,4-Cl_2	60	60	0	80	60	70
IIG-5	Na	H	正丁基	2,4-Cl_2	40	50	40	95	95	80
IIG-12	Na	H	正丁基	2-CH_3,4-Cl	0	0	0	80	70	70
IIH-5	K	H	正丁基	2,4-Cl_2	0	0	0	90	75	70
IIF-6	Li	H	苯基	2,4-Cl_2	50	50	0	85	80	70
IIG-6	Na	H	苯基	2,4-Cl_2	0	0	40	100	95	90
IIH-6	K	H	苯基	2,4-Cl_2	40	60	40	95	75	60

续表

化合物	R^1	R^2	R^3	Y_n	单子叶杂草			双子叶杂草		
					稗草	马唐	狗尾草	荠菜	反枝苋	小藜
IIF-7	Li	H	噻吩基	2,4-Cl_2	50	0	0	80	60	40
IIG-7	Na	H	噻吩基	2,4-Cl_2	50	60	60	90	80	80
IIH-7	K	H	噻吩基	2,4-Cl_2	50	60	50	100	80	60
IIB-21	Na	CH_3	噻吩基	2,4-Cl_2	22	16	15	10	33	32

① 抑制率（%）：温室盆栽法，150g ai/hm^2 剂量下对植物生长的抑制作用，0% 表示无效果，100% 表示完全杀死。数值为 3 次重复的平均值。

一些烷基膦酸碱金属盐 **IIF** 或 **IIG** 对双子叶杂草仍具有良好的除草活性。**IIG-6**（相当于在结构通式 **I** 中，R^1=Na，R^2=H，R^3= 苯基，Y_n=2,4- Cl_2）对三种双子叶杂草的茎叶处理抑制效果最好(90%～100%)，与 **IC-22** 相当。构效关系分析表明，以 MO 或 HO 替换膦酸酯 **IC** 结构中的 H_3CO 可以增强化合物对单子叶杂草的茎叶处理除草活性，而同样的替换对化合物的双子叶杂草茎叶处理除草活性影响不大。

8.6 对靶酶的抑制作用与选择性

许多取代苯氧乙酰氧基烃基膦酸酯显示了令人注目的除草活性，例如 **IC-22**(HW02，氯酰草膦)和 **IG-21**(HWS，氯酰呋草膦)均显示了作为除草剂的活性特点。由于此类化合物是以植物丙酮酸脱氢酶复合物抑制剂烷基酰基膦酸酯(盐)**1** 为苗头化合物经过结构改造衍生而来的，因而这些化合物有望作为植物丙酮酸脱氢酶复合物(PDHc)的抑制剂。因此贺红武和袁均林等人选择以 **IC-22** 和 **IG-21** 为代表的部分高除草活性化合物以及它们的盐类为研究对象，开展了这类化合物对植物 PDHc 抑制活性的研究，以证实取代苯氧乙酰氧基烃基膦酸酯是否为植物 PDHc 的有效抑制剂。

8.6.1 对植物 PDHc 的抑制作用与构效关系

在除草活性研究的基础上，通过测试 **IC-22** 和 **IG-21** 及相应的钠盐为代表的部分高除草活性化合物对植物 PDHc 的抑制作用和抑制类型，证明了 **IC-22** 和 **IG-21**

等高除草活性化合物为双子叶植物 PDHc 的强抑制剂，为水稻 PDHc 的弱抑制剂，并且具代表性的 **IC-22** 被证明为竞争性抑制剂。具体研究结果总结如下。

(1) 对 PDHc 的抑制作用测试原理　PDHc 催化丙酮酸转化为乙酰辅酶 A 的总体反应如图 8-4 所示。在这个反应中丙酮酸被转化为乙酰辅酶 A，而 NAD^+(氧化型烟酰胺腺嘌呤二核苷酸) 被转化为 NADH(还原型烟酰胺腺嘌呤二核苷酸)。

PDHc 的活性可以用灵敏的分光光度法测定。此方法基于 NADH 在 340nm 处有光吸收[74]。因此，如果反应过程中产生 NADH，则在 340nm 处的吸光度会相应增加，且与酶活性成正比。如果 PDHc 被一种抑制剂抑制，NADH 水平预计会下降，与对照组相比，吸光度会相应下降。因此，PDHc 活性可以通过测量 NADH 的形成来确定。此法可广泛应用于大多数丙酮酸脱氢酶复合物的活性测定。

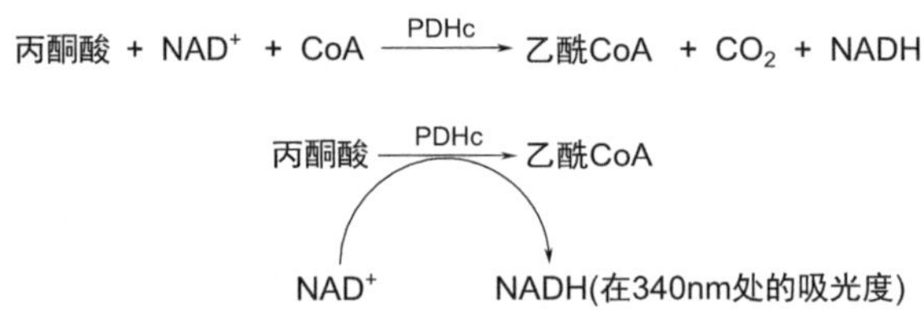

图 8-4　PDHc 催化反应与 PDHc 活性的测试原理

(2) 对植物 PDHc 的抑制作用 IC_{50} 与构效关系　为了考察化合物对不同植物来源 PDHc 的选择性，袁均林等人选择双子叶植物绿豆和豌豆及单子叶植物水稻的 PDHc 为靶酶进行酶活测定。表 8-29 列出了被测化合物对植物 PDHc 的 IC_{50} 值。

表8-29　取代苯氧乙酰氧基烃基膦酸酯（钠盐）对不同植物PDHc的抑制作用

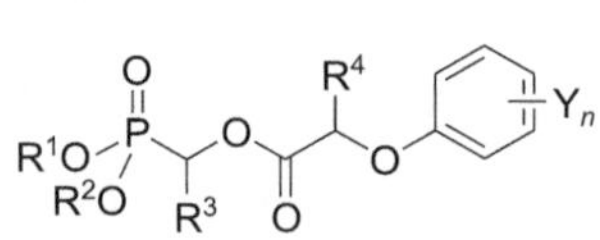

I

化合物	R^1	R^2	R^3	R^4	Y_n	IC_{50}①/(μmol/L)	PDHc 的来源
IC-22	CH_3	CH_3	CH_3	H	2,4-Cl_2	12.75	绿豆
IC-1	CH_3	CH_3	H	H	2,4-Cl_2	19.70	绿豆
IE-22	CH_3	CH_3	苯基	H	2,4-Cl_2	95.38	绿豆
IA-4	C_2H_5	C_2H_5	CH_3	H	2,4-Cl_2	23.12	绿豆

续表

化合物	R^1	R^2	R^3	R^4	Y_n	IC_{50}①/(μmol/L)	PDHc 的来源
IC-22	CH_3	CH_3	CH_3	H	2,4-Cl_2	18.19	豌豆
IG-21	CH_3	CH_3	呋喃基	H	2,4-Cl_2	28.25	豌豆
IID-10	Na	CH_3	呋喃基	H	2,4-Cl_2	6.96	豌豆
IC-5	CH_3	CH_3	CH_3	H	3-CF_3	442	豌豆
IJ-1	CH_3	CH_3	吡啶基	H	3-CF_3	>2300	豌豆
IIB-1	Na	CH_3	H	H	2,4-Cl_2	29.14	水稻
IC-22	CH_3	CH_3	CH_3	H	2,4-Cl_2	867.3	水稻
IIB-2	Na	CH_3	CH_3	H	2,4-Cl_2	0.29	水稻
IIB-3	Na	CH_3	C_2H_5	H	2,4-Cl_2	18.87	水稻
IIB-4	Na	CH_3	*n*- C_3H_7	H	2,4-Cl_2	3.26	水稻
IG-21	CH_3	CH_3	呋喃基	H	2,4-Cl_2	703.88	水稻
IID-10	Na	CH_3	呋喃基	H	2,4-Cl_2	41.14	水稻

① IC_{50}(μmol/L)定义为 50% 抑制植物 PDHc 所需的微摩尔浓度。数值为 3 次重复的平均值。

如表 8-29 所列，除 Y_n 为 3-CF_3 的 **IC-5** 和 **IJ-1** 对双子叶植物 PDHc 表现出较弱的抑制作用外，所有 Y_n 为 2,4-Cl_2 的测试化合物对绿豆和豌豆的 PDHc 均有显著抑制作用，特别是 **IA-4**、**IC-1**、**IC-22**、**IG-21** 和 **IID-10** 对双子叶植物 PDHc 表现出较强的抑制作用(IC_{50}＜30μmol/L)，其中 **IG-21** 相应的膦酸酯钠盐 **IID-10** 对双子叶植物抑制作用最强(IC_{50}=6.96μmol/L)。如表 8-29 所列，当选择水稻作为典型的单子叶植物进行酶活性测定时，除 **IC-22** 和 **IG-21** 外，大多数被测化合物对水稻 PDHc 表现出显著的抑制作用，特别是相应的膦酸酯钠盐 **IIB-2**、**IIB-3** 和 **IIB-4** 对水稻 PDHc 表现出更强的抑制作用(IC_{50}＜20μmol/L)。其中，**IC-22** 的钠盐 **IIB-2** 对水稻 PDHc 显示了最强的抑制作用(IC_{50}=0.29μmol/L)。值得一提的是，当膦酸酯转变为相应的膦酸酯钠盐后，一些膦酸酯钠盐不仅提高了对双子叶植物 PDHc 的抑制作用，而且对单子叶植物 PDHc 的抑制作用也明显提高。例如，膦酸酯钠盐 **IID-10** 对单双子叶植物 PDHc 的抑制作用(豌豆 IC_{50}=6.96μmol/L；水稻 IC_{50}=41.14μmol/L)比相应的膦酸酯 **IG-21** 对单双子叶植物 PDHc 的抑制作用(豌豆 IC_{50}=28.25μmol/L；水稻 IC_{50}=703.88μmol/L)均明显提高。但膦酸酯钠盐 **IID-10** 对单子叶和双子叶植物的选择性也明显低于其对应的膦酸酯 **IG-21**[49]。

表 8-29 的数据表明，在 H 为 R^4 不变的情况下，取代苯氧乙酰氧基烃基膦酸酯

I 结构中的取代基 R^1、R^2、R^3 和 Y_n 对化合物的抑制活性同样有较大的影响，其影响可归纳如下：

① Y_n 对化合物抑制活性的影响。苯环上取代基 Y_n 的结构和位置对化合物的抑制能力有很大的影响。在苯环上引入 2,4-Cl_2 可大大提高化合物对豌豆 PDHc 的抑制能力。在 R^1、R^2、R^3 为 CH_3 的条件下，以 2,4-Cl_2 为 Y_n 的 **IC-22** 对豌豆 PDHc 的抑制效果（IC_{50}=18.19μmol/L）明显优于以 3-CF_3 为 Y_n 的 **IC-5** 的抑制效果（IC_{50}=442μmol/L）。而且发现以 2,4-Cl_2 为 Y_n 的化合物均对植物 PDHc 显示了较强的抑制作用。

② 取代基 R^1 和 R^2 对化合物抑制活性的影响。测试数据表明 R^1 和 R^2 也是影响化合物对植物 PDHc 抑制活性的关键。当苯环上的 Y_n 为 2,4-Cl_2 保持不变时，通过 R^1 和 R^2 的结构修饰可以大大增强化合物对植物 PDHc 的抑制活性。当 R^1 和 R^2 基团变小，化合物对植物 PDHc 的抑制活性显著增强。例如，以 R^1 和 R^2 为 CH_3 的 **IC-22** 对绿豆 PDHc 的抑制效果（IC_{50}=12.75μmol/L）明显优于 R^1 和 R^2 为 CH_2CH_3 的 **IA-4**（IC_{50}=23.12μmol/L）。而且发现在 **IC-22** 的结构中为 CH_3 的 R^1 或 R^2 被 Na 替代后，化合物对植物 PDHc 的抑制活性显著提高（表 8-29）。例如，单钠盐 **IID-10** 对豌豆 PDHc 的抑制能力（IC_{50}=6.96μmol/L）高于其相应的膦酸酯 **IG-21**（IC_{50}=28.25μmol/L）。单钠盐 **IID-10** 和 **IIB-2** 对水稻 PDHc 的抑制能力（IC_{50} 分别为 41.14μmol/L 和 0.29μmol/L）也分别高于相应的膦酸酯 **IG-21**（IC_{50}=703.88μmol/L）和 **IC-22**（IC_{50}=867.3μmol/L）。

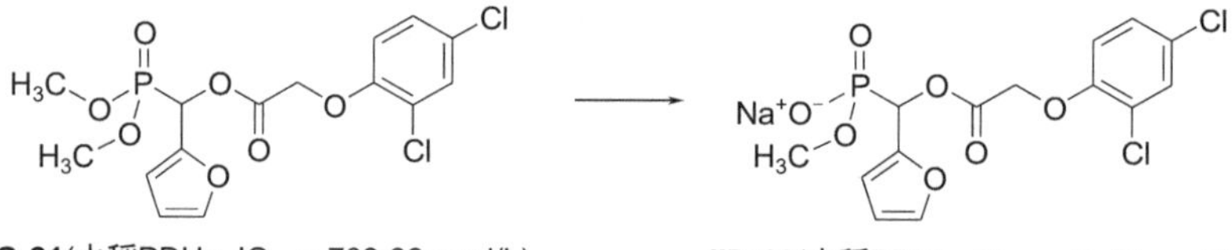

IG-21(水稻PDHc, IC_{50} = 703.88μmol/L)　　**IID-10**(水稻PDHc, IC_{50} = 41.14μmol/L)

IC-22(水稻PDHc, IC_{50} = 867.3μmol/L)　　**IIB-2**(水稻PDHc, IC_{50} = 0.29μmol/L)

③ 取代基 R^3 对植物 PDHc 抑制活性的影响。当 R^1、R^2、R^4 和 Y_n 保持不变时，与 α-碳结合的 R^3 对化合物抑制植物 PDHc 的活性也有较大影响。当 R^3 为 CH_3 时，似乎有利于增强化合物对植物 PDHc 的抑制活性。例如，当 R^1 和 R^2 为 CH_3，R^4 为

H，Y_n 为 2,4-Cl_2 时，对植物 PDHc 的抑制活性：**IC-22**（R^3=CH_3）＞ **IC-1**（R^3=H）＞ **IE-22**（R^3= 苯基）。

构效关系分析表明，提高化合物对植物 PDHc 的抑制活性需要 R^1、R^2、R^3 和 Y_n 的最佳组合。当 Y_n 作为 2,4-Cl_2 保持不变时，化合物对植物 PDHc 的抑制活性可以通过 R^1、R^2 和 R^3 的结构修饰而大大增强。特别是膦酸酯转化为相应的钠盐时可以极大地提高对植物 PDHc 的抑制活性。如钠盐 **IIB-2** 对水稻 PDHc 表现出极高的抑制作用。

由此可见，通过膦酸酯转化为膦酸酯盐可以显著提高其对双子叶植物 PDHc 的抑制作用，或显著提高其对单子叶植物 PDHc 的抑制作用，也可以同时提高化合物对单子叶和双子叶植物 PDHc 的抑制作用。

（3）对 PDHc 的竞争性抑制作用　在 8.3 节总结的研究结果表明 **IC-22**（氯酰草膦）对双子叶植物或杂草显示了很好的除草活性。进一步研究结果也表明 **IC-22** 为双子叶植物绿豆和豌豆 PDHc 的强抑制剂，为水稻 PDHc 的弱抑制剂[49]（见表 8-29）。为了明确 **IC-22** 作为 PDHc 抑制剂的作用类型，袁均林等人采用动力学实验研究了 **IC-22** 对植物 PDHc 的抑制类型。

通过测定存在或不存在 **IC-22** 时，在不同浓度底物（丙酮酸钠）条件下 PDHc 的催化效果，获得最大速率（V_{max}）和米氏常数（Michaelis constant，K_m）。

根据 $V=\dfrac{V_{max}[S]}{K_m+[S]}$，可得到 V_{max} 和 K_m。

根据 **IC-22**（图 8-5）的酶动力学实验，得到 V_{max} 和 K_m 分别为：

存在抑制剂 **IC-22** 的条件下：K'_m=0.03262mmol/L，V_{max}=0.4349mmol/L。

无抑制剂 **IC-22** 的条件下：K_m=0.01329mmol/L，V_{max}=0.4373mmol/L。

数据显示，在 **IC-22** 存在下，V_{max} 基本保持不变，K_m 有所增加。随着底物丙酮酸钠浓度的增加，抑制作用减弱。当底物丙酮酸钠浓度增加到 0.5mmol/L 时，抑制作用基本消失。说明 **IC-22** 对 PDHc 的抑制作用可以通过增加底物浓度来克服。当 **IC-22** 存在时，K_m 增加，说明酶对底物的表观亲和力降低。**IC-22** 可以通过减少酶分子与底物结合的比例来降低催化速率。然而，在 **IC-22** 存在和不存在的情况下，V_{max} 几乎是相同的。其特征表明 **IC-22** 的抑制类型为竞争性抑制。根据 PDHc 催化反应的机制（图 8-1），可以认为 **IC-22** 通过与 PDHc 的底物丙酮酸钠竞争，占据底物丙酮酸钠的位置，对植物 PDHc-E1 产生抑制作用，属于 PDHc-E1 的竞争性抑制剂[49]。由此表明，膦酸酯 **I** 对植物 PDHc 产生较强的抑制作用是通过对植物 PDHc-E1 的抑制作用而产生的。

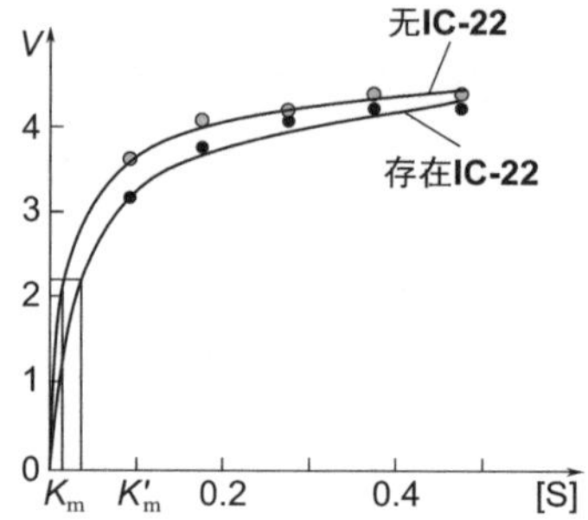

图 8-5　**IC-22** 作为 PDHc 抑制剂的酶动力学实验

K_m：无 **IC-22**；K'_m：存在 **IC-22**

[S]：底物（丙酮酸钠）的浓度

8.6.2　除草活性与对 PDHc 抑制活性的相关性

由于一些高除草活性的化合物被证实为植物 PDHc 的抑制剂，那么它们的除草活性与对植物PDHc的抑制作用的相关性十分值得关注。许多在苯环上 Y_n 为 2, 4-Cl_2 的 1-(取代苯氧乙酰氧基)烷基膦酸酯对双子叶植物的除草活性明显优于对单子叶植物的除草活性，因此它们对双子叶植物与单子叶植物 PDHc 抑制活性的比较值得关注。进入研发的高活性化合物 **IC-22** 和 **IG-21** 对双子叶植物 PDHc 的抑制活性明显高于对单子叶植物 PDHc 的抑制活性。如表 8-29 所列，**IC-22** 和 **IG-21** 对双子叶植物绿豆和 / 或豌豆的 PDHc 均表现出较强的抑制能力(IC_{50}=12.75～28.25μmol/L)，而对单子叶植物水稻的 PDHc 的抑制能力相对较低(IC_{50}=703.88～867.3μmol/L)。以上结果表明，**IC-22** 和 **IG-21** 对双子叶植物 PDHc 具有较好的选择性抑制作用。

对照其除草活性，**IC-22** 和 **IG-21** 对双子叶杂草和莎草科杂草具有较优的除草活性，在 150～450g ai/hm^2 剂量下，对广谱的双子叶杂草和莎草科杂草的抑制率可达 90%～100%，而对单子叶杂草或作物的抑制作用较弱，特别是在单子叶作物(玉米、小麦或水稻)和双子叶杂草之间表现出较高的选择性，因而可以考虑作为选择性的双子叶杂草除草剂应用。由此表明，这类化合物对双子叶植物 PDHc 的抑制作用与它们对双子叶杂草的高效除草活性具有正相关性，即由于它们对双子叶植物PDHc具有强抑制活性，从而对双子叶杂草具有高效除草活性。

从8.2.3节介绍的除草活性与构效关系研究表明，通过优化母体上的取代基R^1、R^2、R^3、R^4和Y_n可显著提高其除草活性。特别是发现当取代基Y_n=2,4-Cl_2或2-Cl,4-F，R^1和R^2为CH_3，R^4为H时，化合物具有突出的除草活性，表明苯环上的2,4-Cl_2或2-Cl,4-F作为Y_n时最有利于除草活性的提升。化合物对植物PDHc抑制活性与构效关系的分析也表明，提高化合物对植物PDHc的抑制活性同样需要R^1、R^2、R^3和Y_n的最佳组合，同样表明苯环上的2,4-Cl_2作为Y_n时最有利于对植物PDHc抑制活性的提升。当Y_n作为2,4-Cl_2保持不变时，化合物对植物PDHc的抑制活性也可以通过R^1、R^2和R^3的结构修饰而大大增强。

为了深入探讨构效关系，在研究过程中，贺红武课题组彭浩等人采用Hansch Fujita QSAR方法及CoMFA方法从二维及三维空间对取代苯氧乙酰氧基烃基膦酸酯系列化合物进行了定量构效关系研究[75]（见图8-6）。

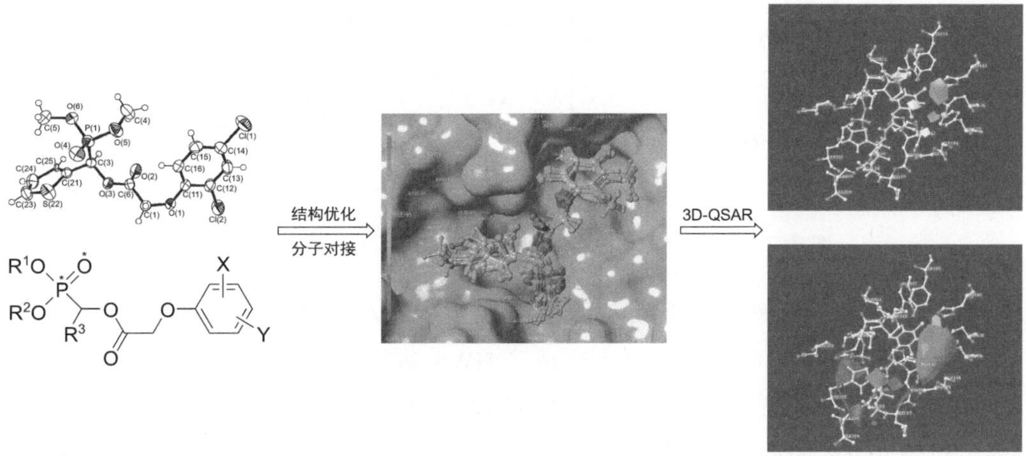

图8-6　基于丙酮酸脱氢酶复合物E1及抑制剂晶体结构的分子对接和3D-QSAR研究[10,75]

定量构效关系研究表明，当适当的吸电性取代基X和Y（X和Y=Y_n）占据苯环的2、4位时，最有利于与具有正电性的组氨酸残基His106和His640发生静电相互作用，有利于与PDHc靶酶的相互作用，从而有利于提高对PDHc靶酶的抑制活性。这从理论上很好地解释了当Cl或Cl和F占据苯环的2、4位时，化合物具有最佳的酶抑制活性。而且从上述介绍的高活性化合物的测试数据表明，高活性化合物对植物 PDHc 的抑制活性与除草活性具有正相关性，随着对酶抑制活性的提高，其除草活性也随之增强。此外，R^1、R^2 和 R^4 基团对化合物抑制 PDHc 的活性和除草活性也有关键性的影响。生物测定结果表明：即使苯基上取代基 X 和 Y 保持 2,4-Cl_2 的最佳取代，但当 R^1 和 R^2 的体积增大时，其酶抑制活性与除草活性均会显著下降[49]。通过对取代基 R^1、R^2、R^3、R^4、X 和 Y 进行系统的结构优化，化合物的酶抑制活性和除草活性均可以提高数千倍。

由于 **IC-22**(HW02，氯酰草膦，clacyfos)和 **IG-21**(HWS，氯酰呋草膦)均含有 2,4-D 结构单元，该课题组探讨了进入应用开发的氯酰草膦和 HWS 的除草活性是否有可能是由于代谢为 2,4-D 而具有除草活性的。以 HWS 为例，从理论上分析，HWS 钠盐(HWS-Na，**IID-10**)在植物体内可能的代谢途径如图 8-7 所示，可能的代谢产物为 2,4-D、羟基膦酸酯 **Ma** 和酰基膦酸酯 **Mb**。

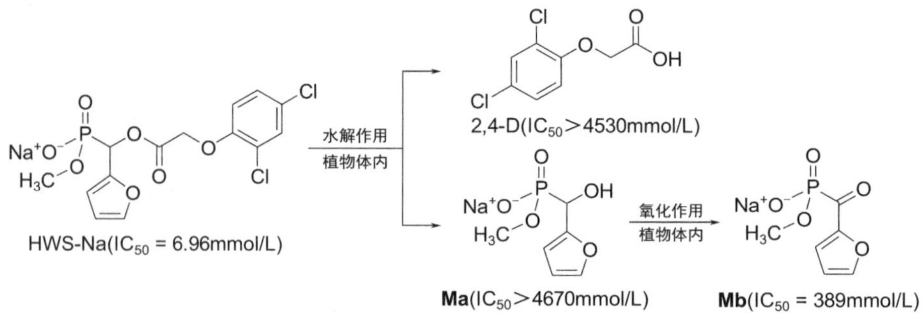

图 8-7　HWS 钠盐可能的代谢产物及其对豌豆 PDHc 的抑制活性

为了比较 HWS 钠盐以及各种可能的代谢产物对 PDHc 酶的抑制活性和除草活性，贺红武课题组陈婷等人分别合成了 HWS 钠盐(HWS-Na)以及可能的代谢产物 **Ma** 和 **Mb**，并测试了它们与 2,4-D 对豌豆 PDHc 的抑制活性，以探讨 HWS-Na 对植物 PDHc 的抑制活性是否来自可能产生的代谢产物。通过比较 HWS-Na 及代谢产物对 PDHc 的抑制活性(IC_{50})可见，2,4-D 和羟基膦酸酯 **Ma** 对 PDHc(IC_{50} 分别为＞4530μmol/L 和＞4670μmol/L)几乎没有抑制活性，而酰基膦酸酯 **Mb**(IC_{50}=389μmol/L)也只有较弱的抑制活性，结果表明对植物 PDHc 的抑制作用应该来自 HWS-Na 分子本身的贡献，而不是来自其代谢产物。在温室的除草活性测试也表明代谢产物 **Ma** 和 **Mb** 对豌豆的抑制活性很弱，其抑制率分别为 0% 和 35%。**Ma**(**IID-10-b**)和 **Mb**(**IID-10-c**)对双子叶植物油菜(*Brassica campestris*)的抑制活性也很弱（表 8-30）。虽然 **IID-10-a**（2，4- D）对豌豆和油菜表现出较高的活性，但其对豌豆 PDHc 几乎没有活性。这些结果表明，HWS-Na（**IID-10**）本身具有对豌豆 PDHc 抑制的活性和对豌豆等阔叶植物的除草活性。

在此基础上，为了证实其他 1-（取代苯氧乙酰氧基）烷基膦酸酯可能代谢产物的除草作用，进一步测试了 **IC-22**（氯酰草膦）、**IG-21**（HWS）以及它们可能的代谢产物 **IC-22-b**、**IC-22-c**、**IG-21-b** 和 **IG-21-c** 的除草活性。如表 8-30 所列，在 450g ai/hm^2 条件下，**IG-21** 和 **IC-22** 对油菜表现出较高的抑制活性，而在同一试验条件下，可能的代谢产物 **IG-21-b**、**IG-21-c**、**IC-22-b** 和 **IC-22-c** 对油菜表现出非常弱的抑制活性。这些结果表明，这些化合物的酶抑制作用和除草剂活性都来自化合物本身，而不是其可能的代谢产物 [59]。

表8-30　可能的代谢产物对油菜的抑制活性

化合物	结构	油菜		
		IC_{50}① /(μmol/L)	苗后②	苗前②
IC-22 （氯酰草膦）	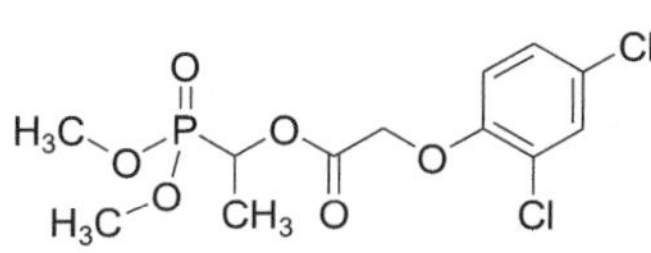	0.0344	98	96
IC-22-b	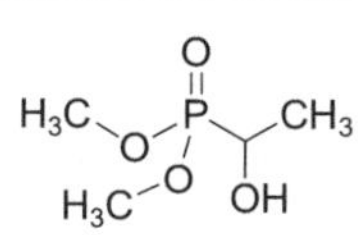	2404.248	31	37
IC-22-c	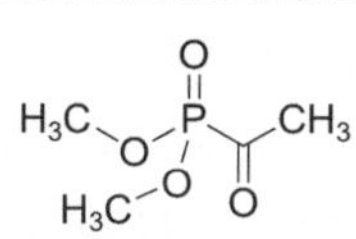	1875.671	46	34
IG-21 （HWS）	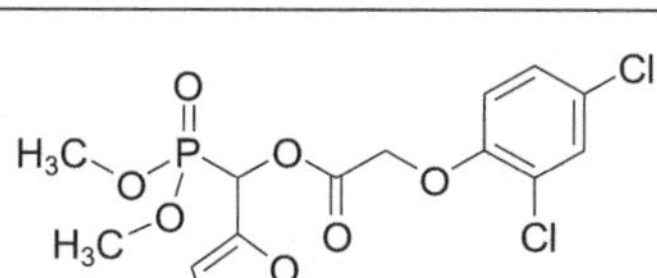	0.0418	92	94
IG-21-b	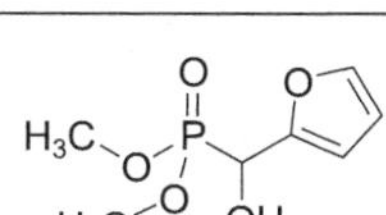	＞4672	20	26

续表

化合物	结构	油菜		
		IC_{50} ① /(μmol/L)	苗后②	苗前②
IG-21-c	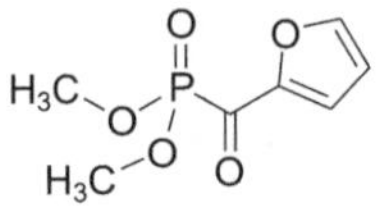	236.848	51	56
HWS-Na (**IID-10**)	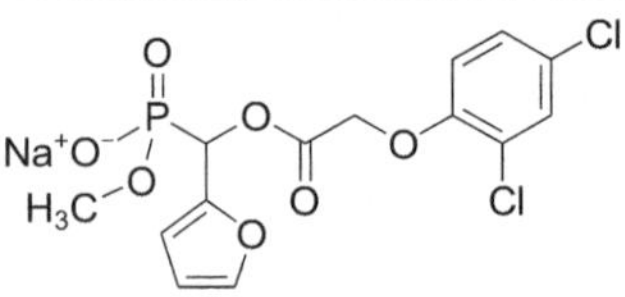	0.0396	95	96
Ma (IID-10-b)	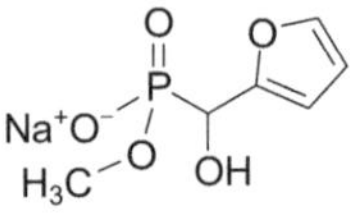	> 4672	21	24
Mb (IID-10-c)	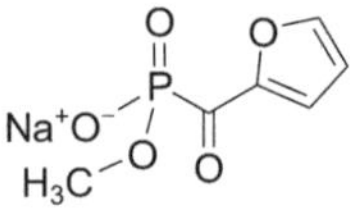	3245	30	20
2,4-D (**IID-10-a**)	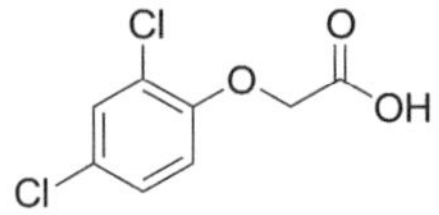	0.0556	90	98

① IC_{50}（μmol/L）值定义为对油菜根系生长抑制 50% 所需的微摩尔浓度。

② 除草活性抑制率（%）：温室盆栽法，450g ai/hm^2 剂量下对油菜生长的抑制作用，0% 表示无效果，100% 表示完全杀死。数值为 3 次重复的平均值。

通过 1-(取代苯氧乙酰氧基)烷基膦酸酯 **I** 系列化合物的构效关系分析，发现当分子 **I** 中保持 2,4-D 的结构单元(X、Y=2,4-Cl_2)和 R^4=H 不变时，改变分子中与磷相连的取代基 OR^1、OR^2 和 R^3 的结构，可以获得除草活性显著优于 2,4-D 的化合物，也可以获得除草活性显著低于 2,4-D 的化合物(具体数据见表 8-3)，这一研究结果进一步表明化合物 **I** 的除草活性来自化合物本身的贡献，而不是由于代谢产生了 2,4-D[43,49]。因而具有母体骨架 **I** 的氯酰草膦和氯酰呋草膦(HWS)的除草活性来自化合物本身的贡献。

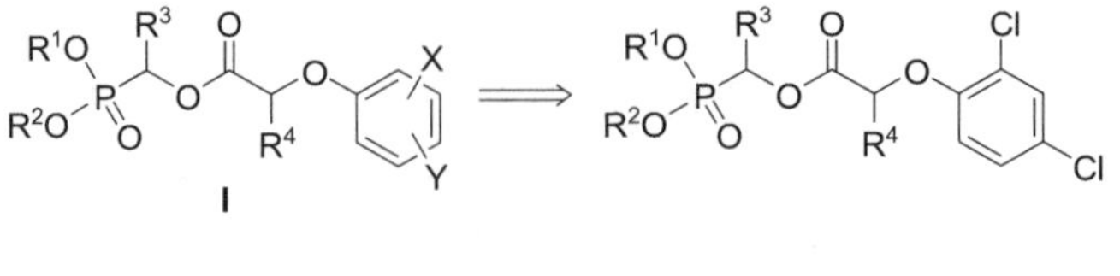

8.6.3 高活性化合物对靶酶的选择性

国外文献报道 PDHc 抑制剂中除草活性最高的化合物，烷基酰基次膦酸酯单钠盐 **1-2** 对不同来源靶酶存在选择性差和除草活性差的问题。通过对苗头化合物烷基酰基次膦酸酯单钠盐 **1** 的结构修饰所获得的取代苯氧乙酰氧基烃基膦酸酯对不同来源靶酶的选择性十分值得关注。

8.6.3.1 对靶酶的选择性

为了考察高活性化合物对靶酶抑制作用的选择性，贺红武课题组研究了具有代表性的高活性化合物 **IC-22**、**IG-21** 和 **IIB-2** 对不同来源的 PDHc 和其他一些酶的抑制作用，比较了其对植物、细菌和动物 PDHc 的抑制效果，研究了 **IC-22** 对乙酰羟酸合成酶(AHAS)、过氧化物酶(POD)和超氧化物歧化酶(SOD)的影响，结果如表 8-31 所列。

表8-31 IC-22、IG-21 和IIB-2对不同来源靶酶的抑制活性（体外）

化合物	靶酶	靶酶来源		IC_{50}①/(μmol/L)或抑制率②/%
IC-22（氯酰草膦）	PDHc	植物	豌豆	IC_{50}=18
			水稻	IC_{50}=867
		动物	猪心	4%
	AHAS（ALS）	植物	豌豆	IC_{50}=280
	POD		水稻	IC_{50}=3500
	SOD		水稻	IC_{50}=1760
IG-21（氯酰呋草膦）	PDHc	植物	豌豆	IC_{50}=28
			水稻	IC_{50}=704
		动物	猪心	5%
IIB-2	PDHc	植物	水稻	IC_{50}=0.29
		动物	猪心	0%

① IC_{50}（μmol/L）：对靶酶 50% 抑制所需的微摩尔浓度。

② 抑制率（%）：化合物在浓度为 100mol/L 时对靶酶的抑制率，数值为 3 次重复的平均值。

如表 8-31 所列，**IC-22** 对豌豆 AHAS 的抑制作用非常弱，对水稻的 POD 和 SOD 也表现出极低的抑制作用。对化合物对不同来源 PDHc 的抑制作用进行比较，发现 **IC-22** 和 **IG-21** 对豌豆 PDHc 的抑制作用明显高于对动物(猪心)PDHc 的抑制作用。两种化合物对猪心 PDHc 几乎无抑制作用。**IIB-2** 对水稻 PDHc 表现出较强的抑制作用，但对猪心 PDHc 无抑制作用。这些结果表明 **IC-22**、**IG-21** 和 **IIB-2** 对植物 PDHc 有很好的选择性抑制作用。上述结果也说明 **IC-22** 和 **IG-21** 可作为双子叶植物 PDHc 的特异性抑制剂。

IC-22(氯酰草膦)对植物 PDHc 具有高效抑制活性，在 100μmol/L 浓度下，对豌豆和绿豆 PDHc 的抑制率均为 100%，而对猪心 PDHc 的抑制率仅为 4%[43]，表明 **IC-22** 对动物 PDHc 的抑制作用很弱，不存在安全隐患。由农药登记所要求的氯酰草膦(**IC-22**)的毒性评价也表明，氯酰草膦低毒，无致癌性，无明显胚胎致畸毒性，对温血动物乙酰胆碱酯酶无影响，无迟发性神经毒性。同时对大鼠生殖功能及子代的生长发育无影响，而且对生态环境中蜂、鸟、鱼、蚕及其他有益生物均为低毒和低风险。农药登记的毒理和环境毒理评价结果进一步验证了 **IC-22**(氯酰草膦)作为植物 PDHc 抑制剂具有很好的选择性和安全性 [43]。

8.6.3.2 与国外报道的植物 PDHc 抑制剂烷基酰基化合物的比较

在 Kluger 和 Baillie 报道的作为植物 PDHc 抑制剂的丙酮酸含磷类似物 **1** 中，与丙酮酸结构更类似的次膦酸酯单钠盐 **1-2** 比甲基酰基膦酸酯单钠盐 **1-1** 具有更强的酶抑制活性和除草活性。并且研究表明，进入田间药效评价的此类最高活性化合物 **2** 是在植物体内水解转化为次膦酸酯单钠盐 **1-2** 而显示除草活性的。田间药效评价表明在田间使用量高达 2.8kg/hm^2 下，次膦酸盐 **2** 才能有效除草，但在此剂量下，对作物又有药害，因而未能进入商品化开发 [15]。

田间试验表明，**IC-22**(氯酰草膦)在 0.23～0.45kg/hm^2 剂量下苗后防除阔叶杂草效果可达 80%～100%，一次施药基本能控制作物全生育期中阔叶杂草的危害，其活性比除草活性最高的植物 PDHc 抑制剂次膦酸酯单钠盐 **1-2** 在 2.8kg/hm^2 剂量下的除草活性提高了 6～12 倍，并对禾本科作物具有很好的选择性或安全性。

Jordan 等研究了甲基酰基次膦酸酯单钠盐 **1-2** 对大肠杆菌 PDHc-E1(同型二聚体)和人 PDHc-E1(α2β2 异四聚体)结合和失活的动力学，发现 **1-2** 是竞争性的紧密结合可逆抑制剂。甲基酰基次膦酸酯单钠盐 **1-2** 不仅对植物(豌豆)和细菌(大肠杆菌)中的 PDHc-E1 具有很强的抑制作用，而且对人的 PDHc-E1 也具有很强的抑制作用，表明其在哺乳动物和植物或细菌 PDHc-E1 之间的选择性很差 [22]，如作为农药存在安全隐患。

相比之下，生化研究证实了作为植物 PDHc 抑制剂，**IC-22**、**IG-21** 和 **IID-10**

对绿豆和 / 或豌豆的 PDHc 均表现出较强的抑制能力，而对水稻 PDHc 的抑制能力相对较低，表明它们对单、双子叶植物的 PDHc 具有很好的选择性。与 Kluger 和 Baillie 报道的植物 PDHc 抑制剂相比，它们对植物 PDHc 的抑制能力也得到了显著的提高，例如，对豌豆 PDHc 的抑制作用，**IC-22** IC_{50}=18.19μmol/L（体外），**IG-21** IC_{50}=28μmol/L（体外），高于 Baillie 等所报道的植物 PDHc 抑制剂甲基酰基膦酸酯单钠盐 **1-1** 的抑制活性［IC_{50}=70μmol/L（体外）］[15]。

与早期报道的植物 PDHc 抑制剂 **1-2** 和 **1-3** 不同，**IC-22**、**IG-21** 和 **IIB-2** 在植物和哺乳动物 PDHc 之间表现出更好的选择性抑制作用，它们作为植物 PDHc 的选择性抑制剂对动物和人都是安全的。在随后的毒性和生态毒性评价中进一步表明，**IC-22** 和 **IG-21** 对大鼠的急性毒性较低，对哺乳动物无伤害，同时对环境中的蜜蜂、鸟类、斑马鱼和蚕均为低毒和低风险。

综上所述，早期报道的植物PDHc抑制剂乙酰基膦酸甲酯单钠盐**1**（如**1-1**、**1-2**、**1-3**，见表 8-1）对植物、微生物和动物中的 PDHc 均有强抑制作用，没有选择性，成药性较差，因而不适合作为除草剂发展。通过对苗头化合物 **1** 的结构改造和优化所获得的取代苯氧乙酰氧基烃基膦酸酯类的植物 PDHc 抑制剂 **IC-22** 和 **IG-21** 克服了早期报道的植物 PDHc 抑制剂存在选择性差和药效差的问题，显示了较好的成药性和选择性，具有对温血动物低毒和对单子叶作物相对安全的特点。此成果证实了通过抑制植物 PDHc 来获得高除草活性化合物的科学设想。以植物丙酮酸脱氢酶复合物为靶标设计研发除草剂的工作和成果受到了农药界的肯定。

目前世界上新发现的除草剂靶标和相关抑制剂中，丙酮酸脱氢酶复合物作为除草剂的靶标在植物保护领域中得到了更多的关注。2019 年，在 Franck E. Dayan 发表的《除草剂发现的现状与未来展望》综述中以丙酮酸脱氢酶复合物为专题[76]，介绍了华中师范大学农药与有机化学研究所贺红武课题组以丙酮酸脱氢酶复合物为靶标设计和研究除草剂的相关工作，其科学意义和学术价值得到了国际农药科学界的关注和认可。

随后，**IC-21** 作为丙酮酸脱氢酶抑制剂类除草剂的研发进展和在玉米田中的应用于 2021 年被《有关全球作物保护产品的发现与优化新进展》一书收录和介绍[60]。

8.7 烃基膦酸酯光学活性异构体的研究

手性膦酸酯是一类重要的具有多种生物活性的化合物，在药物、农药和天然生物活性化合物的研究中具有重要意义[77-91]。天然和人工合成的手性有机磷化合物的单个对映体的生物活性受到广泛关注[92-96]，一些含磷对映体在毒性、内分泌干扰和环境方面的选择性研究表明，1-取代膦酸酯的生物活性在很大程度上取决于它们的绝对构型。

迄今为止，尚无纯手性除草剂作为 PDHc-E1 抑制剂的报道。贺红武课题组设计并合成了大量以植物 PDHc-E1 为潜在靶标的 1-(取代苯氧乙酰氧基)烷基膦酸酯 **I** 为 PDHc-E1 的抑制剂，其中一些化合物已被证实为具有良好除草活性的 PDHc-E1 抑制剂。特别是膦酸酯 **IC-22** 和 **IG-21** 等是非常有效的除草活性化合物，具有作为选择性苗后除草剂的应用价值。可以注意到，这些 1-(取代苯氧乙酰氧基)烷基膦酸酯 **I** 的分子骨架中都有一个手性碳，包含两个光学活性异构体。许多研究结果表明，不同手性除草剂的绝对构型对其除草活性[97,98]、酶抑制活性[99]、作用方式[100]、作物安全性[101]、毒性或环境安全性[102,103]均有显著影响。因此，对于在农业中应用的除草剂分子手性对其除草性能和安全性影响的研究是十分必要的。

考虑到手性对除草活性的重要性，贺红武课题组进一步开展了手性 1-(取代苯氧乙酰氧基)烷基膦酸酯 **I** 光学活性异构体的制备和生物活性的研究。为了研究手性对这类化合物除草活性和毒性产生的差异，首先建立了对 1-(取代苯氧乙酰氧基)烷基膦酸酯 **IA**、**IC**、**IE** 和 **IF** 光学活性异构体的高效制备方法：

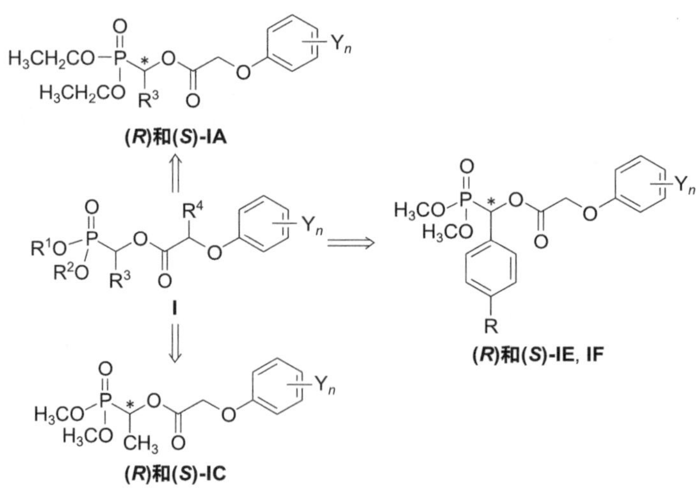

8.7.1 烃基膦酸酯光学活性异构体 I 的合成

采用不对称加氢反应和缩合反应两种方法可以合成 1-(取代苯氧乙酰氧基)烷基膦酸酯 **I** 的光学活性异构体。通过这两种反应建立了高效的对映体过剩(*ee*)的合成方法，成功制备了 1-(取代苯氧乙酰氧基)烷基膦酸酯 **IA**、**IC**、**IE** 和 **IF** 的光学活性异构体，合成路线如下。

(1)方法 1——不对称加氢反应法

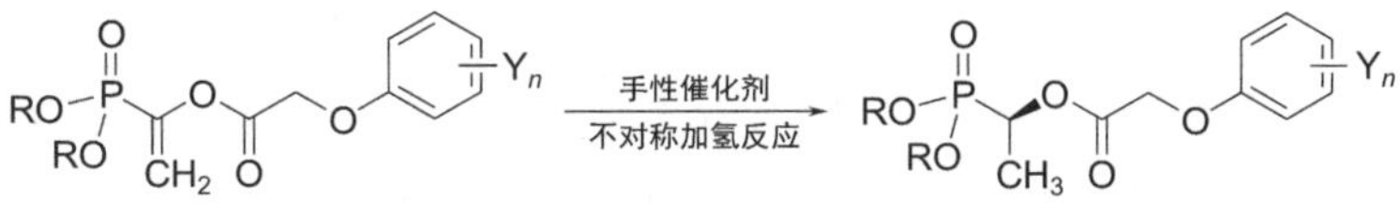

在方法 1 中，在手性催化剂的存在下，通过对相应的前手性 1,2- 不饱和膦酸酯的不对称加氢，可得到具有光学活性的 1-(取代苯氧乙酰氧基)烷基膦酸酯。

(2)方法 2——缩合反应法

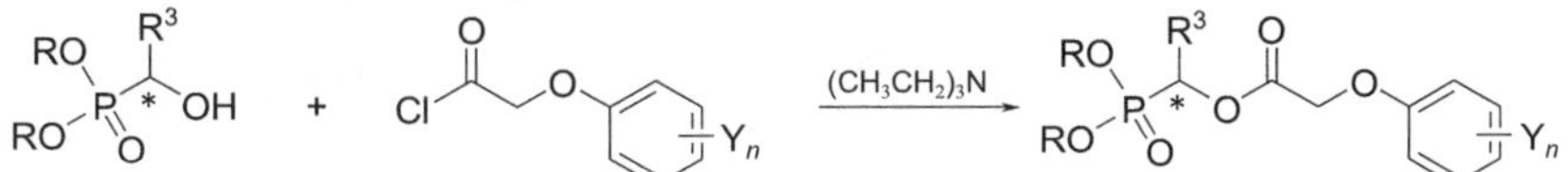

在方法 2 中，由取代苯氧乙酰氯 **M5** 与光学纯的 1- 羟基烷基膦酸酯 **M2** 通过缩合反应制备具有光学活性的 1-(取代苯氧乙酰氧基)烷基膦酸酯盐 **I**。

8.7.1.1 不对称加氢法合成光学活性异构体 I

如 8.3 节所述，一些 1-(取代苯氧乙酰氧基)乙基膦酸酯 **IA** 和 **IC** 系列化合物表现出良好的茎叶处理除草活性，特别是发现 *O*,*O*-二甲基-1-(2,4-二氯苯氧乙酰氧基)乙基膦酸酯 **IC-22** 具有作为除草剂应用的潜力，可作为一种选择性的茎叶处理除草剂应用开发。因此，探明以 **IC-22** 为代表的高活性化合物对映体可能的选择性以及在除草活性、毒性或生态环境影响方面的差异，对于合理使用除草剂具有重要的意义。首先需要建立以 **IC-22** 为代表的高活性化合物对映体的制备方法。

1,2-不饱和膦酸酯的不对称加氢是一些膦酸酯不对称合成的直接方法 [104-106]，但此方法只适用于合成当 1-(取代苯氧乙酰氧基)乙基膦酸酯母体结构 **I** 中的手性碳上连有烷基时的化合物。

刘惠与肖文精等人通过相应的前手性 *O*, *O*-二烷基-1-(取代苯氧乙酰氧基)乙烯膦酸酯 **M25** 的不对称加氢，建立了 1-(取代苯氧乙酰氧基)烷基膦酸酯 **IA** 和 **IC** 系列具有旋光活性的两个对映异构体的制备方法[107]。

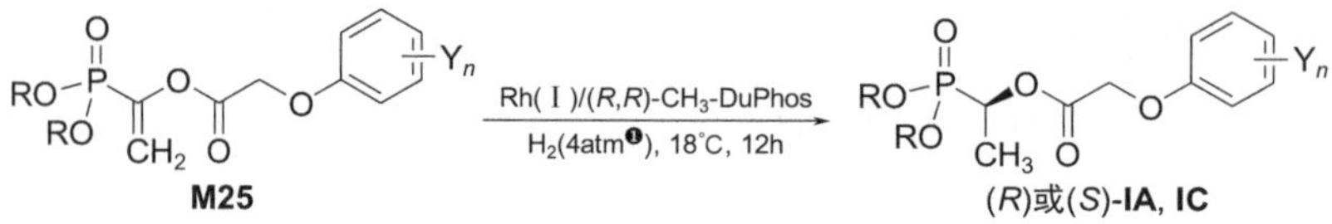

在该反应中，*O*, *O*-二烷基-1-(取代苯氧乙酰氧基)乙烯膦酸酯 **M25** 是关键中间体，采用以下所示的两步程序可制备 **M25**。先通过三烷基亚磷酸酯和乙酰氯的 Arbuzov 反应得到 1-酮基膦酸酯 **M24**，然后在三乙胺存在下，在 0℃至室温条件下，用各种取代苯氧乙酰氯处理即可得到 **M25**，分离收率为 56%～95%。

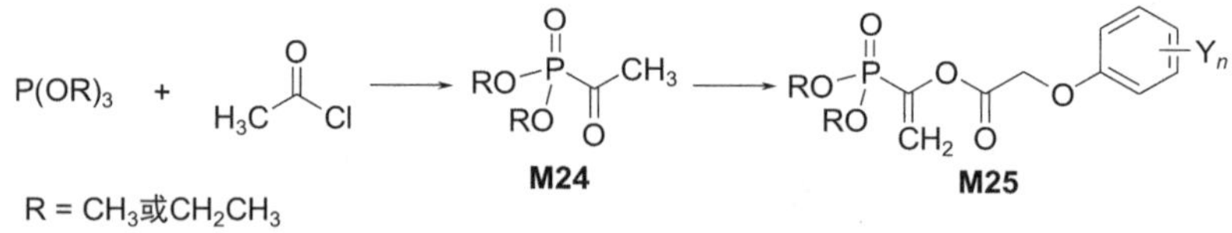

以手性 Rh(Ⅰ)配合物为催化剂，进一步对 **M25** 进行不对称加氢反应，可得到具有光学活性的产物 **IA** 或 **IC**。为了寻找这种不对称加氢反应的高效催化剂，以 $[Rh(COD)_2]BF_4$ 为催化剂前驱体，筛选了多种手性双膦配体和一种单齿磷配体，结果如表 8-32 所列。以 *O*, *O*-二甲基-1-(取代苯氧乙酰氧基)乙烯膦酸酯 **M25-1** 为代表底物，利用原位生成的手性 Rh(Ⅰ)配合物(表 8-32，序号 1～5)在甲醇中进行不对称加氢反应，氢压为 4atm。CH_3-DuPhos 配体在此转化过程中发挥了重要作用(表 8-32，序号 1)。在此反应条件下，在 18℃下，不对称加氢反应可在 12h 内完成，转化率好(＞ 95%)，对映体过剩(94%，*ee*)。这种产生手性催化剂的方法对反应活性和对映选择性没有明显的影响，而且无论使用的是原位生成的催化剂还是购买的催化剂，反应的结果相同(表 8-32，序号 1 和 7)。值得注意的是 $[Rh(COD)_2]BF_4$/(*R*, *R*)-CH_3- DuPhos 和 [(COD)Rh-(*S*, *S*)-CH_3-DuPhos]OTf 构成了相同的立体化学环境，尽管各自的绝对构型不同(表 8-32，序号 1 和 7)。

---

❶ 1atm=101325Pa。

表8-32 不对称加氢反应的配体筛选

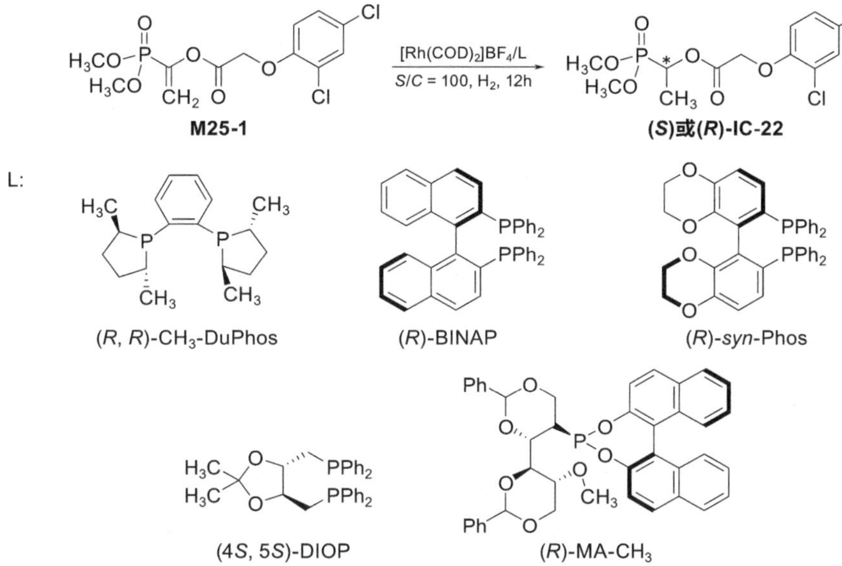

序号	氢压 /atm	溶剂	配体	转化率①/%	*ee*②/%	构型
1	4	CH_3OH	(*R,R*)-CH_3-DuPhos	>95	94	*S*
2	4	CH_3OH	(*R*)-BINAP	<5	ND④	*S*
3	4	CH_3OH	(*R*)-*syn*-Phos	50	32	*S*
4	4	CH_3OH	(4*S*,5*S*)-DIOP	59	16	*S*
5	4	CH_3OH	(*R*)-MA-CH_3	<5	ND	*S*
6	10	CH_2Cl_2	(*R*)-MA-CH_3	64	36	*S*
7	4	CH_3OH	(*S,S*)- CH_3-DuPhos③	>95	94	*R*

① 转化率由 ^{1}H-NMR 测试。

② *ee* 的含量采用手性高效液相色谱法在 Daicel Chiralcel OJ-H 色谱柱上测定。

③ 市售 [(COD)Rh-(*S*,*S*)-CH_3-DuPhos]OTf 作为催化剂。

④ ND：无数据。

考察了不同反应条件对 **M25-1** 不对称加氢反应的影响，结果如表 8-33 所列。在 $[Rh(COD)_2]BF_4$/(*R*,*R*)-CH_3-DuPhos 催化剂体系中，可以观察到反应的对映选择性与所用溶剂有关。虽然催化加氢可以在 CH_2Cl_2 或四氢呋喃(THF)中完成，但反应分别具有 78% 和 88% 的 *ee*(表 8-33，序号 2 和 3)。在甲苯中几乎没有观察到产物 **IC-22**，这可能是由于催化剂在甲苯中的低溶解度(表 8-33，序号 4)。将氢气压力改为 1.3atm 或 10atm 可得到相同的结果(表 8-33，序号 6 和 7)。将反应温度从 18℃提高到 50℃对反应没有影响(表 8-33，序号 1 和 5)。将催化剂量降低到 *S*/*C*=500：1 时转化率降低了很多，只有 15%，然而 *ee* 值降低的程度却较小(表 8-33，序号 8)[107]。

表8-33　反应条件对不对称氢化反应的影响

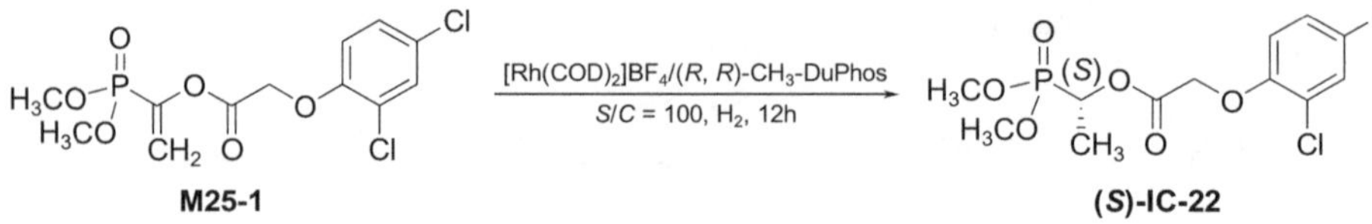

序号	压力 /atm	温度 /℃	溶剂	转化率[①] /%	*ee*[②] /%
1	4	18	CH_3OH	>95	94
2	4	18	CH_2Cl_2	>95	78
3	4	18	THF	>95	88
4	4	18	甲苯	<5	ND[③]
5	4	50	CH_3OH	>95	94
6	1.3	18	CH_3OH	>95	94
7	10	18	CH_3OH	>95	94
8[④]	4	18	CH_3OH	15	93

① 转化率由 ^{1}H-NMR 测试。

② *ee* 的含量采用手性高效液相色谱法在 Daicel Chiralcel OJ-H 色谱柱上测定。

③ ND：无数据。

④ *S*/*C*=500：1。

在优化反应条件的基础上，采用 1%(摩尔分数)的原位生成 $[Rh(COD)_2]BF_4$/(*R*,*R*)-CH_3-DuPhos 催化剂，在 18℃、4atm、H_2 条件下，在 CH_3OH 中反应 12h，制备了具有旋光活性的(*S*)-1-(取代苯氧乙酰氧基)烷基膦酸酯 **IC** 系列和 **IA-8**[107]，结果如表 8-34 所列。

表8-34　(*S*)-IA-8和(*S*)-IC的结构[①]

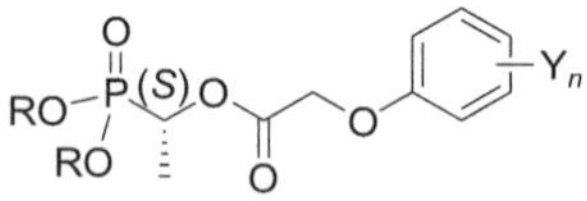

(*S*)-**IA**和(*S*)-**IC**

序号	化合物	R	Y_n	转化率[②] /%	*ee*[③] /%
1	(*S*)-**IA-8**	CH_2CH_3	2,4-Cl_2	>95	96
2	(*S*)-**IC-2**	CH_3	H	>95	93

续表

序号	化合物	R	Y_n	转化率②/%	*ee*③/%
3	(*S*)-**IC-4**	CH_3	4- CH_3	>95	91
4	(*S*)-**IC-5**	CH_3	3-CF_3	>95	92
5	(*S*)-**IC-9**	CH_3	4-F	>95	94
6	(*S*)-**IC-10**	CH_3	4-Cl	>95	95
7	(*S*)-**IC-22**	CH_3	2,4-Cl_2	>95	94
8	(*S*)-**IC-35**	CH_3	2-Cl	>95	93
9	(*S*)-**IC-36**	CH_3	4- CH_3O	91	95

① (*S*)-**IA-8**，(*S*)-**IC-2**，(*S*)-**IC-4**，(*S*)-**IC-5**，(*S*)-**IC-9**，(*S*)-**IC-10**，(*S*)-**IC-22**，(*S*)-**IC-35**，(*S*)-**IC-36**的合成[107]。

② 转化率由 ^{1}H-NMR 所确定。

③ 在 Daicel Chiralcel OJ-H 色谱柱上用手性高效液相色谱法测定 *ee* 的含量。

该铑催化加氢反应的底物范围较广，对映体选择性为 91%～96%。以(*S*,*S*)-CH_3-DuPhos 为配体，合成了(*R*)-1-(取代苯氧乙酰氧基)烷基膦酸酯 **IC** 系列和 **IA-8**。同样，采用(*R*,*R*)-CH_3-DuPhos 为配体，也合成了相应的(*S*)-1-(取代苯氧乙酰氧基)烷基膦酸酯 **IC** 系列和 **IA-8**。为了测定 1-(取代苯氧乙酰氧基)烷基膦酸酯 **IC** 系列的绝对构型，例如将(*S*)-**IC-22** 在室温下用 K_2CO_3 在 CH_3OH 中去保护 2h，得到了相应的光学活性 1- 羟基烷基膦酸酯(*S*)-**M2-18**。

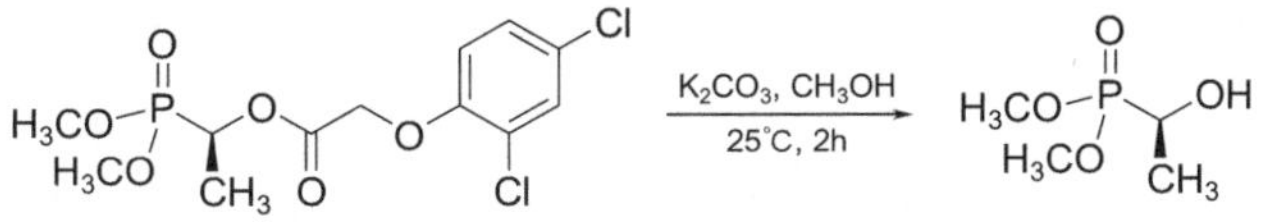

(*S*)-IC-22　　**(*S*)-M2-18**

(*S*)-**M2-18** 的 $[\alpha]_D$ 值与文献报道的数据一致[108]，说明其加氢产物的绝对构型为(*S*)- 构型。该方法可用于制备 **IA** 和 **IC** 系列母体结构 **I** 中的手性碳上连有烷基的其他光学活性对映体。

8.7.1.2 由缩合反应合成光学活性异构体 I

虽然 1,2-不饱和膦酸酯的不对称加氢是不对称合成一些手性膦酸酯的直接方法[104-106]，但在应用范围上具有局限性，当 1-(取代苯氧乙酰氧基)烃基膦酸酯母体结构中的手性碳上连有烷基(R^3= 烷基)时，可以采用 1,2-不饱和膦酸酯不对称加氢的方法。在这种情况下，通过对相应的前手性 1,2-不饱和膦酸酯的不对称加氢，可以合成 1-(取代苯氧乙酰氧基)烃基膦酸酯 **IA** 和 **IC** 系列中的几种在母体分子中 R^3 为甲基或乙基的光学活性异构体。但这种方法并不适用于合成当 1-(取代苯氧乙酰氧基)烃基膦酸酯母体结构中的手性碳上连有烷基芳基的化合物。例如，不能采用 1,2-不饱和膦酸酯的不对称加氢法合成 **IA**、**IE** 和 **IF** 系列中当母体结构的手性碳上连有取代苄基的光学活性异构体。

通过系统的研究，贺红武课题组的王储备和许超等人成功建立了由缩合反应来合成 1-(取代苯氧乙酰氧基)烃基膦酸酯光学活性异构体的新方法[109]。

这一方法具有更广的适用性，可以应用于合成当 1-(取代苯氧乙酰氧基)烃基膦酸酯母体结构中的手性碳上连有烷基、烷基芳基或芳杂环的多种类型的光学活性异构体。例如，通过取代苯氧乙酰氯 **M5** 和光学活性 1- 羟基(取代苯氧乙酰氧基)甲基膦酸酯 **M2** 的缩合，成功地制备了 *O,O*-二烷基-1-(取代苯氧乙酰氧基)-1-(取代苯基)甲基膦酸酯 **IA**、**IE** 和 **IF** 三个系列的光学活性对映体。

例如，通过建立下列合成方法，可以获得 **IE** 和 **IF** 的光学活性对映体。

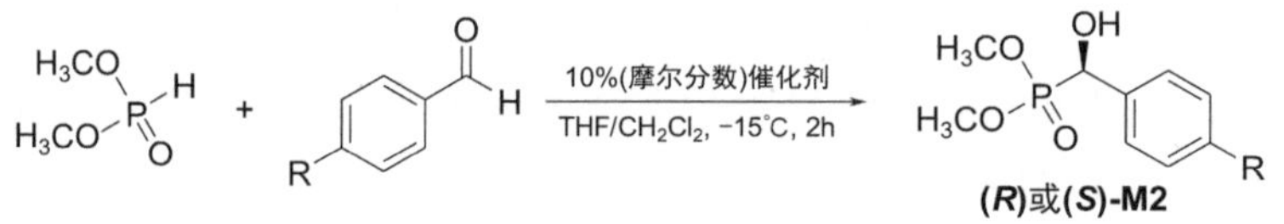

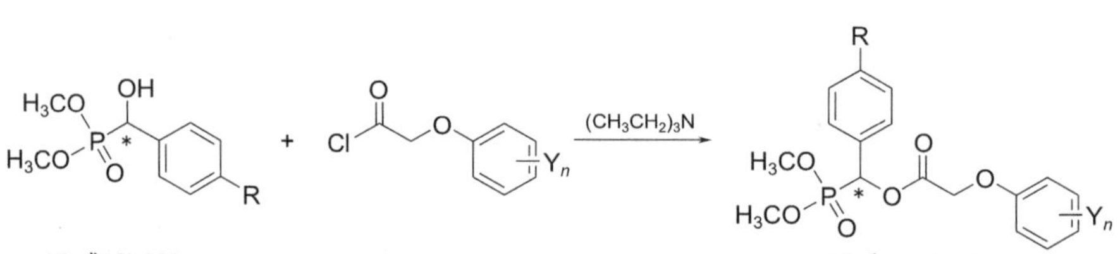

通过取代苯氧乙酰氯 **M5** 与光学纯的 1-羟基烷基膦酸酯 **M2** 的缩合反应可以制备具有光学活性的 1-(取代苯氧乙酰氧基)烷基膦酸酯 **I**(例如，**IA**、**IE** 和 **IF** 的光学活性对映体)。此法的关键是需制备具有光学活性的 1-羟基烷基膦酸酯 **M2**。其制备方法如下。

(1) 具有光学活性的 1-羟基烷基膦酸酯 **M2** 的制备　*α*-羟基膦酸及其酯是一类重要的生物活性分子，但是目前大量的生物活性研究仍停留在其外消旋体结构上；此外，1-羟基烷基膦酸酯作为一种重要的合成中间体广泛应用于 *α*-取代膦酸(酯)类酶抑制剂、药物和农药的合成。因而，具有单一光学活性的 *α*-羟基膦酸及其酯的制备方法受到广泛的关注和研究[110]。

虽然手性 1-羟基烷基膦酸酯的制备已有报道，但如何通过催化剂体系实现高反应活性和对映选择性仍然是一个具有挑战性的有趣问题。手性 1-羟基烷基膦酸酯是制备光学活性取代苯氧乙酰氧基烃基膦酸酯的关键中间体。根据报道，可以考虑通过对映选择性催化反应和立体选择性羟基化反应两种不对称合成方法来制备 1-羟基烷基膦酸酯。

① 利用对映选择性催化反应制备。通常由二烷基膦酸酯和醛的对映选择性催化反应来制备手性 1-羟基烷基膦酸酯[111-116]。

碱催化醛或亚胺的 Pudovik 反应[117-119]作为一种简便的方法被广泛应用于 1-羟基烷基膦酸酯的制备。Al-席夫碱（Al-Schiff base）配合物可用于催化二烷基膦酸酯和醛的不对称加成反应[118,119]。例如 Al（Ⅲ）配合物可以催化不对称 Pudovik 反应，其配体易于合成。

贺红武课题组王储备等人选择以三齿席夫碱 Al（Ⅲ）-Schiff 配合物为催化剂来催化这种不对称加成反应，以制备 **M2**。并于 2012 年报道了以三齿席夫碱配合物为催化剂，通过醛的对映选择性催化反应成功制备了状环 α-羟基烷基膦酸酯 **M2cy** 的（*S*）和（*R*）对映体[120]。

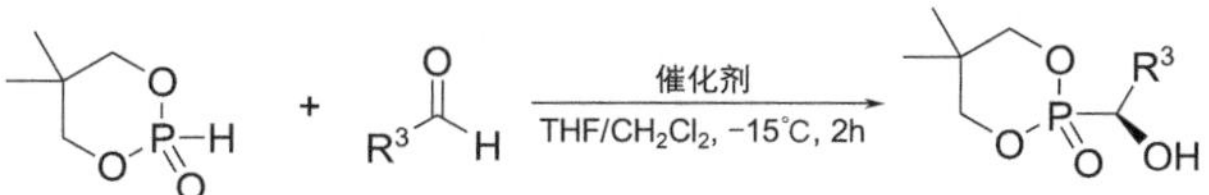

(*R*)或(*S*)-**M2cy**

在此基础上，又进一步尝试扩展此法用于制备开链 1-羟基烷基膦酸酯 **M2** 的（*S*）和（*R*）对映体。采用醛的不对称催化反应（不对称 Pudovik 反应）是合成具有光学活性的 1-羟基烷基膦酸酯的一种简便且应用广泛的方法。

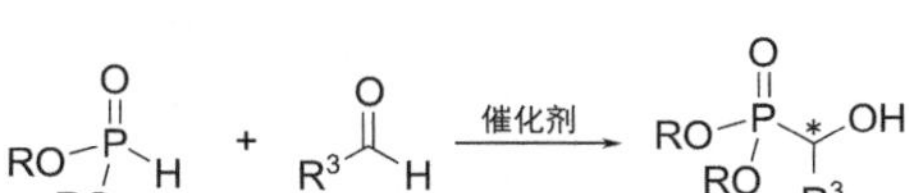

M1 (*R*)或(*S*)-**M2**

二烷基膦酸酯易发生磷酸-膦酸酯互变异构，在以下反应式中表达为两种互变异构体形式：膦酸酯 **M1** 和亚磷酸酯 **M1′**。根据报道了的 Pudovik 反应机制[121]，认为亚磷酸二烷基酯在碱的作用下脱质子可形成具有催化活性的亚磷酸二烷基阴离子。

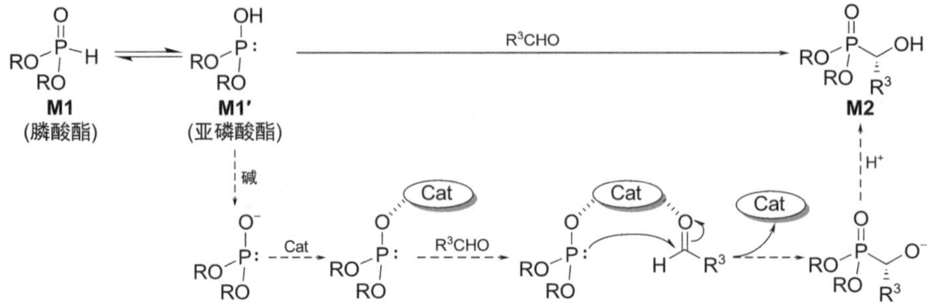

因此，通过上述醛与相应的 *O*,*O*-二甲基膦酸酯 **M1** 的不对称催化反应可以合成一系列具有光学活性的 1-羟基烷基膦酸酯 **M2**(*S*)和(*R*)构型的对映体。

具有光学活性的 *O*,*O*-二甲基-1-羟基烷基膦酸酯是合成具有光学活性的 *O*,*O*-二甲基-1-(取代苯氧乙酰氧基)-1-(取代苯基)甲基膦酸酯的关键中间体。贺红武课题组许超等人选择以三齿席夫碱 Al(Ⅲ)-Schiff 配合物 **Cat1** 为催化剂来催化醛与相应的 *O*,*O*- 二甲基膦酸酯 **M1** 的不对称加成反应，制备了开链 *α*- 羟基(取代苯基)甲基膦酸酯 **M2a**～**M2d** 的(*S*)和(*R*)对映体，见表 8-35[109]。

表8-35　*O*,*O*-二甲基-*α*-羟基（取代苯基）甲基膦酸酯M2a～M2d的结构和对映体纯度

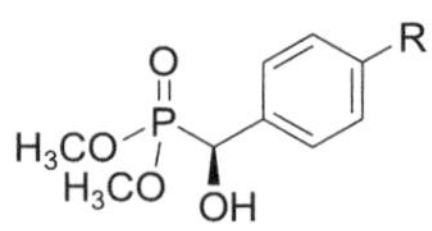

序号	化合物	R	收率①/%	*ee*②/%	构型③
1	(*S*)-**M2a**	H	84	98	*S*
2④	(*S*)-**M2a**	H	84	98	*S*
3⑤	(*S*)-**M2a**	H	85	97	*S*
4⑥	(*S*)-**M2a**	H	85	98	*S*
5	(*R*)-**M2a**	H	85	99	*R*
6	(*rac*)-**M2a**	H	86		外消旋体（raceme）
7	(*S*)-**M2b**	CH_3	82	99	*S*
8	(*R*)-**M2b**	CH_3	85	98	*R*
9	(*rac*)-**M2b**	CH_3	87		外消旋体
10	(*S*)-**M2c**	OCH_3	83	97	*S*
11	(*R*)-**M2c**	OCH_3	79	98	*R*

续表

序号	化合物	R	收率①/%	*ee*②/%	构型③
12	(*rac*)-**M2c**	OCH_3	84		外消旋体
13	(*S*)-**M2d**	NO_2	82	95	*S*
14	(*R*)-**M2d**	NO_2	80	95	*R*
15	(*rac*)-**M2d**	NO_2	86		外消旋体

① 分离收率。

② HPLC（高效液相色谱法）测定。

③ 与文献数据比较确定。

④ 配体第二次重复使用。

⑤ 配体第三次重复使用。

⑥ 用 Et_2AlCl 代替 Et_2AlBr。

参考文献 [122,123] 的方法，**M2a**～**M2d** 的(*S*)和(*R*)对映体的制备需用到的催化剂 **Cat1** 可由以下反应制备。

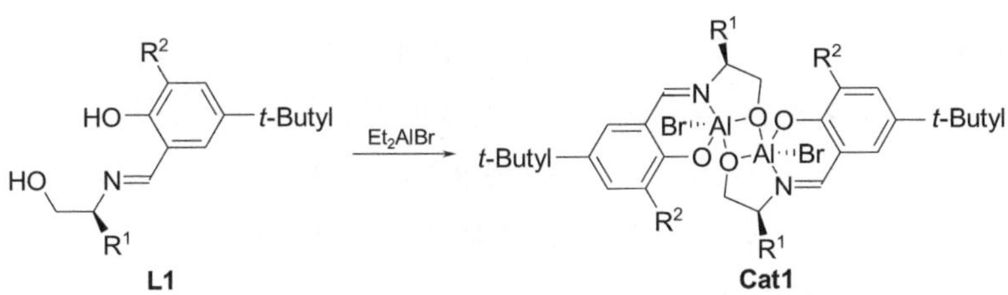

R^1 = 异丁基, R^2 = 金刚烷基

该催化剂是由三齿席夫碱配体与 Et_2AlBr 反应在原位形成的。三齿席夫碱 Al(Ⅲ)-Schiff 配合物易于合成。为了提高该反应的对映选择性，在配体 **L1** 中分别引入不同的基团，包括异丙基、异丁基、苯基、苄基或金刚烷基，分别作为 R^1 或 R^2 合成相应的催化剂 Al(Ⅲ)配体。同时，考察了配体 **L1** 的空间位阻效应对对映选择性的影响。

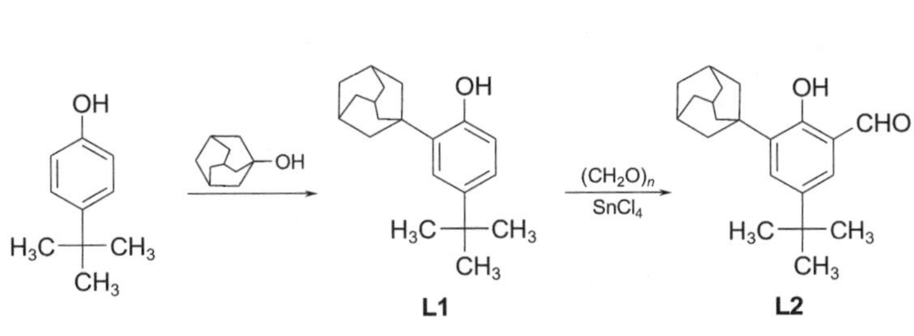

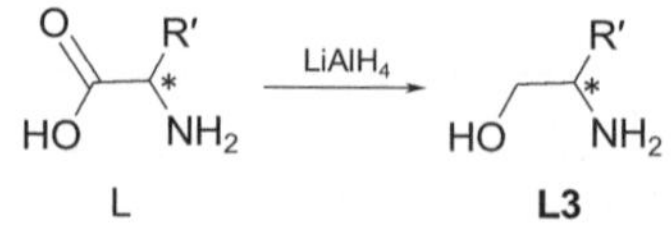

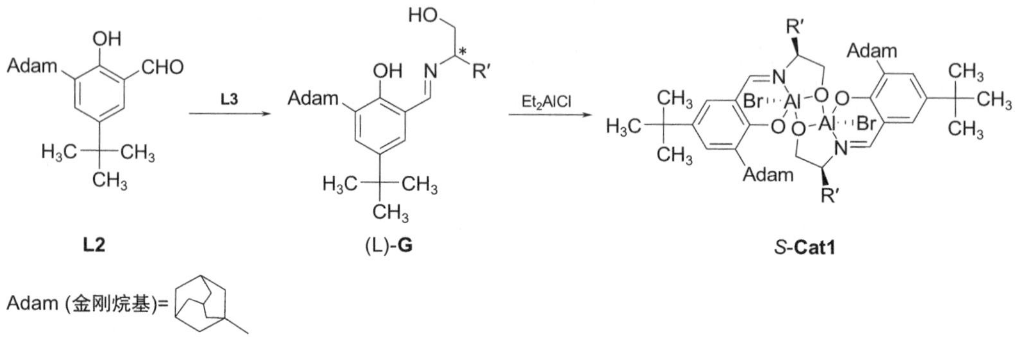

由对叔丁基苯酚和1-金刚烷醇作用可制得2-金刚烷基-4-叔丁基苯酚**L1**，进一步制得2-金刚烷基-4-叔丁基水杨醛**L2**后，再与氨基醇**L3**作用便可制得手性配体**G**，包括(*S*)-**G**或(*R*)-**G**。结果表明，以Et_2AlCl代替Et_2AlBr制备催化剂时，其对映选择性保持不变(表8-35，序号4)。更重要的是，该配体可以在不显著降低对映体选择性的情况下回收再利用至少3次(表8-35，序号2和3)。通过与文献数据的比较，确定了具有旋光活性的*α*-羟基烷基膦酸酯**M2**的绝对构型。通过上述方法，以良好的选择性和收率成功制备了一系列的R为甲基的开链*α*-羟基烷基膦酸酯的(*S*)和(*R*)对映体**M2**，具有收率较高、对映体选择性好的特点。

② 利用立体选择性羟基化反应制备。除①法外，另一种方法是利用立体选择性羟基化反应制备。用手性试剂对二烷基苄基膦酸酯进行立体选择性羟基化，可得到对映纯的1-羟基(取代苯基)甲基膦酸酯**M2**[124,125]。

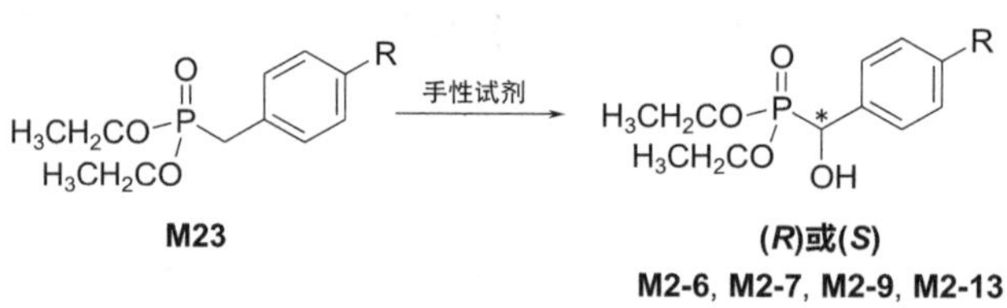

在*O*,*O*-二烷基苄基膦酸酯的立体选择性羟基化反应制备光学活性的1-羟基烷基膦酸酯的反应中，采用NaHMDS和(+)或(−)-8,8-(二氯苯)磺酰氧嘧啶为手性试剂，获得了一些具有88%～99%的旋光性光学活性1-羟基(取代苯基)甲基膦酸酯

M2，见表 8-36。

表8-36 *O*,*O*-二乙基-1-羟基（取代苯基）甲基膦酸酯M2的结构和对映体纯度

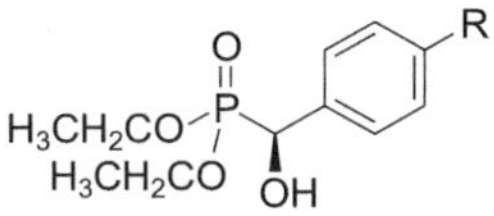

(*S*)或(*R*)

化合物①	R	外观	收率②/%	*ee*③/%
(*S*)-**M2-6**	H	无色油状液体	47	88
(*R*)-**M2-6**	H	无色油状液体	50	88
(*S*)-**M2-7**	CH_3	无色油状液体	49	90
(*R*)-**M2-7**	CH_3	无色油状液体	48	90
(*S*)-**M2-9**	OCH_3	无色油状液体	54	99
(*R*)-**M2-9**	OCH_3	无色油状液体	52	98
(*S*)-**M2-13**	Cl	无色油状液体	36	93
(*R*)-**M2-13**	Cl	无色油状液体	40	93

① 构型与文献数据比较确定。

② 分离收率。

③ HPLC 法测定。

通过上述两种方法以较高的对映体过量(*ee*)成功制备了一系列具有旋光活性的1-羟基烷基膦酸酯 **M2**。这些具有光学活性的 1-羟基烷基膦酸酯 **M2** 可进一步用于合成 1-(取代苯氧乙酰氧基)烷基膦酸酯 **I** 的光学活性异构体。

比较这两种制备 1-羟基烷基膦酸酯的方法，可见，通过醛与相应的 *O*,*O*-二甲基膦酸酯的对映选择性催化反应，制备了一系列具有旋光活性的 *O*,*O*-二甲基-1-羟基烷基膦酸酯 **M2**，包括(*S*)和(*R*)构型，产率 79%～87%，对映选择性为 95%～99%(表 8-35)。通过立体选择性羟基化反应制备 *O*,*O*-二乙基-1-羟基(取代苯基)甲基膦酸酯 **M2**，对映选择性为 88%～99%，但产率在 36%～54% 之间(表 8-36)，显著低于通过对映选择性催化反应方法的产率。

(2) 具有光学活性的 1-(取代苯氧乙酰氧基)烷基膦酸酯 **I** 的合成　通过取代苯氧乙酰氯 **M5** 与光学纯 1-羟基烷基膦酸酯 **M2** 缩合可制备具有光学活性的取代苄基

膦酸酯 **I**，例如通过取代苯氧乙酰氯 **M5** 与光学纯的 1-羟基(取代苯基)甲基膦酸酯 **M2** 的缩合反应可制备具有光学活性的取代苄基膦酸酯 **IA**、**IE** 和 **IF**。

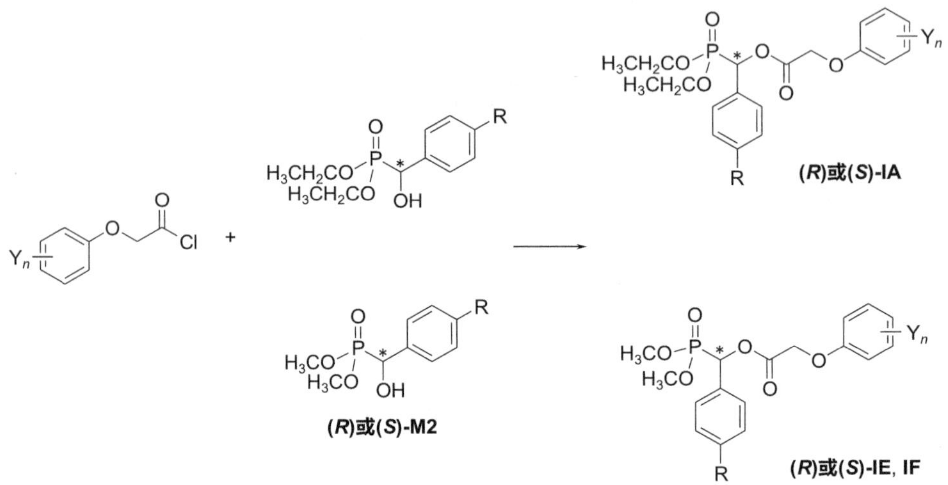

具有旋光活性的 1-羟基烷基膦酸酯在强碱或强酸介质中容易外消旋化。因此，具有光学活性的 1-羟基(取代苯基)甲基膦酸酯和取代苯氧乙酰氯的缩合反应选择在 Schotten-Baumann 的温和条件下进行。

另外，含有羧酸酯键的目标化合物 **IA**、**IE** 和 **IF** 对酸、碱或水敏感，特别是在较高的温度下，因此光学活性 **IA**、**IE** 和 **IF** 的制备需要适宜的温度控制，该反应中的所有试剂和溶剂都需要在无水状态下预处理。光学活性 **IA**、**IE** 和 **IF** 的制备分三个阶段进行。首先，在 5℃下，将取代苯氧乙酰氯 **M5** 滴加到具有旋光活性的 1-羟基(取代苯基)甲基膦酸酯 **M2** 溶液中；其次，将反应溶液在室温下搅拌 2～4h；然后，在 40℃温和反应条件下再搅拌 1～2h。这样可以很好地获得光学活性 **IA**、**IE** 和 **IF**，且对映体的 *ee* 值与 **M2** 的 *ee* 值相比没有明显下降。

在这种温和的条件下，分子中与手性碳相连的键不会被裂解，因此目标化合物 **IA**、**IE** 和 **IF** 可以保持与中间体 1-羟基(取代苯基)甲基膦酸酯 **M2** 相同的构型。

通过上述实验，贺红武课题组许超、邹鹏和代国强等人成功地制备了三个系列的新型光学活性 *O*, *O*-二烷基-1-(取代苯氧乙酰氧基)-1-(取代苯基)甲基膦酸酯 **IA**、**IE** 和 **IF**，共计 78 个旋光异构体 [43,109]，结构分别列于表 8-37 和表 8-38 中。

表8-37　1-（取代苯氧乙酰氧基）烷基膦酸酯IA的结构和对映体纯度

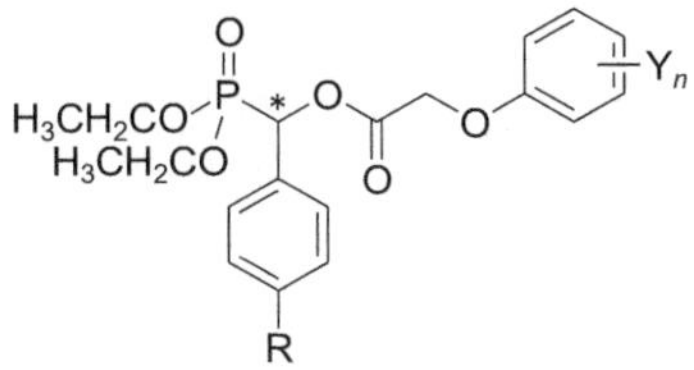

化合物	R	Y_n	*ee*①/%	化合物	R	Y_n	*ee*①/%
(*R*)-**IA-13**	H	2,4-Cl_2	88	(*S*)-**IA-25**	CH_3O	2,4-Cl_2	99
(*S*)-**IA-13**	H	2,4-Cl_2	87	(*R*)-**IA-26**	CH_3	2-F,4-Cl	88
(*R*)-**IA-14**	CH_3	2,4-Cl_2	87	(*S*)-**IA-26**	CH_3	2-F,4-Cl	89
(*S*)-**IA-14**	CH_3	2,4-Cl_2	90	(*S*)-**IA-27**	CH_3	2-Cl,4-F	90
(*R*)-**IA-21**	Cl	2,4-Cl_2	92	(*R*)-**IA-28**	Cl	2-Cl,4-F	90
(*S*)-**IA-21**	Cl	2,4-Cl_2	93	(*S*)-**IA-28**	Cl	2-Cl,4-F	87
(*R*)-**IA-25**	CH_3O	2,4-Cl_2	87	(*S*)-**IA-29**	CH_3O	2-Cl,4-F	99

① 产物的对映体纯度采用 HPLC（高效液相色谱法）手性柱测定。

表8-38　1-（取代苯氧乙酰氧基）烷基膦酸酯IE和IF的结构和对映体纯度

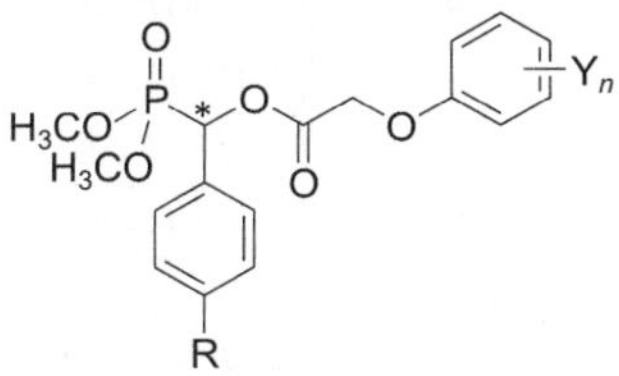

化合物	R	Y_n	*ee*①/%	化合物	R	Y_n	*ee*①/%
(*R*)-**IE-10**	H	4-F	95	(*R*)-**IE-19**	H	2-Cl,4-F	94
(*S*)-**IE-10**	H	4-F	93	(*S*)-**IE-19**	H	2-Cl,4-F	95
(*R*)-**IE-11**	H	4-Cl	92	(*R*)-**IE-22**	H	2,4-Cl_2	96
(*S*)-**IE-11**	H	4-Cl	97	(*S*)-**IE-22**	H	2,4-Cl_2	96
(*R*)-**IE-12**	H	4-Br	95	(*R*)-**IF-2**	CH_3	4-F	96
(*S*)-**IE-12**	H	4-Br	92	(*S*)-**IF-2**	CH_3	4-F	95
(*R*)-**IE-14**	H	2-CH_3,4-Cl	97	(*R*)-**IF-3**	CH_3	4-Cl	95
(*S*)-**IE-14**	H	2-CH_3,4-Cl	96	(*S*)-**IF-3**	CH_3	4-Cl	95
(*R*)-**IE-17**	H	2,4-F_2	92	(*R*)-**IF-4**	CH_3	4-Br	95
(*S*)-**IE-17**	H	2,4-F_2	92	(*S*)-**IF-4**	CH_3	4-Br	95
(*R*)-**IE-18**	H	2-F,4-Cl	96	(*R*)-**IF-5**	CH_3	2-CH_3,4-Cl	95
(*S*)-**IE-18**	H	2-F,4-Cl	95	(*S*)-**IF-5**	CH_3	2-CH_3,4-Cl	96

续表

化合物	R	Y_n	ee[①]/%	化合物	R	Y_n	ee[①]/%
(*R*)-**IF-6**	CH_3	2,4-F_2	95	(*R*)-**IF-19**	CH_3O	2-Cl,4-F	96
(*S*)-**IF-6**	CH_3	2,4-F_2	99	(*S*)-**IF-19**	CH_3O	2-Cl,4-F	96
(*R*)-**IF-7**	CH_3	2-F,4-Cl	95	(*R*)-**IF-20**	CH_3O	2,4-Cl_2	96
(*S*)-**IF-7**	CH_3	2-F,4-Cl	95	(*S*)-**IF-20**	CH_3O	2,4-Cl_2	95
(*R*)-**IF-8**	CH_3	2-Cl,4-F	95	(*R*)-**IF-28**	Cl	2-CH_3,4-Cl	96
(*S*)-**IF-8**	CH_3	2-Cl,4-F	96	(*S*)-**IF-28**	Cl	2-CH_3,4-Cl	96
(*R*)-**IF-9**	CH_3	2,4-Cl_2	95	(*R*)-**IF-29**	Cl	2-F,4-Cl	96
(*S*)-**IF-9**	CH_3	2,4-Cl_2	96	(*S*)-**IF-29**	Cl	2-F,4-Cl	96
(*R*)-**IF-13**	CH_3O	4-F	96	(*R*)-**IF-30**	Cl	2-Cl,4-F	95
(*S*)-**IF-13**	CH_3O	4-F	99	(*S*)-**IF-30**	Cl	2-Cl,4-F	96
(*R*)-**IF-14**	CH_3O	4-Cl	96	(*R*)-**IF-31**	Cl	2,4-Cl_2	96
(*S*)-**IF-14**	CH_3O	4-Cl	99	(*S*)-**IF-31**	Cl	2,4-Cl_2	95
(*R*)-**IF-15**	CH_3O	4-Br	95	(*R*)-**IF-62**	NO_2	2,4-F_2	91
(*S*)-**IF-15**	CH_3O	4-Br	99	(*S*)-**IF-62**	NO_2	2,4-F_2	90
(*R*)-**IF-16**	CH_3O	2-CH_3,4-Cl	96	(*R*)-**IF-64**	NO_2	4-F	92
(*S*)-**IF-16**	CH_3O	2-CH_3,4-Cl	96	(*S*)-**IF-64**	NO_2	4-F	92
(*R*)-**IF-17**	CH_3O	2,4-F_2	95	(*R*)-**IF-65**	NO_2	4-Cl	92
(*S*)-**IF-17**	CH_3O	2,4-F_2	93	(*S*)-**IF-65**	NO_2	4-Cl	94
(*R*)-**IF-18**	CH_3O	2-F,4-Cl	96	(*R*)-**IF-66**	NO_2	4-Br	91
(*S*)-**IF-18**	CH_3O	2-F,4-Cl	96	(*S*)-**IF-66**	NO_2	4-Br	92

① 产物的对映体纯度采用 HPLC（高效液相色谱法）手性柱测定。**IE-10**～**IE-15**，**IE-17**，**IF-2**～**IF-4**，**IF-6**，**IF-13**～**IF-15**，**IF-17**，**IF-62**，**IF-64**～**IF-66** 的合成见参考文献 [43]，其他化合物的合成见参考文献 [109]。

综上所述，贺红武课题组成功建立了由取代苯氧乙酰氯 **M5** 与光学纯的 1-羟基-1-(取代苯基)膦酸酯 **M2** 缩合制备手性 1-(取代苯氧乙酰氧基)烷基膦酸酯对映体的合成方法。在温和的条件下，以较高的对映体过量(*ee*)成功制备了三个系列的新型 *O*,*O*-二烷基-1-(取代苯氧乙酰氧基)-1-(取代苯基)甲基膦酸酯 **IA**、**IE** 和 **IF** 光学活性异构体。光学活性产物 **IA**、**IE** 和 **IF** 的绝对构型来源于光学活性反应物 1-羟基(取代苯基)甲基膦酸酯 **M2** 的构型。与手性 1-羟基(取代苯基)甲基膦酸酯 **M2** 相比，**IA**、**IE** 和 **IF** 的对映体过量(*ee*)略有减少[43]。

8.7.2 烃基膦酸酯光学活性异构体 I 的生物活性

在成功制备了 **IA**、**IC**、**IE** 和 **IF** 的(*R*)和(*S*)对映体的基础上，进一步测试了各系列的光学活性烷基膦酸酯的除草活性和急性水生毒性，以便比较这些对映异构体及其外消旋体的差异，以探明对映体的选择性。

8.7.2.1 光学活性异构体 IA 和 IC 的除草活性

许多 1-(取代苯氧乙酰氧基)烷基膦酸酯对双子叶植物表现出显著的除草活性，但对其除草活性的研究仅限于其外消旋形式。为了研究手性 1-(取代苯氧乙酰氧基)烷基膦酸酯 **IA** 和 **IC** 系列中的对映体选择性，首先对烷基膦酸酯 **IA** 和 **IC**（R^3= 烷基）系列对映体的除草活性进行了初步的生物测定和比较。

最初，采用平皿法，分别在 100mg/L 和 10mg/L 浓度下，考察了化合物 **IA-8**、**IC-5** 和 **IC-22** 的外消旋体、(*R*) 和 (*S*) 对映体对油菜和稗草的抑制活性，结果如表 8-39 所列。

表8-39 IA-8、IC-5 和 IC-22的对映体对油菜和稗草的抑制活性①

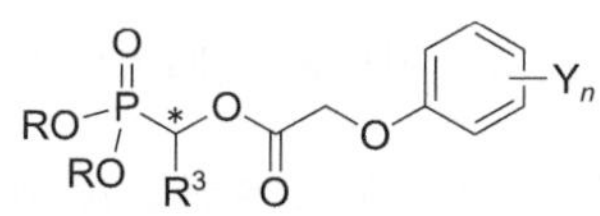

化合物	R^3	Y_n	根长				茎长			
			稗草		油菜		稗草		油菜	
			100mg/L	10mg/L	100mg/L	10mg/L	100mg/L	10mg/L	100mg/L	10mg/L
(*rac*)-**IA-8**	CH_3CH_2	2,4-Cl_2	98	98	99	99	54	27	93	92
(*R*)-**IA-8**			98	98	99	99	26	24	95	91
(*S*)-**IA-8**			98	98	99	99	40	31	91	90
(*rac*)-**IC-5**	CH_3	3-CF_3	93	93	99	92	37	30	87	77
(*R*)-**IC-5**			93	90	99	98	15	0	87	77
(*S*)-**IC-5**			97	90	98	98	48	0	87	73
(*rac*)-**IC-22**	CH_3	2,4-Cl_2	98	95	99	99	26	26	93	93
(*R*)-**IC-22**			98	93	99	99	54	21	92	92
(*S*)-**IC-22**			98	95	99	99	33	23	93	91

① 抑制率（%）：对植物生长的抑制作用，0% 表示无效果，100% 表示完全杀死。数值为 3 次重复的平均值。

由表 8-39 可知，在 100mg/L 和 10mg/L 浓度下，**IA-8**、**IC-5** 和 **IC-22** 的外消旋体、(*R*) 和 (*S*) 对映体对油菜和稗草根系生长具有较高的抑制作用（> 90%）。以 2,4-Cl_2 为 Y_n 的 **IA-8** 和 **IC-22** 的外消旋体、(*R*) 和 (*S*) 对映体对油菜茎部也表现出

较高的抑制作用(＞90%)，但对稗草活性均较弱。然而，这些化合物的外消旋体、(*R*)和(*S*)对映体表现出相似的除草活性，在100mg/L和10mg/L浓度下，两种对映体的除草活性几乎没有差异。

为了进一步确定其可能的对映体除草活性的选择性，特别测试了进入应用开发的除草剂品种氯酰草膦(**IC-22**)对映体构型对油菜根系生长的抑制作用(IC_{50})：(*S*)-**IC-22**的IC_{50}=0.0496μmol/L;(*R*)-**IC-22**的IC_{50}=0.0342μmol/L。结果表明，**IC-22**的(*R*)和(*S*)对映体对油菜的抑制作用非常相似。此外，进一步测定了**IA-8**(*R*)和(*S*)对映体构型对油菜根系生长的抑制作用(IC_{50})：(*R*)-**IA-8**的IC_{50}=0.0361μmol/L;(*S*)-**IA-8**的IC_{50}=0.0342μmol/L。**IA-8**两种对映体的抑制作用(IC_{50})也无显著差异。结果表明，在除草活性方面，化合物**IA-8**和**IC-22**对映体选择性均不明显。从除草活性方面考虑，由于氯酰草膦(*R*)和(*S*)对映体的抑制作用相似，氯酰草膦作为除草剂仍以外消旋形式应用开发更具有经济价值。

8.7.2.2 光学活性异构体IA、IE和IF的除草活性

为了进一步探讨*O*,*O*-二烷基-1-(取代苯氧乙酰氧基)-1-(取代苯基)甲基膦酸酯**IA**、**IE**和**IF**(R^3=取代苯基甲基)系列的两种对映体在除草活性上可能存在的差异，对**IA**、**IE**和**IF**系列的一百多个化合物包括外消旋体、(*R*)和(*S*)对映体的除草活性进行了评价，重点研究了(*R*)和(*S*)异构体对除草活性的影响。

在150g/hm^{2}的剂量下采用温室盆栽法评价了**IE**和**IF**包括其外消旋体、(*R*)和(*S*)对映体对单子叶杂草棒头草(*Polypogon fugax*)、菵草(*Beckmannia syzigachne*)、早熟禾(*Poa annua*)和双子叶杂草小藜(*Chenopodium album*)、荠菜(*Brassica juncea*)和繁缕(*Stellaria media*)的抑制活性，以2,4-D作为阳性对照，结果如表8-40所列。

表8-40 IE和IF光学活性异构体的结构和苗后除草活性

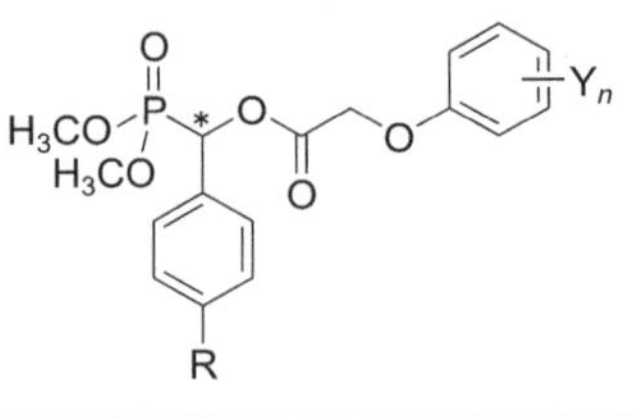

化合物	R	Y_n	抑制率[①]/%					
			棒头草	菵草	早熟禾	小藜	荠菜	繁缕
(*rac*)-**IE-10**	H	4-F	60	60	0	90	85	100

续表

化合物	R	Y_n	抑制率[①]/%					
			棒头草	菵草	早熟禾	小藜	荠菜	繁缕
(*R*)-**IE-10**	H	4-F	70	30	0	70	70	90
(*S*)-**IE-10**			40	30	0	70	75	80
(*rac*)-**IE-11**	H	4-Cl	0	0	0	70	70	80
(*R*)-**IE-11**			0	0	0	75	70	75
(*S*)-**IE-11**			0	0	0	70	70	70
(*rac*)-**IE-12**	H	4-Br	0	0	0	75	75	80
(*R*)-**IE-12**			40	60	20	75	70	80
(*S*)-**IE-12**			0	20	0	70	70	70
(*rac*)-**IE-17**	H	2,4-F_2	0	0	0	70	70	70
(*R*)-**IE-17**			30	30	0	70	75	80
(*S*)-**IE-17**			40	40	0	70	70	90
(*rac*)-**IF-2**	CH_3	4-F	30	0	0	75	75	70
(*R*)-**IF-2**			50	0	0	70	70	80
(*S*)-**IF-2**			40	0	0	70	70	70
(*rac*)-**IF-3**	CH_3	4-Cl	0	0	20	75	85	70
(*R*)-**IF-3**			0	0	0	80	75	80
(*S*)-**IF-3**			0	0	0	80	80	85
(*rac*)-**IF-4**	CH_3	4-Br	40	40	30	80	85	70
(*R*)-**IF-4**			0	0	0	80	75	85
(*S*)-**IF-4**			0	40	0	80	80	100
(*rac*)-**IF-6**	CH_3	2,4-F_2	30	30	30	60	60	60
(*R*)-**IF-6**			50	40	0	75	75	80
(*S*)-**IF-6**			40	0	0	75	70	70
(*rac*)-**IF-13**	OCH_3	4-F	30	0	0	60	60	60
(*R*)-**IF-13**			30	20	0	65	70	75
(*S*)-**IF-13**			60	40	0	70	70	75
(*rac*)-**IF-14**	OCH_3	4-Cl	0	0	0	70	70	60
(*R*)-**IF-14**			0	0	0	70	90	100
(*S*)-**IF-14**			0	0	0	70	70	60
(*rac*)-**IF-15**	OCH_3	4-Br	40	0	0	70	70	70
(*R*)-**IF-15**			0	60	0	70	80	75
(*S*)-**IF-15**			0	0	0	70	70	70

续表

化合物	R	Y_n	抑制率①/%					
			稗头草	茼草	早熟禾	小藜	荠菜	繁缕
(*rac*)-**IF-17**	OCH_3	2,4-F_2	0	0	0	60	70	60
(*R*)-**IF-17**			0	0	0	75	75	70
(*S*)-**IF-17**			0	0	0	60	70	75
(*rac*)-**IF-62**	NO_2	2,4-F_2	0	0	0	60	60	60
(*R*)-**IF-62**			40	30	0	75	75	70
(*S*)-**IF-62**			0	0	0	60	60	60
(*rac*)-**IF-64**	NO_2	4-F	50	40	0	70	60	70
(*R*)-**IF-64**			0	0	0	60	60	60
(*S*)-**IF-64**			0	0	0	50	60	60
(*rac*)-**IF-65**	NO_2	4-Cl	0	0	0	60	60	70
(*R*)-**IF-65**			0	0	0	60	75	70
(*S*)-**IF-65**			0	0	0	70	75	70
(*rac*)-**IF-66**	NO_2	4-Br	0	0	0	70	70	70
(*S*)-**IF-66**			0	0	0	70	70	70
(*S*)-**IF-66**			30	30	20	60	60	60
2,4-D			40	40	20	80	95	90

① 抑制率（%）：在 150g/hm^2 的剂量下，采用温室盆栽法测试对植物生长的抑制作用，0% 表示无效果，100% 表示完全杀死。数值为 3 次重复的平均值。

由表 8-40 所示，在 150g ai/hm^2 的剂量下，除了(*S*)-**IF-64** 对小藜抑制率为 50% 以外，几乎所有化合物 **IE** 和 **IF** 对小藜、荠菜、繁缕双子叶杂草均表现出中等或较好的抑制活性(60%～100%)。而大多数化合物 **IE** 和 **IF** 对单子叶杂草抑制活性较弱或无抑制活性。

分析表 8-40 的数据表明，苯环上连接在膦酸酯 α-C 位置的取代基 R 对化合物的抑制活性有显著作用，在这些被测化合物中，NO_2 作为 R 似乎不利于抑制活性。无论 2,4-F_2、4-F、4-Cl 或 4-Br 为 Y_n 时，所有以 NO_2 为 R 的化合物 **IF** 的抑制活性大多小于 75%，整体上比以 H、CH_3 或 OCH_3 为 R 的化合物弱。Y_n 的变化对化合物 **IE** 和 **IF** 的抑制活性也有影响，但无构效关系规律。为了提高其除草活性，在 **IE** 和 **IF** 的骨架中，需要合理组合取代基 R 和 Y_n。例如，(*rac*)-**IE-10**(R=H，Y_n=4-F)、(*S*)-**IF-4**(R=CH_3，Y_n=4-Br)和(*R*)-**IF-14**(R=OCH_3，Y_n=4-Cl)均具有较好的除草活性。

对比表 8-40 中的数据，大多数 **IE** 和 **IF** 在 150g ai/hm^2 的剂量下没有显著的手性选择性。而 **IE-10**、**IF-4** 和 **IF-14** 的(*R*)和(*S*)对映体对同一靶标的抑制活性存在显著差异。如表 8-40 所列，(*S*)-**IF-4** 对繁缕的抑制活性为 100%，(*R*)- **IF-4** 及其外消旋体对繁缕的抑制活性分别为 85%、70%。此外，(*R*)-**IF-14** 对荠菜和繁缕的抑制活性分别为 90%、100%，而(*S*)-**IF-14** 及其外消旋体对这两种靶标的抑制活性分别为 60%、70%。**IE-10** 对繁缕的抑制活性也具有一定的手性选择性。

对外消旋 1-(取代苯氧乙酰氧基)-1-(取代苯基)甲基膦酸酯 **IA**、**IE** 和 **IF** 的构效关系分析表明，苯氧苯环上以 2-Cl、4-F，2,4- Cl_2 或 2-CH_3、4-Cl 为 Y_n 的外消旋化合物对双子叶杂草表现出显著的苗后除草活性。因而，在温室采用盆栽法评价了这些化合物光学活性异构体和其消旋体在苗后除草活性方面的差异，特别比较了具有 2- Cl、4-F，2,4- Cl_2 或 2-CH_3、4-Cl 为 Y_n 的 *O*,*O*-二乙基-1-(取代苯氧乙酰氧基)-1-(取代苯基)甲基膦酸酯 **IA** 包括其外消旋体、(*R*)和(*S*)异构体的除草活性。测试结果列在表 8-41 和表 8-42 中。

表8-41 部分IA光学活性异构体的结构和苗后除草活性（一）[①]

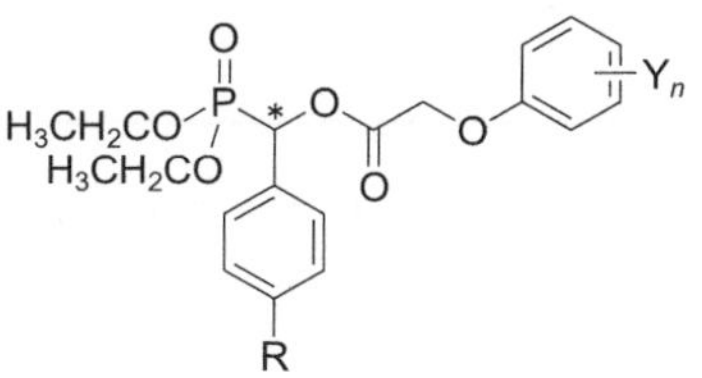

单位：%

化合物	R	Y_n	反枝苋		苘麻		苦荬菜	
			450g ai/hm^2	150g ai/hm^2	450g ai/hm^2	150g ai/hm^2	450g ai/hm^2	150g ai/hm^2
(*rac*)-**IA-13**	H	2,4-Cl_2	100	96	100	50	89	79
(*R*)-**IA-13**			100	100	100	90	98	94
(*S*)-**IA-13**			100	96	100	54	92	88
(*rac*)-**IA-14**	CH_3	2,4-Cl_2	100	96	100	39	96	96
(*R*)-**IA-14**			100	100	100	66	98	92
(*S*)-**IA-14**			100	100	99	53	93	86
(*rac*)-**IA-21**	Cl	2,4-Cl_2	100	82	100	36	93	86
(*R*)-**IA-21**			100	90	68	35	92	74
(*S*)-**IA-21**			100	100	96	25	95	91

续表

化合物	R	Y_n	反枝苋		茼麻		苦荬菜	
			450g ai/hm^2	150g ai/hm^2	450g ai/hm^2	150g ai/hm^2	450g ai/hm^2	150g ai/hm^2
(*rac*)-**IA-25**	OCH_3	2,4-Cl_2	100	100	90	53	89	86
(*R*)-**IA-25**			100	94	95	25	96	85
(*S*)-**IA-25**			100	88	91	36	96	84
氯酰草膦			100	100	100	100	100	95

① 抑制率（%）：温室盆栽法测试对植物生长的抑制作用，0% 表示无效果，100% 表示完全杀死。数值为 3 次重复的平均值。

表8-42　部分IA光学活性异构体的结构和苗后除草活性（二）[①]

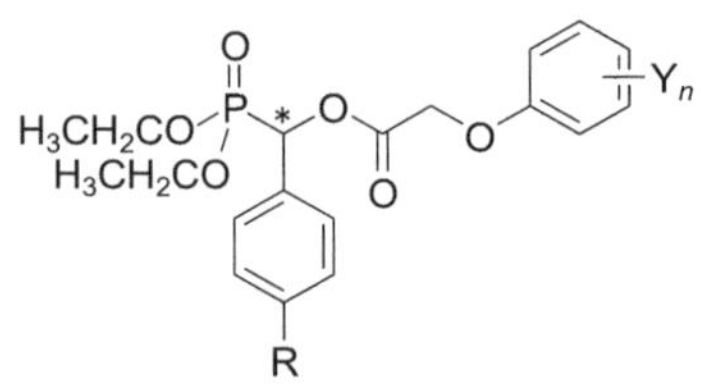

单位：%

化合物	R	Y_n	反枝苋	茼麻	荠菜	鳢肠
			150g ai/hm^2			
(*rac*)-**IA-26**	CH_3	2-F, 4-Cl	90	75	85	70
(*R*)-**IA-26**			95	80	95	80
(*S*)-**IA-26**			95	95	95	85
(*rac*)-**IA-28**	Cl	2-Cl, 4-F	90	75	85	70
(*R*)-**IA-28**			90	95	95	80
(*S*)-**IA-28**			100	100	100	95
(*rac*)-**IA-29**	OCH_3	2-Cl, 4-F	100	75	80	80
(*S*)-**IA-29**			70	70	70	70
氯酰草膦			85	90	85	85

① 抑制率（%）：温室盆栽法测试对植物生长的抑制作用，0% 表示无效果，100% 表示完全杀死。数值为 3 次重复的平均值。

如表 8-41 和表 8-42 的结果所示，具有这些取代基的化合物显示了更佳的除草活性。一些化合物 **IA** 的外消旋体、(*R*)和(*S*)旋光异构体之间的除草效果具有一定差异。例如，**IA-13** 的两种对映体中，(*R*)对映体比其外消旋体和(*S*)对映体表现出更高的苗后抑制作用。(*R*)-**IA-14** 对苘麻和苦荬菜的苗后抑制作用略高于(*S*)-**IA-14**。但对于化合物 **IA-21**，(*S*)异构体对苘麻(450ai/hm^2)和苦荬菜(150ai/hm^2)表现出比(*R*)异构体更高的苗后抑制能力(表 8-41)。值得注意的是，**IA-28** 的(*S*)异构体对四种被测植物的苗后抑制能力略高于(*R*)异构体和外消旋体(表 8-42)。特别是 **IA-28** 的(*S*)异构体在苗后的抑制作用为 95%～100%，高于其外消旋体(70%～90%)和氯酰草膦(85%～90%)。**IA-26** 的(*S*)异构体对四种被测植物的苗后抑制能力也高于其外消旋体(表 8-42)。通过上述研究，发现光活性异构体(*S*)-**IA-28** 是防治阔叶杂草效果最好的化合物。

此外，测试了多个手性 *O*,*O*-二甲基-1-(取代苯氧乙酰氧基)-1-取代苄基膦酸酯 **IE** 和 **IF**(在其母体结构中，CH_3 为 R[1] 和 R[2]，取代苄基为 R[3]，在苯氧苯环上的 Y_n 为 2-Cl、4-F，2,4-Cl_2 或 2-CH_3、4-Cl 或其他取代基)包括其外消旋体、(*R*)和(*S*)异构体的除草活性，比较了 **IE** 和 **IF** 这些化合物的对映体对荠菜、苘麻、反枝苋和鳢肠的苗后除草活性，结果如表 8-43 和表 8-44 所列。

表8-43 部分化合物 IE 和 IF 光学活性异构体的结构和苗后除草活性(一)[①]

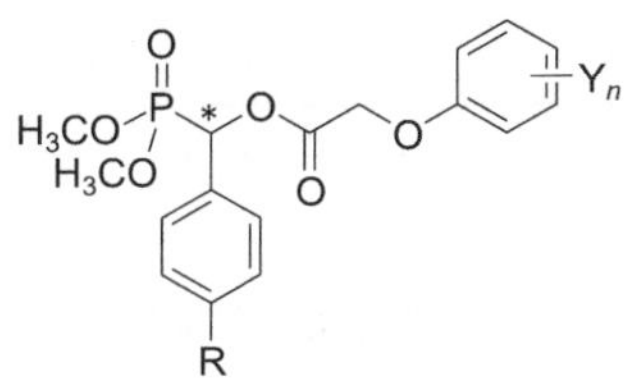

单位：%

化合物	R	Y_n	反枝苋		苘麻		荠菜		鳢肠	
			450g ai/hm^2	150g ai/hm^2	450g ai/hm^2	150g ai/hm^2	450g ai/hm^2	150g ai/hm^2	450g ai/hm^2	150g ai/hm^2
(*rac*)-**IE-14**	H	2-CH_3, 4-Cl	90	75	90	80	90	80	85	70
(*R*)-**IE-14**			100	80	100	85	100	85	100	60
(*S*)-**IE-14**			90	75	100	85	100	85	90	60
(*rac*)-**IE-18**	H	2-F,4-Cl	75	70	75	70	75	75	75	70
(*R*)-**IE-18**			80	60	70	70	75	75	90	60
(*S*)-**IE-18**			80	60	70	60	75	60	75	60
(*rac*)-**IF-7**	CH_3	2-F,4-Cl	60	50	75	70	75	70	60	60
(*R*)-**IF-7**			70	50	70	50	70	50	70	70
(*S*)-**IF-7**			70	60	70	60	70	60	80	60

续表

化合物	R	Y_n	反枝苋		苘麻		荠菜		鳢肠	
			450g ai/hm^2	150g ai/hm^2	450g ai/hm^2	150g ai/hm^2	450g ai/hm^2	150g ai/hm^2	450g ai/hm^2	150g ai/hm^2
(*rac*)-**IF-16**	OCH_3	2-CH_3, 4-Cl	90	80	75	60	100	90	90	80
(*R*)-**IF-16**			90	70	75	60	95	80	90	75
(*S*)-**IF-16**			95	75	75	70	100	90	90	70
(*rac*)-**IF-18**	OCH_3	2-F,4-Cl	70	50	60	50	100	100	75	60
(*R*)-**IF-18**			70	60	70	70	100	100	80	70
(*S*)-**IF-18**			70	60	75	50	95	85	80	60
(*rac*)-**IF-19**	OCH_3	2-Cl,4-F	100	75	95	85	85	80	95	80
(*R*)-**IF-19**			100	80	100	80	90	80	100	75
(*S*)-**IF-19**			80	75	95	80	90	75	90	75
(*rac*)-**IF-28**	Cl	2-CH_3, 4-Cl	95	85	90	75	95	80	85	70
(*R*)-**IF-28**			100	90	90	75	95	90	90	85
(*S*)-**IF-28**			95	85	75	70	90	85	90	70
(*rac*)-**IF-29**	Cl	2-F,4-Cl	70	60	60	50	75	70	70	60
(*R*)-**IF-29**			75	60	60	60	75	70	70	60
(*S*)-**IF-29**			70	60	60	50	75	70	60	60

① 抑制率（%）：温室盆栽法测试对植物生长的抑制作用，0% 表示无效果，100% 表示完全杀死。数值为 3 次重复的平均值。

表8-44　部分化合物 IE 和 IF 光学活性异构体的结构和苗后除草活性（二）①

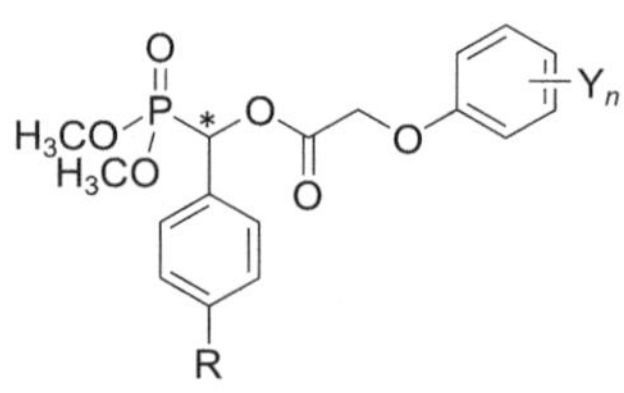

单位：%

化合物	R	Y_n	反枝苋		苘麻		荠菜		鳢肠	
			450g ai/hm^2	150g ai/hm^2	450g ai/hm^2	150g ai/hm^2	450g ai/hm^2	150g ai/hm^2	450g ai/hm^2	150g ai/hm^2
(*rac*)-**IE-19**	H	2-Cl,4-F	80	85	90	90	100	90	90	80
(*R*)-**IE-19**			95	90	80	75	100	80	95	70
(*S*)-**IE-19**			100	80	100	100	100	90	100	75

续表

化合物	R	Y_n	反枝苋		苘麻		荠菜		鳢肠	
			450g ai/hm^2	150g ai/hm^2	450g ai/hm^2	150g ai/hm^2	450g ai/hm^2	150g ai/hm^2	450g ai/hm^2	150g ai/hm^2
(*rac*)-**IE-22**	H	2,4-Cl_2	100	80	90	80	100	90	100	80
(*R*)-**IE-22**			90	80	90	85	100	80	95	75
(*S*)-**IE-22**			75	70	75	60	90	85	80	60
(*rac*)-**IF-5**	CH_3	2-CH_3, 4-Cl	100	80	90	70	95	85	95	85
(*R*)-**IF-5**			100	100	95	90	100	100	100	90
(*S*)-**IF-5**			100	90	85	70	95	90	85	80
(*rac*)-**IF-8**	CH_3	2-Cl,4-F	100	95	90	90	100	90	95	80
(*R*)-**IF-8**			100	100	100	100	100	100	100	100
(*S*)-**IF-8**			100	100	100	100	100	100	95	90
(*rac*)-**IF-9**	CH_3	2,4-Cl_2	90	80	90	75	90	100	85	80
(*R*)-**IF-9**			100	90	85	75	100	100	85	75
(*S*)-**IF-9**			100	90	90	70	95	90	100	90
(*rac*)-**IF-20**	OCH_3	2,4-Cl_2	95	85	95	95	100	95	70	80
(*R*)-**IF-20**			100	100	100	95	100	100	100	80
(*S*)-**IF-20**			95	85	95	80	100	95	85	80
(*rac*)-**IF-30**	Cl	2-Cl,4-F	90	95	90	90	100	90	85	75
(*R*)-**IF-30**			100	95	100	95	100	95	95	80
(*S*)-**IF-30**			95	80	100	80	100	95	80	70
(*rac*)-**IF-31**	Cl	2,4-Cl_2	100	85	95	95	100	95	90	85
(*R*)-**IF-31**			100	95	100	100	100	100	95	90
(*S*)-**IF-31**			100	90	100	60	90	100	95	80

① 抑制率（%）：温室盆栽法测试对植物生长的抑制作用，0% 表示无效果，100% 表示完全杀死。数值为 3 次重复的平均值。

由表 8-43 和表 8-44 可知，**IE** 和 **IF** 光学活性异构体中苯氧苯环上取代基 Y_n 的变化对除草活性有显著影响。具有 2-Cl、4-F，2,4-Cl_2，2-CH_3、4-Cl 为 Y_n 的大多数 **IE** 和 **IF** 中的一种或两种对映体在 450g ai/hm^2 时对反枝苋、荠菜、苘麻和鳢肠表现出 90% 的苗后除草活性。有趣的是，发现仅将苯氧苯环上 Y_n 为 2-Cl、4-F 的取代基调换为 2-F，4-Cl 时可以导致大多数 **IE** 和 **IF** 的除草活性显著下降。除了化合物 **IF-18**，Y_n 为 2-Cl、4-F 的化合物具有 70% ～ 100% 的抑制率，而 Y_n 为 2-F、4-Cl 的 **IE** 和 **IF** 只有 50%～90% 的抑制率(表 8-43，表 8-44)。相比之下，苯上的取代基 R 对其除草活性的影响比 Y_n 要弱得多，表现为几乎没有影响。当使用剂量降低到 150g ai/hm² 时，一些 **IE** 和 **IF** 对映异构体的苗后除草活性有所下降。但发现几种对映体在 150g ai/hm² 时仍表现出优异的除草活性，如(*R*)-**IF-5**、(*R*)-**IF-8** 和(*S*)-**IF-8**。特别是(*R*)-**IF-8** 对所有被试植物的苗后除草效果均为 100%。**IF-8** 的(*R*)和(*S*)对映体在 150g ai/hm² 时都具有类似的高活性，但均高于其外消旋体。(*R*)-**IF-8** 似乎比其外消旋物和(*S*)-**IF-8** 对鳢肠的活性更高(表 8-44)。

表 8-43 和表 8-44 的结果表明，大多数 **IE** 和 **IF** 的外消旋体、(*R*)和(*S*)旋光异构体的除草效果具有一定差异。通过比较，可以观察到 **IE-19、IE-22、IF-5、IF-20、IF-30** 和 **IF-31** 的(*R*)和(*S*)对映体之间的手性选择性抑制作用。例如，对映体(*R*)-**IF-5** 的活性高于对映体(*S*)-**IF-5** 和外消旋体。(*R*)-**IF-31** 在 150g ai/hm² 条件下对苘麻的抑制力为 100%，(*S*)-**IF-31** 仅为 60%。进一步在 75g ai/hm² 的浓度下测试，(*R*)-**IF-31** 对荠菜、苘麻、反枝苋和鳢肠的抑制力分别为 100%、100%、90% 和 80%，而(*S*)-**IF-31** 对 4 种被试植物的抑制力分别为 0%、30%、40% 和 40%。**IF-31** 是为数不多的两种对映体在除草效果上有显著差异的化合物之一，特别是(*R*)-**IF-31** 具有优异的除草活性。研究表明具有 4-F，4-Cl，4-Br 和 2,4- F_2 作为 Y_n 的大多数 **IE** 和 **IF** 的(*R*)和(*S*)对映体对双子叶植物的抑制活性显著低于具有 2-Cl、4-F，2,4-Cl_2，2-CH_3、4-Cl 为 Y_n 的化合物(表 8-43)。

为了进一步确定化合物在除草活性上的手性选择性，选择对映体在除草活性上具有一定差异的化合物 **IE-10**、**IF-4** 和 **IF-14**，测试了它们的(*R*)和(*S*)对映体对繁缕的抑制效果(ED_{50})，结果如表 8-45 所列。

表8-45 IE-10、IF-4和IF-14光学活性异构体对繁缕的抑制效果(ED_{50})

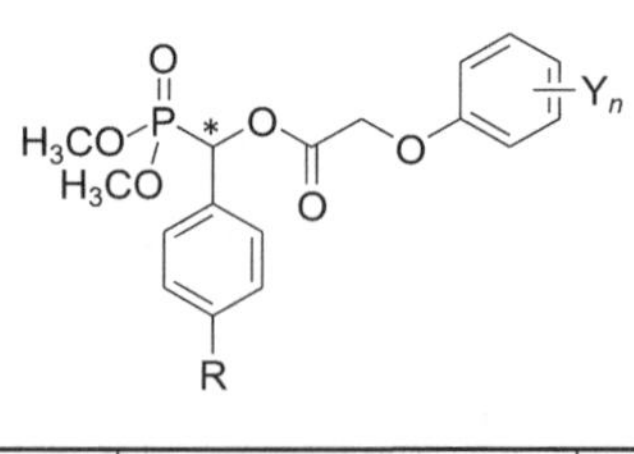

化合物	R	Y_n	回归方程	相关系数	ED_{50}①/(g ai/hm²)
(*R*)-**IE-10**	H	4-F	Y=41.95+17.14ln$X$	0.9487	24.0
(*S*)-**IE-10**			Y=29.62+26.02ln$X$	0.9600	32.9

续表

化合物	R	Y_n	回归方程	相关系数	ED_{50}①/(g ai/hm²)
(*R*)-**IF-4**	CH_3	4-Br	Y=28.39+8.38ln$X$	0.9516	197.7
(*S*)-**IF-4**			Y=41.13+21.04ln$X$	0.9407	22.8
(*R*)-**IF-14**	OCH_3	4-Cl	Y=35.43+12.68ln$X$	0.9214	47.4
(*S*)-**IF-14**			Y=26.76+12.07ln$X$	0.9345	102.9

① ED_{50} 为对繁缕生长有 50% 抑制作用的有效剂量。

从表 8-45 中 ED_{50} 的数据可以看出，**IE-10** 的两种对映体之间具有不同的抑制活性，(*R*)-**IE-10** 的抑制活性是(*S*)-**IE-10** 的 1.37 倍。而 **IF-4** 和 **IF-14** 对繁缕的抑制活性具有明显的手性选择性。(*R*)-**IF-14** 的抑制活性是(*S*)-**IF-14** 的 2.17 倍；此外，(*S*)-**IF-4** 对映体的抑制活性是对映体(*R*)-**IF-4** 的 8.17 倍，值得进一步研究。可以注意到 **IF-4** 的(*S*)构型的抑制活性高于其(*R*)构型的抑制活性，而 **IE-10** 和 **IF-14** 的(*R*)构型的抑制活性高于其(*S*)构型的抑制活性。

以上观察表明，手性 1-(取代苯氧乙酰氧基)烷基膦酸酯 **IE** 和 **IF** 中不同对映体的绝对构型对除草活性显示了不同的影响。

8.7.2.3 光学活性异构体 IA 和 IC 的水生毒性

手性有机磷(OP)化合物的水生毒性受到越来越多的关注。据报道，甲胺磷的(+)-对映体在 48h 试验中对大水蚤的毒性是其(−)-对映体的 7.0 倍，考虑到一些手性 OP 化合物的水生毒性具有显著的对映体选择性，以及手性 OP 化合物对环境安全的可能影响，手性 1-(取代苯氧乙酰氧基)烷基膦酸酯及其对映体的水生毒性值得进行研究。

刘维屏和李玲等人采用在静态条件下水中毒性测定方法(体内)研究了部分代表性手性烷基膦酸酯 **IA** 和 **IC** 及其对映体对大水蚤的急性水生毒性[126]，这些结果将有助于评价它们在环境中的对映选择性行为和生态风险。

水生毒性测定方法：以大型蚤(*Daphnia magna*)为试验靶标，通过 48h 急性毒性试验评价在水生毒性中的对映体选择性作用。试验生物在(22±1)℃的 M4 培养基中连续培养，光周期为 12h/d，密度＜50 只 /L。每周更新培养基 3 次，每天用斜生栅藻(*Scenedesmus obliquus*)饲喂大水蚤，在实验室用营养培养基培养。储备生物最初来自中国保护和医学科学院(中国北京)。试验前，以大水蚤对重铬酸钾($K_2Cr_2O_7$)的敏感性试验为阳性对照，LC_{50}(24h)值在 0.6～1.7mg/L 范围内，整个测试过程遵循美国环保署的指导方针[127]。

根据水生毒性测定方法(体内)，通过24h和48h静态试验，测定了化合物**IA-8**、**IC-9**、**IC-10**、**IC-27**和**IC-35**的外消旋体和单个对映体对大水蚤的急性水生毒性，LC_{50}的值如表8-46所列。

表8-46 部分手性烷基膦酸酯IA和IC对大水蚤的急性水生毒性

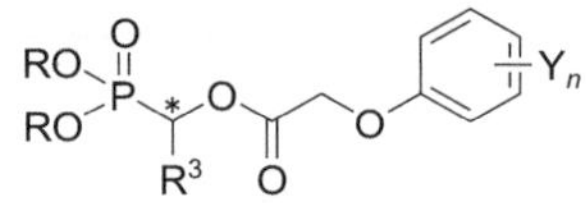

化合物	R	R^3	Y_n	LC_{50}①(48h)/(mg/L)	水生毒性平均值 LC_{50}
(*rac*)-**IA-8**	CH_3CH_2	CH_3	2,4-Cl_2	0.24	0.19
(*R*)-**IA-8**				0.14	
(*S*)-**IA-8**				0.18	
(*rac*)-**IC-9**	CH_3	CH_3	4-F	2.54	4.87
(*R*)-**IC-9**				2.30	
(*S*)-**IC-9**				9.77	
(*rac*)-**IC-10**	CH_3	CH_3	4-Cl	0.020	0.043
(*R*)-**IC-10**				0.097	
(*S*)-**IC-10**				0.012	
(*rac*)-**IC-27**	CH_3	CH_3CH_2	2,4-Cl_2	1.14	1.47
(*R*)-**IC-27**				1.41	
(*S*)-**IC-27**				1.87	
(*rac*)-**IC-35**	CH_3	CH_3	2-Cl	2.97	2.56
(*R*)-**IC-35**				2.72	
(*S*)-**IC-35**				1.99	

① LC_{50}为使大水蚤达到50%死亡率的有效浓度。

所测化合物LC_{50}(平均值)依次为：**IC-10**＜**IA-8**＜**IC-27**＜**IC-35**＜**IC-9**。结果表明，虽然这些烷基膦酸酯的化学结构非常相似，但急性水生毒性却有差异。根据中国官方环境安全检测指南，**IA-8**和**IC-10**对大水蚤具有高毒性，而**IC-27**、**IC-35**和**IC-9**为中等毒性，**IC-10**对大水蚤的毒性最强。有趣的是，在同一结构的化合物之间也观察到毒性的显著差异。例如，在**IC-10**这一组中，**IC-10**对映体和外消旋体对大水蚤的急性水生毒性有显著差异，**IC-10**的(*S*)对映体的毒性高于其(*R*)构型和外消旋体，且(*S*)-**IC-10**的毒性是(*R*)-**IC-10**的8.08倍，表明(*S*)-**IC-10**对映体对外消旋体毒性的贡献率约为 91%。并且在表 8-46 中所列的大多手性 1-(取代苯氧乙酰氧基)烷基膦酸酯的急性水生毒性是具有对映特异性的。

手性对于不同的烷基膦酸酯具有不同的生物效应，这是非常有趣的。与对映体的急性水生毒性相比，**IC-9** 和 **IC-10** 的外消旋物的毒性介于它们所对应的两种手性对映体的毒性程度之间。对于 **IC-27**，值得注意的是外消旋体的毒性略高于单个对映体，通过对比 **IA-8** 和 **IC-35** 的外消旋体与其对映体，发现两者的外消旋体毒性更低。可见，**IC-27** 或 **IA-8** 和 **IC-35** 的外消旋物分别表现为对映体之间的协同或拮抗作用。这些结果表明，外消旋体或等摩尔对映体混合物的毒理学效应不能通过简单地加合单个对映体的作用来预测。

以上观察表明，手性 1-(取代苯氧乙酰氧基)烷基膦酸酯对非靶标生物具有对映体选择性。而且在生物中可能存在对映体之间的协同和拮抗作用，在农药风险评估中应予以考虑。以上研究也表明，在除草剂的研发中不仅需要评价化合物在除草活性方面的手性选择性，而且需要更全面地研究化合物在环境行为中的对映选择性，才能合理使用除草剂，正确评估其生态风险。

参考文献

[1] 江藤守総．有机磷农药的有机化学和生物化学 [M]．杨石先，等译．北京：化学工业出版社，1964.

[2] Duke S O. The History and Current Status of Glyphosate [J]. Pest Manag Sci, 2018, 74: 1027-1034.

[3] 贺红武．具有生物活性有机磷化合物的研究热点 [J]．世界农药(原《农药译丛》)，1999, 21, (4): 21-27.

[4] Zhou C Z, Luo X X, Chen N Y, et al. C–P Natural Products as Next-Generation Herbicides: Chemistry and Biology of Glufosinate [J]. J Agric Food Chem, 2020, 68(11): 3344-3353.

[5] 王威，贺红武，王列平，等．以植物丙酮酸脱氢酶为靶标设计除草剂的研究进展 [J]．农药，2016, 55(4): 235-240.

[6] Ohkawa H, Miyagawa H, Lee P W. Pesticide Chemistry: Crop Protection, Public Healty, Environmental Safety [M]. Weinheim: Wiley-VCH, 2007.

[7] 苏少泉．除草剂作用靶标的分类与使用 [J]．农药，1998, 37(11): 1-7.

[8] 吴永革，尹艳春．丙酮酸脱氢酶多酶复合体研究进展 [J]．生命的化学，2002, 22(1): 69-71.

[9] Stephens P E, Darlison M G, Lewis H M, et al. The Pyruvate Dehydrogenase Complex of *Escherichia coli* K12. Nucleotide Sequence Encoding the Pyruvate Dehydrogenase Component [J]. Eur J Biochem, 1983, 133(1): 155-162.

[10] 贺红武，周圆，彭浩．植物丙酮酸脱氢酶系抑制剂类除草剂的合理设计与研究进展 [J]．农药学学报，2019, 21(Z1): 580-594.

[11] 王涛，贺红武，袁均林．丙酮酸脱氢酶系：除草剂品种的新靶标 [J]．应用化学，2003, 20: 613-617.

[12] Nemeria N, Baykal A, Joseph E, et al. Tetrahedral Intermediates in Thiamin Diphosphate-Dependent Decarboxylations Exist as A 1′, 4′-Imino Tautomeric Form of the Coenzyme, Unlike the Michaelis Complex or the Free Coenzyme [J]. Biochemistry, 2004, 43(21): 6565-6575.

[13] De-Kok A, Hengeveld A F, Martin A, et al. The Pyruvate Dehydrogenase Multi-enzyme Complex from Gram-negative Bacteria [J]. Biochem Biophy Acta, 1998, 1385: 353-366.

[14] Kluger R, Pike D C. Active Site Generated Analogues of Reactive Intermediates in Enzymic Reactions. Potent Inhibition of Pyruvate Dehydrogenase by A Phosphonate Analogue of Pyruvate[J]. J Am Chem Soc, 1977, 99(13): 4504-4506.

[15] Baillie A C, Wright K, Wright B J, et al. Inhibitors of Pyruvate Dehydrogenase as Herbicides [J]. Pestic Biochem Physiol, 1988, 30(2): 103-112.

[16] 张一宾．世界新农药开发动向(上)——第八届国际农药会议(ICPC)介绍的合成农药综述 [J]．农药译丛，1995, 17(5): 1-12.

[17] 周卫平．生物化学在农药研究开发中的涵义 [J]．农药译丛，1999, 21(1): 34-37.

[18] Evans D A, Lawson K R. Crop Protection Chemicals-Research and Development Perspectives and Opportunities [J]. Pesticide Outlook, 1992, 3(2): 10-17.

[19] Eto M. Functions of Phosphorus Moiety in Agrochemical Molecules [J]. Biosci Biotech Biochem, 1997, 61(1): 1-11.

[20] Wang J Y, Dong H, Li S H, et al. Theoretical Study Toward Understanding the Catalytic Mechanism of Pyruvate Decarboxylase [J]. J Phys Chem B, 2005, 109: 18664-18672.

[21] Xiong Y, Li Y J, He H W, et al. Theoretical Calculation of the Binding Free Energies for Pyruvate Dehydrogenase E1 Binding with Ligands [J]. Bioorg Med Chem Lett, 2007, 17(18): 5186-5190.

[22] Nemeria N S, Korotchkina L G, Chakraborty S, et al. Acetylphosphinate is the Most Potent Mechanism-Based Substrate-Like Inhibitor of Both the Human and *Escherichia coli* Pyruvate Dehydrogenase Components of the Pyruvate Dehydrogenase Complex [J]. Bioorg Chem, 2006, 34: 362-379.

[23] He H W, Wang S Q, Chen W B, et al. A Facile Synthesis of *O,O*-Dialkyl-*α*-(Phenyl Carbamyloxy) Alkyl Phosphonates [J]. Chin Chem Lett, 1989, 9(5): 415-416.

[24] 刘绪峰，贺红武，周青春，等．*α*-(吡啶-2-甲酰氧基)烃基膦酸酯的合成与植物生长调节活性 [J]．农药学学报，2001, 3(1): 73-75.

[25] 贺红武，刘绪峰，周青春，等．*α*-(吡啶-4-甲酰氧基)烃基膦酸酯的合成与植调活性 [J]．农药学学报，1999, 1(1): 90-92.

[26] 胡利明，贺红武，刘钊杰．具有生物活性的有机磷化合物研究(Ⅻ)——*α*-(苯并噁唑-2-氧乙酰氧基)烃基膦酸酯的合成和性质 [J]．高等学校化学学报，1996, 17(12): 1869-1873.

[27] 徐亮，贺红武，刘钊杰．具有生物活性有机磷化合物的研究Ⅷ．*α*-(苯并噻唑-2-硫乙酰氧基)烃基膦酸酯的合成与性质 [J]．华中师范大学学报(自然科学版)，1996, 30(1): 53-57.

[28] 刘绪峰，贺红武，刘钊杰．*α*-羟基烃基膦酸酯与氯乙酰氯的反应 [J]．华中师范大学学报(自然科学版)，1998, 32(1): 52-55.

[29] He H W, Wang J, Liu Z J. Synthesis of *α*-(Substituted Phenoxy Acetoxy)Alkyl Phosphonates [J]. Chin Chem Lett, 1994, 5(1): 35-38.

[30] 胡利明，张耀谋，贺红武，等．具有生物活性有机磷化合物研究(XXI)．*α*-(取代苯甲酰胺基甲酰氧基)烃基膦酸酯衍生物的合成与性质 [J]．合成化学，1997, 5(3): 287-291.

[31] 贺红武，张耀谋，刘钊杰．*α*-(邻甲苯硫基乙酰氧基)烃基膦酸酯的合成 [J]．化学试剂，1996, 18(2): 70-72.

[32] He H W, Xu L, Liu Z J. A Convenient Synthesis of 1-(Dichloro-Pyrimidinyl Carbamyloxy) Alkyl Phosphonates [J]. Phosphorus Sulfur Silicon Relat Elem, 1999, 147(1): 109.

[33] Chen T, Shen P, Li Y J, et al. Synthesis and Herbicidal Activity of *O,O*-Dialkyl Phenoxyacetoxyalkylphosphonates Containing Fluorine[J]. J Fluorine Chem, 2006, 127(2): 291-295.

[34] Chen T, Shen P, Li Y J, et al. The Synthesis and Herbicidal Evaluation of Fluorine-Containing Phenoxyacetoxyalkylphosphonate Derivatives [J]. Phosphorus Sulfur Silicon Relat Elem, 2006, 181(9): 2135-2145.

[35] He H W, Chen T, Li Y J. Synthesis and Herbicidal Activity of Alkyl 1-(3-Trifluoromethylphenoxyacetoxy)-1 -Substituted Methylphosphonates [J]. J Pestic Sci, 2007, 32(1): 42-44.

[36] Liang Y, Wang Y Z, He H W. Synthesis, Crystal Structure, and Bioactivities of Dimethyl[(3, 7-Dichloroquinolin-8-Yl Carbonyloxy)Alkyl] Phosphonate[J]. Phosphorus Sulfur Silicon Relat Elem, 2008, 183(2-3): 714-715.

[37] Li Y J, He H W. Synthesis and Herbicidal Activity of *α*-[2-(Fluoro-Substituted Phenoxy)Propionyloxy] Alkyl Phosphonates [J]. Phosphorus Sulfur Silicon Relat Elem, 2008, 183(2-3): 712-713.

[38] Jin C F, He H W. Synthesis and Herbicidal Activity of Novel Dialkoxyphosphoryl Aryl Methyl 2-(4, 6-Dimethoxypyrimidin-2-Yloxy) Benzoate Derivatives [J]. Phosphorus Sulfur Silicon Relat Elem, 2011, 186(7): 1397-1403.

[39] 梁英，贺红武，何海峰，等．*α*-(1-苯基-3-三氟甲基-5-氯吡唑-4-甲酰氧基)-*α*-芳甲基膦酸酯的合成、晶体结构与生物活性 [J]．有机化学，2012, 32: 1513-1518.

[40] Xu L, You G Y, Peng H, et al. Synthesis and Biological Activities of *O,O*-Dialkyl 1-((4,6-Dichloropyrimidin-2-Yl) Carbamyloxy)Alkyphosphonates[J]. Phosphorus Sulfur Silicon Relat Elem, 2014, 189(6): 812-818.

[41] Wang T, Wang W, Peng H, et al. Synthesis and Biological Activity of 1-(Substituted Phenoxyacetoxy)-1-(Pyridin-2-Yl or Thien-2-Yl) Methylphosphonates [J]. J Heterocyclic Chem, 2015, 52: 173-179.

[42] 贺红武，刘钊杰．具有除草活性的 *α*-氧代膦酸衍生物研究进展 [J]．Chin J Org Chem, 2001, 21(11): 878-883.

[43] He H W, Peng H, Tan X S. Environmentally Friendly Alkylphosphonate Herbicides [M]. Berlin: Springer-Verlag and Beijing: Chemical Industry Press, 2014: 359-381.

[44] 贺红武，汪军，刘钊杰，等．具有生物活性的有机磷化合物的研究．Ⅴ．α-[(取代)芳氧基乙酰氧基]烷基膦酸酯的合成和性质[J]．应用化学，1994, 11: 21-24.
[45] 贺红武，汪军，刘钊杰，等．具有生物活性的有机磷化合物的研究(Ⅵ)：α-氧代膦酸衍生物的合成、性质和生物活性[J]．华中师范大学学报(自然科学版)，1994, 28, 71-76.
[46] 汪军，陈新友，刘绪峰，等．卤代芳氧基酰基烃基膦酸及其酯的合成与生物活性[J]．化学试剂，1999, 21: 301-303.
[47] 贺红武，刘钊杰，汪军．α-[2-(2,4-二氯苯氧基)丙酰氧基]芳基膦酸酯的合成与生物活性[J]．应用化学，1998, 15: 88-90.
[48] Wang J, He H W, Liu Z J. Synthesis of Alpha-[2-(2,4-Dichlorophenoxy) Propionyloxy] Alkyl Phosphonates [J]. Chinese Chem Lett, 1997, 8: 943-944.
[49] He H W, Yuan J L, Peng H, et al. Studies of *O,O*-Dimethyl α-(2,4-Dichlorophenoxyacetoxy) Ethylphosphonate (HW02) as A New Herbicide. 1. Synthesis and Herbicidal Activity of HW02 and Analogues as Novel Inhibitors of Pyruvate Dehydrogenase Complex [J]. J Agric Food Chem, 2011, 59(9): 4801-4813.
[50] Wang T, He H W, Miao F M. Synthesis, Crystal Structure and Herbicidal Activity of 1-(2,4-Dichlorophenoxyacetoxy)-1-Arylmethylphosphonates[J]. Chin J Org Chem, 2009, 29: 1152-1157.
[51] 孟利平，贺红武，刘钊杰，等．α-硝基苯氧乙酰氧基烃基膦酸二甲酯的合成与生物活性[J]．湖北化工(农药植保研究专辑，增刊)，1998, 15: 40-41.
[52] 陈杰，台文俊，徐小燕，等．新除草剂 HW02 室内除草生物活性评价[J]．现代农药，2005, 4(5): 10-12.
[53] Li X J, Li B H, Su L J, et al. Study on Weed Control Efficacy and Wheat Injures of 2,4-D Butylate [J]. J Hebei Agric Sci, 2002, 6(4): 1-4.
[54] Zhang C X, He X G, Li H B. Drift Injury of 2,4-D Butyl Ester and Remedial Measures to Cotton [J]. Hubei Plant Prot, 2005, 1: 35-36.
[55] Cui H L, Zhang C X, Zhang H J, et al. Confirmation of Flixweed (*Descurainia sophia*) Resistance to Tribenuron in China [J]. Weed Sci, 2008, 56: 775-779.
[56] Jiang R T, Zhang Y, Lu X T, et al. Weed Resistance to Tribenuron and Safety to the Next Crop of Pesticide Residue [J]. Agrochemicals, 2008, 47: 849-850.
[57] Cheng X, Ni H W. Weed Control Efficacy and Winter Wheat Safety of a Novel Herbicide HW02 [J]. Crop Prot, 2013, 43: 246-250.
[58] Turner J A. The Pesticide Manual[M]. London: British Crop Production Council, 2015: 215.
[59] He H W, Peng H, Wang T, et al. α-(Substituted-Phenoxyacetoxy)-α-Heterocyclylmethylphosphonates: Synthesis, Herbicidal Activity, Inhibition on Pyruvate Dehydrogenase Complex (PDHc), and Application as Postemergent Herbicide Against Broadleaf Weeds [J]. J Agric Food Chem, 2013, 61: 2479-2488.
[60] Maienfisch P, Mangelinckx S. Recent Highlights in the Discovery and Optimization of Crop Protection Products[M]. London: Elsevier, 2021: 13-535.
[61] Wang Q X, Wang T, Zhou Y F, et al. Conversion of Fungicide Cyprodinil to Salts with Organic Acids: Preparation, Characterization, Advantages [J]. Pest Management Science, 2022, 79(1): 114-124.
[62] Wang T, He H W. Simple and Improved Perparation of α-Oxophosphonate Monolithium Salts [J]. Phosphorus Sulfur Silicon Relat Elem, 2004, 179: 2081-2089.
[63] 王涛，邹鹏，彭浩，等．*O*-烷基 α-(取代苯氧乙酰氧基)烃基膦酸盐的合成与生物活性[J]．有机化学，2014, 34: 215-219.
[64] He H W, Wang T, Yuan J L. Synthesis and Herbicidal Activities of Methyl-1-(2,4-Dichlorophenoxyacetoxy) Alkylphosphonate Monosalts [J]. J Organomet Chem, 2005, 690: 2608-2613.
[65] Wang T, He H W. An Efficient Synthesis of α-(2,4-Dichloro-Phenoxyacetoxy)Aryl Methyl Phosphonate Monosodium Salts [J]. Synth Commun, 2004, 34: 1415-1423.
[66] Wang T, Wang W, Peng H, et al. Synthesis and Herbicidal Activities of Potassium Methyl 1-(Substituted Phenoxyacetoxy)Alkylphosphonate [J]. Chem Res Chinese U, 2013, 29: 690-694.
[67] Zygmunt J, Kafarski P, Mastalerz P. Preparation of Oxoalkanephosphonic Acids [J]. Synthesis, 1978, 8: 609-612.
[68] Kafarski P, Soroka M. An Improved Synthesis of *N*-(Phosphonoacetyl)Amino Acids [J]. Synthesis, 1982, 3: 219-221.
[69] Vepsäläinen J, Nupponen H, Pohjala E. Bisphosphonic Compounds Ⅴ. Selective Preparation of (Dichloromethylene) Bisphosphonate Partial Esters[J]. Tetrahedron Lett, 1993, 34: 4551-4554.
[70] Olah G A, Narang S C. Iodotrimethylsilane—A Versatile Synthetic Reagent [J]. Tetrahedron, 1982, 38: 2225-2277.
[71] Olah G A, Narang S C, Gupta B G B, et al. Synthetic Methods and Reactions. 62. Transformations with Chlorotrimethylsilane/Sodium Iodide, A Convenient in Situ Iodotrimethylsilane Reagent [J]. J Org Chem, 1979, 44: 1247-1251.
[72] Peng H, Long Q W, Deng X Y, et al. Synthesis and Herbicidal Activities of Lithium or Potassium Hydrogen 1-(Substituted Phenoxyacetoxy)Alkylphosphonates [J]. Phosphorus Sulfur Silicon Relat Elem, 2013, 188: 1868-1874.

[73] Long Q W, Deng X Y, Peng H, et al. Synthesis and Herbicidal Activity of Sodium Hydrogen 1-(Substituted Phenoxyacetoxy)Alkylphosphonates [J]. Phosphorus Sulfur Silicon Relat Elem, 2013, 188: 819-825.
[74] Hames B D, Hooper N M, Houghton J D. Instant Notes in Biochemistry [M]. Oxford: Bios Scientific Publishers Ltd, 1977.
[75] Peng H, Wang T, Xie P, et al. Molecular Docking and Three-Dimensional Quantitative Structure-Activity Relationship Studies on the Binding Modes of Herbicidal 1-(Substituted Phenoxyacetoxy) Alkylphosphonates to the E1 Component of Pyruvate Dehydrogenase. J Agric Food Chem, 2007, 55: 1871-1880.
[76] Dayan F E. Current Status and Future Prospects in Herbicide Discovery[J]. Plants, 2019, 8(9): 341.
[77] Stawinski J, Kraszewski A. How to Get the Most Out of Two Phosphorus Chemistries. Studies on *H*-Phosphonates[J]. Acc Chem Res, 2002, 35: 952-960.
[78] Stowasser B, Budt K H, Li J Q, et al. New Hybrid Transition State Analog Inhibitors of HIV Protease with Peripheric C_2-Symmetry[J]. Tetrahedron Lett, 1992, 33: 6625-6628.
[79] Sikorski J A, Miller M J, Braccolino D S, et al. EPSP Synthase: The Design and Synthesis of Bisubstrate Inhibitors Incorporating Novel 3-Phosphate Mimics [J]. Phosphorus Sulfur Silicon Relat Elem, 1993, 76: 115-118.
[80] Hilderbrand R L. The Role of Phosphonates in Living Systems [M]. Boca Raton: RCRC Press, 1983.
[81] Szymańska A, Szymczak M, Boryski J, et al. Aryl Nucleoside *H*-Phosphonates. Part 15: Synthesis, Properties and, Anti-HIV Activity of Aryl Nucleoside 5′-*α*-Hydroxyphosphonates [J]. Bioorg Med Chem, 2006, 14: 1924-1934.
[82] Shi D Q, Sheng Z L, Liu X P, et al. Unsaturated Cyclic *α*-Hydroxyphosphonates [J]. Heteroatom Chem, 2003, 14: 266-268.
[83] Ganzhorn A J, Hoflack J, Pelton P D, et al. Inhibition of *Myo*-Inositol Monophosphatase Isoforms by Aromatic Phosphonates [J]. Bioorg Med Chem, 1998, 6: 1865-1874.
[84] Allen J G, Atherton F R, Hall M J, et al. Phosphonopeptides, a New Class of Synthetic Antibacterial Agents [J]. Nature, 1978, 272: 56-58.
[85] Patel D V, Rielly-Gauvin K, Ryono D E, et al. *α*-Hydroxy Phosphinyl-Based Inhibitors of Human renin [J]. J Med Chem, 1995, 38: 4557-4569.
[86] Engel R. Phosphonates as Analogues of Natural Phosphates [J]. Chem Rev, 1977, 77: 349-367.
[87] Hammerschmidt F. Incorporation of L-[Methyl-$^2H_3$]Methionine and 2-[Hydroxy-^{18}O]Hydroxyethylphosphonic Acid into Fosfomycin in *Streptomyces fradiae*-An Unusual Methyl-Transfer [J]. Angew Chem Int Ed Engl, 1994, 33: 341-342.
[88] Jennings L J, Macchia M, Parkin A. Synthesis of Analogues of 5-Iodo-2′-Deoxyuridine-5′-Diphosphate [J]. J Chem Soc Perkin Trans, 1992, 1992(17): 2197-2202.
[89] Lavielle G, Hautefaye P, Schaeffer C, et al. New *α*-Amino Phosphonic Acid Derivatives of Vinblastine: Chemistry and Antitumor Activity [J]. J Med Chem, 1991, 34: 1998-2003.
[90] Allen Mc, Fuhrer W, Tuck B, et al. Renin Inhibitors. Synthesis of Transition-State Analogue Inhibitors Containing Phosphorus Acid Derivatives at the Scissile Bond [J]. J Med Chem, 1989, 32: 1652-1661.
[91] Smith W W, Bartlett P A. Macrocyclic Inhibitors of Penicillopepsin. 3. Design, Synthesis, and Evaluation of An Inhibitor Bridged Between P2 and P1′ [J]. J Am Chem Soc, 1998, 120: 4622-4628.
[92] Zhou S S, Lin K D, Yang H Y, et al. Stereoisomeric Separation and Toxicity of A New Organophosphorus Insecticide Chloramidophos [J]. Chem Res Toxicol, 2007, 20: 400-405.
[93] Liu W P, Gan J Y, Schlenk D, et al. Enantioselectivity in Environmental Safety of Current Chiral Insecticides [J]. Proc Natl Acad Sci USA, 2005, 102: 701-706.
[94] Castañeda O L, Kraak G V D, Canul R R. Endocrine Disruption Mechanism of *o,p*′-DDT in Mature Male Tilapia (*Oreochromis niloticus*) [J]. Toxicol Appl Pharm, 2007, 221: 158-167.
[95] Hoekstra P F, Burnison B K, Neheli T, et al. Enantiomer-Specific Activity of *o, p*′ -DDT with the Human Estrogen Receptor [J]. Toxicol Lett, 2001, 125: 75-81.
[96] Atherton F R, Hall M J, Hassall C H, et al. Phosphonopeptides as Antibacterial Agents: Mechanism of Action of Alaphosphin [J]. Antimicrob Agents Chemother, 1979, 15: 696-705.
[97] Gerwick B C, Jackson L A, Handly J, et al. Preemergence and Postemergence Activities of the (*R*) and (*S*) Enantiomers of Haloxyfop [J]. Weed Sci, 1988, 36: 453-456.
[98] Grossmann K, Tresch S, Plath P. Triaziflam and Diaminotriazine Derivatives Affect Enantioselectively Multiple Herbicide Target Sites [J]. Z Naturforsch, 2001, 56c: 559-569.
[99] Shaner D L, Singh B K. Acetohydroxyacid Synthase Inhibitors. Herbicide Activity: Toxicology, Biochemistry and Molecular Biology [M]. Amsterdam: the Netherlands, 1997.
[100] Omokawa H, Konnai M. PS Ⅱ Inhibitory Activity of 2,4-Diamino-6-Chloro-*s*-Triazine with A Chiral Sec-Butyl and/ or *α*-Methylbenzyl Group [J]. Agric Biolog Chem, 1990, 54(9): 2373-2378.
[101] Omokawa H, Murata H, Kobayashi S. Chiral Response of *Oryzeae* and *Paniceae* Plants in *α*-Methylbenzyl-3-*p*-Tolyl

Urea Agar Medium [J]. Pest Manag Sci, 2004, 60: 59-64.
[102] Fayez Ka, Kristen U. The Influence of Herbicides on the Growth and Proline Content of Primary Roots and on the Ultrastructure of Root Caps [J]. Environm Experim Botany, 1996, 36: 71-81.
[103] Lin K D, Liu W P, Li L, et al. Single and Joint Acute Toxicity of Isocarbophos Enantiomers to *Daphnia magna*[J]. J Agric Food Chem, 2008, 56(11): 4273-4277.
[104] Rubio M, Suarez A, Alvarez E, et al. Highly Enantioselective Hydrogenation of Enol Ester Phosphonates Catalyzed by Rhodium Phosphine-Phosphite Complexes [J]. Chem Commun, 2005, 2005(5): 628-630.
[105] Gridnev I D, Yasutake M, Imamoto T, et al. Asymmetric Hydrogenation of α,β-Unsaturated Phosphonates with Rh-BisP* and Rh-MiniPHOS Catalysts: Scope and Mechanism of the Reaction [J]. Proc Natl Acad Sci USA, 2004, 101: 5385-5390.
[106] Burk M J, Stammers T A, Straub J A. Enantioselective Synthesis of α-Hydroxy and α-Amino Phosphonates Via Catalytic Asymmetric Hydrogenation [J]. Org Lett, 1999, 1: 387-390.
[107] Liu H, Zhou Y G, Yu Z K, et al. Efficient Catalytic Asymmetric Synthesis of α-Substituted Phenyloxyacetyloxy and Aroyloxy Phosphonates [J]. Tetrahedron, 2006, 62: 11207-11217.
[108] Sasaki M. Optical Resolution of 1-Hydroxyethylphosphinic Acid and Its Esters [J]. Agric Biol Chem, 1986, 50: 741-745.
[109] Xu C, Zhou Y, Qi R L, et al. Synthesis and Herbicidal Activity of Optically Active Alpha-(Substituted Phenoxyacetoxy) (Substituted Phenyl) Methylphosphonates[J]. Pesticide Biochemistry and Physiology, 2017, 143: 298-305.
[110] 金传飞，贺军波，王储备，等. 光学活性 α- 羟基膦酸(酯)合成研究进展 [J]. 有机化学，2010, 30: 1-8.
[111] Yokomatsu T, Yamgishi T, Shibuya S. Enantioselective Hydrophos-Phonylation of Aromatic Aldehydes Catalyzed by Chiral Titanium Alkoxides [J]. Tetrahedron: Asymmetry, 1993, 4: 1779-1782.
[112] Groaning M D, Rowe B J, Spilling C D. New Homochiral Cyclic Diol Ligands for Titanium Alkoxide Catalyzed Phosphonylation of Aldehydes [J]. Tetrahedron Lett, 1998, 39: 5485-5488.
[113] Yokomatsu T, Yamgishi T, Shibuya S. Enantioselectivity for Hydrophosphonylation of Aromatic Aldehydes Catalyzed by Lanthanum Binaphthol Complex. Remarkable Electronic Effect of Aromatic Substituents [J]. Tetrahedron: Asymmetry, 1993, 4: 1783-1784.
[114] Arai T, Bougauchi M, Sasai H, et al. Catalytic Asymmetric Synthesis of α-Hydroxy Phosphonates Using the Al-Li-BINOL Complex [J]. J Org Chem, 1996, 61: 2926-2927.
[115] Merino P, Marques E, Herrera R P, et al. Catalytic Enantioselective Hydrophosphonylation of Aldehydes and Imines [J]. Adv Synth Catal, 2008, 350: 1195-1208.
[116] Pogatchnik D M, Wiemer D F. Enantioselective Synthesis of α-Hydroxy Phosphonates Via Oxidation with (Camphorsulfonyl) Oxaziridines [J]. Tetrahedron Lett, 1997, 38(20): 3495-3498.
[117] Pudovik A N, Konovalova I V, et al. Addition Reactions of Esters of Phosphorus (Ⅲ) acids with Unsaturated Systems [J]. Synthesis, 1979, 2: 81-96.
[118] Zhou X, Liu X H, Yang X, et al. Highly Enantioselective Hydrophosphonylation of Aldehydes Catalyzed by Tridentate Schiff Base Aluminum (Ⅲ) Complexes [J]. Angew Chem Int Ed, 2008, 47: 392-394.
[119] Zhou X, Zhang Q, Hui Y H. Catalytic Asymmetric Synthesis of Quaternary α-Hydroxy Trifluoromethyl Phosphonate Via Chiral Aluminum (Ⅲ) Catalyzed Hydrophosphonylation of Trifluoromethyl Ketones [J]. Org Lett, 2010, 12: 4296-4299.
[120] Wang C B, Xu C, Tan X S, et al. The Asymmetric Synthesis of Chiral Cyclic α-Hydroxy Phosphonates and Quaternary Cyclic α-Hydroxy Phosphonates [J]. Org Biomol Chem, 2012, 10: 1680-1685.
[121] Merino P, Marques E, Herrera R P, et al. Catalytic Enantioselective Hydrophosphonylation of Aldehydes and Imines [J]. Adv Synth Catal, 2008, 350: 1195-1208.
[122] Cogan D A, Liu G C, Kim K J, et al. Catalytic Asymmetric Oxidation of Tert-Butyl Disulfide. Synthesis of Tert-Butanesulfinamides, Tert-Butyl Sulfoxides, and Tert-Butanesulfinimines [J]. J Am Chem Soc, 1998,120: 8011-8019.
[123] Hartung J, Drees S, Greb M, et al. (Schiff-Base) Vanadium (Ⅴ) Complex-Catalyzed Oxidations of Substituted Bis (Homoallylic) Alcohols-Stereoselective Synthesis of Functionalized Tetrahydrofurans [J]. Eur J Org Chem, 2003, 13: 2388-2408.
[124] Pogatchnik D M, Wiemer D F. Enantioselective Synthesis of α-Hydroxy Phosphonates Via Oxidation with (Camphorsulfonyl) Oxaziridines[J]. Tetrahedron Lett, 1997, 38(20): 3495-3498.
[125] Skropeta D, Schmidt R R. Chiral, Non-Racemic α-Hydroxyphosphonates and Phosphonic Acids Via Stereoselective Hydroxylation of Diallyl Benzylphosphonates [J]. Tetrahedron: Asmmetry, 2003, 14: 265-273.
[126] Li L, Zhou S S, Zhao M R, et al. Eparation and Aquatic Toxicity of Enantiomers of 1-(Substituted Phenoxyacetoxy) Alkylphosphonate Herbicides [J]. Chirality, 2008, 20: 130-138.
[127] Weber C I. Methods for Measuring the Acute Toxicity of Effluents and Receiving Waters to Freshwater and Marine Organisms [M]. Cincinnati, OH: US Environmental Protection Agency, 1995.

附录

附录1　有机磷农药品种一览表——杀虫杀螨剂

序号	通用名或商品名及类别	结构式	急性毒性	主要用途
1	丙氟磷 DPF 杀虫剂 1932 年由 W. Lange 和 G. Von Krueger 合成，1938 年德国拜尔公司取得专利	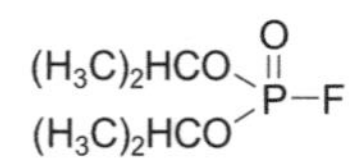	大鼠急性经口 LD_{50} 5～13mg/kg；小鼠皮下注射 LD_{50} 为 5mg/kg	防治咀嚼式口器和刺吸式口器害虫，对温血动物高毒，没有应用
2	八甲磷 schradan 杀虫剂 1941 年由 G. Schrader 合成，由德国拜尔公司开发	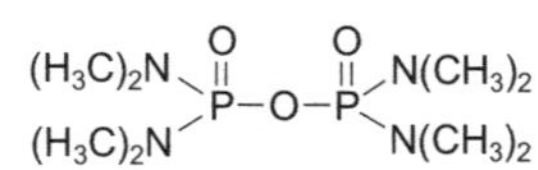	大鼠急性经口 LD_{50}：42mg/kg（雄）；9.1mg/kg（雌）。大鼠急性经皮 LD_{50}：15mg/kg（雄）；44mg/kg（雌）	可防治柑橘、苹果、花卉等植物的蚜虫和红蜘蛛
3	特普 TEPP 杀虫剂 1939 年由 G. Schrader 发现其杀螨性质，1943 年由德国拜尔公司推广	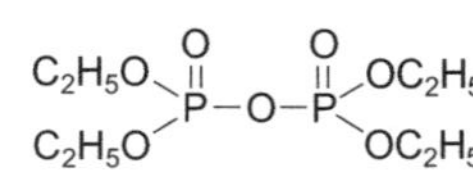	大鼠急性经口 LD_{50} 1.12mg/kg；雄鼠急性经皮 LD_{50} 为 2.4mg/kg；小鼠皮下注射 LD_{50} 为 1mg/kg	防治蝉科、木虱科、飞虱科、蚜虫科和螨等一些刺吸式口器昆虫和红蜘蛛等
4	治螟磷 sulfotep 杀虫剂 1944 年由 G. Schrader 发现其杀虫性质，1947 年由德国拜尔公司生产	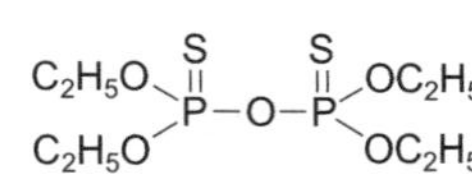	大鼠急性经口 LD_{50} 5mg/kg；小鼠皮下注射 LD_{50} 为 8mg/kg	防治水稻苗期、穗期螟虫；也可防治红蜘蛛、蚜虫、粉蚧等

续表

序号	通用名或商品名及类别	结构式	急性毒性	主要用途
5	对氧磷 paraoxon 杀虫剂 1944 年 由 G. Schrader 制备，由德国拜耳公司开发	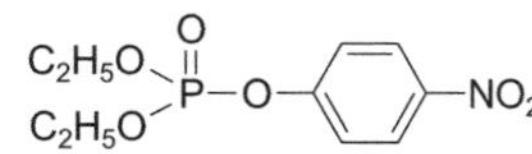	大鼠急性经口 LD_{50} 3mg/kg；小鼠皮下注射 LD_{50} 为 0.6～0.8mg/kg	对哺乳动物高毒，故未在农业害虫防治上采用
6	对硫磷 parathion 杀虫剂 1944 年由 G. Schrader 合成，由德国拜耳公司开发	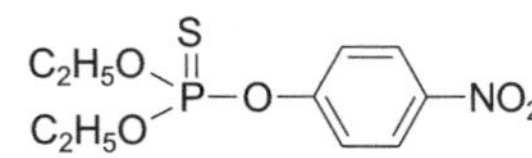	大鼠急性经口 LD_{50}：13mg/kg（雄），3.6mg/kg（雌）；急性经皮 LD_{50}：21mg/kg（雄），6.8mg/kg（雌）	防治水稻螟虫、棉铃虫、玉米螟、棉蚜、蓟马等害虫
7	甲基对硫磷 parathion-methyl 杀虫剂 1944 年由 M. Schrader 合成，由德国拜耳公司开发	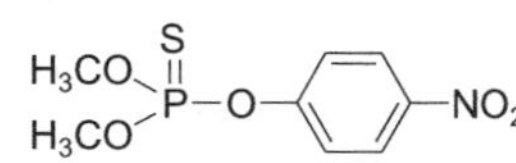	大鼠急性经口 LD_{50}：25mg/kg（雄），62mg/kg（雌）；急性经皮 LD_{50}：482mg/kg（雌、雄）	防治棉铃虫、棉蚜、三化螟、飞虱、蓟马等害虫
8	扑打杀 potasan 杀虫剂 1947 年由德国拜耳公司开发	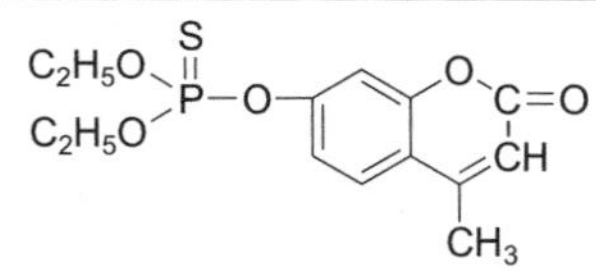	大鼠急性经口 LD_{50} 15mg/kg；大鼠急性经皮 LD_{50} 为 100mg/kg	防治咀嚼式口器害虫，尤其是马铃薯叶甲
9	敌敌畏 dichlorovos 杀虫剂 1948 年美国壳牌公司发表合成专利，1951 年由瑞士汽巴嘉基公司合成并作为杀虫剂开发	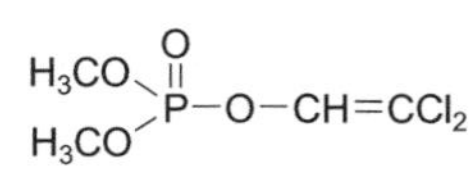	大鼠急性毒性：经口 LD_{50} 25～80mg/kg（雄）；经皮 LD_{50} 70～250mg/kg	对刺吸式口器及咀嚼式口器害虫有良好防治效果，也用于防治卫生害虫和仓库害虫

续表

序号	通用名或商品名及类别	结构式	急性毒性	主要用途
10	内吸磷 demeton 杀虫剂 1948 年由 G. Schrader 合成，1950～1951 年先后获得德国和美国专利，由德国拜耳公司开发	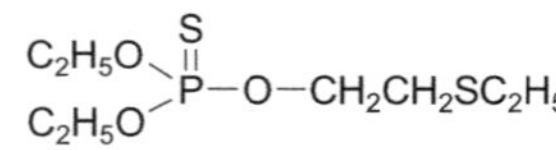 内吸磷 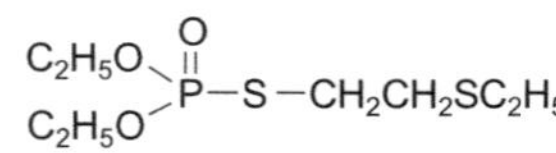 异内吸磷	内吸磷工业品：大鼠急性经口 LD_{50} 2.5～6mg/kg；大鼠急性经皮 LD_{50} 为 8.2～14mg/kg。 内吸磷：大鼠急性经口 LD_{50} 30mg/kg（雄）。 异内吸磷：大鼠急性经口 LD_{50} 1.5mg/kg（雄）	防治豆卫矛蚜、菜蚜、桃蚜等，防治甜菜、马铃薯、豌豆病毒病的媒介，对棉花红蜘蛛、蓟马等有效
11	酰脲磷 ACC 3901 杀虫剂 1948 年由美国氰胺公司开发	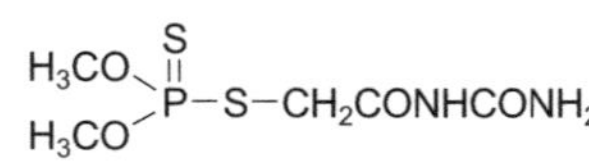	无资料	防治豆卫矛蚜、蚧科害虫、墨西哥大豆瓢虫、螨类和黄热病蚊等
12	发硫磷 prothoate 杀虫杀螨剂 1948 年美国氰胺公司发表专利	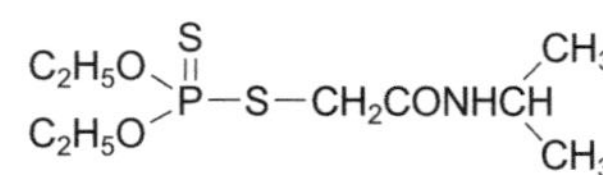	雄大鼠急性经口 LD_{50} 8mg/kg；大鼠急性经皮 LD_{50} 为 655mg/kg	防治螨类、蚜虫、跳甲、缨翅目昆虫等
13	甲氟磷 dimefox 杀虫剂 1949 年由英国菲桑斯害虫防治公司开发	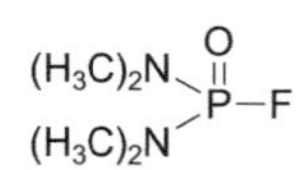	大鼠急性经口 LD_{50} 1～2mg/kg；大鼠急性经皮 LD_{50} 为 5mg/kg	防治红蜘蛛、蚜虫和菜青虫等害螨害虫
14	苯硫磷 EPN 杀虫杀螨剂 1949 年由美国杜邦公司开发	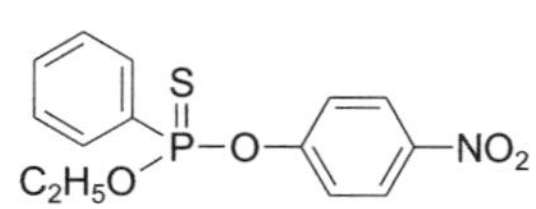	大鼠经口急性 LD_{50}：36mg/kg（雄）；7.7～14mg/kg（雌）。大鼠急性经皮 LD_{50}：230mg/kg（雄）；25mg/kg（雌）	对鳞翅目幼虫有广泛的活性，可用于防治棉蚜虫、棉红蜘蛛、稻螟虫、菜青虫等

续表

序号	通用名或商品名及类别	结构式	急性毒性	主要用途
15	甲乙基对硫磷 杀虫杀螨剂 20 世纪 50 年代初期由苏联合成	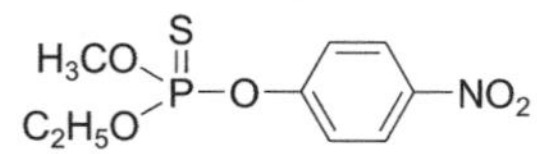	大鼠急性经口 LD_{50} 3.7mg/kg	防治刺吸式口器害虫和螨类，如蚜虫、蓟马、红蜘蛛等
16	硝氯磷 phosnichlor 杀虫杀螨剂 20 世纪 50 年代初由德国拜耳公司和美国氰胺公司合成	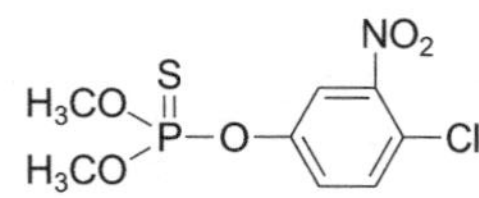	无资料	防治棉花蚜虫、野生叶螨、棉叶夜蛾等
17	乙酰脲 acetylurea 杀虫杀螨剂 20 世纪 50 年代初由苏联合成开发	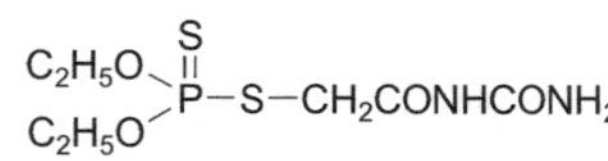	小鼠急性经口 LD_{50} 17.5mg/kg	防治螨类
18	马拉硫磷 malathion 杀虫剂 1950 年由美国氰胺公司开发	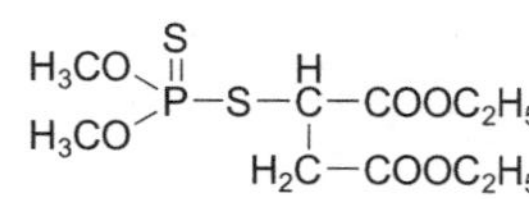	大鼠急性经口 LD_{50} 2800mg/kg；大鼠急性经皮 LD_{50} 为 4000～6150mg/kg	防治黏虫、蚜虫、麦叶蜂、稻飞虱、稻叶蝉等和一些卫生害虫
19	倍硫磷 fenthion 杀虫杀螨剂 1950 年由 G. Schrader 合成。1957 年由德国拜耳公司生产	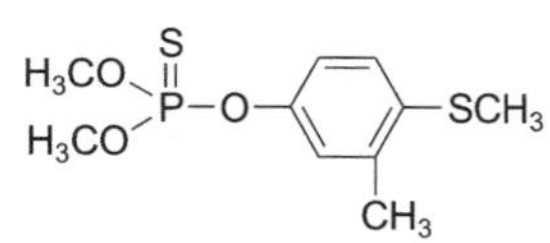	大鼠急性经口 LD_{50} 为 215～615mg/kg；大鼠急性经皮 LD_{50} 为 330～500mg/kg	防治二化螟、稻飞虱、棉铃虫、红蜘蛛、棉蚜、食心虫、叶蝉等，也可防治卫生害虫蚊、蝇、臭虫、虱子、蟑螂等
20	丙胺氟磷 mipafox 杀虫杀螨剂 1950 年为 G. S. Hartley 等所发现，继由英国菲桑斯害虫防治公司研究开发	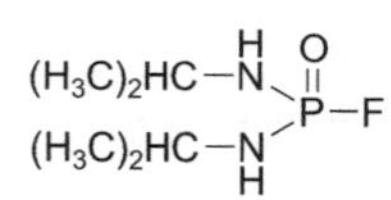	兔急性经口 LD_{50} 80～100mg/kg	防治豆卫矛蚜、菜修尾蚜等蚜虫和红蜘蛛等害虫害螨

续表

序号	通用名或商品名及类别	结构式	急性毒性	主要用途
21	蝇毒磷 coumaphos 杀虫剂 1951 年由德国拜耳公司开发	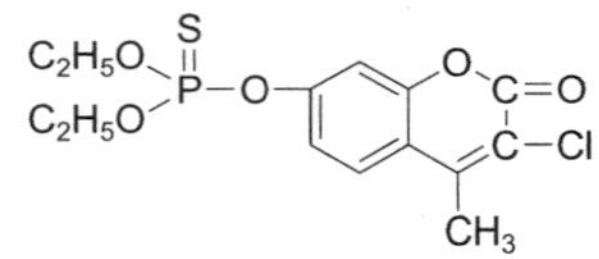	大鼠急性经口 LD_{50} 100mg/kg；雄大鼠急性经皮 LD_{50} 为 860mg/kg	对双翅目害虫特别有效，用于防治家畜体外寄生虫和蚊幼虫
22	福太农 forstenon 杀虫剂 1952 年由瑞士汽巴嘉基公司开发	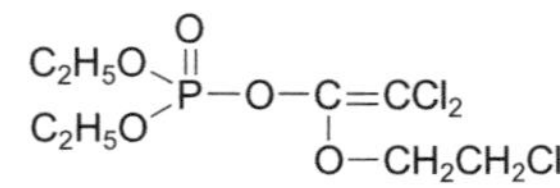	大鼠急性经口 LD_{50} 6.8～9.7mg/kg；大鼠皮下注射 LD_{50} 为 7.5mg/kg	对哺乳动物高毒，且持效时间不长，在应用上没有很大发展
23	彼氧磷 pyrazoxon 杀虫剂 1952 年由瑞士汽巴嘉基公司合成	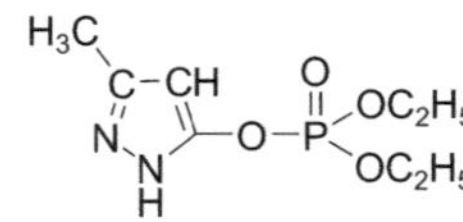	小鼠急性经口 LD_{50} 4mg/kg	可用于防治农业害虫，主要是一些刺吸式口器昆虫
24	敌百虫 trichlorfon 杀虫剂 1952 年由德国拜耳公司开发	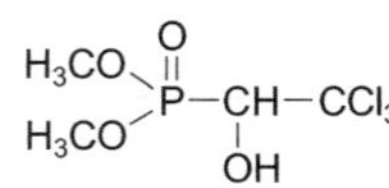	大鼠急性经口 LD_{50} 450～630mg/kg；大鼠急性经皮 LD_{50} 2000～5000mg/kg	防治多种作物上的咀嚼式口器害虫，以及一些家畜寄生虫和卫生害虫
25	吡硫磷 pyazothion 杀虫杀螨剂 1952 年由瑞士汽巴嘉基公司合成，为试验杀虫剂开发	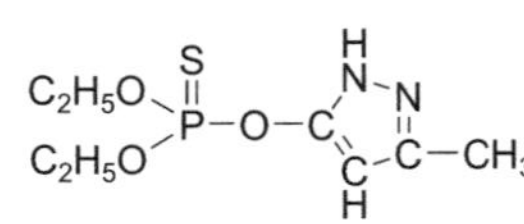	小鼠急性经口 LD_{50} 12mg/kg； 大鼠急性经口 LD_{50} 36mg/kg	防治农业害虫和螨类
26	田乐磷 demephion-O 杀虫杀螨剂 1952 年由德国拜耳公司合成，1963 年由德国 Wolfen 公司合成开发	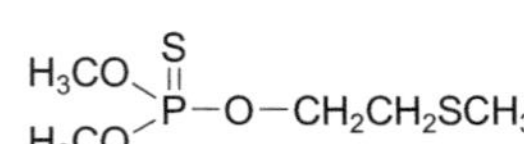	大鼠急性经口 LD_{50} 50mg/kg	适用于蔬菜、果树、啤酒花等作物上防治蚜虫、螨虫和叶蜂等

续表

序号	通用名或商品名及类别	结构式	急性毒性	主要用途
27	二嗪农 diazinon 杀虫杀螨剂 1952 年由 H. Gysin 合成，1956 年由瑞士汽巴嘉基公司生产	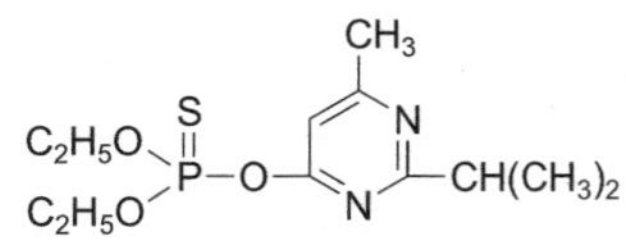	大鼠急性经口 LD_{50} 300～850mg/kg；大鼠急性经皮 LD_{50} > 2150mg/kg	防治刺吸式口器昆虫、食叶害虫、螨类、蝇类、虱子等
28	氯硫磷 chlorthion 杀虫剂 1952 年由德国拜耳公司合成	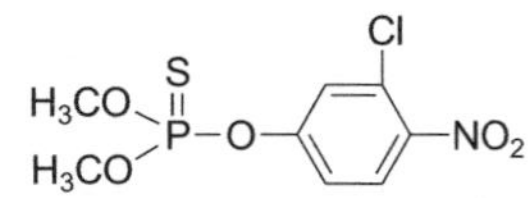	大鼠急性经口 LD_{50} 625～1500mg/kg；雄大鼠急性经皮 LD_{50} 为 1500～4500mg/kg	防治桃蚜、苹果蚜、棉蚜等
29	乙基皮蝇磷 fenchlorphos-ethyl 杀虫剂 1952 年由美国道化学公司合成	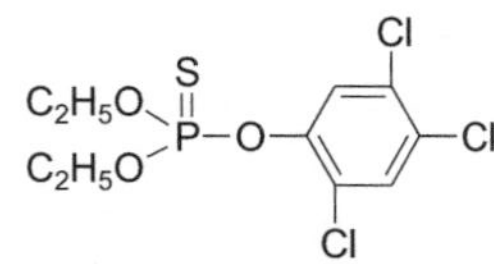	大鼠急性经口 LD_{50} 17mg/kg	防治农业害虫，如高盾蝽属害虫、种蝇等
30	丙硫特普 aspon 杀虫剂 1952 年由 G. Schrader 报道，1953 年由美国 Stauffer 化学公司开发	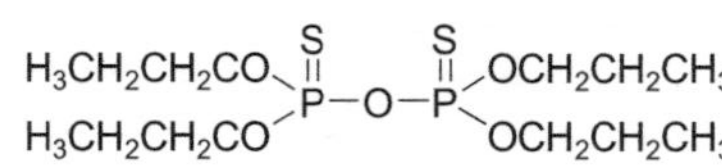	大鼠急性经口 LD_{50} 1400mg/kg；兔急性经皮 LD_{50} 为 3830mg/kg	防治草坪上长蝽科害虫
31	速灭磷 mevinphos 杀虫杀螨剂 1953 年由壳牌化学公司开发	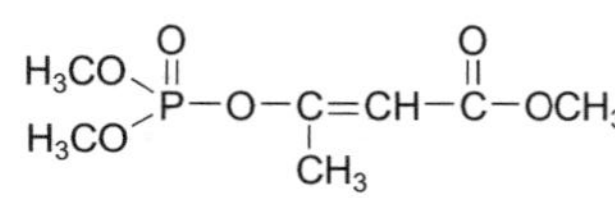	大鼠急性经口 LD_{50} 3～12mg/kg；大鼠急性经皮 LD_{50} 为 1～90mg/kg	防治蚜虫、卷叶蛾类、象虫、黏虫、尺蠖、蓟马和螨类等
32	益棉磷 azinphos-ethyl 杀虫剂 1953 年由德国拜耳公司开发	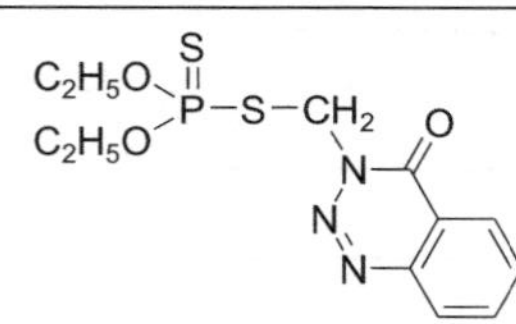	大鼠急性经口 LD_{50} 15mg/kg；大鼠急性经皮 LD_{50} 为 250mg/kg	与保棉磷相同

续表

序号	通用名或商品名及类别	结构式	急性毒性	主要用途
33	马拉氧磷 malaoxon 杀虫剂 1953 年由美国氰胺公司研发	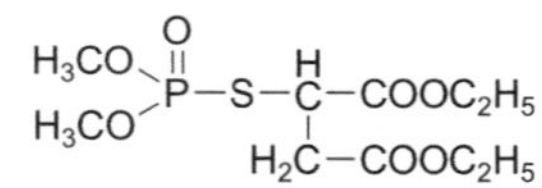	大鼠急性经口 LD_{50} 87～90mg/kg	防治蔬菜、果树上的多种蚜虫
34	三甲硫吸磷 M-82 杀虫剂 1953 年由联邦德国拜耳公司合成，其后 Wolfen 公司和日本农药公司也进行了合成研究	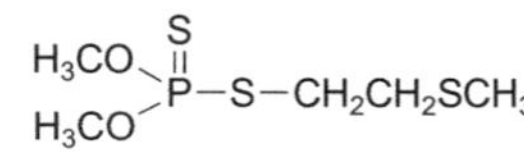	无资料	与二甲硫吸磷相同，可防治甜菜蚜和葡萄粉蚧
35	二甲硫吸磷 thiometon 杀虫杀螨剂 1953 年由德国拜耳公司开发	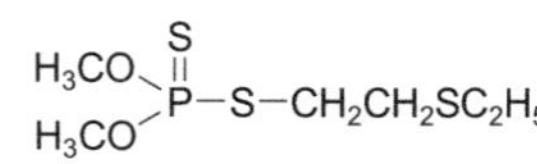	大鼠急性经口 LD_{50} 120～130mg/kg；大鼠急性经皮 LD_{50} ＞ 1000mg/kg	防治蚜虫、螨类、叶蝉、木虱、蓟马等
36	甲基内吸磷 demeton-methyl 杀虫杀螨剂 1954 年由德国拜耳公司开发	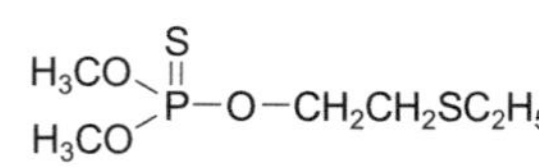	大鼠急性经口 LD_{50} 180mg/kg；大鼠急性经皮 LD_{50} 为 306mg/kg	防治刺吸式口器昆虫，对螨的成虫和幼虫都有很好的防效
37	异氯硫磷 dicapthon 杀虫剂 1954 年由美国氰胺公司开发	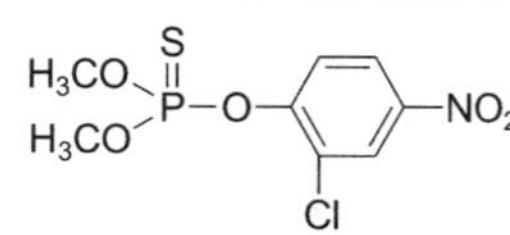	雄大鼠急性经口 LD_{50} 400mg/kg；雄大鼠急性经皮 LD_{50} 为 790mg/kg	在室内和牛棚使用防治蝇类
38	皮蝇磷 fenchlorphos 杀虫剂 1954 年由美国道化学公司开发	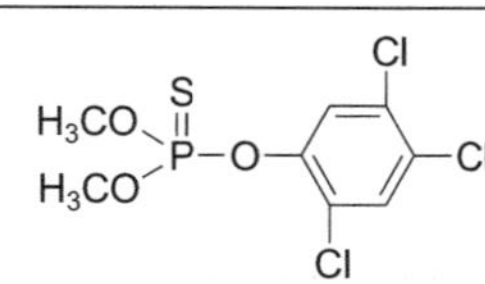	大鼠急性经口 LD_{50}：1250mg/kg (雄); 2630mg/kg（雌）。大鼠急性经皮 LD_{50} 1000～2000mg/kg	防治家畜体外寄生虫，如蝇类、虱子、疥螨等

续表

序号	通用名或商品名及类别	结构式	急性毒性	主要用途
39	二噁磷 dioxathion 杀虫剂 1954 年由美国赫格里斯公司开发	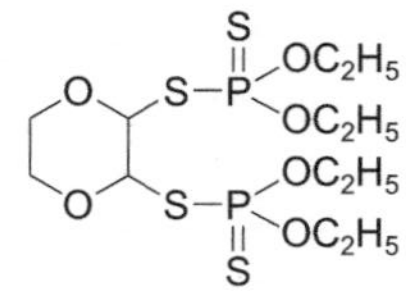	雄大鼠急性经口 LD_{50} 43mg/kg；大鼠急性经皮 LD_{50} 为 235mg/kg	防治果树和观赏植物上的食植性螨、棉红蜘蛛，防除大牲畜的体外寄生虫（如扁虱等）
40	保棉磷 azinphos-methyl 杀虫杀螨剂 1954 年由德国拜耳公司开发	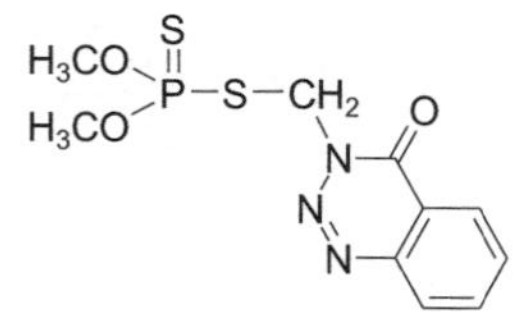	大鼠急性经口 LD_{50} 11～20mg/kg；大鼠急性经皮 LD_{50} 为 88～220mg/kg	防治棉蜻象、棉红铃虫、蚜虫、蓟马、黏虫等害虫和螨类
41	甲拌磷 phorate 杀虫剂 1954 年由氰胺公司开发	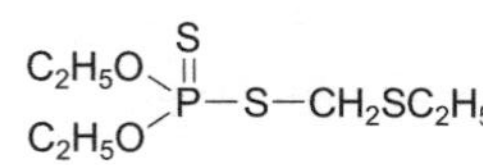	大鼠急性经口 LD_{50} 1.1～3.7mg/kg；大鼠急性经皮 LD_{50} 70～300mg/kg	防治蚜虫、飞虱、蓟马、红蜘蛛、象甲等
42	除线磷 dichlofenthion 杀虫剂 1955 年美国弗吉尼亚 - 卡罗来纳化学公司开发	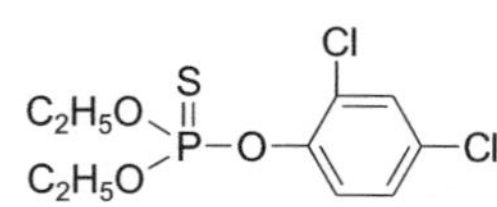	大鼠急性经口 LD_{50} 为 172mg/kg，急性经皮 LD_{50} 为 355mg/kg；兔子急性经皮 LD_{50} 为 6000mg/kg	防治线虫
43	蝇硫磷 acethion 杀虫剂 1955 年在法国专刊上发表	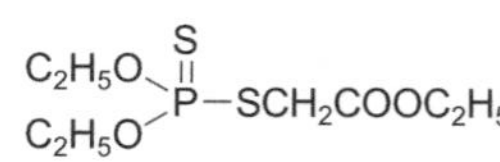	大鼠急性经口 LD_{50} 1050～1100mg/kg	防治蝇类
44	三硫磷 carbophenothion 杀虫杀螨剂 1955 年由美国斯托夫化学公司开发	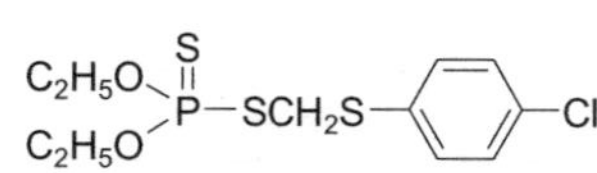	雄大鼠急性经口 LD_{50} 30mg/kg；雄大鼠急性经皮 LD_{50} 为 54mg/kg	防治果树螨类、种蝇、蚜类和介壳虫，以及体外寄生的蜱、螨类

续表

序号	通用名或商品名及类别	结构式	急性毒性	主要用途
45	乙硫磷 ethion 杀虫剂 1956年由美国食品机械和化学公司开发	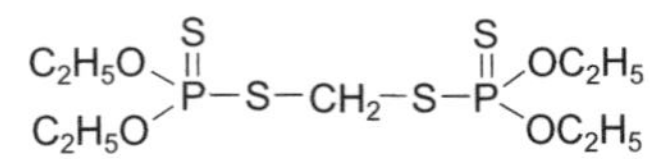	大鼠急性经口LD_{50} 55mg/kg；大鼠急性经皮LD_{50}为838mg/kg	防治水稻、棉花、蔬菜上的多种害虫，如红蜘蛛、叶蝉、棉蚜、稻飞虱等
46	芬硫磷 phenkapton 杀虫杀螨剂 1956年由瑞士嘉基公司开发	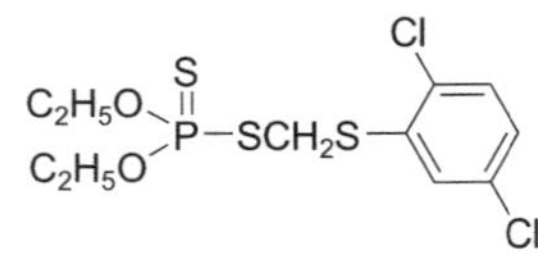	大鼠急性经口LD_{50} 182mg/kg；大鼠急性经皮LD_{50}为625mg/kg	防治果树和蔬菜作物上的红蜘蛛
47	二溴磷 naled 杀虫剂 1956年由奇弗龙化学公司开发	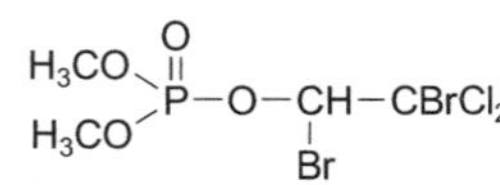	大鼠急性经口LD_{50} 430mg/kg； 兔急性经皮LD_{50}1100mg/kg	防治即将采收的蔬菜、果树害虫，如蚜虫、红蜘蛛等；对枣黏虫和尺蠖效果特佳
48	亚砜吸磷 oxydemeton-methyl 杀虫杀螨剂 1956年由德国拜耳公司试制，1960年推广	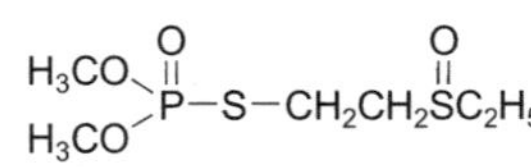	大鼠急性经口LD_{50} 30～75mg/kg；大鼠急性经皮LD_{50}为150mg/kg	防治蚜虫、红蜘蛛、锯蜂、木虱、棉蚜和叶甲等
49	乐果 dimethoate 杀虫剂 1956年由美国氰胺公司和意大利蒙特卡蒂尼公司开发	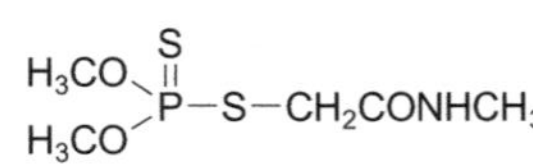	大鼠急性经口LD_{50} 215mg/kg；大鼠急性经皮LD_{50} 600～1200mg/kg	防治蚜虫、蓟马、叶蝉、飞虱、介壳虫等

续表

序号	通用名或商品名及类别	结构式	急性毒性	主要用途
50	甲乙基乐果 bopardil RM 60 杀虫杀螨剂 1956 年由意大利 Bombrini parodi-Delfino 公司开发	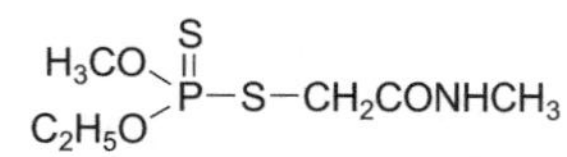	对温血动物的接触和呼吸毒性都低，无数据	防治蚜虫和螨类，如苹果蚜、菜赤螨；还可防治梨小食心虫、实蝇幼虫等
51	乙拌磷 disulfoton 杀虫杀螨剂 1956 年由德国拜耳公司开发	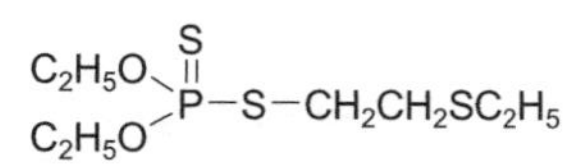	大鼠急性经口 LD_{50} 2～10mg/kg；大鼠急性经皮 LD_{50} 为 6～20mg/kg	防治蚜虫、胡萝卜茎蝇、棉花叶螨、草莓红蜘蛛等
52	萘氨磷 12 Bayer 22408 杀虫剂 1952 年由德国拜耳公司合成，1957 年作为试验品种推广，生产时间不长	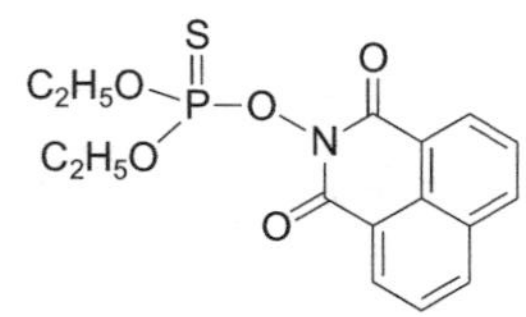	大鼠急性经口 LD_{50} 500mg/kg	防治家畜体外寄生虫，如面蝇幼虫、角蝇幼虫、畜蜱等
53	灭蝇磷 nexion 1378 杀虫剂 1957 年由联邦德国塞拉公司合成	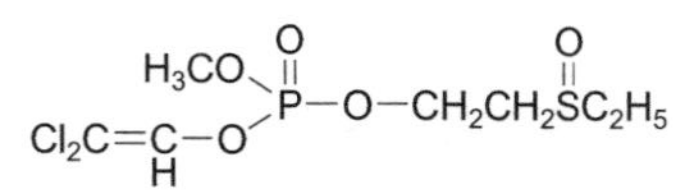	大鼠急性经口 LD_{50} 110mg/kg	防治家蝇等卫生害虫
54	丰索磷 fensulfothion 杀虫剂 1957 年由德国拜耳公司开发	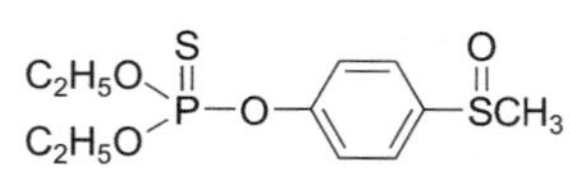	雄大鼠急性经口 LD_{50} 2～10mg/kg；大鼠急性经皮 LD_{50} 为 3～30mg/kg	防治线虫、地老虎、叩头虫幼虫、白菜种蝇、洋葱种蝇等
55	磷胺 phosphamidon 杀虫剂 1957 年由瑞士汽巴嘉基公司生产	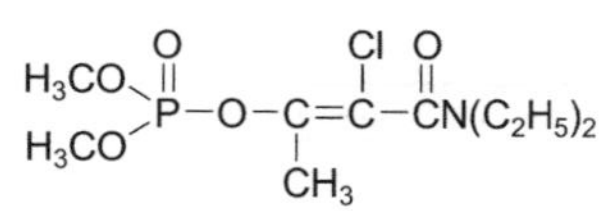	大鼠急性经口 LD_{50} 17～30mg/kg；大鼠急性经皮 LD_{50} 为 374mg/kg	主要用于防治棉花蚜虫，适用于棉花、水稻、麦类、果树等作物害虫

续表

序号	通用名或商品名及类别	结构式	急性毒性	主要用途
56	因毒磷 endothion 杀虫剂 1957 年法国罗纳普朗克公司推广	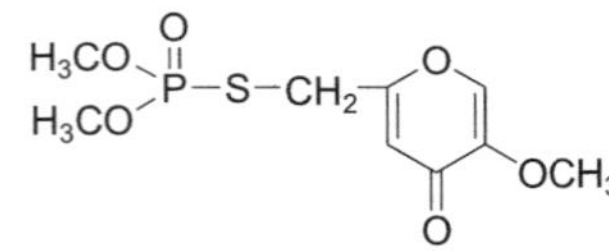	大鼠急性经口 LD_{50} 30～50mg/kg；大鼠急性经皮 LD_{50} 为 400～1000mg/kg	防治园艺、大田作物及经济作物上的蚜虫、红蜘蛛等
57	丰果 B/770 杀虫剂 1957 年由意大利蒙特卡蒂尼公司生产	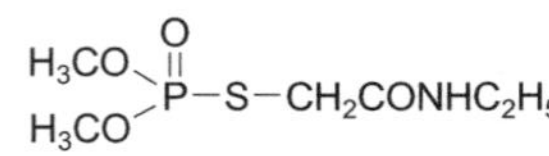	大鼠急性经口 LD_{50} 60mg/kg	防治家蝇
58	异甲基内吸磷 demeton-*O*-methyl 杀虫杀螨剂 1957 年由德国拜耳公司开发	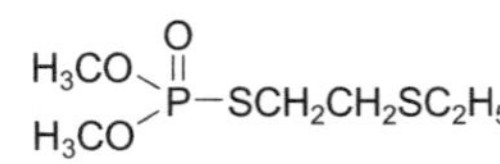	大鼠急性经口 LD_{50} 40～60mg/kg；大鼠急性经皮 LD_{50} 为 100～200mg/kg	防治果树和葡萄上的蚜虫、叶螨、云杉卷叶锯蜂等
59	茂果 morphothion 杀虫剂 1957 年由德国山道士公司开发	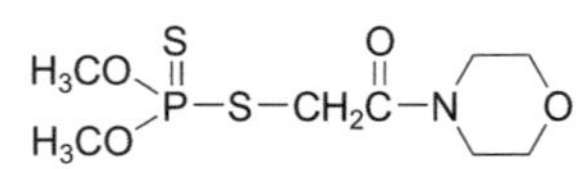	大鼠急性经口 LD_{50} 190mg/kg	防治棉蚜、菜蚜、棉蓟马、棉红蜘蛛、食心虫等
60	四硫特普 phostex 杀虫剂 1957 年由美国食品机械及化学公司作为试验品种	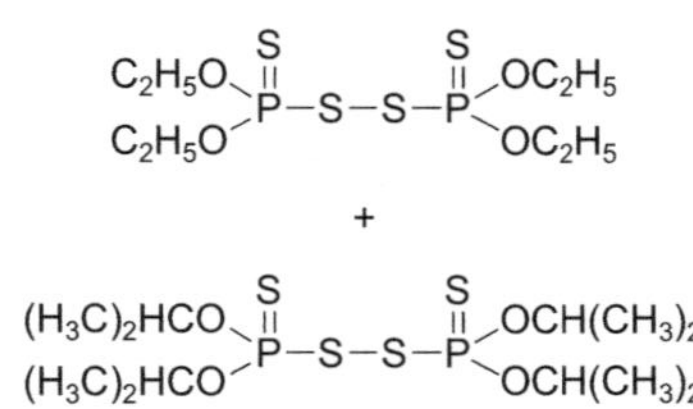	大鼠急性经口 LD_{50} 2500mg/kg，以 2500mg/kg 剂量涂敷在大鼠皮肤上，有轻微的刺激性	防治落叶树上的介壳虫、梨叶肿瘿螨，可作为杀蚜卵剂

续表

序号	通用名或商品名及类别	结构式	急性毒性	主要用途
61	杀螟松 sumithion 杀虫剂 1957 年首先由捷克合成，1959 年由日本住友公司开发	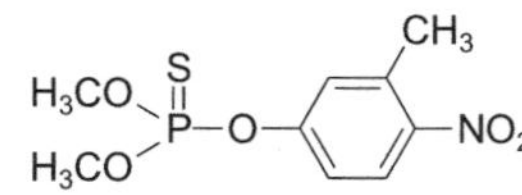	大鼠急性经口 LD_{50} 400～800mg/kg；大鼠急性经皮 LD_{50} 1200mg/kg	防治水稻螟虫特效药，用于防治大螟、二化螟、三化螟、稻飞虱、稻叶蝉、蚜虫、红蜘蛛、棉铃虫、大豆食心虫、茶天蠖
62	丁酯膦 butonate 杀虫剂 1958 年由 Prentiss Drug & Chem. Co. 开发	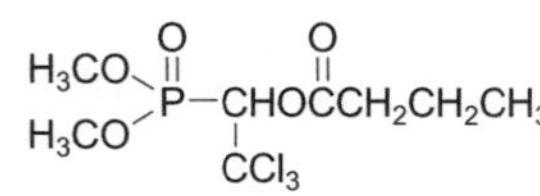	大鼠急性经口 LD_{50} 1000～1600mg/kg；大鼠急性经皮 LD_{50} 为 7000mg/kg	防治牲畜体内外寄生虫；对黄褐天幕毛虫、黄素蛾、毒舞蛾以及尺蛾科害虫均有良好防治效果
63	杀蚴磷 DMPA 杀虫剂 1958 年由美国道化学公司合成开发	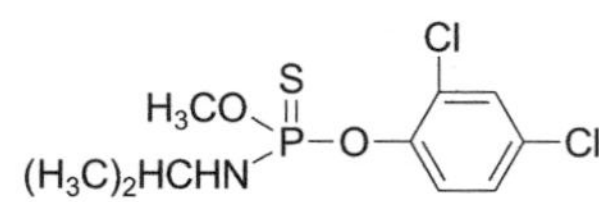	雄大鼠急性经口 LD_{50} 270mg/kg	防治双翅目、鞘翅目等昆虫幼虫，如家蝇、水虻等
64	畜壮磷 nerlene 杀虫剂 1958 年由美国道化学公司出品的兽药，发现体内有积累，于 1959 年停产	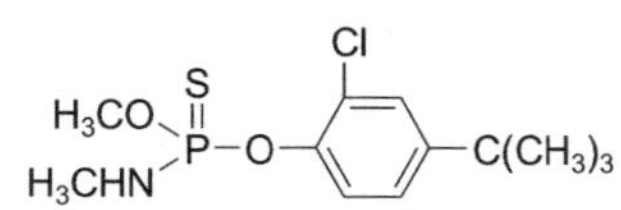	大鼠急性经口 LD_{50} 820mg/kg	防治家畜肠胃寄生虫，体内出现积累性，其后被其他产品取代
65	甲基三硫磷 carbophenothion-methyl 杀虫剂 1958 年由美国斯托夫化学公司开发	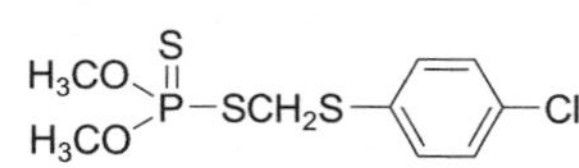	雄大鼠急性经口 LD_{50} 157mg/kg；兔急性经皮 LD_{50} 为 2420mg/kg	防治墨西哥棉铃象、棉花红蜘蛛、蚜虫和蝇蛆

续表

序号	通用名或商品名及类别	结构式	急性毒性	主要用途
66	灭蚜蜱 mecarbam 杀虫剂 1958 年由英国 Murphy Chem. Co. 开发	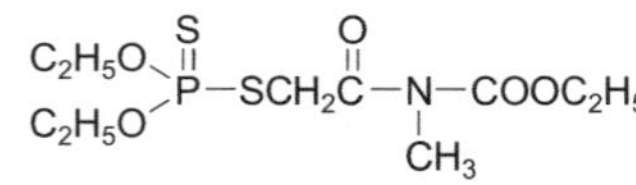	大鼠急性经口 LD_{50} 36mg/kg；大鼠急性经皮 LD_{50} > 1220mg/kg	防治蚜虫、木虱、种蝇、叶蝉、蓟马、蚧类、潜叶蛾等
67	酰胺磷 AC 3741 杀虫杀螨剂 1958 年美国氰胺公司介绍了它的杀虫作用及毒性	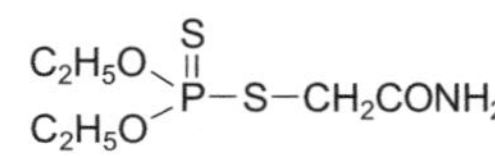	大鼠急性经口 LD_{50} 10～20mg/kg	防治棉花、果树等作物上的蚜虫和红蜘蛛
68	保米磷 bomyl 杀虫剂 1959 年由美国联合化学公司开发	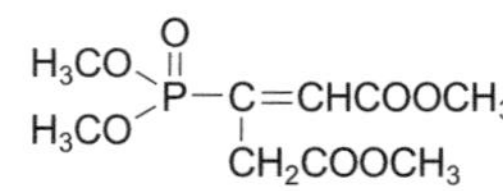	大鼠急性经口 LD_{50} 32mg/kg；兔急性经皮 LD_{50} 为 20～31mg/kg	防治蝇类、蜗牛、蚊类、蟑螂等，以及棉铃虫、棉蚜虫等
69	育畜磷 crufomate 杀虫剂 1959 年由美国道化学公司开发	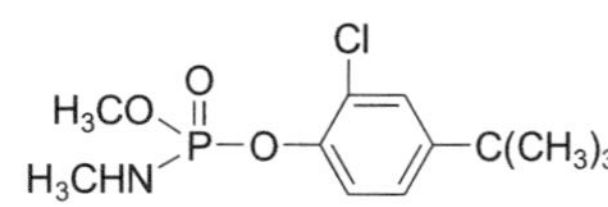	大鼠急性经口 LD_{50}：950mg/kg（雄）；770mg/kg（雌）	防治家畜肠胃寄生虫
70	锰克磷 MC 66 杀虫剂 1959 年英国墨菲公司试制品种	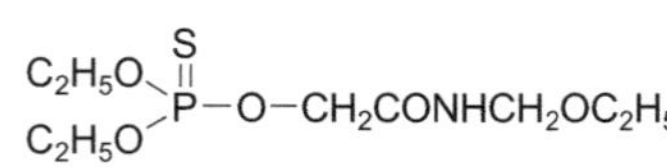	大鼠急性经口 LD_{50} 7.5mg/kg	防治棉花、甜菜等作物上的蚜虫和红蜘蛛
71	伐灭磷 famphur 杀虫剂 1959 年由美国氰胺公司出品	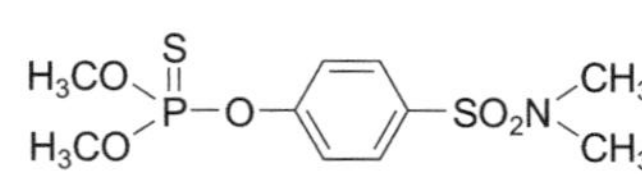	大鼠急性经口 LD_{50} 36～62mg/kg；兔急性经皮 LD_{50} 为 1460～5090mg/kg	防治牛虱、皮蝇科幼虫和一些移栖幼虫

续表

序号	通用名或商品名及类别	结构式	急性毒性	主要用途
72	杀螟硫磷 fenitrothion 杀虫剂 1959 年由日本住友化学公司开发	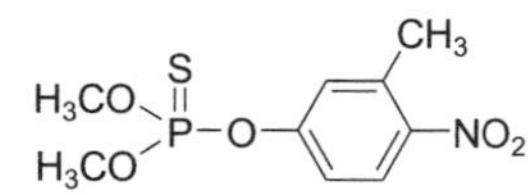	大鼠急性经口 LD_{50} 250～500mg/kg；大鼠急性经皮 LD_{50} 为 1200mg/kg	对稻螟虫有效，也防治水稻、棉花、茶、果树、蔬菜上的鳞翅目、半翅目等害虫和棉红蜘蛛
73	甲基乙酯磷 methyl acetophos 杀虫剂 1959 年由德国拜耳公司合成	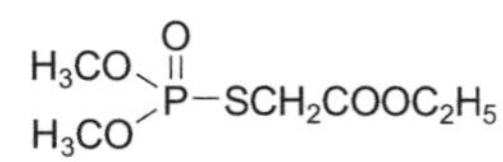	大鼠急性经口 LD_{50} 1020mg/kg	防治蚜虫、红蜘蛛、家蝇等
74	乙酯磷 acetophos 杀虫剂 1959 年由德国拜耳公司合成	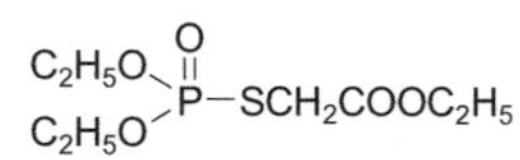	大鼠急性经口 LD_{50} 300～700mg/kg	防治谷象、蚜虫、红蜘蛛、家蝇等
75	胺吸磷 amiton 杀虫剂 1959 年由英国帝国化学公司出品	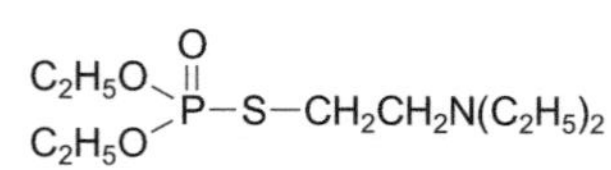	大鼠急性经口 LD_{50} 3～7mg/kg	对多种蚜虫和棉花红蜘蛛药效好
76	安果 formothion 杀虫杀螨剂 1959 年由德国山道士公司开发	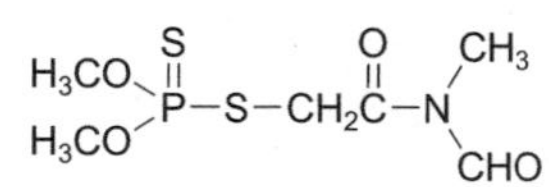	大鼠急性经口 LD_{50} 375～535mg/kg；大鼠急性经皮 LD_{50} 为 1650mg/kg	防治蚜虫、螨虫、木虱、粉蚧、蓟马、蝇类等
77	畜安磷 Dow ET-15 杀虫剂 20 世纪 50 年代末由美国道化学公司合成开发	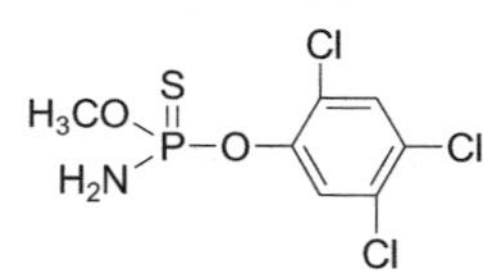	大鼠急性经口 LD_{50} 710mg/kg	防治粮食仓储害虫（如米象）、卫生害虫（如蟑螂）和牲畜害虫等

续表

序号	通用名或商品名及类别	结构式	急性毒性	主要用途
78	独效磷 K-20-35 杀虫剂 20 世纪 50 年代后期由苏联开发	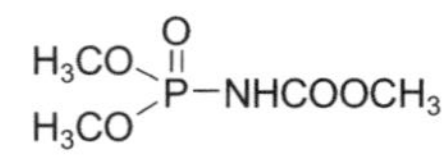	大鼠急性经口 LD_{50} 5000mg/kg	对蝇类和甜菜象虫有很高的毒力
79	三甲硫磷 Bay 37342 杀虫剂 20 世纪 60 年代初由德国拜耳公司合成	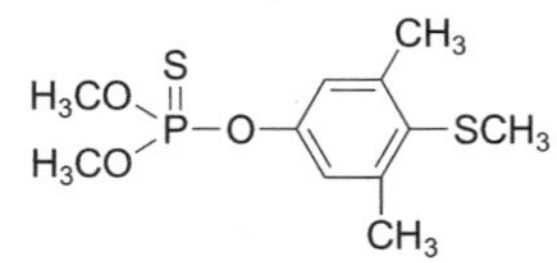	小鼠急性经口 LD_{50} 1500mg/kg	防治牲畜蝇类
80	乙基伐灭磷 famphur-ethyl 杀虫剂 20 世纪 60 年代初由美国氰胺公司合成	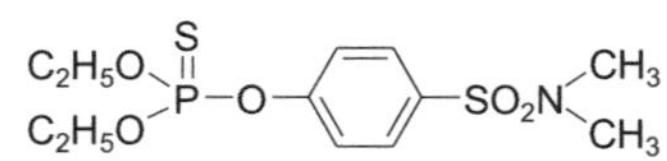	雄小鼠急性经口 LD_{50} 65.4mg/kg	防治多种线虫，对根结线虫有特效；也可防治水稻螟虫
81	氧代三硫磷 danifos 杀虫剂 20 世纪 60 年代由日本组合化学公司开发	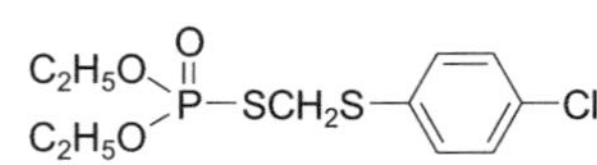	无资料	防治果树螨类、种蝇、蚜类和介壳虫，以及体外寄生的蜱、螨类，与三硫磷相同
82	甲基氯苯磷 isochlorfos 杀虫剂 20 世纪 60 年代由日本组合化学公司开发	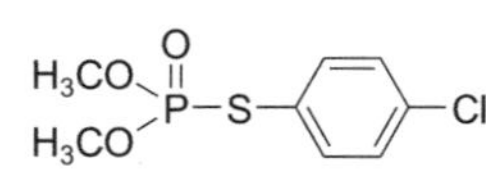	无资料	防治红蜘蛛、桃蚜、叶甲等
83	畜虫磷 coumithoate 杀虫剂 20 世纪 60 年代由意大利蒙特爱迪生公司合成开发	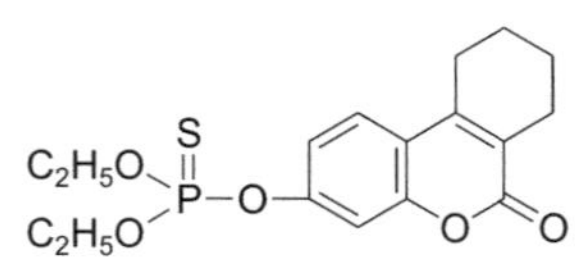	大鼠急性经口 LD_{50} 300mg/kg	专门用于驱除家畜体外寄生虫

续表

序号	通用名或商品名及类别	结构式	急性毒性	主要用途
84	果满磷 amidothionate 杀虫杀螨剂 20 世纪 60 年代由日本化药公司开发	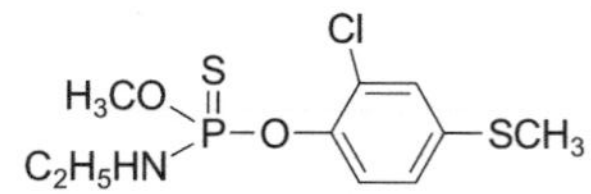	鼷鼠急性经口 LD_{50} 33mg/kg	防治果树螨类
85	敌敌磷 Shell OS 1836 杀虫剂 1960 年由壳牌化学公司开发	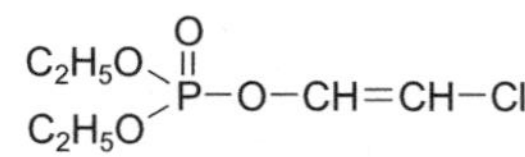	大鼠急性经口 LD_{50} 5mg/kg	对棉铃虫有特效，残效期短，未能推广
86	赛果 amidithion 杀虫剂 1960 年由瑞士汽巴嘉基公司开发	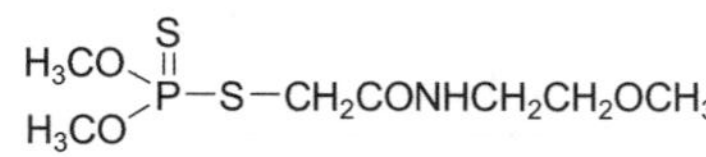	大鼠急性经口 LD_{50} 600～660mg/kg；大鼠急性经皮 LD_{50} 为 1600mg/kg	防治蚜虫、蓟马、红蜘蛛、果蝇等
87	三氨磷 triamiphos 杀虫杀螨剂 1960 年荷兰 N. V. Philips-Dupher 公司推广品种	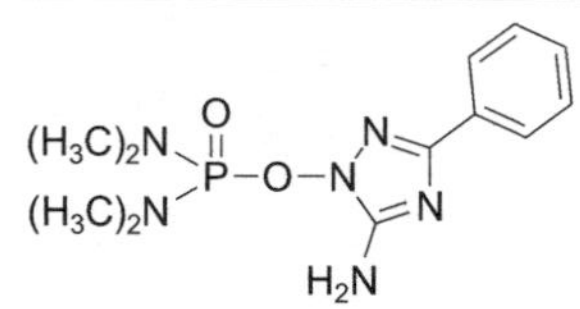	大鼠急性经口 LD_{50} 23.7～27.1mg/kg	防治白粉病，以及蚜虫和螨虫
88	乐散硫磷 杀虫剂 1960 年德国拜耳公司开发	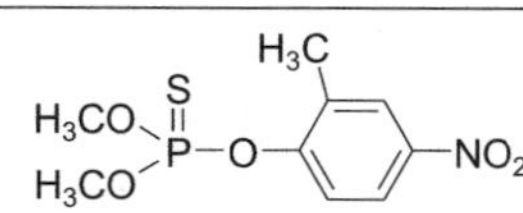	大鼠急性经口 LD_{50} 3.8～100mg/kg	防治蚜虫、红蜘蛛、稻飞虱等，未正式投产
89	杀螟腈 cyanophos 杀虫剂 1960 年由日本住友化学公司开发	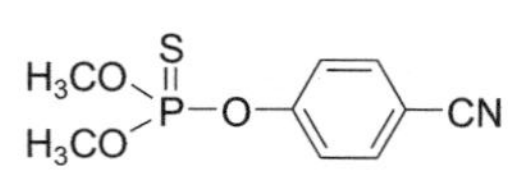	大鼠急性经口 LD_{50}：580mg/kg（雄）；610mg/kg（雌）。大鼠急性经皮 LD_{50} 800mg/kg	防治鳞翅目幼虫，如稻螟虫、蓟马、蚜虫等；也可防治蚊、蝇、蟑螂等卫生害虫

续表

序号	通用名或商品名及类别	结构式	急性毒性	主要用途
90	苯腈磷 cyanlfenphos 杀虫剂 1960 年由日本住友化学公司开发	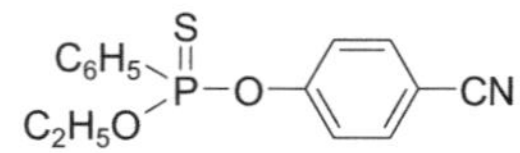	大鼠急性经口 LD_{50} 89mg/kg	防治稻螟虫、棉铃虫、叶蝉、地老虎、蓟马等害虫
91	氯甲磷 chlorphos 杀虫剂 1960 年前后由苏联合成，其后由日本富达公司合成开发	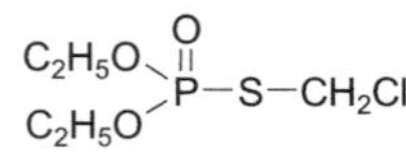	无资料	具有触杀和胃毒作用的广谱内吸性杀虫杀螨剂，能防治鳞翅目、半翅目、直翅目和鞘翅目害虫，并对螨类有效。如可防治水稻二化螟、蚕豆蚜虫、绿豆象、菜豆红蜘蛛、家蝇等
92	甲基氯甲磷 chlorphos-methyl 杀虫剂 1960 年之后，日本富达公司在开发氯甲磷的同时开发了甲基氯甲磷	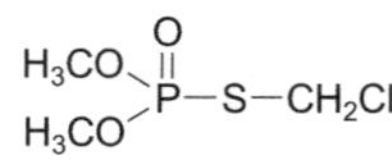	无资料	
93	毒壤膦 trichloronate 杀虫剂 1960 年由德国拜耳公司研发	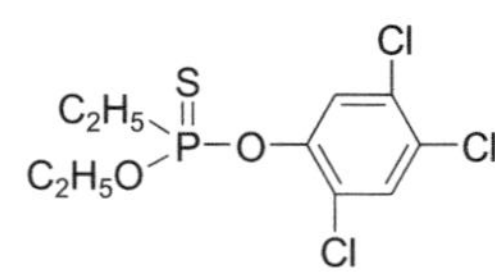	大鼠急性经口 LD_{50} 16～37.5mg/kg；雄大鼠急性经皮 LD_{50} 为 135～341mg/kg	防治土栖害虫，例如金针虫、种蝇、蚜类、叶蝉、草螟等
94	异亚砜磷 oxydeprofos 杀虫杀螨剂 1960 年由德国拜耳公司研发	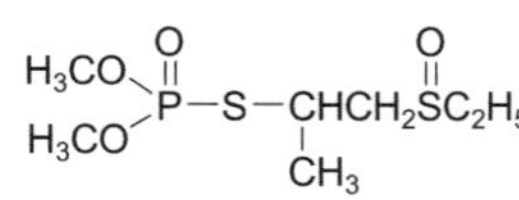	大鼠急性经口 LD_{50} 105mg/kg	防治多种刺吸式口器昆虫、锯蜂和叶螨，如棉花红蜘蛛、桃蚜等
95	扣尔磷 colep 杀虫剂 1961 年由美国孟山都公司开发	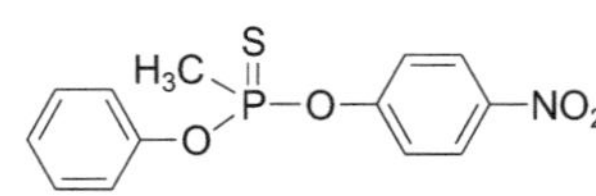	无资料	防治夜蛾科害虫和象虫

续表

序号	通用名或商品名及类别	结构式	急性毒性	主要用途
96	稻丰散 phenthoate 杀虫剂 1961 年由意大利蒙特卡蒂尼公司研发	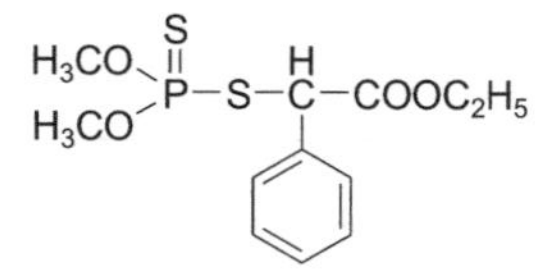	大鼠急性经口 LD_{50} 200～300mg/kg；大鼠急性经皮 LD_{50} 为 2100mg/kg	防治水稻二化螟、稻飞虱、叶蝉、棉铃虫、棉蚜、小菜蛾、菜蚜等
97	蚜灭磷 vamidothion 杀虫杀螨剂 1961 年由法国罗纳普朗克公司研发	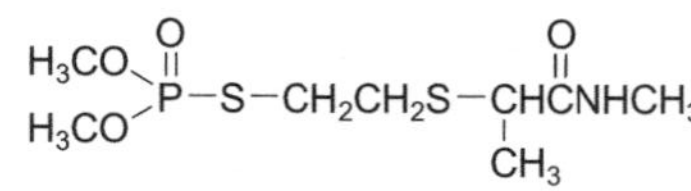	大鼠急性经口 LD_{50} 64～105mg/kg；小鼠急性经皮 LD_{50} 为 1460mg/kg	防治蚜类、蓟马、叶蝉、螨类以及其他刺吸式口器害虫
98	灭蚜松 menazon 杀虫剂 1961 年由英国帝国化学公司开发	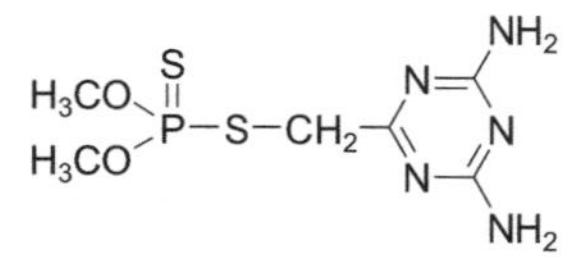	雄大鼠急性经口 LD_{50} 1950mg/kg	防治蚜虫，用来处理块茎和种子来保护幼苗
99	威尔磷 veldrin 杀虫剂 1961 年由美国维西克尔化学公司开发	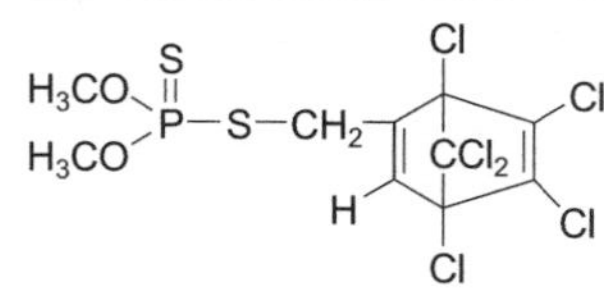	大鼠急性经口 LD_{50} 30～100mg/kg	防治棉蚜和棉花红蜘蛛等
100	氨线磷 diamidafos 杀虫剂 1962 年由美国道化学公司研发	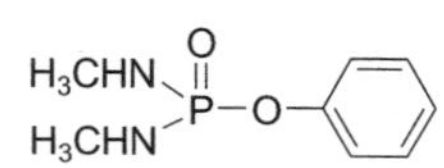	大鼠急性经口 LD_{50} 为 140mg/kg；兔子急性经口 LD_{50} 为 63mg/kg，兔急性经皮 LD_{50} 为 100～200mg/kg	处理土壤防治线虫。如防治观赏植物上的根结线虫幼虫和棉花的根瘤线虫幼虫
101	地安磷 mephosfolan 杀虫杀螨剂 1962 年由美国氰胺公司开发	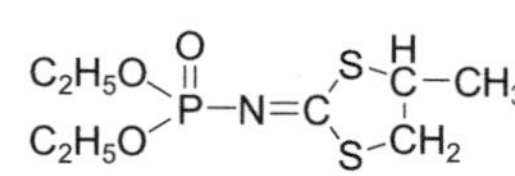	雄大鼠急性经口 LD_{50} 8.9mg/kg	防治棉叶夜蛾、跳甲、棉铃虫、螨类、蚜虫、叶蝉等

续表

序号	通用名或商品名及类别	结构式	急性毒性	主要用途
102	硫环磷 phosfolan 杀虫剂 1962 年由美国氰胺公司开发	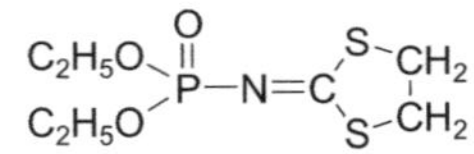	大鼠急性经口 LD_{50} 8.9mg/kg；兔急性经皮 LD_{50} 为 23mg/kg	防治蚜螨类、鳞翅目幼虫、夜蛾科害虫、粉虱科害虫等
103	农安磷 phosphamidon 杀虫剂 1962 年由美国氰胺化学公司开发	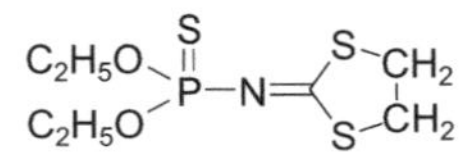	雄大鼠急性经口 LD_{50} 29mg/kg；雄兔急性经皮 LD_{50} 为 20mg/kg	对鳞翅目幼虫、鞘翅目、双翅目和蚧科害虫有效，如棉铃象、棉蚜等
104	敌害磷 defol 杀虫剂 1962 年由苏联合成	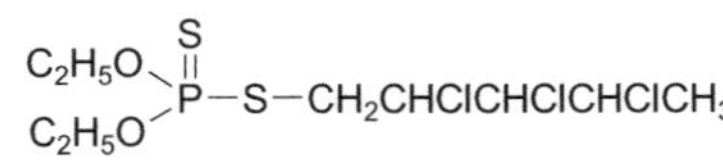	无资料	防治麦扁盾蝽和蝗虫
105	甲硫磷 GC-6506 杀虫杀螨剂 1963 年由 Allied Chem. 公司开发	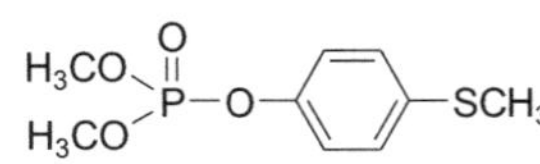	雄大鼠急性经口 LD_{50}（7±0.5）mg/kg；兔急性经皮 LD_{50} 为（48±2）mg/kg	防治多种蚜虫、螨、鳞翅目幼虫
106	百治磷 dicrotophos 杀虫杀螨剂 1963 年由汽巴嘉基公司，1965 年由壳牌公司先后开发	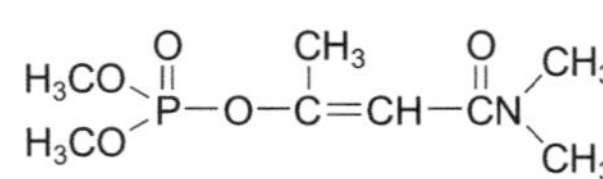	大鼠急性经口 LD_{50} 17mg/kg；兔急性经皮 LD_{50} 为 224mg/kg	主要用于棉花杀虫和杀螨，也可防治天牛
107	巴毒磷 crotoxyphos 杀虫杀螨剂 1963 年由壳牌公司开发	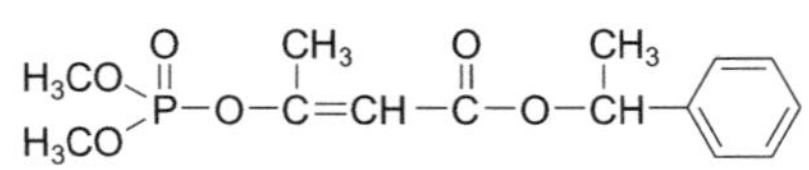	大鼠急性经口 LD_{50} 52.3mg/kg；兔急性经皮 LD_{50} 为 385mg/kg	防治为害牛、羊、猪等牲畜的体外寄生虫，如蝇类、蜱螨和虱子

续表

序号	通用名或商品名及类别	结构式	急性毒性	主要用途
108	杀螟威 chlorfenvinphos 杀虫剂 1963 年由壳牌公司和汽巴嘉基公司开发	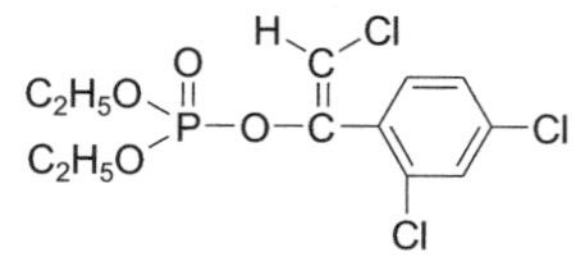	大鼠急性经口 LD_{50} 10～39mg/kg；大鼠急性经皮 LD_{50} 为 31～108mg/kg	用于土壤处理，防治根蝇、根蛆和地老虎，也可用于叶部防治马铃薯叶甲、水稻叶蝉等
109	敌螟强 杀虫杀螨剂 1963 年由日本住友化学公司开发	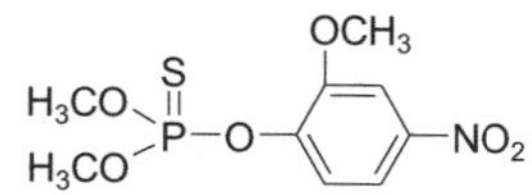	鼷鼠急性经口 LD_{50} 800mg/kg	对鳞翅目、半翅目、鞘翅目、直翅目等昆虫和螨类有效，对水稻二化螟有强力杀虫作用
110	治线磷 thionazin 杀虫剂 1963 年由美国氰胺公司开发	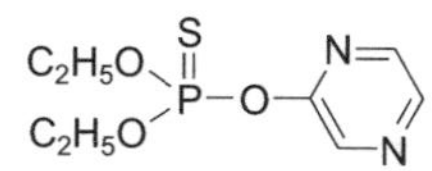	大鼠急性经口 LD_{50} 12mg/kg；大鼠急性经皮 LD_{50} 为 11mg/kg	防治线虫和某些食叶昆虫、种蝇等，如叩头虫、金龟子、蓟马、蚜虫等
111	除害磷 lythidathion 杀虫剂 1963 年由瑞士汽巴嘉基公司开发	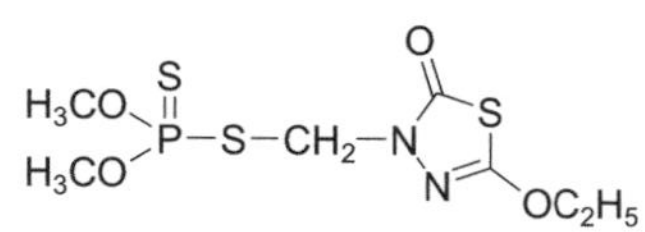	大鼠急性经口 LD_{50} 268～443mg/kg	防治五带库蚊、环喙库蚊、淡色按蚊等幼虫
112	丰丙磷 IPSP 杀虫剂 1963 年由日本北兴化学公司开发	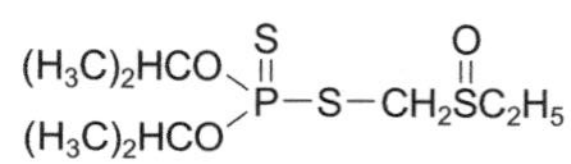	小鼠急性经口 LD_{50} 84.5mg/kg	防治马铃薯和蔬菜上的蚜虫
113	益果 ethoate-methyl 杀虫剂 1963 年由意大利 Bombrini parodi-Delfino 公司开发	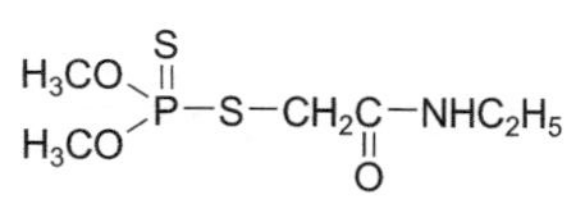	雄大鼠急性经口 LD_{50} 340mg/kg；大鼠急性经皮 LD_{50} 为 1000mg/kg	防治家蝇、橄榄实蝇、蚜虫、红蜘蛛等

续表

序号	通用名或商品名及类别	结构式	急性毒性	主要用途
114	伏杀硫磷 phosalone 杀虫剂 1963 年由法国罗纳普朗克公司研究开发	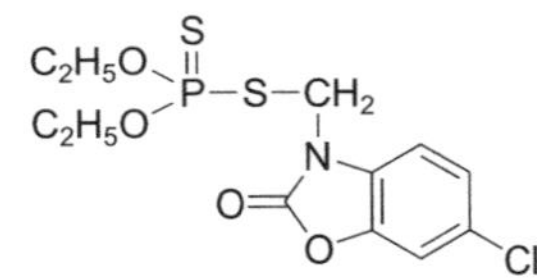	大鼠急性经口 LD_{50} 82～205mg/kg（雄），90～170mg/kg(雌)；大鼠急性经皮 LD_{50} 为 1500mg/kg	防治棉蚜、棉铃虫、棉红蜘蛛、黏虫、小菜蛾、尺蠖等
115	灭克磷 ethoprophos 杀虫剂 1963 年由法国罗纳普朗克公司研究开发	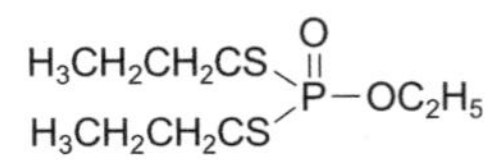	大鼠急性经口 LD_{50} 61mg/kg；兔急性经皮 LD_{50} 为 26mg/kg	防治叩头虫、草螟、日本金龟子、美洲谷长蝽、线虫等
116	果虫磷 cyanthoate 杀虫剂 1963 年由意大利蒙特卡蒂尼公司研发	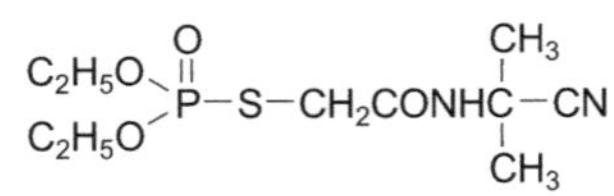	大鼠急性经口 LD_{50} 3.2mg/kg；大鼠急性经皮 LD_{50} 为 105mg/kg	适用于果树上防治红蜘蛛、蚜虫、木虱、小卷蛾等
117	硫环磷 phosfolan 杀虫剂 1963 年由美国氰胺公司开发	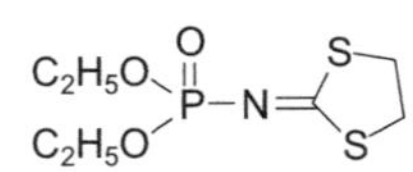	工业品大鼠急性经口 LD_{50} 8.9mg/kg(雄)。急性经皮 LD_{50}：兔 23mg/kg，豚鼠 54mg/kg	防治刺吸式口器害虫，螨和鳞翅目幼虫，棉花上食叶害虫的幼虫，地下害虫等
118	碘苯膦 C-18244 杀虫剂 1964 年由瑞士汽巴公司合成开发	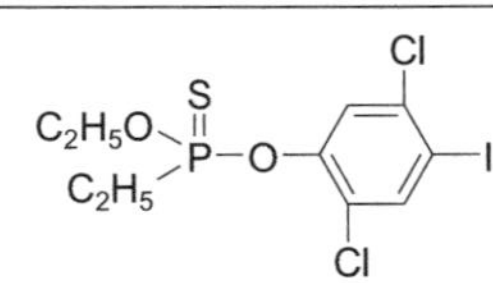	无资料	防治西方五月鳃角金龟幼虫、冬小麦麦瘦种蝇等
119	甲氮磷 mazidox 杀虫剂 1964 年由联邦德国赫斯特公司开发	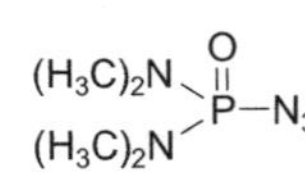	无资料	防治刺吸式口器害虫，主要防治蚜虫

续表

序号	通用名或商品名及类别	结构式	急性毒性	主要用途
120	硫虫磷 akton 杀虫剂 1964 年由美国壳牌公司开发	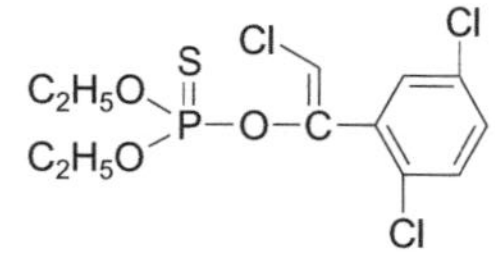	大鼠急性经口 LD_{50} 146mg/kg	防治草坪长蝽和草皮的草螟亚科害虫
121	溴硫磷 bromophos 杀虫剂 1964 年由联邦德国默克尔公司开发	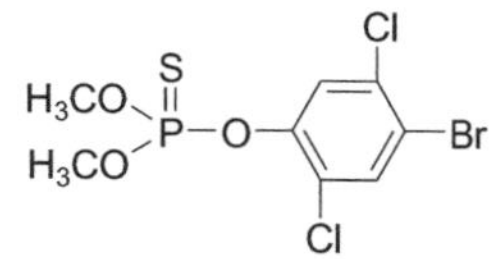	大鼠急性经口 LD_{50} 3750～7700mg/kg；兔急性经皮 LD_{50} 为 2181mg/kg	防治蚜类、蓟马、螨类、果蝇、夜蛾类等，也可防治蚊、蝇、蟑螂等
122	乙基溴硫磷 bromophos-ethyl 杀虫杀螨剂 1964 年由联邦德国拉默克尔公司开发	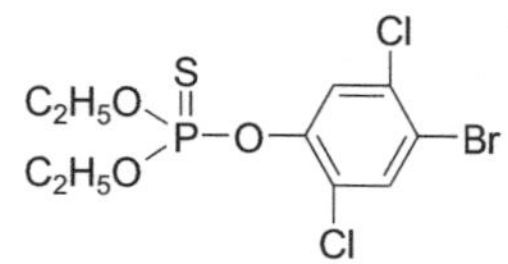	大鼠急性经口 LD_{50} 72～127mg/kg；兔急性经皮 LD_{50} 为 1366mg/kg	杀虫杀螨，防治螨类、家畜体外寄生蜱类，也可防治蚊、蝇等
123	甲乙基硫吸磷 terathion 杀虫剂 1964 年由捷克斯洛伐克合成开发	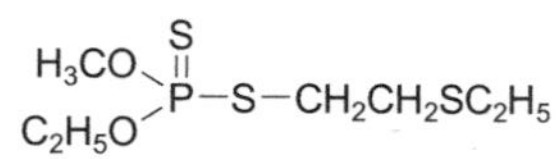	大鼠急性经口 LD_{50} 1.2～22.3mg/kg	防治啤酒花蚜虫
124	保棉丰 oxyphorate 杀虫剂 1964 年由中国农科院植保所合成，1965 年和我国天津农药厂联合试制成功	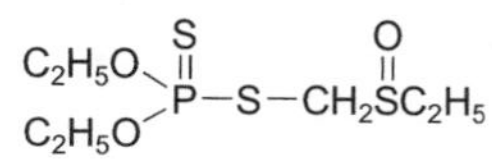	雄小鼠急性经口 LD_{50} 6.7mg/kg；大鼠急性经皮 LD_{50} 为 7.9mg/kg	防治棉蚜、棉花红蜘蛛、棉蓟马等
125	甲胺磷 methamidophos 杀虫杀螨剂 1964 年首先由德国拜耳公司合成，1969 年由美国奇弗龙化学公司开发	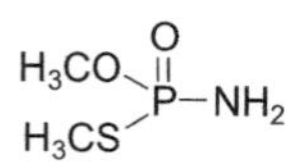	大鼠急性经口 LD_{50} 20～30mg/kg；雄大鼠急性经皮 LD_{50} 50～110mg/kg	对刺吸式口器害虫和螨类有效，防治水稻螟虫、飞虱、蓟马、金色甲、地老虎、蚜虫等

续表

序号	通用名或商品名及类别	结构式	急性毒性	主要用途
126	浸移磷 DAEP 杀虫杀螨剂 1965 年由日本曹达公司开发	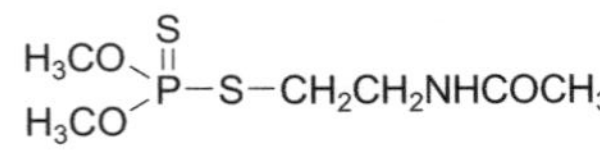	大鼠急性经口 LD_{50} 475mg/kg；大鼠急性经皮 LD_{50} 为 472mg/kg	防治蚧类、蚜虫和螨类，例如柑橘红蜘蛛、柑橘粉虱等
127	甲基毒死蜱 chlorpyrifos-methyl 杀虫剂 1965 年由美国道化学公司开发	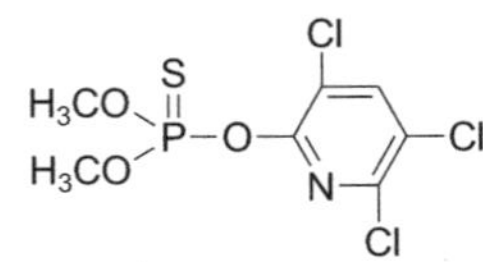	大鼠急性经口 LD_{50}：2860mg/kg(雄)；3069mg/kg（雌）。大鼠急性经皮 LD_{50} ＞ 2000mg/kg	防治贮粮害虫、卫生害虫和稻田螟虫等
128	久效磷 monocrotophos 杀虫剂 1965 年分别由汽巴公司和壳牌公司开发生产	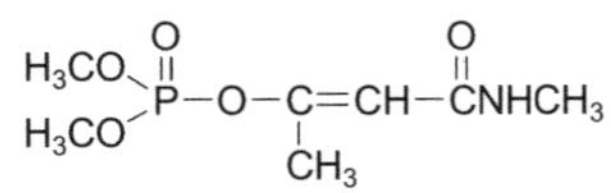	大鼠急性经口 LD_{50}：17mg/kg（雄）；20mg/kg（雌）。大鼠急性经皮 LD_{50}：126mg/kg（雄）；112mg/kg（雌）	防治棉花、水稻、大豆等作物上的害虫，如棉铃虫、红蜘蛛、棉蚜、二化螟、蓟马
129	畜蜱磷 cythioate 杀虫剂 1965 年由美国氰胺公司开发	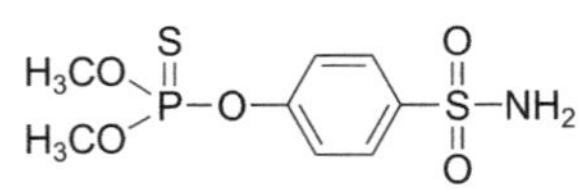	大鼠急性经口 LD_{50} 160mg/kg；兔急性经皮 LD_{50} ＞ 2500mg/kg	防治家畜体外寄生虫
130	砜吸磷 demeton-*S*-methyl sulphone 杀虫杀螨剂 1965 年由德国拜耳公司开发	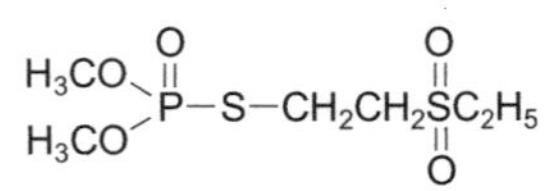	大鼠急性经口 LD_{50} 37.5mg/kg；大鼠急性经皮 LD_{50} 约 500mg/kg	防治蚜虫、红蜘蛛、锯蜂、木虱、棉蚜和叶甲等，与亚砜吸磷和异吸磷相同
131	氧乐果 omethoate 杀虫杀螨剂 1965 年由德国拜耳公司开发	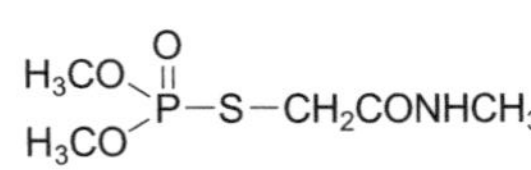	大鼠急性经口 LD_{50} 50mg/kg；大鼠急性经皮 LD_{50} 为 700mg/kg	防治蚜虫、螨类、介壳虫、蓟马、飞虱等

续表

序号	通用名或商品名及类别	结构式	急性毒性	主要用途
132	砜拌磷 oxydisufoton 杀虫剂 1965 年由德国拜耳公司开发	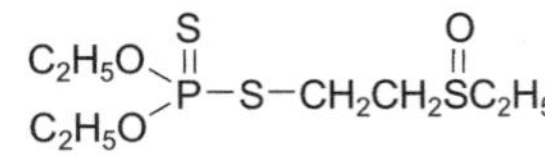	大鼠急性经口 LD_{50} 3.5mg/kg；大鼠急性经皮 LD_{50} 为 92～235mg/kg	处理种子以防苗期害虫和蚜虫传播的病毒病
133	双硫磷 temephos 杀虫剂 1965 年由美国氰胺公司开发	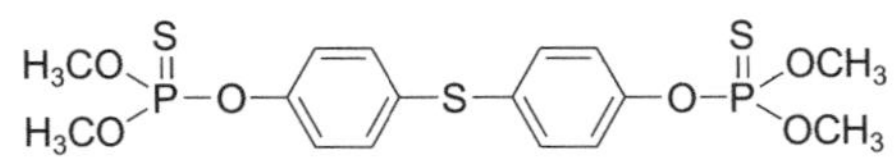	大鼠急性经口 LD_{50} 2030～2300mg/kg；兔急性经皮 LD_{50} 为 970～1930mg/kg	防治蚊虫、黑蚋、库蠓、摇蚊等的幼虫和成虫
134	氯乙亚胺磷 dialifos 杀虫剂 1965 年由美国赫格里斯公司开发	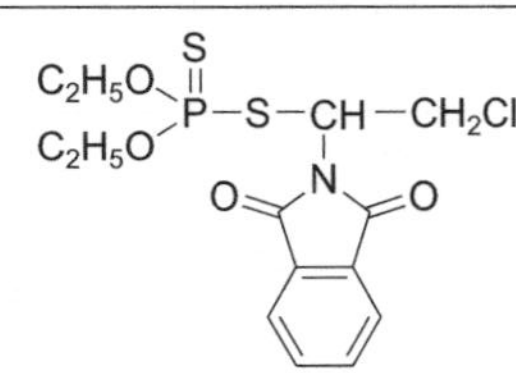	大鼠急性经口 LD_{50} 43～71mg/kg；兔急性经皮 LD_{50} 为 145mg/kg	防治苹果、梨、柑橘、葡萄和蔬菜等作物上的害虫和害螨
135	杀虫畏 tetrachlorvinphos 杀虫剂 1966 年由壳牌公司开发	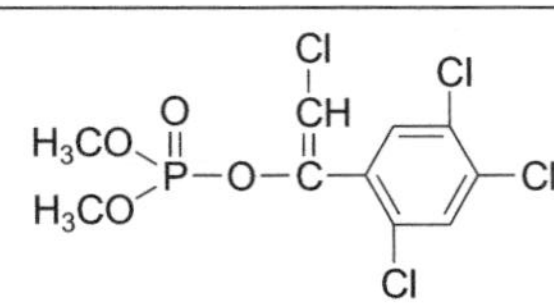	大鼠急性经口 LD_{50} 4000～5000mg/kg；兔急性经皮 LD_{50} > 2500mg/kg	防治果树、棉花、水稻等上的鳞翅目、双翅目、鞘翅目害虫
136	碘硫磷 iodofenphos 杀虫剂 1966 年由瑞士汽巴嘉基公司开发	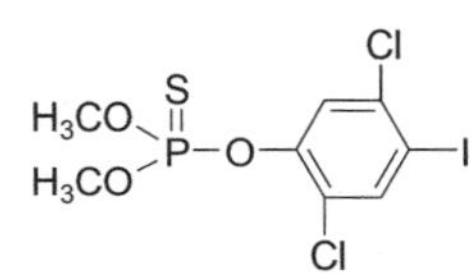	大鼠急性经口 LD_{50} 2100mg/kg；大鼠急性经皮 LD_{50} 为 3000mg/kg	防治仓库害虫、卫生害虫等，也防治农作物上的鳞翅目、鞘翅目、双翅目昆虫等
137	毒死蜱 chlorpyrifos 杀虫剂 1966 年由美国道化学公司开发	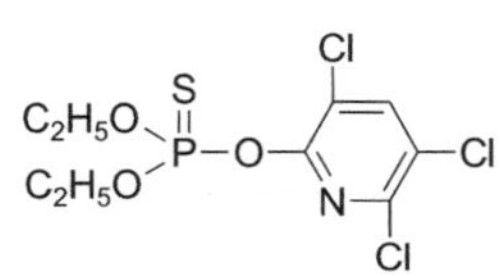	大鼠急性经口 LD_{50} 135～163mg/kg；兔急性经皮 LD_{50} 约 2000mg/kg	防治叶部害虫、土壤害虫、卫生害虫和牲畜体外寄生虫，对多种咀嚼式和刺吸式口器害虫防效好

续表

序号	通用名或商品名及类别	结构式	急性毒性	主要用途
138	异丙磷 PSP 杀虫剂 20世纪50年代初由美国氰胺公司开展研发，1954年由德国拜耳公司合成；我国于1966年由沈阳化工研究院合成，并于1974～1976年在我国进行工业化生产	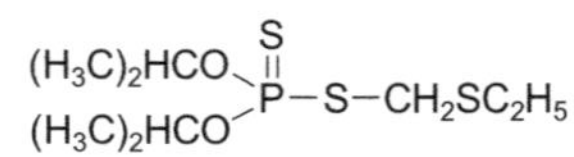	小鼠急性经口 LD_{50} 35～100mg/kg	防治高粱蚜、大豆蚜、棉蚜等
139	杀扑磷 methidathion 杀虫剂 1966年由瑞士汽巴嘉基公司开发	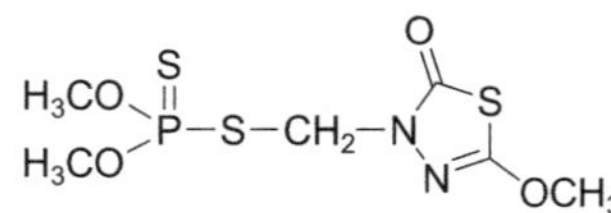	大鼠急性经口 LD_{50} 25～54mg/kg；大鼠急性经皮 LD_{50} 为1546mg/kg	防治刺吸式口器害虫，例如粉蚧、棉蚜、棉叶蝉、棉铃虫
140	亚胺硫磷 phosmet 杀虫剂 1966年由美国斯托弗化学公司开发	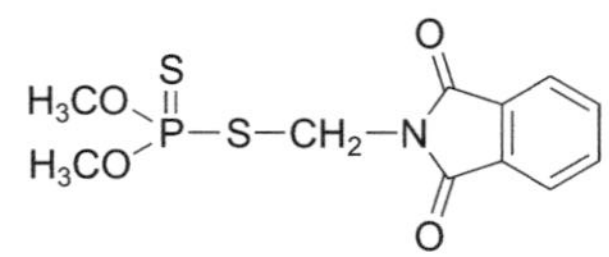	大鼠急性经口 LD_{50} 147mg/kg；小鼠急性经皮 LD_{50} > 1000mg/kg	防治棉蚜、棉红蜘蛛、稻飞虱、稻蓟马、菜蚜、卷叶螟等
141	伊比磷 EPBP 杀虫剂 1957年由德国拜耳公司合成，1967年由日本日产化学工业公司制造，1984年停产	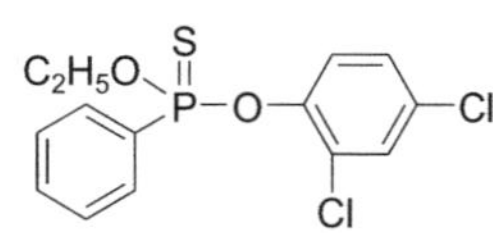	小鼠急性经口 LD_{50} 274.5mg/kg；小鼠急性皮下注射 LD_{50} 为783.8mg/kg	防治土栖昆虫，如种蝇等；也可防治线虫等
142	水胺硫磷 isocarbophos 杀虫杀螨剂 1967年由联邦德国拜耳公司合成；我国由华中师范大学于1975年开始研制，与仙隆化工公司联合开发，1980年投入工业化生产，并开始在国内应用	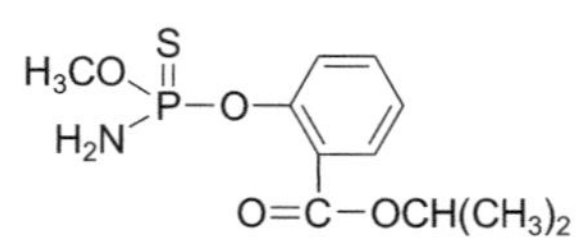	雄大鼠急性经口 LD_{50} 28.5mg/kg；大鼠急性经皮 LD_{50} 为447.1mg/kg	防治小麦、棉花、果树上的多种害虫和螨类，如二化螟、蓟马、棉红蜘蛛等

续表

序号	通用名或商品名及类别	结构式	急性毒性	主要用途
143	乙基稻丰散 phenthoate-ethyl 杀虫剂 1967 年由湖南省化工研究所合成开发	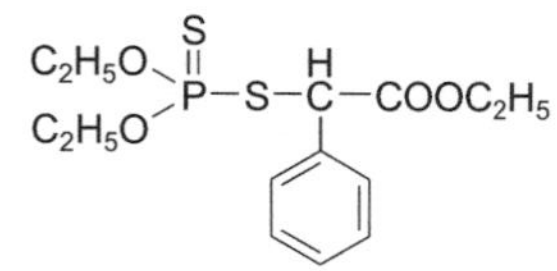	小鼠急性经口 LD_{50} 100～160mg/kg；小鼠急性经皮 LD_{50} 为 1147mg/kg	防治稻叶蝉、稻飞虱、棉蚜、菜麦虫等
144	地虫硫磷 fonofos 杀虫剂 1967 年由美国斯托弗公司开发	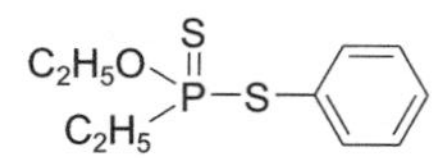	大鼠急性经口 LD_{50} 7.94mg/kg；兔急性经皮 LD_{50} 为 150mg/kg	防治地下害虫，例如金针虫、暗黑金龟子、蛴螬
145	虫螨磷 chlorthiophos 杀虫杀螨剂 1968 年由联邦德国策拉默克尔公司开发	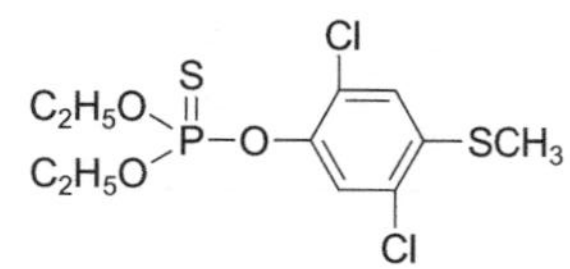	大鼠急性经口 LD_{50} 7mg/kg；大鼠急性经皮 LD_{50} 为 121～153mg/kg	防治咀嚼式口器和刺吸式口器昆虫，如蚜虫、毛虫、果蝇、螨类等
146	异田乐磷 demephion-S 杀虫剂 1968 年由民主德国 Wolfen 公司合成开发	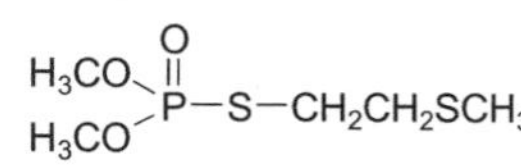	小鼠急性经口 LD_{50} 133mg/kg	防治桃蚜、马铃薯蚜虫、甜菜蚜、葡萄锈螨等
147	四甲磷 mecarphon 杀虫剂 1968 年由英国墨菲化学公司开发	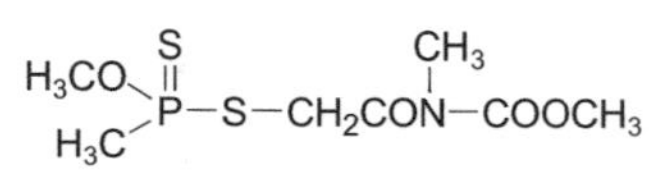	大鼠急性经口 LD_{50} 57mg/kg；大鼠急性经皮 LD_{50} 为 720mg/kg	防治梨树、柑橘和油橄榄树上的蚧类、果蝇、粉虱等
148	氯甲硫磷 chlormephos 杀虫剂 1968 年由英国墨菲化学公司开发	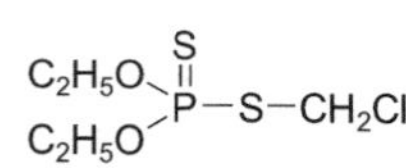	大鼠急性经口 LD_{50} 7mg/kg；大鼠急性经皮 LD_{50} 为 27mg/kg	防治蛴螬、叩头虫、叶甲、金针虫、种蝇等

续表

序号	通用名或商品名及类别	结构式	急性毒性	主要用途
149	蔬果磷 dioxabenzofos 杀虫剂 1968 年由日本住友公司商品化	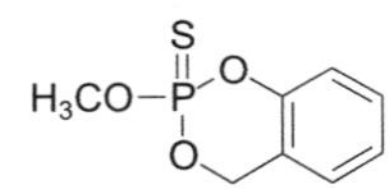	大鼠急性经口 LD_{50} 180mg/kg；大鼠急性经皮 LD_{50} 为 490mg/kg	防治稻螟虫、飞虱、叶蝉、地老虎、卷叶蛾等害虫
150	苯胺磷 fenamiphos 杀虫杀螨剂 1969 年由德国拜耳公司开发	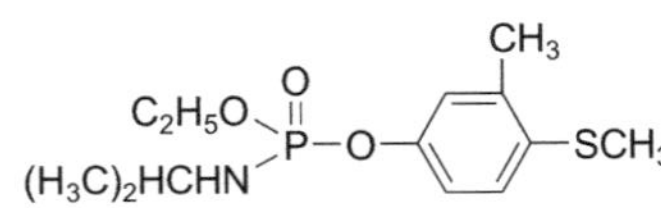	大鼠急性经口 LD_{50} 6mg/kg；大鼠急性经皮 LD_{50} 80mg/kg	防治线虫、蚜虫、螨类、蚧类、蓟马、叶蝉等
151	敌敌钙 calvinphos 杀虫剂 1969 年由日本吴羽化学工业公司开发	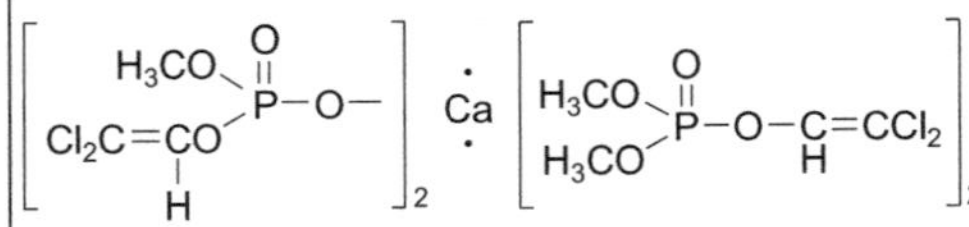	小鼠急性经口 LD_{50} 330mg/kg；小鼠急性经皮 LD_{50} 为 3400mg/kg	对农业害虫例如桑树的桑螟、菱纹叶蝉，苹果树的金纹细蛾等均有防效
152	溴苯膦 leptophos 杀虫剂 1969 年由美国维西克尔公司开发	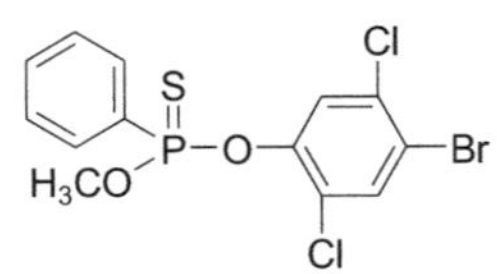	雄大鼠急性经口 LD_{50} 52.8mg/kg；雄大鼠急性经皮 LD_{50} > 10000mg/kg	防治棉花上的棉铃虫、玉米作物上的欧洲玉米螟和一些鳞翅目幼虫等
153	甲基辛硫磷 phoxim-methyl 杀虫剂 1969 年由德国拜耳公司开发	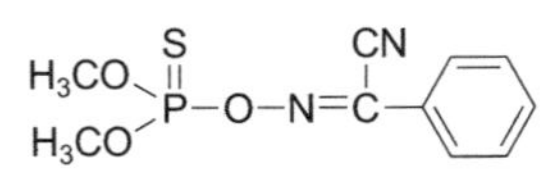	无资料	防治贮藏害虫，例如赤拟谷盗和杂拟谷盗幼虫
154	辛硫磷 phoxim 杀虫剂 1969 年由德国拜耳公司开发	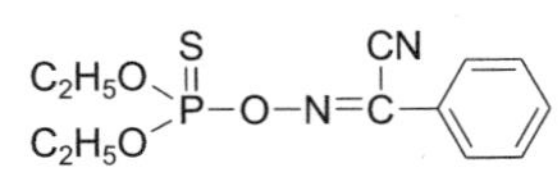	大鼠急性经口 LD_{50} 1680mg/kg；大鼠急性经皮 LD_{50} > 1120mg/kg	对鳞翅目、鞘翅目害虫很有效，也可用于防治地下害虫、仓库害虫和卫生害虫

续表

序号	通用名或商品名及类别	结构式	急性毒性	主要用途
155	胺丙畏 propetamphos 杀虫剂 1969 年由瑞士山道士公司合成开发	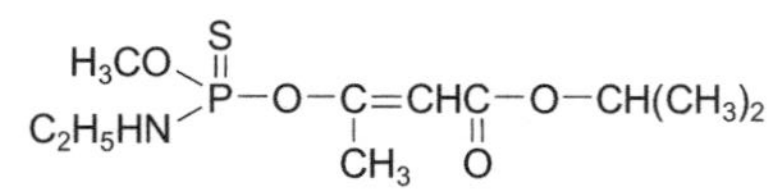	雄大鼠急性经口 LD_{50} 82mg/kg；大鼠急性经皮 LD_{50} 为 2300mg/kg	防治蟑螂、蚊蝇、虱子、衣蛾等室内害虫，也防治家畜体外寄生螨
156	喹硫磷 quinalphos 杀虫剂 1969 年由德国拜耳公司和瑞士山道士公司开发	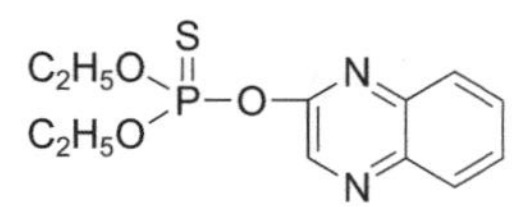	大鼠急性经口 LD_{50} 71mg/kg；大鼠急性经皮 LD_{50} 为 1750mg/kg	对鳞翅目、鞘翅目、双翅目、同翅目昆虫等均有效，如蚜虫、蓟马、螟虫、飞虱等
157	乙酰甲胺磷 acephate 杀虫杀螨剂 1969 年由美国奇弗龙化学公司开发	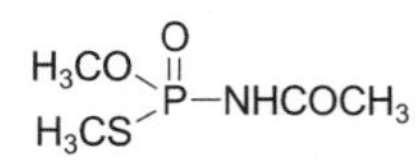	大鼠急性经口 LD_{50} 605～1100mg/kg；大鼠急性经皮 LD_{50} 为 4640mg/kg	防治小菜蛾、菜蚜、稻飞虱、黏虫、棉蚜、棉铃虫等
158	丙硫磷 prothiofos 杀虫剂 1969 年日本特殊农药公司合成，其后和德国拜耳公司共同开发	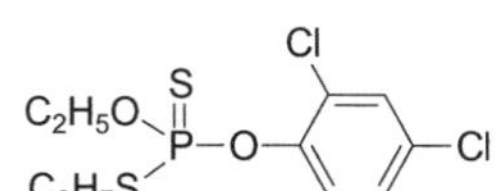	雄大鼠急性经口 LD_{50} 925～966mg/kg；雄大鼠急性经皮 LD_{50} 为 1300mg/kg	防治玉米螟、马铃薯块茎蛾、甘薯小象甲、甘蔗金针虫等
159	庚烯磷 heptenophos 杀虫剂 1970 年由联邦德国赫斯特公司开发	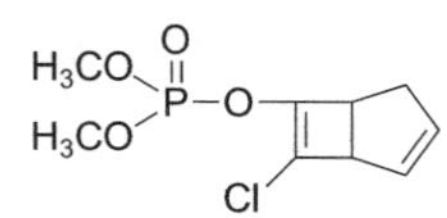	大鼠急性经口 LD_{50} 96～121mg/kg；大鼠急性经皮 LD_{50} 为 2236mg/kg	防治刺吸式口器害虫，如蚜虫、木虱、蚧类、蓟马等
160	丙虫磷 propaphos 杀虫剂 1970 年由日本化药公司开发	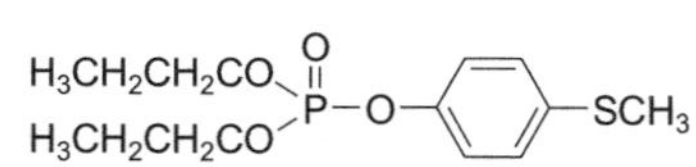	大鼠急性经口 LD_{50} 70mg/kg；小鼠急性经皮 LD_{50} 为 156mg/kg	对多数水稻害虫有效，如黑尾叶蝉、稻灰飞虱、二化螟等

续表

序号	通用名或商品名及类别	结构式	急性毒性	主要用途
161	吡嗪磷 EI 72016 杀虫剂 1970 年由美国氰胺公司合成	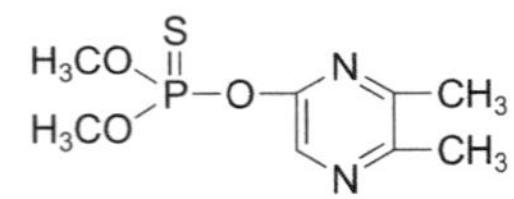	无资料	防治棉花和苜蓿上的红蜘蛛及其他有关害虫，对蚊虫、虱子也有效
162	甲基嘧啶磷 pirimiphos-methyl 杀虫杀螨剂 1970 年由英国帝国化学工业公司开发	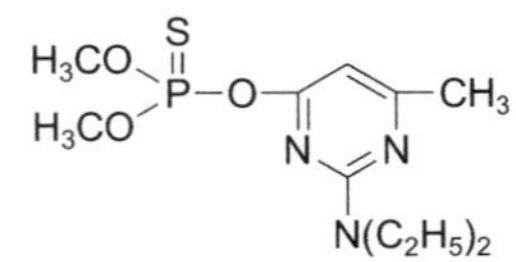	大鼠急性经口 LD_{50} 2204mg/kg；急性经皮 LD_{50} 3264mg/kg	防治作物、仓储、家庭和卫生害虫，如象鼻虫、蛾类和螨类
163	甲基噁唑磷 methyl isoxathion 杀虫剂 1970 年前后由日本三共公司开发	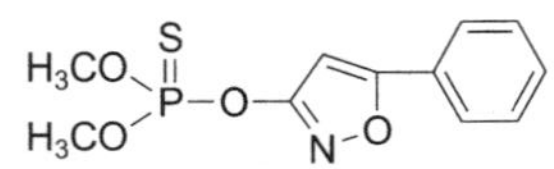	雄大鼠急性经口 LD_{50} 1514mg/kg；大鼠急性经皮 LD_{50} 为 7000mg/kg	与噁唑磷类似，用于水稻防治水稻二化螟
164	对磺胺硫磷 S-4115 杀虫剂 1970 年前后由日本住友化学公司研制	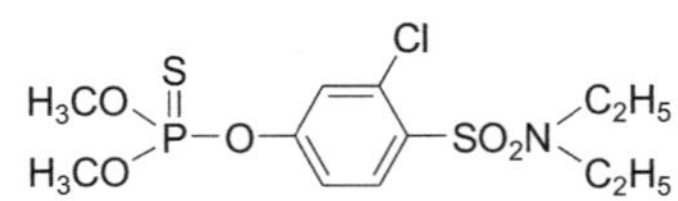	大鼠急性经口 LD_{50} 510mg/kg	防治水稻二化螟、黑尾叶蝉和蔬菜上的多种害虫，也可防治牲畜体外寄生虫
165	杀螟畏 GC-3583 杀虫剂 1971 年我国江苏省农药研究所试制成功，1972 年在我国江苏武进农药厂进行工业化生产	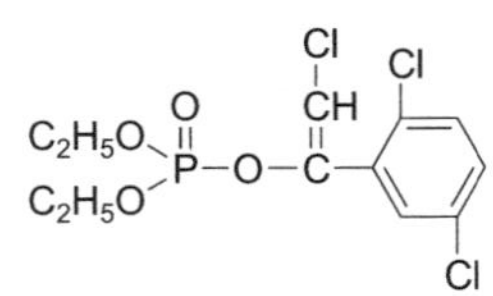	雄小鼠急性经口 LD_{50} 56mg/kg	防治水稻害虫，尤其是水稻螟虫，兼治稻飞虱、蓟马等，对蚜虫等其他害虫也有效果
166	哒嗪硫磷 pyridaphenthion 杀虫剂 1971 年由日本三井东压化学公司开发	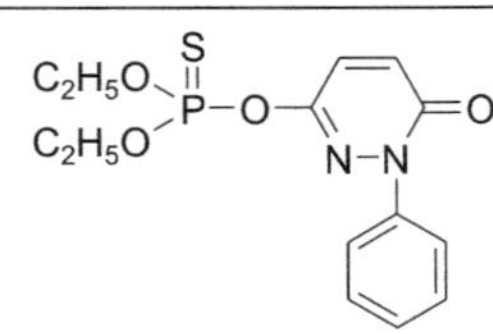	大鼠急性经口 LD_{50}：769.4mg/kg（雄）；850mg/kg（雌）。大鼠急性经皮 LD_{50} 为 2000mg/kg	防治咀嚼式口器和刺吸式口器害虫，如二化螟、稻飞虱、蓟马、棉红蜘蛛等

续表

序号	通用名或商品名及类别	结构式	急性毒性	主要用途
167	三唑磷 triazophos 杀虫剂 1971 年由联邦德国赫斯特公司开发	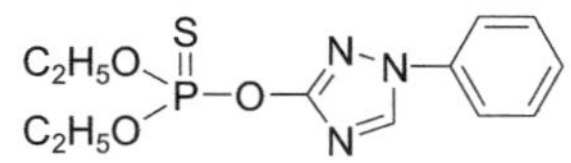	大鼠急性经口 LD_{50} 82～83mg/kg；大鼠急性经皮 LD_{50} 为 1100mg/kg	防治咀嚼式口器和刺吸式口器害虫，如螟虫、黏虫、蓟马等；也能防治红蜘蛛和线虫
168	嘧啶磷 pirimiphos-ethyl 杀虫剂 1971 年由英国帝国化学工业公司开发	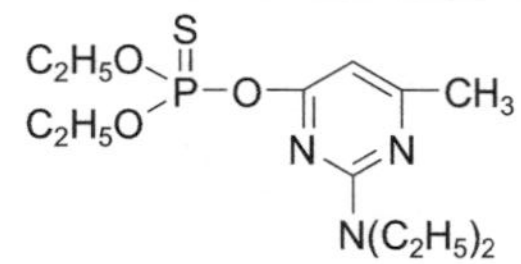	大鼠急性经口 LD_{50} 140～200mg/kg；大鼠急性经皮 LD_{50} 为 1000～2000mg/kg	防治香蕉长颈虫、玉米根草螟、叩头虫、葱地种蝇等
169	乙氧基嘧啶磷 etrimfos 杀虫剂 1971 年由瑞士山道士公司开发	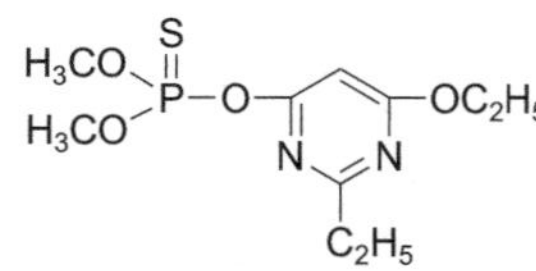	大鼠急性经口 LD_{50} 1600～1800mg/kg；大鼠急性经皮 LD_{50} > 2000mg/kg	防治果树、蔬菜、玉米、马铃薯、烟草、苜蓿等作物上的菜蛾、稻螟、欧洲玉米螟、蚜虫等
170	丁硫环磷 fosthietan 杀虫剂 1972 年由美国氰胺公司开发	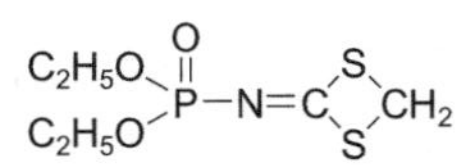	大鼠急性经口 LD_{50} 5.7mg/kg；兔急性经皮 LD_{50} 为 54mg/kg	防治玉米、花生、大豆、甜菜、马铃薯、浆果类作物的线虫和土壤害虫
171	异拌磷 isothioate 杀虫剂 1972 年由日本农药公司开发	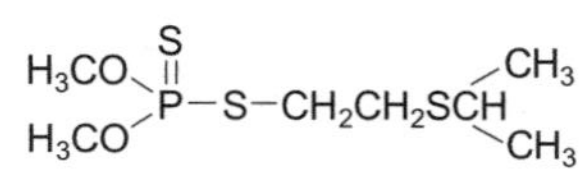	雄小鼠急性经口 LD_{50} 60mg/kg；雄大鼠急性经皮 LD_{50} 为 310mg/kg	防治蚜虫
172	噁唑磷 isoxathion 杀虫杀螨剂 1972 年由日本三共公司开发	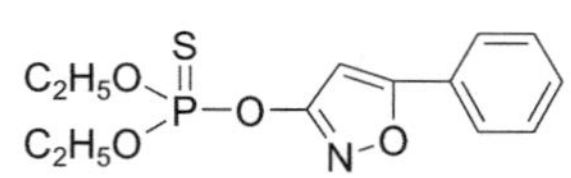	大鼠急性经口 LD_{50} 112mg/kg；大鼠急性经皮 LD_{50} > 450mg/kg	对鳞翅目害虫幼虫有特效，并能作为土壤杀虫剂使用，防治蚜虫、蚧类、螨类等

续表

序号	通用名或商品名及类别	结构式	急性毒性	主要用途
173	甲乙基杀螟威 temivinphos 杀虫剂 壳牌公司开发品种，1972 年和 1973 年分别在德国和英国申请专利	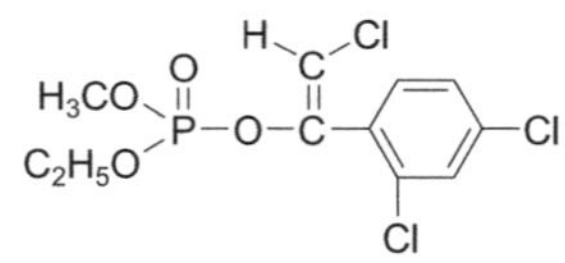	雄大鼠急性经口 LD_{50} 130mg/kg；雄大鼠急性经皮 LD_{50} 为 70mg/kg	防治水稻二化螟、黑尾叶蝉、稻褐飞虱和灰飞虱等
174	氟吡磷 fluorpyrifos 杀虫剂 1973 年由美国道化学公司开发	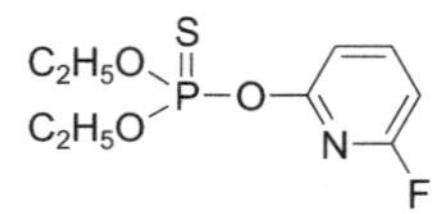	无资料	主要用于防治线虫，也用于防治玉米根草螟等
175	甲丙硫磷 sulprofos 杀虫杀螨剂 1973 年日本特殊农药公司合成，1976 年由德国拜耳公司和美国莫贝化学公司生产	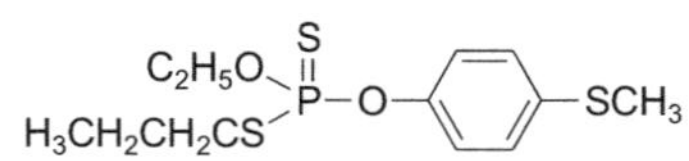	大鼠急性经口 LD_{50} 100～300mg/kg；大鼠急性经皮 LD_{50} 为 1000～1200mg/kg	防治棉铃虫、烟芽夜蛾、蚧类、叶蝉、螨类、黏虫等
176	丙溴磷 profenofos 杀虫杀螨剂 1973 年由瑞士汽巴嘉基公司开发	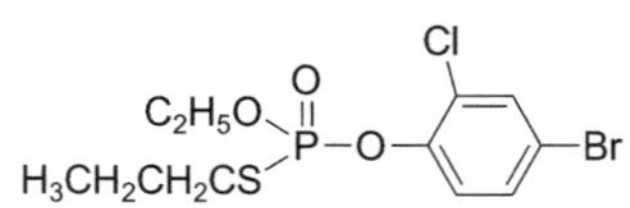	大鼠急性经口 LD_{50} 358mg/kg；大鼠急性经皮 LD_{50} 为 472mg/kg	防治刺吸式口器昆虫、咀嚼式口器昆虫和螨虫，也可防治土壤害虫
177	噻唑硫磷 colophonate 杀虫杀螨剂 1973 年日产化学工业公司实验品种	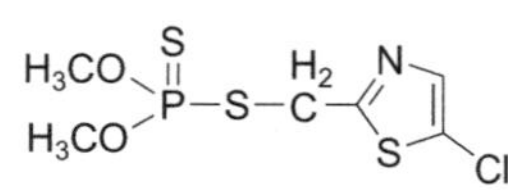	急性经口 LD_{50} 值：雄大鼠为 760mg/kg；雌大鼠为 830mg/kg。大鼠（雄、雌）急性经皮 LD_{50} 为＞ 2000mg/kg	广谱杀虫剂和杀螨剂，可防治水稻黑尾叶蝉等

续表

序号	通用名或商品名及类别	结构式	急性毒性	主要用途
178	哒嗪硫磷 pyridaphenthione 杀虫剂 1973 年由日本三井东亚公司开发	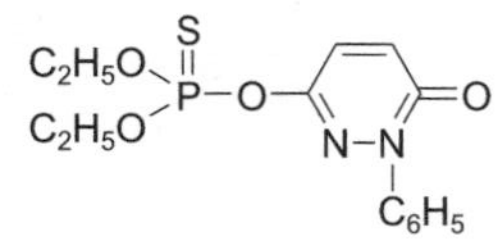	小鼠急性经口 LD_{50} 554.6mg/kg（雄）；小鼠急性经皮 LD_{50} 458.7mg/kg（雌）	用于螟虫、纵卷叶螟、稻苞虫、飞虱、叶蝉、蓟马、稻瘿蚊等以及棉蚜、棉铃虫、红铃虫的防治
179	特丁磷 terbufos 杀虫剂 1973 年由美国氰胺公司开发	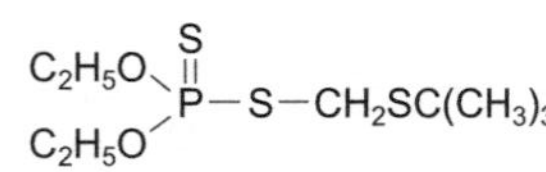	工业品大鼠急性经口 LD_{50}：4.5mg/kg（雄）；9.0mg/kg（雌）。大鼠急性经皮 LD_{50} 1.0～7.4mg/kg	因其毒性高，只作为土壤处理剂或拌种剂，对多种土壤线虫及地下害虫有优异的防效
180	氯辛硫磷 chorphoxim 杀虫剂 1974 年由德国拜耳公司开发	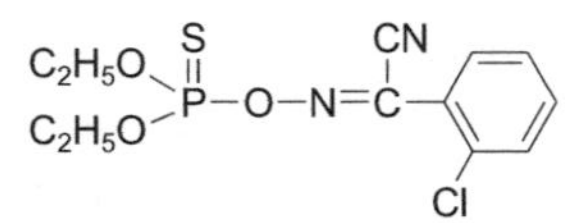	大鼠急性经口 LD_{50} ＞ 2500mg/kg；大鼠急性经皮 LD_{50} ＞ 500 mg/kg	防治蚊成虫、幼虫，以及蚋等
181	噻三唑磷 thiatrophas 杀虫剂 1974 年日本富达公司试验产品	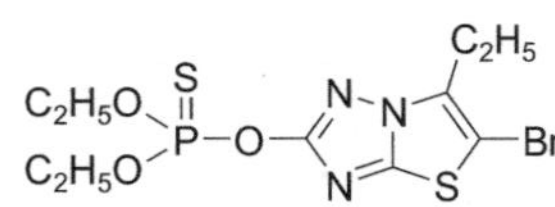	大鼠急性经口 LD_{50} 220～230mg/kg	对水稻螟虫和家蝇、库蚊等有良好防效
182	异丙胺磷 isofenphos 杀虫剂 1974 年由德国拜耳公司开发	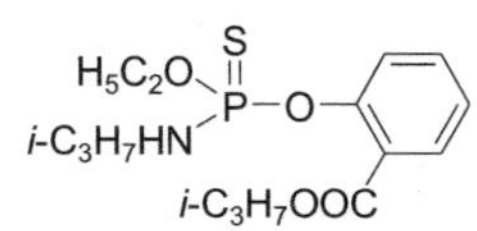	大鼠急性经口 LD_{50}：28.0～38.7mg/kg；34.2mg/kg（工业品）。大鼠急性经皮 LD_{50} 700mg/kg	土壤杀虫剂，对金针虫、地老虎、根蛆、蛴螬等都有防效，对线虫有兼治作用
183	嘧啶氧磷 pirimioxyphos 杀虫剂 1973 年由德国拜耳公司申请专利，1975 年专利公开。1974 年我国化工部沈阳化工研究院开始研发	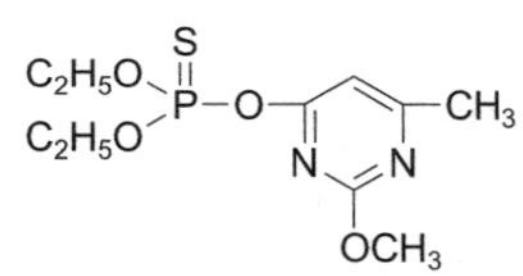	大鼠急性经口 LD_{50} 183.4mg/kg；大鼠急性经皮 LD_{50} 为 1062mg/kg	防治咀嚼式口器、刺吸式口器害虫和螨类，如棉蚜、红蜘蛛、二化螟等；对某些鳞翅目害虫的卵也有抑制作用

续表

序号	通用名或商品名及类别	结构式	急性毒性	主要用途
184	氯吡唑磷 chlorprazophos 杀虫剂 1975 年德国拜耳公司试验产品	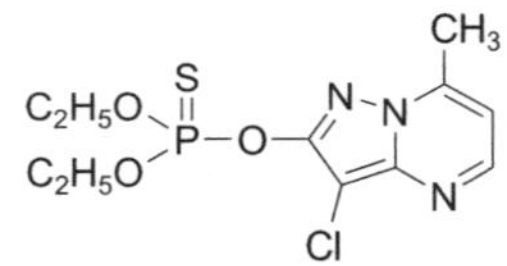	大鼠急性经口 LD_{50} 50～100mg/kg	对菜蛾、辣根猿叶虫、桃蚜等有较高致死力
185	异柳磷 isofenphos 杀虫剂 1980 年由德国拜耳公司开发	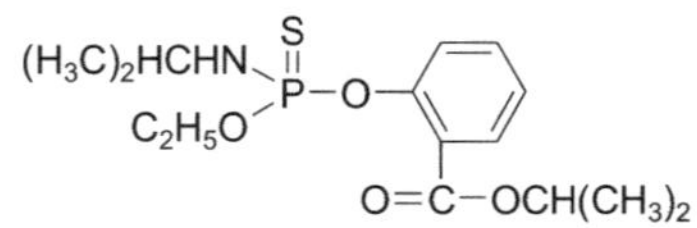	大鼠急性经口 LD_{50} 28.0～38.7mg/kg；大鼠急性经皮 LD_{50} 为 700mg/kg	防治玉米、油菜、蔬菜、牧草等地的害虫，如金龟子、种蝇、玉米根草螟等
186	甲基异柳磷 isofenphos-methyl 杀虫剂 1975年由我国华中师范学院合成开发，1982 年与我国山东青岛第二农药厂联合开发，并投入工业化生产	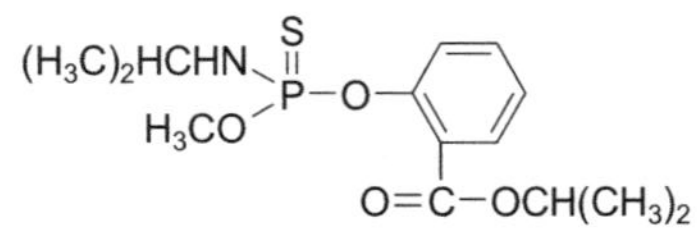	大鼠急性经口 LD_{50}：28.4mg/kg（雄），30mg/kg（雌）。大鼠急性经皮 LD_{50}：60mg/kg（雄），49mg/kg（雌）	防治小麦、花生、大豆、玉米等作物的土壤害虫和某些地面害虫，对一些线虫也有效
187	蝇毒氧磷 coumaoxon 杀虫剂 20 世纪 70 年代中期，由瑞士柯伯尔公司开发	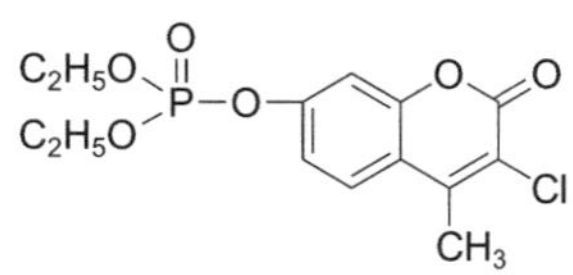	大鼠急性经口 LD_{50} 12mg/kg	防治蚕蝇
188	甲基毒虫畏 dimethylvinphos 杀虫剂 壳牌公司开发品种，1976 年在日本注册	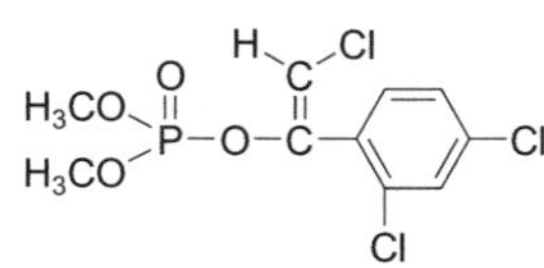	雄大鼠急性经口 LD_{50} 210mg/kg；雄小鼠急性经皮 LD_{50} 为 55mg/kg	防治二化螟、稻苞虫、稻纵卷叶螟、蟒象、小菜蛾等

续表

序号	通用名或商品名及类别	结构式	急性毒性	主要用途
189	硫醚磷 diphenprophos 杀虫剂 1976 年由美国罗姆 - 哈斯公司开发	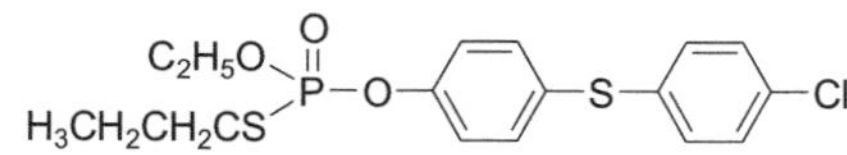	无资料	防治烟芽夜蛾、棉铃虫、桃蚜、棉花红蜘蛛等
190	虫螨畏 methacrifos 杀虫剂 1978 年由瑞士汽巴嘉基公司开发	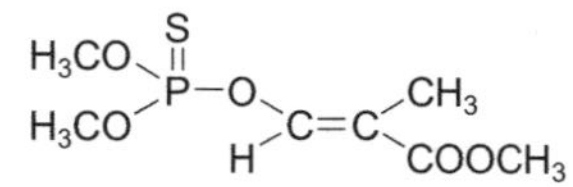	大鼠急性经口 LD_{50} 678mg/kg；大鼠急性经皮 LD_{50} > 3100 mg/kg	防治贮粮害虫，如蛾类、象虫、甲虫等
191	速杀硫磷 heterophos 杀虫剂 1978 年由苏联发表	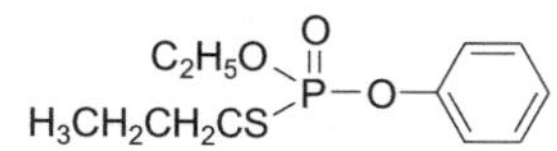	大鼠急性经口 LD_{50} 66mg/kg	防治土壤害虫和根瘤线虫
192	甲基吡噁磷 azamethiphos 杀虫杀螨剂 1978 年由瑞士汽巴嘉基公司开发	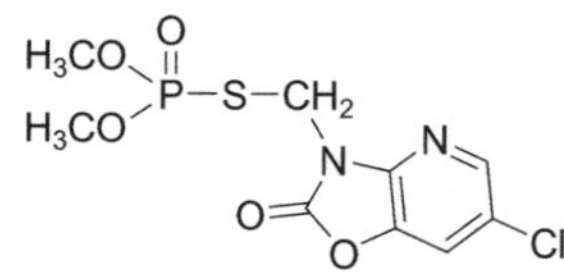	大鼠急性经口 LD_{50} 1180mg/kg；大鼠急性经皮 LD_{50} > 2150 mg/kg	防治蚊蝇等卫生害虫以及叶蝉、木虱、蚜、螨等农业害虫
193	磷亚威 U-47319 杀虫剂 1980 年由美国厄普约翰公司合成	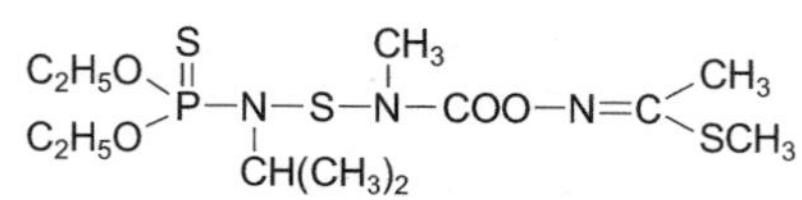	雄大鼠急性经口 LD_{50} 832mg/kg	用于防治棉花、果树、蔬菜、水稻等作物上的鳞翅目昆虫、甲虫、蜻象等
194	甲基硫环磷 phosfolan-methyl 杀虫剂 1980 年由我国山西省化肥农药研究所开发	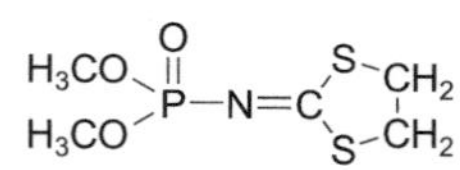	大鼠急性经口 LD_{50} 20～26mg/kg	防治蚜虫、红蜘蛛、蓟马、甜菜象甲、尺蠖、地老虎、蝼蛄等

续表

序号	通用名或商品名及类别	结构式	急性毒性	主要用途
195	倍硫磷亚砜 mesulfenfos 杀虫剂 1982 年由日本特殊农药制造公司开发	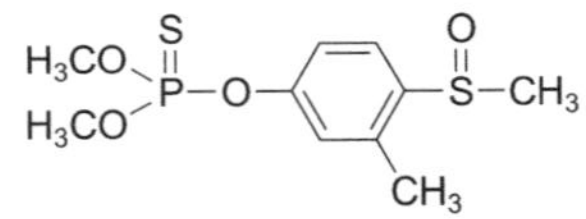	雄大鼠急性经口 LD_{50} 390mg/kg	防治松材线虫
196	丁苯硫磷 fosmethilan 杀虫剂 1982 年由匈牙利重化学研究公司合成	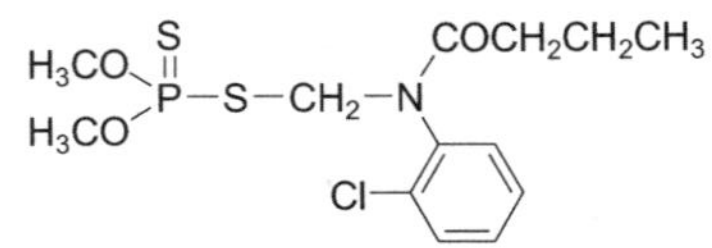	雄大鼠急性经口 LD_{50} 110mg/kg；大鼠急性经皮 LD_{50} > 11000 mg/kg	防治鳞翅目、鞘翅目、双翅目、半翅目、缨翅目等害虫，如蓟马、玉米螟、菜蛾等
197	吡唑硫磷 pyraclofos 杀虫剂 1982 年由日本武田化学公司试制	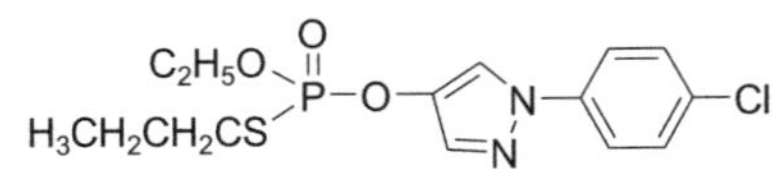	大鼠急性经口 LD_{50} 237mg/kg；大鼠急性经皮 LD_{50} > 2000 mg/kg	防治棉叶夜蛾、棉铃虫、飞虱、蓟马、马铃薯甲虫等
198	氯乙硫磷 chlorethoxyfos 杀虫剂 1986 年由美国杜邦公司开发	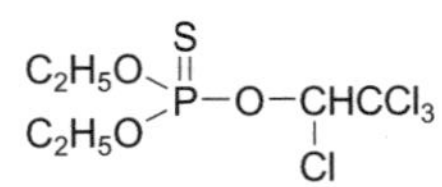	大鼠急性经口 LD_{50} 1～10mg/kg；兔急性经皮 LD_{50} 为 20～200mg/kg	防治玉米田所有的害虫，对叶甲、夜蛾类和叩甲特别有效
199	线螨磷 fosthiazate 杀虫剂 1987 年由日本石原三洋公司开发	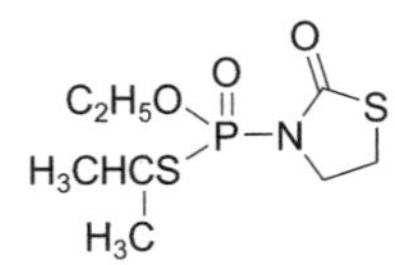	雄大鼠急性经口 LD_{50} 73mg/kg；雄大鼠急性经皮 LD_{50} 为 2400mg/kg	防治南方根结线虫、朱砂叶螨、稻褐飞虱、桃蚜等
200	甘氨硫磷 phosglycin 杀虫杀螨剂 1987 年由匈牙利北方化工厂开发	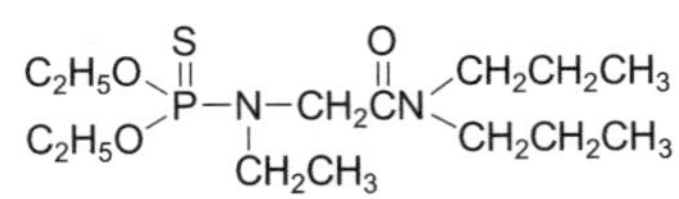	大鼠急性经口 LD_{50} 2081mg/kg；大鼠急性经皮 LD_{50} > 5000 mg/kg	防治食植性螨及其卵，能有效地防治瘿螨科、叶螨科和跗线螨科的多种螨类

续表

序号	通用名或商品名及类别	结构式	急性毒性	主要用途
201	硫线磷 cadusafos 杀虫剂 1987 年由美国 FMC 公司开发	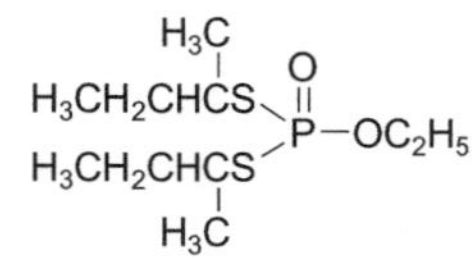	大鼠急性经口 LD_{50} 37.1mg/kg；雄兔急性经皮 LD_{50} 为 24.4mg/kg	防治番茄根结线虫、夜蛾科幼虫和马铃薯块茎蛾等
202	氯唑磷 isazophos 杀虫剂 1973 年由瑞士汽巴嘉基公司开发	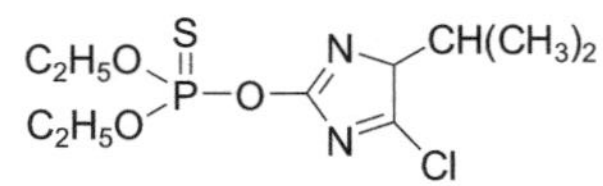	大鼠急性经口 LD_{50} 40～50mg/kg；大鼠急性经皮 LD_{50} 为 290～700mg/kg	防治线虫、黏虫、种蝇、叶蝉、天牛等
203	甲基杀螟畏 tetrachlorvinphos 杀虫剂 1966 年由美国壳牌公司推广开发	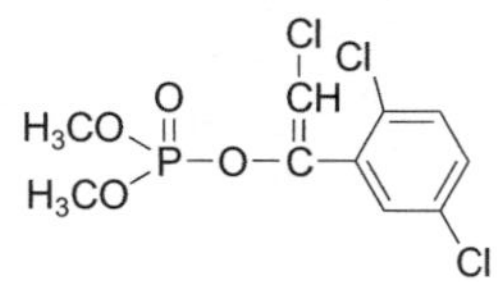	小鼠急性经口 LD_{50} 430mg/kg	防治稻三化螟、棉铃虫、黏虫、稻蓟马、麦蚜等
204	硝虫硫磷 杀虫剂 1993 年由四川省化学工业研究设计院研制并申请发明专利，2008 年获得原药和乳油的农药正式登记	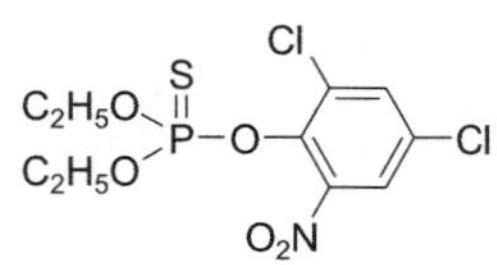	大鼠急性经口 LD_{50} 212mg/kg	防治柑橘介壳虫、矢尖蚧、红蜘蛛、水稻蓟马、飞虱、蔬菜烟青虫等
205	苯胺硫磷 phenamithion 杀虫杀螨剂 1994 年由华中师范大学农药化学研究所研制，1998 年在湖北省仙隆化工公司（原仙桃农药厂）实现工业化生产	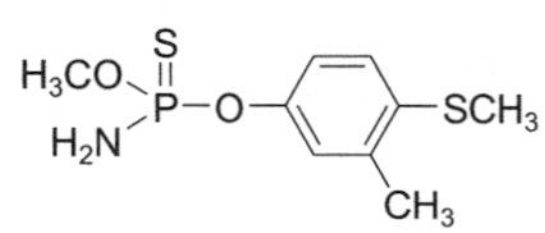	大鼠急性经口 LD_{50}：37.21mg/kg（雄）；78.80mg/kg（雌）	10～20g/亩可有效防治多种蚜虫，各类螨类成虫、卵，及介壳类害虫，主要用于棉花、粮食、果树、蔬菜等作物

续表

序号	通用名或商品名及类别	结构式	急性毒性	主要用途
206	抗虫灵 杀虫杀螨剂 1995 年由华中师范大学农药化学研究所研制，1998 年在湖北省仙隆化工公司（原仙桃农药厂）实现工业化生产	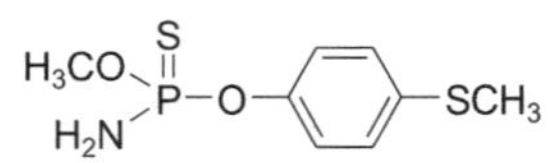	大鼠急性经口 LD_{50}：68.1mg/kg（雄）；92.6mg/kg（雌）。大鼠急性经皮 LD_{50}：108mg/kg（雄）；430mg/kg（雌）	可用于防治棉花、果树、蔬菜等作物上的蚜虫、棉铃虫、菜青虫等多种害虫以及红蜘蛛、锈壁虱等害螨，尤其是对抗性害虫防效很好
207	丁基嘧啶磷 tebupirimfos 杀虫剂 1995 年由德国拜耳公司开发	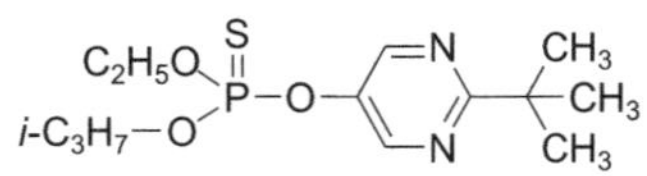	大鼠急性经口 LD_{50}：2.9～3.6mg/kg（雄）；1.3～1.8mg/kg（雌）。大鼠急性经皮 LD_{50}：31.0mg/kg（雄）；9.4mg/kg（雌）	非内吸杀虫剂，具有触杀作用，并有好的持效性，可用于防治土壤中的昆虫
208	吡氟硫磷 flupyrazofos 杀虫杀螨剂 由韩国星甫化学有限公司（Sungbo Chemicals Co. Ltd.）1980 年末开发，1990 年推广	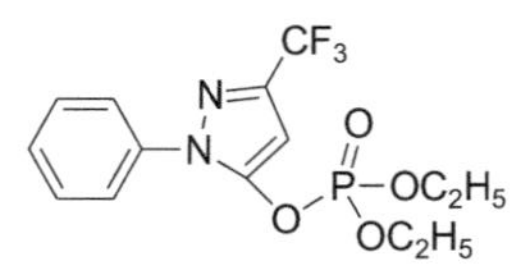	大鼠急性经口 LD_{50} 237mg/kg；对兔眼睛和皮肤无刺激作用，对豚鼠皮肤无致敏性	具有触杀和胃毒作用，对鳞翅目、鞘翅目、蚜虫、双翅目和蜚蠊等多种害虫均有效，对叶螨、根螨、蜱和线虫也有效
209	cathsafos 杀虫剂 由 FMC 与日本石原生物科学开发，2001 年登记上市	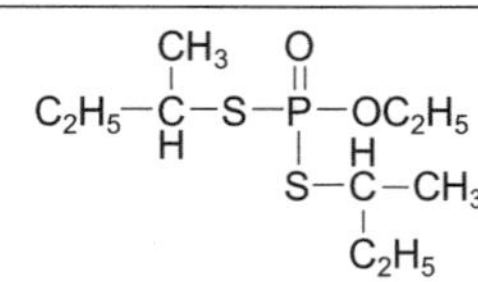	无资料	防治土壤害虫
210	氯胺磷 chloramine phosphorus 杀虫剂 由浙江乐斯化学有限公司和武汉工程大学武汉工程大学共同研发，2005 年乐斯公司进行了农药临时登记	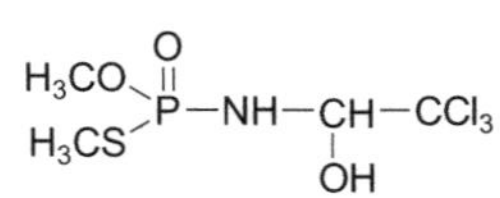	大鼠急性经口 LD_{50} 316mg/kg，急性经皮 LD_{50} > 2000mg/kg	可高效防治以稻纵卷叶螟幼虫为主的多种害虫，如二化螟、三化螟、大螟、稻飞虱、叶蝉、棉铃虫、菜青虫、甜菜夜蛾等

续表

序号	通用名或商品名及类别	结构式	急性毒性	主要用途
211	苏果 sophamide 杀虫剂 意大利蒙特卡蒂尼公司介绍品种，未商品化	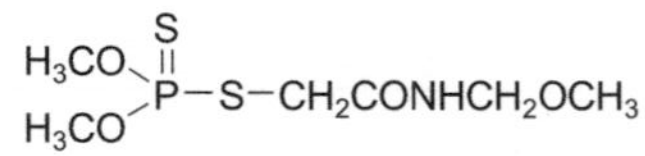	大鼠急性经口 LD_{50} 600mg/kg	防治蚜虫和红蜘蛛
212	氰咪唑硫磷 imicyafos 杀线虫剂 2013 年由日本 Agro Kanesho 公司开发	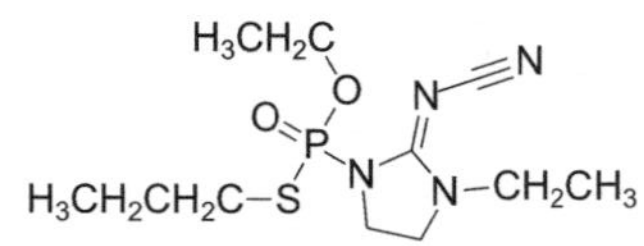	急性经口 LD_{50}：大鼠为 81.3mg/kg，小鼠为 92.3mg/kg。急性经皮 LD_{50}：雄、雌大鼠＞2000mg/kg。大鼠吸入 LC_{50}：1.83mg/L（雄），2.16mg/L（雌）	作为杀虫剂，兼治线虫等
213	磷虫威 phosphocarb 杀虫剂 由德国巴斯夫公司开发	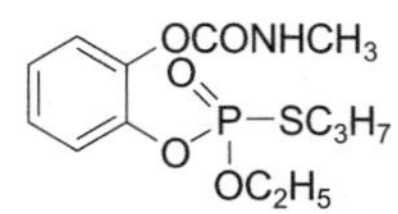		广谱、内吸性杀虫剂。主要用于水稻、蔬菜、果树及其他作物，防治半翅目、鞘翅目、双翅目和某些鳞翅目害虫

附录2　有机磷农药品种一览表——除草剂

序号	通用名或商品名及类别	结构式	急性毒性	主要用途
1	伐垅磷 2,4-DEP 除草剂 1958 年由美国有利来路化学公司（Uniroyal Chemical）开发	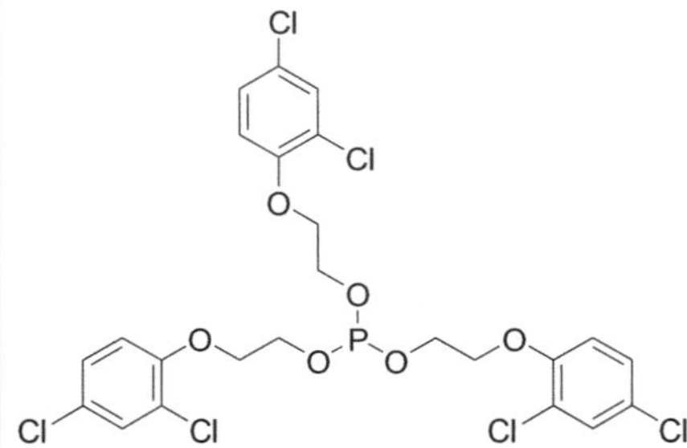	大鼠急性经口 LD_{50} 850mg/kg，具有迟发性神经毒性	芽前除草剂，用于玉米、花生、草莓、马铃薯等作物田防除一年生禾本科杂草或阔叶杂草
2	草特磷 DMPA 除草剂 由美国陶氏化学公司于 1958 年开发	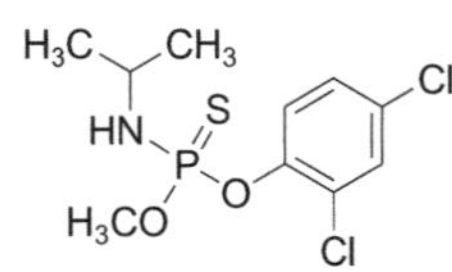	大鼠急性经口 LD_{50} 270mg/kg；兔急性经皮 LD_{50} 1680mg/kg；具有引起迟发性神经毒性的迹象	芽前土壤处理用的选择性接触除草剂，用于草坪、玉米、棉花、水稻、菜豆等地防除马塘、看麦娘、龙爪茅属杂草、狗尾草、繁缕、大画眉草、荠、蓼、蟋蟀草、大戟、马齿苋等
3	地散磷 bensulide 除草剂 1962 年由美国斯托夫化学公司（Stauffer Chemical Co.）开发	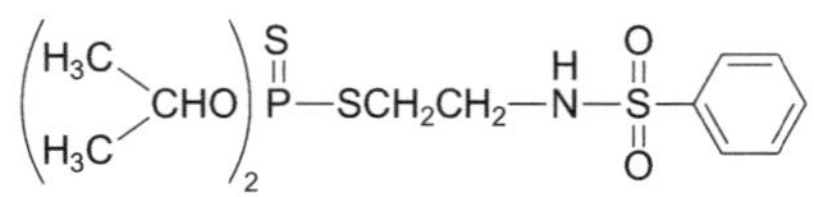	雄大鼠急性经口 LD_{50} 360mg/kg；雌大鼠急性经口 LD_{50} 270mg/kg；大鼠急性经皮 LD_{50} > 2000mg/kg	芽前除草剂，用于芸苔、葫芦、生菜等作物田除草。适用于在种植前使用，防治牛筋草、马唐等，也可用于草坪
4	胺草磷 amiprophos 除草剂 1968 年由日本特殊农药公司开发	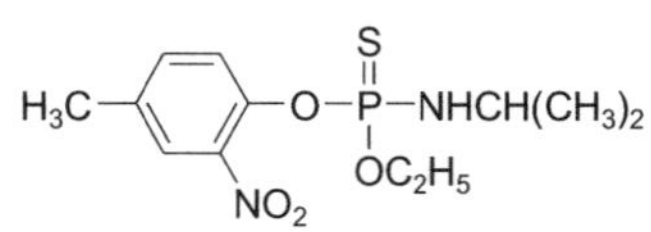	大鼠急性经口 LD_{50} 720mg/kg；小鼠急性经皮 LD_{50} > 4000mg/kg	选择性芽前土壤处理除草剂，适用于防除水旱田及混作、套种田的一年生杂草，对禾本科杂草的防效高于阔叶杂草，对多年生杂草无效

续表

序号	通用名或商品名及类别	结构式	急性毒性	主要用途
5	哌草磷 piperophos 除草剂 由汽巴 - 嘉基（Ciba-Geigy）公司[现为先正达公司 (Syngenta AG）]开发	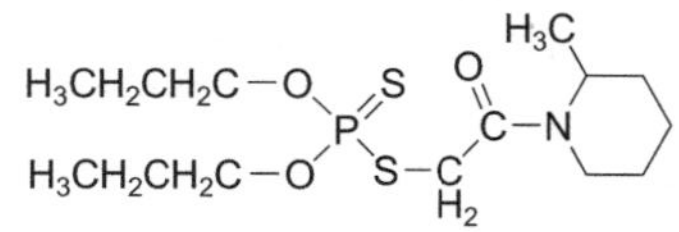	大鼠急性经口 LD_{50} 324mg/kg；大鼠急性经皮 LD_{50} > 2150mg/kg	适用于水稻、玉米、棉花、大豆等作物田防治一年生禾本科杂草和莎草科杂草，对双子叶杂草防效差
6	特克草 buminafos 除草剂 1971 年由美国韦伯化学公司开发	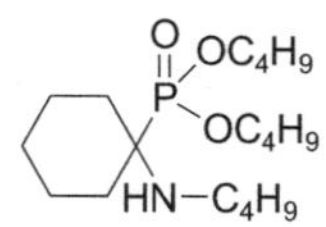	大鼠急性经口 LD_{50} 6000～9000mg/kg；大鼠急性经皮 LD_{50} 12000～15000mg/kg	用于黄瓜、洋葱，防除一年生禾本科杂草和阔叶杂草
7	草甘膦 glyphosate 除草剂 1971 年由美国孟山都公司开发，1974 年开始商业化	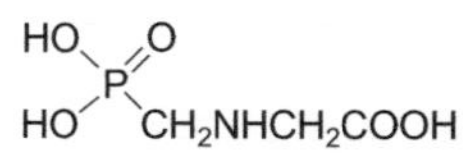	大鼠急性经口 LD_{50} > 5000mg/kg；兔急性经皮 LD_{50} > 5000mg/kg	灭生性除草剂，可有效防除一年生、二年生和多年生禾本科、莎草科、阔叶杂草及灌木与树木等 40 多科的植物，并可有效防除大龄杂草。广泛用于茶园、甘蔗、橡胶园、桑园、果园、防火隔离带、森林防火道、非耕地、公路、铁路防除一年生杂草、多年生杂草和恶性杂草
8	甲基胺草磷 amiprofos-methyl 除草剂 1974 年由日本特殊农药公司开发	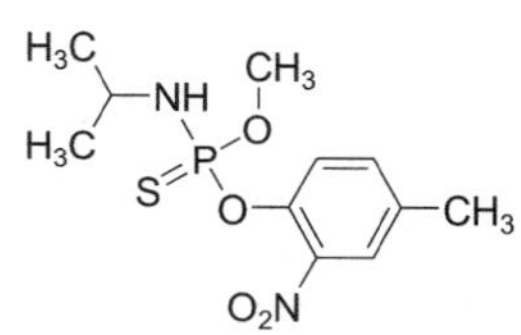	大鼠急性经口 LD_{50} 1200mg/kg；小鼠急性经口 LD_{50} 为 570mg/kg	选择性芽前土壤处理除草剂，适用于水稻、番茄、莴苣、甘蓝、洋葱、胡萝卜、黄瓜、草莓、花生等水旱田作物，防除一年生禾本科杂草和阔叶杂草

续表

序号	通用名或商品名及类别	结构式	急性毒性	主要用途
9	杀木膦 fosamine ammonium 除草剂 1975 年由美国杜邦公司开发成功，1978 年沈阳化工研究院在我国开发	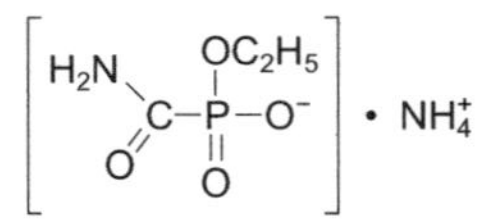	大鼠急性经口 LD_{50} > 5000mg/kg；兔急性经皮 LD_{50} > 1683mg/kg	在 4.8～7.2kg/hm^2（有效成分）剂量时，用于森林、苗圃防除杂灌木及某些杂草。可选择性地控制针叶树种植园中的落叶物种。在 500～1000μg/g 浓度下，可作为植物生长调节剂使用，如控制柑橘、苹果、葡萄等新梢生长，作为橡胶树的矮化剂等
10	草铵膦 glufosinate-ammonium 除草剂 1979 年由联邦德国赫斯特（Hoechst）化学公司（后为艾格福公司，最后归属拜耳公司）首先合成开发	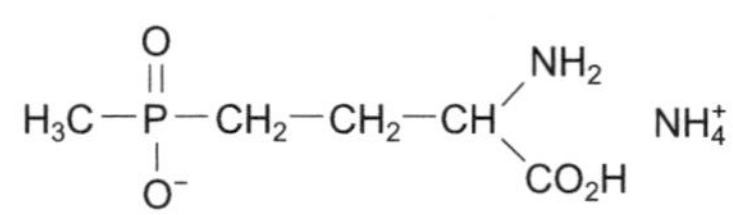	雄大鼠急性经口 LD_{50} 2000mg/kg；雌大鼠急性经口 LD_{50} 1620mg/kg	能防除或快速杀死马唐、黑麦草等 100 种以上的一年生或多年生双子叶阔叶杂草或禾本科杂草。主要在果园、橡胶和油棕榈种植园及非耕地上使用。能防除一些抗草甘膦的恶性杂草，如牛筋草、小飞蓬、泽兰等，对老茅草、芦苇的防效不佳
11	抑草磷 butamifos 除草剂 于 1980 年由日本住友化学公司（Sumitomo Chemical Co.）开发	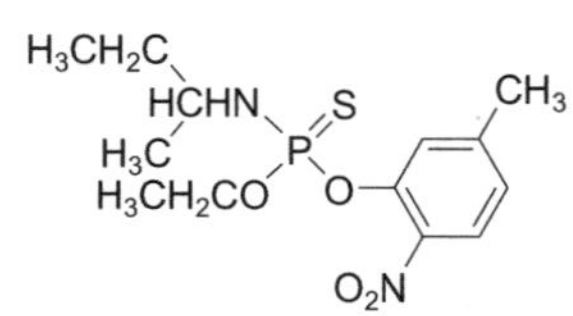	大鼠急性经口 LD_{50}：1070mg/kg（雄）；845mg/kg（雌）。大鼠急性经皮 LD_{50} > 5000mg/kg	适用于水稻、小麦、大豆、棉花、豌豆、菜豆、马铃薯、玉米、胡萝卜、移栽莴苣、甘蓝和洋葱等作物田防除一年生禾本科杂草和某些阔叶杂草。可作为旱田播后苗前土壤处理剂。在水稻生长初期和中期处理

序号	通用名或商品名及类别	结构式	急性毒性	主要用途
12	莎稗磷 anilofos 除草剂 1981 年报道除草活性，由赫斯特（Hoechst AG）公司（现为拜耳公司）开发	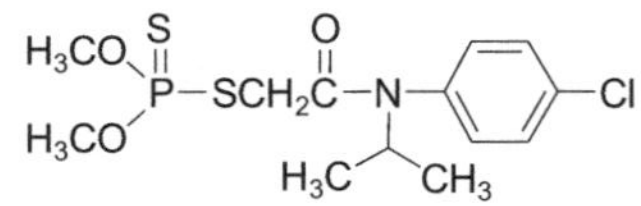	大鼠急性经口 LD_{50}：830mg/kg（雄）; 472mg/kg（雌）。大鼠急性经皮 LD_{50} ＞ 2000mg/kg	可在水稻移栽田使用，防除一年生禾本科杂草，如稗草、莎草、牛毛草等
13	双丙氨膦 bilanafos 除草剂 1984 年由日本明治制果株式会社研发	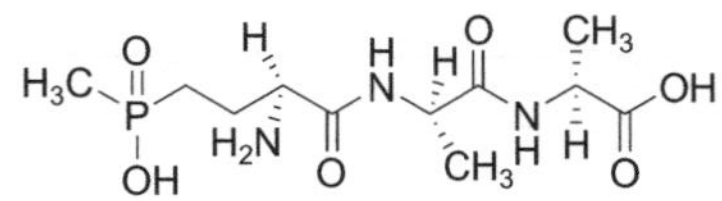	雄大鼠急性经口 LD_{50} 268mg/kg；雌大鼠急性经口 LD_{50} 404mg/kg	对单子叶、双子叶及多年生杂草防效好，尤其对双子叶杂草防效更好。对日本扁柏无效。其除草作用比草甘膦快，比百草枯慢。但土施则无药效，一般用于播种前除草或在桑园和果园中施用
14	磺草膦 LS 830556 除草剂 1985 年由法国罗纳普朗克集团公司（Rho-Poulenc Agrochimie）开发	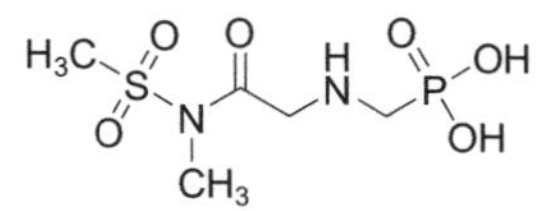	大鼠急性经口 LD_{50} ＞ 5000mg/kg；兔急性经皮 LD_{50} ＞ 4000mg/kg	可有效地防除禾谷类作物田的禾本科杂草和阔叶杂草
15	草甘膦三甲基锍盐 glyphosate-trimesium 除草剂 首先由英国 ICI 公司所属研究所（当时属 Stauffer 公司）合成和开发，1989 年在日本登记注册	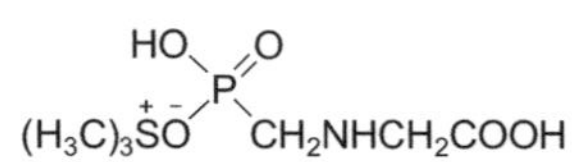	雄大鼠急性经口 LD_{50} 748mg/kg；雌大鼠急性经口 LD_{50} 755mg/kg；兔急性经皮 LD_{50} ＞ 2000mg/kg	非选择性除草剂，对多种一年生和多年生杂草防效显著，对多年生杂草亦能够长期有效。广泛用于果园、非耕地、水田、林场、牧场等防除多种一年生和多年生杂草。但接触土壤就立刻被吸附并失效

续表

序号	通用名或商品名及类别	结构式	急性毒性	主要用途
16	双甲胺草磷 H-9201 除草剂 由我国南开大学创制并开发，2005年南通江山农药化工股份有限公司登记注册	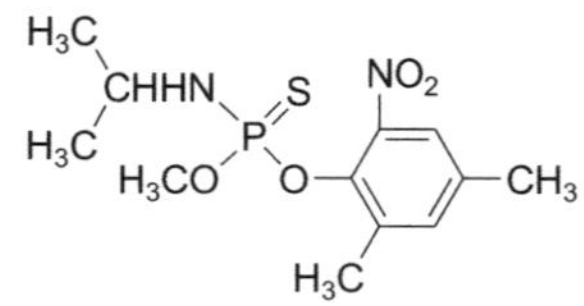	大鼠急性经口 $LD_{50}>2150mg/kg$；急性经皮 $LD_{50}>2000mg/kg$	属内吸传导型水旱两用土壤处理除草剂，以芽前用药防效最好，可用于伞形花科蔬菜、大豆、水稻、小麦等作物田，防除一年生禾本科杂草及部分阔叶杂草。用于胡萝卜地除草效果好
17	氯酰草膦 clacyfos 除草剂 由我国华中师范大学创制并开发，2007年山东侨昌化学有限公司登记注册	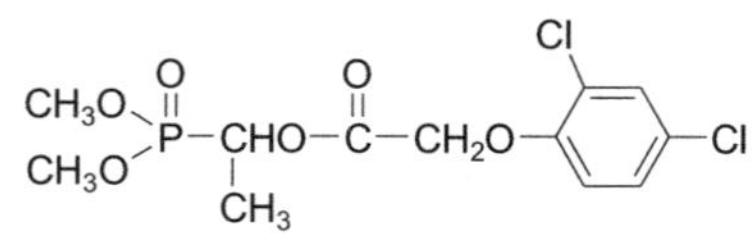	大鼠急性经口 LD_{50}：1467.53mg/kg（雌）；1711.06mg/kg（雄）。大鼠急性经皮 $LD_{50}>2000mg/kg$（雌、雄）	为内吸传导型选择性茎叶处理除草剂，对阔叶杂草及莎草科杂草防效优异，可用于小麦、玉米、水稻等禾本科作物田以及禾本科草坪（高羊茅、结缕草）防除阔叶杂草及莎草科杂草

附录3　有机磷农药品种一览表——杀菌剂和杀线虫剂

杀菌剂				
序号	通用名或商品名及类别	结构式	急性毒性	主要用途
1	稻可宁 BEBP 杀菌剂 20 世纪 60 年代由日本住友化学公司开发	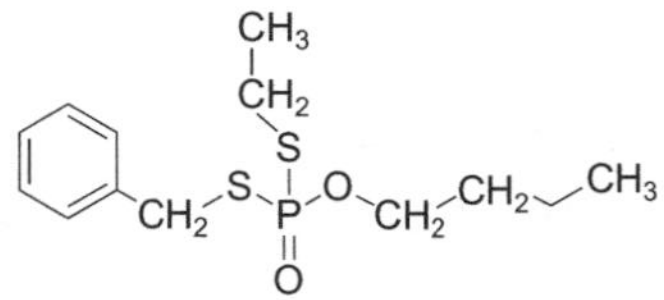	大鼠急性经口 LD_{50} 为 870mg/kg；小鼠急性经口 LD_{50} 为 120mg/kg	防治稻瘟病
2	绿稻宁 cerezin 杀菌剂 由 Schrader 于 1961 年发现，1966 年由日本的日本特殊农药制造公司商品化	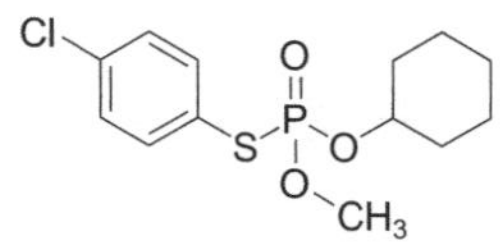	大鼠急性经口 LD_{50} 为 160mg/kg；小鼠急性经口 LD_{50} 为 60.2mg/kg	对稻瘟病有治疗作用，也有杀虫活性，能防治黑尾叶蝉、飞虱，这些害虫都是传染水稻病毒的媒介
3	威菌磷 triamiphos 杀菌剂 1960 年合成，1963 年由菲利浦 - 杜法尔公司开发	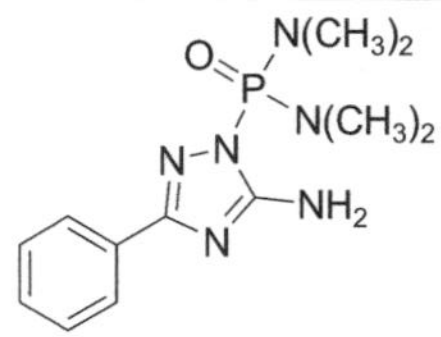	大鼠急性经口 LD_{50} 为 20mg/kg，急性经皮 LD_{50} 为 48mg/kg；小鼠急性经口 LD_{50} 为 10mg/kg	防治白粉病，并能兼治某些蚜、螨
4	稻瘟净 EBP 杀菌剂 1965 年由日本庵原农药公司开发	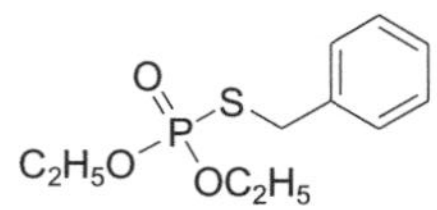	大鼠急性经口 LD_{50} 为 660mg/kg，急性经皮 LD_{50} 为 576mg/kg；小鼠急性经口 LD_{50} 为 230mg/kg	防治稻瘟病，对水稻小粒菌核病、纹枯病、枯穗病和玉米大小斑病也有效，并可兼治稻飞虱、叶蝉
5	异稻瘟净 iprobenfos 杀菌剂 1967 年由日本庵原农药公司开发	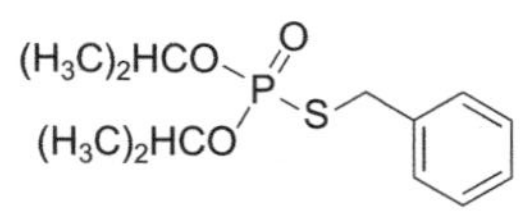	大鼠急性经口 LD_{50} 为 550mg/kg，急性经皮 LD_{50} 为 3708mg/kg；小鼠急性经口 LD_{50} 为 435mg/kg，急性经皮 LD_{50} 为 4000mg/kg	用于水稻、玉米、棉花等作物防治稻瘟病、水稻纹枯病、玉米小斑病等病害，同时能兼治稻叶蝉、稻飞虱等害虫

续表

杀菌剂				
序号	通用名或商品名及类别	结构式	急性毒性	主要用途
6	灭菌磷 ditalimfos 杀菌剂 1967 年由道化学公司开发	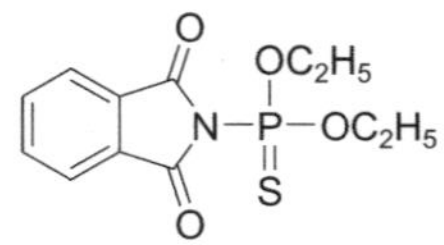	大鼠急性经口 LD_{50} 为 4930mg/kg，大鼠腹腔注射 LD_{50} 为 198mg/kg；小鼠腹腔注射 LD_{50} 为 335mg/kg；兔子急性经口 LD_{50} 为 1g/kg，兔子急性经皮 LD_{50} 为 1g/kg；豚鼠急性经口 LD_{50} 为 5660mg/kg	防治蔬菜和果树的白粉病、苹果黑星病、桃黑腐病
7	乙苯稻瘟净 ESBP 杀菌剂 1967 年由日本日产化学公司开发	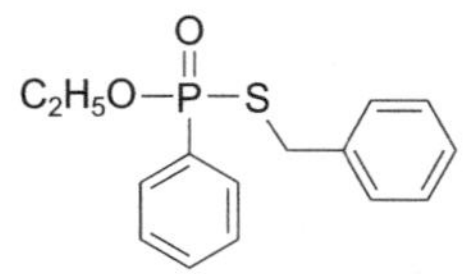	大鼠急性经口 LD_{50} 为 750mg/kg，急性经皮 LD_{50} 为 3900mg/kg；小鼠急性经口 LD_{50} 为 720mg/kg，急性经皮 LD_{50} ＞ 3920mg/kg	防治稻瘟病、稻小粒菌核病及稻纹枯病
8	灭瘟灵 destructive spirit 杀菌剂 1970 年由我国云南省化工所合成	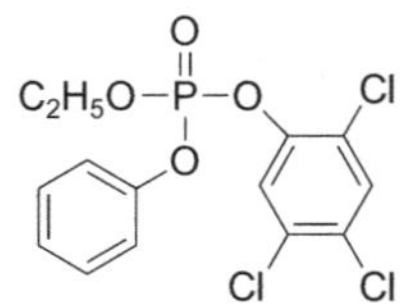	鼹鼠急性经口 LD_{50} 为 122mg/kg	防治稻瘟病
9	吡菌磷 pyrazophos 杀菌剂 1971 年由德国赫斯特公司开发	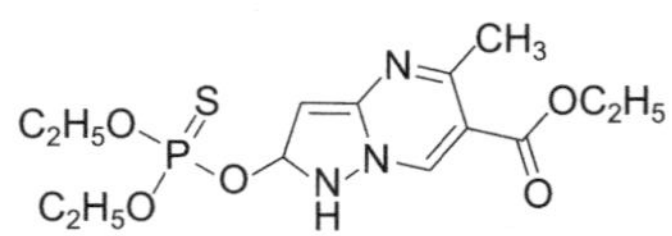	大鼠急性经口 LD_{50} 为 218mg/kg，急性经皮 LD_{50} ＞ 2000mg/kg；家兔急性经口 LD_{50} 为 435mg/kg	防治蔬菜、花卉和果树的白粉病，同时还能兼治蚜虫、潜叶蝇等害虫
10	甲基立枯磷 tolclofos-methyl 杀菌剂 1973 年由日本住友公司开发	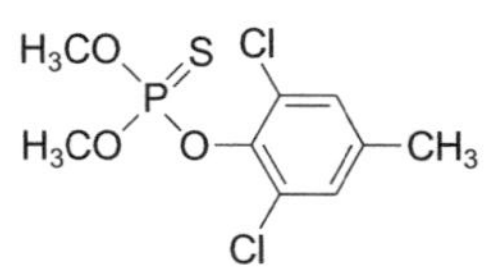	大鼠急性经口 LD_{50} 为 5000mg/kg，急性经皮 LD_{50} ＞ 5000mg/kg；小鼠急性经口 LD_{50} 为 3500mg/kg，急性经皮 LD_{50} ＞ 5000mg/kg	防治丝核菌、菌核菌引起的各种土传病害，也能防治蔬菜病害

续表

杀菌剂				
序号	通用名或商品名及类别	结构式	急性毒性	主要用途
11	抑菌丁基苯 phosbutyl 杀菌剂	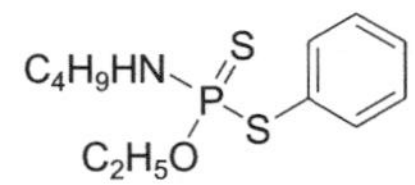	大鼠急性经口 LD_{50} 为 300mg/kg。原粉大鼠急性经口 LD_{50} 为 5800mg/kg；小鼠急性经口 LD_{50} 为 3700～4000mg/kg；大鼠急性经皮 LD_{50} > 3200mg/kg；小鼠急性经皮 LD_{50} 为 4000mg/kg。家兔急性经口 LD_{50} 为 150mg/kg	对孢子萌发无抑制效用，但对菌丝细胞有很高的活性，可被植物很快吸收，因此对许多被病原菌感染的植物有很好的治疗作用
12	三乙膦酸铝 fosetyl-aluminium 杀菌剂 1977 年由罗纳普朗克公司开发	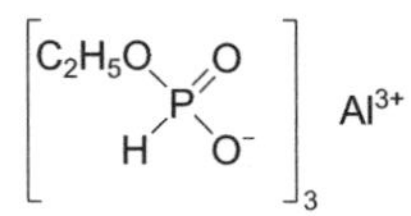	大鼠急性经口 LD_{50} 为 5800mg/kg，急性经皮 LD_{50} > 3200mg/kg；小鼠急性经口 LD_{50} 为 3700mg/kg，急性经皮 LD_{50} > 3200mg/kg	防治藻菌纲各属引起的真菌病害，对藻菌纲霜霉属、疫霉属、单轴霉属等引起的大白菜、球茎甘蓝、黄瓜霜霉病、疫病，以及葡萄、苹果、柑橘、菠萝、杨梅、烟草、花卉等多种经济作物的病害有效
13	稻枯磷 杀菌剂 1980 年我国南开大学元素所和天津农药厂首先筛选发现	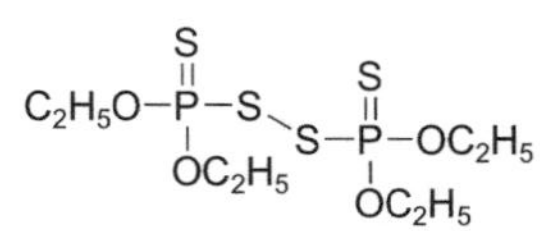	雌大白鼠急性经口 LD_{50} 为 1022mg/kg，孕大白鼠急性经口 LD_{50} 为 1500mg/kg	防治水稻白叶枯病，对柑橘、山楂、苹果及棉花红蜘蛛也有良好的防治效果，同时可防治生姜腐烂病
14	克菌壮 杀菌剂 1986 年我国南开大学元素所研制	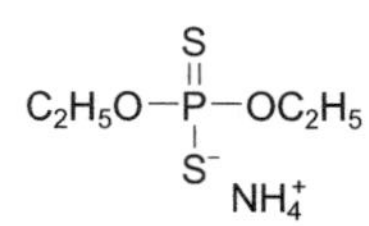	小白鼠急性经口 LD_{50} 为 5602.7～6423.9mg/kg，急性经皮 LD_{50} > 10000mg/kg；大白鼠急性经口 LD_{50} 为 7636mg/kg	防治水稻白叶枯病、细菌性条斑病，兼治纹枯病；可有效防治柑橘溃疡病及豆类条斑病等病害，并对水稻等多种作物有明显的促进生长作用

续表

杀菌剂				
序号	通用名或商品名及类别	结构式	急性毒性	主要用途
15	敌瘟磷 ediphenphos 杀菌剂 1965～1966 年由联邦德国拜耳公司研制，1967 年开发	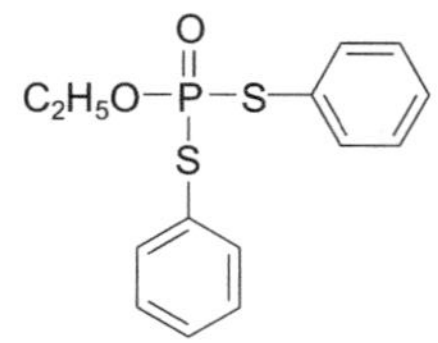	大鼠急性经口 LD_{50}：340mg/kg（雄）；150mg/kg（雌）。大鼠急性经皮 LD_{50}（4h）> 1230mg/kg；急性吸入 LD_{50}（1h）> 1310mg/m^3，LD_{50}（4h）650mg/m^3。对鱼类和水生生物高毒，其 LD_{50}（96h）在 0.43～2.5mg/kg 之间。对鸟类和蜜蜂低毒	敌瘟磷是一种广谱性有机磷杀菌剂，有内吸作用，兼有保护和治疗作用，主要用于防治稻瘟病，对水稻叶瘟、穗颈瘟、苗瘟有良好防效

杀线虫剂				
序号	通用名或商品名及类别	结构式	急性毒性	主要用途
16	除线磷 dichlofenthion 杀虫剂兼治线虫 1955 年由美国弗吉尼亚 - 卡罗来纳化学公司开发	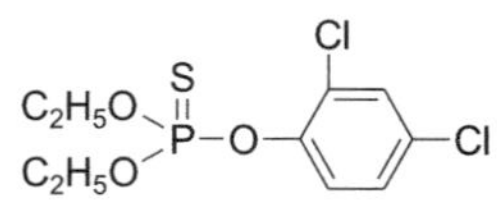	大鼠急性经口 LD_{50} 为 172mg/kg，急性经皮 LD_{50} 为 355mg/kg；兔子急性经皮 LD_{50} 为 6000mg/kg	可防治柑橘线虫等
17	丰索磷 fensulfothion 杀虫剂兼治线虫 1957 年由德国拜耳公司开发	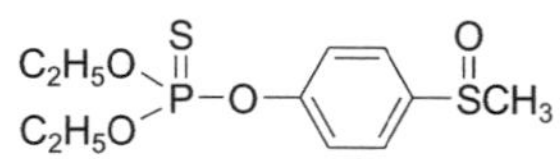	大鼠急性经口 LD_{50} 为 2～10mg/kg；大鼠急性经皮 LD_{50} 为 3～30mg/kg	是一种长效有机磷杀虫剂，也可作土壤杀线虫剂
18	伊比磷 EPBP 杀虫剂兼治线虫 1957 年由德国拜耳公司合成，1967 年由日本日产化学工业公司制造，1984 年停产	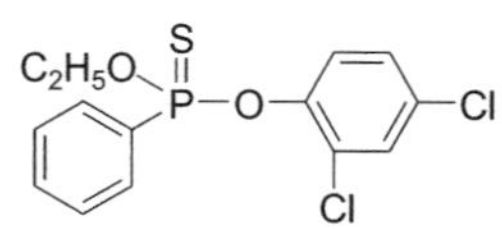	小鼠急性经口 LD_{50} 为 274mg/kg；小鼠急性皮下注射 LD_{50} 为 784mg/kg	作为杀虫剂，兼治线虫等

杀线虫剂				
序号	通用名或商品名及类别	结构式	急性毒性	主要用途
19	除线特 nellite 杀线虫剂 1962 年由美国道化学公司开发	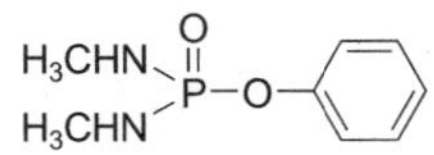	大鼠急性经口 LD_{50} 为 140mg/kg；兔急性经口 LD_{50} 为 63mg/kg，兔急性经皮 LD_{50} 为 100～200mg/kg	处理土壤防治线虫，可防治观赏植物上的根结线虫幼虫和棉花的根瘤线虫幼虫
20	治线磷 thionazin 杀线虫剂 1963 年由美国氰胺公司开发	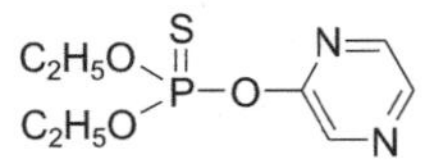	大鼠急性经口 LD_{50} 12mg/kg；大鼠急性经皮 LD_{50} 为 11mg/kg	防治线虫和某些食叶昆虫、种蝇等，如叩头虫、金龟子、蓟马、蚜虫等
21	灭线磷 ethoprophos 杀虫剂和杀线虫剂 1963 年由法国罗纳普朗克公司研究开发	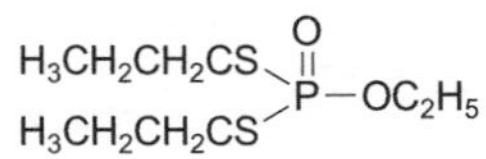	大鼠急性经口 LD_{50} 为 61mg/kg；兔急性经皮 LD_{50} 为 26mg/kg	有触杀作用，可防治多种线虫，对在土壤中为害根茎部位的害虫也有良好防效
22	苯线磷 fenamiphos 杀虫剂和杀线虫剂 1969 年由德国拜耳公司开发	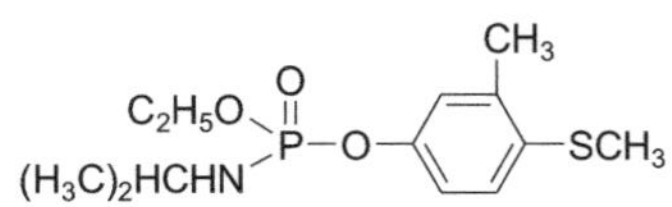	大鼠急性经口 LD_{50} 为 6mg/kg，大鼠急性经皮 LD_{50} 为 80mg/kg	作为广谱杀线虫剂
23	三唑磷 triazophos 杀虫剂兼治线虫 1971 年由联邦德国赫斯特公司开发	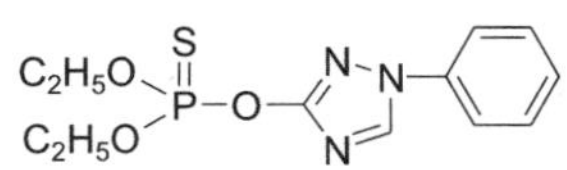	大鼠急性经口 LD_{50} 为 82～83mg/kg；大鼠急性经皮 LD_{50} 为 1100mg/kg	作为杀虫剂，兼治线虫
24	丁硫环磷 fosthietan 杀虫剂兼治线虫 1972 年由美国氰胺公司开发	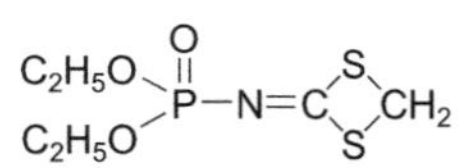	工业品大鼠急性经口 LD_{50} 为 5.7mg/kg，小鼠急性经口 LD_{50} 为 18mg/kg；兔急性经皮 LD_{50} 为 54mg/kg	作为土壤害虫杀虫剂，兼治线虫

续表

杀线虫剂				
序号	通用名或商品名及类别	结构式	急性毒性	主要用途
25	特丁硫磷 terbufos 杀虫剂兼治线虫 1973 年由美国氰胺公司开发	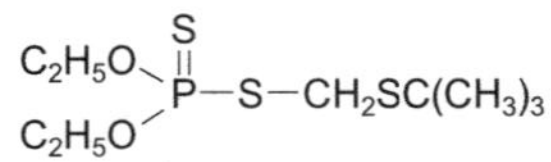	工业品大鼠急性经口 LD_{50} 约为 4.5mg/kg（雄）；9.0mg/kg（雌）。大鼠急性经皮 LD_{50} 约为 1.0～7.4mg/kg	作为土壤害虫杀虫剂或拌种剂，对多种土壤线虫有优异防效
26	氯唑磷 isazophos 杀虫剂兼治线虫 1973 年由瑞士汽巴嘉基公司开发	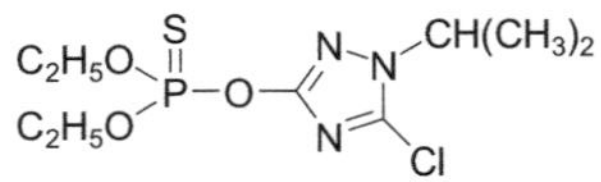	大鼠急性经口 LD_{50} 40～50mg/kg；大鼠急性经皮 LD_{50} 为 290～700mg/kg	作为杀虫剂，兼治线虫等
27	异柳磷 isofenphos 杀虫剂兼治线虫 1980 年由德国拜耳公司开发	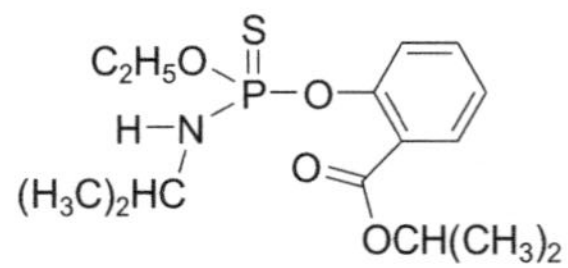	大鼠急性经口 LD_{50}：28.0～38.7mg/kg；34.2mg/kg（工业品）；大鼠急性经皮毒性 LD_{50} 700mg/kg	作为土壤杀虫剂，对线虫有兼治作用
28	甲基异柳磷 isofenphos-methyl 土壤杀虫杀线虫剂 1975 年我国华中师范学院合成开发，1982 年与我国山东青岛第二农药厂联合开发，并投入工业化生产	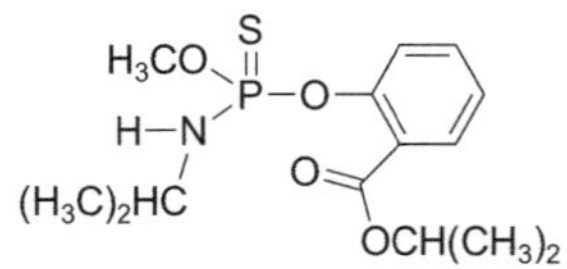	大鼠急性经口 LD_{50}：28.4mg/kg（雄），30mg/kg（雌）；大鼠急性经皮 LD_{50}：60mg/kg（雄），49mg/kg（雌）	作为土壤杀虫剂，能有效防治大豆孢囊线虫、花生根结线虫、当归和甘蔗根结线虫
29	速杀硫磷 heterophos 土壤杀虫杀线虫剂 1978 年由苏联发表	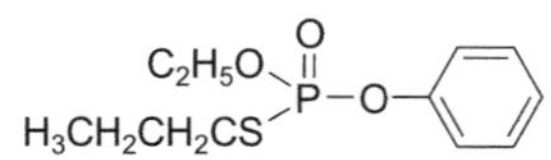	大鼠急性经口 LD_{50} 66mg/kg，小鼠急性经口 LD_{50} 为 30～60mg/kg	防治土壤害虫和根瘤线虫
30	倍硫磷亚砜 fenthion sulfoxid 杀虫剂兼治线虫 1982 年由日本特殊农药制造公司开发	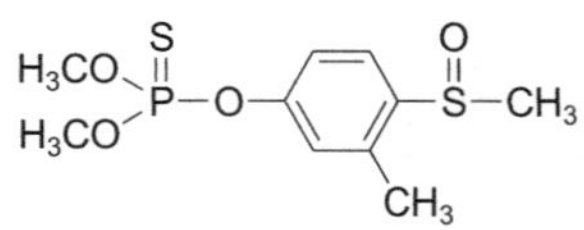	雄大鼠急性经口 LD_{50} 为 390mg/kg；小鼠急性经口 LD_{50} 为 220mg/kg	防治松材线虫

续表

杀线虫剂				
序号	通用名或商品名及类别	结构式	急性毒性	主要用途
31	硫线磷 cadusafos 杀线虫剂 1987 年由美国 FMC 公司开发	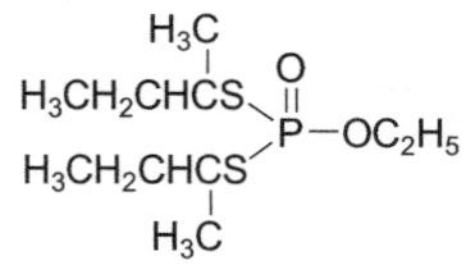	大鼠急性经口 LD_{50} 为 37.1mg/kg；小鼠急性经口 LD_{50} 为 71.4mg/kg；兔子急性经皮 LD_{50} 为 24.4mg/kg	广谱性、触杀型杀线虫剂，无熏蒸作用。对根结线虫和穿孔线虫具有较高的活性，对孢囊线虫活性较差
32	噻唑磷 fosthiazate 杀虫剂 1987 年由日本石原三洋公司开发	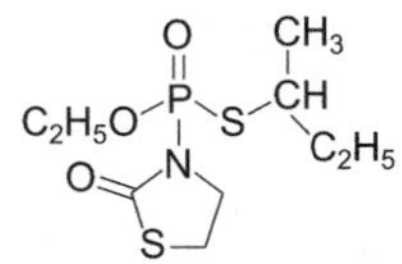	雄大鼠急性经口 LD_{50} 73mg/kg；雌大鼠急性经口 57mg/kg。雄大鼠急性经皮 LD_{50} 为 2400mg/kg；雌大鼠急性经皮 LD_{50} 为 860mg/kg	用于防治各种线虫：防治南方根结线虫、对根结线虫、根腐线虫、茎线虫和胞囊线虫等各种线虫都有很好防效
33	氰咪唑硫磷 imicyafos 杀线虫剂 2013 年由日本 Agro Kanesho 公司开发	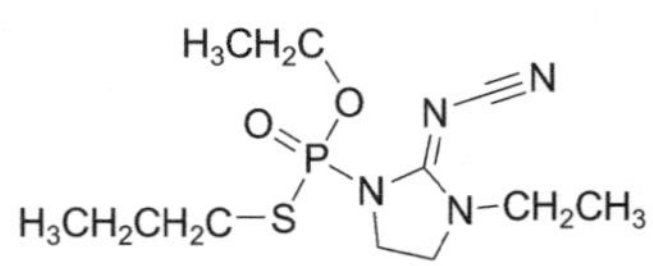	急性经口 LD_{50}：大鼠为 81.3mg/kg，小鼠为 92.3mg/kg。雄、雌大鼠急性经皮 LD_{50} > 2000mg/kg。大鼠吸入 LC_{50} 为雄 1.83mg/L，雌 2.16mg/L	作为杀虫剂，兼治线虫等，可防治穿刺短体线虫、南方根结线虫

附录4 有机磷农药品种一览表——植物生长调节剂及其他品种

植物生长调节剂

序号	通用名或商品名及类别	结构式	急性毒性	主要用途
1	脱叶磷 tribufos 植物生长调节剂 1956 年由美国斯托夫化学公司开发	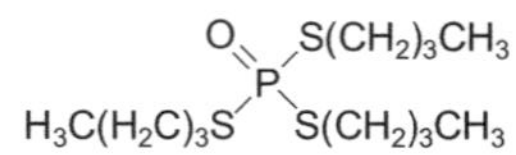	雄性大鼠急性经口 LD_{50} 为435mg/kg，雌性大鼠急性经口 LD_{50} 为234mg/kg；大鼠急性经皮 LD_{50} 为 850mg/kg；兔急性经皮 LD_{50} 为 1000mg/kg	通过刺激形成植物的茎与叶柄之间的离层，从而促进作物脱叶
2	乙烯利 ethephon 植物生长调节剂 1968 年前后，由美国陶氏化学公司开发	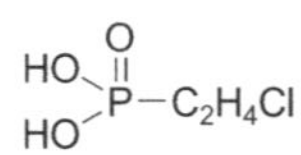	大鼠急性经口 LD_{50} 为 3400mg/kg；兔子急性经口 LD_{50} 为 5000mg/kg，兔子急性经皮 LD_{50} 为 5730mg/kg	促进雌花分化；促进果实成熟，如番茄催熟，可采用涂花梗、浸果和涂果的方法；促进植株矮化；打破植物休眠
3	增甘膦 glyphosine 植物生长调节剂 1969 年美国孟山都化学公司最早开发。1974 年我国化工部沈阳化工研究院在国内首先合成	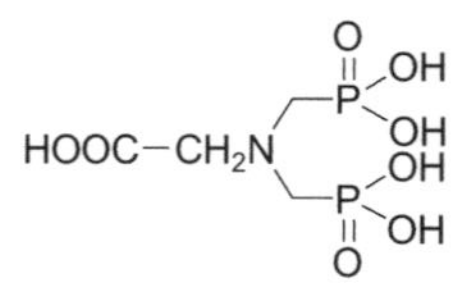	大鼠急性经口 LD_{50} 为 3925mg/kg；小鼠急性经口 LD_{50} 为 2825mg/kg；家兔经皮吸收最大致死量 > 5010mg/kg	对甘蔗和甜菜催熟并增加糖分，叶面喷施能增加甘蔗糖含量，也可作收获前的脱叶剂
4	草甘膦 glyphosate 植物生长调节剂 1971 年由美国孟山都公司开发	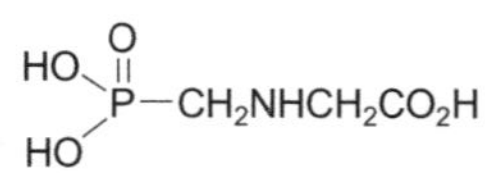	大鼠急性经口 LD_{50} > 5000mg/kg；兔急性经皮 LD_{50} > 5000mg/kg	除了用于陆地除草和水体除草以外，还可用于甘蔗增糖、作物干燥与催熟，也可以用于抑制牧草生长和改进饲料品质
5	三丁氯苄膦 chlorphonium 植物生长调节剂 1972 年由 Mobil Chemical Co. 开发	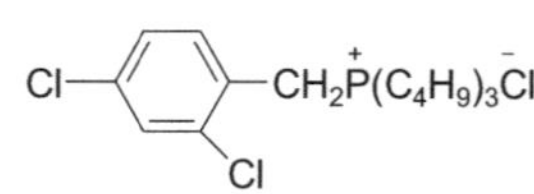	大鼠急性经口 LD_{50} 为 178～120mg/kg；小鼠急性经口 LD_{50} 为 470mg/kg；兔子急性经皮 LD_{50} 为 750mg/kg	抑制冬季油菜种子的发芽和葡萄藤的生长，抑制苹果树梢生长及花的形成。也可用三丁氯苄膦处理母株以提高扦插的均匀性

续表

序号	通用名或商品名及类别	结构式	急性毒性	主要用途
植物生长调节剂				
6	杀木膦 fosamine-ammonium 植物生长调节剂 1974 年由美国杜邦公司（Du Pont）首先开发，1978 年我国化工部沈阳化工研究院进行合成	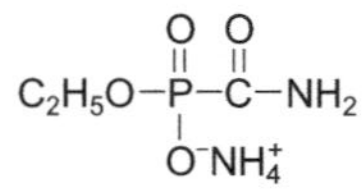	大鼠急性经口 LD_{50} 为 11000mg/kg；兔子急性经皮 LD_{50} ＞ 1660mg/kg。工业品大鼠急性经口 LD_{50} 为 16410mg/kg，大鼠急性经皮 LD_{50} 为 1683mg/kg	针对植物芽的生长和分化
7	乙二膦酸 phosphonicacid 植物生长调节剂	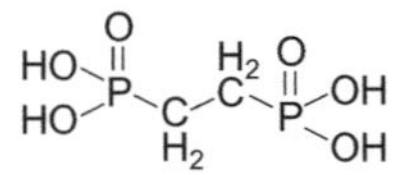	老鼠致死剂量：LD_{50} ＞ 1500mg/kg（除致死剂量值外，未见文献报告毒性作用细节）	在棉花荚张开时用药，荚张开更早，可避免霜冻后开花。在苹果、梨和桃收获前用药，可增甜、增色，促进早熟
抗病毒剂				
8	毒氟磷 dufulin 抗病毒剂 2007 年由我国贵州大学开发	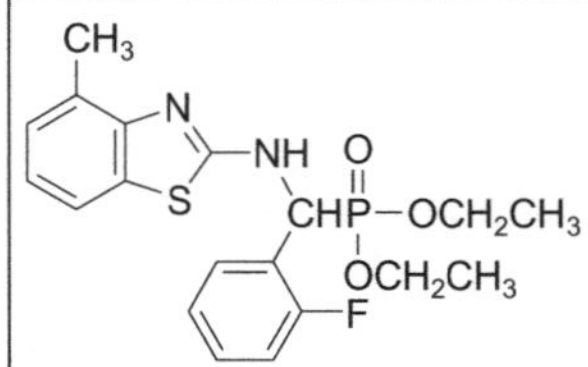	大白鼠急性经口毒性 LD_{50} 为 7636mg/kg	可用于防治水稻黑条矮缩病
杀鼠剂				
9	磷化锌 zincphosphide 1911 年首次在意大利作为杀鼠剂使用，1947 年在美国首次登记	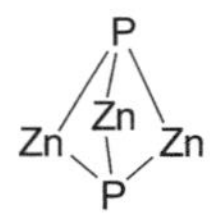	大鼠急性经口 LD_{50} 12mg/kg；小鼠急性经口 LD_{50} 40mg/kg	用于防治室内家鼠、室外田鼠
10	磷化铝 aluminium phosphide	Al≡P	大鼠急性经口 LD_{50} 10mg/kg	用于熏杀货物的仓储害虫、粮食和种子储粮害虫和室外啮齿动物

续表

序号	通用名或商品名及类别	结构式	急性毒性	主要用途
杀鼠剂				
11	毒鼠磷 phosacetim 杀鼠剂 20 世纪 60 年代由联邦德国拜耳公司开发	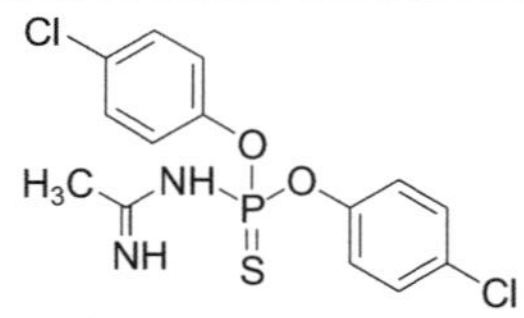	大鼠急性经口 LD_{50} 为 3.5mg/kg；小鼠急性经口 LD_{50} 为 15mg/kg，小鼠急性经皮 LD_{50} 为 60mg/kg	用于杀灭黄鼠、砂大鼠、鼷鼠、布氏田鼠、高原鼠兔、黑线姬鼠、田鼠和地鼠。对家鼠灭效不稳定
12	溴代毒鼠磷 phosazetim-bromo 杀鼠剂 1970 年辽宁省化工研究所开发	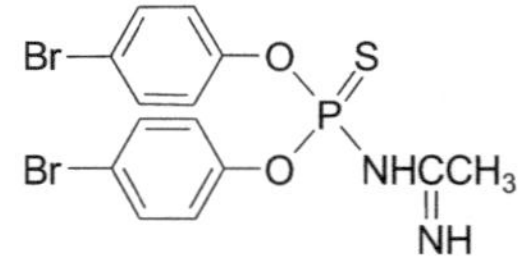	大鼠急性经口 LD_{50} 雌性为 6.81mg/kg，雄性为 8.25mg/kg	溴代毒鼠磷适宜于居民住宅、工厂、仓库、食堂等室内灭鼠，特别适用于稻田、旱地、草原、森林等野外灭鼠
增效剂				
13	磷酸三苯酯 triphenyl phosphate 增效剂 1967 年发现	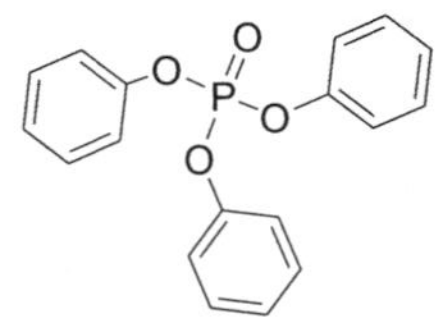	大鼠急性经口 LD_{50} 为 3800mg/kg；小鼠急性经口 LD_{50} 为 1320mg/kg；兔子急性经口 LD_{50} 为 3000mg/kg，兔子急性经皮 $LD_{50} >$ 7900mg/kg	主要作为马拉硫磷的专用增效剂，还可用于工程塑料及酚醛树脂积层板的阻燃增塑剂和合成橡胶的柔软剂等
14	增效磷 zengxiaolin 增效剂 1972 年 Oppenoorth 报道	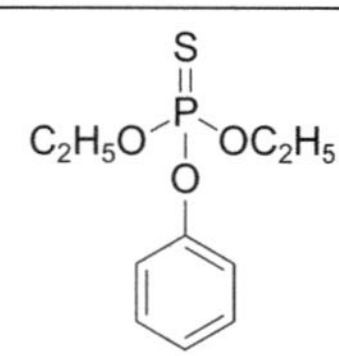	小鼠急性经口 LD_{50} 为 810mg/kg，小鼠皮下注射 LD_{50} 为 5000mg/kg；兔子急性经皮 $LD_{50} >$ 10000mg/kg	增效磷对多种有机磷、氨基甲酸酯类杀虫剂和拟除虫菊酯等有增效作用
15	丙基丙炔基苯基膦酸酯 niagara 16388 增效剂	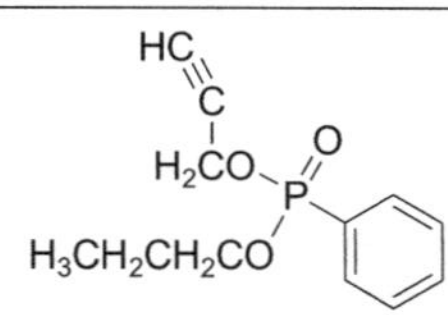	大鼠急性经口 LD_{50} 为 362mg/kg	NIA 16388 具有保幼激素的作用，能有效地抑制多功能氧化酶，也是除虫菊素的增效剂

索引

A

B

C

D

E

F

G

H

J

K

L

M

N

P

Q

R

S

T

W

X

Y

Z

元素周期表

IUPAC 2013

氧化态(单质的氧化态为0，未列入；常见的为红色)

以 ^{12}C=12为基准的原子量(注✦的是半衰期最长同位素的原子量)

示例：+2 +3 +4 +5 +6 | 95 Am 镅▲ | $5f^{7}7s^{2}$ | 243.06138(2)✦

- 原子序数
- 元素符号(红色的为放射性元素)
- 元素名称(注▲的为人造元素)
- 价层电子构型

s区元素 | p区元素 | d区元素 | ds区元素 | f区元素 | 稀有气体

周期\族	1 IA	2 IIA	3 IIIB	4 IVB	5 VB	6 VIB	7 VIIB	8	9 VIIIB(VIII)	10	11 IB	12 IIB	13 IIIA	14 IVA	15 VA	16 VIA	17 VIIA	18 VIIIA(0)	电子层
1	−1 +1 1 H 氢 $1s^{1}$ 1.008																	2 He 氦 $1s^{2}$ 4.002602(2)	K
2	+1 3 Li 锂 $2s^{1}$ 6.94	+2 4 Be 铍 $2s^{2}$ 9.0121831(5)											+3 5 B 硼 $2s^{2}2p^{1}$ 10.81	−4 +2 +4 6 C 碳 $2s^{2}2p^{2}$ 12.011	−3 −2 −1 +1 +2 +3 +4 +5 7 N 氮 $2s^{2}2p^{3}$ 14.007	−2 −1 8 O 氧 $2s^{2}2p^{4}$ 15.999	−1 9 F 氟 $2s^{2}2p^{5}$ 18.998403163(6)	10 Ne 氖 $2s^{2}2p^{6}$ 20.1797(6)	L K
3	−1 +1 11 Na 钠 $3s^{1}$ 22.98976928(2)	+2 12 Mg 镁 $3s^{2}$ 24.305											+3 13 Al 铝 $3s^{2}3p^{1}$ 26.9815385(7)	−4 +2 +4 14 Si 硅 $3s^{2}3p^{2}$ 28.085	−3 −2 +1 +3 +5 15 P 磷 $3s^{2}3p^{3}$ 30.973761998(5)	−2 +2 +4 +6 16 S 硫 $3s^{2}3p^{4}$ 32.06	−1 +1 +3 +5 +7 17 Cl 氯 $3s^{2}3p^{5}$ 35.45	18 Ar 氩 $3s^{2}3p^{6}$ 39.948(1)	M L K
4	−1 +1 19 K 钾 $4s^{1}$ 39.0983(1)	+2 20 Ca 钙 $4s^{2}$ 40.078(4)	+3 21 Sc 钪 $3d^{1}4s^{2}$ 44.955908(5)	−1 0 +2 +3 +4 22 Ti 钛 $3d^{2}4s^{2}$ 47.867(1)	0 ±1 +2 +3 +4 +5 23 V 钒 $3d^{3}4s^{2}$ 50.9415(1)	−3 0 ±1 ±2 +3 +4 +5 +6 24 Cr 铬 $3d^{5}4s^{1}$ 51.9961(6)	−2 0 ±1 +2 ±3 +4 +5 +6 +7 25 Mn 锰 $3d^{5}4s^{2}$ 54.938044(3)	−2 0 ±1 +2 +3 +4 +5 +6 26 Fe 铁 $3d^{6}4s^{2}$ 55.845(2)	0 ±1 +2 +3 +4 +5 27 Co 钴 $3d^{7}4s^{2}$ 58.933194(4)	0 ±1 +2 +3 +4 28 Ni 镍 $3d^{8}4s^{2}$ 58.6934(4)	+1 +2 +3 +4 29 Cu 铜 $3d^{10}4s^{1}$ 63.546(3)	+1 +2 30 Zn 锌 $3d^{10}4s^{2}$ 65.38(2)	+1 +3 31 Ga 镓 $4s^{2}4p^{1}$ 69.723(1)	+2 +4 32 Ge 锗 $4s^{2}4p^{2}$ 72.630(8)	−3 +3 +5 33 As 砷 $4s^{2}4p^{3}$ 74.921595(6)	−2 +2 +4 +6 34 Se 硒 $4s^{2}4p^{4}$ 78.971(8)	−1 +1 +3 +5 +7 35 Br 溴 $4s^{2}4p^{5}$ 79.904	+2 +4 36 Kr 氪 $4s^{2}4p^{6}$ 83.798(2)	N M L K
5	−1 +1 37 Rb 铷 $5s^{1}$ 85.4678(3)	+2 38 Sr 锶 $5s^{2}$ 87.62(1)	+3 39 Y 钇 $4d^{1}5s^{2}$ 88.90584(2)	+1 +2 +3 +4 40 Zr 锆 $4d^{2}5s^{2}$ 91.224(2)	0 ±1 +2 +3 +4 +5 41 Nb 铌 $4d^{4}5s^{1}$ 92.90637(2)	0 ±1 ±2 +3 +4 +5 +6 42 Mo 钼 $4d^{5}5s^{1}$ 95.95(1)	0 ±1 +2 +3 +4 +5 +6 +7 43 Tc 锝▲ $4d^{5}5s^{2}$ 97.90721(3)✦	0 +1 ±2 +3 +4 +5 +6 +7 +8 44 Ru 钌 $4d^{7}5s^{1}$ 101.07(2)	0 ±1 +2 +3 +4 +5 +6 45 Rh 铑 $4d^{8}5s^{1}$ 102.90550(2)	0 +1 +2 +3 +4 46 Pd 钯 $4d^{10}$ 106.42(1)	+1 +2 +3 47 Ag 银 $4d^{10}5s^{1}$ 107.8682(2)	+1 +2 48 Cd 镉 $4d^{10}5s^{2}$ 112.414(4)	+1 +3 49 In 铟 $5s^{2}5p^{1}$ 114.818(1)	+2 +4 50 Sn 锡 $5s^{2}5p^{2}$ 118.710(7)	−3 +3 +5 51 Sb 锑 $5s^{2}5p^{3}$ 121.760(1)	−2 +2 +4 +6 52 Te 碲 $5s^{2}5p^{4}$ 127.60(3)	−1 +1 +3 +5 +7 53 I 碘 $5s^{2}5p^{5}$ 126.90447(3)	+2 +4 +6 +8 54 Xe 氙 $5s^{2}5p^{6}$ 131.293(6)	O N M L K
6	−1 +1 55 Cs 铯 $6s^{1}$ 132.90545196(6)	+2 56 Ba 钡 $6s^{2}$ 137.327(7)	57~71 La~Lu 镧系	+1 +2 +3 +4 72 Hf 铪 $5d^{2}6s^{2}$ 178.49(2)	0 ±1 +2 +3 +4 +5 73 Ta 钽 $5d^{3}6s^{2}$ 180.94788(2)	0 ±1 ±2 +3 +4 +5 +6 74 W 钨 $5d^{4}6s^{2}$ 183.84(1)	0 ±1 +2 +3 +4 +5 +6 +7 75 Re 铼 $5d^{5}6s^{2}$ 186.207(1)	0 +1 +2 +3 +4 +5 +6 +7 +8 76 Os 锇 $5d^{6}6s^{2}$ 190.23(3)	0 ±1 +2 +3 +4 +5 +6 77 Ir 铱 $5d^{7}6s^{2}$ 192.217(3)	0 +2 +3 +4 +5 +6 78 Pt 铂 $5d^{9}6s^{1}$ 195.084(9)	+1 +2 +3 +5 79 Au 金 $5d^{10}6s^{1}$ 196.966569(5)	+1 +2 +3 80 Hg 汞 $5d^{10}6s^{2}$ 200.592(3)	+1 +3 81 Tl 铊 $6s^{2}6p^{1}$ 204.38	+2 +4 82 Pb 铅 $6s^{2}6p^{2}$ 207.2(1)	−3 +3 +5 83 Bi 铋 $6s^{2}6p^{3}$ 208.98040(1)	−2 +2 +3 +4 +6 84 Po 钋 $6s^{2}6p^{4}$ 208.98243(2)✦	±1 +5 +7 85 At 砹 $6s^{2}6p^{5}$ 209.98715(5)✦	+2 86 Rn 氡 $6s^{2}6p^{6}$ 222.01758(2)✦	P O N M L K
7	+1 87 Fr 钫▲ $7s^{1}$ 223.01974(2)✦	+2 88 Ra 镭 $7s^{2}$ 226.02541(2)✦	89~103 Ac~Lr 锕系	104 Rf 𬬻▲ $6d^{2}7s^{2}$ 267.122(4)✦	105 Db 𬭊▲ $6d^{3}7s^{2}$ 270.131(4)✦	106 Sg 𬭳▲ $6d^{4}7s^{2}$ 269.129(3)✦	107 Bh 𬭛▲ $6d^{5}7s^{2}$ 270.133(2)✦	108 Hs 𬭶▲ $6d^{6}7s^{2}$ 270.134(2)✦	109 Mt 鿏▲ $6d^{7}7s^{2}$ 278.156(5)✦	110 Ds 𫟼▲ 281.165(4)✦	111 Rg 𬬭▲ 281.166(6)✦	112 Cn 鿔▲ 285.177(4)✦	113 Nh 鿭▲ 286.182(5)✦	114 Fl 𫓧▲ 289.190(4)✦	115 Mc 镆▲ 289.194(6)✦	116 Lv 𫟷▲ 293.204(4)✦	117 Ts 鿬▲ 293.208(6)✦	118 Og 鿫▲ 294.214(5)✦	Q P O N M L K

	57	58	59	60	61	62	63	64	65	66	67	68	69	70	71
★ 镧系	+3 57 La★ 镧 $5d^{1}6s^{2}$ 138.90547(7)	+2 +3 +4 58 Ce 铈 $4f^{1}5d^{1}6s^{2}$ 140.116(1)	+3 +4 59 Pr 镨 $4f^{3}6s^{2}$ 140.90766(2)	+2 +3 +4 60 Nd 钕 $4f^{4}6s^{2}$ 144.242(3)	+3 61 Pm 钷▲ $4f^{5}6s^{2}$ 144.91276(2)✦	+2 +3 62 Sm 钐 $4f^{6}6s^{2}$ 150.36(2)	+2 +3 63 Eu 铕 $4f^{7}6s^{2}$ 151.964(1)	+3 64 Gd 钆 $4f^{7}5d^{1}6s^{2}$ 157.25(3)	+3 +4 65 Tb 铽 $4f^{9}6s^{2}$ 158.92535(2)	+3 +4 66 Dy 镝 $4f^{10}6s^{2}$ 162.500(1)	+3 67 Ho 钬 $4f^{11}6s^{2}$ 164.93033(2)	+3 68 Er 铒 $4f^{12}6s^{2}$ 167.259(3)	+2 +3 69 Tm 铥 $4f^{13}6s^{2}$ 168.93422(2)	+2 +3 70 Yb 镱 $4f^{14}6s^{2}$ 173.045(10)	+3 71 Lu 镥 $4f^{14}5d^{1}6s^{2}$ 174.9668(1)
★ 锕系	+3 89 Ac★ 锕 $6d^{1}7s^{2}$ 227.02775(2)✦	+3 +4 90 Th 钍 $6d^{2}7s^{2}$ 232.0377(4)	+3 +4 +5 91 Pa 镤 $5f^{2}6d^{1}7s^{2}$ 231.03588(2)	+2 +3 +4 +5 +6 92 U 铀 $5f^{3}6d^{1}7s^{2}$ 238.02891(3)	+3 +4 +5 +6 +7 93 Np 镎 $5f^{4}6d^{1}7s^{2}$ 237.04817(2)✦	+3 +4 +5 +6 +7 94 Pu 钚 $5f^{6}7s^{2}$ 244.06421(4)✦	+2 +3 +4 +5 +6 95 Am 镅▲ $5f^{7}7s^{2}$ 243.06138(2)✦	+3 +4 96 Cm 锔▲ $5f^{7}6d^{1}7s^{2}$ 247.07035(3)✦	+3 +4 97 Bk 锫▲ $5f^{9}7s^{2}$ 247.07031(4)✦	+2 +3 +4 98 Cf 锎▲ $5f^{10}7s^{2}$ 251.07959(3)✦	+2 +3 99 Es 锿▲ $5f^{11}7s^{2}$ 252.0830(3)✦	+2 +3 100 Fm 镄▲ $5f^{12}7s^{2}$ 257.09511(5)✦	+2 +3 101 Md 钔▲ $5f^{13}7s^{2}$ 258.09843(3)✦	+2 +3 102 No 锘▲ $5f^{14}7s^{2}$ 259.1010(7)✦	+3 103 Lr 铹▲ $5f^{14}6d^{1}7s^{2}$ 262.110(2)✦